Kuttruff · Akustik

Akustik
Eine Einführung

von Dr. rer. nat., Dr.-Ing. E.h. **Heinrich Kuttruff**,

em. Professor für Technische Akustik

an der Rheinisch-Westfälischen

Technischen Hochschule Aachen

S. Hirzel Verlag Stuttgart · Leipzig

Anschrift des Verfassers:
Prof. Dr. rer. nat. Dr.-Ing. E.h. Heinrich Kuttruff
Rheinisch-Westfälische Technische Hochschule
Institut für Technische Akustik
Templergraben 55
52056 Aachen

Bibliografische Information Der Deutschen Bibliothek
Die Deutsche Bibliothek verzeichnet diese Publikation in der Deutschen
Nationalbibliografie; detaillierte bibliografische Daten sind im Internet unter
http://dnb.ddb.de abrufbar.

ISBN 3-7776-1244-8

Ein Markenzeichen kann warenzeichenrechtlich geschützt sein, auch wenn ein Hinweis auf etwa bestehende Schutzrechte fehlt.

Jede Verwertung des Werkes außerhalb der Grenzen des Urheberrechtsgesetzes ist unzulässig und strafbar. Dies gilt insbesondere für Übersetzung, Nachdruck, Mikroverfilmung oder vergleichbare Verfahren sowie für die Speicherung in Datenverarbeitungsanlagen.

© 2004 S. Hirzel Verlag, Birkenwaldstraße 44, 70191 Stuttgart

Printed in Germany

Satz: Satz & mehr, Besigheim
Druck und Bindung: Kösel, Kempten
Einbandgestaltung: Atelier Schäfer, Esslingen

Vorwort

Dieses Buch entstand auf der Grundlage der Vorlesungen über Akustik, die der Autor lange Jahre hindurch an der Rheinisch-Westfälischen Technischen Hochschule Aachen gehalten hat. Es wendet sich an alle, die eine systematische und wissenschaftlich fundierte Einführung in das Gebiet der Akustik suchen oder sich über einzelne ihrer Teilgebiete informieren wollen. Das Buch hat den Charakter eines Lehrbuchs, d. h. es kam dem Autor weniger darauf an, möglichst viele akustische Erscheinungen in all ihren Einzelheiten darzustellen, als vielmehr dem Leser ein Grundverständnis der Gesetzmäßigkeiten zu vermitteln, die für die Entstehung und Ausbreitung von Schall gelten. Darüber hinaus werden einige Teilgebiete etwas genauer beleuchtet, die von praktischer Bedeutung sind oder auch in näherer Beziehung zu den akustischen Alltagserfahrungen der Menschen stehen. Dabei ist eine gewisse Willkür unvermeidlich; ein anderer Autor hätte die Akzente in dem einen oder anderen Fall vielleicht etwas anders gesetzt.

Ein Blick in das Inhaltsverzeichnis zeigt, dass in der ersten Hälfte des Buches die Grundtatsachen der Schallentstehung und der Schallausbreitung erläutert werden. Im Vordergrund steht dabei die Schallausbreitung in gasförmigen und flüssigen Stoffen, insbesondere in Luft. Dennoch wird bereits im 3. Kapitel auch der Schall im isotropen Festkörper kurz angesprochen und im 10. Kapitel noch etwas ausführlicher behandelt. Der Schallbeugung, die in vielen Texten über Akustik etwas stiefmütterlich behandelt wird, ist ein eigenes Kapitel gewidmet. Damit soll der Tatsache Rechnung getragen werden, dass die Beugung und Streuung von Schall eine viel alltäglichere Erscheinung ist als etwa die Reflexion an ausgedehnten glatten Flächen.

Der zweite Teil des Buches behandelt mehr anwendungsbezogene Teilgebiete wie die Raum- und Bauakustik, die Lärmbekämpfung sowie die Grundzüge der Wasserschalltechnik und den Ultraschall. Entsprechend ihrer Bedeutung im Alltag, wird der Behandlung der Elektroakustik breiter Raum gegeben; ihr sind die letzten vier Kapitel des Buches gewidmet.

Zwischen diesen beiden Teilen finden sich zwei Kapitel, die weder den physikalischen Grundlagen der Akustik noch ihren Anwendungen zuzuordnen sind, nämlich je eines über die Schallentstehung bei Musikinstrumenten bzw. dem menschlichen Sprachorgan sowie über die wichtigsten Eigenschaften des menschlichen Gehörs.

Es ist dem Verfasser wohlbekannt, dass viele Leser von allzu abstrakten Darlegungen eher abgeschreckt werden. Er hat sich daher bemüht, jeden überflüssigen Formalismus zu vermeiden. Dennoch kommt man bei einer systematischen Darstellung technisch-wissenschaftlicher Gegenstände ohne ein gewisses Minimum an mathematischen Formeln nicht aus; sie sind nun einmal das beste Mittel, einen physikalischen oder technischen Sachverhalt eindeutig und quantitativ zu beschreiben. Fast alle in diesem Buch vorkommenden Formeln werden abgeleitet; zumindest wird ihre Herkunft dem Leser plausibel gemacht.

Um das Buch in seiner Gänze zu verstehen, sollte der Benutzer über grundlegende Kenntnisse der Differential- und Integralrechnung verfügen, auch die elementaren mathematischen Funktionen sowie die komplexen Zahlen sollten ihm bekannt sein. Weitergehende mathematische Kenntnisse sind nicht erforderlich, dagegen ist es hilfreich, wenn der Leser die elementaren Gesetze der Mechanik und der Elektrizitätslehre kennt. Aber auch wenn die eine oder andere dieser Voraussetzungen nicht gegeben ist, dürfte der Inhalt des Buches im wesentlichen verständlich sein.

Als Leser kommen vor allem Studierende an Hochschulen und Fachhochschulen in Frage, aber ebenso Ingenieure und Wissenschaftler, die auf einem anderen Fachgebiet arbeiten und sich über bestimmte Teilbereiche der Akustik informieren möchten.

Dem Charakter eines Lehrbuchs entsprechend, wird Originalliteratur nur dort zitiert, wo unmittelbar auf eine bestimmte Veröffentlichung Bezug genommen wird. Wohl aber findet sich am Schluss des Buches eine Zusammenstellung von anderen Werken über das Gesamtgebiet der Akustik oder auch über verschiedene Teilgebiete, die dem Benutzer im Bedarfsfall eine Vertiefung seines Wissens erleichtern soll.

Der Verfasser dankt dem Institut für Technische Akustik der Rheinisch-Westfälischen Technischen Hochschule und seinem Leiter, Herrn Prof. Dr. Michael Vorländer, für die technische Unterstützung bei der Herstellung des Manuskripts, ebenso auch den Damen und Herren, die ihm bei der Durchsicht des Textes behilflich waren. Mein besonderer Dank gebührt Herrn Dr.-Ing. Gottfried Behler, der mir wertvolle Hinweise und Ratschläge gegeben hat.

Schließlich möchte ich mich bestens bei dem S. Hirzel Verlag bedanken für seine Bereitwilligkeit, das Buch in der von mir beabsichtigten Form zu verlegen, sowie für die solide und ansprechende Ausstattung des Werks. Insbesondere danke ich Herrn Dr. Muth für die angenehme und verständnisvolle Zusammenarbeit.

Heinrich Kuttruff

Inhaltsverzeichnis

1 Einleitung
1.1 Was ist Schall? 1
1.2 Was ist Akustik? 4

2 Einige Begriffe aus der Schwingungslehre
2.1 Einige Beispiele von Schwingungen 7
2.2 Komplexe Darstellung harmonischer Schwingungen 11
2.3 Schwebungen 12
2.4 Erzwungene Schwingungen, Impedanz 12
2.5 Resonanz 14
2.6 Freie Schwingungen eines einfachen Resonanzsystems 17
2.7 Elektromechanische Analogien 18
2.8 Leistung 21
2.9 Fourieranalyse 22
    2.9.1 Periodische Signale 22
    2.9.2 Nichtperiodische Signale 25
    2.9.3 Stationäre Signale 27
    2.9.4 Zur Durchführung der Fourieranalyse 27
2.10 Übertragungsfunktion und Impulsantwort 28
2.11 Nichtlineare Systeme 31

3 Die akustischen Grundgleichungen
3.1 Schallfeldgrößen 33
3.2 Die akustischen Grundgleichungen für Fluide 36
3.3 Spannungs-Dehnungsbeziehungen des isotropen Festkörpers 38
3.4 Wellengleichungen 40
3.5 Intensität und Energiedichte von Schallwellen in Fluiden 42
3.6 Der Schalldruckpegel 44

4 Ebene Wellen
4.1 Lösung der Wellengleichung 46
4.2 Harmonische Wellen 49
4.3 Zur Schallgeschwindigkeit 51
4.4 Ausbreitungsdämpfung 52
    4.4.1 Dämpfung in Gasen 54
    4.4.2 Dämpfung in Flüssigkeiten 59

        4.4.3   Dämpfung in Festkörpern   60
4.5   Nichtlineare Schallausbreitung   62

5   Kugelwelle und Schallabstrahlung

5.1   Lösung der Wellengleichung   66
5.2   Die Punktschallquelle   67
5.3   Der Dopplereffekt   70
5.4   Richtfunktion und Strahlungswiderstand   72
5.5   Der Dipol   75
5.6   Die lineare Strahlerzeile   77
5.7   Der Kugelstrahler (atmende Kugel)   80
5.8   Die Kolbenmembran   82
        5.8.1   Schalldruck auf der Strahlermittelachse   83
        5.8.2   Schalldruck im Fernfeld   84
        5.8.3   Strahlungsleistung und Bündelungsgrad   87

6   Reflexion und Brechung

6.1   Reflexions- und Brechungsgesetz   90
6.2   Schallausbreitung in der Atmosphäre   92
6.3   Reflexionsfaktor und Wandimpedanz   94
6.4   Absorptionsgrad   98
6.5   Stehende Wellen   100
6.6   Schallabsorption von Wänden und Wandverkleidungen   102
        6.6.1   Wandimpedanz eines Luftpolsters   103
        6.6.2   Impedanz und Absorption einer porösen Schicht auf schallharter Wand   104
        6.6.3   Absorption einer sehr dünnen, porösen Schicht   107
        6.6.4   Unporöse, schwingungsfähige Schichten   110

7   Beugung und Streuung

7.1   Exakte Formulierung von Streuproblemen   115
7.2   Beugung an der schallharten Kugel   116
7.3   Schalldurchgang durch Öffnungen   119
        7.3.1   Das Kirchhoffsche Beugungsintegral   119
        7.3.2   Schalldurchgang durch große Öffnungen   120
        7.3.3   Schalldurchgang durch kleine Öffnungen in einer schallharten Wand   121
        7.3.4   Beugung an der Halbebene   123
7.4   Das Babinetsche Prinzip   127
7.5   Streuung an vielen Streukörpern, Vielfachstreuung   128

8   Akustische Leitungen

8.1   Rohrdämpfung   132
8.2   Die Leitungsgleichungen   134

8.3 Leitungen mit unstetigen Querschnittsänderungen 136
    8.3.1 Rohrverengung ($S_2 < S_1$), Lochplatte 139
    8.3.2 Rohrerweiterung ($S_2 > S_1$) 140
    8.3.3 Resonator 141
    8.3.4 Akustisches Tiefpassfilter 142
8.4 Akustische Leitungen mit stetigen Querschnittsänderungen (Trichter) 143
    8.4.1 Konischer Trichter (Kegeltrichter) 144
    8.4.2 Exponentialtrichter 145
8.5 Höhere Wellentypen 148
8.6 Dispersion 155

9 Schallfelder in geschlossenen Hohlräumen
9.1 Eigenschwingungen in eindimensionalen Wellenleitern (Rohren) 158
9.2 Eigenschwingungen des Rechteckraums mit schallharten Wänden 161
9.3 Eigenschwingungen zylindrischer und kugelförmiger Hohlräume 165
9.4 Erzwungene Schwingungen im eindimensionalen Wellenleiter 166
9.5 Erzwungene Schwingungen in beliebigen Hohlräumen 170
9.6 Freie Hohlraumschwingungen 173
9.7 Statistische Eigenschaften der Übertragungsfunktion 176

10 Schallwellen im isotropen Festkörper
10.1 Schallwellen im unbegrenzten Festkörper 180
10.2 Reflexion und Brechung; Rayleighwelle 185
10.3 Wellen in Platten und Stäben 188
    10.3.1 Dehnung und Biegung 189
    10.3.2 Dehnwellen 191
    10.3.3 Biegewellen 194
    10.3.4 Schallabstrahlung von einer schwingenden Platte 196
    10.3.5 Berücksichtigung von Verlusten 198

11 Musik und Sprache
11.1 Ton, Klang, Geräusch 201
11.2 Tonhöhe, Tonintervalle und Tonskalen 203
11.3 Zur Wirkungsweise von Musikinstrumenten 206
11.4 Saiteninstrumente 207
    11.4.1 Streichinstrumente 207
    11.4.2 Instrumente mit angezupften oder angeschlagenen Saiten 211
11.5 Blasinstrumente 214
    11.5.1 Blasinstrumente mit Lippenpfeifen 215
    11.5.2 Blasinstrumente mit Zungenpfeifen 216
    11.5.3 Blechblasinstrumente 218
11.6 Erzeugung von Sprache 219
    11.6.1 Der Kehlkopf 220

11.6.2 Der Stimmkanal, Vokale 221
11.6.3 Bildung von Konsonanten 223

12 Das menschliche Gehör
12.1 Aufbau und Wirkungsweise des Hörorgans 226
12.2 Psychoakustische Tonhöhe 231
12.3 Hörschwelle und Hörfläche 235
12.4 Lautstärke und Lautheit, Frequenzgruppen 237
12.5 Verdeckung 241
12.6 Messung der Lautstärke bzw. der Lautheit 243
12.7 Richtungswahrnehmung 245

13 Raumakustik
13.1 Geometrische Raumakustik 251
13.2 Impulsantwort eines Raumes 254
13.3 Diffuses Schallfeld 257
13.4 Stationäre Energiedichte und Nachhall 261
13.5 Schallabsorption 264
13.6 Zur Hörsamkeit von Auditorien 270
13.7 Akustische Messräume 273

14 Bauakustik
14.1 Kennzeichnung und Messung der Luftschalldämmung 276
14.2 Luftschalldämmung von zusammengesetzten Bauteilen 279
14.3 Luftschalldämmung einer unbegrenzten Wand 281
14.4 Luftschalldämmung einer Doppelwand 288
14.5 Körperschalldämmung 292
    14.5.1 Trittschallpegel und Trittschalldämmung 293
    14.5.2 Verbesserung des Trittschallschutzes 295
    14.5.3 Körperschallausbreitung im Bauwerk 296

15 Grundzüge der Lärmbekämpfung
15.1 Grenzwerte und Richtlinien 300
15.2 Grundvorgänge der Lärmentstehung 302
    15.2.1 Schlaggeräusche 302
    15.2.2 Strömungsgeräusche 302
    15.2.3 Stoßwellen 305
15.3 Primäre Lärmbekämpfung 307
15.4 Sekundäre Lärmbekämpfung 311
    15.4.1 Kapselung von Lärmquellen 311
    15.4.2 Verhinderung der Körperschalleinleitung 312
    15.4.3 Lärmschutzwände 313

         15.4.4   Abschirmung durch Bewuchs   316
         15.4.5   Absenkung des Lärmpegels durch raumakustische Maßnahmen   316
         15.4.6   Reflexionsschalldämpfer   317
         15.4.7   Absorptionsschalldämpfer   319
15.5   Persönlicher Schallschutz   321

16   Wasserschall und Ultraschall
16.1   Ortung mit Wasserschall (Sonartechnik)   324
16.2   Zur Schallausbreitung in Meerwasser   325
16.3   Kennzeichnung der Echostärke   328
16.4   Störungen   329
16.5   Ausrüstung   331
16.6   Allgemeine Bemerkungen zum Ultraschall   333
16.7   Erzeugung und Nachweis bzw. Empfang von Ultraschall   334
16.8   Diagnostische Ultraschallanwendungen   336
         16.8.1   Materialprüfung   337
         16.8.2   Medizinische Diagnostik (Sonografie)   338
16.9   Anwendungen von Leistungsultraschall   340
         16.9.1   Kavitation   340
         16.9.2   Ultraschallreinigung   340
         16.9.3   Verbindungstechnik   341
         16.9.4   Bohren und Schneiden   343
16.10   Erzeugung hoher und höchster Ultraschallfrequenzen   343

17   Elektroakustische Wandler
17.1   Piezoelektrischer Wandler   351
17.2   Elektrostatischer Wandler (Kondensatorwandler)   355
17.3   Dynamischer Wandler   358
17.4   Magnetischer Wandler   361
17.5   Magnetostriktionswandler   363
17.6   Der Kopplungsfaktor   364
17.7   Vierpolgleichungen und Reziprozitätsbeziehungen   367

18   Mikrofone
18.1   Grundsätzliches zur Arbeitsweise von Luftschallmikrofonen   369
18.2   Kondensatormikrofon   372
18.3   Piezoelektrische Mikrofone   376
18.4   Dynamische Mikrofone   378
18.5   Kohlemikrofon   380
18.6   Richtmikrofone   381
18.7   Hydrofone   384
18.8   Schwingungsempfänger   386
18.9   Kalibrierung von Mikrofonen   388

19 Lautsprecher und andere elektroakustische Schallquellen
19.1 Dynamischer Lautsprecher   392
19.2 Elektrostatischer oder Kondensatorlautsprecher   396
19.3 Magnetischer Lautsprecher   398
19.4 Zur Verbesserung der Schallabstrahlung von Lautsprechern   399
    19.4.1 Die Lautsprecherbox   399
    19.4.2 Die Bassreflexbox   401
    19.4.3 Trichterlautsprecher   402
19.5 Richtlautsprecher   404
19.6 Kopfhörer   406
19.7 Schallsender für Wasser- und Ultraschall   408

20 Elektroakustische Schallübertragung
20.1 Stereofonie   414
    20.1.1 Konventionelle Stereofonie   415
    20.1.2 Kunstkopfstereofonie   417
    20.1.3 Kompensation des Übersprechens   419
20.2 Schallspeicherung   420
    20.2.1 Schallplatte   420
    20.2.2 Tonfilm   423
    20.2.3 Magnetische Schallaufzeichnung   427
20.3 Beschallungsanlagen   430
    20.3.1 Auslegung von Beschallungsanlagen   431
    20.3.2 Zur räumlichen Anordnung der Lautsprecher   432
    20.3.3 Akustische Rückkopplung   435

Verzeichnis der verwendeten Symbole   438

Weiterführende Literatur   441

Sachregister   443

1 Einleitung

Mit Schall sind wir in unserem täglichen Leben auf Schritt und Tritt konfrontiert. Schon am Morgen beendet der Wecker mit einem mehr oder weniger angenehmen Geräusch unseren Schlaf, und von da an nehmen wir den ganzen Tag über Schall der verschiedensten Art wahr. In den dicht besiedelten Gebieten, in denen wir leben, wird der meiste davon von Menschen erzeugt, entweder absichtlich oder als unvermeidliche Begleiterscheinung irgendwelcher Aktivitäten. Jeder von uns erzeugt oder verursacht Schall: wir sprechen mit anderen Menschen, stellen das Radio, das Fernsehgerät oder die Stereoanlage an, fahren mit dem Auto und benutzen bei unserer Arbeit Geräte oder Maschinen, die Lärm erzeugen.

Aber auch in der freien Natur ist es selten völlig still. So hören wir im Freien das Zwitschern von Vögeln oder das Rauschen des Windes in den Bäumen, oder, falls wir uns an der Meeresküste befinden, das Geräusch der Brandung. Völlige Stille tritt selten ein; sie ist in der Tat so ungewöhnlich, dass sie eher unangenehm wirkt oder gar unerträglich ist. Auf der anderen Seite kann Schall sehr lästig oder sogar gesundheitsschädlich sein. Das erstere ist keineswegs nur eine Frage der Stärke oder der Lautheit des Schalles; man denke etwa an einen zur Nachtzeit tropfenden Wasserhahn. Die von sehr lautem Schall hervorgerufenen gesundheitlichen Schäden können sich auf das Ohr beziehen, d. h. unser Gehörorgan kann bei starker Schalleinwirkung vorübergehende oder sogar bleibende Schäden bis hin zur völligen Taubheit erleiden. Aber auch schon bei geringeren Schallstärken können Schädigungen des vegetativen Nervensystems auftreten, die sich in Schlafstörungen, Nervosität, erhöhtem Blutdruck usw. äußern.

Es ist bemerkenswert, dass wir uns gegen Schall auf natürlichem Weg nur wenig schützen können. Die Augen können wir schließen, wenn wir nichts sehen wollen; beim Einschlafen tun wir das unwillkürlich. Schall nehmen wir dagegen immer auf, auch während des Schlafs hören wir ohne dass uns das bewusst wird. Es scheint, dass die Natur dem Schall eine besondere Warnungsfunktion zugewiesen hat. In der gleichen Richtung geht auch die Tatsache, dass unser Gesichtsfeld recht begrenzt ist, wohingegen wir Schall aus allen Richtungen wahrnehmen können, unabhängig von der Stellung unseres Kopfes. Man kann also eine von hinten nahende Gefahrenquelle, etwa ein sich näherndes Auto, zwar nicht sehen, wohl aber hören.

1.1 Was ist Schall?

Was ist nun eigentlich Schall? Als erstes ist festzustellen, dass die Entstehung, Ausbreitung und Wahrnehmung von Schall immer mit mechanischen Schwingungen

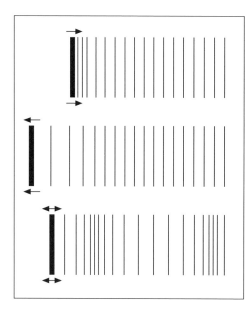

Fig. 1 Zur Schallabstrahlung von einem bewegten Körper

oder Vibrationen verknüpft ist. In manchen Fällen kann man sich hiervon direkt überzeugen, etwa wenn man beim lauten Sprechen oder Singen seinen Kehlkopf mit der Hand anfasst. Auch die Vibrationen von lärmerzeugenden Maschinenteilen lassen sich mitunter „mit Händen greifen"; hört die Vibration ganz auf, so hört man auch keinen Schall mehr. Bei Saiteninstrumenten sind die Schwingungen der schallerzeugenden Saite mit bloßem Auge zu sehen, und schon im Altertum hatte man beobachtet, dass die wahrgenommene Tonhöhe von der Saitenlänge und damit von der Zahl der Schwingungsperioden pro Sekunde, also von der Frequenz der Schwingung abhängt. In den meisten Fällen sind diese Schwingungen allerdings so schwach, dass man sie nicht unmittelbar sehen oder fühlen kann. Das gilt zum Beispiel für den Schall, der durch eine Zimmer- oder Wohnungstrennwand hindurchgeht; in diesem Fall kann man die Schwingungen nur mit besonderen Messgeräten feststellen.

Viele Schalle haben „tonalen" Charakter, d. h. man kann ihnen eine bestimmte Tonhöhe zuschreiben. Sie bilden somit ein Grundelement der Musik. Es gibt aber auch Schalle, die zwar einen bestimmten Klangcharakter wie „hell" oder „dumpf", aber keine bestimmte Tonhöhe haben. Man denke etwa an einen Knall oder an das Geräusch einer Luftströmung. Auch in diesen Fällen kann man den Schall mit Schwingungen in Verbindung bringen, wie wir später noch sehen werden.

Betrachten wir nun die Schallentstehung durch einen schwingenden Körper, etwa den Corpus eines Streichinstruments, die Membran eines Lautsprechers oder eines Maschinenteils. Wenn sich der Körper, der in Fig. 1.1 als eine senkrechte Platte dargestellt ist, wie im oberen Teilbild von links nach rechts bewegt, dann kann er natürlich nicht die ganze, vor ihm liegende Luftmasse vor sich herschieben, sondern er verdichtet die unmittelbar angrenzende Luft ein bisschen. Bewegt er sich in umgekehrter Richtung, dann wird die

Luft entsprechend verdünnt (mittleres Teilbild). Nun ist jede Dichteänderung der Luft auch mit einer Änderung des Luftdrucks verknüpft. Die verdichtete Luft „drückt" also auf den benachbarten Luftbereich und sucht diesen ebenfalls zu verdichten; entsprechendes gilt bei einer Verdünnung. Schwingt die Platte hin und her, wie im unteren Teilbild dargestellt, dann lösen sich Verdichtungen und Verdünnungen gewissermaßen von ihr ab und wandern in das Medium (unteres Teilbild). Man sieht daraus, dass der von einer Schallquelle ausgehende Schall eine Störung des Gleichgewichtszustands ist, die sich in der Luft ausbreitet und dabei immer größere und immer weiter entfernte Bereiche erfasst, ähnlich wie die Welle, die von einem ins Wasser geworfenen Stein ausgeht. Auch beim Schall spricht man ja von „Schallwellen" und bringt damit die Fortbewegung eines bestimmten Zustands oder Vorgangs zum Ausdruck. Der von einer oder mehreren Schallwellen erfasste Raumbereich wird oft als „Schallfeld" bezeichnet.

Die hier beschriebenen Änderungen des Luftzustandes sind nur vorstellbar, wenn sich auch die einzelnen Teilchen bewegen, aus denen wir uns das Medium zusammengesetzt denken, wenn also auch sie Schwingungen ausführen. Man kann eine Schallwelle also einerseits als eine Druckstörung auffassen, oder aber als Schwingung der Luftteilchen. Beides ist untrennbar miteinander verknüpft. Für die Schallfortpflanzung in anderen Gasen oder in Flüssigkeiten gilt natürlich das Gleiche.

Bei der Wahrnehmung des Schalles geschieht gewissermaßen das Umgekehrte wie bei seiner Entstehung. Wenn eine Schallwelle auf den Kopf eines Hörers trifft, so dringt sie in geringem Maß auch in seinen Gehörgang ein. Dort fällt sie auf das Trommelfell, das von den Druckschwankungen der Schallwelle in Schwingungen versetzt wird. Diese werden im Mittel- und Innenohr in komplizierter Weise weiterverarbeitet.

Es ist also festzuhalten, dass die Ausbreitung von Schall an das Vorhandensein eines geeigneten Mediums, also z. B. von Luft gebunden ist; im leeren Raum gibt es keine Schallwellen. Weiterhin ist wichtig, dass die Übertragung eines Schwingungszustands von einem Volumenelement zum anderen nicht beliebig schnell abläuft, sondern eine gewisse Zeit erfordert, da Massen beschleunigt werden müssen, was immer mit einer gewissen Verzögerung verbunden ist. Schallwellen breiten sich daher mit einer bestimmten Geschwindigkeit aus. Jedem von uns ist ja die Erfahrung geläufig, dass bei einem Gewitter meist mehrere Sekunden zwischen der Wahrnehmung eines Blitzes und des nachfolgenden Donners verstreichen. Die Geschwindigkeit, mit der sich die Schallwellen fortpflanzen, nennt man die Schallgeschwindigkeit. Sie hängt von der Art und vom Zustand des betreffenden Mediums ab.

An dieser Stelle ist ein Vergleich mit einer anderen, unser Alltagsleben bestimmenden Wellenart am Platz, den elektromagnetischen Wellen. Ohne sie gäbe es keinen Rundfunk, kein Fernsehen, keine Nachrichtenübermittlung über große Entfernungen und keine mobilen Telefone. Auch das Licht besteht aus elektromagnetischen Wellen. Sie breiten sich ebenfalls mit einer endlichen, wenngleich sehr viel höheren Geschwindigkeit aus. Allerdings brauchen sie hierzu kein materielles Medium, können sich also auch im leeren Raum fortpflanzen, da sie physikalisch ganz anders geartet sind als Schallwellen. Auch die formale Beschreibung elektromagnetischer Wellen unterscheidet sich erheblich von der der Schallwellen. Bei den letzteren hat die maßgebliche physikalische Größe, nämlich der Druck und seine schallbedingten Veränderungen, skalaren Charakter, während die Feldgrößen bei elektromagnetischen Wellen, also elektrische und magnetische Feldstärken, durch Vektoren beschrieben werden. So gesehen ist die formale Beschreibung von Schallwellen einfacher als die elektromagnetischer Wellen, sofern man von Schall in Festkörpern absieht.

Trotz aller Unterschiede zwischen akustischen und elektromagnetischen Wellen gibt es zwischen ihnen zahlreiche formale Parallelen und Analogien, was mit der Gleichheit der zugrunde liegenden Differentialgleichung, der sog. Wellengleichung zusammenhängt. Diese Parallelen treten schon zwischen mechanischen und elektrischen Schwingungen auf; viele Begriffe wie z. B. der der Impedanz oder des Wellenwiderstands sind gleichartig definiert. Auf solche Analogien wird in diesem Buch öfters hingewiesen, da manchem Leser verschiedene Begriffe von der Elektrizitätslehre her schon geläufig sein werden, sodass bei der Behandlung mechanischer Schwingungsvorgänge und Schwingungssyteme auf Bekanntes und schon Verstandenes zurückgegriffen werden kann.

1.2 Was ist Akustik?

Die Akustik als die Lehre vom Schall behandelt die Entstehung von Schall und seine Ausbreitung, sei es im freien Raum, sei es in Rohrleitungen, oder sei es in geschlossenen Hohlräumen. Davon ausgehend, befasst sie sich mit zahlreichen Einzelerscheinungen, aber auch mit praktischen Anwendungen, von denen im Folgenden einige kurz angesprochen werden.

Eine erste Einteilung des ganzen Wissensgebiets kann an Hand der Medien erfolgen, in denen sich Schall ausbreitet. Am nächsten liegen uns die Schallwellen in Luft, oder etwas allgemeiner in Gasen. Davon hebt sich der Flüssigkeitsschall ab, der in der Unterwasserortung seine wichtigste Anwendung findet, und weiter der Schall in Festkörpern. Mit dieser Einteilung überschneidet sich eine andere, die sich an der sekundlichen Periodenzahl des Schalls, oder wie wir von nun an sagen wollen, an seiner Frequenz orientiert. Im Vordergrund des Interesses stehen auch hier die Schallwellen, die auf Grund ihrer Frequenz der menschlichen Wahrnehmung zugänglich sind. Der Frequenzumfang unseres Gehörs reicht, grob gesagt, von etwa 16 Hz bis ungefähr 20000 Hz. Dabei steht Hz für die Einheit der Frequenz, das Hertz (1 Hz bedeutet eine Schwingungsperiode pro Sekunde). Diese Zahlen sollte man nicht allzu genau nehmen; bei tiefen Frequenzen ist die Grenze zwischen dem Hören und dem Fühlen von Schallen ziemlich unscharf; die obere Hörgrenze dagegen ist individuell verschieden und verschiebt sich mit zunehmendem Lebensalter nach unten.

Unterhalb des eigentlichen Hörbereichs schließt sich das Gebiet des Infraschalls an. Schalle von sehr tiefen Frequenzen können z. B. durch Gebäudeschwingungen oder durch industrielle Prozesse entstehen, bei denen große Gasmengen bewegt werden. Bei hinreichender Stärke können sie recht unangenehm wirken, was bis zur Übelkeit oder gar zu ernsten körperlichen Schäden führen kann. Eine Frequenzuntergrenze des Schalles gibt es nicht.

Schallwellen mit Frequenzen oberhalb der oberen Hörgrenze, also mit Frequenzen oberhalb von 20000 Hz werden als Ultraschall bezeichnet. Mitunter nennt man Schall mit Frequenzen von mehr als 1 Gigahertz (= 10^9 Hz) auch Hyperschall. Da der Ultraschall viele interessante und nützliche Anwendungen hat, von der medizinischen Diagnose bis zur Reinigung empfindlicher Gegenstände, wird ihm in diesem Buch – zusammen mit dem Wasserschall – ein gesondertes Kapitel gewidmet. Anders als bei den tiefen Frequenzen gibt es durchaus eine Frequenzbegrenzung des Ultraschallgebiets, d. h. es existiert eine Obergrenze aller akustischen Erscheinungen. Sie ist dadurch bedingt, dass Schallwellen stets an ein materielles Medium gebunden sind, und dass alle Materie aus diskreten Bausteinen, also aus Atomen, Molekülen oder Ionen besteht. Diese Frequenzobergrenze hängt von der Art des Mediums ab und liegt größenordnungsmäßig bei 10 Terahertz = 10^{13} Hz. Im Kapitel 16 wird hierauf etwas näher eingegangen.

Die Akustik hat zunächst einmal die physikalischen Gesetzmäßigkeiten zu formulieren, denen der Schall bei seiner Ausbreitung im unbegrenzten Raum gehorcht. Interessanter sind aber die Änderungen der Ausbreitung durch irgendwelche Hindernisse, ob es sich dabei nun um ausgedehnte Flächen oder um begrenzte Gegenstände handelt. Weiterhin kann Schall in Rohrleitungen verschiedenster Art fortgeleitet werden, er kann sich in festen Strukturen wie den Wänden und Decken eines Gebäudes fortpflanzen und durch geschlossene Fenster und Türen hindurchgehen. Damit sprechen wir schon den unerwünschten Schall an, den wir gemeinhin als Lärm bezeichnen, wobei die Grenze zwischen Lärm und erwünschtem Schall nicht immer klar zu ziehen ist. Da der Lärm ein zunehmendes Problem in unserer Gesellschaft ist, nimmt die sehr vielgestaltige Lärmbekämpfung einen breiten Raum in der Akustik ein. Andererseits ist Schall in Form von Sprache auch im Zeitalter der Medienvielfalt unser wichtigstes und einfachstes Kommunikationsmittel, da jeder gesunde Mensch Sprache hervorbringen und verstehen kann.

Eine andere, gleichfalls sehr wichtige und überwiegend erfreuliche Erscheinungsform von Schall ist die Musik, der in allen Kulturkreisen eine große, ursprünglich wohl kultische Bedeutung zukommt. Heute dient sie eher dem Kunstgenuss oder der Unterhaltung. Ihr ist ein besonderes Wissensgebiet gewidmet, die musikalische Akustik, die sich einerseits mit der Hervorbringung von Tönen mit Hilfe von Musikinstrumenten, andererseits aber auch mit ihrer Wahrnehmung durch den Hörer befasst. An dieser Stelle berührt sie sich mit der Psychoakustik, die ihre Aufgabe in der systematischen Erforschung der Wahrnehmungsleistungen unseres Gehörs sieht. Sie liefert nicht nur wertvolle Erkenntnisse über das menschliche Gehör, sondern auch die Maßstäbe für die Beurteilung aller Schallvorgänge, etwa der Qualität einer Telefonübertragung, aber auch der Zumutbarkeit von Lärm.

Ein großer Teil des von uns wahrgenommenen Schalls wird von Lautsprechern erzeugt. Durch ihn werden wir informiert und unterhalten, oft genug aber auch belästigt.

Jedenfalls wäre die Beschallung großer Zuhörermengen in Sportarenen und Versammlungsräumen ohne elektroakustische Verstärkung nicht denkbar. Auch das Telefon macht Gebrauch von der elektroakustischen Schallwiedergabe, und ebenso entstammt der vom Arzt zu Untersuchungszwecken eingesetzte Ultraschall einer elektrischen Schallquelle. Schließlich ist auch an die Möglichkeit zu erinnern, den seiner Natur nach flüchtigen Schall zu speichern und zu beliebigen Zeiten wieder hörbar zu machen. Diese Probleme bilden den Aufgabenbereich der Elektroakustik.

Wie schon gesagt, hängt die Schallgeschwindigkeit von der Art und der Struktur des jeweiligen Mediums ab. In noch höherem Maß gilt dies für die Schwächung, welche die Schallwellen im Zuge ihrer Ausbreitung erfahren. Man kann daher umgekehrt durch das Studium der Schallausbreitung in unterschiedlichsten Frequenzbereichen wertvollen Aufschluss über die innere Struktur der betreffenden Stoffe erhalten.

Mit diesem kurzen Überblick sind keineswegs alle Teilgebiete der Akustik umrissen. Er zeigt aber doch, wie vielgestaltig die mit dem Schall verbundenen Erscheinungen und Anwendungen sind. Er zeigt weiter die große Zahl anderer Disziplinen, mit denen sich die Akustik berührt – Physik, Elekrotechnik, Medizin, Psychologie, Biologie, Architektur und Bautechnik, Maschinenbau, Musik usw. – was sie einerseits nicht gerade übersichtlicher macht, was andererseits aber auch den besonderen Reiz dieses Wissensgebiets ausmacht.

2 Einige Begriffe aus der Schwingungslehre

Wie schon in der Einleitung erwähnt, besteht Schall aus Schwingungen eines materiellen Mediums, die sich in ihm in Form einer Welle ausbreiten. Aus diesem Grund wird der Beschreibung der eigentlichen akustischen Erscheinungen ein Kapitel vorangestellt, in dem die wichtigsten Begriffe der Schwingungslehre erläutert werden.

Wir beginnen mit der Kennzeichnung der Schwingungsstärke eines vibrierenden Körpers. Hierfür bietet sich die Auslenkung eines bestimmten Punktes des Körpers aus seiner Ruhelage an, auch als „Elongation" bezeichnet, wobei auch die Richtung angegeben werden muss, in welcher der Punkt ausgelenkt wird. Die Auslenkung kann daher durch einen Vektor beschrieben werden, der von Ort und Zeit abhängt und den wir mit $\vec{s}$ bezeichnen wollen. Seine Komponenten bezüglich eines rechtwinkligen Koordinatensystems seien ξ, μ und ζ. Gebräuchlicher ist allerdings die Angabe der Geschwindigkeit, mit der sich diese Auslenkung vollzieht. Man nennt sie die „Schwingungsschnelle" oder einfacher „Schnelle", sie ist ebenfalls eine gerichtete Größe und ergibt sich aus der Auslenkung durch zeitliche Differentiation:

$$\vec{v} = \frac{d\vec{s}}{dt} \qquad (1)$$

2.1 Einige Beispiele von Schwingungen

Als Beispiel für ein einfaches mechanisches Schwingungssystem betrachten wir ein Federpendel, bestehend aus einer Masse m, die an einer Feder, z. B. einer Spiralfeder aufgehängt ist (s. Fig. 2.1a). Dabei ist vorausgesetzt, dass die Längenänderung der Feder der einwirkenden Kraft proportional ist (Hookesches Gesetz). Wird die bis dahin in Ruhe befindliche Masse kurz in senkrechter Richtung angestoßen oder angeschlagen, dann beginnt sie auf und ab zu schwingen. Die Auslenkung der Masse aus ihrer Ruhelage ist in Fig. 2.1b als Funktion der Zeit dargestellt. Wegen der unvermeidlichen Verlustprozesse, z. B. der Luftreibung, vermindert sich die Schwingungsweite allmählich, nach einiger Zeit kommt die Masse wieder zum Stillstand. Diesen Bewegungsablauf bezeichnet man als gedämpfte Schwingung. Er ist typisch für alle einfachen Schwingungssyteme, die durch einmalige Energiezufuhr in Schwingungen versetzt werden und sich dann selbst überlassen bleiben. Ein anderes Beispiel ist eine angeschlagene Stimmgabel; auch gezupfte oder angeschlagene Saiten sowie Glocken führen gedämpfte Schwingungen aus. Allerdings überlagern sich hier mehrere Schwingungen mit unterschiedlichen Schwingungszahlen.

Einige Begriffe aus der Schwingungslehre

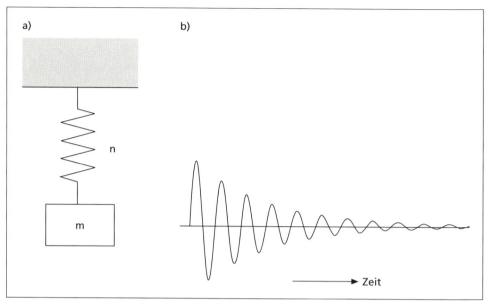

Fig. 2.1 Federpendel, bestehend aus einer Masse m und einer Feder der Nachgiebigkeit n
a) Schematische Darstellung,
b) gedämpfte Schwingung

Werden die Energieverluste des Systems durch äußere Zufuhr von Schwingungsenergie kompensiert, so lässt sich eine ungedämpfte Schwingung aufrechterhalten. Bei einfachen Schwingungssystemen stellt sich dann eine Sinusschwingung ein, d. h. die momentane Auslenkung s(t) des Pendels ist durch ein Sinusgesetz (oder Kosinusgesetz) gegeben. Wir wählen hier das letztere und schreiben für die Auslenkung:

$$s(t) = \hat{s} \cos(\omega t + \varphi) \qquad (2)$$

(Da nur eine einzige Schwingungsrichtung in Betracht kommt, kann hier der Vektorpfeil entfallen.)

Sie ist in Fig. 2.2 dargestellt. Die Konstante $\hat{s}$ ist der Scheitelwert oder die Amplitude der Schwingung, d. h. der maximal mögliche, positive oder negative Ausschlag. Da die Kosinusfunktion periodisch ist mit der Periode 2π, führt eine Zeitverschiebung um $2\pi/\omega$ oder um ein ganzzahliges Vielfaches davon zum gleichen Funktionswert. Diese Zeitverschiebung ist die Periode T der Schwingung. Ihren Kehrwert nennt man die Schwingungszahl oder Frequenz f der Schwingung:

$$f = \frac{\omega}{2\pi} = \frac{1}{T} \qquad (3)$$

Die Größe $\omega = 2\pi f$ ist die Kreisfrequenz. Frequenz und Kreisfrequenz haben die Dimension s^{-1}, die Einheit der Frequenz ist das Hertz, abgekürzt als Hz. (Im Folgenden werden

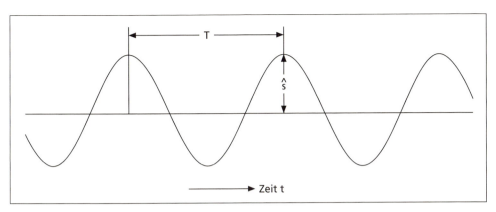

Fig. 2.2 Harmonische Schwingung

wir oft von der Frequenz sprechen, wenn die Kreisfrequenz gemeint ist.) Die Konstante φ wird als Nullphasenwinkel oder als Phasenwinkel bezeichnet – oft spricht man einfach von der „Phase". Sie berücksichtigt, dass die Schwingung gegenüber dem Zeitnullpunkt, dessen Wahl ja willkürlich ist, i. Allg. verschoben ist.

Die ungedämpfte Sinusschwingung ist ein Spezialfall einer allgemeineren Klasse von Schwingungen, nämlich der periodischen Schwingungen. Zwei andere periodische Schwingungen, nämlich die symmetrische Rechteck- und Dreieckschwingung sind in Fig. 2.3 a und b dargestellt. Die Stärke dieser Schwingungen kann ebenfalls durch ihren Scheitelwert gekennzeichnet werden. Das gilt nicht für die in Fig. 2.3c gezeigte Zufallsschwingung oder stochastische Schwingung, die etwa das Schwanken eines vom Wind bewegten Zweiges darstellen könnte. Obwohl dieser Vorgang völlig regellos ist, fällt er gleichwohl unter den Begriff der Schwingungen. Die Stärke einer regellosen Schwingung wird durch ihren quadratischen Mittelwert $\tilde{s}$ charakterisiert, der wie folgt definiert ist:

$$\tilde{s}^2 = \frac{1}{t_0} \int_0^{t_0} [s(t)]^2 \, dt \qquad (4)$$

wobei t_0 eine hinreichend lange Zeit ist. Dabei ist vorausgesetzt, dass die Schwingung mittelwertfrei ist, also keinen Gleichanteil enthält. Eine solche Mittelung ist natürlich nur sinnvoll, wenn die Schwingung „stationär" ist, wenn sie, anders als die in Fig. 2.1b gezeigte gedämpfte Schwingung, ihren allgemeinen Charakter über längere Zeit, zumindest über die Mittelungsdauer t_0 beibehält. Bei periodischen Schwingungen ist dies gesichert; hier wird t_0 gleich der Schwingungsdauer T gewählt. Die Größe $\tilde{s}$ wird als der Effektivwert der Auslenkung bezeichnet. Sein Wert, bezogen auf den Scheitelwert, ist in der Tabelle 2.1 für die hier erwähnten periodischen Schwingungen angegeben. In gleicher Weise können Effektivwerte beliebiger Schwingungsgrößen gebildet werden.

Einige Begriffe aus der Schwingungslehre

Tabelle 2.1 Effektivwerte verschiedener periodischer Schwingungen

Art der Schwingung	$\bar{s} / \hat{s}$
Sinusschwingung	$1 / \sqrt{2}$
symmetrisches Rechteck	1
symmetrisches Dreieck	$1 / \sqrt{3}$

Die Sinusschwingung nach Gl. (2), die auch als harmonische Schwingung bezeichnet wird, gilt gewissermaßen als Prototyp aller Schwingungen. Ein Grund für ihre zentrale Stellung liegt in den besonderen Stetigkeitseigenschaften der sie beschreibenden Sinus- oder Kosinusfunktion; noch wichtigere Gründe werden wir demnächst kennen lernen.

Die hier beschriebene Lageänderung eines Gegenstands oder eines Punktes ist natürlich nur als Beispiel zu verstehen. Grundsätzlich kann sich jede Änderung einer physikalischen Größe in Form einer Schwingung s(t) vollziehen. Weitere Beispiele sind Druckschwingungen in Gasen und Flüssigkeiten, Temperaturschwingungen und natürlich die elektrischen Schwingungen.

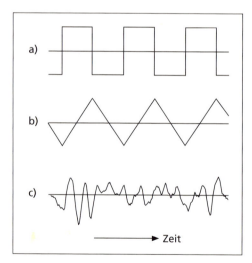

Fig. 2.3 Verschiedene Arten von Schwingungen.
a) Rechteckschwingung,
b) Dreieckschwingung,
c) Zufallsschwingung

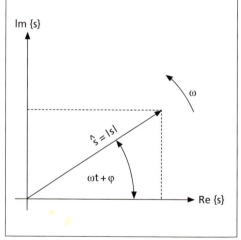

Fig. 2.4 Zeigerdiagramm einer harmonischen Schwingung

2.2 Komplexe Darstellung harmonischer Schwingungen

Eine besonders nützliche und weit verbreitete Darstellung von Schwingungsvorgängen beruht auf der Zerlegung einer Exponentialfunktion mit rein imaginärem Argument in ihren Real- und Imaginärteil:

$$e^{jz} = \cos z + j\sin z \qquad (5)$$

Aus ihr folgen zwei Beziehungen, von denen im Folgenden häufig Gebrauch gemacht wird:

$$\cos z = \frac{e^{jz} + e^{-jz}}{2} \quad \text{und} \quad \sin z = \frac{e^{jz} - e^{-jz}}{2j} \qquad (6a,b)$$

Nach Gl. (5) kann man die Gl. (2) auch in der Form

$$s(t) = \text{Re}\left\{ \hat{s} e^{j(\omega t + \varphi)} \right\} \qquad (7)$$

schreiben, wobei das Zeichen Re den Realteil der nachfolgenden komplexen Zahl bedeutet. Lässt man es weg, dann gelangt man zu einer noch einfacheren Schreibweise:

$$s(t) = \hat{s} e^{j(\omega t + \varphi)} \qquad (8)$$

Wie jede komplexe Größe lässt sich auch s(t) als Zeiger in der komplexen Zahlenebene darstellen, die von der reellen und der imaginären Achse aufgespannt wird (s. Fig. 2.4). Der Betrag der komplexen Zahl, hier also die Amplitude $\hat{s}$, stellt sich als die Länge des Zeigers dar; der Winkel, den dieser mit der reellen Achse bildet, ist das Argument der Zahl, hier also $\omega t + \varphi$. Der Zeiger rotiert demgemäß entgegen dem Uhrzeigersinn mit der Winkelgeschwindigkeit ω. Seine Projektion auf die reelle Achse erzeugt die darzustellende Sinusschwingung.

Der Vorteil der komplexen Schreibweise besteht darin, dass die Zeitabhängigkeit der Schwingung immer durch den Faktor $e^{j\omega t}$ gegeben ist, den man vielfach herauskürzen kann oder einfach weglässt. Ein weiterer Vorteil wird deutlich, wenn man sich für die Geschwindigkeit einer Auslenkung interessiert, also für die Schnelle. Nach Gl. (1) erhält man sie durch zeitliche Differentiation von s(t). Angewandt auf die Gl. (2) führt dies auf

$$v(t) = -\omega \hat{s} \sin(\omega t + \varphi) \qquad (9)$$

Differenziert man andererseits die Gl. (8), dann folgt:

$$v(t) = j\omega \hat{s} e^{j(\omega t + \varphi)} = j\omega s \qquad (10)$$

Der Realteil dieses Ausdrucks stimmt mit Gl. (9) überein. Bei komplexer Schreibweise ist also die zeitliche Differentiation gleichbedeutend mit einer Multiplikation mit $j\omega$, und umgekehrt entspricht die unbestimmte zeitliche Integration einer Schwingungsgröße ihrer Division durch $j\omega$.

Die komplexe Darstellung versagt allerdings, wenn Schwingungsgrößen wie bei Leistungsberechnungen (s. Abschnitt 1.7) miteinander multipliziert werden sollen. In diesem Fall empfiehlt es sich, zur reellen Schreibweise zurückzukehren.

2.3 Schwebungen

Als Beispiel für die Nützlichkeit der komplexen Schreibweise betrachten wir zwei harmonische Schwingungen gleicher Amplitude, aber mit etwas verschiedenen Kreisfrequenzen; der Unterschied $2\Delta\omega$ soll deutlich kleiner als ω sein:

$$s_1(t) = \hat{s}e^{j(\omega-\Delta\omega)t} \quad \text{und} \quad s_2(t) = \hat{s}e^{j(\omega+\Delta\omega)t}$$

Überlagert man beide Schwingungen, dann ergibt sich eine so genannte Schwebung, d. h. eine Schwingung mit periodisch schwankender Amplitude. In der Tat ergibt die Addition von s_1 und s_2:

$$s_1(t) + s_2(t) = \hat{s}(e^{-j\Delta\omega t} + e^{j\Delta\omega t})\,e^{j\omega t} = 2\hat{s}\cos(\Delta\omega t)e^{j\omega t}, \tag{11}$$

wobei Gebrauch von der Gl. (6a) gemacht wurde. Die Schwingung im Ganzen hat die mittlere Kreisfrequenz ω, und ihre Amplitude schwankt mit der Kreisfrequenz $2\Delta\omega$. Zu bestimmten Zeiten überlagern sich beide Schwingungen gleichphasig und die Amplitude erreicht ein Maximum. Zu dazwischenliegenden Zeitpunkten überlagern sich die Teilschwingungen gegenphasig und löschen sich gegenseitig aus. – Sind die Amplituden der beiden Komponenten nicht gleich, dann ergibt sich eine unvollkommene Schwebung. Bei ihr schwankt nicht nur die Amplitude, sondern auch die Momentanfrequenz.

In Fig. 2.5 ist oben die durch Gl. (11) gegebene Schwebung dargestellt, darunter eine unvollkommene Schwebung, für welche die Amplitude der tieferfrequenten Teilschwingung doppelt so groß ist wie die der höherfrequenten. Dieses Diagramm zeigt deutlich, dass die Frequenz der Amplitudenschwankung gleich der Differenzfrequenz $2\Delta\omega$ ist.

2.4 Erzwungene Schwingungen, Impedanz

In den nächsten drei Abschnitten bleiben wir bei mechanischen Schwingungen, verstehen also wie bisher unter $s(t)$ die Auslenkung eines Punktes aus seiner Ruhelage.

Wird ein schwingungsfähiges System durch eine von außen einwirkende Wechselkraft zu Schwingungen erregt, dann spricht man ~~dann~~ von erzwungenen Schwingungen im Gegensatz zu der freien Schwingung, die wir schon in Fig. 2.1b kennen gelernt haben. Die Frequenz der erzwungenen Schwingung stimmt natürlich mit der Frequenz der äußeren Kraftschwingung überein, die wir durch

$$F(t) = \hat{F}e^{j\omega t} \tag{12}$$

darstellen mit der Kraftamplitude $\hat{F}$. Die dadurch hervorgerufene Schwingungsschnelle des betrachteten Systems braucht nicht gleichphasig mit der Kraft sein, daher setzen wir für sie:

$$v(t) = \hat{v}e^{j(\omega t-\psi)} \tag{13}$$

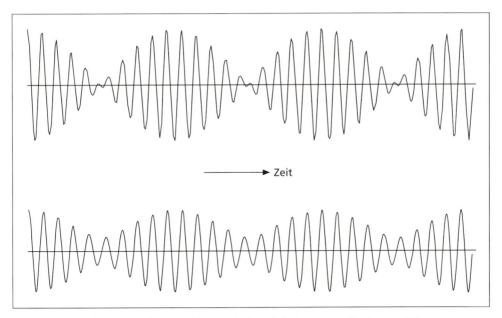

Fig. 2.5 Schwebung zwischen zwei harmonischen Schwingungen für $\Delta\omega = \omega/20$.
a) $\hat{s}_1 = \hat{s}_2$,
b) $\hat{s}_1 = 2\hat{s}_2$

Als den Widerstand oder die mechanische Impedanz des Angriffspunkts definiert man das Verhältnis beider Größen:

$$Z = \frac{F}{v} = \frac{\hat{F}}{\hat{v}} e^{j\psi} \qquad (14)$$

Der Betrag der Impedanz ist somit gleich dem Verhältnis der Amplituden von Kraft und Schnelle; der Phasenwinkel ψ gibt an, wie stark die Schnelle der erregenden Kraftschwingung nacheilt (bzw. voreilt, wenn ψ negativ ist). Diese Definition entspricht völlig der der elektrischen Impedanz, wobei die Kraft durch die elektrische Spannung, die Schnelle durch die elektrische Stromstärke zu ersetzen ist. – Den Kehrwert der Impedanz nennt man wie bei elektrischen Systemen die Admittanz:

$$Y = \frac{1}{Z} \qquad (15)$$

Ist die Impedanz eines Systems bekannt, dann kann man nach Gl. (14) den Verlauf der Schnelle berechnen, mit der das System „antwortet". Eine Übersicht über den Verlauf der komplexen Impedanz erhält man, indem man sie – ähnlich wie die Schwingung in Fig. 2.4 – als Zeiger in der komplexen Ebene darstellt. Dieser ändert von einer Frequenz zur anderen seine Länge und Richtung. Verbindet man alle Pfeilspitzen miteinander, dann entsteht die sog. Ortskurve der Impedanz. Im nächsten Abschnitt werden wir ein einfaches Beispiel für eine Ortskurve kennen lernen.

Zum Abschluss sei darauf hingewiesen, dass nur die Anwendung der komplexen Schreibweise für Schwingungsgrößen eine rationelle Einführung des Impedanzbegriffes ermöglicht, da sich hierbei die durch $e^{j\omega t}$ gegebene Zeitabhängigkeit herauskürzt.

2.5 Resonanz

Wir betrachten nun wieder das Federpendel von Fig. 2.1a, diesmal sozusagen auf den Kopf gestellt und ergänzt durch ein zusätzliches „Schaltelement", das die unvermeidlichen Verluste beinhaltet (s. Fig. 2.6). Es soll an einen nicht ganz dicht schließenden Kolben in einem Zylinder erinnern; bewegt sich der Kolben, dann verdrängt er Luft. Auf Grund der inneren Reibung ist die auf das Reibungselement einwirkende Kraft F_r der Relativgeschwindigkeit zwischen Kolben und Zylinder proportional:

$$F_r = r \cdot v = r \cdot \frac{ds}{dt} \tag{16}$$

r ist der Reibungswiderstand oder Verlustwiderstand des Systems. – Beide Federn zusammen werden durch ihre Nachgiebigkeit n gekennzeichnet, das ist das Verhältnis der Federauslenkung zu der auf die Feder einwirkenden Kraft F_f :

$$F_f = \frac{1}{n} \cdot s \tag{17}$$

Der Kehrwert der Nachgiebigkeit ist die ebenfalls gebräuchliche Federsteife. – Schließlich bleibt noch die auf die Masse einwirkende Trägheitskraft, die ihrer Beschleunigung proportional ist:

$$F_m = m \frac{dv}{dt} = m \frac{d^2 s}{dt^2} \tag{18}$$

Eine von außen einwirkende Kraft $F(t)$ muss also diesen drei Reaktionskräften des Systems das Gleichgewicht halten: $F = F_m + F_r + F_f$, oder, mit den obigen Gleichungen:

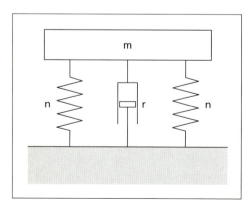

Fig. 2.6 Einfaches Resonanzsystem (m = Masse, n = Feder, r = Reibungswiderstand)

$$F(t) = m\frac{d^2s}{dt^2} + r\frac{ds}{dt} + \frac{1}{n}s \qquad (19)$$

Diese für die ganze Schwingungslehre grundlegende Differentialgleichung ist auch als Schwingungsgleichung bekannt.

Wir suchen zuerst die Lösung der Schwingungsgleichung für eine harmonisch veränderliche Kraft F nach Gl. (12). Dann folgt die Auslenkung s dem gleichen Zeitgesetz. Fasst man F und s als komplexe Schwingungsgrößen auf, dann kann man die in Abschnitt 2.2 besprochene Differentiationsregel anwenden mit dem Resultat:

$$F = -m\omega^2 s + j\omega r \cdot s + \frac{1}{n}s$$

oder, wenn noch s durch v/jω ersetzt wird:

$$F = \left(j\omega m + r + \frac{1}{j\omega n}\right)v \qquad (20)$$

Die Impedanz unseres Systems ist also nach der Definition in Gl. (14):

$$Z = j\omega m + r + \frac{1}{j\omega n} \qquad (21)$$

Die drei Glieder auf der rechten Seite stellen, jedes für sich genommen, die Impedanzen der Masse, des Reibungswiderstands und der Feder dar. Mit den Abkürzungen

$$\omega_0 = \frac{1}{\sqrt{mn}} \qquad (22)$$

und

$$Q = \frac{m\omega_0}{r} \qquad (23)$$

lässt sich dieser Ausdruck umformen in

$$Z = r\left[1 + jQ\left(\frac{\omega}{\omega_0} - \frac{\omega_0}{\omega}\right)\right] \qquad (24)$$

Der ebenfalls in Gl. (14) eingeführte Phasenwinkel der Gesamtimpedanz ergibt sich daraus zu

$$\psi = \arctan\left[Q\left(\frac{\omega}{\omega_0} - \frac{\omega_0}{\omega}\right)\right] \qquad (25)$$

Die gesuchte Lösung lautet nunmehr

$$v(t) = \frac{\hat{F}e^{j(\omega t - \psi)}}{r\sqrt{1 + Q^2\left(\frac{\omega}{\omega_0} - \frac{\omega_0}{\omega}\right)^2}} \qquad (26)$$

oder auch

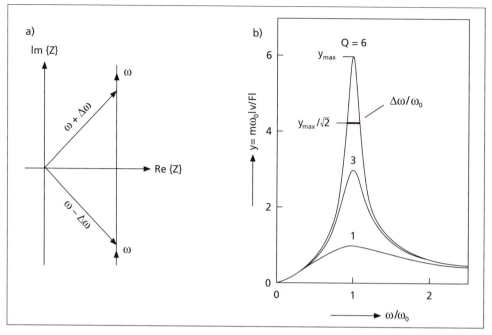

Fig. 2.7 Einfaches Resonanzsystem.
a) Ortskurve der Impedanz,
b) Resonanzkurven; Parameter ist die Güte Q

$$s(t) = \frac{\hat{F}e^{j(\omega t - \psi)}}{j\omega r \sqrt{1 + Q^2 \left(\frac{\omega}{\omega_0} - \frac{\omega_0}{\omega}\right)^2}} \quad (26a)$$

Die Ortskurve der Impedanz des hier betrachteten Schwingungssystems ist in Fig. 2.7a dargestellt. Sie ist eine senkrechte Gerade, die mit wachsender Frequenz von unten nach oben durchlaufen wird. Bei der Frequenz $\omega = \omega_0$ wird die Impedanz reell und nimmt ihren minimalen Betrag an. Daher erreicht bei dieser Frequenz die Schwingungsschnelle für eine gegebene Kraft ihr Maximum. Man bezeichnet diese Erscheinung als Resonanz; die Frequenz ω_0 ist die „Resonanzfrequenz" des Systems.

In Fig. 2.7b ist die Größe $|v/F|$, multipliziert mit $m\omega_0$, über dem Frequenzverhältnis ω/ω_0 aufgetragen. Die in Gl. (23) eingeführte Größe Q ist dabei der Kurvenparameter. Da mit ihr die „Schärfe" der Resonanz anwächst, bezeichnet man sie als „Güte" oder auch als „Q-Faktor" (Q steht für „quality"). Alternativ kann man die Breite der Resonanzspitze durch die beiden Frequenzen $\omega_0 \pm \Delta\omega$ charakterisieren, bei denen die Resonanzkurve auf das $1/\sqrt{2}$-fache ihres Maximalwerts abgefallen ist. Man nennt $2\Delta\omega$ die (doppelte) „Halbwertsbreite" des Resonators. Mit der Güte ist sie über die Gleichung

$$\frac{2\Delta\omega}{\omega_0} = \frac{1}{Q} \approx \frac{r}{m\omega_0} \tag{27}$$

verknüpft. Nach Gl. (25) bildet der Zeiger in Fig. 2.7a bei den Frequenzen $\omega_0 \pm \Delta\omega$ den Winkel von $\pm 45^0$ mit der reellen Achse, weshalb diese gelegentlich auch „45^0- Frequenzen" genannt werden.

2.6   Freie Schwingungen eines einfachen Resonanzsystems

Die Gl. (26) bzw. (26a) stellt die stationäre Antwort des Schwingungssytems auf eine von außen einwirkende, sinusförmig veränderliche Kraft dar. Es wird also angenommen, dass das System „eingeschwungen" ist, d. h. dass die von irgendwelchen Einschaltvorgängen herrührenden freien, gedämpften Schwingungen zu den betrachteten Zeiten bereits abgeklungen sind. Demgegenüber werden wir uns nun gerade diesen freien Schwingungen zuwenden.

Wir gehen hierzu wieder von der Schwingungsgleichung (19) aus und suchen ihre Lösungen für den Fall fehlender äußerer Krafteinwirkung, setzen also F(t) = 0. Dazu machen wir den Ansatz:

$$s(t) = s_0 e^{gt} \tag{28}$$

Einsetzen in die Gl. (19) führt auf eine quadratische Gleichung für die Konstante g:

$$g^2 + \frac{r}{m} g + \frac{1}{nm} = 0$$

oder, mit ω_0 nach Gl. (22) und mit $\delta = r/2m$ als Abkürzung:

$$g^2 + 2\delta g + \omega_0^2 = 0$$

Ihre Lösungen sind:

$$\omega_{1,2} = -\delta \pm \sqrt{\delta^2 - \omega_0^2} = -\delta \pm j\sqrt{\omega_0^2 - \delta^2}$$

Dabei sind wir davon ausgegangen, dass die Konstante $\delta < \omega_0$ ist. – Durch Einsetzen beider Wurzeln in den Ansatz (28) erhält man zwei Teillösungen, die durch Linearkombination auf die allgemeine Lösung der homogenen Schwingungsgleichung führen. Mit der Abkürzung:

$$\omega' = \sqrt{\omega_0^2 - \delta^2},$$

lautet diese:

$$s(t) = s_0 e^{-\delta t} (A e^{j\omega' t} + B e^{-j\omega' t}) \tag{29}$$

Die beiden Konstanten A und B müssen aus den Anfangsbedingungen bestimmt werden. Wir nehmen an, dass das System zur Zeit t = 0 in Ruhe ist, dass ihm aber durch Anschlagen der Masse mit einem Hämmerchen eine Anfangsgeschwindigkeit $v_0 = v(0)$ erteilt wird. Aus $s(0) = 0$ folgt zunächst $A + B = 0$ und daher

$$s(t) = s_0 A e^{-\delta t} (e^{j\omega' t} - e^{-j\omega' t}) = j2s_0 A e^{-\delta t} \sin \omega' t ,$$

letzteres nach Gl. (6b). Differenzieren nach der Zeit ergibt:

$$v(t) = j2s_0 A e^{-\delta t} (\omega' \cos \omega' t - \delta \sin \omega' t)$$

und mit $t = 0$:

$$v_0 = j2s_0 \omega' A$$

Damit lautet die endgültige Lösung der Differentialgleichung für den angegebenen Fall:

$$s(t) = \frac{v_0}{\omega'} e^{-\delta t} \sin \omega' t \qquad (30)$$

Sie stellt eine Schwingung mit der gegenüber der Resonanzfrequenz verkleinerten Kreisfrequenz ω' dar, deren Amplitude exponentiell abnimmt (s. Fig 2.1b). Die zunächst als Abkürzung eingeführte Konstante δ erweist sich als die Abklingkonstante. Mit ihr kann man die Güte nach Gl. (23) ausdrücken durch

$$Q = \frac{\omega_0}{2\delta} \qquad (31)$$

Für $\delta > \omega_0$ erhält man statt der in Gl. (30) dargestellten Schwingung eine monotone Abnahme der Auslenkung. Für $\delta = \omega_0$ verschwindet ω', man spricht dann vom aperiodischen Grenzfall. Nach Gl. (31) ist er durch $Q = 0{,}5$ gekennzeichnet.

2.7 Elektromechanische Analogien

Im vorangehenden Abschnitt haben wir drei durch die Gln. (16) bis (18) definierte mechanische Elemente kennen gelernt, aus denen sich auch kompliziertere Systeme als das oben betrachtete einfache Resonanzsystem zusammensetzen lassen.

Lineare und passive elektrische Systeme enthalten ebenfalls drei elementare Bestandteile: den Ohmschen Widerstand R, die Kapazität C und die Induktivität L. Bezeichnen wir mit U die elektrische Spannung und mit I die elektrische Stromstärke, dann gelten für sie die folgenden Definitionen:

$$U_R = R \cdot I \qquad (16a)$$

$$U_C = \frac{1}{C} \cdot \int I \, dt \qquad (17a)$$

$$U_L = L \frac{dI}{dt} \qquad (18a)$$

Tabelle 2.2 Elektromechanische Analogien

Mechanische Größe	Elektrische Größe (I)	Elektrische Größe (II)
Kraft	Spannung	Stromstärke
Auslenkung	Ladung	
Schnelle	Stromstärke	Spannung
Verlustwiderstand	Ohmscher Widerstand	Ohmscher Leitwert
Feder	Kapazität	Induktivität
Masse	Induktivität	Kapazität
Impedanz	Impedanz	Leitwert
Admittanz	Leitwert	Impedanz
Serienschaltung	Parallelschaltung	Serienschaltung
Parallelschaltung	Serienschaltung	Parallelschaltung

Formal entsprechen diese Formeln genau den Gln. (16) bis (18), sofern wir in Gl. (17) noch $s = \int v dt$ setzen. Man gelangt somit zu der in Tabelle (2.2) angegebenen Analogie I elektrischer und mechanischer Größen (mittlere Spalte).

Sie stellt aber nicht die einzige Möglichkeit dar, mechanische „Schaltungen" in elektrische zu übersetzen. Die Gln. (16a) bis (18a) lassen sich nämlich auch in der Form

$$I_G = G \cdot U \tag{16b}$$

für den Ohmschen Leitwert $G = 1/R$,

$$I_C = C \frac{dU}{dt} \tag{17b}$$

für die Kapazität C, und

$$I_L = \frac{1}{L} \cdot \int U dt \tag{18b}$$

für die Induktivität schreiben. Sie legt nahe, die Stromstärke I mit der Kraft F und die Spannung U mit der Schnelle v zu vergleichen, was auf die in der letzten Spalte der Tabelle (2.2) angegebene Analogie II führt.

Bei diesen Entsprechungen handelt es sich um rein formale Analogien, denen kein physikalischer Sachverhalt zugrunde liegt. Daher ist es auch müßig, darüber zu streiten, welche von ihnen „richtiger" ist als die andere. Die Kraft-Spannung-Analogie ist, wie sich unten zeigen wird, widerstandstreu, aber nicht schaltungstreu, und umgekehrt verhält es

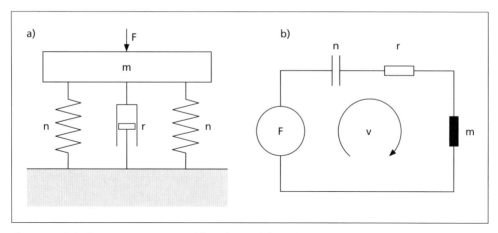

Fig. 2.8 Einfaches Resonanzsystem (a) und sein elektrisches Ersatzschaltbild (b)

sich bei der Kraft-Stromstärken-Analogie. In diesem Buch wird die erstere der beiden Analogien bevorzugt.

Der Vorteil der elektromechanischen Analogien besteht darin, dass man Kombinationen mechanischer Elemente in elektrische „Ersatzschaltbilder" übersetzen kann. Namentlich für elektrotechnisch Geschulte ist es oft leichter, die Wirkung einer elektrischen Schaltung zu übersehen als die eines mechanischen Systems.

Als Beispiel betrachten wir das im vorangehenden Abschnitt behandelte Resonanzsystem, das noch einmal in Fig. 2.8a gezeigt ist. Im Ersatzschaltbild der Fig. 2.8b wird die von außen einwirkende Kraft F durch eine Spannung U repräsentiert, die sich auf die drei Elemente aufteilt. Die Schnelle – entsprechend einer elektrischen Stromstärke – ist dagegen für alle Elemente die gleiche. Demnach müssen die drei Elemente in Serie geschaltet sein. Wird das mechanische System nicht durch eine Kraft erregt, sondern dadurch, dass seine Unterlage mit der Schnelle v schwingt (s. Fig. 2.9a), dann muss die Spannungsquelle durch eine Stromquelle ersetzt werden. Da die Feder und das Dämpfungselement mit der gleichen Schnelle schwingen, müssen beide in Serie geschaltet sein, nicht aber auch die Masse, da deren Schnelle davon abweicht. Dagegen wirken auf die Masse und die Serienschaltung von Feder und Dämpfungselement die gleiche Kraft. Damit gelangt man zu dem Ersatzschaltbild der Fig. 2.9b. Aus ihm entnimmt man, dass die Schwingungsschnelle der Masse

$$v_m = \frac{r + \dfrac{1}{j\omega n}}{j\omega m + r + \dfrac{1}{j\omega n}} \cdot v = \frac{1 + \dfrac{j}{Q}(\omega/\omega_0)}{1 + \dfrac{j}{Q}(\omega/\omega_0) - (\omega/\omega_0)^2} \cdot v \qquad (32)$$

ist, wobei ω_0 wieder die Resonanzfrequenz nach Gl. (22) und Q die Güte nach Gl. (23) ist. Oberhalb der Resonanzfrequenz des Systems wird v_m sehr viel kleiner als v, weshalb man

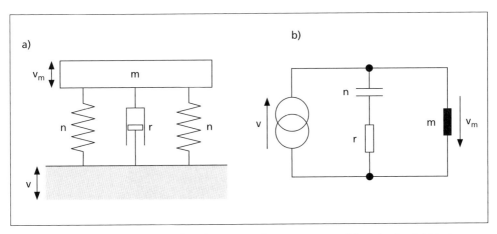

Fig. 2.9 Durch schwingenden Fußpunkt erregtes Resonanzsystem (a) und sein elektrisches Ersatzschaltbild (b)

diese Anordnung zur Isolation erschütterungsempfindlicher Geräte, z. B. von Waagen gegenüber der Umgebung verwendet. Wir werden auf diese Gleichung und die Fig. 2.9b in Kapitel 15 zurückkommen.

2.8 Leistung

Die stationäre Schwingung eines Systems kann nur dann aufrechterhalten werden, wenn die unvermeidlichen Schwingungsverluste laufend kompensiert werden. Die hierzu erforderliche Energie muss von der erregenden Kraft aufgebracht werden.

Bewirkt eine Kraft die Verschiebung ihres Angriffspunkts um die Strecke ds, wobei die Verschiebung der Kraft gleich gerichtet sei, dann leistet sie die mechanische Arbeit dA = Fds. Bezieht man diese Arbeit auf die Zeiteinheit, dann wird aus ihr die Leistung; die Verschiebung ds ist durch die Schwingungsschnelle v zu ersetzen:

$$P = F \cdot v \qquad (33)$$

Wir verlassen hier die komplexe Schreibweise und setzen daher für F und v nicht die Ausdrücke (12) und (13), sondern deren Realteile ein:

$$P = \hat{F}\hat{v}\cos(\omega t)\cos(\omega t - \psi) = \frac{1}{2}\hat{F}\hat{v}[\cos\psi + \cos(2\omega t - \psi)] \qquad (34)$$

ein. Die Leistung hat also einen zeitunabhängigen Anteil

$$P_w = \frac{1}{2}\hat{F}\hat{v}\cos\psi \qquad (35)$$

der als Wirkleistung bezeichnet wird, und einen zeitabhängigen Anteil

$$P_b = \frac{1}{2}\hat{F}\hat{v}\cos(2\omega t - \psi),\qquad(36)$$

die so genannte Blindleistung. Nur die erstere wird zur Kompensation der Verluste benötigt; die der Bildleistung entsprechende Energie pendelt dagegen periodisch zwischen der Kraftquelle und dem System hin und her. Mittels der Impedanz oder der Admittanz lässt sich nach den Gln. (14) und (15) auch eine der beiden Schwingungsgrößen durch die jeweils andere ausdrücken:

$$P_w = \frac{1}{2}\hat{v}^2\,\mathrm{Re}\{Z\} = \frac{1}{2}\hat{F}^2\,\mathrm{Re}\{Y\}\qquad(37)$$

oder, wenn man die durch Gl. (4) definierten Effektivwerte der betreffenden Schwingungsgrößen benutzt:

$$P_w = \tilde{v}^2\,\mathrm{Re}\{Z\} = \tilde{F}^2\,\mathrm{Re}\{Y\}\qquad(35a)$$

Schließlich gibt es auch eine Darstellung der Wirkleistung mittels der komplexen Schwingungsgrößen nach Gl. (12) und (13):

$$P_w = \frac{1}{4}\left(Fv^* + F^*v\right)\qquad(38)$$

wobei der Stern * den Übergang zur konjugiert-komplexen Größe bezeichnet. Man realisiert leicht, dass diese Gleichung mit Gl. (35) bzw. (35a) übereinstimmt..

2.9   Fourieranalyse

Die zentrale Bedeutung der harmonischen Schwingung beruht darauf, dass sich praktisch jeder Schwingungsvorgang in harmonische, d. h. in Sinusschwingungen zerlegen lässt. Das gilt nicht nur für periodische Schwingungen, sondern auch für beliebige Signale, z. B. also auch für einzelne Impulse, die man zunächst kaum als eine Schwingung ansprechen würde, oder für die im Abschnitt 2.6 betrachtete gedämpfte Schwingung. Das Werkzeug hierfür ist die Fourierzerlegung oder Fourieranalyse, die in der Schwingungslehre und in der Akustik, aber auch in vielen anderen Bereichen wie etwa der Signal- und Systemtheorie eine grundlegende Rolle spielt.

2.9.1   Periodische Signale

Wir gehen aus von einer periodischen Schwingung s(t) mit der Schwingungsperiode T. Die Zeitfunktion genügt also der Bedingung

$$s(t + T) = s(t)$$

Sie kann durch eine Summe von i. Allg. unendlich vielen harmonischen Schwingungen (oder einfacher von „Harmonischen") dargestellt werden:

$$s(t) = \sum_{n=-\infty}^{\infty} C_n e^{j2\pi nt/T} \qquad (39)$$

Die „komplexen Amplituden" C_n lassen sich aus einer gegebenen Funktion s(t) berechnen, indem man die Gl. (39) mit exp(-j2πn′t/T) multipliziert und über eine volle Periodenlänge T integriert. Man erhält dann, indem man n′ wieder durch n ersetzt:

$$C_n = \frac{1}{T} \int_{-T/2}^{T/2} s(t) e^{-j2\pi nt/T} dt \qquad (40)$$

Ist s(t) eine reelle Funktion, dann folgt aus dieser Gleichung die Beziehung:

$$C_{-n} = C_n^* \qquad (41)$$

Um zu einer reellen Darstellung zu gelangen, fasst man jeweils die Glieder mit dem Index ± n unter Beachtung der Gl. (41) zusammen:

$$s(t) = C_0 + \sum_{n=1}^{\infty} \left(C_n e^{j2\pi nt/T} + C_n^* e^{-j2\pi nt/T} \right) = C_0 + 2 \cdot \sum_{n=1}^{\infty} \text{Re}\left\{ C_n e^{j2\pi nt/T} \right\} \qquad (42)$$

Mit

$$C_n = \hat{C}_n e^{j\varphi_n} \qquad (43)$$

ergibt sich hieraus die anschaulichere Formel:

$$s(t) = C_0 + 2 \cdot \sum_{n=1}^{\infty} \hat{C}_n \cos(2\pi nt/T + \varphi_n) \qquad (44)$$

Die einzelnen Teilschwingungen sind demnach i. Allg. gegeneinander phasenverschoben. Ihre Kreisfrequenzen sind alle Vielfache einer Grundfrequenz 2π/T. Die Teilschwingung mit der Kreisfrequenz 2π/T ist die Grundschwingung, die Teilschwingungen mit n > 1 werden als Oberschwingungen bezeichnet. Die Konstante C_0 stellt den konstanten Anteil von s(t) dar.

Die Gesamtheit der Fourierkoeffizienten C_n bildet das „Spektrum" der Zeitfunktion s(t), das eine alternative, der Zeitfunktion s(t) selbst völlig gleichwertige Beschreibung des Vorgangs darstellt.

Als Beispiel betrachten wir die in Fig. 2.10a durch einen dünn gezeichneten Linienzug dargestellte Sägezahnschwingung, gegeben durch:

$$s(t) = 2\hat{s} \cdot \frac{t}{T} \quad \text{für} \quad -\frac{T}{2} < t < \frac{T}{2}, \qquad (45)$$

der Nullpunkt der Zeitachse fällt also mit einem der Nulldurchgänge von s(t) zusammen. – Ausrechnung des Integrals der Gl. (40) ergibt

$$C_n = j\frac{\hat{s}}{n\pi}(-1)^n = \frac{\hat{s}}{n\pi} e^{j(n+1/2)\pi} \qquad (46)$$

für n ≠ 0; der Koeffizient C_0 verschwindet. Wegen

Einige Begriffe aus der Schwingungslehre

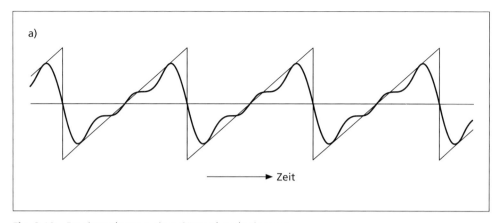

Fig. 2.10 Fourierzerlegung einer Sägezahnschwingung.
a) Ausgangsfunktion (dünn) mit einer aus drei Fourierkomponenten bestehenden Näherung,

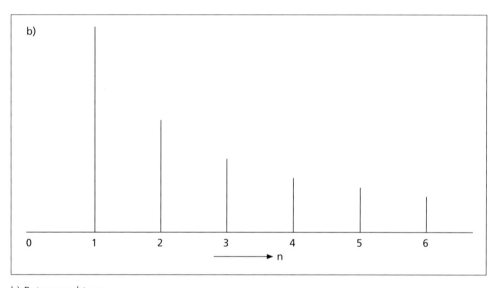

b) Betragsspektrum

$$\cos(n\omega_0 t + n\pi + \pi/2) = -\sin(n\omega_0 t)\cos(n\pi) = \sin(n\omega_0 t)\cdot(-1)^{n+1}$$

erhält man für die Fourierreihe der Gl. (42):

$$s(t) = \frac{2\hat{s}}{\pi}\left(\frac{\sin(2\pi t/T)}{1} - \frac{\sin(4\pi t/T)}{2} + \frac{\sin(6\pi t/T)}{3} + \cdots\right) \tag{47}$$

Die Beträge der Fourierkoeffizienten nach Gl. (45) sind in Fig. 2.10b als senkrechte Striche dargestellt. Außerdem ist in Fig 2.10a die aus den ersten drei Gliedern der obigen Fourierreihe bestehende Näherung als dünne Kurve eingezeichnet. Man erkennt, dass diese sich bereits recht gut an die Funktion s(t) anschmiegt. Besonders große Fehler treten indessen noch in der Umgebung der Sprünge auf, und man kann absehen, dass hier die Näherung erst bei Verwendung von sehr vielen Summengliedern den Verlauf einigermaßen zutreffend wiedergibt.

2.9.2 Nichtperiodische Signale

Lässt man T immer mehr anwachsen, dann wird der Frequenzabstand $\Delta\omega = 2\pi/T$ immer kleiner und die Summe der Gl. (39) kann immer besser durch ein Integral angenähert werden. Ersetzt man $2\pi n/T$ im Exponenten durch ω, dann lautet dieses mit $\Delta\omega = \omega_0$:

$$s(t) = \sum_{n=-\infty}^{\infty} \frac{C_n}{\omega_0} e^{j\omega t} \Delta\omega \;\rightarrow\; \int_{-\infty}^{\infty} C(\omega) e^{j\omega t} d\omega \quad \text{für } T \rightarrow \infty \tag{48}$$

Aus den diskreten Fourierkoeffizienten wird durch den Grenzübergang eine stetige komplexe Funktion der Frequenz, die sog. Spektralfunktion oder Spektraldichte, oft auch einfach „Spektrum" genannt:

$$C(\omega) = \lim_{T \to \infty} \frac{C_n}{\omega_0}$$

Aus der Gl. (40) wird durch den gleichen Grenzübergang:

$$C(\omega) = \frac{1}{2\pi} \int_{-\infty}^{\infty} s(t) e^{-j\omega t} dt \tag{49}$$

Für reelle Funktionen s(t) gilt entsprechend der Gl. (41):

$$C(-\omega) = C^*(\omega) \tag{50}$$

Wiederum sind die Zeitfunktion s(t) und ihr komplexes Spektrum $C(\omega)$ zwei völlig gleichwertige Darstellungen ein und desselben Vorgangs.

Als Beispiel betrachten wir den in Fig. 2.11a gezeigten, exponentiell abklingenden Impuls, gegeben durch

$$s(t) = a e^{-at} \quad \text{für } t \geq 0, \tag{51}$$

für negative Zeiten verschwinde s(t). Die Darstellung ist so gewählt, dass das Zeitintegral über s(t) gleich 1 ist. – Das Integral in Gl. (49) liefert:

$$C(\omega) = \frac{a}{2\pi} \cdot \frac{1}{a + j\omega} = \frac{1}{2\pi\sqrt{1 + (\omega/a)^2}} e^{j\phi(\omega)} \quad \text{mit} \quad \phi(\omega) = -\arctan\left(\frac{\omega}{a}\right) \tag{52}$$

In Fig. 2.11b ist der Betrag der Spektraldichte $C(\omega)$ in Abhängigkeit von ω/a dargestellt.

Lässt man die Abklingkonstante a in den obigen Gleichungen über alle Grenzen wachsen, dann wächst auch der Funktionswert von s(t) bei t = 0 über alle Grenzen, während er an allen anderen Stellen verschwindet. Eine Funktion mit diesen Eigenschaften heißt Diracfunktion oder Deltafunktion und wird mit $\delta(t)$ abgekürzt:

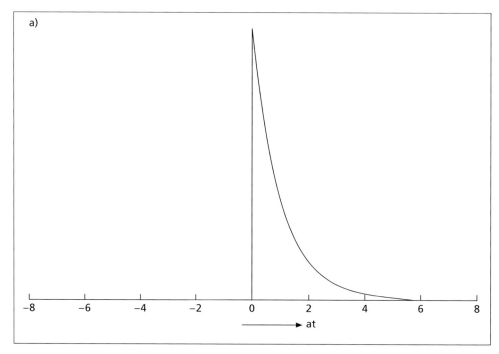

Fig. 2.11 Fourierterlegung eines Exponentialimpulses.
a) Zeitfunktion,

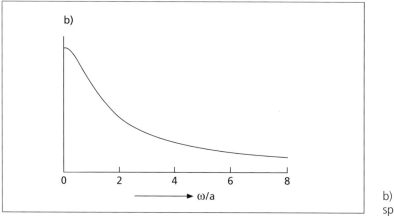

b) Betragsspektrum

$$\delta(t) = \lim_{a \to \infty} a e^{-at} \tag{53}$$

Ihr Spektrum ist nach Gl. (52) gegeben durch

$$C(\omega) = \frac{1}{2\pi} \tag{54}$$

Damit lässt sich die Diracfunktion auch darstellen als

$$\delta(t) = \lim_{\Omega \to \infty} \frac{1}{2\pi} \int_{-\Omega}^{\Omega} e^{j\omega t} d\omega \tag{55}$$

2.9.3 Stationäre Signale

Die oben erläuterte Berechnung des Spektrums aus der Zeitfunktion versagt, wenn diese für $t \to \pm \infty$ nicht oder nicht schnell genug verschwindet, weil dann das Integral in Gl. (49) keinen endlichen Wert liefert. Das gilt für alle stationären, unperiodischen Schwingungsvorgänge. Oft haben solche Vorgänge Zufallscharakter (s. z. B. Fig. 2.3c), d. h. sie lassen sich nicht vorhersagen und erst recht nicht durch eine mathematische Funktion beschreiben. Man bezeichnet sie als Rauschen. Beispiele hierfür sind alle Arten von Strömungsgeräuschen wie das Rauschen eines Baches oder einer Wasserleitung, oder das elektrische Rauschen, das in elektronischen Schaltungen, in Verstärkern usw. entsteht.

Um auch solche Schwingungsvorgänge zu analysieren, schneidet man aus der z. B. durch Messung bestimmten Zeitfunktion s(t) ein Stück der Dauer t_0 aus, berechnet also das Integral

$$C_{t_0}(\omega) = \frac{1}{2\pi} \int_{-t_0/2}^{t_0/2} s(t) e^{-j\omega t} dt \tag{56}$$

Damit bildet man das sog. „Leistungsspektrum" oder die „spektrale Leistungsdichte" der Schwingung, definiert durch

$$W(\omega) = \lim_{t_0 \to \infty} \frac{1}{t_0} C_{t_0}(\omega) C_{t_0}^* \tag{57}$$

Ein stationäres Signal, dessen Leistungsspektrum in einem bestimmten Bereich, zum Beispiel im menschlichen Hörbereich konstant ist, bezeichnet man als „weißes Rauschen". Natürlich muss sein Spektrum von irgend einer Frequenz an abfallen und schließlich zu Null werden, da sonst die Gesamtleistung des Rauschens

$$P = \int_{0}^{\infty} W(\omega) d\omega$$

nicht endlich wäre.

2.9.4 Zur Durchführung der Fourieranalyse

Ist die zu untersuchende Zeitfunktion in Form eines mathematischen Ausdruck gegeben, dann führt man die Fourieranalyse natürlich durch Berechnung der in den Gln. (40) und (49) angegebenen Integrale aus.

Ist das nicht der Fall, kann man den Spektralgehalt des Signals experimentell ermitteln. Die vielleicht älteste, direkt auf Schallsignale anzuwendende Methode geht auf *Helmholtz* zurück; bei ihr werden Hohlraumresonatoren (s. Unterabschnitt 7.3.3) vor das Ohr gehalten, die auf verschiedene Frequenzen abgestimmt sind. Die der Resonanzfre-

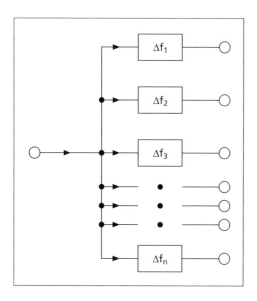

Fig. 2.13 Übertragungssystem

Fig. 2.12 Fourieranalyse mittels einer Filterbank

quenz entsprechende Spektralkomponente regt den jeweiligen Resonator zum Mitschwingen an und wird hinsichtlich ihrer Stärke gehörmäßig beurteilt. Modernere Frequenzanalysatoren bedienen sich elektrischer Hilfsmittel, was natürlich voraussetzt, dass das zu analysierende Schallsignal zuvor mit einem Mikrofon in ein elektrisches Signal verwandelt wurde. Für eine grobe Spektralanalyse verwendet man eine Filterbank, d. h. einen Satz von Bandpassfiltern nach Fig. 2.12. In der Akustik sind durchschaltbare Filter von Oktav- oder von Terzbreite (s. Abschnitt 11.2) üblich. Für eine genauere Untersuchung kann man elektrische Fourieranalysatoren benutzen. Ihr wesentlicher Bestandteil ist ein durchstimmbares Schmalbandfilter, mit dem das Signalspektrum durchmustert wird.

Besonders elegant gestaltet sich die Fourieranalyse, wenn das zu untersuchende Signal in Form von Zahlenwerten vorliegt. Man bedient sich dann vorwiegend der schnellen Fouriertransformation (FFT, **F**ast **F**ourier **T**ransform), eines sinnreichen Algorithmus, bei dem die Symmetrieeigenschaften der trigonometrischen Funktionen ausgenutzt werden.

2.10 Übertragungsfunktion und Impulsantwort

Obwohl der Gegenstand dieses Abschnitts nicht eigentlich der Schwingungslehre, sondern der Systemtheorie zuzurechnen ist, sollen hier einige Begriffe erläutert werden, die in manchen Bereichen der Akustik wichtig und nützlich sind. Näheres findet sich in der einschlägigen Literatur[1]

---

1 s. z. B.: J.-R. Ohm und H. D. Lüke, Signalübertragung – Grundlagen der digitalen und analogen Nachrichtenübertragungssysteme, 8. Aufl. Springer Verlag Berlin 2002

Eine zentrale Stellung nimmt auch in der Akustik das lineare Übertragungssystem ein. Es hat, wie in Fig. 2.13 gezeigt, einen Eingang und einen Ausgang, und ein an seine Eingangsklemmen angelegtes Signal s(t) ist eindeutig mit einem Ausgangssignal s′(t) verknüpft. Über Inhalt des Kastens wird nur vorausgesetzt, dass ein Eingangssignal a · s(t) das Ausgangssignal a · s′(t) zur Folge hat wobei a ein beliebiger Faktor ist. In diesem Fall gilt das lineare Superpositionsprinzip: Angenommen jedes der beiden Eingangssignale s_1 und s_2 liefert, für sich genommen, am Systemausgang das Signal s_1′ bzw. s_2′. Dann erzeugt das Summensignal $s_1 + s_2$ das Ausgangssignal s_1′ + s_2′. Beispiele für Systeme dieser Art sind akustische oder elektrische Leitungen, elektrische Filter, Verstärker, Lautsprecher und Mikrofone. Das angestrebte lineare Verhalten dieser Übertragungssysteme ist eine Idealforderung, die sich oft weitgehend, aber nie vollständig verwirklichen lässt.

Die Übertragungseigenschaften eines linearen Systems können durch seine Frequenzübertragungsfunktion gekennzeichnet werden: Wählt man als Eingangssignal eine harmonische Schwingung s(t) = ŝ exp(ωt), so ist auch das Ausgangssignal eine harmonische Schwingung mit der gleichen Kreisfrequenz ω. Allerdings wird sich seine Amplitude gegenüber dem Eingangssignal um einen bestimmten, von der Frequenz abhängigen Faktor verändert haben, und auch seine Phase wird sich von der des Eingangssignals um einen gewissen Wert φ unterscheiden. Diese Änderungen kann man in einem komplexen, frequenzabhängigen Faktor, dem Übertragungsfaktor oder der Übertragungsfunktion G(ω) zusammenfassen:

$$G(\omega) = |G(\omega)| \cdot e^{j\varphi(\omega)} \tag{58}$$

Mit ihm stellt sich das Ausgangssignal dar als

$$s'(t) = \hat{s} G(\omega) e^{j\omega t} = \hat{s} |G(\omega)| e^{j[\omega t + \varphi(\omega)]}$$

Die Übertragungsfunktion ist natürlich eine dimensionsbehaftete Größe, wenn wie z. B. bei einem Lautsprecher das Eingangssignal elektrisch, das Ausgangssignal aber mechanisch oder akustisch ist.

Die experimentelle Ermittlung der Übertragungsfunktion verlangt Amplituden- und Phasenmessungen bei zahlreichen, möglichst dicht liegenden Frequenzen, die den ganzen interessierenden Frequenzbereich überdecken. Man kann daher auf die Idee kommen, gewissermaßen alle Frequenzen gleichzeitig auf den Eingang des Systems einwirken zulassen. Nach Gl. (55) läuft das auf die Verwendung eines verschwindend kurzen Impulses als Eingangssignal hinaus, dargestellt durch die Deltafunktion δ(t). Das zugehörige Antwortsignal am Ausgang bezeichnet man als die Impulsantwort g(t) des Systems. Intuitiv ist klar, dass

$$g(t) = 0 \text{ für } t < 0$$

sein muss, da die Reaktion eines realisierbaren Systems erst nach seiner Erregung durch das Eingangssignal erfolgen kann (Kausalitätsprinzip).

Einige Begriffe aus der Schwingungslehre

Einen mathematischen Ausdruck für die Impulsantwort eines Systems erhält man, indem man jede Teilschwingung in Gl. (55) mit dem Faktor $2\pi G(\omega)$ versieht:

$$g(t) = \int_{-\infty}^{\infty} G(\omega) e^{j\omega t} d\omega \tag{59}$$

(Auf den in Gl. (44) vorgeschriebenen Grenzübergang kann hier verzichtet werden, da bei allen realen Systemen $G(\omega)$ für $\omega \to \pm \infty$ hinreichend stark verschwindet.) Die Impulsantwort ist also die Fouriertransformierte der Übertragungsfunktion. Umgekehrt ist nach Gl. (49):

$$G(\omega) = \frac{1}{2\pi} \int_{-\infty}^{\infty} g(t) e^{-j\omega t} dt \tag{60}$$

Da die Impulsantwort als Ausgangssignal eines reellen Eingangssignals ebenfalls reell sein muss, gilt für G die Gl. (50) entsprechend:

$$G(-\omega) = G^*(\omega) \tag{61}$$

Das bedeutet, dass $|G(\omega)|$ eine gerade Funktion der Frequenz, die Phasenfunktion $\varphi(\omega)$ dagegen ungerade ist.

Um das zu einem gegebenen Eingangssignal $s(t)$ gehörige Ausgangssignal $s'(t)$ zu berechnen, braucht man nur zu beachten, dass sich jedes beliebige Signal als dichte Folge sehr kurzer Impulse entsprechender Höhe darstellen lässt, also

$$s(t) = \int_{-\infty}^{\infty} s(\tau) \delta(t - \tau) d\tau \, s \tag{62}$$

Das entsprechende Ausgangssignal entsteht nun dadurch, dass die Deltafunktion im Integranden durch die Impulsantwort des Systems ersetzt wird:

$$s'(t) = \int_{-\infty}^{\infty} s(\tau) g(t - \tau) d\tau = \int_{-\infty}^{\infty} g(\tau) s(t - \tau) d\tau \tag{63}$$

Diese Operation wird als Faltung bezeichnet und oft mit * abgekürzt, sodass wir auch schreiben können:

$$s'(t) = g(t) * s(t) \tag{64}$$

Ihre Entsprechung im Frequenzbereich lautet:

$$\underline{S}'(\omega) = \underline{G}(\omega) \cdot \underline{S}(\omega), \tag{65}$$

wobei $\underline{S}(\omega)$ und $\underline{S}'(\omega)$ die Spektren von $s(t)$ und $s'(t)$ sind.

2.11 Nichtlineare Systeme

Die zu Beginn des letzten Abschnitts unterstellte Linearität der Signalübertragung ist eine Idealisierung, die bei vielen Übertragungssystemen gerechtfertigt ist, sofern die Schwingungsamplituden eine gewisse Größe nicht überschreiten. Man spricht daher auch vom Linearitätsbereich eines Übertragungssystems.

Um die Auswirkungen einer Nichtlinearität zu zeigen, nehmen wir als Beispiel an, Eingangs- und Ausgangssignal eines Systems seien durch die Beziehung

$$s'(t) = e^{s(t)} - 1 = \frac{s}{1!} + \frac{s^2}{2!} + \frac{s^3}{3!} + \cdots \qquad (66)$$

miteinander verknüpft. Sie ist in Fig. 2.14 grafisch dargestellt. Zugleich sind in dieser Figur als Eingangssignale zwei harmonische Schwingungen mit den Amplituden 0,25 und 1 eingezeichnet (unten) sowie die dazugehörigen Ausgangssignale (rechts). Für die kleinere Amplitude ist auf den ersten Blick keine Verzerrung des Ausgangssignals zu sehen; bei der größeren werden dagegen die negativen Halbwellen durch die Übertragung deutlich abgeflacht, die positiven „angeschärft". Dieser Verzerrung entspricht die Entstehung von

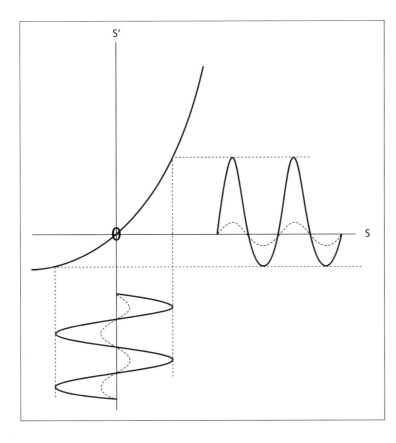

Fig. 2.14 Verzerrung einer Sinusschwingung durch ein nichtlineares Übertragungssystem (gestrichelt: ŝ = 0,25, durchgezogen: ŝ = 1)

Spektralkomponenten, die im Eingangssignal nicht vorkommen. Setzt man nämlich in Gl. (66) $s(t) = \hat{s} \cos\omega t$, dann liefert das zweite Glied der Potenzreihe

$$\frac{\hat{s}^2}{2}\cos^2\omega t = \frac{\hat{s}^2}{4}(1+\cos 2\omega t) \; ,$$

also einen Gleichanteil und eine Komponente der doppelten Originalfrequenz. Aus dem dritten Glied wird

$$\frac{\hat{s}^3}{6}\cos^3\omega t = \frac{\hat{s}^3}{24}(3\cos\omega t + \cos 3\omega t)$$

also u. a ein Bestandteil mit der dreifachen Eingangsfrequenz. Besteht das Eingangssignal aus der Überlagerung zweier Schwingungen mit den Frequenzen ω_1 und ω_2, dann entstehen am Ausgang nicht nur Schwingungskomponenten mit Vielfachen dieser beiden Frequenzen, sondern auch Teilschwingungen mit den Summen- und Differenzfrequenzen

$$\omega_1 + \omega_2 \, , \quad \omega_1 - \omega_2$$
$$2\omega_1 + \omega_2 \, , \quad 2\omega_1 - \omega_2 \, , \quad 2\omega_2 + \omega_1 \, , \quad 2\omega_2 - \omega_1 \quad \text{usw.}$$

Vor allem die Differenztöne kann man zuweilen direkt hören, z. B. wenn bei einem Streichinstrument zwei Saiten gleichzeitig angestrichen werden oder noch deutlicher, wenn zwei Flötentöne gleichzeitig im Abstand einer Terz gespielt werden. Dies ist ein klarer Beweis dafür, dass unser Gehör eine nichtlineare Signalverarbeitung vornimmt.

3 Die akustischen Grundgleichungen

Wir kommen nun näher auf die in Abschnitt 1.1 angesprochenen Änderungen des physikalischen Zustands zu sprechen, die eine Schallwelle in einem Medium bewirkt, die also die Schallwelle eigentlich ausmachen. Dieser Zustand wird durch Größen wie den Druck, die Dichte, die Temperatur gekennzeichnet, und sie alle ändern sich in einer Schallwelle, können umgekehrt aber auch zur Beschreibung der Schallwelle herangezogen werden. Man nennt sie daher auch „Schallfeldgrößen". Manche von ihnen wie etwa der Druck stehen dabei im Vordergrund, da man sie verhältnismäßig leicht messen kann. In diesem Kapitel werden des weiteren die Beziehungen besprochen, die zwischen den einzelnen Schallfeldgrößen bestehen. Hieraus lassen sich bereits wichtige Schlussfolgerungen über die Natur und die Eigenschaften der Schallwellen ziehen.

3.1 Schallfeldgrößen

Wir greifen auf die im Abschnitt 2.1 erläuterte Kennzeichnung der Schwingungsstärke eines vibrierenden Körpers zurück. Sie erfolgt durch einen Vektor $\vec{s}$, der die Auslenkung eines materiellen Punktes aus seiner Ruhelage kennzeichnet und der in rechtwinkligen Koordinaten die Komponenten ξ, μ und ζ hat. Diese einfache Vorstellung lässt sich auch auf ein Schallfeld anwenden, wobei jetzt $\vec{s}$ die Auslenkung eines Mediumteilchens aus seiner Ruhelage ist. Dabei denken wir nicht an Gas- oder Flüssigkeitsmoleküle, die ja auch ohne Schall in unregelmäßiger thermischer Bewegung sind, sondern an fiktive Teilchen, die normalerweise in Ruhe sind. Die durch den Schall bedingte Auslenkung hängt natürlich vom Ort und von der Zeit ab. Wie bei den Schwingungen ist auch bei Schallfeldern, vor allem bei Schallfeldern in Gasen und Flüssigkeiten, die Angabe der Geschwindigkeit $\vec{v}$ gebräuchlicher, mit der sich diese Auslenkung vollzieht. Man bezeichnet sie als Teilchenschnelle oder als Schallschnelle. Durch diese Bezeichnung sollen Verwechslungen mit der Schallgeschwindigkeit vermieden werden, welche die Ausbreitung eines Zustands charakterisiert. Die Verknüpfung der Schallschnelle mit der Auslenkung ist nach Gl. (2.1) durch zeitliche Differentiation gegeben. Allerdings ist die Auslenkung nun auch eine Funktion des Ortes, weshalb die Differentiation jetzt partiell erfolgen muss:

$$\vec{v} = \frac{\partial \vec{s}}{\partial t} \tag{1}$$

Die akustischen Grundgleichungen

Bei einem fluiden Stoff kann man eine Schallwelle auch als nichtstationäre Strömung mit der orts- und zeitabhängigen Strömungsgeschwindigkeit $\vec{v}$ auffassen. Ist diese Strömung wirbelfrei, was man bei Schallwellen i. Allg. voraussetzen kann, dann lässt sich die Schallschnelle durch partielle Differentiation nach den Koordinaten aus einem skalaren Potenzial Φ, dem so genannten Schnellepotenzial ableiten:

$$v_x = -\frac{\partial \Phi}{\partial x} \quad , \quad v_y = -\frac{\partial \Phi}{\partial y} \quad , \quad v_z = -\frac{\partial \Phi}{\partial z} \tag{2}$$

wovon in diesem Buch allerdings kein Gebrauch gemacht wird.

Die Ortsabhängigkeit der Teilchenbewegung ergibt sich daraus, dass die Schwingungsübertragung von einer Stelle zur anderen mit einer gewissen Verzögerung erfolgt. Daher liegen an verschiedenen Punkten zu einem gegebenen Zeitpunkt unterschiedliche Schwingungszustände vor; sind die Luftteilchen an einer Stelle gerade maximal in positiver Richtung ausgelenkt, so ist die Auslenkung an einer anderen geringer oder sogar negativ, bezogen auf ihre ursprüngliche Ruhelage (s. z. B. Fig. 1.1). Kleine, im Medium gegeneinander abgegrenzte Bereiche werden somit verformt.

Betrachten wir zunächst die Schallausbreitung in einem Gas oder einer Flüssigkeit, kurz gesagt: in einem Fluid. Die durch unterschiedliche Schwingungszustände hervorgerufenen Formänderungen bestehen hier aus lokalen Kompressionen und Verdünnungen. Damit sind wir bei der Dichteänderung des Mediums als einer ersten Schallfeldgröße angelangt. Hat der Stoff im Ruhezustand die Dichte ρ_0, so beträgt diese in einer Schallwelle $\rho_g = \rho_0 + \varrho_\sim$, wobei die Abweichung $\varrho_\sim$ im Rhythmus der Schallschwingung schwankt. Entsprechendes gilt für den herrschenden Druck, da jede Dichteerhöhung zu einem gegenüber dem Ruhewert p_0 erhöhten Druck $p_g = p_0 + p_\sim$ führt und umgekehrt. Die Abweichung des Druckes von seinem Ruhewert ist eine besonders wichtige Schallfeldgröße, da sich kleine Druckschwankungen in fluiden Stoffen relativ gut messen lassen. Man bezeichnet sie als „Schallwechseldruck" oder einfacher als „Schalldruck". Nichtsynchrone Teilchenbewegungen und Druckschwankungen sind in einer Schallwelle also unlösbar miteinander verknüpft. Der Vollständigkeit halber sei noch erwähnt, dass die Druck- oder Dichteschwankungen auch mit Schwankungen der Temperatur verbunden sind, da ein Stoff sich bei schneller Kompression erwärmt, bei plötzlicher Verdünnung abkühlt. Diese Temperaturschwankung wird mitunter als „Schalltemperatur" bezeichnet und ist auch eine Schallfeldgröße. Im Folgenden werden wir das Zeichen $\sim$ hinter den Symbolen p und ρ weglassen, da die Gefahr einer Verwechslung nicht besteht.

Bekanntlich ist der in einem Fluid herrschende Druck eine ungerichtete Größe, der auf jede Grenzfläche senkrecht einwirkt. Der in einem Gas vorliegende Kraftzustand wird durch ihn eindeutig gekennzeichnet. Das gilt auch für Flüssigkeiten, wenn man von der Oberflächenspannung und der Viskosität fürs erste absieht. Es gilt aber nicht für Festkörper, da diese – im Gegensatz zu fluiden Stoffen – das Bestreben haben, nicht nur ihr Volumen, sondern auch ihre Gestalt beizubehalten, mit anderen Worten: Festkörper haben nicht nur eine Volumenelastizität, sondern auch eine Formelastizität. Zur Veranschau-

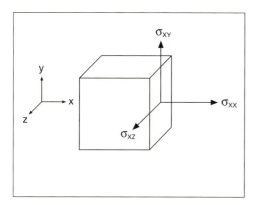
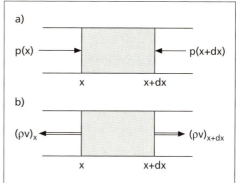

Fig. 3.1 Zug – und Schubspannungen an einem würfelförmigen Volumenelement eines Festkörpers

Fig. 3.2 Zur Ableitung der Grundgleichungen a) Kraftbilanz, b) Massenbilanz

lichung betrachten wir in Fig. 3.1 ein in einem unbegrenzten festen Stoff abgegrenztes, quaderförmiges Stoffelement. Auf seiner rechten, zur x-Achse senkrechten Endfläche kann einmal eine in die x-Richtung weisende Zugkraft angreifen. Es können auf diese Fläche aber auch tangential gerichtete Kräfte, so genannte Schubkräfte einwirken, was bei einem fluiden Stoff undenkbar ist, da in diesem keine elastischen Gegenkräfte entstehen, die einer Schubkraft das Gleichgewicht halten könnten.

Wie beim Druck in einem Fluid, werden auch diese Kräfte auf den Inhalt der Fläche bezogen, auf die sie einwirken. Man gelangt so zu den „elastischen Spannungen". Aus einer Zugkraft wird die Zugspannung, aus einer Schubkraft die Schub- oder Scherspannung, wobei die letztere noch in zwei zueinander senkrechte Komponenten zerlegt werden kann. Wir bezeichnen diese Spannungen durch ein doppelt indiziertes Symbol σ_{ik}, wobei der erste Index sich auf die Orientierung der Fläche bezieht, an der die Spannung angreift, der zweite die Richtung angibt, in der sie wirkt. Demgemäß wirken im allgemeinen Fall auf die in Fig. 3.1. betrachtete Fläche die Zugspannung σ_{xx} und die Schubspannungen σ_{xy} und σ_{xz}. Entsprechendes gilt für die anderen Grenzflächen des betrachteten Elements. Diese neun elastischen Spannungen bilden den so genannten Spannungstensor:

$$\begin{pmatrix} \sigma_{xx} & \sigma_{xy} & \sigma_{xz} \\ \sigma_{yx} & \sigma_{yy} & \sigma_{yz} \\ \sigma_{zx} & \sigma_{zy} & \sigma_{zz} \end{pmatrix} \tag{3}$$

Durch die Beziehungen

$$\sigma_{xy} = \sigma_{yx}, \; \sigma_{yz} = \sigma_{zy}, \; \sigma_{zx} = \sigma_{xz} \tag{4}$$

wird die Zahl der voneinander unabhängigen Spannungen auf sechs eingeschränkt, die zusammen den Kraftzustand in einem Festkörper kennzeichnen.

3.2 Die akustischen Grundgleichungen für Fluide

In diesem Abschnitt sollen einige Gleichungen abgeleitet werden, welche die oben beschriebenen Zusammenhänge auf eine quantitative Grundlage stellen. Dabei beschränken wir uns auf gasförmige und flüssige, verlustfreie Medien.

Wir greifen zunächst die Fortpflanzung von Schwingungszuständen in einer eindimensionalen Schallwelle auf. In Fig. 3.2a ist ein Volumenelement mit der Querschnittsfläche dS dargestellt (links), das in das betrachtete Medium eingebettet sei. Dabei ist unerheblich, ob die Abgrenzung nach oben und unten durch eine materielle oder nur gedachte Wand erfolgt; wesentlich ist allein, dass der Zustand des Mediums nur von einer Koordinatenrichtung x abhängt. Die infinitesimale Länge des Volumenelements ist dx. Auf seine linke Seite wirke der Druck p(x) und damit die Kraft p(x)dS, auf rechte die Kraft p(x+dx)dS. Die Differenzkraft

$$-[p(x+dx)-p(x)]dS = -\frac{\partial p}{\partial x}dxdS \tag{5}$$

beschleunigt die in ihm befindliche Masse $\rho_g dxdS$, wobei sie die der Beschleunigung proportionale Trägheitskraft zu überwinden hat. Gleichsetzen beider Kräfte führt daher nach Herauskürzen des Volumens dxdS auf:

$$-\frac{\partial p}{\partial x} = \rho_g \frac{dv}{dt} \tag{6}$$

Hier wurde überall der Gesamtdruck p_g durch den variablen Anteil p ersetzt. Das aufrechte Differentiationssymbol d/dt auf der rechten Seite soll darauf hinweisen, dass es sich hier um die „totale Beschleunigung" handelt, die ein Beobachter erfahren würde, wenn er sich mit dem Volumenelement mitbewegt. Es ist:

$$\frac{dv}{dt} = \frac{\partial v}{\partial t} + v \frac{\partial v}{\partial x} \tag{7}$$

Der erste Term auf der rechten Seite ist „lokale Beschleunigung" der im betrachteten Volumenelement enthaltenen Masse, d. h. die Beschleunigung, die ein ruhender Beobachter feststellen würde.

Als nächstes stellen wir an Hand der Fig. 3.2b eine Massenbilanz für das betrachtete Volumenelement auf. Die sekundlich aus der linken Grenzfläche herausströmende Masse ist $-(\rho_g v)_x dS$, wenn die Strömungsrichtung nach rechts positiv gezählt wird; der Massenstrom aus rechten Grenzfläche ist entsprechend $(\rho_g v)_{x+dx} dS$. (Der Index x bei v ist hier und im Folgenden weggelassen). Für die Differenz kann man schreiben:

$$[(\rho_g v)_{x+dx} - (\rho_g v)_x]dS = \frac{\partial(\rho_g v)}{\partial x}dxdS \tag{8}$$

Sie muss durch eine Verringerung der Dichte im Volumenelement dxdS aufgebracht werden:

$$\frac{\partial(\rho_g v)}{\partial x} = -\frac{\partial \rho}{\partial t} \qquad (9)$$

oder auch

$$\rho_g \frac{\partial v}{\partial x} = -\frac{d\rho}{dt} \qquad (10)$$

Das aufrechte Differentiationssymbol bedeutet wieder die totale zeitliche Dichteänderung; auch hier besteht ein der Gl. (7) entsprechender Zusammenhang mit der lokalen Dichteänderung.

Der Kreis schließt sich dadurch, dass für jeden gasförmigen oder flüssigen Stoff der Gesamtdruck p_g, die Gesamtdichte ρ_g und die absolute Temperatur T durch eine Zustandsgleichung miteinander verknüpft sind. Nun darf man in der Akustik i. Allg. voraussetzen, dass die Verdichtungen und Verdünnungen des Mediums sehr schnell aufeinander folgen, sodass kein Wärmeaustausch zwischen benachbarten Volumenelementen möglich ist, dass also die Zustandsänderungen, wie man sagt, „adiabatisch" erfolgen. Dann ist die Temperatur durch die beiden anderen Größen mitbestimmt und die Zustandsgleichung vereinfacht sich zu

$$p_g = p_g(\rho_g) \qquad (11)$$

Die Gleichungen (6), (10) und (11) stellen nichtlineare Verknüpfungen der betreffenden Größen dar. Nach Gl. (7) und der entsprechenden Gleichung für die Dichte kommen in den beiden ersteren Produkte von im Schallfeld veränderlichen Größen vor. Allerdings darf man in der Akustik meist davon ausgehen, dass die von einer Schallwelle hervorgerufenen Schallschnellen so klein sind, dass man den letzten Term in Gl. (7) weglassen, d. h. die totalen Differentialquotienten d/dt in den Gln. (6) und (10) durch partielle ∂/∂t ersetzen darf. Weiterhin sind, wenn es sich nicht etwa um sehr laute Knalle handelt, die vorkommenden Änderungen der Dichte- und Druckänderungen sehr klein im Vergleich zu den Ruhewerten ρ_0 und p_0:

$$\rho \ll \rho_0, \, p \ll p_0. \qquad (12)$$

Zum Beispiel ist die durch einen Ton mittlerer Lautheit ($\approx$ 60 dB) erzeugte Luftdruckschwankung um mindestens sieben Zehnerpotenzen kleiner ist als der normale Atmosphärendruck von etwa 10^5 Pa. Somit darf man in den Gln. (6) und (9) i. Allg. ρ_g durch ρ_0 ersetzen. Um schließlich auch die Gl. (11) zu linearisieren, setzen wir im Sinn einer ersten Näherung mit $p_g - p_0 = p$ und $\rho_g - \rho_0 = \rho$:

$$p = \left(\frac{dp_g}{d\rho_g}\right)_{\rho_0} \cdot \rho = c^2 \rho \qquad (13)$$

wobei als Abkürzung die Konstante

$$c^2 = \left(\frac{dp_g}{d\rho_g}\right)_{\rho_0} \qquad (14)$$

eingeführt wurde. Die linearisierten Grundgleichungen eines eindimensionalen Schallfelds lauten somit:

$$\frac{\partial p}{\partial x} = -\rho_0 \frac{\partial v}{\partial t} \qquad (15)$$

$$\rho_0 \frac{\partial v}{\partial x} = -\frac{1}{c^2} \frac{\partial p}{\partial t} \qquad (16)$$

In der letzteren Gleichung wurde mittels Gl. (13) die Wechseldichte ρ durch den Schalldruck p ausgedrückt.

3.3 Spannungs-Dehnungsbeziehungen des isotropen Festkörpers

So wie jede Druckänderung in einem Fluid bestimmte Verschiebungen der einzelnen Materieteilchen zur Folge hat, so sind auch Änderungen der elastischen Spannungen in einem Festkörper mit lokalen Verschiebungen der Teilchen verknüpft, der Festkörper wird deformiert. Die Deformationen oder Dehnungen des Körpers werden durch die relativen Längenänderungen eines Stoffelements in den drei Richtungen eines rechtwinkligen Koordinatensystems ausgedrückt.

Hier wie im Folgenden beschränken wir unsere Betrachtungen auf den homogenen und isotropen Festkörper. Darunter verstehen wir einen Stoff, dessen elastische Eigenschaften ebenso wie seine elektrischen oder optischen Eigenschaften nicht nur überall gleich sind, sondern auch nicht von der Richtung einer Beanspruchung, etwa einer mechanischen Belastung abhängen. So sind Gläser ebenso wie die meisten technischen Metalle im wesentlichen als isotrop anzusprechen, dagegen sind Materialien wie Holz und natürlich alle Kristalle anisotrop.

Zwischen den Dehnungen und den elastischen Spannungen im isotropen Festkörper bestehen folgende Beziehungen:

$$\sigma_{xx} = 2\mu \frac{\partial \xi}{\partial x} + \lambda \operatorname{div} \vec{s} \quad , \text{ entsprechend für } \sigma_{yy} \text{ und } \sigma_{zz} \qquad (17)$$

$$\sigma_{xy} = \mu \left(\frac{\partial \xi}{\partial y} + \frac{\partial \eta}{\partial x} \right), \text{ entsprechend für } \sigma_{yz} \text{ und } \sigma_{xz} \qquad (18)$$

Darin ist

$$\operatorname{div} \vec{s} \equiv \frac{\partial \xi}{\partial x} + \frac{\partial \eta}{\partial y} + \frac{\partial \zeta}{\partial z} \qquad (19)$$

die Divergenz des Verschiebungsvektors; sie wird auch als „kubische Dehnung" oder als „Volumendehnung" bezeichnet. μ und λ (letzteres nicht zu verwechseln mit der Schallwellenlänge) sind materialabhängige Elastizitätskonstanten, die sog. „Laméschen Konstanten".

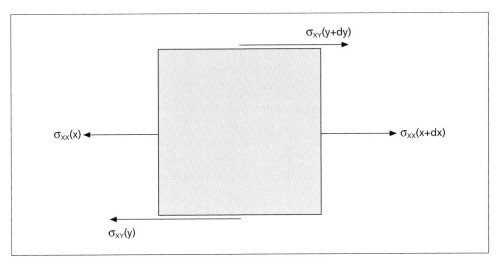

Fig. 3.3 An einem Volumenelement eines Festkörpers wirkende Kräfte in x-Richtung

Die Gln. (17) und (18) stellen gewissermaßen die Zustandsgleichung des Festkörpers dar. Der in ihnen zum Ausdruck kommende lineare Zusammenhang zwischen den Spannungen und den Dehnungen gilt auch noch bei den höchsten der im akustischen Bereich vorkommenden Beanspruchungen.

Nunmehr müssen wir, ähnlich wie bei der Gl. (6), die Trägheitskräfte ins Spiel bringen. Dazu benötigen wir die Nettokraft, die an einem stofflichen Volumenelement angreift. In Fig. 3.3 ist der Schnitt durch ein solches Volumenelement dargestellt; die z-Achse verläuft senkrecht zur Zeichenebene. Zunächst berücksichtigen wir die Differenz zwischen den an beiden zur x-Achse senkrechten Flächen angreifenden Zugkräfte; sie bildet den ersten Term des unten folgenden Ausdrucks. Die zur y-Achse senkrechten Flächen sind aber nicht kräftefrei, da auf sie Schubspannungen σ_{xy} wirken. Sie liefern die im zweiten Term enthaltene Differenzkraft. Entsprechendes gilt für die Schubspannungen σ_{xz} (in Fig. 3.3 nicht dargestellt) auf den z-Achse senkrechten Flächen. Damit wird die in Richtung der x-Achse wirkende Kraftkomponente:

$$[\sigma_{xx}(x+dx) - \sigma_{xx}(x)]dydz + [\sigma_{xy}(y+dy) - \sigma_{xy}(y)]dxdz + [\sigma_{xz}(z+dz) - \sigma_{xz}(z)]dxdy$$

$$= \left(\frac{\partial \sigma_{xx}}{\partial x} + \frac{\partial \sigma_{xy}}{\partial y} + \frac{\partial \sigma_{xz}}{\partial zx}\right)dxdydz$$

was in etwa der Gl. (5) entspricht. Wie dort, wird dieser Kraft durch die x-Komponente der Trägheitskraft das Gleichgewicht gehalten. Damit lautet die der Gl. (6) entsprechende Gleichung:

$$\frac{\partial \sigma_{xx}}{\partial x} + \frac{\partial \sigma_{xy}}{\partial y} + \frac{\partial \sigma_{xz}}{\partial z} = \rho_0 \frac{\partial^2 \xi}{\partial t^2} \qquad (20)$$

Wie im Abschnitt 3.2 wurde hier die totale durch die lokale Beschleunigung ersetzt und für die Dichte ihr Gleichgewichtswert ρ_0 eingesetzt. Analoge Gleichungen gelten für die beiden anderen Komponenten der Beschleunigung, $\partial^2\eta/\delta t^2$ und $\partial^2 s/\delta t^2$

3.4 Wellengleichungen

Wir beginnen auch hier mit den fluiden Stoffen und greifen auf die linearisierten Grundgleichungen (15) und (16) zurück. Aus ihnen kann man die Schallschnelle eliminieren, indem man die erstere nach x, die letztere nach der Zeit t differenziert. Das führt auf

$$\Delta p = \frac{1}{c^2} \frac{\partial^2 p}{\partial t^2} \qquad (21)$$

Diese partielle Differentialgleichung zweiter Ordnung ist als „Wellengleichung" bekannt; ihr muss nicht nur der Schalldruck, sondern es müssen ihr auch alle anderen Schallfeldgrößen genügen. Sie ist von grundlegender Bedeutung für die Akustik und wird uns daher noch öfters begegnen. Darüber hinaus beschreibt sie die Ausbreitung von fast allen anderen Arten von Wellenarten, z. B. von elektromagnetischen Wellen, oder von transversalen Wellen auf gespannten Saiten, welche die Grundlage vieler Musikinstrumente sind. In diesem Fall ist die Schallgeschwindigkeit c natürlich durch die Ausbreitungsgeschwindigkeit c_s der Saitenwellen zu ersetzen (s. Gl. (11.6)).

Im Allgemeinen wird ein Volumenelement nicht nur wie in Fig. 3.1 bezüglich einer einzigen Koordinatenrichtung verschoben oder deformiert, sondern auch bezüglich der beiden anderen. Die Gl. (15) ist daher durch zwei analoge Gleichungen für die beiden anderen kartesischen Komponenten des Schalldruckgradienten zu ergänzen. In vektoriell zusammengefasster Form lautet sie nunmehr:

$$-\operatorname{grad} p = \rho_0 \frac{\partial \vec{v}}{\partial t} \qquad (22)$$

wobei unter grad p der Vektor mit den Komponenten

$$\frac{\partial p}{\partial x}, \frac{\partial p}{\partial y}, \frac{\partial p}{\partial z},$$

zu verstehen ist. – Ebenso muss die Gl. (16) dahingehend ergänzt werden, dass der Differentialquotient $\frac{\partial v_x}{\partial x}$ durch

$$\frac{\partial v_x}{\partial x} + \frac{\partial v_y}{\partial y} + \frac{\partial v_z}{\partial z} \equiv \operatorname{div} \vec{v} \qquad (23)$$

ersetzt wird. (Dieser Ausdruck ist die zeitliche Ableitung der in Gl. (19) wiedergegebenen kubischen Dehnung.) Die dreidimensionale Erweiterung der Gl. (16) lautet somit:

$$\rho_0 \operatorname{div} \vec{v} = -\frac{1}{c^2} \frac{\partial p}{\partial t} \qquad (24)$$

Für die Volumendehnung ergibt sich daraus:

$$\operatorname{div} \vec{s} = -\frac{p}{\rho_0 c^2} \quad (24a)$$

Die Gl. (22) enthält eine wichtige Aussage über die Art der Schallwellen in Fluiden: Eine Schallwelle pflanzt sich in der Richtung fort, in der die durch die Druckschwankungen vermittelte Wechselwirkung zwischen benachbarten Volumenelementen am stärksten ist, d. h. in der Richtung des Druckgradienten. In diese Richtung weist auch der Schnellevektor $\vec{v}$ und damit der Vektor $\vec{s}$ der Teilchenschwingung. Derartige Wellen nennt man Longitudinalwellen. Die Gl. (22) besagt also, dass Schallwellen in Gasen und Flüssigkeiten Longitudinalwellen sind. Ihr Gegenstück wären Transversalwellen, die allerdings nur im Festkörper vorkommen. Schematische Darstellungen von ebenen Longitudinal- und Transversalwellen finden sich in Fig. 10.1.

Wie im eindimensionalen Fall gelangt man durch Kombination der Gln. (22) und (24) zur Wellengleichung in allgemeiner Form:

$$\Delta p = \frac{1}{c^2} \frac{\partial^2 p}{\partial t^2} \quad (25)$$

wobei der Laplace-Operator Δ für die Operation div grad steht. In rechtwinkligen Koordinaten ist

$$\Delta p \equiv \frac{\partial^2 p}{\partial x^2} + \frac{\partial^2 p}{\partial y^2} + \frac{\partial^2 p}{\partial z^2} \quad (26)$$

Obwohl die Gln. (22), (24) und (25) unter Benutzung kartesischer Koordinaten abgeleitet wurden, ist ihre Gültigkeit nicht an ein bestimmtes Koordinatensystem gebunden. Bei Verwendung eines anderen Koordinatensystems sind die dafür gültigen Ausdrücke für die Vektor-Operatoren div, grad und Δ anzuwenden.

Die Wellengleichung für den isotropen Festkörper ist etwas komplizierter, entsprechend der größeren Zahl der Kraftgrößen. Man erhält sie für die Auslenkungskomponente ξ, indem man in Gl. (20) die elastischen Spannungen mittels der Gln. (17) und (18) durch die Ableitungen der Verschiebungen ausdrückt:

$$\mu \Delta \xi + (\mu + \lambda) \frac{\partial (\operatorname{div} \vec{s})}{\partial x} = \rho_0 \frac{\partial^2 \xi}{\partial t^2} \quad (27a)$$

Entsprechende Gleichungen gelten für die Komponenten η und ζ:

$$\mu \Delta \eta + (\mu + \lambda) \frac{\partial (\operatorname{div} \vec{s})}{\partial y} = \rho_0 \frac{\partial^2 \eta}{\partial t^2} \quad (27b)$$

$$\mu \Delta \zeta + (\mu + \lambda) \frac{\partial (\operatorname{div} \vec{s})}{\partial z} = \rho_0 \frac{\partial^2 \zeta}{\partial t^2} \quad (27c)$$

Auf diese Wellengleichungen werden wir erst wieder in Kapitel 10 zurückkommen.

3.5 Intensität und Energiedichte von Schallwellen in Fluiden

Die restlichen Ausführungen dieses Kapitels beziehen sich auf Schallwellen in Gasen und Flüssigkeiten.

Die im Vorstehenden beschriebenen Teilchenschwingungen und Druckschwankungen sind natürlich mit erhöhter Energie verbunden, die ersteren mit kinetischer oder Bewegungsenergie, die letzteren mit potenzieller Energie. Den Energieinhalt einer Schallwelle, bezogen auf die Volumeneinheit, bezeichnet man als Energiedichte. Da die Welle sich ausbreitet, transportiert sie auch Energie. Man charakterisiert diese durch die „Schallintensität", mitunter auch durch den Ausdruck Energieflussdichte, was vielleicht noch anschaulicher ist. Man versteht hierunter die Energiemenge, die sekundlich ein gedachtes, zur Wellenausbreitung senkrechtes Fenster der Fläche 1 m^2 passiert. Fig. 3.4 zeigt ein Fenster mit der Fläche dS; die in dem dahinterliegenden Volumenelement dV = cdtdS (gestrichelt) enthaltene Energie wandert in der Zeit dt durch das Fenster. Sie hat den Wert wdV, wenn w die Energiedichte ist. Bezieht man sie auf die Flächen- und Zeiteinheit, dann ergibt sich sofort eine einfache Beziehung zwischen der Intensität I und der Energiedichte w:

$$I = c \cdot w \tag{28}$$

Ein Zusammenhang der Intensität mit Schallfeldgrößen ergibt sich aus Gl. (2.33). Sie gibt die Leistung an, die eine Kraft aufbringen muss, um an einem System (hier an einem Volumenelement des Mediums) eine bestimmte Schwingungsschnelle zu erzielen. Bezieht man diese Größen auf die Flächeneinheit, dann wird aus der Leistung die Intensität und aus der Kraft der Schalldruck:

$$\vec{I} = \overline{p\vec{v}} \tag{29}$$

Die Vektorpfeile sollen andeuten, dass der Energietransport in Richtung der Schallschnelle und damit der Wellenausbreitung erfolgt. Da wir uns hier nur für die „Wirkintensität"

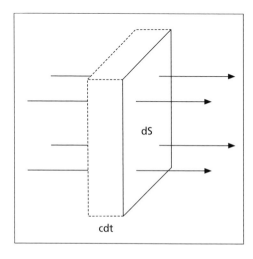

Fig. 3.4 Zur Definition der Schallintensität

(s. Abschnitt 2.8) interessieren, wird das rechtsstehende Produkt zeitlich gemittelt, was durch Überstreichen gekennzeichnet wird.

Einen weiteren interessanten Zusammenhang findet man durch die Überlegung, dass die sekundlich aus einem Volumenbereich V herausfließende Energie gleich der Abnahme der in diesem Volumen enthaltenen Energie sein muss. Die erstere ist die über die Oberfläche S des Volumenbereichs integrierte Normalkomponente I_n der Intensität. Daher gilt

$$\iint_S I_n dS = -\iiint_V \frac{\partial w}{\partial t} dV$$

Dabei ist vorausgesetzt, dass sich in V keine Schallquellen befinden. Andererseits besagt der Gaußsche Satz der Vektorrechnung, dass

$$\iint_S I_n dS = \iiint_V \operatorname{div} \vec{I} \, dV$$

Da diese Gleichungen für beliebig kleine Volumenelemente gelten müssen, liefert die Gleichsetzung der beiden Volumenintegrale:

$$\operatorname{div} \vec{I} = -\frac{\partial w}{\partial t} \tag{30}$$

In den links stehenden Ausdruck setzen wir nun die Gl. (29) ein. Dabei ist zu beachten, dass nach den Regeln der Vektorrechnung

$$\operatorname{div}(p\vec{v}) = \vec{v} \operatorname{grad} p + p \operatorname{div} \vec{v}$$

ist. Nun kann man den Gradienten und die Divergenz auf der rechten Seite nach den Gln. (22) und (24) durch zeitliche Ableitungen der Schallschnelle und des Drucks ausdrücken mit dem Ergebnis:

$$\operatorname{div}(p\vec{v}) = -\rho_0 \vec{v} \frac{\partial \vec{v}}{\partial t} - \frac{1}{\rho_0 c^2} p \frac{\partial p}{\partial t} = -\left(\frac{\rho_0}{2}\right) \frac{\partial v^2}{\partial t} - \frac{1}{2\rho_0 c^2} \frac{\partial p^2}{\partial t}$$

wobei v den Betrag des Vektors $\vec{v}$ bezeichnet. Durch zeitliche Mittelung wird daraus

$$\operatorname{div} \vec{I} = -\left(\frac{\rho_0}{2}\right) \overline{\frac{\partial v^2}{\partial t}} - \frac{1}{2\rho_0 c^2} \overline{\frac{\partial p^2}{\partial t}}$$

Da nach Gl. (30) die rechte Seite dieser Gleichung die negative zeitliche Ableitung der Energiedichte w ist, ergibt sich für die Energiedichte selbst:

$$w = \frac{\rho_0}{2} \overline{v^2} + \frac{1}{2\rho_0 c^2} \overline{p^2} \tag{31}$$

oder unter Benutzung der jeweiligen Effektivwerte (s. Abschnitt 2.1):

Die akustischen Grundgleichungen

$$w = \rho_0 \frac{\tilde{v}^2}{2} + \frac{\tilde{p}^2}{2\rho_0 c^2} = w_{kin} + w_{pot} \tag{32}$$

Bei Sinusschwingungen sind beide Anteile einander gleich. – Sind Schalldruck und Schallschnelle als komplexe Schwingungsgrößen gegeben, was wiederum die Beschränkung auf Sinusschwingungen voraussetzt, dann folgt für die Intensität in Analogie zur Gl. (2.38):

$$\vec{I} = \frac{1}{4}\left(p\vec{v}^* + p^*\vec{v}\right) \tag{33}$$

3.6 Der Schalldruckpegel

Es ist nun an der Zeit, etwas Klarheit zu gewinnen über Größe der Schalldrücke, mit denen wir es normalerweise zu tun haben. Im Abschnitt 3.3 wurde bereits erwähnt, dass die in Schallwellen vorkommenden Druckschwankungen verschwindend klein sind im Vergleich mit dem normalen Luftdruck. So liegt die kleinste, gerade noch als Schall wahrnehmbare Druckschwankung bei etwa $2 \cdot 10^{-5}$ Pa = $2 \cdot 10^{-5}$ N/m². Die obere Grenze nützlicher Hörempfindungen bildet die sog. Schmerzschwelle. Der ihr entsprechende Schalldruck liegt in der Größenordnung von 20 Pa, was immer noch sehr klein im Vergleich zum Atmosphärendruck ($\approx 10^5$ Pa) ist. Es ist sehr bemerkenswert, dass unser Gehör derart empfindlich ist und außerdem Schallsignale verarbeiten kann, deren Schalldrücke sich über etwa sechs Zehnerpotenzen erstrecken. Es liegt daher nahe, Schalldrücke nicht direkt anzugeben, sondern eine durch Logarithmieren daraus abgeleitete Größe:

$$L = 20 \cdot \log_{10}\left(\frac{\tilde{p}}{p_b}\right) \quad \text{dB} \tag{34}$$

Darin ist $\tilde{p}$ der Effektivwert des zu kennzeichnenden Schalldrucks und $p_b = 2 \cdot 10^{-5}$ Pa ein international festgelegter Bezugswert. Die so definierte Größe nennt man den Schalldruckpegel und versieht den nach Gl. (34) bestimmten Zahlenwert mit der Bezeichnung Dezibel, abgekürzt dB. Der Schalldruckpegel kann für beliebige stationäre Schallsignale gebildet werden, d. h. für alle Signale, für die ein Effektivwert des Schalldrucks sinnvollerweise angegeben werden kann.

Der Hauptvorteil des Schalldruckpegels liegt in seinen handlichen Zahlenwerten. Über unser Lautstärkeempfinden sagt er indessen wenig aus. Dennoch hat er sich allgemein durchgesetzt und ist nicht nur in der akustischen Messtechnik, sondern auch im Alltag die meistverwandte Größe zur Kennzeichnung der Stärke von Schallen.

Sollen zwei Schalle mit den Effektivwerten $\tilde{p}_1$ und $\tilde{p}_2$ hinsichtlich ihrer Stärke miteinander verglichen werden, dann kann dies durch die Schallpegeldifferenz

$$\Delta L = 20 \cdot \log_{10}\left(\frac{\tilde{p}_1}{\tilde{p}_2}\right) \quad \text{dB} \tag{35}$$

geschehen. Wegen der weiten Verbreitung des Schalldruckpegels sollte man sich merken, dass eine Verdoppelung des Schalldrucks einer Pegelzunahme um 6 dB, eine Verzehnfachung einer Pegelzunahme um 20 dB entspricht. Da andererseits die Intensität dem Quadrat des Schalldrucks proportional ist, bedeutet doppelte Intensität eine Zunahme des Schalldruckpegels um 3 dB; bei einer Vergrößerung der Intensität um den Faktor 10 steigt der Pegel um 10 dB an.

4 Ebene Wellen

Bei den einfachsten Wellenformen hängen die Schallfeldgrößen nur von einer einzigen Raumkoordinate ab. Legt man ein rechtwinkliges Koordinatensystem zugrunde, dann gelangt man damit zu der ebenen Welle. Bei ihr bleibt die Wellenform im Verlauf ihrer Ausbreitung unverändert, sofern man von Verlusten absieht. Die formale Behandlung der ebenen Welle gestaltet sich daher recht einfach. Aus diesem Grund eignet sie sich besonders gut zur Beschreibung typischer Ausbreitungserscheinungen wie der Dämpfung von Schallwellen, worauf wir in diesem Kapitel ebenfalls eingehen werden. Dasselbe gilt auch für die Behandlung der Reflexion, der Brechung und der Beugung von Schallwellen, die den Kapiteln 6 und 7 vorbehalten bleibt. Die ebene Welle ist auch insofern elementar, als man – gedanklich oder mathematisch – kompliziertere Wellenformen in ebene Wellen zerlegen kann, analog zu der Fourierzerlegung fast beliebiger Schwingungsvorgänge in harmonische Schwingungen (s. Abschnitt 2.9).

Freilich handelt es sich bei der ebenen Welle um eine stark idealisierte Form der Schallausbreitung. Im Alltagsleben begegnet sie uns so gut wie nie, jedenfalls nicht in reiner Form; allenfalls kann man kompliziertere Wellenfelder in begrenzten Bereichen durch ebene Wellen annähern. Auch die Entstehung einer ebenen Welle wird in diesem Kapitel nicht diskutiert, sie wird vielmehr als etwas Gegebenes angesehen, und ihr Bezug zur realen Welt wird sich erst etwas später ergeben.

4.1 Lösung der Wellengleichung

Unser Ausgangspunkt ist die im vorletzten Abschnitt abgeleitete, eindimensionale Wellengleichung (3.21) für fluide Stoffe. Man überzeugt sich leicht davon, dass jede beliebige, zweimal differenzierbare Funktion f eine Lösung dieser partiellen Differentialgleichung ist, sofern sie die Variablen x und t in der Kombination x − ct enthält. In der Tat ist mit u = x − ct

$$\frac{\partial f}{\partial x} = f'(u) \cdot \frac{\partial u}{\partial x} = f'(x-ct) \quad \text{und} \quad \frac{\partial f}{\partial t} = f'(u) \cdot \frac{\partial u}{\partial t} = -cf'(x-ct) \tag{1}$$

wobei der Strich die Differentiation nach dem ganzen Argument anzeigt. Weiter ist

$$\frac{\partial^2 f}{\partial x^2} = f''(u) \cdot \left(\frac{\partial u}{\partial x}\right)^2 = f''(x-ct) \quad \text{und} \quad \frac{\partial^2 f}{\partial t^2} = f''(u) \cdot \left(\frac{\partial u}{\partial t}\right)^2 = c^2 f''(x-ct)$$

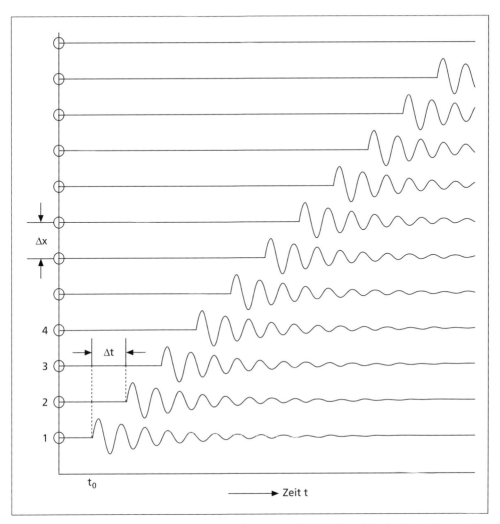

Fig. 4.1 Ausbreitung einer Druckstörung, nach H. Kuttruff, Physik und Technik des Ultraschalls. S. Hirzel Verlag, Stuttgart 1988

Die Richtigkeit der obigen Behauptung ergibt sich sofort, wenn man die beiden Differentialquotienten zweiter Ordnung in die Wellengleichung (3.21) einsetzt, wobei f durch p zu ersetzen ist.

Genauso erkennt man, dass auch jede beliebige, zweimal differenzierbare Funktion g(x + ct) eine Lösung der Wellengleichung ist. Damit lautet die allgemeine Lösung der eindimensionalen Wellengleichung:

$$p(x,t) = f(x - ct) + g(x + ct) \qquad (2)$$

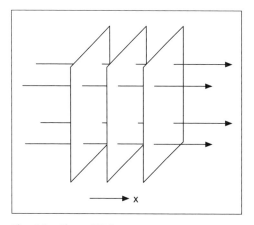

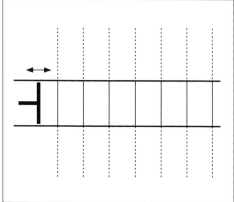

Fig. 4.2 Ebene Welle

Fig. 4.3 Ebene Schallwelle in einem starren Rohr, erzeugt durch einen schwingenden Kolben

Zur Veranschaulichung betrachten wir den ersten Bestandteil der Gl. (2), setzen also $p(x,t) = f(x - ct)$. Dieser Ausdruck besagt, dass sich eine Druckstörung, die zur Zeit $t = 0$ die beliebige Gestalt $f(x)$ hat, nach der beliebigen Zeit t um die Strecke ct in Richtung wachsender x-Werte verschoben hat. Dieser Sachverhalt ist in der Fig. 4.1 dargestellt. Man erkennt, dass die Störung sich mit der Geschwindigkeit c von links nach rechts ausbreitet. Da die Druckstörung nicht anderes als eine Schallwelle ist, erweist sich die zunächst nur zur Abkürzung eingeführte Größe c als die Schallgeschwindigkeit. Zugleich sehen wir, dass der Begriff der Schallwelle keineswegs an eine mehr oder weniger regelmäßige Abfolge von Wellenbergen und Wellentälern gebunden ist.

Entsprechendes gilt für den zweiten Bestandteil der Gl. (2) mit dem Unterschied, dass die Kombination $x + ct$ auf eine Wellenausbreitung in entgegengesetzter Richtung hinweist, also in Richtung abnehmender x-Werte.

Die hier betrachteten Wellen sind ebene Wellen, da zu einem bestimmten Zeitpunkt für alle Volumenelemente, welche die gleiche x-Koordinate haben und somit in einer Ebene senkrecht zur x-Achse liegen, der gleiche Schwingungszustand herrscht, dass sie also z. B. in gleichem Maß komprimiert oder dilatiert sind. Allgemein nennt man solche Flächen gleichen Schwingungszustands oder gleicher Schwingungsphase Wellenflächen oder Flächen konstanter Phase, die Senkrechten auf den Wellenflächen heißen Wellennormalen. Somit kann man auch sagen: In einer ebenen Welle sind alle Wellenflächen parallele Ebenen (s. Fig. 4.2).

Wir setzen nun wieder $p = f(x - ct)$ und fragen nach der zugehörigen Schallschnelle. Deren einzige nichtverschwindende Komponente v_x ist auch eine Funktion von $u = x - ct$. Wir können daher wieder von den Gln. (1) Gebrauch machen. Gl (3.15) mit $v = v_x$ lautet damit:

$$-c\frac{\partial v_x}{\partial u} = -\frac{1}{\rho_0}\frac{\partial \rho}{\partial u}$$

Unbestimmte Integration liefert bis auf eine Konstante, die wir gleich Null setzen:

$$v_x = \frac{1}{\rho_0 c}p \qquad (3)$$

Die Schnelle in einer fortschreitenden ebenen Welle ist also dem Schalldruck p proportional. Das Verhältnis des Schalldrucks zur Schallschnelle nennt man die „charakteristische Impedanz" oder einfacher den „Wellenwiderstand" des Mediums. Man bezeichnet ihn mit dem Symbol Z_0:

$$\frac{p}{v_x} = \rho_0 c = Z_0 \qquad (4)$$

Er wird uns im Folgenden immer wieder begegnen. Für Luft von 20 °C und Normaldruck hat er den Wert 416 Ns/m³. Für eine in negativer Richtung fortschreitende Welle ergibt sich entsprechend:

$$\frac{p}{v_x} = -\rho_0 c = -Z_0 \qquad (4a)$$

Die Energiedichte in einer ebenen Welle wird nach Gl. (3. 32) wegen Gl. (3):

$$w = \frac{\tilde{p}^2}{\rho_0 c^2} \qquad (5)$$

Der Intensitätsvektor weist in die Richtung der Wellenausbreitung und hat nach Gl. (3.29) den Betrag

$$I = \frac{\tilde{p}^2}{Z_0} = Z_0 \tilde{v}_x^2 \qquad (6)$$

Da die Mediumteilchen in Richtung der Schallausbreitung schwingen, wird das Wellenfeld durch eine starre und porenfreie Fläche, die parallel zur Ausbreitungsrichtung angeordnet ist, nicht gestört. Insbesondere kann man die ebene Welle in ein starres Rohr einschließen und in diesem fortleiten. Wie in Fig. 4.3 gezeigt, kann sie in dieser Form mit einem bewegten Kolben erzeugt werden.

4.2 Harmonische Wellen

Wir nehmen nun an, dass in der betrachteten ebenen Welle alle Schwingungen harmonisch sind, d. h. wir spezialisieren die Funktionen f und g als Kosinusfunktionen. Infolge der Variablenkombination x – ct oder x + ct erweist sich der Vorgang als eine raumzeitliche Schwingung. Beschränkt man sich auf die in positive x-Richtung laufende Welle, setzt in Gl. (2) also g = 0, dann stellt sich der Schalldruck mit der willkürlichen Konstanten k dar als

$$p(x,t) = \hat{p}\cos[k(x - ct)] = \hat{p}\cos(kx - \omega t) \qquad (7)$$

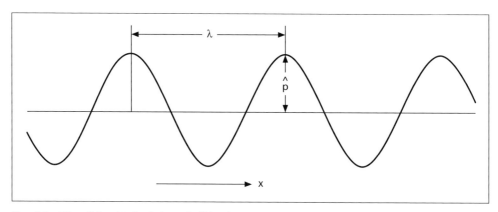

Fig. 4.4 Räumlicher Verlauf des Schalldrucks in einer ebenen, harmonischen Welle

oder in komplexer Schreibweise:

$$p(x,t) = \hat{p}e^{j(\omega t - kx)} \qquad (8)$$

Für konstant gehaltenes x kann man diesen Ausdruck als eine harmonische Schwingung nach Gl. (2.8) interpretieren mit dem Phasenwinkel kx und dem Scheitelwert $\hat{p}$. Als Funktion des Ortes betrachtet, stellt Gl. (7) eine räumliche Schwingung dar. Sie ist in Fig. 4.4 gezeichnet, die mit Fig. 2.2 übereinstimmt mit dem Unterschied, dass als unabhängige Variable nunmehr x erscheint und die zeitliche Periode T durch die räumliche Periode λ, die Wellenlänge, ersetzt ist. Schreitet man in der Welle nämlich um $\lambda = 2\pi/k$ (oder um ein ganzzahliges Vielfaches davon) fort, so gelangt man wieder zu dem gleichen Schwingungszustand. Und die zunächst nur aus Dimensionsgründen eingeführte Konstante k ist das räumliche Pendant der Kreisfrequenz ω. Man nennt sie die „Kreiswellenzahl". Ein Vergleich der beiden Ausdrücke in Gl. (7) zeigt, dass ω = kc ist. Daraus ergeben sich folgende Zusammenhänge:

$$k = \frac{2\pi}{\lambda} = \frac{\omega}{c} \qquad (9)$$

und

$$c = f \cdot \lambda \qquad (10)$$

Dass die bislang betrachtete Welle sich parallel zur x-Achse des Koordinatensystems ausbreitet, ist natürlich eine willkürliche Annahme. Man gelangt aber sofort zu einer Darstellung einer allgemeinen ebenen Welle, deren Ausbreitungsrichtung mit der x-Achse den Winkel α, mit der y-Achse den Winkel β und mit der z-Achse den Winkel γ bildet (s. Fig. 4.5), wobei $\cos^2\alpha + \cos^2\beta + \cos^2\gamma = 1$ ist. Hierzu dreht man das Koordinatensystems entsprechend:

$$x = x'\cos\alpha + y'\cos\beta + z'\cos\gamma$$

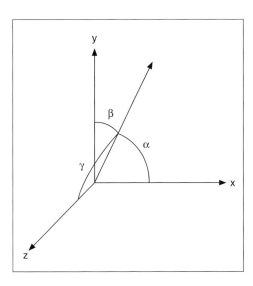

Fig. 4.5 Zur Definition der Richtungswinkel α, β und γ

und setzt diesen Ausdruck in die Gl. (8) ein. Ersetzt man schließlich wieder x', y', und z' durch x, y, und z, dann erhält man:

$$p(x,y,z,t) = \hat{p}e^{j[\omega t - k(x\cos\alpha + y\cos\beta + z\cos\gamma)]} \quad (11)$$

Zu einer formaleren Darstellung gelangt man, indem man den Ortsvektor $\vec{r}$ mit den Komponenten x, y und z einführt sowie den in Richtung der Schallausbreitung weisenden Vektor $\vec{k}$ mit den Komponenten $k \cdot \cos\alpha$, $k \cdot \cos\beta$ und $k \cdot \cos\gamma$:

$$p(x,y,z,t) = \hat{p}e^{j(\omega t - \vec{k}\vec{r})} \quad (12)$$

wobei $\vec{k}\vec{r}$ das skalare Produkt der beiden Vektoren bedeutet.

4.3 Zur Schallgeschwindigkeit

Wir kehren noch einmal zur Gl. (3.14) und der Diskussion im Abschnitt 4.1 zurück, derzufolge die Schallgeschwindigkeit

$$c = \sqrt{\left(\frac{dp_g}{d\rho_g}\right)^{(ad)}_{\rho_0}} \quad (13)$$

ist, wobei der Zusatz (ad) auf die Voraussetzung adiabatischer Zustandsänderungen hinweist. Für ein ideales Gas lautet die adiabatische Zustandsgleichung.

$$\frac{p_g}{p_0} = \left(\frac{\rho_g}{\rho_0}\right)^\kappa \quad (14)$$

Durch Differenzieren ergibt sich hieraus:

$$c^2 = \left(\frac{dp_g}{d\rho_g}\right)^{(ad)}_{\rho_0} = \frac{\kappa p_g}{\rho_g} \approx \frac{\kappa p_0}{\rho_0} \qquad (15)$$

Die Konstante κ ist der Adiabaten- oder Polytropenexponent; er hat für Luft den Wert 1,4.

Des weiteren besagt die allgemeine Gasgleichung:

$$\frac{p_g}{\rho_g} = \frac{RT}{M_r} \qquad (16)$$

wobei R = 8,31 Nm/mol·K die molare Gaskonstante und M_r die Molmasse des jeweiligen Gases ist. Damit wird die Schallgeschwindigkeit in einem idealen Gas

$$c = \sqrt{\frac{\kappa RT}{M_r}} \qquad (17)$$

Bei Flüssigkeiten ist der Differentialquotient in Gl. (13) der adiabatische Kompressionsmodul K, dividiert durch die Dichte ρ_0, weshalb man hier für die Schallgeschwindigkeit auch

$$c = \sqrt{\frac{K^{(ad)}}{\rho_0}} \qquad (18)$$

schreiben kann.

In der Tabelle 4.1 sind die Schallgeschwindigkeiten und Wellenwiderstände einiger Gase und Flüssigkeiten zusammengestellt.

4.4 Ausbreitungsdämpfung

Wie alle mechanischen Vorgänge ist auch die Ausbreitung von Schallwellen mit Verlusten verbunden: infolge gewisser dissipativer Prozesse wird laufend ein Teil der Schallenergie im Medium absorbiert, also letztlich in Wärme umgewandelt. Dieser Vorgang wird als Ausbreitungsdämpfung oder kurz als Dämpfung bezeichnet. Bevor die ihr zugrunde liegenden physikalischen Prozesse besprochen werden, wollen wir uns der formalen Beschreibung der Schalldämpfung oder Schallabsorption zuwenden.

In Fig. 4.6 ist eine ebene Schallwelle angedeutet, die sich in einem mit Verlusten behafteten Medium ausbreitet. Wir betrachten eine Schicht der Dicke dx. Die durch Dissipation verursachte Abnahme der Schallintensität ist zum einen dieser Schichtdicke proportional, zum anderen der Intensität der auf die Schicht einfallenden Welle:

$$-dI = mIdx ,$$

m ist die Dämpfungskonstante des betreffenden Mediums. Diese einfache Differentialgleichung hat die Lösung:

Tabelle 4.1 Schallgeschwindigkeiten und Wellenwiderstände einiger Gase und Flüssigkeiten

Stoff	Temperatur (°C)	Dichte (kg/m^3)	Schallgeschwindigkeit (m/s)	Wellenwiderstand (Ns/m^3)
Gase:				
Argon	0	1,783	319	569
Helium	0	0,178	965	172
Sauerstoff	0	1,429	316	452
Stickstoff	0	1,251	334	418
Wasserstoff	0	0,090	1284	116
Ammoniak	0	0,771	415	320
Kohlendioxid	0	1,977	259	512
Luft	0	1,293	331	429
Flüssigkeiten:				(in 10^6 Ns/m^3)
Wasser	20	998	1483	1,48
Quecksilber	20	13500	1451	19,6
Ethylalkohol	20	790	1159	0,92
Glyzerin	20	1228	1895	2,33
Tetrachlorkohlenstoff	20	1594	938	1,50
Benzol	20	878	1324	1,16
Azeton	20	794	1189	0,94
Dieselöl	20	800	1250	1,0
Helium	−272,15	145	239	0,035
Wasserstoff	−252,7	355	1127	0,40
Sauerstoff	−183	1143	909	1,04

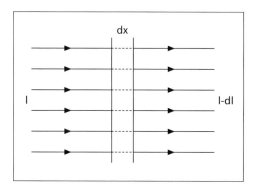

Fig. 4.6 Zur Dämpfung einer ebenen Welle

$$I(x) = I_0 e^{-mx} \qquad (19)$$

Die Abnahme der Schallintensität bedeutet natürlich auch eine Abnahme der Schalldruckamplitude. Da diese nach Gl. (6) proportional zur Wurzel aus der Schallintensität ist, stellt sich eine harmonische ebene Welle nunmehr dar als

$$p(x,t) = p_0 e^{-mx/2} e^{j(\omega t - kx)} \qquad (20)$$

Formal kann man $m/2$ und k zu einer komplexen Kreiswellenzahl

$$\underline{k} = k - j\frac{m}{2} = \frac{\omega}{c} - j\frac{m}{2} \qquad (21)$$

zusammenziehen; die Gl. (8) kann dann beibehalten werden mit der so erweiterten Bedeutung der Kreiswellenzahl.

Was nun die physikalischen Ursachen der Ausbreitungsdämpfung betrifft, so kommen hierfür sehr unterschiedliche Mechanismen in Frage, deren Zahl i. Allg. umso größer ist, je komplexer die innere Struktur des jeweiligen Mediums ist.

4.4.1 Dämpfung in Gasen

Zunächst sei daran erinnert, dass die Verdichtungen und Verdünnungen eines Gases in einer Schallwelle mit entsprechenden Schwankungen der lokalen Temperatur verbunden sind. Zu ihrer Berechnung eliminieren wir zunächst die Dichte ρ_g aus den Gln. (14) und (16), wobei zu beachten ist, dass Gl. (16) auch für den durch p_0, ρ_0 und T_0 gekennzeichneten Ruhezustand gilt. Das führt auf

$$\frac{T}{T_0} = \left(\frac{p_g}{p_0}\right)^{\frac{\kappa-1}{\kappa}} \qquad (22)$$

Aus dieser Gleichung ergibt sich die auf die Gleichgewichtstemperatur bezogene „Schalltemperatur" θ mit $T = T_0 + \theta$ und $p_g = p_0 + p$ zu:

$$\frac{\theta}{T_0} = \frac{\kappa-1}{\kappa} \frac{p}{p_0} \qquad (23)$$

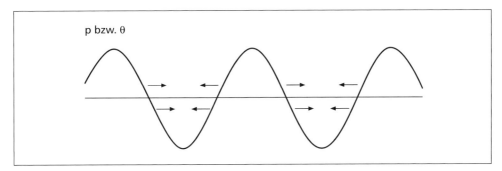

Fig. 4.7 Wärmeströme in einer Schallwelle

Nun kann die im Abschnitt 3.2 getroffene Annahme adiabatischer Zustandsänderungen des schallführenden Mediums nur näherungsweise zutreffen, da jeder Stoff eine gewisse Wärmeleitfähigkeit hat. Daher wird sich ein räumlich-zeitlicher Wärmestrom einstellen, der dem negativen Gradienten der Schalltemperatur proportional ist (s. Fig. 4.7).

Da die Wärmeleitung ganz anderen Gesetzmäßigkeiten folgt als die Schallausbreitung, kann die von einem wärmeren zu einem kälteren Volumenelement geflossene Wärme bei Vorzeichenwechsel der Schallschwingung nicht einfach zurückströmen; die Wärmeleitung hat die Tendenz, die in der Schallwelle erzeugten Temperaturunterschiede und damit auch die Druckunterschiede einzuebnen. Der durch Wärmeleitung bedingte Anteil an der gesamten Dämpfungskonstanten ist gegeben durch:

$$m_{th} = \frac{\kappa-1}{\kappa} \frac{\nu\omega^2}{\rho_0 c C_v c^3} \qquad (24)$$

wobei ν die Wärmeleitfähigkeit und C_v seine auf die Masseneinheit bezogene spezifische Wärme bei konstantem Volumen ist.

Eine weitere Absorptionsursache ist mit den in einer Longitudinalwelle auftretenden Längsdehnungen und -stauchungen des Stoffes verknüpft, dargestellt in Fig. 10.1a. Denn eine Stauchung kann man sich in eine allseitige Kompression und eine Scherung zerlegt denken (s. Fig. 4.8). Die letztere entspricht im Fall eines Fluids einer Scherströmung, die wegen der Viskosität des Mediums mit inneren Reibungsverlusten verbunden ist. Der hierdurch verursachte Anteil an der Dämpfungskonstante wächst ebenfalls quadratisch mit der Frequenz an:

$$m_{vis} = \frac{4\eta\omega^2}{3\rho_0 c^3} \qquad (25)$$

η ist die Viskosität des Gases.

Diese beiden Dämpfungsmechanismen fasst man unter der Bezeichnung „klassische Dämpfung" oder „klassische Absorption" zusammen. Sie beschreiben die tatsächliche Dämpfung zutreffend bei einatomigen Gasen, also bei den Edelgasen.

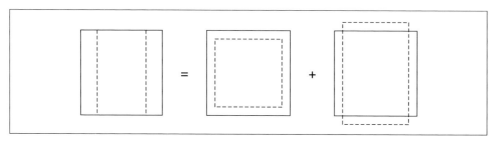

Fig. 4.8 Zerlegung einer einseitigen Dehnung in eine allseitige Kompression und eine Scherung

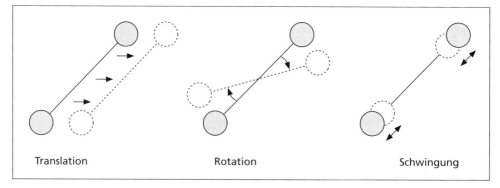

Fig. 4.9 Bewegungsformen eines mehratomigen Moleküls, nach H. Kuttruff, Physik und Technik des Ultraschalls. S. Hirzel Verlag, Stuttgart 1988

Bei mehratomigen Gasen kommt noch die so genannte „molekulare Dämpfung" dazu, die oft viel höher ist als die klassische Dämpfung. Um sie zu verstehen, muss man sich vergegenwärtigen, dass der Wärmeinhalt eines Stoffes identisch ist mit der Energie der ungeordneten Bewegung der Moleküle, aus denen er zusammengesetzt ist. Ein aus mehreren Atomen bestehendes Gasmolekül hat aber mehrere Möglichkeiten, Bewegungs- und damit Wärmeenergie zu speichern. Es kann sich zum einen als Ganzes bewegen, weiterhin kann es wie ein starrer Körper um seinen Schwerpunkt rotieren, und schließlich können seine Bestandteile Schwingungen gegeneinander ausführen. Diese drei Bewegungsarten – Translation, Rotation und Schwingung – sind für eine zweiatomiges Molekül in Fig. 4.9 dargestellt. Sie bilden also die Energiespeicher des Gases. Im Gleichgewichtszustand ist die Wärmeenergie nach einem bestimmten Schlüssel auf die verschiedenen Speicher aufgeteilt.

Wird nun dem Gas durch eine Temperaturerhöhung plötzlich Wärmeenergie zugeführt, so wird diese zunächst allein vom Translationsspeicher aufgenommen; erst nachträglich findet eine allmähliche Umverteilung auf die anderen Speicher statt, bis sich ein neues Gleichgewicht eingestellt hat. Die Verzögerung rührt daher, dass die Umverteilung durch Zusammenstöße der Moleküle vermittelt wird, die natürlich eine gewisse Zeit in

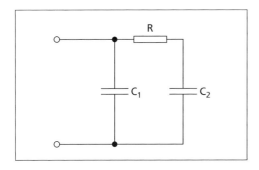

Fig. 4.10 Elektrisches Relaxationsmodell

Anspruch nehmen. – Ändert sich die Temperatur nach Art einer Sinusschwingung, dann folgt der Energieinhalt des Translationsspeichers der aufgezwungenen Änderung momentan, während die Energieinhalte des Rotations- und des Schwingungsspeichers hinterherhinken. Diesen Vorgang bezeichnet man als Relaxation, genauer als thermische Relaxation.

Ein elektrisches Modell für einen Relaxationsvorgang stellt die einfache Schaltung der Fig. 4.10 dar. Der eine Kondensator liegt direkt an den Klemmen der Schaltung, während der zweite ihm über einen Widerstand parallel geschaltet ist, von außen also nur mittelbar zugänglich ist. Demgemäß folgt die Ladung des linken Kondensators, der den Translationsspeicher darstellt, momentan der Klemmenspannung, während die Ladung des rechten hinterherhinkt – ebenso wie der Energieinhalt des molekularen Rotations- oder Schwingungsspeichers. Durch den Widerstand fließen Ausgleichsströme, die der Spannungsdifferenz an beiden Kondensatoren proportional sind. Sie sind bei sehr tiefen und sehr hohen Frequenzen unmerklich, da im ersteren Fall kaum eine Phasenverschiebung zwischen beiden Kondensatorladungen auftritt, während im letzteren der rechte Kondensator den von außen einwirkenden Spannungsänderungen überhaupt nicht mehr folgen kann. Am größten sind die Ausgleichströme und damit auch die Umladungsverluste bei einer mittleren Frequenz $\omega \approx 1/\tau$, wobei die Zeitkonstante $\tau = RC_2$ ist.

Die thermische Relaxation bewirkt also gewissermaßen eine frequenzabhängige, innere Wärmeleitung, die wie die normale Wärmeleitung zu Verlusten führt. Sie bewirkt weiterhin eine Versteifung des Gases, was sich in einer Erhöhung der Schallgeschwindigkeit mit wachsender Frequenz äußert:

$$\left(\frac{c_0}{c}\right)^2 = 1 - \varepsilon \frac{(\omega\tau)^2}{1+(\omega\tau)^2} \qquad (26)$$

Für die durch thermische Relaxation verursachte Intensitätsabnahme pro Wellenlänge gilt $\exp(-m_{rel} \cdot \lambda)$ mit

$$m_{rel} \cdot \lambda = 2\pi\varepsilon \frac{\omega\tau}{1+(\omega\tau)^2}\left(\frac{c}{c_0}\right)^2 \qquad (27)$$

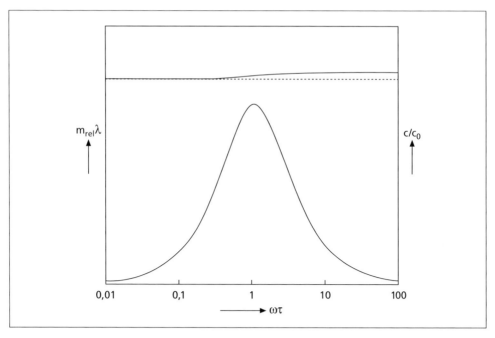

Fig. 4.11 Wellenlängenbezogene Dämpfungskonstante (untere Kurve, linke Achse) und Dispersion (obere Kurve, rechte Achse) durch Relaxation.

Die hier auftretende Zeitkonstante τ ist die Relaxationszeit, die Konstante ε ist der Relaxationsbetrag, der den nachhinkenden Teil der Energie angibt und meist im Prozentbereich liegt.

Der Inhalt beider Gleichungen ist in Fig. 4.11 dargestellt. Die Frequenzabhängigkeit der Schallgeschwindigkeit, die so genannte Dispersion, ist am stärksten in der Umgebung der Relaxationskreisfrequenz $1/\tau$, ebenso die wellenlängenbezogene Dämpfungskonstante. Besonders charakteristisch ist der breite Frequenzbereich, in dem die Relaxationsdämpfung auftritt.

Beide Konstanten ε und τ hängen von der Art des relaxierenden Energiespeichers ab. Da ein komplizierteres Molekül drei verschiedene Rotationsmöglichkeiten hat – nämlich eine für jede Koordinatenrichtung – und u. U. noch viel mehr Schwingungsmöglichkeiten, können in ein und demselben Gas mehrere oder gar viele Relaxationsprozesse mit unterschiedlichsten Relaxationszeiten auftreten. Noch komplizierter sind die Verhältnisse in Gasgemischen.

Die Ausbreitungsdämpfung in Luft wird durch die Schwingungsrelaxation des Sauerstoff- und des Stickstoffmoleküls verursacht. Für reinen Sauerstoff liegt die Relaxationsfrequenz bei etwa 50 Hz. Die anderen Bestandteile der Luft verursachen nun eine Verlagerung der Relaxationsfrequenz nach oben. Besonders wirksam in diesem Zusammenhang ist das stets in Luft gelöste Wasser, weshalb die Schalldämpfung in Luft in hohem Maß von

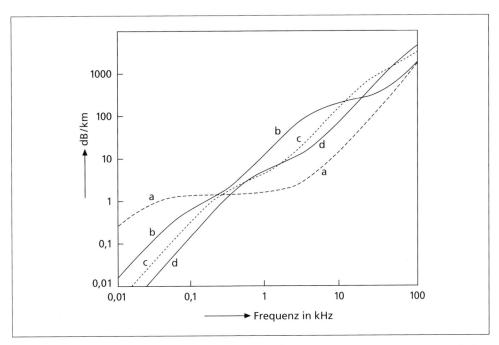

Fig. 4.12 Dämpfungsmaß von Luft (in dB/km) bei 20^0 C und Normaldruck. Parameter: relative Luftfeuchtigkeit:
a) 0%,
b) 10%,
c) 40%,
d) 100%

der Luftfeuchtigkeit abhängt. In Fig. 4.12 ist für Luft die Pegelabnahme pro Kilometer logarithmisch über der Frequenz für verschiedene Werte der relativen Luftfeuchtigkeit aufgetragen. Man beachte, dass hier nicht wie in Fig. 4.11 die wellenlängenbezogene Dämpfungskonstante, sondern das so genannte Dämpfungsmaß dargestellt ist, d. i. die Pegelabnahme pro Längeneinheit. Mit der Dämpfungskonstante m hängt dies gemäß

$$D = 10\, m \cdot \log_{10} e \approx 4{,}34\, m \quad \text{dB/m}$$

zusammen, wenn m in Meter^{-1} ausgedrückt wird.

4.4.2 Dämpfung in Flüssigkeiten

Flüssigkeiten kann man auf Grund ihres Absorptionsverhaltens in drei Gruppen einteilen. Die Stoffe der ersten Gruppe zeigen „klassische Absorption" nach den Gln. (24) und (25). Zu ihnen gehören einatomige Flüssigkeiten wie Quecksilber und andere geschmolzene Metalle, des weitere verflüssigte Gase (z. B. Sauerstoff, Wasserstoff oder Stickstoff). Bei den letzteren machen die Rotationswärme oder die Schwingungswärme wegen der niedrigen Temperaturen nur einen sehr kleinen Teil des gesamten Wärmeinhalts aus.

Die Flüssigkeiten der zweiten Gruppe haben einen positiven Temperaturkoeffizienten der Dämpfungskonstanten, die ihrerseits z. T. um Größenordnungen über dem klassischen Wert liegen. Bei ihnen wird die zusätzliche Absorption – wie bei mehratomigen Gasen – auf thermische Relaxation der Moleküle zurückgeführt. Beispiele für solche Flüssigkeiten sind Benzol, Toluol, Hexan, Tetrachlorkohlenstoff und Schwefelkohlenstoff.

Die dritte Gruppe schließlich umfasst Flüssigkeiten, deren Moleküle dazu neigen, sich zu assoziieren. Hierzu gehören z. B. Stoffe, bei denen eine monomere Form im Gleichgewicht mit einer dimeren steht, oder deren Moleküle polare Eigenschaften haben. Im letzteren Fall bilden sich ausgedehntere Bereiche, in denen ein gewisser Ordnungszustand herrscht wie in einem Kristall, oder in denen gar zwei verschiedene Ordnungszustände gleichzeitig vorliegen (stark assoziierte Flüssigkeiten). Der wichtigste Vertreter dieser Gruppe ist Wasser, außerdem gehören hierzu Alkohole, Phenole oder auch Anilin. Bei ihnen ist der Temperaturkoeffizient der Dämpfungskonstanten negativ. Die Dämpfungskonstante selbst ist typischerweise doppelt bis dreifach so hoch wie der klassische Wert. Die Zusatzdämpfung wird hier auf „Strukturrelaxation" zurückgeführt, worunter folgendes zu verstehen ist: Mit den verschiedenen, miteinander im Gleichgewicht stehenden Ordnungszuständen sind unterschiedliche Packungsdichten der Moleküle verbunden. Eine von außen, z. B. in Form einer Schallwelle einwirkende Druckänderung verschiebt daher das Gleichgewicht nach der einen oder anderen Seite, löst also einen Umbau der Flüssigkeitsstruktur aus. Dieser Umbau erfolgt sehr schnell, aber doch nur mit endlicher Geschwindigkeit. Daher hinkt die Einstellung eines neuen Gleichgewichts der von außen aufgezwungenen Zustandsänderung hinterher. Dieser Sachverhalt bedingt eine Frequenzabhängigkeit der Zusatzdämpfung nach Art der Gl. (27) bzw. wie in Fig. 4.11 dargestellt.

Neben den bisher genannten Absorptionsursachen gibt es noch zahlreiche Sondereffekte, von denen hier nur noch die Schallabsorption in wässrigen Elektrolyten erwähnt sei, da sie für die Dämpfung in Meerwasser maßgebend ist. Sie wird von der elektrolytischen Dissoziation der gelösten Salze bestimmt, die in mehreren Stufen erfolgt. Die einzelnen Dissoziationsprodukte stehen miteinander in druck- und temperaturabhängigen Gleichgewichten, die von einer Schallwelle periodisch verschoben werden. Auch hier tritt also Relaxation auf; bei Magnesiumsulfat zum Beispiel werden entsprechende Dämpfungsmaxima etwa bei 100 kHZ und bei 100 MHz beobachtet.

4.4.3 Dämpfung in Festkörpern

Obwohl dieses Kapitel der Schallausbreitung in Gasen und Flüssigkeiten gewidmet ist, während Schallwellen im Festkörper erst in Kapitel 10 behandelt werden, soll schon hier die Schalldämpfung im Festkörpern vorweggenommen werden. Wegen der außerordentlichen vielfältigen Erscheinungsformen fester Stoffe müssen wir hier auch mit unterschiedlichsten Dämpfungsmechanismen rechnen. Wir müssen uns daher auf die Behandlung einiger weniger, wichtiger Fälle beschränken und im übrigen auf die Literatur verweisen.

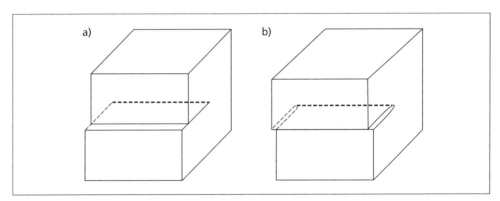

Fig. 4.13 Versetzungen in einem Festkörper.
a) Stufenversetzung,
b) Schraubenversetzung, nach H. Kutruff, Physik und Technik des Ultraschalls. S. Hirzel Verlag, Stuttgart 1988

Reale Kristalle weisen stets eine gewissen Zahl von Baufehlern des Kristallgitters auf, von denen die so genannten Versetzungen eine besondere Rolle spielen. Unter Versetzungen versteht man linienartige Baufehler, bei denen entweder eine Netzebene keine Fortsetzung mehr findet (Stufenversetzung), oder bei denen an einer Stelle Netzebenen falsch miteinander verbunden sind (Schraubenversetzung) Beide Arten von Fehlern sind in Fig. 4.13 dargestellt. Freie Versetzungslinien lassen sich durch Schubspannungen relativ leicht senkrecht zu ihrer Erstreckung verschieben. Allerdings sind reale Versetzungslinien i. A. nicht frei, sondern haften an punktuellen Kristallbaufehlern oder verhaken sich gegenseitig. Eine Schubspannung bewirkt somit nur eine Auslenkung des Linienabschnitts zwischen zwei Haftstellen, und entsprechendes gilt für wechselnde Schubspannungen wie in einer Schallwelle. Da hierbei Massen bewegt werden müssen, kann man einer Versetzungslinie eine Masse pro Längeneinheit zuschreiben. Da die Versetzung weiterhin einen Zustand erhöhter elastischer Energie bedeutet, die stets einem Minimum zustrebt, widersetzt sie sich dem Versuch einer Verlängerung. Sie verhält sich daher ähnlich wie eine Saite. Bei der Schwingung um ihre Ruhelage strahlt die Versetzungslinie Schall ab, dessen Energie der anregenden Schallwelle entzogen wird.

Technische Metalle sind keine homogene Stoffe, sondern bestehen aus zahlreichen kleinen Kristalliten unterschiedlicher Form, Größe und Orientierung, die sich mitunter auch chemisch voneinander unterscheiden. Durchdringt eine Schallwelle einen solchen polykristallinen Stoff wie in Fig. 4.14 gezeigt, so wird an jeder Korngrenze ein Teil ihrer Energie aus ihrer ursprünglichen Richtung abgelenkt. Sind die Kornabmessungen groß gegen die Schallwellenlänge, dann kann man bei diesem Vorgang von Reflexion und Brechung sprechen, sind sie dagegen kleiner oder sehr viel kleiner als die Wellenlänge, dann handelt es sich um Beugung oder Streuung (s. Kapitel 7). Die aus ihrer ursprünglichen Ausbreitungsrichtung abgelenkten Schallanteile werden an jeder Korngrenze erneut

Ebene Wellen

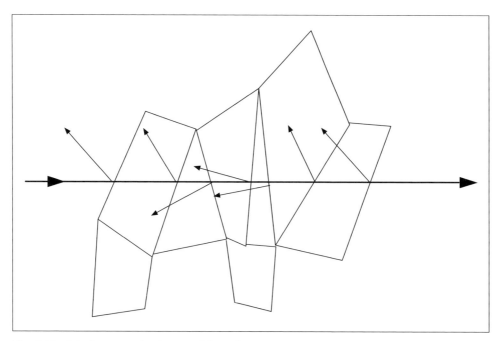

Fig. 4.14 Schallstreuung in einem polykristallinen Material

reflektiert bzw. gestreut. (Ähnliche Verhältnisse treten beim Lichtdurchgang durch Nebel auf.) Die Frequenzabhängigkeit der Dämpfungskonstanten ist im letzteren Fall durch ein Gesetz der Art

$$m = B_1 f + B_2 f^4 \qquad (28)$$

gegeben.

4.5 Nichtlineare Schallausbreitung

Wie im Abschnitt 3.5 gezeigt wurde, rechtfertigen die geringen Werte der im Alltagsleben vorkommenden Schalldrucke und Schallschnellen die bei der Ableitung der Schallwellengleichung vorgenommenen Linearisierungen. Natürlich gibt es auch Situationen, in denen diese Vereinfachungen nicht erlaubt sind. So wird z. B. bei Explosionen die Ausbreitung der entstehenden Druckwellen in der Nähe ihres Ausgangspunkts wesentlich von den im Kapitel 3 vernachlässigten nichtlinearen Gliedern mitbestimmt.

Aber auch in weniger dramatischen Fällen sind mitunter deutliche Abweichungen von der linearen Schallausbreitung zu beobachten. Insbesondere kann man feststellen, dass eine ebene Welle hinreichender Intensität im Zuge ihrer Ausbreitung ihre Form nicht beibehält, sondern sich mehr und mehr „aufsteilt", bis im Grenzfall eine raumzeitliche Dreieckschwingung aus ihr wird. Diese Erscheinung kann nach *Eisenmenger* leicht mit einem

Gartenschlauch von einigen Metern Länge demonstriert werden, der am einen Ende über ein Handventil mit einer Pressluftflasche verbunden ist, während in sein anderes Ende zur Verbesserung der Abstrahlung ein Trichter gesteckt wird. Öffnet man das Ventil kurzzeitig, etwa indem man mit dem Handrücken leicht darauf schlägt, dann hört man ohne Schlauch nur ein kurzes Zischen, mit angeschlossenem Schlauch dagegen einen scharfen Knall.

Um diesen Vorgang quantitativ zu erfassen, brauchen wir eine etwas genauere Näherung für die Schallgeschwindigkeit. Zunächst ist klar, dass sich bei Schallausbreitung in einem bewegten Medium die Strömungsgeschwindigkeit der Schallgeschwindigkeit des ruhenden Mediums überlagert. Nun bewegt sich das Medium in jeder Schallwelle, nämlich entsprechend der Schallschnelle v_x. Die Welle wird also gewissermaßen durch sich selbst verweht. Damit wird zunächst

$$c_1 = c + v_x \tag{29}$$

Nun hängt die Schallgeschwindigkeit in einem idealen Gas von der Temperatur und damit auch von der im Abschnitt 4.4.1 berechneten „Schalltemperatur" θ ab. Nach Gl. (17) gilt:

$$c = \sqrt{\frac{\kappa R(T_0 + \theta)}{M_r}} \approx c_0 \left(1 + \frac{\theta}{2T_0}\right) \quad ; \tag{30}$$

die für verschwindend kleine Schallamplituden maßgebliche Schallgeschwindigkeit wurde hier mit c_0 bezeichnet. – Aus der Gl. (23) ergibt sich wegen $p = \rho_0 c_0 v_x$ und $\kappa p_0 = \rho_0 c^2$:

$$\frac{\theta}{T_0} = (\kappa - 1)\frac{v_x}{c_0} , \tag{31}$$

Die Kombination dieser Formel mit Gl. (29) führt zu dem Ergebnis:

$$c_1 = c_0 + \frac{\kappa + 1}{2} v_x \tag{32}$$

Der Ausdruck $\kappa - 1$ wird in der Literatur oft als „Nichtlinearitätsparameter" bezeichnet. Für Luft – ein im wesentlichen zweiatomiges Gas ($\kappa = 1{,}4$) – beträgt er 0,4. Für Wasser wurde er experimentell zu etwa 6 bestimmt.

Die Wirkung der von der Momentanschnelle abhängigen Schallgeschwindigkeit zeigt Fig. 4.15. Sie zeigt (gestrichelt) eine Sinuswelle zum Zeitpunkt ihrer Erzeugung; die durchgezogene stellt dieselbe Welle dar, nachdem sie eine gewisse Strecke durchlaufen hat. Da sich die Bereiche positiver Momentanschnelle etwas schneller, die mit negativer Schnelle mit etwas langsamer ausgebreitet haben, sind die Anstiegsflanken steiler, die abfallenden Flanken der Welle flacher geworden. Die Änderung der Wellenform ist gleichbedeutend mit der Produktion von höheren Harmonischen (s. Abschnitt 2.11). Der Aufsteilungsprozess führt bei weiterer Ausbreitung zu einer Diskontinuität in der Anstiegsflanke; schließlich entsteht aus der ursprünglich sinusförmigen Welle eine Folge von Stoßfronten. Grundsätzlich tritt dieser Effekt bei jeder noch so schwachen Welle auf, falls nur die durchlaufene Strecke groß genug ist. Allerdings wirkt die hier nicht berücksichtigte Dämpfung der Aufsteilung entgegen, da sie sich bei den höheren Harmonischen stärker

Ebene Wellen

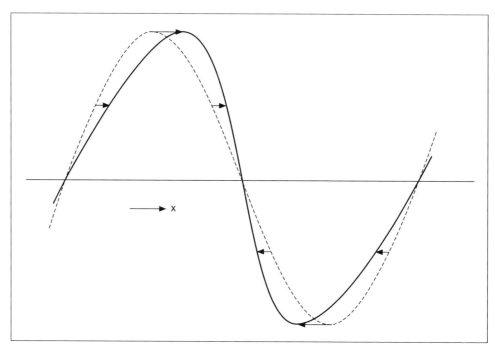

Fig. 4.15 Aufsteilung einer ebenen Welle

auswirkt als bei der Grundwelle. Praktisch kann daher die Aufsteilung nur bei hinreichend starken Wellen beobachtet werden.

Ein weiterer, mit Ultraschall leicht beobachtbarer nichtlinearer Effekt ist der Schallstrahlungsdruck, d. i. ein konstanter Druck, den eine Welle auf ein von ihr getroffenes Hindernis ausübt (s. Fig. 4.16). Er ist darauf zurückzuführen, dass eine Welle nicht nur Energie, sondern auch mechanischen Impuls transportiert, worunter man bei einem bewegten Körper bekanntlich das Produkt von dessen Geschwindigkeit mit seiner Masse versteht. Demnach ist der auf die Volumeneinheit bezogene in einer Schallwelle $\rho_g v_x = (\rho_0 + \rho)v_x$.

Wir nehmen nun eine ebene Schallwelle mit der Schnelle $v_x = p/\rho_0 c$ an, die senkrecht auf eine ebene Fläche auftrifft, von der sie vollständig verschluckt wird. Der sekundlich herantransportierte Impuls pro Flächeneinheit ist

$$\rho_g v_x \cdot c = \rho_0 c v_x + c \rho v_x ;$$

dies ist zugleich der auf die Fläche ausgeübte Druck. Bildet man den zeitlichen Mittelwert, dann verschwindet das erste Glied, das zweite liefert den gesuchten Strahlungsdruck $p_s = c\overline{\rho v_x}$, oder wenn man die Schallschnelle v_x und die Dichteschwankung ρ durch den Schalldruck ausdrückt, letzteres mit Hilfe der Gl. (3.13) :

$$p_s = \frac{\overline{p^2}}{\rho_0 c^2} \tag{33}$$

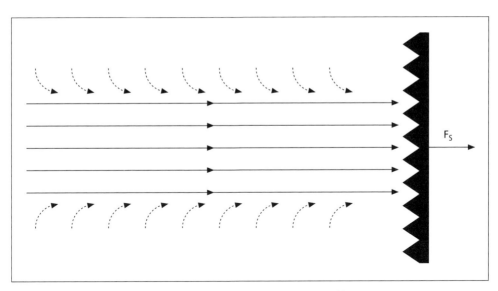

Fig. 4.16 Zum Schallstrahlungsdruck ($F_s = p_s \cdot S$ = Strahlungskraft)

Nach Gl. (5) ist dies gleich der Energiedichte in der Welle. Verschluckt die von der Welle getroffene Fläche den Schall nicht, sondern wirft ihn vollständig zurück, dann ist der Strahlungsdruck gleich der doppelten Energiedichte.

5 Kugelwelle und Schallabstrahlung

Bei der im vorangehenden Kapitel eingeführten ebenen Welle hängen alle Schallfeldgrößen nur von einer einzigen Achse eines rechtwinkligen Koordinatensystems ab. Legt man dagegen Polarkoordinaten zugrunde mit dem Abstand vom Ursprung als maßgebender Koordinate, dann gelangt man zu einer weiteren elementaren Wellenform, der Kugelwelle. Bei ihr bestehen die Wellenflächen, also die Flächen konstanten Schalldrucks, aus konzentrischen Kugelflächen; die Welle geht daher von einem bestimmten Punkt aus. Fig. 5.1 zeigt einen Schnitt durch einige dieser Flächen zusammen mit einigen Wellennormalen. Von dieser Vorstellung gelangt man unmittelbar zu den Quellen des Schallfelds, zuerst zu der einfachen, aber etwas abstrakten Punktschallquelle, mit der sich immer komplexere Schallquellen gedanklich aufbauen lassen.

5.1 Lösung der Wellengleichung

Das der Geometrie einer Kugelwelle angepasste Koordinatensystem ist das der sphärischen Polarkoordinaten (s. Fig. 5.2). In ihm wird die Lage eines Punkts P durch

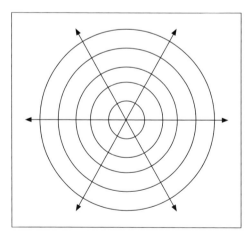

Fig. 5.1 Kugelwelle (Schnitt)

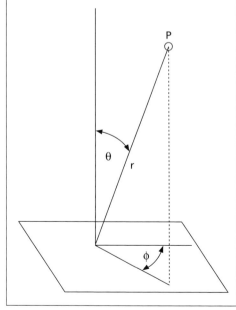

Fig. 5.2 Sphärische Polarkoordinaten

seinen Abstand r vom Koordinatenursprung bestimmt, außerdem durch den Polarwinkel θ, den die Verbindungslinie zwischen dem Punkt und dem Ursprung mit der so genannten Polarachse bildet sowie durch den Azimutwinkel ϕ, den die Projektion dieser Verbindungslinie in eine zur Polarachse senkrechte Ebene mit einer weiteren, in dieser Ebene liegenden festen Achse bildet.

In diesen Koordinaten drückt sich der in der allgemeinen Wellengleichung (3.25) auftretende Laplace-Operator wie folgt aus:

$$\Delta p \equiv \frac{\partial^2 p}{\partial r^2} + \frac{2}{r}\frac{\partial p}{\partial r} + \frac{1}{r^2 \sin^2\theta}\frac{\partial^2 p}{\partial \phi^2} + \frac{1}{r^2}\frac{\partial^2 p}{\partial \theta^2} + \frac{\cot\theta}{r^2}\frac{\partial p}{\partial \theta} \qquad (1)$$

Da der Schalldruck auf jeder Kugelfläche konstant sein soll, also unabhängig von den Winkelkoordinaten, verschwinden die letzten drei Terme in dem obigen Ausdruck. Die Wellengleichung lautet somit:

$$\frac{\partial^2 p}{\partial r^2} + \frac{2}{r}\frac{\partial p}{\partial r} = \frac{1}{c^2}\frac{\partial^2 p}{\partial t^2} \qquad (2)$$

Durch die Substitution p(r,t) = f(r,t)/r kann sie zunächst in die uns schon bekannte, eindimensionale Form

$$\frac{\partial^2 f}{\partial r^2} = \frac{1}{c^2}\frac{\partial^2 f}{\partial t^2}$$

gebracht werden (s. Gl. (3.21)), deren Lösung sich wie bei der ebenen Welle vollzieht, d. h. mittels einer beliebigen, zweimal differenzierbaren Funktion der Variablenkombination r − ct. Damit ist der Schalldruck in der allgemeinen Kugelwelle:

$$p(r,t) = \frac{1}{r} f(r - ct) \qquad (3)$$

Wie bei der ebenen Welle breitet sich also eine anfängliche Druckstörung mit der Schallgeschwindigkeit c in Richtung zunehmender r-Werte, d. h. von innen nach außen aus. Allerdings verkleinert sich die Druckstörung mit wachsendem Laufweg, was auch verständlich ist, da die Welle im Zuge ihrer Ausbreitung immer größere Bereiche erfasst und sich dadurch „verdünnt". Grundsätzlich würde auch hier die Variablenkombination r + ct zur Lösung der Wellengleichung (2) führen. Sie würde eine sich auf den Punkt r = 0 zusammenziehende Kugelwelle repräsentieren. Da dies nicht sehr sinnvoll ist, sehen wir im Folgenden von dieser Teillösung ab.

5.2 Die Punktschallquelle

Da jede Kugelwelle von einem Punkt ausgeht, wird man zwangsläufig zu der Vorstellung geführt, dass sich dort eine verschwindend kleine Schallquelle befindet. Man nennt eine solche Schallquelle eine „Punktschallquelle": Sie hat nur eine Funktion, nämlich sekundlich eine bestimmte Menge Q(t) des Mediums nach einer gewissen Gesetzmäßigkeit auszustoßen oder aufzusaugen. Die Funktion Q(t) nennt man die Volumenschnelle der Quelle. Man kann sie leicht in Beziehung setzen zu der zunächst beliebigen Funktion f. Hierzu müssen wir zunächst die zu dem Schalldruck nach Gl. (3) gehörende Schallschnelle berechnen. Sie hat nur eine einzige nicht verschwindende Komponente, nämlich eine radiale Komponente v_r. Die Gl. (3.15) liefert dann

$$\frac{\partial v_r}{\partial t} = -\frac{1}{\rho_0}\frac{\partial p}{\partial r} = \frac{1}{\rho_0}\left(\frac{f(r-ct)}{r^2} - \frac{f'(r-ct)}{r}\right) \quad (4)$$

Wir denken uns nun um den Ursprung eine Kugel mit dem verschwindend kleinen Radius r_0 beschrieben. Multipliziert man die obige Gleichung mit der Kugeloberfläche $4\pi r_0^2$, dann entsteht auf der linken Seite gerade die durch einen Punkt gekennzeichnete zeitliche Ableitung $\dot{Q}$ der Volumenschnelle, auf der rechten Seite kann der zweite Term in der Klammer gegenüber dem ersten vernachlässigt werden und man erhält:

$$\dot{Q}(t) = 4\pi r_0^2 \left(\frac{\partial v_r}{\partial t}\right)_{r\to 0} = \frac{4\pi}{\rho_0}f(-ct)$$

also auch

$$f(r-ct) = \frac{\rho_0 \dot{Q}(t-\frac{r}{c})}{4\pi}$$

Damit stellt sich der Schalldruck in einer Kugelwelle dar als

$$p(r,t) = \frac{\zeta_0}{4\pi r}\dot{Q}(t-r/c) \quad (5)$$

Besonders wichtig ist hier das Entfernungsgesetz, demzufolge der Schalldruck umgekehrt proportional zur Entfernung r ist. Das bedeutet aber auch, dass der Schalldruckpegel um 6 dB abnimmt, wenn der Abstand zur Schallquelle verdoppelt wird, um 20 dB, wenn er verzehnfacht wird (s. Abschnitt 3.6).

Zu einer harmonischen Kugelwelle gelangt man, wenn man für die Volumenschnelle ein harmonisches Zeitgesetz $Q(t) = \hat{Q}e^{j\omega t}$ annimmt. Für den Schalldruck ergibt sich dann durch Einsetzen in Gl. (5):

$$p(r,t) = \frac{j\omega\rho_0\hat{Q}}{4\pi r}e^{j(\omega t - kr)} \quad (6)$$

wobei wieder die Kreiswellenzahl $k = \omega/c$ eingeführt wurde (s. Gl. (4.9)). Wegen $j = \exp(j\pi/2)$ besagt dieser Ausdruck, dass der Schalldruck gegenüber der Volumenschnelle um 90^0 in der Phase verschoben ist.

Vertauscht man die Lage der Schallquelle mit der des Beobachtungspunkts, dann bleibt das Verhältnis des Schalldrucks p zur Volumenschnelle Q unverändert. Dieser hier fast selbstverständliche Sachverhalt gilt auch dann, wenn der Bereich der Schallübertragung reflektierende Wände oder schallzerstreuende Gegenstände enthält, oder wenn es sich um die Schallübertragung in einem Rohr oder einem geschlossenen Raum handelt. In dieser allgemeineren Form bildet er den Inhalt des wichtigen Reziprozitätsgesetzes.

Wir kehren nun zurück zu der harmonischen Kugelwelle nach Gl. (6). Die zugehörige Schallschnelle lässt sich aus der Gl. (4) berechnen, indem man die Differentiation durch eine Multiplikation mit jω ersetzt:

$$j\omega\rho_0 v_r = -\frac{\partial p}{\partial r} = \frac{j\omega\rho_0 \hat{Q}}{4\pi r} e^{j(\omega t - kr)} \cdot \left(jk + \frac{1}{r}\right)$$

oder, unter Benutzung der Gl. (6):

$$v_r = \frac{p}{\rho_0 c} \cdot \left(1 + \frac{1}{jkr}\right) \tag{7}$$

Schalldruck und Schallschnelle sind hier also keineswegs in Phase wie bei der ebenen Welle. Bei sehr kleinen Abständen überwiegt das zweite Glied in Klammer; die Phasenverschiebung zwischen Schalldruck und Schallschnelle beträgt in diesem Fall 90°. Ist dagegen $kr \gg 1$, der Abstand r also groß gegen die Wellenlänge $\lambda = 2\pi/k$, dann nähert sich das Verhältnis von Schalldruck zu Schallschnelle dem Wellenwiderstand $Z_0 = \rho_0 c$ an. Das ist auch verständlich, da mit wachsender Entfernung die Krümmung der Wellenflächen immer geringer, die Welle also immer „ebener" wird. Es ist bemerkenswert, dass die Grenze zwischen „sehr kleinen" und „sehr großen" Abständen von der Wellenlänge und damit von der Schallfrequenz abhängt. So unterscheidet sich für $kr = 4$ das Verhältnis des Schalldrucks zur Schallschnelle dem Betrag nach nur um etwa 3% vom Wellenwiderstand. Für Luft ist dies bei einer Frequenz von 100 Hz erst in etwa 2 m Abstand von der Schallquelle der Fall, bei 5000 Hz aber schon in etwas mehr als 4 cm Entfernung.

Die Intensität in der Kugelwelle kann man aus Gl. (3.33) bestimmen. Mit Gl. (7) ergibt sich derselbe Ausdruck wie für eine ebene Welle:

$$I = \frac{|p|^2}{2Z_0} = \frac{\tilde{p}^2}{Z_0} \tag{8}$$

(vgl. Gl. (4.6)). Mit Gl. (6) wird daraus:

$$I = \frac{\rho_0 \omega^2 \hat{Q}^2}{32\pi^2 c r^2} \tag{9}$$

Die Schallintensität in einer Kugelwelle nimmt also umgekehrt proportional mit dem Quadrat der Entfernung ab.

Zur Ermittlung der gesamten akustischen Strahlungsleistung der Punktschallquelle integriert man diesen Ausdruck über die Oberfläche einer um das Wellenzentrum beschriebenen Kugel mit dem beliebigen Radius r. Da dies im vorliegenden Fall einfach auf die Multiplikation der Gl. (9) mit dem Flächeninhalt $4\pi r^2$ der Kugel hinausläuft, ergibt sich:

$$P_s = 4\pi r^2 I = \frac{\rho_0 \omega^2 \hat{Q}^2}{8\pi c} \tag{10}$$

Eine Punktschallquelle ist natürlich ein idealisiertes Gebilde, das in der wirklichen Welt in dieser reinen Form nicht vorkommt. Ihre Bedeutung besteht vor allem darin, dass man sich realistischere Schallquellen aus Punktschallquellen zusammengesetzt denken und die von ihnen erzeugten Schallfelder durch Überlagerung der einzelnen Kugelwellen berechnen kann. In nachfolgenden Abschnitten werden wir diese Methode wiederholt anwenden. Immerhin verhält sich jede reale, sehr kleine Schallquelle, die nicht anderes bewirkt als Medium auszustoßen bzw. aufzusaugen, näherungsweise wie eine Punktschallquelle. Das gilt z. B. für jeden in ein geschlossenes Gehäuse eingebauten Lautsprecher, sofern alle Gehäuseabmessungen hinreichend klein sind. Da in der Akustik der natürliche Längenmaßstab die Schallwellenlänge ist, bedeutet „sehr klein" hier: „sehr klein im Vergleich zur Wellenlänge". Eine Möglichkeit, Kugelwellen mit einer ausgedehnteren Schallquelle zu erzeugen, werden wir in Abschnitt 5.7 kennen lernen.

5.3 Der Dopplereffekt

Bislang wurde stillschweigend vorausgesetzt, dass sowohl die Schallquelle als auch der Beobachter (oder der Schallempfänger) in Ruhe sind, und zwar sowohl in Bezug aufeinander als auch in Bezug auf das Medium, das sie umgibt. In diesem Abschnitt lassen wir diese Voraussetzung fallen, um eine alltägliche Erscheinung zu erklären, nämlich die Frequenzänderung, die man feststellt, wenn sich Schallquelle und/oder Beobachtungspunkt relativ zueinander bewegen. Man bezeichnet diese Erscheinung als Dopplereffekt.

Eine sich bewegende Schallquelle läuft gewissermaßen der von ihr ausgesandten Welle hinterher. Handelt es sich um eine Punktschallquelle, dann sind die erzeugten Wellenfronten nach wie vor kugelförmig, liegen aber nicht konzentrisch, im Gegensatz zu Fig. 5.1. Es entsteht somit ein Wellenfeld wie in Fig. 5.3a dargestellt. Wir nehmen nun an, dass die einzelnen Kugelflächen z. B. Wellenbergen entsprechen, dass ihr zeitlicher Abstand also eine Schallperiode T beträgt. In der Zeit zwischen der Emission zweier Wellenfronten wandert die Schallquelle um die Strecke $V_q T$ weiter, wobei V_q die Geschwindigkeit der Schallquelle bezeichnet. Der räumliche Abstand zweier Wellenfronten und damit die Wellenlänge verringert sich daher auf der rechten Seite auf $\lambda' = (c - V_q)T$. Bei einem rechts von der Schallquelle stehenden Beobachter treffen die Wellenfronten daher mit der erhöhten Frequenz $f' = c/\lambda'$ oder

$$f' = \frac{f}{1 - V_q/c} \qquad (11)$$

ein. Bewegt sich die Schallquelle vom Beobachter weg, dann ist V_q negativ und man beobachtet eine entsprechend niedrigere Frequenz. Diese Art des Dopplereffekts beobachtet man sehr häufig, z. B. wenn ein Kraftfahrzeug an einem vorbeifährt: Im Augenblick der Vorbeifahrt sinkt die Tonhöhe deutlich ab, was bei einem Auto- oder Motorradrennen besonders eindrucksvoll ist. Auch wenn man von einem Motorflugzeug überflogen wird, sinkt die Tonhöhe des Motorengeräuschs kontinuierlich. – In Fig. 5.3b ist übrigens der Fall

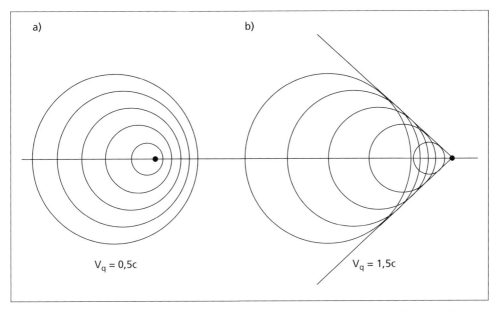

Fig. 5.3 Bewegte Punktschallquelle. Links: $V_q < c$; rechts: b) $V_q > c$ (V_q = Geschwindigkeit der Schallquelle)

$V_q > c$ dargestellt, d. h. die Schallquelle bewegt sich nun mit Überschallgeschwindigkeit und überholt daher die von ihr ausgesandten Wellenfronten. Diese haben als Einhüllende einen Kegel mit dem Öffnungswinkel α, wobei

$$\sin(\alpha/2) = \frac{c}{V_q} \qquad (12)$$

ist. In das Gebiet außerhalb des Kegels gelangen keine Schallwellen, die Kegelfläche selbst bewegt sich mit der Geschwindigkeit V_q von links nach rechts.

Wenden wir uns nun dem umgekehrten Fall zu, nämlich dem eines Beobachters, der sich auf eine ruhende Schallquelle zu bewegt. Er ist keineswegs identisch mit dem oben betrachteten Fall der bewegten Schallquelle, da sich der Empfänger jetzt ja nicht nur relativ zur Schallquelle, sondern auch relativ zum Medium bewegt. Wir betrachten daher ein mit konstanter Geschwindigkeit V_b bewegtes Medium, in dem sich eine Schallwelle ausbreitet. Von einem ruhenden Beobachter aus gesehen, überlagert sich die Strömungsgeschwindigkeit der Schallgeschwindigkeit, wovon bereits im Abschnitt 4.5 Gebrauch gemacht wurde. Die Wellenfronten treffen daher mit der Frequenz $f' = (c + V_b)/\lambda$ bei einem ruhenden Beobachter ein. Andererseits wäre für einen in der Strömung „schwimmenden" Beobachter $\lambda = c/f$. Da die Wellenlänge vorgegeben ist, also keinesfalls von der Bewegung des Beobachters abhängt, erhalten wir aus diesen beiden Ausdrücken

$$f' = \left(1 + \frac{V_b}{c}\right)f \qquad (13)$$

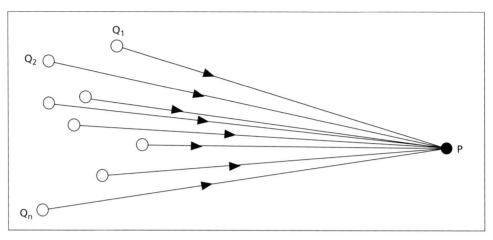

Fig. 5.4 Beiträge mehrerer Punktschallquellen (P = Beobachtungspunkt)

Da es nur auf die Relativgeschwindigkeit zwischen dem Medium und dem Beobachter ankommt, beschreibt die Gl. (13) auch die Frequenzänderung, die ein Beobachter feststellt, der sich bei ruhendem Medium mit der Geschwindigkeit V_b auf eine Schallquelle zu-, oder bei entgegengesetztem Vorzeichen von V_b, von ihr wegbewegt, etwa wenn er am Fenster eines fahrenden Zugs an einer spielenden Musikkapelle vorbeifährt. Unterscheidet sich die Beobachtungsrichtung von der Strömungsrichtung um einen Winkel ϑ, dann ist in Gl. (13) noch ein Faktor $\cos\vartheta$ im zweiten Term der Klammer einzufügen.

5.4 Richtfunktion und Strahlungswiderstand

Wir betrachten nun mehrere Punktschallquellen, die alle das gleiche Sinussignal erzeugen, abgesehen von konstanten, positiven Faktoren. Sie bilden zusammen eine kompliziertere Schallquelle, die nur dann eine reine Kugelwelle erzeugt, wenn die ganze Anordnung klein im Vergleich zur Schallwellenlänge ist. Im Allgemeinen wird aber der Betrag und die Phase des Schalldrucks in mehr oder weniger komplizierter Weise von der Lage des Beobachtungspunkt abhängen. Dies ist auf Interferenz zurückzuführen: die von den einzelnen Punktschallquellen ausgehenden Kugelwellen (s. Fig. 5.4) überlagern sich im Aufpunkt, und je nach den von ihnen zurückgelegten Wegen erreichen sie den Beobachtungspunkt mit unterschiedlichen Phasen. Sind diese überwiegend gleich, dann entsteht ein besonders hoher Summenschalldruck. Die einzelnen Beiträge können sich aber auch teilweise oder sogar ganz auslöschen, dann ist der Schalldruck im Beobachtungspunkt sehr klein oder er verschwindet sogar. Es liegt auf der Hand, dass das Ergebnis der Summation von der Lage des Beobachtungspunkts abhängt. Diese Überlegungen gelten auch für flächenhafte Schallquellen, da auch sie gedanklich aus Punktschallquellen aufgebaut werden können.

Vergleichsweise übersichtlich werden die Verhältnisse in großer Entfernung von der Schallquelle, im so genannten Fernfeld. Es ist dadurch gekennzeichnet, dass hier der Betrag des Gesamtschalldrucks wie in einer einfachen Kugelwelle umgekehrt proportional zur Entfernung von der Schallquelle abnimmt. Allerdings hängt der Schalldruck i. Allg. auch von der Abstrahlrichtung ab. Im Fernfeld einer Schallquelle gilt dann allgemein mit der Konstanten A:

$$p(r, \theta, \phi, t) = \frac{A}{r} R(\theta, \phi) e^{j(\omega t - kr)} \quad (14)$$

Die so genannte Richtfunktion $R(\theta,\phi)$ ist im Allgemeinen komplex, d. h. zwischen den in verschiedene Richtungen abgestrahlten Wellenanteilen können Phasenunterschiede vorliegen. Sie wird i. Allg. so normiert, dass sie in der Richtung maximaler Abstrahlung den Wert 1 annimmt. Ihr Betrag – als ebenes Polardiagramm über dem maßgebenden Winkel dargestellt – wird als Richtdiagramm bezeichnet. Die gleichfalls richtungsabhängige Schallintensität ist nach Gl. (8):

$$I(r, \theta, \phi) = \frac{\tilde{p}^2}{Z_0} = \frac{A^2}{2 Z_0 r^2} |R(\theta, \phi)|^2 \quad (15)$$

Viele Schallquellen konzentrieren den abgestrahlten Schall auf eine oder wenige Richtungen, wie in dem schematischen Richtdiagramm von Fig. 5.5 gezeigt. Man spricht dann von gerichteter oder gebündelter Abstrahlung. Als Maß der Bündelung kann der Bündelungsgrad dienen. Man versteht darunter das Verhältnis der maximalen Intensität I_{max} in der Hauptrichtung der Abstrahlung zu der über alle Richtungen gemittelten Intensität $\langle I \rangle$:

$$\gamma = \frac{I_{max}}{\langle I \rangle} = 4\pi r^2 \frac{I_{max}}{P_s} \quad (16)$$

Im letzteren Ausdruck ist P_s die gesamte Strahlungsleistung der Schallquelle:

$$P_s = \iint_S I(\theta, \phi) dS = \frac{A^2}{2 Z_0} \iint_{4\pi} |R(\theta, \phi)|^2 d\Omega \quad (17)$$

Beim ersteren Integral erfolgt die Integration über die Oberfläche einer großen Kugel, beim letzteren über den vollen Raumwinkel 4π; das Raumwinkelelement ist $d\Omega = \sin\theta d\theta d\phi$. Mit diesem Ausdruck kann man für den Bündelungsgrad auch schreiben:

$$\gamma = \frac{4\pi}{\iint |R(\theta, \phi)|^2 d\Omega} \quad (16a)$$

Alternativ kann man den Grad der Bündelung auch durch die so genannte Halbwertsbreite der Abstrahlung charakterisieren, also durch den Winkelabstand $2\Delta\theta$ zwischen den beiden Richtungen, in denen der Schalldruck gegenüber dem maximalen Wert um den Faktor $1/\sqrt{2}$, die Intensität um den Faktor $1/2$ abgesunken ist (s. Fig. 5.5). Wirklich sinnvoll ist dieses Maß allerdings nur dann, wenn die Richtcharakteristik rotationssymmetrisch bezüglich der Hauptabstrahlrichtung ist.

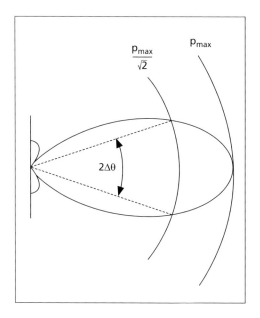

Fig. 5.5 Zur Definition der Halbwertsbreite in einem Richtdiagramm

Vielfach besteht eine Schallquelle aus einer Fläche, die als Ganzes mit einer gegebenen Schnelle v_0 schwingt. Auf diese Bewegung reagiert das umgebende Medium mit einer Gegenkraft F_s. Diese Reaktion lässt sich durch die Strahlungsimpedanz

$$Z_s = \frac{F_s}{v_0} \tag{18}$$

beschreiben. Ist diese bekannt, dann lässt sich nach Gl. (2.37a) sofort die Strahlungsleistung der Schallquelle angeben:

$$P_s = \frac{1}{2}|v_0|^2 \operatorname{Re}\{Z_s\} = \frac{1}{2}|v_0|^2 R_s \tag{19}$$

Der hier auftretende Realteil der Strahlungsimpedanz wird als Strahlungswiderstand R_s bezeichnet.

In der akustischen Messtechnik wird statt der Strahlungsleistung oft ein abgeleitetes, logarithmisches Maß benutzt, der Leistungspegel, der indessen nicht mit dem Schalldruckpegel nach Gl. (3.34) verwechselt werden darf:

$$L_P = \log_{10}\left(\frac{P_s}{P_0}\right) \tag{20}$$

Der Bezugswert P_0 beträgt 10^{-12} W.

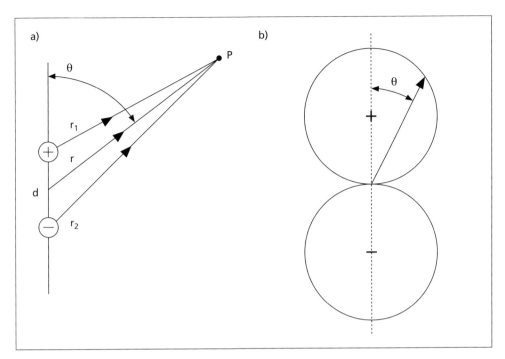

Fig. 5.6 Dipol.
a) Anordnung, Koordinaten
b) Richtdiagramm

5.5 Der Dipol

Als ein erstes Beispiel für eine Schallquelle mit gerichteter Abstrahlung betrachten wir den Dipol oder Dipolstrahler. Er besteht aus zwei Punktschallquellen im Abstand d, die gleiche Sinussignale erzeugen, allerdings mit entgegengesetztem Vorzeichen:

$$Q_{1,2}(t) = \pm \hat{Q} e^{j\omega t}$$

Sie sind in Fig. 5.6a durch Kreise angedeutet. Ihre Abstände von dem Aufpunkt P nennen wir r_1 und r_2. Der Schalldruck in P ist somit nach Gl. (6):

$$p(r,t) = \frac{j\omega \rho_0 \hat{Q}}{4\pi} \left(\frac{e^{-jkr_1}}{r_1} - \frac{e^{-jkr_2}}{r_2} \right) e^{j\omega t} \qquad (21)$$

Ferner nehmen wir an, dass $r_{1,2} \gg d$ ist. Dann kann man näherungsweise

$$r_{1,2} = r \mp \frac{d}{2} \cos\theta \qquad (22)$$

setzen, wobei r der Abstand des Aufpunkts P vom Mittelpunkt zwischen den beiden Quellen ist und θ der Winkel, den der entsprechende Fahrstrahl mit ihrer Verbindungslinie, der sog. Dipolachse bildet. Bevor wir dies in die Gl. (21) einsetzen, bemerken wir, dass der Unterschied zwischen r_1 und r_2 so klein ist, dass er in den Nennern vernachlässigt werden kann, nicht aber in den Exponenten, weil er dort zu einer auch bei noch so großen Entfernungen nicht verschwindenden Phasendifferenz führt. Damit wird aus Gl. (21):

$$p(r,t) = \frac{j\omega\rho_0\hat{Q}}{4\pi r}\left(e^{j(kd/2)\cos\theta} - e^{-j(kd/2)\cos\theta}\right)e^{j\omega t - kr} = -\frac{\omega\rho_0\hat{Q}}{2\pi r}\sin\left(\frac{kd}{2}\cos\theta\right)e^{j\omega t - kr}$$

Nun sei d auch noch klein gegenüber der Schallwellenlänge, d. h. $kd \ll 1$, sodass man die Sinusfunktion durch ihr Argument ersetzen kann. Dann wird schließlich aus dem rechten Ausdruck:

$$p(r,t) = -\frac{\omega^2\rho_0\hat{Q}d}{4\pi rc}\cos\theta \cdot e^{j\omega t - kr} \qquad (23)$$

Die in Gl. (14) eingeführte Richtfunktion lautet für den Dipol also $R(\theta) = \cos\theta$. Sie ist in Fig. 5.6b in Form eines Polardiagramms dargestellt, das man sich durch Rotation um die Dipolachse ($\theta = 0$) räumlich ergänzt denken muss. Senkrecht zu dieser Achse wird somit kein Schall abgestrahlt, was auch verständlich ist, da in der Mittelebene die Beiträge beider Punktschallquellen sich genau auslöschen. In anderen Richtungen ist die Auslöschung unvollständig, was übrigens auch den ungewohnten Schalldruckanstieg mit dem Quadrat der Frequenz in Gl. (23) zur Folge hat. Das heißt aber umgekehrt, dass der Dipol bei tiefen Frequenzen als Schallstrahler besonders uneffektiv ist. Diese Auslöschung wird auch oft als „akustischer Kurzschluss" bezeichnet.

Als Dipolstrahler wirkt jeder starre Körper, der als Ganzes Schwingungen so niederer Frequenz um seine Ruhelage ausführt, dass er bei seiner Schwingungsfrequenz klein im Vergleich zur Schallwellenlänge ist. Denn beim Schwingen sucht er das Medium auf seiner einen Seite zu verdichten, auf der jeweils anderen aber zu verdünnen. Zu solchen Dipolen gehört beispielsweise eine schwingende Saite, oder auch eine hinreichend kleine Lautsprechermembran, die nach beiden Seiten frei abstrahlen kann. Zum Beispiel erzeugt eine sehr kleine, mit der Schnelleamplitude $\hat{v}_0$ schwingende Kugel mit Radius a in großem Abstand den Schalldruck

$$p(r,\theta,t) = -\frac{\omega^2\rho_0 a^3 \hat{v}_0}{2cr}\cos\theta \, e^{j(\omega t - kr)} \qquad (24)$$

So wie man sich einen Dipol als Kombination zweier Punktschallquellen vorstellen kann, lassen sich auch „Multipole" höherer Ordnung durch Kombination von Dipolen aufbauen. So ergeben zwei benachbarte Dipole entgegengesetzter Polarität einen Quadrupol, wobei man zwei Möglichkeiten hat: entweder werden die beiden Dipole längs aneinandergelegt, oder sie werden parallel zueinander angeordnet. In den beiden Fällen erhält man natürlich ganz verschiedenen Strahlungscharakteristiken. Ein Beispiel für einen Quadrupol der ersteren Art ist die Stimmgabel: jede ihrer beiden Zinken stellt einen Dipol dar, und die Zinken selbst schwingen gegenphasig. Daher ist von einer in die Luft gehaltenen schwingenden Stimmgabel nur sehr wenig zu hören. Erst wenn man ihren Fuß auf eine Tischplatte oder dergleichen presst, hört man einen klaren Ton, da sich dann die Schwingung des Fußes auf eine Fläche mit relativ hohem Strahlungswiderstand überträgt.

5.6 Die lineare Strahlerzeile

Ein weiteres, auch praktisch wichtiges Beispiel für eine Kombination mehrerer Punktschallquellen bietet die lineare Strahlerzeile oder Strahlergruppe. Bei ihr sind N Punktschallquellen, wie in Fig. 5.7 dargestellt, gleichabständig längs einer geraden Linie angeordnet. Im Gegensatz zu dem oben behandelten Dipolstrahler sollen all seine Elemente gleichphasig und mit der gleichen Volumenschnelle Q arbeiten. Der Beobachtungspunkt liege im Fernfeld der Strahleranordnung, d. h. er sei so weit entfernt, dass die Verbindungslinien zwischen dem Beobachtungspunkt und den einzelnen Quellen als praktisch parallel angesehen werden können. Aus der Figur liest man ab, dass der Laufwegunterschied zwischen den Beiträgen benachbarter Punktschallquellen $d \cdot \sin \alpha$, die Phasendifferenz also $kd \cdot \sin \alpha$ ist. Dabei kennzeichnet der Erhebungswinkel α die Abstrahlrichtung, d ist der Abstand zweier Quellen.

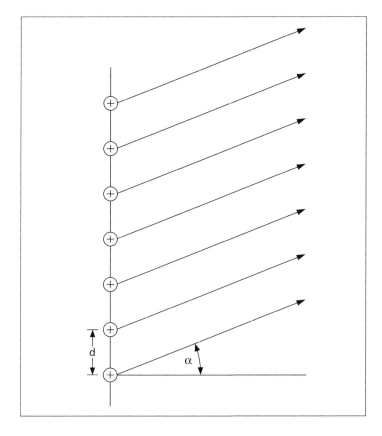

Fig. 5.7 Lineare Strahlerzeile

Für die Berechnung der Richtfunktion wenden wir wieder auf jede einzelne Elementarquelle die Gl. (6) an. Wie beim Dipol vernachlässigen wir die Stärkenunterschiede der einzelnen Beiträge und können daher in den Nennern eine einheitliche Entfernung r einsetzen. Damit wird zunächst:

$$p(r,\alpha,t) = \frac{j\omega\rho_0\hat{Q}}{4\pi r} \sum_{n=0}^{N-1} e^{jkdn\sin\alpha} \cdot e^{j(\omega t - kr)}$$

Beachtet man, dass jedes Summenglied die n-te Potenz von exp(jkd sinα) enthält, dann kann man die Summationsformel für geometrische Reihen anwenden mit dem Ergebnis:

$$p(r,\alpha,t) = \frac{j\omega\rho_0 N\hat{Q}}{4\pi r} \cdot \frac{e^{jNkd\sin\alpha} - 1}{N(e^{jkd\sin\alpha} - 1)} \cdot e^{j(\omega t - kr)}$$

Der zweite Bruch in der obigen Formel stellt die Richtfunktion R(α) dar. Ihr Betrag lautet:

$$|R(\alpha)| = \left| \frac{\sin\left(\frac{Nkd}{2}\sin\alpha\right)}{N\sin\left(\frac{kd}{2}\sin\alpha\right)} \right| \qquad (25)$$

Wie man durch den Grenzübergang sin α → 0 findet, nimmt er den Maximalwert 1 für α = 0 an, d. h. die maximale Abstrahlung erfolgt senkrecht zur Achse der Zeile.

In Fig. 5.8 ist der Betrag |R| der Richtfunktion in Abhängigkeit von für eine aus acht Elementen bestehende Strahlerzeile dargestellt. Wenn (kd/2)sin α ein ganzzahliges Vielfaches von π ist, weist die Funktion |R| ein Hauptmaximum auf; zwischen jeweils zwei Hauptmaxima liegen N-2 Nebenmaxima. Allerdings ist nur ein Ausschnitt der Breite kd aus dieser Funktion sinnvoll, da der Betrag von α höchstens 90^0, der von sin α also höchstens 1 sein kann. Wird diese Funktion als Polardiagramm mit α als Winkelkoordinate aufgetragen, erhält man das für den betreffenden kd-Wert gültige Richtdiagramm. Fig. 5.9 zeigt zwei Richtdiagramme dieser Art für eine Zeile mit sechs Elementen. Ihre dreidimensionale Ergänzung entsteht durch Rotation um die Zeilenachse. Der Schall wird also nicht in eine bestimmte Richtung gebündelt, sondern in eine Ebene senkrecht zur Zeile.

Für die Halbwertsbreite der linearen Strahlerzeile kann man unter der Voraussetzung ausgeprägter Bündelung die folgende einprägsame Formel ableiten:

$$2\Delta\alpha \approx \frac{\lambda}{Nd} \cdot 50^0 \qquad (26)$$

Die lineare Strahlerzeile wird praktisch zur gezielten elektroakustischen Beschallung ausgedehnter Zuhörerfelder benutzt, beispielsweise in größeren Sälen. Hierzu werden als Elementarstrahler gleichartige Lautsprecher benutzt, die mit dem gleichen elektrischen Signal gespeist werden. Falls schon der einzelne Lautsprecher auf Grund seiner Bauart und Größe eine Richtwirkung aufweist, entsteht die gesamte Richtfunktion dadurch, dass man

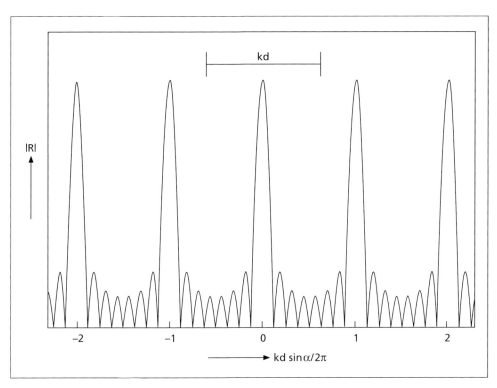

Fig. 5.8 Betrag der Richtfunktion einer linearen Strahlerzeile mit acht Elementen

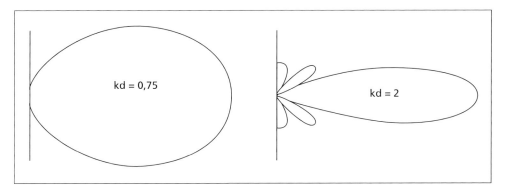

Fig. 5.9 Richtdiagramme einer linearen Strahlerzeile mit sechs Elementen

die Richtfunktion des einzelnen Lautsprechers mit der der Gruppe nach Gl. (25) multipliziert. Auch in der Wasserschalltechnik wird die lineare Strahlerzeile benutzt, um begrenzte Winkelbereiche mit Schall „auszuleuchten" (s. Abschnitt 16.5).

Die Richtfunktion einer linearen Strahlerzeile lässt sich in weiten Grenzen variieren, indem man die Volumenschnellen der einzelnen Elementarstrahler nicht gleich, sondern

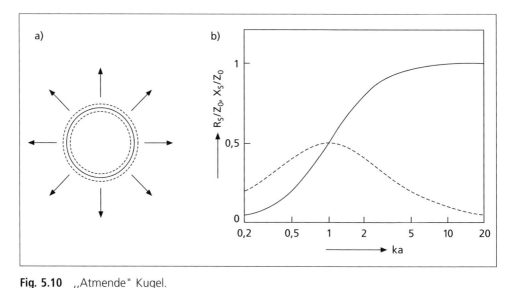

Fig. 5.10 „Atmende" Kugel.
a) schematische Darstellung,
b) Realteil R_s (durchgezogen) und Imaginärteil X_s (gestrichelt) der Strahlungsimpedanz

entsprechend dem gewünschten Zweck wählt. So kann man z. B. erreichen, dass die Richtfunktion keine Nebenmaxima aufweist, oder dass die Richtwirkung des Strahlers weitgehend verschwindet.

5.7 Der Kugelstrahler (atmende Kugel)

Der einfachste flächenhafte, d. h. nicht aus diskreten Punktschallquellen zusammengesetzte Schallstrahler ist der Kugelstrahler, anschaulich auch als „atmende Kugel" bezeichnet. Er besteht, wie in Fig. 5.10a dargestellt, aus einer materiellen Kugel, deren Radius sinusförmig mit kleiner Amplitude um den Ruhewert a schwingt. Auf Grund seiner Geometrie erwarten wir, dass er eine Kugelwelle erzeugt; seine Oberfläche kann gewissermaßen als Wellenfläche aufgefasst, auf der eine Schwingungsschnelle v_0 erzwungen wird.

Die Strahlungsimpedanz und damit auch der Strahlungswiderstand und die Strahlungsleistung dieser Schallquelle kann leicht aus der Gl. (7) berechnet werden. Sie liefert mit $r = a$ und $v_r = v_0$ den Schalldruck, der sich auf der Kugeloberfläche einstellt, und, nach Multiplikation mit dem Flächeninhalt $S = 4\pi a^2$, die gesamte, auf die Kugeloberfläche wirkende Reaktionskraft des Mediums. Dividiert man diese durch die Oberflächenschnelle v_0, dann erhält man für die Strahlungsimpedanz

$$Z_s = \frac{S\rho_0 c}{1 + 1/jka} \tag{27}$$

und als deren Realteil den Strahlungswiderstand des Kugelstrahlers:

$$R_s = S\rho_0 c \frac{(ka)^2}{1+(ka)^2} \to \frac{\rho_0 S^2}{4\pi c} \cdot \omega^2 \quad \text{für } ka \ll 1 \qquad (28)$$

aus dem sich mittels der Gl. (19) die Strahlungsleistung angeben lässt.

Realteil und Imaginärteil der Strahlungsimpedanz der atmenden Kugel sind in Fig. 5.10b als Funktion von ka dargestellt. Bei tiefen Frequenzen wächst der Realteil, d. h. der Strahlungswiderstand quadratisch mit der Frequenz an, da die Kugel dann sehr klein im Verhältnis zur Schallwellenlänge ist und praktisch wie eine Punktschallquelle wirkt (vgl. Gl. (10)). Bei höheren Frequenzen nähert sich der Strahlungswiderstand asymptotisch dem konstanten Wert $S\rho_0 c$ an, der auch für eine ebene, schwingende Fläche sehr großer Ausdehnung zuträfe (s. Abschnitt 5.8).

Dieser Frequenzgang des Strahlungswiderstands erklärt sich dadurch, dass die pulsierende Kugelfläche bei tiefen Frequenzen das umgebende Medium überwiegend hin- und herschiebt, ohne dass es zu einer merklichen Kompression kommt, die nun einmal das Kennzeichen von Schall ist. Bei höheren Frequenzen widersetzt sich die Massenträgheit in zunehmendem Maß dieser Verschiebung, sodass das Medium der Schwingung der Kugeloberfläche leichter ausweichen kann, wenn es sich zusammendrücken (oder verdünnen) lässt.

Zur weiteren Veranschaulichung bildet man aus Gl. (27) den Kehrwert der Strahlungsimpedanz, also die „Strahlungsadmittanz"

$$\frac{1}{Z_s} = \frac{1}{S\rho_0 c} + \frac{1}{j\omega M_m} \qquad (29)$$

Die Größe $M_m = 4\pi a^3 \rho_0$ nennt man die „mitschwingende Mediummasse". Sie entspricht der Masse, die in dem dreifachen Volumen der pulsierenden Kugel enthalten ist. Wäre Z_s eine elektrische Impedanz, dann würde man den Inhalt der Gl. (29) darstellen durch zwei parallelgeschaltete Schaltelemente, nämlich einen Ohmschen Widerstand $S\rho_0 c$ und eine Induktivität M_m (s. Fig. 5.11). Aus diesem elektrischen Ersatzschaltbild ist leicht abzulesen, dass die Induktivität bei tiefen Frequenzen nahezu den ganzen Strom auf sich zieht, sodass der Ohmsche Widerstand, der doch die Wirkung der Abstrahlung nachbildet, nahezu stromlos bleibt. Bei hohen Frequenzen sind die Verhältnisse genau umgekehrt.

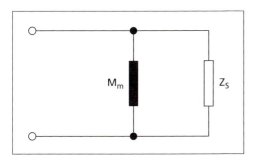

Fig. 5.11 Elektrisches Ersatzschaltbild für die Strahlungsimpedanz einer „atmenden" Kugel

Für die akustische Messtechnik wäre es mitunter sehr erwünscht, einen allseitig gleichmäßig abstrahlenden Schallsender zur Verfügung zu haben. Seine Realisierung in Form eines Kugelstrahlers stößt indessen auf Schwierigkeiten. Immerhin kann sein Verhalten innerhalb gewisser Grenzen durch einen regelmäßigen Zwölfflächner (Dodekaeder) oder Zwanzigflächner (Ikosaeder) angenähert werden, in dessen Flächenmitten mit gleichen elektrischen Signalen gespeiste Lautsprecher eingesetzt sind.

5.8 Die Kolbenmembran

Die bisher besprochenen Arten von Schallstrahlern – Punktschallquelle, Dipol und atmende Kugel – sind stark idealisierte Modelle, die vor allem dem Verständnis der Schallentstehung dienen, die aber das Verhalten realer Schallquellen nur bedingt und in begrenzten Frequenzbereichen wiedergeben.

Demgegenüber kommt die in diesem Abschnitt zu behandelnde Kolbenmembran praktisch vorkommenden Schallquellen wesentlich näher. Man versteht hierunter eine starre, ebene Platte, die mit einer einheitlichen Oberflächenschnelle hin- und herschwingt. Im Interesse einer einfacheren formalen Behandlung denken wir uns diese, wie in Fig. 5.12 angedeutet, bündig in eine ebene, starre Fläche eingesetzt, die sich in Ruhe befindet und unendlich ausgedehnt ist.

Wir nehmen nun an, dass der Kolben harmonische Schwingungen mit der Schnelleamplitude $\hat{v}_0$ und der Kreisfrequenz ω ausführt; seine Schnelle ist also

$$v_0(t) = \hat{v}_0 e^{j\omega t} \tag{30}$$

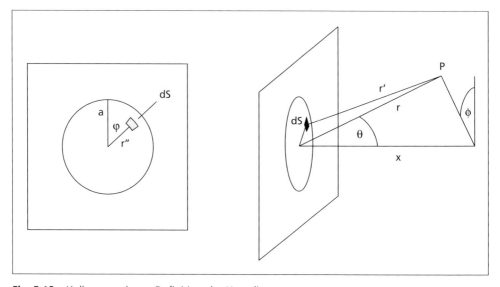

Fig. 5.12 Kolbenmembran; Definition der Koordinaten

Dann kann jedes seiner Flächenelemente dS als eine Punktschallquelle mit der Volumenschnelle $v_0 dS$ angesehen werden; es erzeugt also nach Gl. (6) im Beobachtungspunkt P den Schalldruck $j\omega\rho_0\hat{v}_0 dS e^{j(\omega t - kr')}/2\pi r'$. Der Zahlenfaktor 2 gegenüber der 4 in Gl. (6) trägt der Tatsache Rechnung, dass die Abstrahlung ausschließlich in den rechten Halbraum erfolgt, dem die ganze Volumenschnelle zugute kommt und der durch die umgebende starre Fläche – die so genannte Schallwand – von dem hinter der Platte liegenden Halbraum abgetrennt ist. Der gesamte Schalldruck im Punkt P ergibt sich durch Integration dieses Ausdrucks über die aktive Fläche S des Strahlers:

$$p(r,\theta,t) = \frac{j\omega\rho_0\hat{v}_0}{2\pi} e^{j\omega t} \iint_S \frac{e^{-jkr'}}{r'} dS \qquad (31)$$

wobei r' der Abstand des Flächenelements dS vom Aufpunkt ist.

Nunmehr nehmen wir an, dass die Kolbenmembran Kreisform hat. Dann ist das entstehende Schallfeld rotationssymmetrisch mit der Mittelsenkrechten der Kolbenmembran als Achse. Diese Achse sei zugleich die Polare eines sphärischen Polarkoordinatensystems. Die Lage eines Beobachtungspunkts P ist demnach festgelegt durch seinen Abstand r von der Membranmitte und seinen Polarwinkel θ. Die Koordinaten des Flächenelements dS auf der Strahlerfläche sind durch dessen Mittelpunktsabstand r'' und den Winkel φ gegeben. Damit wird $dS = r'' dr'' d\varphi$ und aus der Gl. (31) entsteht:

$$p(r,\theta,t) = \frac{j\omega\rho_0\hat{v}_0}{2\pi} e^{j\omega t} \int_0^a r'' dr'' \int_{-\pi}^{\pi} \frac{e^{-jkr'}}{r'} d\varphi \qquad (32)$$

mit a als Radius der Membran. Der Abstand r' berechnet sich mit $\Phi = 0$ zu

$$r' = \sqrt{r^2 + r''^2 - 2rr'' \cos\varphi \sin\theta} \qquad (33)$$

Dieses Integral kann i. Allg. nicht in geschlossener Form berechnet werden. Es gibt aber zwei wichtige Spezialfälle, wo seine Lösung direkt angegeben werden kann.

5.8.1 Schalldruck auf der Strahlermittelachse

Liegt der Beobachtungspunkt auf der Mittelachse des Strahlers, d. h. ist $\theta = 0$, dann wird aus Gl. (33) $r' = \sqrt{r''^2 + r^2}$. Die Integration über φ reduziert sich daher auf eine Multiplikation mit dem Faktor 2π. Das zweite Teilintegral ist elementar lösbar, was deutlich wird, wenn man zu r' als Integrationsvariablen wechselt, wobei $r'' dr'' = r' dr'$ ist. Man erhält dann:

$$p(r,t) = \rho_0 c \hat{v}_0 \left(e^{j(\omega t - kr)} - e^{j(\omega t - k\sqrt{r^2 + a^2})} \right) \qquad (34)$$

Dieser Ausdruck stellt zwei ebene Wellen gleicher Amplitude, aber unterschiedlicher Phase dar, die vom Mittelpunkt des Kolbens und von dessen Rand ausgehen. Sie interferieren miteinander: unterscheiden sich ihre Laufwege um eine halbe Wellenlänge oder um ein ungeradzahliges Vielfaches davon, dann bildet sich ein Maximum aus; ist der

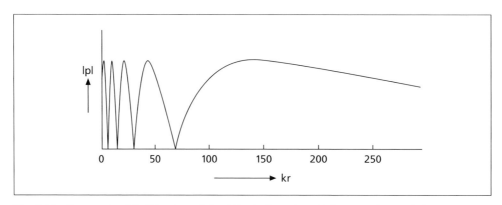

Fig. 5.13 Betrag des Schalldrucks auf der Mittelachse einer Kolbenmembran mit ka = 30

Laufwegunterschied dagegen ein ganzzahliges Vielfaches der Wellenlänge, dann löschen sie sich vollständig aus.

Die Fig. 5.13 zeigt den Verlauf des Schalldruckbetrags längs der Mittelachse für ka = 30, d. h. der Umfang der Kolbenmembran beträgt hier 30 Schallwellenlängen. In der Nähe der Strahleroberfläche zeigt der Schalldruck schnelle Schwankungen; mit größer werdendem Abstand beruhigt sich die Kurve und geht schließlich in einen monotonen Abfall über. In der Tat wird für r >> a:

$$\sqrt{r^2 + a^2} \approx r + \frac{a^2}{2r}$$

Ist außerdem auch r >> ka²/2, dann kann man die Exponentialfunktion exp(-jka²/2r) durch 1 − j ka²/2r annähern und erhält schließlich mit S = πa² :

$$p(r,t) \approx \frac{j\rho_0 \omega \hat{v}_0 S}{2\pi r} e^{j(\omega t - kr)} \qquad (35)$$

Dies entspricht völlig der Gl. (6) – bis auf den Faktor 2 im Nenner. Längs der Strahlerachse hat das erzeugte Schallfeld dann die gleiche Entfernungsabhängigkeit wie eine Kugelwelle. Dies aber ist, wie schon im Abschnitt 5.3 erwähnt, das Kennzeichen des Fernfelds. Als ungefähre Grenze zwischen dem Fernfeld und dem Nahfeld kann man den Abstand ansehen, in der die Druckamplitude zum letzten Mal den Wert $\rho_0 c \hat{v}_0$ annimmt. Für nicht zu kleine ka-Werte ist das bei

$$r_f \approx \frac{S}{\lambda} \qquad (36)$$

der Fall. Diese einfache Faustformel kann übrigens auch auf andere Formen der Kolbenmembran angewandt werden.

5.8.2 Schalldruck im Fernfeld

Das Nahfeld der Kolbenmembran ist von örtlichen Schwankungen des Schalldrucks gekennzeichnet, die umso stärker ausgeprägt sind, je größer die Strahlerabmessungen im

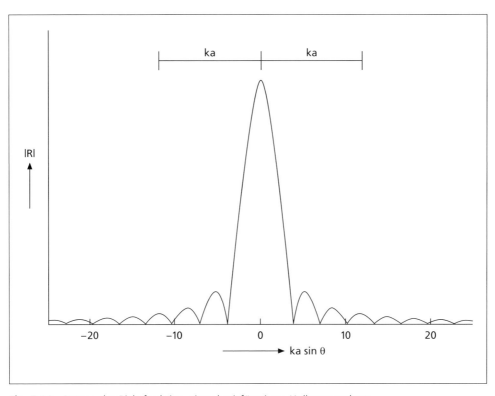

Fig. 5.14 Betrag der Richtfunktion einer kreisförmigen Kolbenmembran

Vergleich zur Schallwellenlänge sind. Im Folgenden beschränken wir uns auf das durch $r \gg r_f$ gekennzeichnete Fernfeld. Dann ist auch $r \gg r''$, sodass man im Argument der Exponentialfunktion von Gl. (32) anstatt r' nach Gl. (33)

$$r' \approx \sqrt{r^2 - 2rr'' \cos\varphi \sin\theta} \;\approx\; r - r'' \cos\varphi \sin\theta \tag{37}$$

setzen kann; im Nenner kann r' sogar durch r ersetzt werden. Damit geht Gl. (32) zunächst über in:

$$p(r,\theta,t) = \frac{j\omega\rho_0 \hat{v}_0}{2\pi r} e^{j(\omega t - kr)} \int_0^a r'' dr'' \int_{-\pi}^{\pi} e^{jkr'' \sin\theta \cos\varphi} d\varphi \tag{38}$$

Nun ist[1]

$$\frac{1}{2\pi} \int_{-\pi}^{\pi} e^{jx(\cos\varphi - n\varphi)} d\varphi = J_n(x) \tag{39}$$

---

[1] M. Abramowitz und A. Stegun, Handbook of Mathematical Functions. Dover Publ. New York 1964

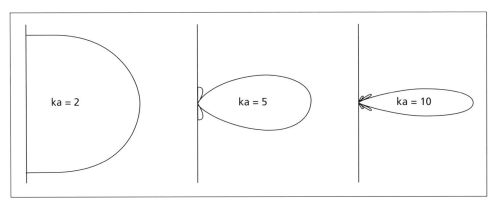

Fig. 5.15 Richtdiagramme der kreisförmigen Kolbenmembran

eine Integraldarstellung der Besselfunktion n-ter Ordnung. (Der Verlauf der Besselfunktionen J_0 und J_1 ist übrigens in Fig. 8.15b dargestellt.) – Für das Integral über φ kann man daher $2\pi J_0(kr''\sin\theta)$ schreiben. Des weiteren ist allgemein:

$$\int x^{n+1} J_n(x) dx = x^{n+1} J_{n+1}(x),$$

hier also:

$$\int_0^a J_0(kr''\sin\theta) r'' dr'' = \frac{a}{k\sin\theta} J_1(ka\sin\theta)$$

Wendet man diese Formel auf die Gl. (38) an, dann ergibt sich:

$$p(r,\theta,t) = \frac{j\omega\rho_0 \hat{v}_0 S}{2\pi r} \cdot \frac{2J_1(ka\sin\theta)}{ka\sin\theta} e^{j(\omega t - kr)} \qquad (40)$$

Die auf 1 normierte Richtfunktion der kreisförmigen Kolbenmembran lautet also:

$$R(\theta) = \frac{2J_1(ka\sin\theta)}{ka\sin\theta} \qquad (41)$$

In Fig. 5.14 ist der Betrag der Richtfunktion in Abhängigkeit von $ka\sin\theta$ grafisch dargestellt. Ähnlich wie bei der linearen Strahlerzeile, kann das Argument dem Betrage nach nie größer als ka werden, sodass bei tiefen Frequenzen nur ein sehr kleiner Teil, bei höheren Frequenzen dagegen ein größerer Teil dieser Funktion in das Richtdiagramm eingeht. Im Gegensatz zu der Strahlerzeile können sich nur bei $\theta = 0$ die Beiträge aller Flächenelemente des Strahlers gleichphasig überlagern, es gibt also nur ein einziges Hauptmaximum. In Fig. 5.15 sind Richtdiagramme für drei Werte des Frequenzparameters ka dargestellt. Bei tiefen Frequenzen wird der Schall nahezu gleichmäßig in alle Richtungen des Halbraums abgestrahlt; bei höheren Frequenzen erfolgt eine zunehmende Bündelung des abgestrahlten Schalls in die Richtung der Strahlersenkrechten. Auch diese

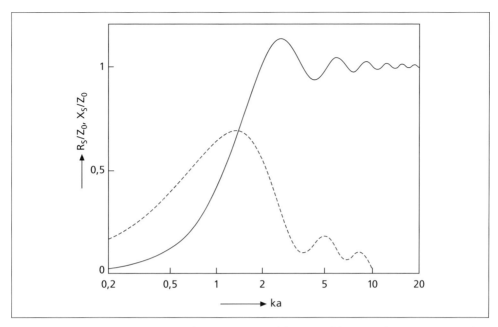

Fig. 5.16 Realteil R_s (durchgezogen) und Imaginärteil (gestrichelt) der Strahlungsimpedanz der kreisförmigen Kolbenmembran

Richtcharakteristiken muss man sich durch Rotation ins Dreidimensionale ergänzt denken, diesmal allerdings mit der Mittelsenkrechten auf der Membran als Rotationsachse.

Die Halbwertsbreite der Kolbenmembran ist näherungsweise:

$$2\Delta\theta \approx \frac{\lambda}{a} \cdot 30^0 \tag{42}$$

5.8.3 Strahlungsleistung und Bündelungsgrad

Die Strahlungsimpedanz des Kreiskolbenstrahlers in starrer Wand ist, wie hier nicht abgeleitet werden soll[2], durch

$$Z_s = SZ_0 \left(1 - \frac{2J_1(2ka)}{2ka} + j\frac{2\mathbf{H}_1(2ka)}{2ka}\right) \tag{43}$$

gegeben. Darin ist $\mathbf{H}_1$ die Struve-Funktion erster Ordnung[3]. Real- und Imaginärteil der Strahlungsimpedanz sind in Fig. 5.16 in Abhängigkeit von ka, d. h. vom Verhältnis des Kolbenumfangs zur Wellenlänge, dargestellt. Der Realteil der Strahlungsimpedanz, d. h. der Strahlungswiderstand ist nach Gl. (43):

---

[2] Lord Rayleigh, The Theory of Sound, 2nd edition 1896, Vol. II, Ch. XV. (1st American edition, Dover Publ. New York 1945)
[3] s. Fußnote auf S. 85

$$R_s = SZ_0\left(1 - \frac{2J_1(2ka)}{2ka}\right) \to \frac{\rho_0 S^2}{2\pi c}\cdot\omega^2 \quad \text{für } ka \ll 1 ; \tag{44}$$

wie bei der atmenden Kugel steigt er bei tiefen Freqenzen zunächst mit der Frequenz an. In diesem Bereich ist die mitschwingende Mediummasse:

$$M_m \approx \frac{8}{3}\rho_0 a^3 \tag{45}$$

Bei hohen Frequenzen nähert sich der Strahlungswiderstand dem Grenzwert $\rho_0 cS$, aber nicht asymptotisch wie der des Kugelstrahlers, sondern oszillierend. Um das letztere zu verstehen, müssen wir beachten, dass bei hohen ka-Werten die Abstrahlung hauptsächlich auf die Mittelachse des Kolbens konzentriert ist. Von einem Achsenpunkt aus gesehen, ist die Kolbenmembran in konzentrische Kreisringe eingeteilt, sog. Fresnelzonen, die mit unterschiedlichem Vorzeichen zu dem Gesamtschalldruck beitragen. Mit wachsendem ka erhöht sich die Zahl dieser Ringgebiete, und jede neu hinzukommende Fresnelzone erhöht oder vermindert den Schalldruck, je nach ihrem Vorzeichen.

Mit der bei $\theta = 0$ auftretenden maximalen Intensität

$$I_{max} = \frac{\rho_0}{2c}\left(\frac{\omega \hat{v}_0 S}{2\pi r}\right)^2 \tag{46}$$

und der mittleren Intensität

$$\langle I \rangle = \frac{P}{2\pi r^2} = \frac{\hat{v}_0^2 R_s}{4\pi r^2} ,$$

– beides im beliebigen, aber sehr großen Abstand r – berechnet sich der Bündelungsgrad der kreisförmigen Kolbenmembran nach der Definition von Gl. (16) und mit Gl. (44) zu

$$\gamma = \frac{\rho_0 \omega^2 S^2}{2\pi c R_s} = \frac{(ka)^2}{2}\left(1 - \frac{2J_1(2ka)}{2ka}\right)^{-1} \tag{47}$$

Sein zehnfacher Logarithmus ist in Fig. 5.17 als Funktion von ka aufgetragen.

Die Behandlung von Kolbenmembranen anderer Form (z. B. von rechteckiger oder elliptischer Form) gestaltet sich wesentlich schwieriger als die des Kreiskolbens. Hierüber findet man nähere Angaben z. B. in dem Buch von F. Mechel über Schallabsorber[4].

Obwohl auch die kreisförmige Kolbenmembran ein idealisierter Schallstrahler ist, kann sie als ziemlich realistisches Modell für viele praktische Schallquellen angesehen werden. Insbesondere beschreibt sie das Abstrahlverhalten einer Lautsprechermembran mit kreisförmiger Berandung recht gut, vorausgesetzt, sie ist in eine unbegrenzte, starre Wand („Schallwand") eingesetzt. Abweichungen namentlich bei höheren Frequenzen ergeben sich dadurch, dass Lautsprechermembranen nicht eben, sondern konisch sind, und dass sie nur bei tiefen Frequenzen als starr angesehen werden können, d. h. mit einheitlicher Schnelle schwingen. Hat die Schallwand endliche Abmessungen, dann er-

---
4 F. P. Mechel, Schallabsorber, Band I. S. Hirzel Verlag Stuttgart 1989.

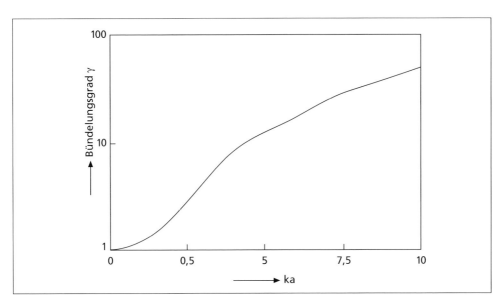

Fig. 5.17 Bündelungsgrad der kreisförmigen Kolbenmembran

geben sich weitere, durch Schallbeugung am Rand der Schallwand bedingte Abweichungen. Erst recht gilt das, wenn der Lautsprecher in ein Gehäuse eingebaut ist. Dessenungeachtet ist die Kolbenmembran von großem Wert für das Verständnis der Schallabstrahlung von Lautsprechern.

6 Reflexion und Brechung

Wohl jeder hat schon die Erfahrung gemacht, dass man mit einem lauten Ruf vor einer Gebäudefront oder einer Felswand ein Echo hervorrufen kann, d. h. dass eine Schallwelle von einer ausgedehnten Wand zurückgeworfen wird. Weniger alltäglich ist dagegen, dass eine Schallwelle, die schräg auf die Grenzfläche zweier Medien auftrifft, ihre Fortpflanzungsrichtung ändert. Den ersteren Vorgang bezeichnet man als Reflexion von Schallwellen; sie tritt auch dann auf, wenn kein hörbares Echo entsteht. Die Richtungsänderung der Schallwelle beim Übertritt in ein anderes Medium nennt man Brechung.

Beide Erscheinungen – Reflexion und Brechung – sollen in diesem Kapitel unter der vereinfachenden Voraussetzung behandelt werden, dass die primäre Schallwelle eben ist. Die reflektierte Schallwelle ist dann ebenfalls eine ebene Welle, sofern die reflektierende Fläche eben und unbegrenzt (oder doch zumindest sehr groß im Verhältnis zur Schallwellenlänge) ist. Entsprechendes gilt für eine gebrochene Welle. Demgegenüber ist die Reflexion von Kugelwellen i. Allg. sehr viel komplizierter. Eine umfangreiche Darstellung der Reflexion von Kugelwellen findet sich in dem Buch von F. Mechel[1].

6.1 Reflexions- und Brechungsgesetz

Wir nehmen nun an, dass, wie in Fig. 6.1a dargestellt, die primäre Welle von links auf eine ebene, unendlich ausgedehnte Wand einfällt. Sie wird hier der Übersichtlichkeit halber nur durch eine Wellennormale, gewissermaßen durch einen „Schallstrahl" repräsentiert. Der Winkel ϑ, den dieser mit der Wandnormalen bildet, ist der Einfallswinkel. Entsprechendes gilt für die reflektierte Welle und für den Reflexionswinkel. Das auch aus der Optik bekannte Reflexionsgesetz besagt nun, dass der Einfallswinkel und der Reflexionwinkel gleich sind und weiter, dass die Wellennormalen beider Wellen und die Wandnormale in einer Ebene liegen.

Ist die „Wand" in Wirklichkeit die Grenzfläche zwischen zwei verschiedenen fluiden Stoffen, dann dringt auch eine Welle in den rechten Bereich ein (in Fig. 6.1 gestrichelt). Man nennt sie die gebrochene Welle, da sie ihren Weg in anderer Richtung fortsetzt, die durch den Brechungswinkel ϑ' gekennzeichnet ist. Die Beziehung zwischen den beiden Winkeln lautet:

$$\frac{c}{\sin \vartheta} = \frac{c'}{\sin \vartheta'} \tag{1}$$

---

[1] F. Mechel, s. Fußnote auf S. 88

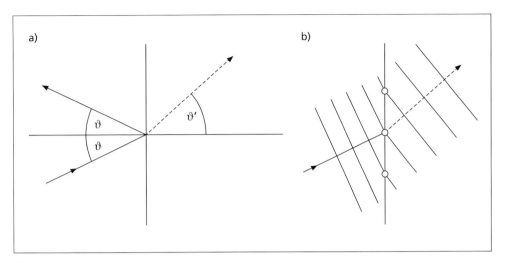

Fig. 6.1 Reflexion und Brechung
a) Definition des Einfalls-, Reflexions- und Brechungswinkels,
b) Spuranpassung bei der Brechung

Dabei sind c und c' die Schallgeschwindigkeiten in den beiden Medien links und rechts der Grenzfläche. Diese Beziehung ist das Snellsches Brechungsgesetz. Ist die Schallgeschwindigkeit in dem Stoff hinter der Grenzfläche kleiner als die Stoffes, aus dem die Welle eintrifft, dann ist auch der Brechungswinkel kleiner als der Einfallswinkel, die Welle wird zum Lot „hingebrochen". Im umgekehrten Fall ist der Brechungswinkel größer; die Welle wird vom Lot „weggebrochen". Dieser Fall ist in Fig. 6.1a dargestellt.

Diese Gesetze können am einfachsten mit dem Prinzip der Spuranpassung abgeleitet werden, das in Fig. 6.1b für den Fall der Brechung erläutert ist. Hier sind jeweils einige Wellenflächen der einfallenden und der gebrochenen Welle gezeigt. Bewegt sich die erstere mit der Geschwindigkeit c auf die Grenzfläche zu, dann wandern die Schnittpunkte (eigentlich Schnittgeraden) ihrer Wellenflächen mit der Grenzfläche mit der „Spurgeschwindigkeit" $c/\sin\vartheta$ von unten nach oben. Die entsprechende Spurgeschwindigkeit der gebrochenen Welle ist $c'/\sin\vartheta'$; sie muss mit der der einfallenden Welle übereinstimmen, woraus sofort die Gl. (1) folgt.

Wenn die Schallgeschwindigkeit hinter der Grenzfläche größer ist als davor ($c' > c$), dann kann der Fall eintreten, dass die Gl. (1) nicht erfüllt werden kann, da $\sin\vartheta'$ höchstens gleich 1 werden kann. Dann tritt keine gebrochene Welle auf, sondern die einfallende Schallwelle wird vollständig an der Grenzfläche reflektiert. Man spricht dann von Totalreflexion. Sie tritt auf, wenn $\sin\vartheta \geq c/c'$ ist. Der Winkel

$$\vartheta_g = \arcsin\left(\frac{c}{c'}\right) \qquad (2)$$

heißt der Grenzwinkel der Totalreflexion.

Das Brechungsgesetz kann leicht für zwei Medien verallgemeinert werden, die mit unterschiedlichen Geschwindigkeiten V und V' parallel zur Grenzfläche strömen. Das Prinzip der Spuranpassung liefert auch hier sofort

$$\frac{c}{\sin \vartheta} + V = \frac{c'}{\sin \vartheta'} + V' \qquad (3)$$

In Festkörpern können nicht nur Longitudinalwellen, sondern auch Transversalwellen auftreten. Dementsprechend gestaltet sich auch die Reflexion und Brechung an Grenzflächen komplizierter. Wir werden hierauf im Kapitel 10 zurückkommen.

6.2 Schallausbreitung in der Atmosphäre

Ist die Schallgeschwindigkeit bzw. die Strömungsgeschwindigkeit des Mediums nicht konstant, sondern ändert sich stetig, dann ändert sich auch die Richtung der Wellennormalen (oder der „Schallstrahlen") stetig, d. h. die Schallstrahlen werden gekrümmt. Dieser Sachverhalt ist von großer Bedeutung für die Schallausbreitung in der Atmosphäre, da die Lufttemperatur und damit nach Gl. (4.17) die Schallgeschwindigkeit von der Höhe abhängt. Das gleiche gilt auch für die Windgeschwindigkeit, die unmittelbar am Erdboden null ist und mit zunehmender Höhe anwächst. Man kann sich die Atmosphäre, wie in Fig. 6.2 angedeutet, in dünne Schichten zerlegt denken, in denen sich die Schallgeschwindigkeit und/oder die Windgeschwindigkeit nur wenig von der in der jeweils darunter liegenden Schicht unterscheidet. Mit dem Übertritt eines Schallstrahls in eine andere Schicht ändert sich sein Richtungswinkel ϑ geringfügig. So entsteht als Bahn eines Strahls ein Polygonzug, der in der Grenze verschwindender Schichtdicke in eine stetig gekrümmte Kurve übergeht.

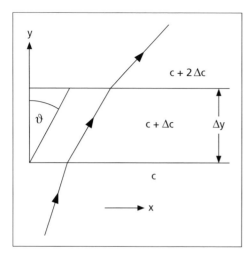

Fig. 6.2 Schallstrahlenverlauf im geschichteten Medium

Für eine rechnerische Behandlung nehmen wir an, dass die Schallgeschwindigkeit nur von einer Koordinate, etwa der Höhe y abhängt, das Gleiche gilt dann für die horizontale Windgeschwindigkeit V. Nach Gl. (3) gilt längs eines Schallstrahls:

$$\frac{c}{\sin\vartheta} + V = \text{const.} = c_s$$

Daraus kann man leicht den Differentialquotienten

$$y' = \cot\vartheta = \pm\frac{1}{c}\sqrt{(c_s - V)^2 - c^2}$$

berechnen, womit man den Verlauf eines Strahls schrittweise konstruieren kann; $c_s = c_0/\sin\vartheta + V_0$ bestimmt sich aus den Anfangsdaten c_0, V_0 des Strahls. Verschwinden des Radikanten zeigt ein Maximum oder Minimum der Bahnkurve an; man muss dann zu dem jeweils anderen Vorzeichen übergehen. Das Gleiche gilt für die geschlossene Darstellung der Bahnkurve, die sich unmittelbar aus dem obigen Ausdruck ergibt:

$$x = \pm c(y)\int_{y_0}^{y}\frac{dy}{\sqrt{(c_s - V)^2 + c^2(y)}} \tag{4}$$

Als Beispiel zeigt Fig. 6.3a von einer Punktschallquelle über dem Erdboden ausgehende Schallstrahlen in ruhender Luft, aber bei linear nach oben ab- oder zunehmender Lufttemperatur (linke bzw. rechte Hälfte). Im ersteren Fall, den man als normal ansehen wird, werden schräg nach oben verlaufende Schallstrahlen nach oben gekrümmt. Demgemäß „verdünnen" sich erdnahe Strahlen stärker als bei konstanter Schallgeschwindigkeit, was eine stärkere Abnahme der Intensität mit der Entfernung zur Folge hat. Anders dagegen, wenn die Temperatur mit der Höhe zunimmt wie in der rechten Hälfte angenommen. Dieser Fall der „Temperaturinversion" tritt z. B. an wolkenlosen Abenden auf, wenn die Luft zwar noch warm ist, die Erde sich wegen der nachlassenden oder fehlenden Sonneneinstrahlung aber relativ schnell abkühlt, da ihre Wärmestrahlung in den Weltraum nicht durch Wolken behindert ist. Schräg in die Höhe verlaufende Schallstrahlen werden zur Erde zurückgekrümmt; als Folge davon erhöht sich auch die Dichte von erdnahen Schallstrahlen. Die Luft wirkt auf Grund der Temperaturschichtung wie eine Sammellinse. Dies kann zu einer beachtlichen Intensitätserhöhung führen; mitunter werden erstaunliche Schallreichweiten beobachtet und auch „tote Zonen", in die kein Schall gelangt. Jeder weiß aus Erfahrung, dass an manchen Abenden das Geräusch einer fernen Eisenbahn oder Autobahn unerwartet laut zu hören ist.

In Fig. 6.3b sind Strahlenverläufe für den Fall einheitlicher Lufttemperatur, aber linear mit der Höhe zunehmender Windgeschwindigkeit dargestellt. Die angenommene Windrichtung ist von links nach rechts. Die Strahlen werden alle zur rechten Seite gekrümmt, sodass dort eine höhere Dichte der erdnahen Schallstrahlen auftritt, was einer erhöhten Schallintensität entspricht. Auf der anderen Seite, der Windseite, herrschen die umgekehrten Verhältnisse, da die Strahlen hier aufgebogen werden. Dies (und nicht etwa die durch den Wind geringfügig veränderte Ausbreitungsgeschwindigkeit des Schalls in

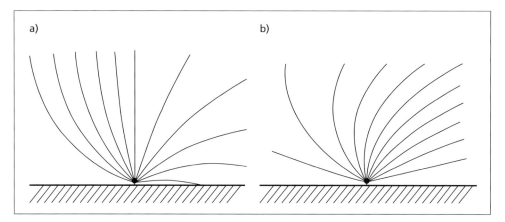

Fig. 6.3 Krümmung von Schallstrahlen in der Atmosphäre
a) in ruhender Luft, bei linear mit der Höhe abnehmender (links) bzw. zunehmender (rechts) Temperatur
b) bei konstanter Temperatur, aber linear mit der Höhe zunehmender Windgeschwindigkeit

Horizontalrichtung) ist der Grund dafür, dass man mit dem Wind besser hört als gegen den Wind.

In der realen Atmosphäre herrschen natürlich kompliziertere Temperatur- und Windverhältnisse als die, welchen der Fig. 6.3 zugrunde liegen. Insbesondere bei Sturm, aber auch in Gewittern, treten starke örtliche und zeitlichen Schwankungen dieser für die Ausbreitung so wichtigen Größen auf. Dies ist z. B. der Grund dafür, dass der von einem Blitz verursachte Knall in weiterer Entfernung als grollender Donner gehört wird.

Auch bei der Schallausbreitung im Ozean treten gekrümmte Schallwege auf. Sie sind ebenfalls auf Temperaturunterschiede des Wasser, aber auch auf die Abhängigkeit der Schallgeschwindigkeit vom Salzgehalt sowie vom statischen Druck, also von der Tiefe unter der Wasseroberfläche zurückzuführen. Wir werden darauf im Kapitel 16 zurückkommen.

6.3 Reflexionsfaktor und Wandimpedanz

Das in Abschnitt 6.1 erwähnte Reflexions- und Brechungsgesetz sagt nur etwas über die Richtung aus, in der sich die reflektierte bzw. gebrochene Welle ausbreitet, dagegen nichts über deren Amplituden. Diese sind aber für viele praktische Fragestellungen wichtig. Wir konzentrieren uns zunächst auf die Reflexion.

Für eine quantitative Behandlung der Reflexion identifizieren wir in Fig. 6.1 die Wandoberfläche mit der y-Achse eines kartesischen Koordinatensystems. Die Wandnormale fällt dann mit der x-Achse zusammen, während die z-Achse senkrecht zur Zeichenebene verläuft. Einen Ausdruck für die einfallende Schallwelle erhält man dann aus der Gl. (4.11), indem man den Winkel α dem Einfallswinkel ϑ gleichsetzt. Der Winkel γ

wird π/2, demzufolge ist β = (π/2) − α, also cos β = sin α. Damit gilt für die einfallende Welle:

$$p_e(x, y) = \hat{p} e^{-jk(x\cos\vartheta + y\sin\vartheta)} \tag{5}$$

Der Zeitfaktor exp(jωt) wird hier und im Folgenden der Einfachheit halber weggelassen.

Die Reflexion ist nur dann vollständig, wenn die bei x = 0 liegende Grenzfläche völlig starr und unporös ist. Man spricht dann von einer schallharten Fläche. Abgesehen von diesem Idealfall, wird die Schalldruckamplitude der reflektierten Welle immer um einen Faktor $|R| < 1$ kleiner sein als die der einfallenden Welle, außerdem ändert sich bei der Reflexion die Phase der Welle sprunghaft um einen Winkel χ. Die reflektierte Welle stellt sich also dar als

$$p_r(x, y) = \hat{p} |R| e^{j\chi} e^{-jk(-x\cos\vartheta + y\sin\vartheta)}$$

Der Wechsel des Vorzeichens von x cos ϑ zeigt an, dass die reflektierte Welle in negativer x-Richtung läuft. Ihre Ausbreitungsrichtung bezüglich der y-Achse hat sich dagegen nicht geändert. Man kann die beiden Größen $|R|$ und exp(jχ) zu dem komplexen Reflexionsfaktor

$$R = |R| e^{j\chi} \tag{6}$$

zusammenziehen, der i. Allg. von der Frequenz und dem Einfallswinkel ϑ der primären Schallwelle abhängt. Damit kann man für den Schalldruck der reflektierten Welle

$$p_r(x, y) = \hat{p} R e^{-jk(-x\cos\vartheta + y\sin\vartheta)} \tag{7}$$

schreiben. Das gesamte Wellenfeld vor der reflektierenden Wand erhält man durch Addition der Gln. (5) und (7):

$$p(x, y) = p_e + p_r = \hat{p} e^{-jky\sin\vartheta} \left(e^{-jkx\cos\vartheta} + R e^{jkx\cos\vartheta} \right) \tag{8}$$

Der Reflexionsfaktor enthält alle akustischen Eigenschaften der Wand, soweit sie für die Schallreflexion von Belang sind. Er kann im Sinne des Abschnitts 2.10 als Übertragungsfunktion aufgefasst werden, wobei der Schalldruck der einfallenden Welle die Eingangsgröße, der der reflektierten Welle die Ausgangsgröße ist. Nach Gl. (2.61) gilt daher für ihn:

$$|R(-\omega)| = |R(\omega)| \quad \text{und} \quad \chi(-\omega) = -\chi(\omega) \tag{9}$$

Für eine alternative Beschreibung der Reaktion einer Wand auf eine einfallende Schallwelle kann man die Wandimpedanz Z heranziehen. Sie ist definiert als das Verhältnis des Schalldrucks an der Wandoberfläche zur wandnormalen Komponente der Schallschnelle an derselben Stelle, hier also zur x-Komponente:

$$Z = \left(\frac{p}{v_x} \right)_{x=0} \tag{10}$$

Im Gegensatz zu der in Abschnitt 2.4 eingeführten mechanischen Impedanz geht sie von der auf die Flächeneinheit bezogene Kraft, also vom Druck aus und hat demgemäß – wie der Wellenwiderstand Z_0 – die Dimension Ns/m³. Auch sie ist komplex, da Schalldruck und Schallschnelle vor der Wand in der Regel nicht gleichphasig sein werden. Die auf den Wellenwiderstand bezogene Wandimpedanz nennt man die spezifische Wandimpedanz:

$$\zeta = \frac{Z}{Z_0} \qquad (11)$$

Wie der Reflexionsfaktor enthält auch die Wandimpedanz alle für die Schallreflexion maßgebenden Eigenschaften der Wand. Es muss also eine Beziehung zwischen beiden Größen geben. Um sie zu finden, berechnen wir die x-Komponente der Schallschnelle in dem durch Gl. (8) gegebenen, aus einfallender und reflektierter Welle bestehenden Schallfeld. Wir ziehen hierfür die Gl. (3.15) heran, indem wir die zeitliche Differentiation durch Multiplikation mit dem Faktor jω ersetzen:

$$v_x(x,y) = -\frac{1}{j\omega\rho_0}\frac{\partial p}{\partial x} = \frac{\hat{p}}{Z_0}e^{-jky\sin\vartheta}\left(e^{-jkx\cos\vartheta} - Re^{jkx\cos\vartheta}\right)\cos\vartheta \qquad (12)$$

wobei ω = kc gesetzt wurde. Eingesetzt in die Definition (10) ergeben die beiden Gln. (8) und (12) mit x = 0:

$$Z = \frac{Z_0}{\cos\vartheta}\frac{1+R}{1-R} \qquad (13)$$

oder umgekehrt:

$$R = \frac{Z\cos\vartheta - Z_0}{Z\cos\vartheta + Z_0} = \frac{\zeta\cos\vartheta - 1}{\zeta\cos\vartheta + 1} \qquad (14)$$

Der Zusammenhang nach Gl. (14) ist in Fig. 6.4 für senkrechten Schalleinfall (ϑ = 0) grafisch dargestellt. Der äußere Kreis ist der Einheitskreis in der komplexen Ebene des Reflexionsfaktors R. Da dieser dem Betrage nach höchstens eins sein kann, ist nur das Innere des Kreises von Interesse. In ihn sind die Kurven konstanten Realteils $\xi = \text{Re}\{\zeta\}$ und konstanten Imaginärteils $\eta = \text{Im}\{\zeta\}$ der spezifischen Wandimpedanz eingezeichnet. Zur Ermittlung des Reflexionsfaktors aus gegebenen Werten von ξ und η wird der Kreuzungspunkt der entsprechenden Kurven bestimmt. Sein Abstand vom Ursprung ist der Betrag |R|, sein Winkel gegen die horizontale Achse der Phasenwinkel χ des Reflexionsfaktors. Umgekehrt kann man aus dem komplexen Reflexionsfaktor die Wandimpedanz bestimmen.

Wir betrachten noch den Fall, dass die reflektierende Fläche die Grenze zwischen zwei verschiedenen Medien bildet, etwa zwischen zwei übereinandergeschichteten, nicht mischbaren Flüssigkeiten. Dann dringt in das hinter der Grenzfläche liegende Medium eine gebrochene Welle ein mit dem Schalldruck:

$$p_d(x,y) = T\hat{p}e^{-jk'(x\cos\vartheta' + y\sin\vartheta')} \qquad (15)$$

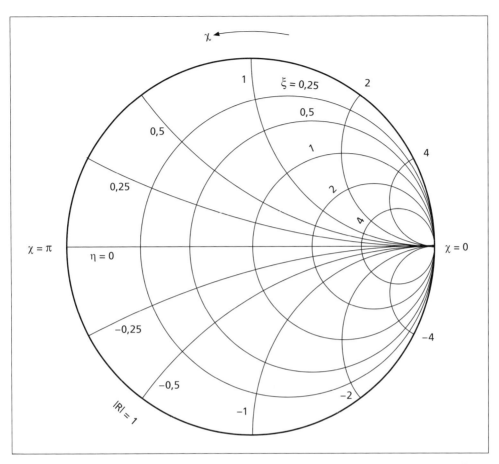

Fig. 6.4 Kurven konstanten Realteils ξ und Imaginärteils η der Wandimpedanz in der komplexen Ebene des Reflexionsfaktors $|R| \cdot \exp(j\chi)$

T bezeichnet den vorerst noch unbekannten Transmissionsfaktor der Grenzfläche. Die x-Komponente der Schnelle ergibt sich wie oben zu:

$$(v_d)_x(x,y) = \frac{T\hat{p}}{Z'_0} e^{-jk'(x\cos\vartheta' + y\sin\vartheta')} \cos\vartheta' \tag{16}$$

Der Winkel ϑ' ist über das Brechungsgesetz (1) mit dem Einfallswinkel ϑ verknüpft; ferner gilt $k' = \omega/c'$ und $Z'_0 = \rho'_0 c'$. – An der Grenze, d. h. für $x = 0$, müssen die Schalldrucke und ebenso die wandnormalen Schnellekomponenten auf beiden Seiten übereinstimmen. Das ist nur möglich, wenn $k' \sin\vartheta' = k \sin\vartheta$ ist, was wegen Gl. (1) zutrifft. Die Bedingung für den Schalldruck lautet dann mit den Gln. (8) und (15):

$$\hat{p}(1 + R) = \hat{p}T, \tag{17}$$

Aus der Gleichheit der Schallschnellen nach den Gleichungen (12) und (16) folgt:

$$\frac{\hat{p}}{Z_0}(1-R)\cos\vartheta = \frac{\hat{p}}{Z_0'}T\cos\vartheta' \qquad (18)$$

Aus beiden Gleichungen kann man den Reflexions- und den Transmissionsfaktor ausrechnen mit dem Ergebnis:

$$R = \frac{Z_0'\cos\vartheta - Z_0\cos\vartheta'}{Z_0'\cos\vartheta + Z_0\cos\vartheta'} \qquad (19)$$

und

$$T = \frac{2Z_0'\cos\vartheta}{Z_0'\cos\vartheta + Z_0\cos\vartheta'} \qquad (20)$$

Die Gl. (19) zeigt, dass bei einem bestimmten Einfallswinkel die reflektierte Welle ganz verschwinden kann. Eine notwendige Bedingung hierfür ist, dass entweder

$$\frac{\rho_0'}{\rho_0} > \frac{c}{c'} > 1 \quad \text{oder} \quad \frac{\rho_0'}{\rho_0} < \frac{c}{c'} < 1 \qquad (19a)$$

Weiterhin kann nach Gl. (20) der Transmissionsfaktor durchaus größer als eins, die Amplitude der durchgelassenen Welle also größer als die der einfallenden werden. Das ist nur scheinbar ein Verstoß gegen das Prinzip von der Erhaltung der Energie, da sich die Faktoren R und T ja nicht auf Energien, sondern auf Schalldrucke beziehen.

6.4 Absorptionsgrad

Praktisch besonders wichtig ist ferner der Absorptionsgrad α. Er gibt an, welcher Bruchteil der von der einfallenden Welle herantransportierten Energie von der Wand nicht zurückgeworfen wird; sei es, dass er durch Verlustprozesse in der Wand verloren geht; sei es, weil die Wand mehr oder weniger schalldurchlässig ist. Nach Gl. (4.6) sind die Intensitäten der einfallenden und der reflektierten Wellen (mit $\tilde{p}_e^2 = \hat{p}^2/2$) gegeben durch

$$I_e = \frac{\hat{p}^2}{2Z_0} \quad \text{und} \quad I_r = \frac{|R|^2\hat{p}^2}{2Z_0} \qquad (21)$$

Damit wird der Absorptionsgrad:

$$\alpha = \frac{I_e - I_r}{I_e} = 1 - |R|^2 \qquad (22)$$

Schließlich können wir den Reflexionsfaktor mit Hilfe der Gl. (14) durch die spezifische Wandimpedanz ausdrücken mit dem Resultat:

$$\alpha = \frac{4\xi\cos\vartheta}{|\zeta|^2\cos^2\vartheta + 2\xi\cos\vartheta + 1} \qquad (23)$$

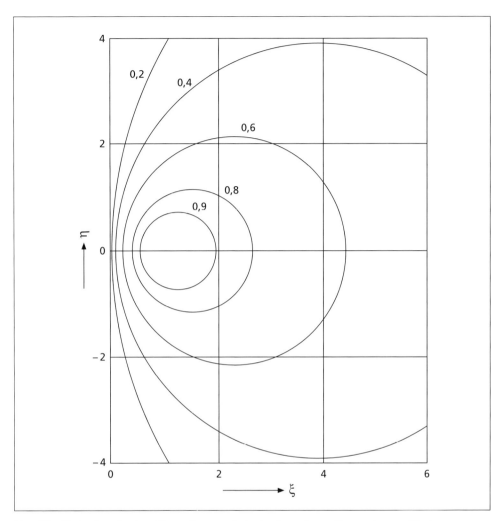

Fig. 6.5 Kreise konstanten Absorptionsgrads in der komplexen Ebene der spezifischen Wandimpedanz

Hierin ist ξ wie oben der Realteil der spezifischen Wandimpedanz. Man erkennt hieraus sofort, dass für $\vartheta \to 90^0$, also für streifenden Schalleinfall, der Absorptionsgrad verschwindet.

Eine einfallende Welle erzwingt an der Oberfläche einer reflektierenden Fläche eine bestimmte wandnormale Schnelle. Falls diese nur von dem Schalldruck an der betreffenden Stelle und nicht auch vom Druck an anderen Stellen abhängt, spricht man von einer lokal reagierenden Fläche. Das trifft z. B. für eine dünne Folie ohne Biegesteife oder für eine starre, perforierte Platte zu. Dagegen wird bei einer biegesteifen Platte die Durchbiegung und damit auch die Schnelle von der Druckverteilung über der ganzen Platte und nicht nur vom Schalldruck an einer einzigen Stelle bestimmt; sie ist also ein Beispiel für eine nicht lokal reagierende Wand. Da eine schräg auffallende ebene Welle nicht gleichphasig auf alle Flächenelemente einwirkt und da die auftretenden Phasendifferenzen vom Einfallswinkel abhängen, ist nur bei lokal reagierenden Wänden die Wandimpedanz vom Einfallswinkel unabhängig. In diesem Fall ist die Winkelabhängigkeit des Reflexionsfaktors allein durch die Kosinusfunktion in Gl. (14) gegeben. Entsprechendes gilt für den Absorptionsgrad.

In Fig. 6.5 ist der Inhalt der Gl. (23) in Form von Kreisen konstanten Absorptionsgrads in der Ebene der komplexen Wandimpedanz dargestellt; der Realteil ist längs der Abszisse, der Imaginärteil längs der Ordinate abgetragen. Dieses Diagramm gilt zunächst nur für senkrechten Schalleinfall. Falls allerdings die reflektierende Fläche lokal reagiert, gilt es auch für schrägen Schalleinfall, wenn man ξ durch $\xi \cdot \cos\vartheta$ und η durch $\eta \cdot \cos\vartheta$ ersetzt. Der Absorptionsgrad einer Wand ist umso größer, je näher der Betrag ihrer spezifischen Impedanz dem Wert 1 kommt. Eine Wand mit der Impedanz Z_0 verschluckt also die Primärwelle vollständig.

6.5 Stehende Wellen

In diesem Abschnitt beschränken wir uns auf senkrechten Schalleinfall und setzen demgemäß in den Gln. (8) und (12) $\vartheta = 0$. Damit wird der Betrag des Schalldrucks und der Schallschnelle, wobei wir den Index x nun weglassen:

$$|p(x)| = \hat{p}\left|1 + Re^{j2kx}\right| = \hat{p}\sqrt{1 + |R|^2 + 2|R|\cos(2kx + \chi)} \qquad (24)$$

$$|v(x)| = \frac{\hat{p}}{Z_0}\sqrt{1 + |R|^2 - 2|R|\cos(2kx + \chi)} \qquad (25)$$

Beide Größen sind in Fig. 6.6 für $R = 0{,}7 \cdot \exp(-j\pi/4)$ dargestellt. Sie schwanken periodisch zwischen einem maximalen und einem minimalen Wert und zwar dergestalt, dass bei einem Maximum der Schnelleamplitude ein Minimum der Druckamplitude liegt und umgekehrt. Die Ursache dieser Amplitudenschwankungen sind Interferenzen der einfallenden mit der reflektierten Welle: an den Stellen, wo die Schalldrücke beider Wellen gleichphasig sind, addieren sich ihre Schalldrücke und es entsteht ein Maximum der Schalldruckamplitude; wo sie sich mit entgegengesetzten Phasen überlagern, löschen sie sich teilweise aus und die Schalldruckamplitude wird minimal. Entsprechendes gilt für die Schallschnelle. Wegen der Periode 2π der in den obigen Ausdrücken auftretenden Kosinusfunktion beträgt der Abstand zweier benachbarter Maxima (oder Minima) π/k, ist also gleich einer halben Wellenlänge. Da die örtliche Verteilung der Druck- und der Schnelleamplitude stationär ist, spricht man hier von einer stehenden Welle. Sie ist voll ausgeprägt, wenn der Reflexionsfaktor des Abschlusses den Betrag 1 hat; in diesem Fall werden aus den Minima scharfe Spitzen, die bis zur Nulllinie reichen. Aus den Gln. (24) und (25) wird jetzt:

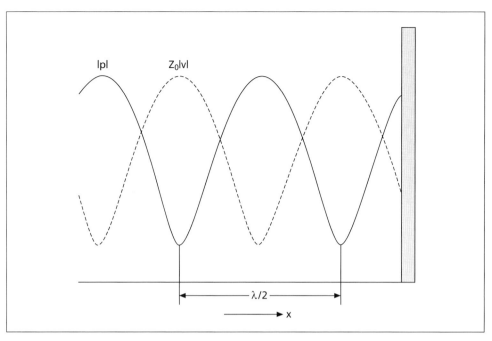

Fig. 6.6 Stehende Welle vor einer Wand mit dem Reflexionsfaktor $R = 0{,}7 \cdot e^{-j\pi/4}$. Durchgezogen: Druckamplitude, gestrichelt: Schnelleamplitude.

$$|p(x)| = 2\hat{p} \cdot |\cos(kx + \chi/2)| \qquad (24a)$$

$$|v(x)| = 2\hat{p} \cdot |\sin(kx + \chi/2)| \qquad (25a)$$

Stehende Wellen stellen ein einfaches Mittel dar, durch Abtastung des Schalldrucks den Reflexionsfaktor einer Probe nach Betrag und Phase und daraus nach Gl. (12) ihre Impedanz zu bestimmen. Hierzu benutzt man ein Rohr mit starrer und unporöser Wand nach Art der Fig. 4.3, das nach dem am Ende des Abschnitts 4.1 Gesagten die Ausbreitung ebener Wellen nicht stört. Um höhere Wellentypen zu vermeiden (s. Abschnitt 7.5), müssen die Querabmessungen des Rohres hinreichend klein gehalten werden. So darf die Seitenlänge eines quadratischen Rohres bei der höchsten Messfrequenz nicht größer als eine halbe Schallwellenlänge sein; bei einem kreisrunden Rohr ist im interessierenden Frequenzbereich die Bedingung

$$\text{Durchmesser} < 0{,}586\,\lambda$$

einzuhalten. – Das Schallfeld wird mit einem Lautsprecher erzeugt, der sich an einem Rohrende befindet; das andere Ende wird von der Probe abgeschlossen. Zur Messung des Schalldrucks benutzt man ein kleines, längs der Rohrachse verschiebbares Mikrofon. Aus den Maximal- und Minimalwerten der Schalldruckamplitude ergibt sich der Betrag des Reflexionsfaktors gemäß

$$\frac{|p|_{max}}{|p|_{min}} = \frac{1+|R|}{1-|R|} \qquad (26)$$

Des weiteren kann der Phasenwinkel des Reflexionsfaktors aus der Lage des dem Abschluss nächstgelegenen Minimums der Schalldruckamplitude bestimmt werden. Bezeichnet man mit d_{min} dessen Abstand vom Abschluss, so ist

$$\chi = \pi\left(\frac{4d_{min}}{\lambda} - 1\right) \qquad (27)$$

Diese Anordnung wird als Kundtsches Rohr oder Impedanzrohr bezeichnet und ist ein wichtiges Hilfsmittel der akustischen Messtechnik. Insbesondere dient sie zur schnellen Ermittlung des Absorptionsgrads von Absorptionsmaterialien, von schallschluckenden Verkleidungen usw., allerdings unter Beschränkung auf senkrechten Schalleinfall und auf lokal reagierende Probenflächen.

6.6   Schallabsorption von Wänden und Wandverkleidungen

In diesem Abschnitt werden die oben eingeführten Begriffe auf bestimmte Grundtypen von „Wänden" angewandt, die Modellcharakter haben, zum Teil realen Wandflächen oder Wandverkleidungen aber ziemlich nahe kommen.

Ist eine Wand völlig starr und porenfrei, so nennt man sie schallhart. Da an ihrer Oberfläche die wandnormale Komponente der Schallschnelle verschwindet, ist ihr nach Gl. (10) die Impedanz $Z = \infty$ zuzuordnen. Ihr Reflexionsfaktor ist eins für alle Einfallswinkel. Eine schallharte Wand wirft eine auffallende Welle also vollständig zurück. Eine Betonwand oder Mauer kann praktisch als schallhart angesehen werden, wenigstens im Bereich des Hörschalls.

Das Gegenstück zu einer schallharten Wand ist die schallweiche Wand. Auf ihr verschwindet nicht die wandnormale Komponente der Schallschnelle, sondern der Schalldruck. Ihre Impedanz ist nach Gl. (10) gleich null, die Gl. (14) liefert den Reflexionsfaktor $R = -1$. Eine Schallwelle wird also auch an einer schallweichen Wand vollständig reflektiert, allerdings unter Vorzeichenumkehr, d. h. bei der Reflexion erfährt der Schalldruck einen Phasensprung von $\chi = 180^0$. Für Luftschall kann eine schallweiche Wand allenfalls in begrenzten Frequenzbereichen realisiert werden. Anders bei Schallwellen in Wasser: treffen diese auf eine freie Oberfläche, dann setzt die angrenzende Luft der Auslenkung der Wasserteilchen keinen nennenswerten Gegendruck entgegen. Die Oberfläche ist also kräftefrei, d. h. schallweich.

Bei den nachfolgenden, weiteren Beispielen beschränken wir uns auf den senkrechten Schalleinfall. Demgemäß ist in den Gln. (13), (14) und (23) $\vartheta = 0$ zu setzen.

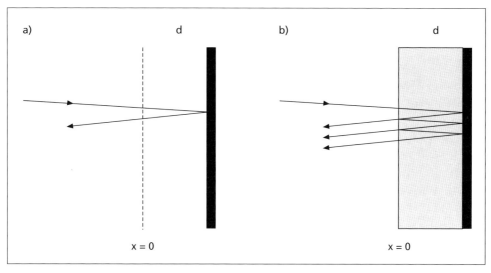

Fig. 6.7 a) Verschiebung der Referenzebene x = 0,
b) verlustbehaftete Schicht auf schallharter Wand

6.6.1 Wandimpedanz eines Luftpolsters

Verschiebt man eine schallharte Wand gegenüber der Referenzebene x = 0 um die Strecke d (s. Fig. 6.7a), dann entsteht sozusagen ein Luftpolster der Dicke d. Der Absorptionsgrad der Ebene x = 0 ist nach wie vor null, da wir lediglich eine Koordinatenverschiebung vorgenommen, den physikalischen Sachverhalt aber nicht geändert haben. Indessen ändert sich der Phasenwinkel des Reflexionsfaktors, da die Welle bei senkrechtem Schalleinfall zweimal die Strecke d durchlaufen muss, bevor sie nach ihrer Reflexion wieder bei x = 0 ankommt. Damit ist R = exp(-j2kd), woraus sich nach Gl. (13)

$$Z = Z_0 \frac{1+e^{-j2kd}}{1-e^{-j2kd}} = -jZ_0 \cot(kd) \qquad (28)$$

ergibt. Dies also ist die Wandimpedanz eines rückseitig schallhart abgeschlossenen Luftpolsters der Dicke d. Wenn die Dicke klein gegen die Wellenlänge, wenn also kd << 1 ist, kann man die Kotangensfunktion durch den Kehrwert ihres Argument annähern mit dem Ergebnis

$$Z \approx \frac{Z_0}{jkd} = \frac{\rho_0 c^2}{j\omega d} \qquad (28a)$$

Nach Abschnitt 2.5 ist dies die Impedanz einer Feder. Das Luftpolster wirkt also wie eine flächenhafte Feder mit der (druckbezogenen) Nachgiebigkeit $d/\rho_0 c^2$, ein Ergebnis, von dem im Folgenden noch öfters Gebrauch gemacht wird.

6.6.2 Impedanz und Absorption einer porösen Schicht auf schallharter Wand

Die Verlustfreiheit der zwischen der Referenzebene x = 0 und der schallharten Fläche liegenden Schicht verschwindet, wenn man diesen Raum, wie in Fig. 6.7b angedeutet, mit einem verlustbehafteten Medium füllt, das eine komplexe Kreiswellenzahl $\underline{k}'$ und einen komplexen Wellenwiderstand $\underline{Z}'_0$ hat. Die Wandimpedanz dieser Schicht ergibt sich aus Gl. (28), indem man k und Z_0 durch die genannten Größen ersetzt:

$$Z = -j\underline{Z}'_0 \cot(\underline{k}'d) \qquad (29)$$

Anschaulich spielt sich bei senkrecht einfallendem Schall das folgende ab (s. Fig. 6.7b): Die Welle wird teilweise an der Oberfläche reflektiert, ein anderer Teil dringt in das absorbierende Material ein und wird unter laufender Abschwächung zwischen der schallharten Rückwand und der Oberfläche hin- und herreflektiert. Jedes Mal, wenn sie die Ebene x = 0 erreicht, kann ein Teil der Welle wieder aus dem Material austreten. All diese Anteile überlagern sich und interferieren miteinander. Dies führt zu Schwankungen des Reflexionsfaktors und damit des Absorptionsgrads mit der Frequenz, falls die an der harten Wand reflektierten Wellenanteile bei x = 0 überhaupt noch von merklicher Stärke sind. Ein hoher Absorptionsgrad setzt also voraus, dass möglichst viel Schallenergie in die Oberfläche des Materials eindringt, dass aber möglichst wenig davon nach Reflexion an der harten Wand wieder zur ihr zurückkommt.

Besonders wichtig sind in diesem Zusammenhang poröse Materialien, weshalb an dieser Stelle zunächst etwas über die Schallausbreitung in einem porösen Stoff gesagt werden soll. Dabei wird vorausgesetzt, dass die Hohlräume im Innern des Materials nicht abgeschlossen sind, sondern dass sie untereinander und mit der Außenwelt in Verbindung stehen. Presst man durch eine Probe eines solchen Materials Luft, dann muss zwischen ihrer Vorder- und Rückseite eine Druckdifferenz von

$$\Delta p = \Xi \Delta x \cdot v_= \qquad (30)$$

herrschen, wenn eine Strömungsgeschwindigkeit $v_=$ aufrechterhalten werden soll. Dabei ist Ξ der längenspezifische Strömungswiderstand und Δx die Dicke der Materialprobe.

Als Modell eines porösen Materials betrachten wir nun einen starren Körper, der von gleichartigen, zur Oberfläche senkrechten feinen Kanälen durchzogen ist (Rayleigh-Modell, s. Fig. 6.8). Die Luftströmung durch das Material wird natürlich von den Kanälen getragen. Da die Summe aller Kanalquerschnitte um einen Faktor σ kleiner ist als die Fläche der Probe, muss die Strömungsgeschwindigkeit v_i im einzelnen Kanal entsprechend größer sein als ihr Mittelwert. Es ist also $v_i = v_=/\sigma$. Ersetzen wir in Gl. (30) $\Delta p/\Delta x$ durch den negativen Druckgradienten, dann geht sie über in

$$\frac{\partial p}{\partial x} = -\Xi \sigma v_i \qquad (31)$$

Die Größe σ ist die Porosität des Materials; sie ist definiert als Anteil des Porenvolumens am Gesamtvolumen einer Materialprobe. – Handelt es sich um Wechselströmungen, also um Schall, dann sind auch noch Massenkräfte zu berücksichtigen. Dies geschieht dadurch,

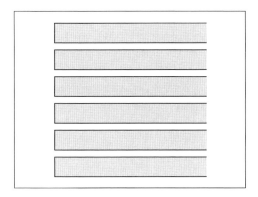

Fig. 6.8 Rayleighmodell eines porösen Materials

dass man den gesamten Druckgradienten als Summe der rechten Seiten der Gln. (31) und (3.15) bildet:

$$\frac{\partial p}{\partial x} = -\rho_0 \frac{\partial v}{\partial t} - \sigma \Xi v \quad \text{mit } v = v_i \tag{32}$$

Diese Gleichung ist wie früher durch die Kontinuitätsgleichung (3.16) zu ergänzen:

$$\rho_0 \frac{\partial v}{\partial x} = -\frac{1}{c^2} \frac{\partial p}{\partial t} \tag{33}$$

Für den Schalldruck und die Schallschnelle in einer Pore machen wir den Ansatz

$$p = A e^{j(\omega t - \underline{k}'x)} \quad \text{und} \quad v = B e^{j(\omega t - \underline{k}'x)}$$

mit einer zunächst unbekannten komplexen Kreiswellenzahl, welche auch die Verluste widerspiegelt. Durch Einsetzen dieser Ausdrücke in die Gln (32) und (33) findet man zunächst:

$$-j\underline{k}' A = -(j\omega\rho_0 + \sigma\Xi) B$$

und

$$-j\underline{k}' \rho_0 B = -\frac{1}{c^2} \cdot j\omega A$$

Aus diesen beiden Gleichungen kann man sowohl die Kreiswellenzahl

$$\underline{k}' = \frac{\omega}{c} \sqrt{1 - \frac{j\sigma\Xi}{\rho_0 \omega}} \tag{34}$$

als auch das Verhältnis des Schalldrucks zur Schallschnelle, also den Wellenwiderstand in der Pore ausrechnen:

$$Z_{0p} = \frac{A}{B} = Z_0 \sqrt{1 - \frac{j\sigma\Xi}{\rho_0 \omega}} \tag{35}$$

Um den Wellenwiderstand der Materialoberfläche zu erhalten, muss man wiederum berücksichtigen, dass die mittlere Schallschnelle um den Faktor σ kleiner ist als die Schnelle in den Poren. Daher ist $Z'_0 = Z_{0p} / \sigma$ oder

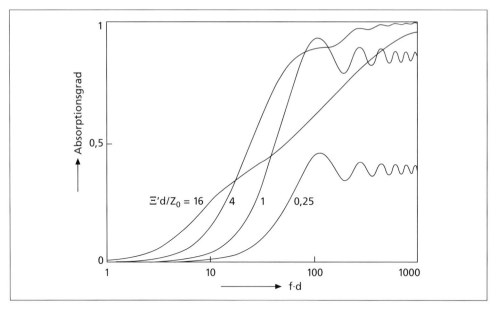

Fig. 6.9 Absorptionsgrad einer porösen Schicht auf einer schallharten Wand (senkrechter Schalleinfall). Kurvenparameter: normierter Strömungswiderstand $\Xi'd/Z_0$ der Schicht.

$$\underline{Z'_0} = \frac{Z_0}{\sigma}\sqrt{1 - \frac{j\sigma\Xi}{\rho_0\omega}} \qquad (36)$$

Die Größen k' und Z'_0, eingesetzt in die Gl. (29) ergeben jetzt die Wandimpedanz der Anordnung; ihr Absorptionsgrad für senkrechten Schalleinfall ergibt sich dann aus Gl. (23) mit $\vartheta = 0$ und $\zeta = Z'_0/Z_0$.

Das Ergebnis einer solchen Berechnung ist in Fig. 6.9 für eine Porosität von $\sigma = 0{,}95$ dargestellt, der Kurvenparameter ist der auf den Wellenwiderstand der Luft bezogene Strömungswiderstand $\Xi'd/Z_0$ mit $\Xi' = \sigma\Xi$. Die ansteigende Tendenz dieser Kurven ist darauf zurückzuführen, dass sich mit wachsender Frequenz der Wellenwiderstand Z_{0p} in den Poren dem Luftwellenwiderstand Z_0 annähert, was die Anpassung verbessert; zugleich wächst der Imaginärteil von k' an, der nach Gl. (4.21) die Dämpfung der Schallwelle im Material kennzeichnet. Die bei niedrigem $\Xi'd/Z_0$ zutage tretenden Schwankungen des Absorptionsgrads gleichen sich bei allseitigem Schalleinfall weitgehend aus und sind praktisch bedeutungslos. Die höchsten Werte des Absorptionsgrads werden erreicht, wenn der Parameter $\Xi'd/Z_0$ zwischen 1 und 4 liegt. In jedem Fall aber verlangt die Erreichung eines hohen Absorptionsgrad eine Mindestdicke der Schicht. Das ist leicht verständlich: In der nächsten Umgebung der schallharten Rückwand ist die Schnelle sehr niedrig, dasselbe gilt dann auch für die von der Teilchenbewegung in den Poren verursachten Verluste. Nach Fig. 6.9 werden selbst im günstigsten Fall die hohen Absorptionsgrade erst erreicht, wenn fd größer als etwa $25\,\text{Hz}\cdot\text{m}$ ist.

Praktisch verwendete Absorptionsmaterialien weichen meist erheblich von dem hier zugrunde gelegten Rayleighmodell ab. Man versucht dies durch einen „Strukturfaktor" zu berücksichtigen. Wir können hier indessen auf eine entsprechend weiterführende Behandlung des porösen Absorbers verzichten, da im praktischen Anwendungsfall der Absorptionsgrad ohnehin experimentell bestimmt werden muss.

6.6.3 Absorption einer sehr dünnen, porösen Schicht

Nunmehr betrachten wir als „Wand" eine starre, aber poröse Schicht, etwa ein Gewebe oder eine mit sehr feinen Bohrungen versehene dünne Platte. Sie sei zunächst fern von allen Wänden, z. B. in Form einer frei hängenden Stoffbahn. Ihre Dicke nehmen wir als klein an im Vergleich zu allen vorkommenden Wellenlängen. Außerdem sei sie so schwer, dass sie von einer auffallenden Schallwelle nicht merklich in Schwingungen versetzt wird. Dagegen presst der Schalldruck der Welle Luft durch die Poren oder Öffnungen, sodass von der Rückseite der Schicht eine zweite ebene Welle ausgeht. Zur Aufrechterhaltung einer Durchströmung mit der mittleren Geschwindigkeit v_s ist die Druckdifferenz

$$\Delta p = r_s v_s \tag{37}$$

zwischen beiden Seiten der Schicht erforderlich. Der Strömungswiderstand r_s bezieht sich hier auf die gesamte poröse Schicht und nicht wie der in Gl. (30) eingeführte längenspezifische Strömungswiderstand Ξ auf die Längeneinheit.

Der Schalldruck der einfallenden Welle muss einerseits den Strömungswiderstand der Schicht überwinden, zum anderen muss er dem Schalldruck der rückseitig abgestrahlten Welle das Gleichgewicht halten. Demgemäß setzt sich die Wandimpedanz aus r_s und dem Wellenwiderstand Z_0 der Luft zusammen, wobei vorausgesetzt wird, dass sich auf beiden Seiten der Wand dasselbe Medium befindet. Bei senkrechtem Schalleinfall gilt also:

$$Z = Z_0 + r_s \tag{38}$$

Damit liefert die Gl. (14) für den Reflexionsfaktor der Stoffschicht

$$R = \frac{1}{1 + 2Z_0/r_s} \tag{39}$$

und der Absorptionsgrad wird

$$\alpha = 1 - R^2 = \frac{1 + r_s/Z_0}{(1 + r_s/2Z_0)^2} \tag{40}$$

Er berücksichtigt nicht nur die in den Poren des Gewebes enstehenden Reibungsverluste, sondern auch die von der rückwärtigen Welle wegtransportierte Energie. Um beide Anteile voneinander zu trennen, müssen wir die mittlere Strömungsgeschwindigkeit v_s durch das Gewebe der an der Vorderseite herrschenden Schallschnelle (für x = 0) gleichsetzen und beides der Schnelle der rückseitig abgestrahlten Schallwelle:

$$v_s = (1 - R)\hat{p}/Z_0 = T\hat{p}/Z_0$$

wobei wieder der in Gl. (15) eingeführte Transmissionsfaktor T benutzt wurde. Für diesen folgt aus der Gleichsetzung:

$$T = 1 - R = \frac{1}{1 + r_s/2Z_0} \qquad (41)$$

Die Addition der Intensitäten der reflektierten und der durchgelassenen Welle ergibt nicht die Intensität der einfallenden Welle. Vielmehr stellt die Differenz

$$I_e - I_r - I_d = I_e(1 - R^2 - T^2) = \frac{r_s/Z_0}{(1 + r_s/2Z_0)^2} I_0 \qquad (42)$$

die im porösen Stoff dissipierte Energie pro Sekunde und Flächeneinheit dar. Sie wird maximal, wenn der Strömungswiderstand des Stoffs gleich dem doppelten Wellenwiderstand ist und beträgt dann 0,5 I_e.

Nun stellen wir uns die poröse Schicht nicht frei im Raum schwebend vor, sondern im Abstand d vor einer schallharten Wand (s. Fig. 6.10a). Ihre Schwingung führt jetzt nicht zur Abstrahlung einer fortschreitenden ebenen Welle in den rückwärtigen Raum, sondern zum Aufbau einer stehenden Welle in dem hinter ihr liegenden Luftvolumen. Demgemäß muss in der Gl. (38) der Wellenwiderstand Z_0 durch die Impedanz einer begrenzten Luftschicht nach Gl. (28) ersetzt werden:

$$Z = r_s - jZ_0 \cot(kd) \qquad (43)$$

Der zugehörige Absorptionsgrad ist:

$$\alpha = \frac{4r_s/Z_0}{(1 + r_s/Z_0)^2 + \cot^2(kd)} \qquad (44)$$

Er ist in Fig. 6.11 als Funktion der Frequenz dargestellt. Bedingt durch die Periodizität der Kotangensfunktion, schwankt der Absorptionsgrad periodisch zwischen 0 und dem Maximalwert

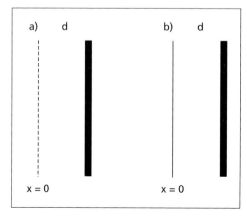

Fig. 6.10 a) Poröse Schicht (Gewebe), b) unporöse Schicht beides vor einer schallharten Wand

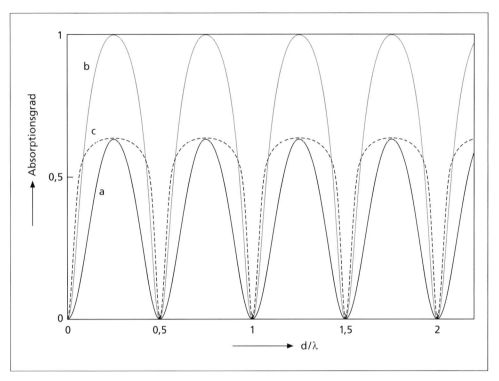

Fig. 6.11 Absorptionsgrad einer Gewebeschicht nach Fig. 6.10a.
a) $r_s = 0{,}25\, Z_0$,
b) $r_s = Z_0$, c) $r_s = 4\, Z_0$.

$$\alpha_{max} = \frac{4 r_s / Z_0}{(1 + r_s / Z_0)^2} \tag{45}$$

Dieser tritt dann auf, wenn kd ein ungeradzahliges Vielfaches von $\pi/2$ ist, oder, mit anderen Worten, wenn zwischen der Stoffschicht und der Rückwand eine ungerade Anzahl von Viertelwellenlängen liegen. Dann nämlich befindet sich die poröse Schicht in einem Schnellemaximum der rückseitigen stehenden Welle. In Wirklichkeit wird die Stoffbahn wegen ihrer endlichen Masse auch als Ganzes in Schwingungen versetzt, wodurch sich zumindest bei tiefen Frequenzen ihre Absorption vermindert.

Nach Gl. (45) kann der maximale Absorptionsgrad der Schicht durchaus gleich eins werden, nämlich für $r_s = Z_0$. Ein Stoffvorhang vor einer Wand, z. B. auch vor einem Fenster, kann daher ein sehr wirksamer Schallabsorber sein. Die starke Frequenzabhängigkeit des Absorptionsgrads kann dadurch vermindert werden, dass man den Wandabstand d örtlich variiert, z. B. durch tiefe Falten, was auch aus optischen Gründen empfehlenswert ist.

Reflexion und Brechung

6.6.4 Unporöse, schwingungsfähige Schichten

Nunmehr wird statt des porösen Gewebes eine unporige Platte oder Folie betrachtet. Sie wird durch ihre Flächenmasse m′ gekennzeichnet, worunter wir die Masse pro Flächeneinheit verstehen wollen. Durch eine senkrecht auftreffende ebene Schallwelle wird die Platte in Schwingungen versetzt und diese wiederum führen zur Abstrahlung einer „durchgelassenen" Welle in den rückwärtigen Raum. Daher erhält man die Wandimpedanz der Anordnung, indem man in Gl. (38) den Strömungswiderstand r_s durch den flächenbezogenen Massenwiderstand $j\omega m'$ der Platte allein ersetzt (s. Abschnitt 2.5):

$$Z = Z_0 + j\omega m' \qquad (46)$$

Der Reflexionsfaktor und der Absorptionsgrad folgt aus den Gln. (14) und (22):

$$R = \frac{1}{1 + 2Z_0 / j\omega m'} \qquad (47)$$

$$\alpha = \frac{1}{1 + (\omega m'/2Z_0)^2} \qquad (48)$$

Der Ausdruck „Absorptionsgrad" ist hier insofern etwas irreführend, als die Reflexionsverluste nicht in der Wand entstehen, sondern auf den Schalldurchgang durch die Wand zurückzuführen sind. Dieser Vorgang ist von großer praktischer Bedeutung für die Schallisolation von Trennwänden; auf ihn werden wir in Kapitel 14 wieder zurückkommen. – Die Gl. (48) zeigt, dass eine leichte Folie bei tiefen und auch noch bei mittleren Frequenzen praktisch schalldurchlässig ist. So wirft eine Folie mit dem Flächengewicht m′ = 50 g/m^2 bei Frequenzen unterhalb von 2,67 kHz weniger als die Hälfte der auffallenden Schallenergie zurück.

Auch hier gehen wir noch einen Schritt weiter und denken uns nun die Platte oder Folie im Abstand d vor einer schallharten Wand (s. Fig. 6.10b). Dementsprechend ersetzen wir in Gl. (46) wieder den Wellenwiderstand Z_0 durch die Impedanz einer schallhart begrenzten Luftschicht. Anders als im vorangehenden Unterabschnitt verwenden wir nun allerdings nicht die Gl. (28). Vielmehr setzen wir voraus, dass die Dicke des Luftpolsters klein gegen die Wellenlänge ist, die Luftschicht gewissermaßen als ein federndes Kissen angesehen werden kann, dessen Impedanz durch den Näherungsausdruck (28a) gegeben ist. Außerdem gibt es unvermeidliche Schwingungsverluste, die wir im Augenblick nicht spezifizieren, sondern lediglich formal durch einen Reibungswiderstand r berücksichtigen wollen. Damit wird die Wandimpedanz der Anordnung:

$$Z = r + j\left(\omega m' - \frac{\rho_0 c^2}{\omega d}\right) \qquad (51)$$

Sie entspricht genau der Gl. (2.21), und auch die Folgerungen aus ihr sind die gleichen wie in Abschnitt 2.5: Bei der Kreisfrequenz

$$\omega_0 = \sqrt{\frac{\rho_0 c^2}{m' d}} \qquad (52)$$

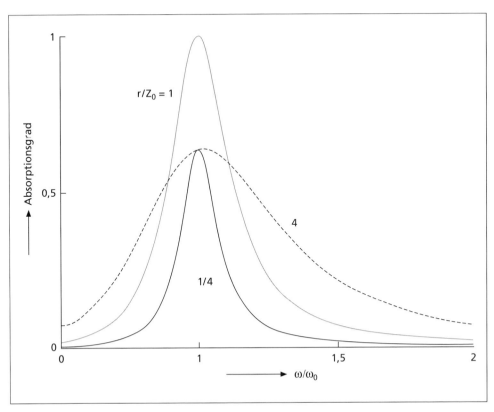

Fig. 6.12 Absorptionsgrad einer massenbehafteten, schwingungsfähigen Schicht vor schallharter Wand nach Fig. 6.10b (Plattenresonator) für $m'\omega_0 = 4Z_0$.

verschwindet der Imaginärteil der Impedanz. Ihr Betrag wird nun minimal, und die Massenschicht lässt sich vom Schallfeld besonders leicht zu Schwingungen anregen. Die hier beschriebene Anordnung ist also ein akustischer Resonator. Allerdings kann man hierbei nicht ohne weiteres die einwirkende Kraft vorgeben, da der gesamte Schalldruck auf der Wand auch von der Stärke der reflektierten Welle und damit von der Impedanz Z abhängt.

Von besonderem Interesse ist wieder der Absorptionsgrad der Anordnung. Aus Gl. (14) und (22) ergibt sich dafür:

$$\alpha = \frac{4rZ_0}{(r+Z_0)^2 + \left[\dfrac{m'}{\omega}\left(\omega^2 - \omega_0^2\right)\right]^2} \tag{53}$$

Er ist in Fig. 6.12 als Funktion der Frequenz für einige Werte von r/Z_0 dargestellt. Dieses Diagramm zeigt, dass auch der Absorptionsgrad Resonanzverhalten hat; bei der Resonanzfrequenz ω_0 nimmt er seinen Maximalwert

$$\alpha_{max} = \frac{4rZ_0}{(r+Z_0)^2} = \frac{1}{\frac{1}{4}\left(\sqrt{r/Z_0} + \sqrt{Z_0/r}\right)^2} \tag{54}$$

an, der für $r = Z_0$, d. h. für den Fall der Anpassung gleich 1 wird. Die Kurven weisen eine gewisse Ähnlichkeit mit denen der Fig. 6.11 auf; wenn der Verlustwiderstand größer als der Wellenwiderstand wird, flachen die Kurven ab; die Absorption wird breitbandiger, allerdings auf Kosten des erreichbaren Maximalwerts.

Der hier beschriebene Plattenresonator spielt in der Raumakustik eine wichtige Rolle als Resonanzabsorber; wir werden auf ihn in Abschnitt 13.5 wieder zurückkommen.

7 Beugung und Streuung

In vorangehenden Kapitel wurde vorausgesetzt, dass die Flächen, von denen eine einfallende Schallwelle zurückgeworfen wird, eben und unendlich ausgedehnt sind. Falls z. B. eine Wand, eine Mauer o. dgl. begrenzt ist, gelten die gefundenen Gesetzmäßigkeiten im Großen und Ganzen ebenfalls, sofern ihre Abmessungen sehr groß im Vergleich zur Schallwellenlänge sind. Allerdings geht vom Rand der Fläche eine zusätzliche Welle aus, die ihre Energie über einen weiten Winkelbereich verteilt.

Dies gilt natürlich erst recht für begrenzte Hindernisse beliebiger Gestalt. Betrachten wir etwa in Fig. 7.1 eine schallharte Kugel. Ist ihr Durchmesser sehr groß gegenüber der Wellenlänge der einfallenden Welle, dann kann man auf jeden Schallstrahl das Reflexionsgesetz nach Abschnitt 6.1 anwenden. Hinter der Kugel entsteht ein deutlicher Schattenraum, in welchen kein Schall gelangt. Ganz anders, wenn die Kugelabmessungen mit der Wellenlänge vergleichbar sind. Zum einen verliert hier der Begriff des Schallstrahls seinen Sinn. Zum anderen wird die Kugel – und das gilt für jedes Hindernis – zum Ursprung von

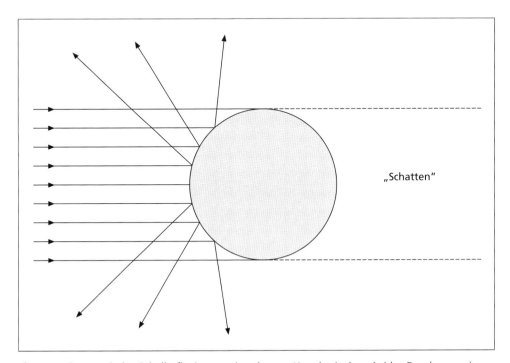

Fig. 7.1 Geometrische Schallreflexion an einer harten Kugel mit $d \gg \lambda$ (d = Durchmesser)

Sekundärwellen, die sich dem ursprünglichen Schallfeld überlagern und dieses mehr oder weniger verändern. Insbesondere gelangt jetzt auch Schall in den geometrischen Schattenraum; die Schattengrenze wird diffus. Bei kleineren Objekten kann der Schatten ganz verschwinden. Der Schall wird gewissermaßen um das Objekt herumgebogen, weshalb man diese Erscheinung als „Beugung" bezeichnet.

Vielfach unterscheidet man von der Beugung die sog. Schallstreuung. Man spricht eher von Beugung, wenn das Hindernis einen ausgeprägten Schatten wirft, der durch gebeugte Schallanteile mehr oder weniger „aufgehellt" wird. Unter der Streuung versteht man dagegen oft die vergleichsweise geringe Modifikation des Schallfelds durch ein kleines Hindernis. In diesem Kapitel werden wir beide Begriffe verwenden, ohne eine scharfe Trennung zwischen beiden Erscheinungen vorzunehmen eingedenk der Tatsache, dass beidem der gleiche physikalische Vorgang zugrunde liegt.

Beugungserscheinungen treten bei allen Wellenarten auf. Sie sind umso ausgeprägter, je kleiner das Hindernis, das sich einer Welle in den Weg stellt oder auch eine Öffnung in einer sonst undurchlässigen Fläche im Vergleich zur Wellenlänge ist. Zur Beobachtung der Beugung von Lichtwellen braucht man in der Regel besondere Hilfsmittel, denn die Wellenlängen des sichtbaren Lichts liegen in der Größenordnung von 0,4 bis 0,8 µm. Dagegen wirft ein im Boden eines flachen Sees steckender Stock keinen Wellenschatten, da die sehr viel längeren Wasserwellen fast völlig um ihn herumgebeugt werden. In der Akustik ist die Beugung eine allgegenwärtige Erscheinung, da die akustischen Wellenlängen durchaus vergleichbar sind mit den Abmessungen der Gegenstände, die uns im täglichen Leben umgeben, übrigens auch mit den Abmessungen des menschlichen Körpers. Die Beugung ist z. B. dafür verantwortlich, dass wir auch seitlich auf unseren Kopf fallenden Schall mit beiden Ohren hören und damit seine Herkunftsrichtung feststellen können, dass wir mühelos ein Gespräch durch den Spalt einer angelehnten Tür führen können, oder auch dafür, dass eine Lärmschutzwand entlang einer Autobahn nur begrenzten Schutz gegen den Fahrzeuglärm bietet. Schließlich muss man sich vor Augen halten, dass die Wände eines Raumes selten ganz eben oder auch nur „glatt" sind; in den meisten Fällen wird ihr allgemeiner Verlauf durch Balkone, Pfeiler, technische oder dekorative Einbauten oder Vorsprünge unterbrochen. An all diesen „Unregelmäßigkeiten" werden einfallende Schallwellen gebeugt oder gestreut. Die Reihe dieser Beispiele könnte noch beliebig fortgesetzt werden.

Für eine qualitative Erklärung der Beugung kann man von dem Huygensschen Prinzip ausgehen. Ihm zufolge wird jeder von einer Schallwelle getroffene Punkt zum Ausgangspunkt einer neuen Kugelwelle. In Fig. 7.2 (oberer Teil) sind solche Elementarwellen für den eine ebene Primärwelle als Halbkreise gezeichnet. Ihre Einhüllende bildet die neue Wellenfläche der nunmehr etwas weitergerückten ebenen Welle; die seitlich abgestrahlten Wellenanteile heben sich gegenseitig auf. Im unteren Teil der Figur ist die Bildung elementarer Sekundärwellen durch eine schallundurchlässige Wand unterbrochen. Insbesondere ist die Auslöschung nahe der Wandkante nur unvollständig; es gelangt daher Schall auch in den geometrischen Schattenraum. Dieser scheint in Form einer „Beugungs-

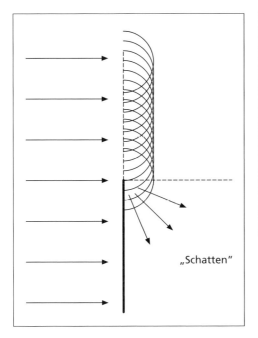

"Schatten"

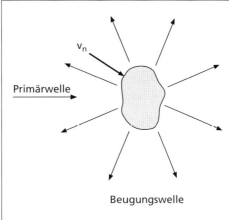

Fig. 7.3 Beugung oder Streuung an einem begrenzten Körper

Fig. 7.2 Zur Beugung an der Kante einer undurchlässigen Wand

welle" von der oberen Kante der Wand auszugehen und es ist leicht vorstellbar, dass diese nicht nur den Schatten hinter der Wand aufhellt, sondern sich auch dem übrigen Schallfeld überlagert und dieses modifiziert.

7.1 Exakte Formulierung von Streuproblemen

Die rechnerische Behandlung der Beugung ist wesentlich schwieriger als die der Schallreflexion an ausgedehnten ebenen Flächen. Es gilt dabei, die Beugungswelle so zu bestimmen, dass das aus einfallender Welle und Beugungswelle bestehende Gesamtschallfeld die auf der Oberfläche des Hindernisses geltenden Randbedingungen erfüllt. Vielfach kann man diese Randbedingungen durch die Wandimpedanz ausdrücken, also, nach sinngemäßer Abwandlung der Definition (6.10), des Verhältnisses

$$Z = \left(\frac{p}{v_n}\right)_{\text{Oberfl}} \qquad (1)$$

Dabei ist v_n die Normalkomponente der Schallschnelle. Ist die Oberfläche des beugenden Objekts schallhart, dann muss diese Normalkomponente verschwinden, woraus sich die Bedingung

$$(v_b)_n = -(v_e)_n \qquad (2)$$

ergibt. Die Komponente $(v_e)_n$ ist durch die einfallende Welle gegeben, aus der entsprechenden Schnellekomponente $(v_b)_n$ ist die Beugungswelle zu bestimmen. Diese Aufgabenstellung weist auf die Ähnlichkeit von Beugungsproblemen mit den Problemen der Schallabstrahlung hin.

Dieses Verfahren führt allerdings nur dann zu geschlossenen Lösungen, wenn die Oberfläche des Hindernisses sich als Koordinatenfläche eines geeigneten Koordinatensystems darstellen lässt. Das gilt für bestimmte einfache Körper wie z. B. für die Kugel oder den Zylinder.

Integriert man die Intensität der Beugungswelle über alle Richtungen, dann erhält man die insgesamt gebeugte oder gestreute Leistung P_s. Bezogen auf die Intensität I_e der einfallenden, als eben angenommenen Welle ergibt sie eine Größe mit der Dimension einer Fläche, den so genannten Streuquerschnitt des Hindernisses:

$$Q_s = \frac{P_s}{I_e} \qquad (3)$$

7.2   Beugung an der schallharten Kugel

Als wichtiges Beispiel betrachten wir in diesem Abschnitt die Beugung oder die Streuung einer ebenen Welle an einer schallharten Kugel. Der Schalldruck der einfallenden Welle sei p_e. Falls der Kugelradius a klein ist im Vergleich zur Schallwellenlänge, kann man das entstehende Beugungsfeld sogar in Form einer geschlossenen Formel darstellen. Wäre die Kugel nicht vorhanden, dann würde die Schallwelle das ihr entsprechende Gas- oder Flüssigkeitsvolumen $4\pi a^3/3$ abwechselnd zusammendrücken und ausdehnen; außerdem würde sie es in Schwingungen mit der Schnelle $v_e = p_e/Z_0$ versetzen. Beiden Änderungen muss die Kugel durch Aussendung von gegenphasigen Sekundärwellen entgegenwirken, nämlich einer Kugelwelle und einer Dipolwelle. Die Volumenschnelle Q für die erstere berechnet sich aus der relativen Volumenänderung bei der Ausdehnung $dV/V_0 =$ div $\vec{s} = -p_e/cZ_0$, letzteres nach Gl. (3.24a). Durch zeitliches Differenzieren und nach Vorzeichenumkehr wird hieraus mit $V_0 = 4\pi a^3/3$:

$$Q = \frac{4\pi a^3}{3} \frac{j\omega p_e}{cZ_0}$$

Damit gilt für die sekundäre Kugelwelle:

$$p_{b1} = -\frac{k^2 a^3 \hat{p}_e}{3r} e^{j(\omega t - kr)}$$

Dabei haben wir im Interesse einer übersichtlicheren Schreibweise ω durch ck ersetzt. – Den Schalldruck der Dipolwelle p_{b2} erhält man aus der Gl. (5.24), indem man v_0 durch $-p_e/Z_0$ ersetzt:

$$p_{b2} = \frac{k^2 a^3 \hat{p}_e}{2r} \cos\theta \, e^{j(\omega t - kr)}$$

Der Winkel θ = 0 kennzeichnet die Richtung des Schalleinfalls. – Das gesamte Streufeld ist damit gegeben durch:

$$p_b(r, \theta, t) = -\frac{k^2 a^3}{r}\left(\frac{1}{3} - \frac{1}{2}\cos\theta\right) \cdot \hat{p}_e e^{j(\omega t - kr)} \qquad (4)$$

Die Intensität der Beugungswelle folgt daraus zu $I_b = |p_b|^2/Z_0$ oder

$$I_b(r, \theta) = \left[\frac{k^2 a^3}{r}\left(\frac{1}{3} - \frac{1}{2}\cos\theta\right)\right]^2 \cdot I_e$$

Um die gesamte Streuleistung P_s zu erhalten, integriert man diesen Ausdruck über eine Kugelfläche mit dem Radius r:

$$P_s = \iint\limits_{\text{Kugel}} I_b(\theta, \phi) dS = 2\pi\left(k^2 a^3\right)^2 I_e \int_0^\pi \left(\frac{1}{3} - \frac{1}{2}\cos\theta\right)^2 \sin\theta d\theta = \frac{7}{9}\pi k^4 a^6 I_e$$

Es ist bemerkenswert, dass diese Leistung mit der vierten Potenz von k und damit auch der Frequenz ansteigt. Dasselbe gilt natürlich auch für den Streuquerschnitt:

$$Q_s = \frac{7}{9}\pi a^2 (ka)^4 \quad \text{Für } a \ll \lambda \qquad (5)$$

Das Beugungsfeld einer schallharten Kugel beliebiger Größe lässt sich ebenfalls geschlossen darstellen, allerdings in Form einer unendlichen Reihe, auf deren Wiedergabe hier verzichtet wird. Der Leser sei hier z. B. auf das Buch von Morse und Ingard[1] verwiesen. Fig. 7.4 zeigt für verschiedene Werte von ka die Richtungsverteilungen des Schalldrucks der von einer schallharten Kugel ausgehenden Beugungswelle. Als Primärwelle ist eine von links einfallende ebene Welle angenommen. Der Parameter ka ist der Kugelumfang, dividiert durch die Wellenlänge. Diese Diagramme sind natürlich räumlich durch Rotation um die horizontale Achse ergänzt zu denken. Bei kleinen ka-Werten überwiegt die Rückstreuung, d. h. der zur Schallquelle zurückgeworfene Anteil. Mit zunehmendem ka, d. h. mit zunehmender Frequenz wächst der Anteil der „Vorwärtsstreuung"; seine Stärke nähert sich schließlich, was hier nicht zu sehen ist, der Stärke der Primärwelle an. In der Tat entsteht der Schallschatten hinter einem im Verhältnis zur Wellenlänge großen Objekt dadurch, dass sich hier die einfallende Welle und die gebeugte Welle weitgehend auslöschen, da sie entgegengesetzte Phasen haben.

In Fig. 7.5 ist der Streuquerschnitt der schallharten Kugel über ka aufgetragen. Bei niedrigen ka-Werten, also bei niedrigen Frequenzen, erkennt man den in Gl. (5) dargestellten Anstieg mit der vierten Potenz der Frequenz. Bei noch höheren ka-Werten mündet die Kurve schließlich in einen konstanten Wert ein, der Streuquerschnitt beträgt dann $2\pi a^2$ und ist damit gleich dem doppelten visuellen Querschnitt der Kugel. Dabei wird genau die Hälfte der auftreffenden Energie im Raum zerstreut, während die andere Hälfte zur Bildung des Schattens aufgewandt wird. Dies gilt für den Streuquerschnitt beliebiger Hindernisse.

---

1 P. M. Morse and U. Ingard, Theoretical Acoustics, Chapter 8. McGraw-Hill, New York 1968

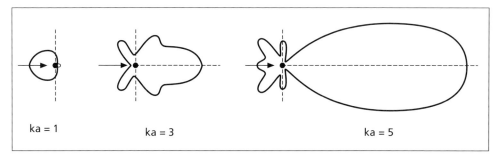

Fig. 7.4 Beugung an der schallharten Kugel, Richtungsverteilung des Schalldrucks

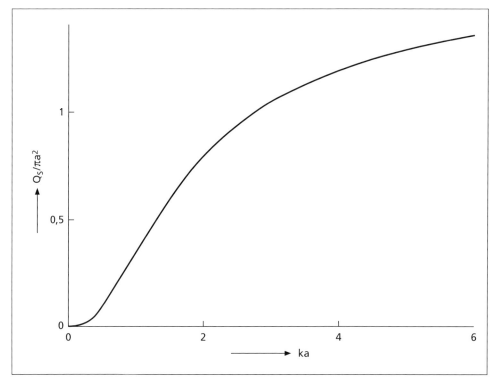

Fig. 7.5 Streuquerschnitt der schallharten Kugel, bezogen auf den visuellen Querschnitt πa^2

Für das Richtungshören ist die Beugung am Kopf des Hörers, der als annähernd schallhart angesehen werden kann, von entscheidender Beugung. Sie wirkt sich nämlich für beide Ohren verschieden aus, wenn die Schallwelle nicht aus der Mittelebene des Kopfes einfällt, und lässt an beiden Ohren unterschiedliche Schallsignale entstehen Aus diesen „interauralen" Unterschieden schließen wir auf die Richtung des Schalleinfalls. In Kapitel 12 werden wir auf diesen Punkt zurückkommen.

7.3 Schalldurchgang durch Öffnungen

7.3.1 Das Kirchhoffsche Beugungsintegral

Einen ganz anderen Zugang zur Behandlung der Beugung eröffnet das Kirchhoffschen Beugungsintegral, das man aus dem Greenschen Satz der Vektoranalysis ableiten kann. Es bezieht sich auf ein Gebiet V, das durch eine Fläche S, einen so genannten „Schirm" vom gesamten Raum abgetrennt ist. Dieser Schirm ist im Prinzip schallundurchlässig, kann aber eine oder mehrere Öffnungen haben (s. Fig. 7.6a). Man kann mit diesem Integral den Schalldruck p(P) in einem beliebigen Punkt des Gebiets V berechnen, wenn auf dem Schirm der Schalldruck p_S und seine wandnormale Ableitung $\partial p_S/\partial n$ bekannt sind. Die Richtung der Normalen weist von der Fläche nach innen. Wie diese Größen entstehen, soll vorerst offen bleiben. Wie früher ist $k = \omega/c$, d. h. wir setzen harmonische Schallwellen mit der Kreisfrequenz ω voraus. Dann lautet die Kirchhoffsche Beugungsformel:

$$p(P) = \frac{1}{4\pi} \iint_S \left[p_S \frac{\partial}{\partial n}\left(\frac{e^{-jkr}}{r}\right) - \frac{e^{-jkr}}{r}\frac{\partial p_S}{\partial n}\right] dS \qquad (6)$$

r ist der Abstand zwischen dem Punkt P und dem Integrationspunkt auf der Fläche S.

Diese Formel ist der mathematische Ausdruck des zu Beginn dieses Kapitels vorgestellten Huygensschen Prinzips. Sie kann folgendermaßen interpretiert werden: Zu dem Schalldruck im Aufpunkt P tragen zum einen Kugelwellen bei, deren Quellen gemäß der

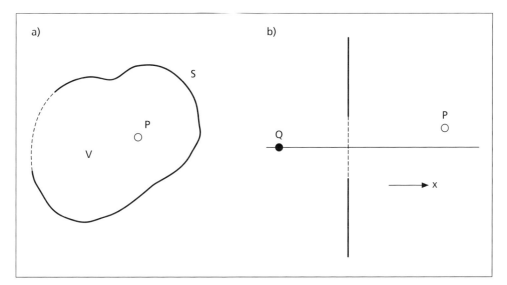

Fig. 7.6 Zum Kirchhoff-Integral (Q = Schallquelle, P = Beobachtungspunkt)
a) allgemein,
b) Beugung an einer Öffnung in einem ebenen Schirm

Funktion $\partial p_s/\partial n$ über die Berandung S verteilt sind (zweites Glied im Integranten). Einen weiteren Beitrag bilden Wellen der Art

$$\frac{\partial}{\partial n}\left(\frac{e^{-jkr}}{r}\right) = \lim_{d \to 0} \frac{1}{d}\left(\frac{e^{-jkr_1}}{r_1} - \frac{e^{-jkr_2}}{r_2}\right)$$

Sie stellen sozusagen Differenzen von Kugelwellen dar, die von zwei fast auf der Fläche S liegenden, geringfügig in Normalenrichtung verschobenen Punkten ausgehen; r_1 und r_2 sind die Abstände des Punkts P von den Ausgangspunkten dieser Kugelwellen. Nach den Ausführungen in Abschnitt 5.5 handelt es sich hierbei um Dipolwellen. Damit stellt das erste Glied im Integranten von Gl. (6) den Beitrag von Dipolen dar, die nach Maßgabe der Funktion p_S über den Schirm S verteilt sind.

Im Folgenden wird angenommen, dass der durchgezogene Teil der Berandung in Fig. 7.6a schallundurchlässig ist; der gestrichelte Teil soll eine Öffnung des Schirms andeuten. Außerhalb der Berandung befinde sich eine Schallquelle Q. Mit der Gl. (6) könnte dann der Schalldruck an jeder Stelle im Gebiet V berechnet werden, wenn der Schalldruck und seine wandnormale Ableitung auf der ganzen Berandung S bekannt wären. Diese Größen sollen aber gerade berechnet werden. Somit ist die Gl. (6), streng genommen, eine Integralgleichung, bei der die unbekannte Größe auch im Integranten vorkommt. Die „Kirchhoffsche Näherung" geht nun von der Annahme aus, dass p_s und $\partial p_s/\partial n$ auf der Innenseite des undurchlässigen Schirms verschwinden, dass sie aber in der Öffnung mit denen des ungestörten, von der Quelle Q erzeugten primären Schallfelds übereinstimmen. Diese Annahme ist sicher nur dann gerechtfertigt, wenn die Abmessungen der Öffnung groß im Vergleich zur Schallwellenlänge sind. Denn nur dann kann man erwarten, dass die vom Rand der Öffnung erzeugte Beugungswelle allenfalls eine kleine, vernachlässigbare Störung des primären Schallfelds ausmacht.

7.3.2 Schalldurchgang durch große Öffnungen

In dieser Form wenden wir diese Methode zur Berechnung des Schalldurchgangs durch eine Öffnung in einem schallharten, ebenen Schirm unbegrenzter Ausdehnung an (s. Fig. 7.6b), auf den von links eine ebene Welle mit dem Schalldruck $p_e = \hat{p}_e\exp(-jkx)$ einfalle. Die Öffnung sei so groß, dass die obenerwähnte Kirchhoffsche Annahme einigermaßen gerechtfertigt ist.

Da die Richtung der Normalen jetzt mit der x-Richtung zusammenfällt, kann $\partial p_s/\partial n$ durch $-jkp_e$ ersetzt werden. Des weiteren wird

$$\frac{\partial}{\partial n}\left(\frac{e^{-jkr}}{r}\right) = -\left(jk + \frac{1}{r}\right)\frac{e^{-jkr}}{r}\frac{\partial r}{\partial x} = \left(jk + \frac{1}{r}\right)\frac{e^{-jkr}}{r}\cos\theta \qquad (7)$$

wobei θ der Winkel zwischen der Schalleinfallsrichtung und r ist. Damit wird aus Gl. (6), wenn man noch p_e durch $\rho_0 c v_e$ ersetzt:

$$p(P) = \frac{j\omega\rho_0 v_e}{4\pi} \iint\limits_{\text{Öffnung}} \frac{e^{-jkr}}{r}\left[\left(1+\frac{1}{jkr}\right)\cos\theta + 1\right] dS \qquad (8)$$

Wäre die Kirchhoffsche Formel exakt, so müsste dieser Ausdruck mit der Gl. (5.31) für den von einer Kolbenmembran erzeugten Schalldruck übereinstimmen. Das ist aber nur dann der Fall, wenn die Entfernung des Aufpunkts P von der Öffnung so groß ist, dass man das zweite Glied in der runden Klammer vernachlässigen kann und wenn man sich auf Punkte in der Nähe der Achse beschränkt, sodass man die Kosinusfunktion näherungsweise gleich 1 setzen kann. Diese Überlegung zeigt deutlich die Grenzen, die der Anwendung des Kirchhoffintegrals gesetzt sind.

Mit den genannten Vernachlässigungen geht die Gl. (8) über in die Gl. (5.31), die uns von der Schallabstrahlung durch eine Kolbenmembran bekannt ist:

$$p(P) = \frac{j\omega\rho_0 v_e}{2\pi} \iint\limits_{\text{Öffnung}} \frac{e^{-jkr}}{r} dS \qquad (9)$$

Falls der Aufpunkt so weit entfernt ist, dass man r im Nenner als näherungsweise konstant ansehen und vor das Integralzeichen ziehen kann, spricht man von Fraunhofer-Beugung im Gegensatz zur Fresnel-Beugung, bei der man sich diese Vernachlässigung nicht gestattet. Diese Unterscheidung entspricht in etwa der zwischen Fernfeld und Nahfeld im Abschnitt 5.8, was einmal mehr auf die Verwandschaft von Strahlungs- und Beugungsproblemen hinweist. Demgemäß ist die Richtungsverteilung des Schalls hinter einer kreisförmigen Öffnung mit dem Durchmesser 2a durch die in Fig. 5.15 gezeigten Richtdiagramme gegeben.

7.3.3 Schalldurchgang durch kleine Öffnungen in einer schallharten Wand

Die Kirchhoffsche Näherung muss versagen, wenn die Abmessungen der Öffnung klein im Vergleich zur Wellenlänge sind. Denn dann weicht die Schallschnelle in der Öffnung erheblich von der der einfallenden Welle ab.

Wir nehmen an, dass die abschirmende Wand schallhart ist und mit einer sehr kleinen, kreisförmigen Öffnung versehen ist. Von links trifft eine ebene Welle mit dem Schalldruck p_e auf den Schirm, die durch einige Wellenflächen angedeutet ist (s. Fig. 7.7a). Sie wird praktisch vollständig reflektiert, sodass sich auf der linken Seite eine stehende Welle bildet. Nach beiden Seiten geht von der Öffnung eine Kugelwelle aus, die sehr schwach ist, sodass sie auf der linken Seite nur eine unmerkliche Verzerrung des Wellenfelds bewirkt.

Für die Berechnung der Kugelwelle ist zu beachten, dass der Differenzdruck $2p_e$ einen endlichen Massenwiderstand überwinden muss, um die Luft in der Öffnung in Bewegung zu setzen und zwar auch dann, wenn die Wanddicke verschwindend klein ist. Dies ist folgendermaßen zu erklären: Jede Schallwelle kann als Wechselströmung aufgefasst werden. Deren Stromlinien (s Fig. 7.7b) können sich weder abrupt auf den kleinen Querschnitt der Öffnung zusammenziehen, noch können sie nach Passieren der Öffnung sofort wieder ihren ursprünglichen Verlauf annehmen. Statt dessen schnürt sich die Strömung

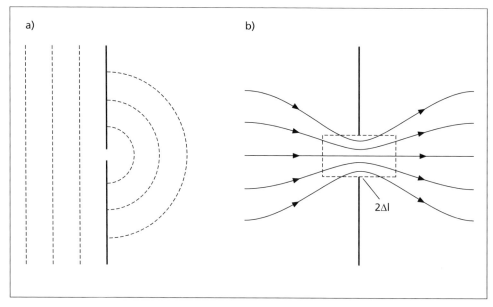

Fig. 7.7 Schalldurchgang durch eine kleine Öffnung.
a) Wellenfronten der einfallenden und der durchgelassenen Welle,
b) Stromlinien und Mündungskorrektur

allmählich ein und wird gleichzeitig beschleunigt, und hinter der Öffnung läuft der gleiche Vorgang in umgekehrter Richtung ab. Man berücksichtigt dies dadurch, dass man sich die ganze beschleunigte Luftmasse in einem Röhrchen mit dem Querschnitt der Öffnung und der Länge $2\Delta l$, der so genannten Mündungskorrektur konzentriert denkt. Hat die Wand selbst eine endliche Dicke d, dann tritt an deren Stelle die „effektive Dicke"

$$d_{eff} = d + 2\Delta l \tag{10}$$

und die zu beschleunigende Luftmasse wird

$$m = S_ö d_{eff} \rho_0$$

wobei $S_ö$ die Öffungsfläche ist. Für eine kreisförmige Öffnung mit dem Radius a ist $S_ö = \pi a^2$ und[2]

$$2\Delta l = \frac{\pi}{2} a \tag{11}$$

Die von der Kraft $\pi a^2 \cdot 2p_e$ erzwungene Schwingungsschnelle in der Öffnung ist somit

$$v_0 = \frac{2\pi a^2 p_e}{j\omega m} = \frac{2p_e}{j\omega \rho_0 d_{eff}}$$

---

2 P. M. Morse and H. Feshbach, Methods of Theoretical Physics, § 11.4. McGraw-Hill, New York 1953

Die Öffnung wirkt demnach als Punktschallquelle mit der Volumenschnelle $Q = \pi a^2 v_0$ und erzeugt nach Gl. (5.6) (nach Ersatz des Faktors $1/4\pi$ durch $1/2\pi$) auf der Schattenseite der Wand eine Kugelwelle mit dem Schalldruck.

$$p(r) = \frac{a^2 \hat{p}_e}{d_{eff}} \frac{e^{-jkr}}{r} \tag{12}$$

Dieselbe Kugelwelle wird mit entgegengesetztem Vorzeichen des Schalldrucks auch auf der Seite des Schalleinfalls abgestrahlt.

Für eine 2 cm dicke Tür, in der sich eine Öffnung von 1 cm Durchmesser befindet, ist $d_{eff} = 0{,}028$ m und man erhält aus dieser Formel im Abstand von 1 m nach Gl. (3.34) einen um

$$\Delta L = 20 \log_{10} \left(\frac{\tilde{p}_e}{\tilde{p}(1\,\mathrm{m})} \right) \approx 61\,\mathrm{dB}$$

verminderten Schalldruckpegel. Bedenkt man, dass die Schalldämmung der Tür in der Größenordnung von 20 dB liegen dürfte, dann erkennt man, dass diese Öffnung keine merkliche Verschlechterung der Schallisolation bewirkt. Bekanntlich kann man ein hinter einer Tür stattfindendes Gespräch nur mithören, wenn man das Ohr dicht an das Schlüsselloch hält.

Die Verhältnisse liegen indessen anders, wenn es sich bei der Öffnung um einen langen, engen Schlitz handelt mit der Breite $b \ll \lambda$. Die Fig. 7.7 beschreibt auch diesen Fall, da der Schlitz nun eine Zylinderwelle abstrahlt. Ihre Intensität im Abstand r ist näherungsweise[3]:

$$I_s \approx \frac{\lambda}{4r[\ln(0{,}717/b)]} I_e \tag{13}$$

wobei allerdings eine Wand von verschwindender Dicke vorausgesetzt ist.

Als Beispiel wählen wir b = 1 cm, eine Frequenz von 500 Hz entsprechend einer Wellenlänge von 0,68 m; der Abstand von der Öffnung sei wieder 1 m. Dann wird jetzt die Pegeldifferenz

$$\Delta L = 10 \log_{10} \left(\frac{I_e}{I_s(1\,\mathrm{m})} \right) \approx 19{,}5\,\mathrm{dB}$$

Dieser Wert ist durchaus mit der Schalldämmung einer Tür vergleichbar. Dieses Beispiel zeigt zumindest qualitativ, dass die Schallisolation einer Wand durch einen Schlitz erheblich verschlechtert werden kann.

7.3.4 Beugung an der Halbebene

Nunmehr wenden wir die nach Gl. (9) vereinfachte Kirchhoffsche Formel auf die Beugung einer ebenen Welle an einer schallundurchlässigen Halbebene an, wie sie schon am Anfang dieses Kapitels (s. Fig. 7.2) angesprochen worden ist. Fig. 7.8 gibt einen

---

3 s. Zitat auf S. 122, § 11.2

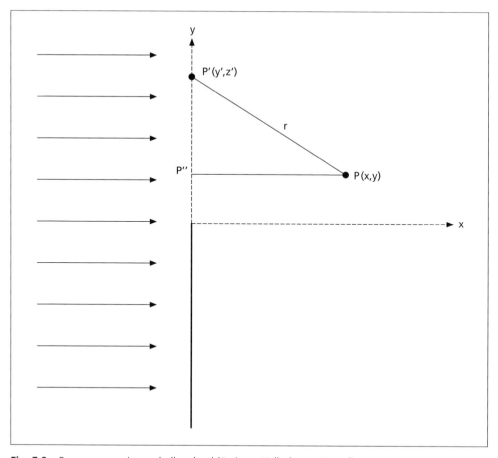

Fig. 7.8 Beugung an einer schallundurchlässigen Halbebene, Koordinaten (P = Beobachtungspunkt)

Überblick über die Situation. Den Koordinatennullpunkt legen wir auf die Oberkante der als sehr dünn angenommenen Wand. Ein in ihrer Ebene $x = 0$ gelegener Punkt habe die Koordinaten y' und z' (letztere senkrecht zur Zeichenebene). Die Lage der Wand ist demgemäß durch $y' < 0$ gekennzeichnet. Das Integral ist über die obere Halbebene, also über das durch $y' > 0$ und $-\infty < z' < \infty$ gekennzeichnete Gebiet zu erstrecken. In dem Integral

$$p(P) = \frac{j\omega\rho_0 v_e}{2\pi} \iint_{\text{Öffnung}} \frac{e^{-jkr}}{r} dS = \frac{j\omega\rho_0 v_e}{2\pi} \int_0^\infty dy' \int_{-\infty}^\infty \frac{e^{-jkr}}{r} dz'$$

ändert sich die Funktion $1/r$ relativ langsam mit r. Dagegen ist die Funktion $\exp(-jkr)$ i. Allg. stark veränderlich und liefert Beiträge zu dem Integral, die sich gegenseitig weitgehend auslöschen. Eine Ausnahme bildet die Umgebung des Punkts P'' mit den Koordinaten y' = y, z' = 0, wo r minimal wird und sich auch exp(-jkr) nur langsam ändert. Demgemäß setzen wir im Exponenten der obigen Gleichung für r die Näherung

$$r = \sqrt{x^2 + (y-y')^2 + z'^2} \approx x + \frac{(y-y')^2}{2x} + \frac{z'^2}{2x}$$

ein; im Nenner ersetzen wir r sogar durch x. Dadurch geht das obige Integral zunächst über in

$$p(P) = \frac{j\omega\rho_0 v_e}{2\pi x} e^{-jkx} \int_0^\infty e^{-jk(y-y')^2/2x} dy' \int_{-\infty}^\infty e^{-jkz'^2/2x} dz' \quad (15)$$

Mittels der die Substitutionen

$$y - y' = \sqrt{\frac{\pi x}{k}} s \quad \text{und} \quad z' = \sqrt{\frac{\pi x}{k}} s$$

lassen sich beide Integrale in Gl. (15) durch die komplexe Funktion

$$E(z) = \int_0^z e^{-j\frac{\pi}{2}s^2} ds = C(z) - jS(z) \quad (16)$$

ausdrücken. Dabei sind C(z) und S(z) die so genannten Fresnel-Integrale, deren Werte einschlägigen Tabellenwerken entnommen werden können[4]. Außerdem ist $E(\infty) = (1-j)/2$. Damit kann man das Ergebnis in der Form

$$p(P) = \frac{1+j}{2} Z_0 v_e e^{-jkx} \left[E\left(y\sqrt{\frac{k}{\pi x}}\right) + \frac{1-j}{2} \right] \quad (17)$$

oder auch

$$p(P) = \frac{1}{2} Z_0 v_e [1 + C + S + j(C - S)] \quad (18)$$

schreiben, wobei die Funktionen C und S das Argument $y\sqrt{k/\pi x}$ haben.

Der danach berechnete Verlauf der Beugungswelle ist in Fig. 7.9 dargestellt, die nach rechts aufgetragene Größe ist der Betrag des Schalldrucks. Die Schattengrenze wird durch die Beugung sozusagen aufgeweicht, der Übergang vollzieht sich allmählich. Im Schattenbereich nimmt die Amplitude der Beugungswelle mit wachsendem Abstand von der Schattengrenze monoton ab. Im oberen Halbraum interferiert die von der Schirmkante ausgehende Beugungswelle dagegen mit der einfallenden Schallwelle, was zu den Oszillationen des Gesamtschalldrucks führt. Diese Schwankungen sind in der Nähe der Schattengrenze recht ausgeprägt und klingen mit wachsendem Abstand von ihr allmählich ab. Entsprechend den vorgenommenen Vernachlässigungen gibt dieses Diagramm den Verlauf des Schalldrucks umso besser wieder, je größer der Beobachtungsabstand x ist, gemessen in Wellenlängen. Um die wahre Ausdehnung der Beugungsfigur zu beurteilen, muss man beachten, dass das Argument der Funktion E auch in der Form

---
4 z. B. M. Abramowitz, I. A. Stegun, Handbook of Mathematical Functions. Dover Publ., New York 1964.

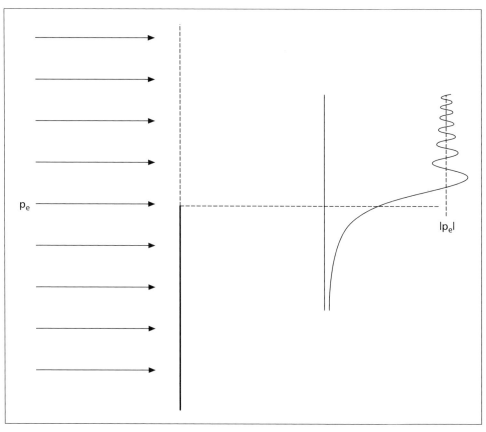

Fig. 7.9 Beugung an einer schallundurchlässigen Halbebene, Verlauf des Schalldruckbetrags an der Schattengrenze

$$\sqrt{\frac{ky^2}{\pi x}} = \sqrt{\frac{2(y/\lambda)^2}{x/\lambda}} \quad (19)$$

geschrieben werden kann. Dies zeigt einmal mehr an, dass es bei allen Längen nur auf ihr Verhältnis zur Wellenlängen ankommt. Es besagt weiterhin, dass die Ausdehnung der Beugungsfigur nicht proportional mit dem Beobachtungsabstand x anwächst; um sie zu verdoppeln, muss der Abstand vielmehr vervierfacht werden.

Das Diagramm in Fig. 7.9 erstreckt sich über den Bereich

$$-5 < y\sqrt{\frac{k}{\pi x}} < 5$$

Nehmen wir etwa eine Wellenlänge von 1 cm und einen Beobachtungsabstand von 2 m an, dann hat die Wurzel in Gl. (19) den Wert 10 und die gezeigte Beugungsfigur erstreckt sich insgesamt über 1 m.

An die vorstehende Behandlung der Beugung an der Halbebene seien zwei Bemerkungen angeschlossen:
a) Das Problem der Schallbeugung an einer Kante ist auch streng, d. h. ohne Vernachlässigungen lösbar; bezüglich des Lösungswegs sei auf die Literatur verwiesen[5].
b) Ordnet man in der Ebene x = 0 übereinander zwei undurchlässige Halbebenen an, sodass ihre Kanten parallel im Abstand 2b verlaufen, dann erhält man einen Spalt. Das an ihm entstehenden Beugungsfeld kann man durch eine einfache Abänderung der obigen Formeln berechnen. Man braucht hierzu im ersten Integral nur als Grenzen –b und +b einzusetzen. Dann erhält man statt der Gl. (17):

$$p(P) = \frac{1+j}{2} Z_0 v_e e^{-jkx} \left[E\left((y+b)\sqrt{\frac{k}{\pi x}} \right) - E\left((y-b)\sqrt{\frac{k}{\pi x}} \right) \right] \quad (20)$$

Auch hier ist natürlich vorauszusetzen, dass die Spaltbreite deutlich größer ist als die Schallwellenlänge.

7.4 Das Babinetsche Prinzip

Wäre in Fig. 7.8 nicht die untere, sondern die obere Halbebene schallundurchlässig, dann ergäbe sich dasselbe Beugungsfeld wie in Fig. 7.9 dargestellt mit dem Unterschied, dass „Licht"- und „Schatten"- Bereich ihre Lage vertauschten. Diese Aussage wird durch das sog. Babinetsche Prinzip verallgemeinert. Wir nehmen an, dass in eine undurchlässige Ebene (s. Fig. 7.10) eine Öffnung beliebiger Form geschnitten wird. Die so entstandene „Blende" nennen wir S_1; der ausgeschnittene Teil ist der zu S_1 komplementäre Schirm S_2. Dann ist der Gesamtschalldruck hinter S_1 bzw. hinter dem „Schirm" S_2:

$$p_1 = p_e + p_{b1} \quad (21a)$$

$$p_2 = p_e + p_{b2} \quad (21b)$$

Darin ist p_e wie früher der Schalldruck der einfallenden Welle, deren Geometrie übrigens beliebig ist; p_{b1} und p_{b2} sind die Schalldrucke in den von den Schirmrändern ausgehenden Beugungswellen. Nun denkt man sich beide S_1 und S_2 wieder zu der ursprünglichen Ebene vereinigt. Der Schalldruck hinter dieser Ebene setzt sich einerseits aus dem der einfallenden Welle und der beiden Beugungswellen zusammen, andererseits muss er natürlich im Ganzen verschwinden:

$$0 = p_e + p_{b1} + p_{b2}$$

Daraus folgt sofort mit den Gln. (21):

$$p_2 = p_e - p_1 \quad (22)$$

---
5 P. M. Morse and U. Ingard, Theoretical Acoustics, Ch. 8.4. McGraw-Hill, New York 1968

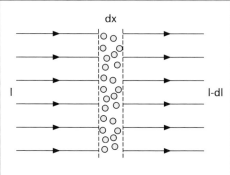

Fig. 7.11 Schwächung einer primären Schallwelle in einem „trüben" Medium

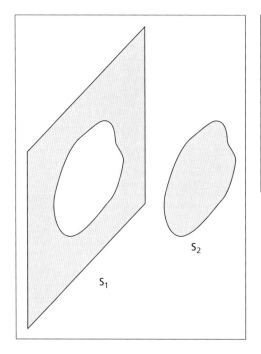

Fig. 7.10 Komplementäre Schirme

d. h. die Schallfelder hinter komplementären Schirmen stimmen bis auf das Vorzeichen und Hinzufügung des primären Schallfelds miteinander überein. Kennt man also z. B. das Beugungsfeld hinter einer kreisförmigen Scheibe, dann folgt daraus sofort das Beugungsfeld hinter einer Lochblende.

7.5 Streuung an vielen Streukörpern, Vielfachstreuung

Wir betrachten jetzt ein Medium, in das zahlreiche schallzerstreuende Hindernisse eingebettet sind. An jedem von ihnen wird ein kleiner Betrag der von der einfallenden Welle herangeführten Energie aus ihrer ursprünglichen Richtung abgelenkt, geht also der Welle verloren. Das am besten bekannte Beispiel aus dem Alltag ist der Nebel, der das Licht nicht nur schwächt, sondern auch alle Konturen mehr oder weniger verwischt. Auch weiß jeder Autofahrer, wie sehr der Nebel das von seinen Scheinwerfern erzeugte Licht zurückwirft. In der Akustik macht sich diese Erscheinung hauptsächlich bei der Materialprüfung mit Ultraschall und bei der medizinischen Ultraschalldiagnose bemerkbar, indem sie die Schallwellen zum einen schwächt (s. Unterabschnitt 4.4.3), zum anderen die von ihnen an Fehlern, Gewebegrenzen usw. erzeugten Echos mit einem i. Allg. störenden Rausch-Untergrund versieht. Entsprechendes gilt für die Wasserschalltechnik, wo die rückgestreute Energie als „Nachhall" in Erscheinung tritt.

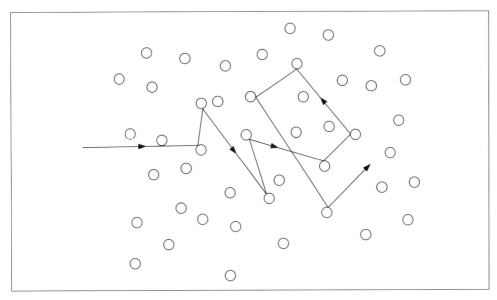

Fig. 7.12 Vielfachstreuung in einem stark streuenden Medium

Das hier betrachtete Medium soll N Streukörper pro Volumeneinheit in unregelmäßiger Anordnung enthalten. Der Einfachhalt halber denken wir an kleine schallharte Kugeln mit ka << 1 (a = Kugelradius). In Fig. 7.11 ist eine dünne Schicht dieses Mediums dargestellt. Es enthält nach dem Gesagten Ndx Streukörper pro Querschnittseinheit. Von links falle eine Schallwelle der Intensität I_e auf diese Schicht ein. Da jeder Streukörper nach Gl. (3) sekundlich die Energie $Q_s I_e$ aus dieser Schallwelle herausstreut, hat sich die Intensität der Welle beim Verlassen der Schicht um

$$dI = -NQ_s I dx$$

verringert. Die Streuung bewirkt also – ähnlich wie Verluste des Mediums (s Gl. 4.19) – eine exponentielle Intensitätsabnahme mit der Entfernung:

$$I(x) = I_0 e^{-NQ_s x} \qquad (23)$$

Bei unterschiedlich großen Streukörpern kann man Q_s durch einen geeigneten Mittelwert ersetzen.

Was geschieht nun mit der gestreuten Schallenergie? Ein Teil davon wird in Richtung des Schallsenders rückgestreut. Andere Anteile können erneut von einem der Streuzentren abgelenkt werden, und dieser Prozess kann sich sogar beliebig oft wiederholen. Man spricht dann von Vielfachstreuung. Das gesamte Schallfeld besteht jetzt aus der Überlagerung all dieser Schallanteile. Vernachlässigt man alle Interferenzen zwischen diesen Anteilen, dann kann man sich das Schallfeld auch als eine Gesamtheit von „Schallteilchen" vorstellen, die sich jeweils mit konstanter Geschwindigkeit c und geradlinig ausbreiten.

Erst wenn sie auf einen Streukörper treffen, werden sie in eine neue Laufrichtung umgelenkt. Dieser Vorgang ist in Fig. 7.12 dargestellt. Es handelt sich also um einen der Diffusion ähnlichen Prozess: Bringt man in eine mit schwarzem Kaffee gefüllte Tasse vorsichtig ein Tröpfchen Milch, dann bleibt dieses zunächst einigermaßen lokalisiert. Allmählich verbreitet sich der Tropfen aber, er wird zugleich diffuser, und wenn man genügend lange wartet, haben sich Kaffee und Milch auch ohne Umrühren gleichmäßig miteinander vermischt. Ähnlich verhält sich Schall in einem stark streuenden Medium.

Wir wenden uns nun einer anderen Erscheinungsform der Schallstreuung an vielen Streuzentren zu, die in der Einleitung dieses Kapitels schon angesprochen wurde: der Streuung an Unregelmäßigkeiten einer sonst ebenen Wand. Betrachten wir die Fig. 7.13, die eine Wand mit sägezahnförmigen Vorsprüngen darstellt. Wie eine Schallwelle von ihr zurückgeworfen wird, hängt entscheidend vom Verhältnis der Schallwellenlänge zur Größe der einzelnen Strukturelemente ab. Sind die ebenen Teilflächen sehr groß im Vergleich zur Wellenlänge (rechtes Teilbild), dann wirkt jedes Element als Spiegel, der die auftreffende Welle geometrisch, d. h. nach der Regel Reflexionswinkel = Einfallswinkel zurückwirft. Sind die Wandelemente dagegen sehr klein gegenüber der Wellenlänge (linkes Teilbild), dann nimmt der Schall die Unebenheiten sozusagen gar nicht wahr und reflektiert die Welle wie eine völlig glatte Fläche. Im dazwischenliegenden Wellenlängenbereich geht dagegen von jedem Wandelement eine Beugungswelle aus, die den Schall mehr oder weniger über den ganzen Richtungsbereich zerstreut. Man spricht dann von „diffuser Wandreflexion" im Gegensatz zur „geometrischen Reflexion" an einer glatten Wandfläche.

Bei sehr stark streuenden Wänden ersetzt man vielfach die Richtungsverteilung der gestreuten Energie durch eine Modellverteilung, das Lambertsche Kosinusgesetz. Sei B die sog. Bestrahlungsstärke, d. i. die Energie, die sekundlich auf 1 m² der Wand einfällt, dS ein Flächenelement der Wand und α ihr Absorptionsgrad, dann ist die Intensität des gestreuten Schalls im Abstand r von diesem Wandelement

$$I(r,\theta) = B(1-\alpha)\frac{\cos\theta}{r^2}dS \qquad (24)$$

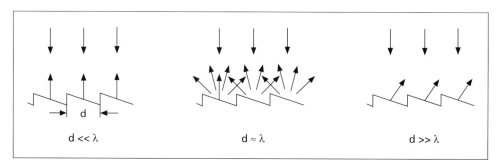

Fig. 7.13 Schallstreuung an einer strukturierten Wand für drei verschiedene Frequenzbereiche

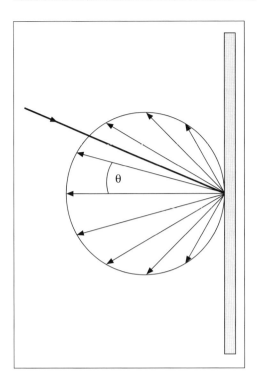

Fig. 7.14 Richtungsverteilung des gestreuten Schalls nach dem Lambertschen Gesetz

wobei θ der Winkel zwischen der Wandnormalen und der Streurichtung ist (s. Fig. 7.14). In praktisch vorkommenden Fällen werden völlig diffuse Reflexionen so gut wie nie vorkommen, bei realen Wänden wird immer eine Mischung aus geometrischer und diffuser Reflexion vorliegen. Das Lambertsche Gesetz stellt daher eine Modellverteilung dar.

8 Akustische Leitungen

Schon im Abschnitt 4.1 wurde festgestellt, dass das Wellenfeld einer ebenen Schallwelle in einem Fluid nicht durch schallharte Flächen gestört wird, die parallel zur Richtung der Schallausbreitung in das Schallfeld gebracht werden. Der Grund für diese Unempfindlichkeit ist der longitudinale Charakter der Schallwellen, also die Tatsache, dass die Mediumteilchen in der Ausbreitungsrichtung schwingen. Diese Feststellung gilt auch dann, wenn eine solche Fläche zu einem Rohr zusammengebogen wird. Demnach können sich Schallwellen ohne weiteres in schallharten Rohren fortpflanzen. Solche „akustische Leitungen" brauchen nicht einmal gerade zu sein; sofern ihr Krümmungsradius groß ist im Vergleich zur Schallwellenlänge, folgt die Welle dem Verlauf des Rohres.

Ideal schallharte Rohrwände sind natürlich nicht realisierbar. Für die Praxis genügt es aber, wenn die Rohrwand hinreichend dick und schwer ist und wenn der Wellenwiderstand des Wandmaterials möglichst groß im Vergleich zu dem des Mediums ist. Dies lässt sich bei gasförmigen Wellenmedien leicht, bei Flüssigkeiten aber nur mit Einschränkungen erreichen. Außerdem muss ihre Innenfläche möglichst glatt und frei von Poren sein. Schallwellen in Luft lassen sich besonders gut in metallenen Rohren fortleiten, aber auch Stoffe wie Holz oder Kunststoffe kommen in Betracht. Bei dem seit langem benutzten Stethoskop, das geradezu zum Erkennungszeichen des Arztes geworden ist, wird der Schall oft mit Gummi- oder Kunststoffschläuchen vom Aufnehmer zum Ohr weitergeleitet.

Der Begriff der akustischen Leitungen ist nicht auf gas- oder flüssigkeitsgefüllte Rohre beschränkt, sondern umfasst z. B. auch Stäbe oder Platten, auf denen sich elastische Wellen ausbreiten (Kapitel 10).

8.1 Rohrdämpfung

Allerdings trifft es nicht zu, dass eine Schallwelle in einem gasgefüllten Rohr von dessen Wand völlig unbeeinflusst bleibt. Auch wenn die Rohrwand ideal schallhart ist, verursacht sie eine Dämpfung der Schallwellen, die über die im Abschnitt 4.4.1 beschriebene Dämpfung freier Schallwellen hinausgeht. Wie die „klassische Dämpfung" in Gasen und Flüssigkeiten, wird auch die zusätzliche Rohrdämpfung durch die Zähigkeit (Viskosität) des Wellenmediums und durch seine Wärmeleitfähigkeit verursacht.

Es liegt auf der Hand, dass unmittelbar an der Rohrwand liegende Gasteilchen den Schallschwingungen nicht folgen können, sondern in Ruhe bleiben. Der Übergang von der im Rohrinnern herrschenden Schallschnelle zu dem Randwert $v_x = 0$ vollzieht sich innerhalb einer dünnen Grenzschicht (s. Fig. 8.1). In ihr werden die Volumenelemente geschert,

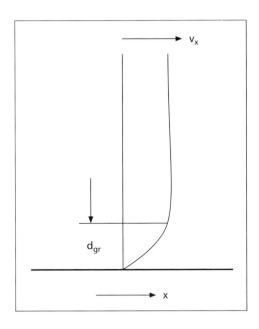

Fig. 8.1 Querverteilung der Schallschnelle in der Nähe einer Rohrwand (d_{gr} Grenzschichtdicke)

was erhöhte innere Reibungsverluste zur Folge hat, die von der im Rohr fließenden Schallenergie aufgebracht werden müssen. Ähnlich liegen die Verhältnisse hinsichtlich der mit der Schallwelle verbundenen Temperaturschwankungen, die durch die Gl. (4.23) gegeben sind. Sie müssen an der Wand verschwinden, da diese auf Grund ihrer Wärmeträgheit ihre Ausgangstemperatur beibehält. Auch hier bildet sich somit eine Grenzschicht aus, in welcher der Übergang von der im Inneren herrschenden, lokalen Schalltemperatur des Gases auf die konstante Wandtemperatur stattfindet. Wegen des starken Temperaturgefälles in dieser Schicht tritt hier ein Ausgleich durch Wärmeleitung auf, die ebenfalls der Schallwelle Energie entzieht.

Definiert man die Dicke der Zähigkeitsgrenzschicht als den Abstand von der Rohrwand, in dem die Störung der Schallwelle durch die Wand auf das 1/e-fache abgeklungen dann ist:

$$d_{vis} = \sqrt{\frac{2\eta}{\rho_0\omega}} \quad (1)$$

während die entsprechend definierte Dicke der thermischen Grenzschicht durch

$$d_{th} = \sqrt{\frac{2\nu}{\rho_0\omega C_p}} \quad (2)$$

gegeben ist[1]. Wie im Abschnitt 4.4.1 ist η die Viskosität und ν die Wärmeleitfähigkeit des Gases; C_p ist seine auf die Masseneinheit bezogene spezifische Wärme bei konstantem

---

[1] L. Cremer und H. A. Müller, Die wissenschaftlichen Grundlagen der Raumakustik, Band II, 6. Kapitel. S. Hirzel Verlag, Stuttgart 1976

Druck. Für Luft unter Normalbedingungen ergibt sich durch Einsetzen der Konstanten $\eta = 1{,}8 \cdot 10^{-5}$ Ns/m², $\nu/C_p = 1{,}35\ \eta$ und $\rho = 1{,}29$ kg/m³:

$$d_{vis}/mm = 2{,}1 \cdot \frac{1}{\sqrt{f/Hz}} \quad \text{und} \quad d_{th}/mm = 2{,}4 \cdot \frac{1}{\sqrt{f/Hz}} \qquad (3)$$

Diese beiden Werte unterscheiden sich nicht sehr voneinander, was wegen der Verwandtschaft beider Prozesse verständlich ist: Die Zähigkeit beruht auf der Impulsübertragung, die Wärmeleitung auf der Energieübertragung durch zusammenstoßende Gasmoleküle.

Da diese Grenzschichten sehr dünn sind, nehmen sie nur bei sehr dünnen Rohren einen merklichen Teil des Rohrvolumens ein. Im Allgemeinen kann man dagegen diese Grenzschichten als eine Haut auffassen, welche die Wandinnenfläche bedeckt.

Was die etwas umständliche Ableitung der Formeln für die Rohrdämpfung betrifft, so sei der Leser auf das auf S. 133 zitierte Buch von L. Cremer verwiesen. Die sich daraus ergebenden Anteile an der Dämpfungskonstanten sind:

$$m_v = \frac{U}{2cS} \cdot \sqrt{\frac{\eta\omega}{2\rho_0}} \qquad (4)$$

und

$$m_t = \frac{U}{2cS}(\kappa - 1) \cdot \sqrt{\frac{\nu\omega}{2C_p\rho_0}} \qquad (5)$$

Für Luft unter Normalbedingungen lassen sich beide Ausdrücke mit den oben aufgeführten Stoffkonstanten in der Formel

$$D = 0{,}4 \cdot \frac{U/cm}{S/cm^2}\sqrt{f/kHz}\ \ \frac{dB}{m} \qquad (6)$$

zusammenfassen. Ein Rohr von 5 cm Durchmesser verursacht demnach bei der Frequenz 10 kHz eine Zusatzdämpfung von etwa einem Dezibel pro Meter. Gemessene Dämpfungen liegen allerdings noch etwas höher.

8.2 Die Leitungsgleichungen

Obwohl die oben beschriebene Zusatzdämpfung je nach den Umständen merkliche oder gar beträchtliche Werte annehmen kann, soll sie wie alle anderen Verluste in diesem wie in den nächsten Abschnitten vernachlässigt werden, um die Darstellung nicht übermäßig zu komplizieren. Außerdem wollen wir voraussetzen, dass die bisher betrachtete ebene Welle die einzige Wellenart ist, die sich in dem Rohr ausbreiten kann. Im Abschnitt 8.5 wird geklärt, unter welchen Umständen diese Voraussetzung gerechtfertigt ist.

Wir betrachten in einem Rohr von konstanter Querschnittsfläche S zwei Querschnitte im Abstand x voneinander (s. Fig. 8.2). Über die Gesamtlänge des Rohres, seine Verbindung mit anderen Rohren usw. setzen wir ebenso wenig voraus wie über die Art der

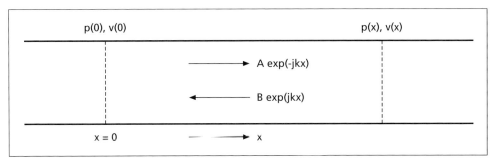

Fig. 8.2 Zur Ableitung der Leitungsgleichungen

Schallentstehung. Daher müssen wir davon ausgehen, dass sich in dem betrachtete Rohrabschnitt je eine Welle in positiver wie in negativer x-Richtung ausbreitet. Der Schalldruck stellt sich also, unter Weglassung des beiden gemeinsamen Zeitfaktors exp(jωt), dar als:

$$p(x) = Ae^{-jkx} + Be^{jkx} \quad (7a)$$

wobei A und B vorerst willkürliche Konstanten sind. Die Schallschnelle $v = v_x$ ist mit dem Druck über den Faktor $\pm 1/Z_0$ verknüpft, wobei das obere Vorzeichen für den ersten, das untere für den zweiten Anteil gilt. Damit ist:

$$Z_0 v(x) = Ae^{-jkx} - Be^{jkx} \quad 7b)$$

Wegen $\exp(\pm jkx) = \cos(kx) \pm j \sin(kx)$ kann man in den obigen Formeln die Exponentialfunktionen durch trigonometrische Funktionen ausdrücken:

$$p(x) = (A + B)\cos(kx) - j(A - B)\sin(kx) \quad (8a)$$

$$Z_0 v(x) = (A - B)\cos(kx) - j(A + B)\sin(kx) \quad (8b)$$

Schließlich ist leicht zu sehen, dass $p(0) = A + B$ und $Z_0 v(0) = A - B$ ist, womit man zu der endgültigen Darstellung

$$p(x) = p(0)\cos(kx) - jZ_0 v(0)\sin(kx) \quad (9a)$$

$$Z_0 v(x) = -jp(0)\sin(kx) + Z_0 v(0)\cos(kx) \quad (9b)$$

gelangt. Diese Gleichungen heißen „Leitungsgleichungen"; sie verknüpfen den Schalldruck und die Schallschnelle an einer beliebigen Stelle x mit den an einer anderen Stelle (x = 0) vorliegenden Größen. Sie sind von großem Nutzen für die Diskussion der Schallausbreitung in akustischen Leitungen aller Art. Es sei bemerkt, dass die Grundgleichungen für elektrische Leitungen genau von derselben Form sind, man hat lediglich den Schalldruck durch die elektrische Spannung und die Schnelle durch die Stromstärke zu ersetzen.

Da in den Gleichungen (9) sowie in allen anderen Gleichungen dieses Abschnitts der Rohrquerschnitt überhaupt nicht auftritt, gelten sie auch für den unbegrenzten Raum.

Nun denken wir uns die Rohrleitung an der Stelle x = 0 aufgeschnitten und mit einer Fläche abgeschlossen, welche die Impedanz Z(0) = p(0)/v(0) hat. Die Stelle x befinde sich vor diesem Abschluss im Abstand l, d. h. x = -l. Die Impedanz Z(l) = p(l)/v(l) erhält man, indem man die Gl. (10a) durch die Gl. (10b) dividiert:

$$\frac{Z(l)}{Z_0} = \frac{Z(0) + jZ_0 \tan(kl)}{jZ(0)\tan(kl) + Z_0} \tag{10}$$

Diese Gleichung besagt, dass ein Rohrstück eine gegebene Impedanz i. Allg. in eine andere transformiert. Aus ihr lassen sich einige interessante Sonderfälle ableiten:

1.) Ist l gleich einer viertel Schallwellenlänge, d. h. ist kl = π/2, dann wächst die Tangensfunktion über alle Grenzen und es wird

$$Z(l) = \frac{Z_0^2}{Z(0)} \tag{11}$$

d. h. ein Rohr der Länge λ/4 transformiert eine gegebene Impedanz Z(0) in ihren reziproken Wert, abgesehen vom Quadrat des Wellenwiderstands Z_0.

2.) Wird das Rohr bei x = 0 mit einem schallharten Deckel abgeschlossen, d. h. ist Z(0) unendlich groß, dann wird $Z(l) = -jZ_0 \cot(kl)$. Dieser Ausdruck stimmt – bis auf die Bezeichnung – mit der Gl. (6.28) überein, was nach dem oben gesagten nicht verwunderlich ist. Auch hier ergibt sich für kl << 1 wie in Gl. (6.28a):

$$Z(l) \approx \frac{Z_0}{jkl} = \frac{\rho_0 c^2}{j\omega l}, \tag{12}$$

ein kurzes, schallhart abgeschlossenes Rohrstück wirkt also wie eine Feder.

3.) Um die Eingangsimpedanz einer Schicht oder Platte der Dicke l zu erhalten, die durch den Wellenwiderstand Z_0' und die Kreiswellenzahl k' gekennzeichnet ist und beidseitig in ein Medium mit dem Wellenwiderstand Z_0 eingebettet ist, muss man in Gl. (10) Z_0 durch Z_0', Z(0) durch Z_0 und k durch k' ersetzen. Damit wird:

$$Z = Z_0' \frac{Z_0 + jZ_0' \tan(k'l)}{jZ_0 \tan(k'l) + Z_0'} \tag{13}$$

8.3 Leitungen mit unstetigen Querschnittsänderungen

Nunmehr lassen wir die Voraussetzung konstanten Rohrquerschnitts fallen und nehmen an, dass sich an der Stelle x = 0 die Querschnittsfläche sprunghaft von S_1 auf S_2 ändert, wobei wir vorerst offenlassen, ob es sich dabei um eine Erweiterung oder um eine Verengung handelt (s. Fig. 8.3a). Es wird sich herausstellen, dass eine von links ankommende fortschreitende Welle in jedem Fall an der Unstetigkeit teilweise reflektiert wird und dass die in das rechte Teilstück eindringende Welle eine veränderte Amplitude hat.

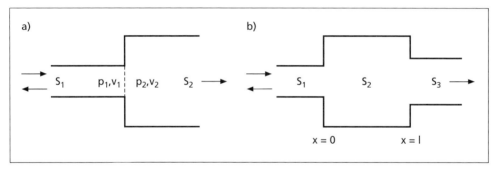

Fig. 8.3 Sprunghafte Änderungen des Rohrquerschnitts.
a) einfacher Querschnittssprung,
b) doppelter Querschnittssprung

Zunächst muss auf beiden Seiten der Sprungstelle der gleiche Druck herrschen, es muss also $p_1 = p_2$ sein. Nun setzt sich der Schalldruck p_1 aus den Schalldrücken der einfallenden und der reflektierten Welle zusammen, was unter Verwendung des im Abschnitt 6.3 eingeführten Reflexionsfaktors zu $p_1 = p_e(1+R)$ führt. Ebenso drücken wir die relative Amplitude der durchgelassenen Welle durch den Transmissionsfaktor aus: $p_2 = Tp_e$. Die Gleichsetzung der Drucke ergibt somit:

$$1 + R = T \tag{14a}$$

Des weiteren gilt für die der Schallwelle entsprechende Wechselströmung das Kontinuitätsprinzip, d. h. das von der links an den Querschnittssprung herangeführte Medium muss von der rechten Seite vollständig aufgenommen werden, es ist also $v_1 S_1 = v_2 S_2$ oder

$$S_1(1-R)\frac{p_e}{Z_0} = S_1 T \frac{p_e}{Z_0} \tag{14b}$$

Aus beiden Gleichungen folgt für den Reflexionsfaktor

$$R = \frac{S_1 - S_2}{S_1 + S_2} \tag{15}$$

und für den Transmissionsfaktor

$$T = \frac{2S_1}{S_1 + S_2} \tag{16}$$

Beide Faktoren sind hier reell. Handelt es sich um eine Rohrerweiterung ($S_2 > S_1$), dann wird R negativ und die Welle wird bezüglich des Schalldrucks unter Phasenumkehr reflektiert. Im umgekehrten Fall ist R positiv und der Transmissionsfaktor wird größer als 1. Dies ist – wie im Abschnitt 6.3 – durchaus im Einklang mit dem Energieprinzip, da die durch die Sprungstelle sekundlich hindurchtretende Schallenergie in jedem Fall um den Faktor $T^2 S_2/S_1$ kleiner ist als die von der einfallenden Welle herangeführte Energie.

Schließlich besteht zwischen den Impedanzen $Z^- = p_1/v_1$ und $Z^+ = p_2/v_2$ zu beiden Seiten der Sprungstelle die Beziehung

$$\frac{Z^-}{S_1} = \frac{Z^+}{S_2} \qquad (17)$$

Ein Querschnittssprung in einer Rohrleitung transformiert also auch die Impedanz.

Strenge Gültigkeit dürfen die obigen Gleichungen allerdings nicht beanspruchen. Denn für $S_2 \to \infty$, d. h. wenn das Rohr ins Freie mündet, müsste nach Gl. (16) T = 0 werden; die einfallende Welle würde vollständig reflektiert. Die Alltagserfahrung lehrt dagegen, dass dem keineswegs so ist, sonst dürfte z. B. das Auspuffrohr eines Kraftfahrzeugs keinen Motorenlärm abstrahlen. Tatsächlich lässt die obige Ableitung die in Unterabschnitt 7.3.3 besprochene Mündungskorrektur außer acht (s. a. Fig. 7.6b). Auch ist eine in den freien Raum mündende Rohröffnung – als Schallquelle aufgefasst – mit einem Strahlungswiderstand und einer mitschwingenden Mediummasse belastet. Daher kann eine solche Rohröffnung allenfalls näherungsweise als schallweicher Abschluss angesehen werden.

Wir gehen nun über zu einer Rohrleitung mit zwei aufeinander folgenden Querschnittssprüngen: Die Querschnittsfläche springt, wie in Fig. 8.3b gezeigt, bei x = 0 von S_1 auf S_2 und bei x = l von S_2 auf S_3. Dies ist nicht einfach „noch mehr vom Gleichen", man darf z. B. nicht erwarten, dass der Reflexionsfaktor der gesamten Anordnung etwa das Produkt der Reflexionsfaktoren beider Querschnittsänderungen ist. Vielmehr interferieren die an beiden Stellen reflektierten Wellenanteile miteinander, sodass es entscheidend auf den Abstand beider Reflexionsstellen ankommt.

Die Primärwelle soll wieder von links auf die beiden Sprungstellen einfallen. Wir nehmen weiterhin an, dass sich im rechten, als unendlich lang angenommenen Rohr nur die letztlich durchgelassene, fortschreitende Welle befindet. Daher ist hier das Verhältnis von Druck zu Schnelle gleich dem Wellenwiderstand Z_0. Er wird nach Gl. (17) von dem rechten Querschnittssprung in den Wert $Z_0 \cdot (S_2/S_3)$ transformiert. Dieser Wert ist statt Z(0) in die Gl. (10) einzusetzen, welche die Impedanztransformation durch das Mittelstück der Länge l angibt. Das Ergebnis ist noch mit dem Faktor S_1/S_2 zu multiplizieren, um auch die Transformation durch die linke Sprungstelle zu berücksichtigen. Damit findet man für die Eingangsimpedanz in der Ebene unmittelbar vor dem linken Sprung:

$$\frac{Z}{Z_0} = \frac{S_1}{S_2} \cdot \frac{S_2 + jS_3 \tan(kl)}{jS_2 \tan(kl) + S_3} \qquad (18)$$

Im Folgenden nehmen wir an, dass der Rohrquerschnitt bei x = l wieder auf seinen anfänglichen Wert zurückspringt und setzen demgemäß $S_3 = S_1$. Außerdem sei l klein verglichen mit der Wellenlänge oder kl ≪ 1. Das berechtigt uns, die Tangensfunktion durch ihr Argument anzunähern:

$$\frac{Z}{Z_0} \approx \frac{S_1}{S_2} \cdot \frac{S_2 + jklS_1}{jklS_2 + S_1} \qquad (19)$$

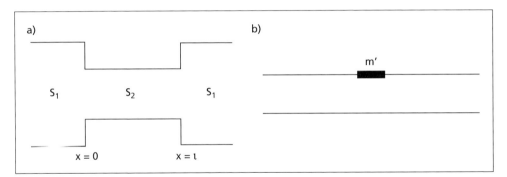

Fig. 8.4 Rohrverengung.
a) Anordnung,
b) elektrisches Ersatzschaltbild

Es werden nun folgende Spezialfälle betrachtet:

8.3.1 Rohrverengung ($S_2 < S_1$), Lochplatte

Ist $S_2 < S_1$ (s. Fig. 8.4), dann kann man im Nenner der Gl. (19) $jklS_2$ gegenüber S_1 vernachlässigen mit dem Ergebnis:

$$Z \approx Z_0 + j\omega\rho_0 l \frac{S_1}{S_2} \qquad (20)$$

Die Rohrverengung wirkt also wie eine Flächenmasse

$$m' = \frac{S_1}{S_2}\rho_0 l \; , \qquad (21)$$

deren Trägheit vom Schalldruck der einfallenden Welle zusätzlich überwunden werden muss. Das elektrische Ersatzschaltbild dieser Anordnung wäre eine elektrische Leitung mit einer Längsinduktivität m', wobei die Schallschnelle mit der elektrischen Stromstärke, der Schalldruck mit der elektrischen Spannung identifiziert wird (s. Abschnitt 2.7).

Lässt man in Gl. (20) das verengte Rohrstück immer kürzer werden, dann gelangt man im Grenzfall zu einer verschwindend dünnen Blende, die in das Rohr eingesetzt ist. Nach der obigen Gleichung hätte sie keinerlei Wirkung auf die Schallausbreitung, was physikalisch unsinnig ist. Die Schwierigkeit wird dadurch gelöst, dass man für l nicht die geometrische Länge einsetzt, sondern die „effektive Länge" $l_{eff} = l + 2\Delta l$, wobei Δl die in Unterabschnitt 7.3.3 eingeführte Mündungskorrektur ist.

Wir stellen uns nun vor, dass die weiten Rohrteile mit der Querschnittsfläche S_1 rechteckig sind, und dass unendlich viele Rohre nach Fig. 8.5 nebeneinander und übereinander gestapelt werden. Da keine wandnormalen Schnellekomponenten auftreten, kann man die weiten Rohrwände ganz weglassen; was übrigbleibt, ist eine gleichmäßig perforierte Lochplatte mit dem Perforationsgrad $\sigma = S_2/S_1$. Ihr ist eine Flächenmasse nach Gl. (21) mit l_{eff} statt l zuzuordnen. Der Faktor vor $\rho_0 l$ ist anschaulich dadurch zu erklären, dass

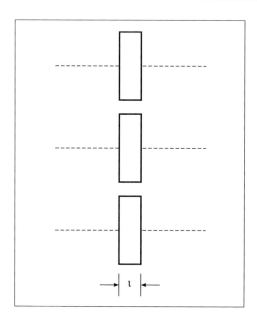

Fig. 8.5 Lochplatte

die Luft die Engstelle aus Gründen der Massenerhaltung um den Faktor $1/\sigma$ schneller durchströmen muss, wodurch sich Trägheit des Luftpfropfens in der Verengung entsprechend stärker bemerkbar macht. Der Reflexionsfaktor und der Absorptionsgrad der Lochplatte kann mit den Gln. (6.47) und (6.48) berechnet werden. Nach der letzteren hat ein zu 20% mit kreisrunden Löchern von 3 mm Durchmesser perforiertes, 1 mm dickes Lochblech bis zu einer Frequenz von etwa 1,7 kHz einen Absorptionsgrad von über 0,9, lässt also über 90% der einfallenden Schallenergie passieren. Aus diesem Grund werden perforierte Platten in großem Umfang als schalldurchlässige Abdeckungen z. B. von schallschluckenden Wandverkleidungen oder von Lautsprechermembranen verwendet.

8.3.2 Rohrerweiterung ($S_2 > S_1$)

Wenn $S_2 > S_1$ ist (s. Fig. 8.6), wird das zweite Glied im Zähler der Gl. (19) verschwindend klein im Vergleich zum ersten und man erhält für den Kehrwert der Impedanz, d. h. für die Admittanz der Anordnung:

$$\frac{1}{Z} = \frac{1}{Z_0} + j\omega n \quad \text{mit} \quad n = \frac{lS_2}{\rho_0 c^2 S_1} \tag{22}$$

Das zweite Glied auf der rechten Seite dieser Gleichung stellt die Admittanz eines Federelements dar, die dem vom Schalldruck der einfallenden Welle beanspruchten Medium gewissermaßen eine Ausweichmöglichkeit bietet. Da sich hier zwei Admittanzen zu einer Gesamtadmittanz addieren, entspricht diese Anordnung einer elektrischen Leitung mit einer Querkapazität n, wobei wieder die gleiche Zuordnung von elektrischen und akustischen Größen wie oben gilt.

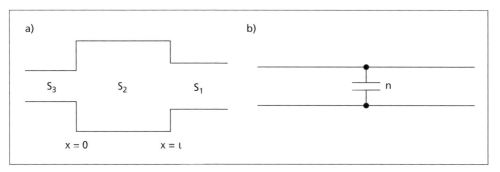

Fig. 8.6 Rohrerweiterung.
a) Anordnung,
b) elektrisches Ersatzschaltbild

8.3.3 Resonator

Wir haben in den vorstehenden Unterabschnitten zwei akustische „Schaltelemente" kennen gelernt, nämlich eine Masse und ein Federelement, die man natürlich auch miteinander kombinieren kann. So zeigt Fig. 8.7 eine Rohrverengung auf den Querschnitt S_2, an die sich ein schallhart abgeschlossener Rohrabschnitt mit dem ursprünglichen Querschnitt S_1 der Länge l' anschließt. Nach Gl. (12) ist dessen Eingangsimpedanz $\rho_0 c^2 / j\omega l'$. Addiert man zu ihr die Impedanz der vorgelagerten Einschnürung, dann wird die Eingangsimpedanz der ganzen Anordnung:

$$Z = j\rho_0 S_1 \left(\frac{\omega l}{S_2} - \frac{c^2}{\omega S_1 l'} \right) \qquad (23)$$

Sie stellt also einen Resonator dar, bei dessen Resonanzfrequenz

$$\omega_0 = c \sqrt{\frac{S_2}{l l' S_1}} \qquad (24)$$

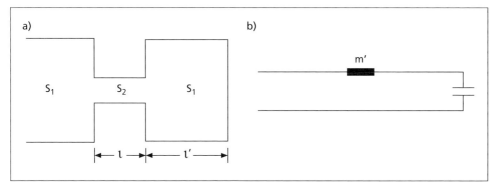

Fig. 8.7 Resonator aus Leitungsabschnitten.
a) Anordnung,
b) elektrisches Ersatzschaltbild

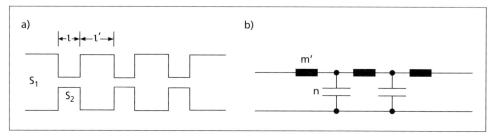

Fig. 8.8 Akustisches Tiefpassfilter.
a) Anordnung,
b) elektrisches Ersatzschaltbild

die Wandimpedanz Z verschwindet; die Schnelle würde demnach auch bei endlichen Schalldrucken unendlich groß. In Wirklichkeit sorgen die Verluste dafür, insbesondere die Reibungsverluste in der Rohrverengung, dass die Schnelle endlich bleibt, aber doch i. Allg. wesentlich höhere Werte als in der freien Schallwelle annimmt.

An diesen Sachverhalt seien zwei Bemerkungen angeknüpft: Zum einen kann man – bei rechteckigem Rohrquerschnitt S_1 – auch hier unendlich viele dieser Anordnungen übereinander und nebeneinander stapeln, sodass nach Weglassen der Rohrwände eine Lochplatte im Abstand l' vor einer schallharten Wand entsteht (s. a. Fig. 8.5). Das zeigt, dass der in Unterabschnitt 6.6.4 besprochene Resonanzabsorber auch mit einer starren Lochplatte statt mit einer schwingungsfähigen, aber ungelochten Platte realisiert werden kann, wovon häufig Gebrauch gemacht wird.

Des weiteren hängt die Federnachgiebigkeit des an den verengten Teil angeschlossenen Hohlraums nur von dessen Volumen $V = l'S_1$, nicht aber von seiner Gestalt ab. Man ersieht daraus, dass jedes in ein annähernd schallhartes Gefäß mit einem eingeengten Hals ein akustischer Resonator ist. Solche Resonatoren sind schon von altersher bekannt; heute werden sie meist als Hohlraum- oder Helmholtzresonatoren bezeichnet. Allerdings gehen das Feder- und das Massenelement oft ineinander über, wie etwa bei einer Bierflasche. Dennoch kann man sich auch hier von den Resonanzeigenschaften des Gefäßes leicht überzeugen, indem man die Öffnung von der Seite her anbläst. Der an der Kante entstehende Schneidenton wird von der Resonanz der Flasche synchronisiert, sodass ein klarer Ton entsteht. – Schließlich kann der Hals eines Hohlraumresonators zu einem Loch in der Gefäßwand entartet sein; die Masse wird dann durch die auch hier vorhandene Mündungskorrektur gebildet.

8.3.4 Akustisches Tiefpassfilter

Lässt man abwechselnd Rohrverengungen und -erweiterungen aufeinander folgen, dann entsteht ein akustisches Tiefpassfilter, in Analogie zu dem aus Längsinduktivitäten und Querkapazitäten elektrischen Tiefpassfilter (s. Fig. 8.8). Es überträgt Schall mit

Frequenzen unterhalb seiner Grenzfrequenz, darüber dämpft es die Schallwelle in zunehmendem Maß. Die Grenzfrequenz ist

$$\omega_g = 2c\sqrt{\frac{S_2}{l l' S_1}} \quad , \tag{25}$$

und die Dämpfung pro Filterglied beträgt

$$D' = 8{,}69 \cdot \operatorname{ar cosh}\left(\frac{\omega}{\omega_g}\right) \tag{26}$$

8.4 Akustische Leitungen mit stetigen Querschnittsänderungen (Trichter)

Wir gehen nun über zu Rohrleitungen, deren Querschnittsfläche sich nach Maßgabe einer Funktion $S = S(x)$ stetig verändert.

Die Fig. 8.9 zeigt einen Ausschnitt aus einer solchen Leitung. Wie in Abschnitt 3.2 stellen wir für ein Längenelement dx die Kraft- und die Massenbilanz auf. Die erstere lautet:

$$(Sp_g)_x - (Sp_g)_{x+dx} + [S(x+dx) - S(x)]p(x) = \rho_0 \frac{\partial v_x}{\partial t} S\, dx \tag{27}$$

Die beiden ersten Glieder stellen die auf den linken bzw. den rechten Querschnitt von außen wirkenden Kräfte dar. Der dritte Term ist die Reaktionskraft, welche die in der eckigen Klammer stehende Differenzfläche, letztlich also die Rohrwand, auf die im Volumenelement befindliche Masse ausübt. Auf der rechten Seite steht die Trägheitskraft, welche die links stehenden Kräfte überwinden müssen. Die üblichen Vereinfachungen wurden hier bereits vorgenommen. Nun drücken wir die Differenzen auf der linken Seite durch Differentialquotienten aus. Dann wird aus der obigen Gleichung nach Herauskürzen von dx:

$$-\frac{\partial(Sp)}{\partial x} + p\frac{dS}{dx} = \rho_0 S \frac{\partial v_x}{\partial t}$$

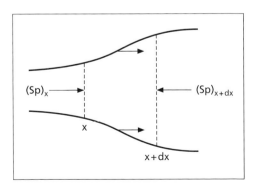

Fig. 8.9 Zur Ableitung der Trichtergleichung

oder

$$-S\frac{\partial p}{\partial x} = \rho_0 \frac{\partial(Sv_x)}{\partial t} \quad (28)$$

was bis auf den beiden Seiten gemeinsamen Faktor S mit der Gl. (3.15) übereinstimmt. Der Druckgradient hängt also nicht vom Rohrquerschnitt ab. Zu einem anderen Ergebnis führt die Aufstellung der Massenbilanz:

$$(\rho_g v_x S)_{x+dx} - (\rho_g v_x S)_x = -Sdx\frac{\partial \rho}{\partial t},$$

oder nach entsprechenden Vereinfachungen und mit $\rho = p/c^2$:

$$\rho_0 \frac{\partial(Sv_x)}{\partial x} = -\frac{S}{c^2}\frac{\partial p}{\partial t} \quad (29)$$

Indem man die Gl. (28) nach x, die Gl. (29) nach t differenziert, kann man Sv_x eliminieren. Das Ergebnis kann man in der Form

$$\frac{\partial^2 p}{\partial x^2} + \frac{d(\ln S)}{dx}\frac{\partial p}{\partial x} = \frac{1}{c^2}\frac{\partial^2 p}{\partial t^2} \quad (30)$$

schreiben. Diese Gleichung ist als Trichtergleichung oder als Webstersche Differentialgleichung bekannt. Wie schon ihr Name sagt, erlaubt sie die quantitative Behandlung aller möglichen Formen von Trichtern, wie sie schon seit altersher als „Schallverstärker" benutzt werden, etwa in Form des Sprachrohrs, beim Edisonschen Phonographen und seinen Nachfolgern sowie bei vielen Musikinstrumenten. Auch in der Lautsprechertechnik spielen Trichter eine wichtige Rolle, wo sie meistens, in Anlehnung an den englischen Sprachgebrauch – als „Hörner" bezeichnet werden. Natürlich bewirkt ein Trichter keine Verstärkung im modernen Sinn des Wortes, sondern eine verbesserte Anpassung an das äußere Schallfeld. Dies gilt auch in umgekehrter Richtung: Eine auf das weite Ende eines Trichters fallende Schallwelle ruft am engen Ende einen wesentlich höheren Schalldruck hervor, worauf seine in vorelektronischen Zeiten beliebte Verwendung als Hörhilfe beruht.

Die Ableitung der Gl. (30) geht davon aus, dass die Wellen im Trichter wenigstens näherungsweise eben sind. Das trifft ist allenfalls bei schlanken Trichtern zu. Dagegen haben die Wellenflächen in weit geöffneten Trichtern eher die Form von Kugelkalotten, da sie ja senkrecht auf der Trichterwand stehen müssen. Die aus der Gl. (30) abgeleiteten Folgerungen beschreiben die Verhältnisse also umso genauer, je weniger die Wand des Trichters gegen seine Längsachse geneigt ist.

Jeder Trichter wird durch Angabe seiner Querschnittsfunktion S(x) spezifiziert. Im Folgenden greifen wir aus der Fülle der Möglichkeiten zwei besonders einfache Trichterformen heraus.

8.4.1 Konischer Trichter (Kegeltrichter)

Beim Kegeltrichter sind die linearen Querabmessungen, wie in Fig. 8.8a dargestellt, proportional zu x; die Querschnittsfläche wächst also mit dem Quadrat der Koordinate x:

$$S(x) = Ax^2 \tag{31}$$

Bei kleinen Öffnungswinkeln ist die Konstante A näherungsweise gleich dem Raumwinkel Ω, den der Trichter aus dem gesamten Raumwinkel 4π ausschneidet. – Aus der Gl. (31) folgt $d(\ln S)/dx = 2/x$. Damit wird aus Gl. (30) die Differentialgleichung des Kegeltrichters:

$$\frac{\partial^2 p}{\partial x^2} + \frac{2}{x}\frac{\partial p}{\partial x} = \frac{1}{c^2}\frac{\partial^2 p}{\partial t^2} \tag{32}$$

Sie stimmt mit der Gl. (5.2) überein bis auf den Ersatz von r durch x. Daraus folgt, dass die in dem Trichter laufende Welle eine Kugelwelle ist, deren Schalldruckamplitude umgekehrt proportional zur Entfernung x von der bei x = 0 gelegenen Trichterspitze abnimmt. Damit lassen sich auch die Ausführungen des Abschnitts 5.2 weitgehend auf den Kegeltrichter übertragen. Allerdings kommt jetzt die Volumenschnelle Q einer Punktschallquelle, die in der Spitze des Trichters angeordnet wird, dem kleineren Raumwinkel Ω zugute und erzeugt einen um den Faktor $4\pi/\Omega$ höheren Schalldruck als ohne Trichter, der bei harmonischer Schallanregung in Abwandlung der Gl. (5.6) nunmehr durch

$$p(r,t) = \frac{j\omega\rho_0\hat{Q}}{\Omega x} e^{j(\omega t - kx)} \tag{33}$$

gegeben ist. Die dem Quadrat der Schalldruckamplitude proportionale Intensität ist gegenüber der in Gl. (5.9) sogar um den Faktor $(4\pi/\Omega)^2$ erhöht, was auf den ersten Blick etwas verwundert. Zunächst wäre man vielleicht geneigt, die schallverstärkende Wirkung des Trichters dem Umstand zuzuschreiben, dass dieser die Schallenergie auf einen kleineren Raumwinkelbereich konzentriert, was nur einen Faktor $4\pi/\Omega$ rechtfertigen würde. Der zweite Faktor $4\pi/\Omega$ rührt daher, dass die Schallquelle durch den Trichter stärker belastet wird als bei freier Abstrahlung, ihr also mehr Energie entzieht. Dementsprechend ist die Gesamtleistung der Quelle mit Trichter im Vergleich zu Gl. (5.10) immerhin noch um den Faktor $4\pi/\Omega$ größer als ohne Trichter.

Streng genommen gelten diese Beziehungen nur für die unendlich lange Trichterleitung. Bei einem endlich langen Trichter gelten sie umso besser, je größer seine Länge ist, gemessen in Schallwellenlängen.

8.4.2 Exponentialtrichter

Deutlich andere Eigenschaften hat der in Fig. 8.10b dargestellte Exponentialtrichter, dessen Querschnittsänderung durch die Funktion

$$S(x) = S_0 e^{2\varepsilon x} \tag{34}$$

mit dem Wuchsmaß ε gekennzeichnet ist. Mit ihr geht die allgemeine Gleichung (30) über in

$$\frac{\partial^2 p}{\partial x^2} + 2\varepsilon\frac{\partial p}{\partial x} = \frac{1}{c^2}\frac{\partial^2 p}{\partial t^2} \tag{35}$$

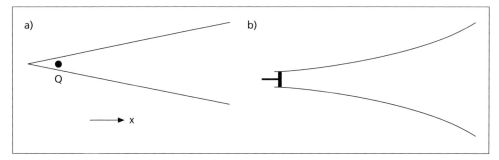

Fig. 8.10 Einfache Trichterformen.
a) Konischer Trichter mit Punktschallquelle Q,
b) Exponentialtrichter mit Kolben

Als Lösung setzen wir an:

$$p(x,t) = \hat{p}_0 e^{j(\omega t - \underline{k}x)}$$

Durch Unterstreichen von k soll angedeutet werden, dass die zu bestimmende Kreiswellenzahl möglicherweise komplex ausfällt. Einsetzen in die Gl. (35) ergibt die quadratische Gleichung

$$\underline{k}^2 + j2\varepsilon\underline{k} - \frac{\omega^2}{c^2} = 0$$

Von den beiden möglichen Lösungen wählen wir die aus, die einer in positiver x-Richtung fortschreitenden Welle entspricht:

$$\underline{k} = k' - j\varepsilon \quad (36)$$

mit

$$k' = \frac{1}{c}\sqrt{\omega^2 - c^2\varepsilon^2} \quad (37)$$

Der Schalldruck der Trichterwelle ist dann

$$p(x,t) = \hat{p}_0 e^{-\varepsilon x} \cdot e^{j(\omega t - k'x)} \quad (38)$$

Der erste Faktor bringt die „Verdünnung" der Welle zum Ausdruck, die im Verlauf der Ausbreitung einen immer größeren Querschnitt füllen muss. Allerdings stellt G. (38) nur dann eine Welle dar, wenn die Kreiswellenzahl k' reell, wenn also $\omega \geq c\varepsilon$ ist. Im anderen Fall wird k' und damit auch $\underline{k}$ rein imaginär und es kommt zu keiner Wellenausbreitung. Dies zeigt, dass der Exponentialtrichter eine Hochpassleitung mit der unteren Grenzfrequenz

$$\omega_g = c\varepsilon \quad (39)$$

ist. Die Ausbreitungsgeschwindigkeit der Welle im Trichter ist c' = ω/k' oder

$$c' = \frac{c}{\sqrt{1 - (\omega_g/\omega)^2}} \quad (40)$$

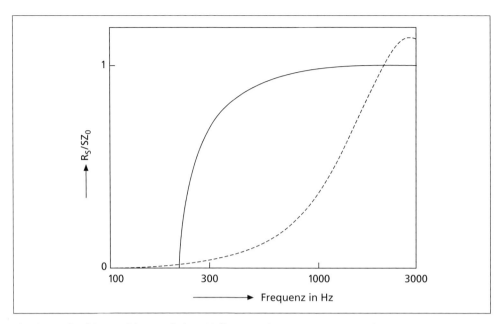

Fig. 8.11 Strahlungswiderstand einer Kolbenmembran von 10 cm Durchmesser
a) in einem Exponentialtrichter mit dem Wuchsmaß ε = 4 m^{-1}
b) in einer unendlich großen Schallwand

Sie ist also größer als die Freifeld-Schallgeschwindigkeit c. Bemerkenswert ist ferner, dass sie von der Schallfrequenz ω abhängt. Man bezeichnet diese Erscheinung als „Dispersion"; auf sie werden wir im Abschnitt 8.6 noch zurückkommen.

Die zum Schalldruck nach Gl. (38) gehörende Schallschnelle ist nach Gl. (3.15):

$$v(x,t) = -\frac{1}{j\rho_0\omega}\frac{\partial p}{\partial x} = \frac{\sqrt{1-(\omega_g/\omega)^2} - j\omega_g/\omega}{Z_0}p \qquad (41)$$

Damit ergibt sich der „Trichterwellenwiderstand", also das Verhältnis des Schalldrucks zur Schallschnelle in der Trichterwelle zu:

$$Z_0' = Z_0\left(\sqrt{1-(\omega_g/\omega)^2} + j\omega_g/\omega\right) \qquad (42)$$

Zur Erklärung der „schallverstärkenden" Wirkung des Trichters sei nun angenommen, dass sich – wie schon in Fig. 8.10b angedeutet – an der Stelle x = 0 eine Schallquelle in Form eines hin- und herschwingenden Kolbens befindet. Er ist mit dem Strahlungswiderstand

$$R_s = S_0 \operatorname{Re}\{Z_0'\} = Z_0 S_0 \sqrt{1-(\omega_g/\omega)^2} \qquad (43)$$

belastet, der in Fig. 8.11b als Funktion der Frequenz dargestellt ist. Dieser nähert sich bei hohen Frequenzen asymptotisch dem Wert $S_0 Z_0$ an, der für ein Rohr konstanten Querschnitts gelten würde. Zum Vergleich ist in dem Diagramm der Strahlungswiderstand eines gleich großen Kreiskolbens als gestrichelte Linie eingetragen, der in eine unendlich große, schallharte Wand eingebaut ist (vgl. Unterabschnitt 5.8.3). Dabei wurde ein Durchmesser von 10 cm angenommen sowie eine untere Grenzfrequenz $f_g = \omega_g/2\pi$ von 100 Hz, das Medium ist Luft. Die Wirkung des Trichters besteht in einer besseren Anpassung der Schallquelle an das Medium: Mit vorgesetztem Trichter nimmt der Strahlungwiderstand oberhalb der Grenzfrequenz relativ schnell zu und ist in einem weiten Frequenzbereich deutlich höher als bei dem in eine Schallwand eingesetzten Kolbenstrahler. Dieser Vorteil wird dadurch erkauft, dass der Strahlungswiderstand und damit jede Schallabstrahlung unterhalb der Grenzfrequenz verschwindet.

Auch hier ist anzumerken, dass diese Gesetzmäßigkeiten streng nur für den unendlich langen Trichter zutreffen. Immerhin sind die Vorteile auch endlich langer Trichter so erheblich, dass Exponentialtrichter wie auch andere Trichterformen in der elektroakustischen Beschallungstechnik und ebenso im Musikinstrumentenbau vielfache Anwendung finden.

8.5 Höhere Wellentypen

Bisher war stets vorausgesetzt worden, dass die Querabmessungen der betrachteten akustischen Wellenleiter deutlich kleiner als die Schallwellenlänge sind – eine Annahme, die bei den im letzten Abschnitt besprochenen Trichtern schon recht fragwürdig ist. Nunmehr lassen wir diese Annahme fallen und fragen, ob in einem Wellenleiter außer der eingangs vorausgesetzten ebenen Welle noch weitere Wellenformen ausbreitungsfähig sind. Wir beschränken uns dabei auf Rohre konstanten Querschnitts.

Zunächst betrachten wir zwei ebene harmonische Wellen, die gegenüber der x-Achse um einen beliebigen Winkel $\pm\varepsilon$ geneigt seien. In Fig. 8.12 sind ihre Wellennormalen als Pfeile dargestellt. Nach Gl. (4.11) sind die zugehörigen Schalldrucke mit $\alpha = \varepsilon$, $\cos\beta = \sin\varepsilon$, $\cos\gamma = 0$:

$$p_{1,2}(x,y) = \hat{p}e^{jk(-x\cos\varepsilon \pm y\sin\varepsilon)} \:, \tag{44}$$

Addiert man p_1 und p_2, dann erhält man unter Benutzung der Gl. (2.6a) für den Gesamtschalldruck:

$$p(x,y) = 2\hat{p}\cos(ky\sin\varepsilon) \cdot e^{-jkx\cos\varepsilon} \:, \tag{45}$$

der Exponentialfaktor $\exp(j\omega t)$ ist hier wie im Folgenden weggelassen. – Dieser Ausdruck stellt eine in positiver x-Richtung fortschreitende Welle dar mit der Kreiswellenzahl $k' = k\cos\varepsilon$. Offensichtlich handelt es sich hierbei nicht um eine ebene Welle, da ihre Amplitude bezüglich der y- Koordinate nach Art einer stehenden Welle moduliert ist. An den Stellen, an denen $ky \cdot \sin\varepsilon$ ein ganzzahliges Vielfaches von π ist, liegt eine Druckbauch. An ihnen verschwindet zugleich die vertikale Schnellekomponente. In zwei dieser Ebenen kann man

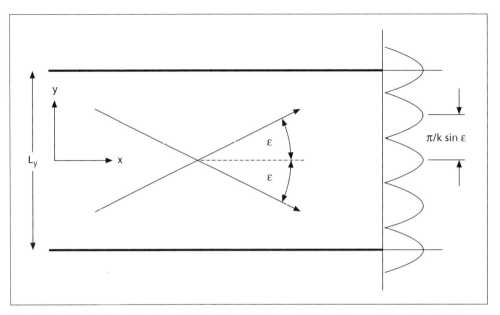

Fig. 8.12 Zwei gekreuzte ebene Wellen. Rechts: Querverteilung der resultierenden Schalldruckamplitude

daher schallharte Flächen einziehen, ohne das Schallfeld zu stören. Ist umgekehrt der Abstand L_y zweier paralleler schallharter Platten gegeben, dann kann sich zwischen diesen eine Schallwelle nach Art der Gl. (45) ausbreiten, sofern $kL_y \cdot \sin \varepsilon = m\pi$ gesetzt wird, wobei m eine ganze Zahl ist. Damit wird die für die Ausbreitung in x-Richtung maßgebliche Kreiswellenzahl

$$k' = k \cos \varepsilon = \frac{\omega}{c}\sqrt{1 - \left(\frac{m\pi c}{\omega L_y}\right)^2} \qquad (46)$$

Dieser Ausdruck wird nur reell, wenn die Kreisfrequenz ω größer ist als eine Grenzfrequenz, die von der Ordnungszahl m und vom Abstand L_y der beiden Platten, d. h. von der Höhe des schallführenden Kanals abhängt:

$$\omega_m = \frac{m\pi c}{L_y}, \qquad (47)$$

und nur dann kann sich das betreffende Wellenfeld in unserem zweidimensionalen Wellenleiter ausbreiten. Man bezeichnet es als höheren Wellentyp oder höheren Wellenmodus. Die durch m = 0 gekennzeichnete Welle wird als Grundwelle bezeichnet; sie ist identisch mit der am Beginn des Kapitels vorausgesetzten ebenen Welle. Die Ausbreitungsgeschwindigkeit $c' = \omega/k'$ der einzelnen Wellentypen ist

$$c' = \frac{c}{\sqrt{1 - (\omega_m/\omega)^2}} \qquad (48)$$

Akustische Leitungen

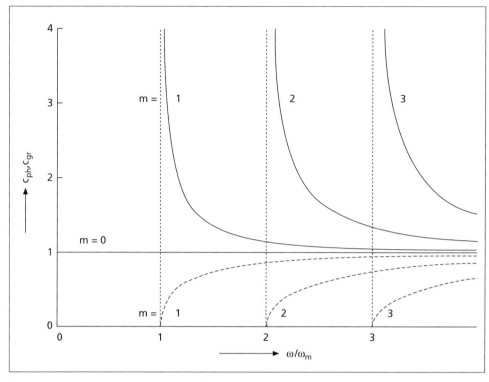

Fig. 8.13 Höhere Wellentypen im zweidimensionalen Wellenleiter.
a) Ausbreitungsgeschwindigkeit (durchgezogen: Phasengeschwindigkeit, gestrichelt: Gruppengeschwindigkeit) als Funktion der Kreisfrequenz,

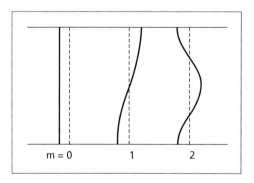

b) Querverteilung der Schalldruckamplitude

Diese Formel entspricht der für den Exponentialtrichter gültigen Gl. (40); insbesondere zeigt sie an, dass die Ausbreitungsgeschwindigkeit von der Frequenz abhängt, dass also alle Wellentypen mit m > 0 Dispersion aufweisen. Die Ausbreitungsgeschwindigkeit, die korrekter als „Phasengeschwindigkeit" (s. u.) bezeichnet werden sollte, ist in Fig. 8.13a als

Funktion der Kreisfrequenz dargestellt. Für m > 0 ist sie stets größer als die Freifeld-Schallgeschwindigkeit c, der sie sich bei sehr hohen Frequenzen asymptotisch annähert.

Den Schalldruck im m-ten Wellentyp kann man nunmehr darstellen durch

$$p(x,y) = 2\hat{p}\cos\left(\frac{m\pi y}{L_y}\right) \cdot e^{-jk'x} \tag{49}$$

Die entsprechende Querverteilung der Schalldruckamplitude geht aus der Fig. 8.13b hervor.

Die obigen Betrachtungen können ohne weiteres auf einen eindimensionalen Wellenleiter, d. h. auf einen Rechteckkanal mit schallharten Wänden ausgedehnt werden. Er entsteht dadurch, dass das Wellenfeld durch ein zweites Paar schallharter Ebenen eingegrenzt wird, die senkrecht zur z-Achse liegen und den Abstand L_z voneinander haben (s. Fig. 8.14a). Das Schallfeld setzen wir wie oben zusammen aus zwei Wellen nach Gl. (49), die sich aber nicht in x-Richtung ausbreiten; vielmehr sollen ihre Wellennormalen in der xz-Ebene verlaufen und mit der x-Richtung einen Winkel ε' bilden. In Analogie zu Gl. (44) setzen wir also:

$$p_{1,2}(x,y,z) = 2\hat{p}\cos\left(\frac{m\pi y}{L_y}\right) \cdot e^{-jk'(x\cos\varepsilon' \pm z\sin\varepsilon')} \tag{50}$$

Die gleichen Überlegungen wie bei der Ableitung der Gl. (49) oben führen dann auf den Ausdruck

$$p(x,y,z) = 4\hat{p}\cos\left(\frac{m\pi y}{L_y}\right)\cos\left(\frac{n\pi z}{L_z}\right) \cdot e^{-jk''x\cos\varepsilon'} \tag{51}$$

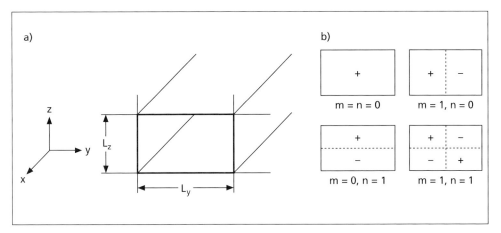

Fig. 8.14 Schallausbreitung im Rechteckkanal.
a) Darstellung des Kanals,
b) Knotenflächen (Schnitt) einiger Wellentypen (gestrichelt; m,n = Ordnungszahlen in Gl. (51))

für den Schalldruck, wobei n eine weitere ganze Zahl ist und

$$k'' = \frac{\omega}{c}\sqrt{1-(\omega_{mn}/\omega)^2} \qquad (52)$$

ist mit der Grenzfrequenz

$$\omega_{mn} = \sqrt{\left(\frac{m\pi c}{L_y}\right)^2 + \left(\frac{n\pi c}{L_z}\right)^2}, \qquad (53)$$

Wiederum kann sich der betreffende Wellentyp nur oberhalb dieser Grenzfrequenz ausbreiten. Für $\omega < \omega_{nm}$ wird k'' imaginär, was nach Gl. (51) einer mit x exponentiell abklingenden (oder anwachsenden), gleichphasigen Druckschwingung entspricht. Die niedrigste der Grenzfrequenzen ω_{nm} ist zugleich die oberste Frequenz, unterhalb der nur die Grundwelle mit m = n = 0 existieren kann. Je nachdem, ob L_y oder L_z die größere der beiden Querabmessungen ist, ist ω_{01} oder ω_{10} diese Grenzfrequenz. Oder ausgedrückt durch die Freifeldwellenlänge, kann man den Bereich ausschließlicher Grundwellenausbreitung durch

$$\lambda > 2\text{Max}\{L_y, L_z\} \qquad (54)$$

kennzeichnen. Einen gewissen Überblick über die Schalldruckverteilung einiger Wellentypen über den Kanalquerschnitt bietet Fig. 8.14b. Eingezeichnet sind hier die Schnitte von Knotenflächen, also von Ebenen, auf denen die Schalldruckamplitude verschwindet. Diese Knotenflächen trennen Gebiete entgegengesetzter Schwingungsphase, was durch die Vorzeichen angedeutet ist. Die beiden Indices m und n geben die Anzahl der Knotenebenen in beiden Richtungen an. Für die Wellengeschwindigkeit gilt die Gl. (48) entsprechend und auch die Fig. 8.13a; allerdings liegen die Grenzfrequenzen nun nicht mehr gleichabständig.

Die hier abgeleiteten Formeln gelten in wenig veränderter Form für Kanäle mit schallweichen Begrenzungen; in den Gln. (49) und (51) sind lediglich die Kosinusfunktionen durch Sinusfunktionen zu ersetzen, da an den begrenzenden Ebenen nun nicht die y- und die z-Komponente der Schallschnelle verschwinden müssen, sondern der Schalldruck. Allerdings gibt es im schallweichen Kanal keine Grundwelle, da nach diesen abgewandelten Gleichungen der Schalldruck verschwindet, wenn eine der Ordnungszahlen Null ist. Schallweiche Kanäle sind für gasförmige Medien nicht realisierbar, wohl aber für flüssige. So bildet eine Wasseroberfläche, vom Wasser aus gesehen, eine schallweiche Begrenzung; mit luftgefüllten Schaumstoffen lassen sich ebenfalls annähernd schallweiche Wände für flüssigkeitsgefüllte Kanäle herstellen.

Wir kehren zurück zur Schallausbreitung in gasgefüllten Wellenleitern. In der Praxis dürfte es sich dabei häufig um Rohre von kreisförmigem Querschnitt handeln. Um auch diesen wichtigen Fall zu behandeln, muss man einen Lösungsweg wählen, den wir auch bei Rechteckkanälen hätten einschlagen können: Man geht aus von der allgemeinen, der Rohrform angemessenen Lösung der Wellengleichung (3.21) und versucht, diese den an der Rohrwand vorgeschriebenen Randbedingungen anzupassen. Zunächst muss man ein geeignetes Koordinatensystem wählen. Bei einem kreiszylindrischen Rohr sind das die

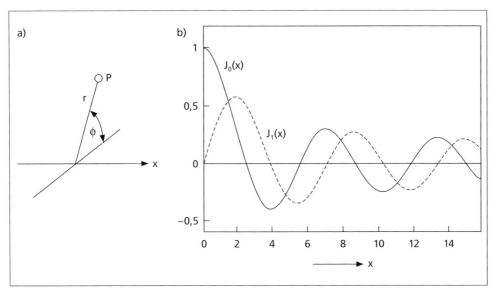

Fig. 8.15 a) Zylinderkoordinaten,
b) die beiden ersten Besselfunktionen J_0 und J_1

Zylinderkoordinaten. Bei ihnen fällt eine Koordinatenachse – hier als x- Achse bezeichnet – mit der Rohrachse zusammen. Die Lage eines Punktes P wird außerdem durch seinen Abstand r von dieser Achse sowie durch den Winkel ϕ gekennzeichnet, den die durch P hindurchgehende, zur Achse senkrechte Gerade mit einer Bezugsrichtung bildet. (s. Fig. 7.15a). Die Wellengleichung (3.25) muss zunächst für diese Koordinaten umgeschrieben werden. Auf die Wiedergabe der weiteren Lösungsschritte sei hier verzichtet. Als Resultat findet man für den Schalldruck in einem schallharten Rohr:

$$p(x,r,\phi,t) = A J_m\left(v_{mn} \frac{r}{a}\right) \cdot \cos(m\phi) \cdot e^{j(\omega t - k''x)} \qquad (55)$$

Darin ist J_m die Besselfunktion m-ter Ordnung, die uns schon im Abschnitt 5.8.2 begegnet ist (s. Gl. (5.39)). Der Verlauf der beiden ersten Besselfunktionen J_0 und J_1 ist in Fig. 7.15b dargestellt. Jede von ihnen – und das gilt auch für alle Besselfunktionen höherer Ordnung – weist unendlich viele Maxima und Minima auf. An eine dieser Stellen muss die Rohrwand zu liegen kommen, denn an ihnen verschwindet die Ableitung der entsprechenden Besselfunktion und damit nach Gl. (3.22) auch die radiale Komponente der Schallschnelle. Um dies sicherzustellen, ist im Argument der Besselfunktion r/a mit v_{mn} multipliziert, der n-ten Nullstelle der Ableitung der Besselfunktion m-ter Ordnung. Die Tabelle 8.1 zeigt einige dieser Nullstellen. Die Kreiswellenzahl bezüglich der Ausbreitung entlang der Rohrachse ist wieder durch Gl. (52) gegeben; die Grenzfrequenz des entsprechenden Wellentyps ist

$$\omega_{mn} = v_{mn} \frac{c}{a} \qquad (56)$$

Tabelle 8.1 Charakteristische Werte v_{mn} in Gl. (8.55) (n-te Nullstelle der Ableitung $J'_m(x)$)

Ordnung m der Besselfunktion	n = 1	n = 2	n = 3
0	0	3,832	7,015
1	1,841	5,331	8,526
2	3,054	6,706	9,970

In Fig. 8.16 sind die Knotenflächen für die niedrigsten Wellentypen nach Gl. (55) dargestellt; die einzelnen Teilbilder sind nach aufsteigenden Grenzfrequenzen geordnet. Die der Ordnungszahl m zugeordneten Knotenflächen sind konzentrische Zylinder, die anderen Knotenflächen sind Ebenen durch die Rohrachse. Die niedrigste der Grenzfrequenzen ist

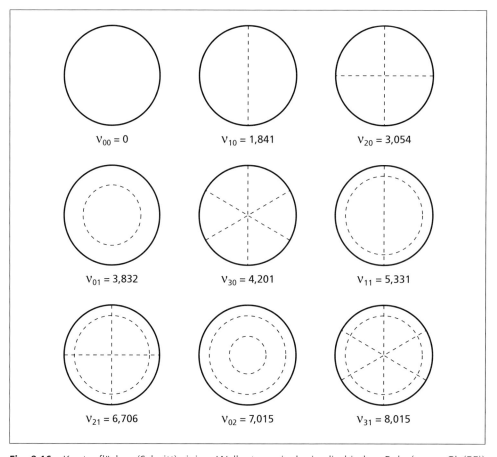

Fig. 8.16 Knotenflächen (Schnitt) einiger Wellentypen im kreiszylindrischen Rohr (v_{nm}: s. Gl. (55))

die des Wellentyps mit m = 1 und n = 0; damit lässt sich der Bereich ausschließlicher Grundwellenausbreitung durch

$$\lambda \geq 3{,}41 \cdot a \tag{57}$$

charakterisieren.

Die obigen Darlegungen zeigten, welche Wellentypen in einer akustischen Leitung grundsätzlich existieren und bei einer gegebenen Frequenz ausbreitungsfähig sind. Ob sie von einer bestimmten Schallquelle tatsächlich angeregt werden, ist eine ganz andere Frage, die nicht ohne Kenntnis der Schallquelle beantwortet werden kann. Besteht diese aus einem starren, hin- und herschwingenden Kolben, dann dürfte fast ausschließlich die Grundwelle entstehen. Besteht sie dagegen aus einer Punktschallquelle auf der Achse eines zylindrischen Rohres, dann werden nur Wellentypen mit m = 0 erzeugt, da nur sie keine durch die Achse gehende Knotenebenen aufweisen. Bei unsymmetrischer Lage der Punktschallquelle muss mit der Anregung aller ausbreitungsfähigen Wellentypen gerechnet werden, wobei ihre relativen Stärken von der genauen Lage der Quelle abhängen.

8.6 Dispersion

In diesem Kapitel haben wir zwei Fälle kennen gelernt, in denen die Wellengeschwindigkeit von der Schallfrequenz abhängt, nämlich den Exponentialtrichter und die höheren Wellentypen in Rohren oder Kanälen. Diese in der Wellenlehre nicht seltene Erscheinung ist unter dem Namen „Dispersion" bekannt und soll hier noch etwas genauer betrachtet werden.

Das Wort Dispersion bedeutet „Zerstreuung" und lässt sich folgendermaßen rechtfertigen: Nach dem im Abschnitt 2.8 behandelten Fouriertheorem setzt sich ein kurzer Impuls aus zahlreichen harmonischen Schwingungen zusammen. Das Paradebeispiel hierfür ist die Deltafunktion nach Gl. (2.38):

$$\delta(t) = \lim_{\Omega \to \infty} \frac{1}{2\pi} \int_{-\Omega}^{\Omega} e^{j\omega t} d\omega \tag{56a}$$

die einen unendlich kurzen Impuls repräsentiert. Breitet sich dieser über eine Strecke x aus, sei es als ebene Welle im freien Medium oder in einer akustischen Leitung, dann ändert sich die Phase jeder seiner Teilschwingungen. Demgemäß hat man im Exponenten der Gl. (56a) t durch t − x/c′ zu ersetzen, wobei c′ die Ausbreitungsgeschwindigkeit ist:

$$s(t) = \lim_{\Omega \to \infty} \frac{1}{2\pi} \int_{-\Omega}^{\Omega} e^{j\omega(t - x/c')} d\omega$$

Nur wenn die Ausbreitungsgeschwindigkeit nicht von der Frequenz abhängt, ist s(t) = δ(t−x/c′), der ursprüngliche Impuls wird dann lediglich um die Zeit x/c′ verzögert, behält aber seine Form bei. Hängt c' dagegen von der Frequenz ab, dann werden die einzelnen Teilschwingungen um unterschiedliche Beträge verzögert und passen danach zeitlich nicht mehr zusammen, ergeben also eine andere Signalform.

Weitere interessante Schlüsse lassen sich ziehen, wenn man als Signal die Überlagerung zweier harmonischer Wellen mit geringfügig unterschiedlichen Frequenzen und Kreiswellenzahlen in Betracht zieht:

$$s(x,t) = \hat{s}\left[e^{j(\omega_1 t - k_1 x)} + e^{j(\omega_2 t - k_2 x)}\right]$$

wobei $\omega_{1,2} = \omega \pm \Delta\omega$ und $k_{1,2} = k \pm \Delta k$ ist. Es stellt eine Schwebung nach Art der Fig. (2.5) dar (s. Abschnitt 2.3), die allerdings nicht ortsfest ist, sondern sich in Form einer Welle ausbreitet. Durch Ausklammern des Faktors exp[j(ωt – kx)] lässt sich der obige Ausdruck umformen in

$$s(x,t) = 2\hat{s}\cos(t\Delta\omega - x\Delta k)e^{j(\omega t - kx)} \qquad (57a)$$

Der Exponentialfaktor steht für die hochfrequente, modulierte Schwingung. Für eine bestimmte Schwingungsphase, z. B. einen bestimmten Nulldurchgang der Schwingung, muss $\omega t - kx$ konstant bleiben, d. h. jede Vergrößerung von t um dt muss durch eine entsprechende Vergrößerung von x um dx kompensiert werden, wobei dx/dt = ω/k sein muss. Dieser Bruch ist also die Geschwindigkeit, mit der sich diese Phase ausbreitet und wird daher „Phasengeschwindigkeit" genannt:

$$c_{ph} = \frac{\omega}{k} \qquad (58)$$

Sie ist identisch mit der oben, z. B. in den Gln. (40) und (48) benutzten Größe c', die dort etwas unscharf als Ausbreitungsgeschwindigkeit bezeichnet wurde. – Führt man dieselbe Überlegung für das Argument der Kosinusfunktion in Gl. (57a) aus, welche die Hüllkurve der Schwebung beschreibt, dann erkennt man, dass diese sich mit der Geschwindigkeit $\Delta\omega / \Delta k$ fortpflanzt, oder, in der Grenze verschwindenden Frequenzunterschieds:

$$c_{gr} = \frac{d\omega}{dk} \qquad (59)$$

Sie heißt „Gruppengeschwindigkeit", da sie für die Ausbreitung einer Wellengruppe wie der hier betrachteten Schwebung maßgebend ist. Falls die Kreisfrequenz der Kreiswellenzahl proportional ist, sind Phasen- und Gruppengeschwindigkeit einander gleich, es liegt keine Dispersion vor.

Für die höheren Wellenmoden zwischen zwei parallelen, schallharten Platten kann man die Gruppengeschwindigkeit aus der Gl. (46) mit Gl. (47) am einfachsten als Kehrwert der Ableitung dk'/dω berechnen:

$$c_{gr} = c\sqrt{1 - (\omega_m/\omega)^2} \qquad (60)$$

Ihre Frequenzabhängigkeit ist in Fig. (8.10a) für einige Wellentypen in Form der gestrichelten Kurven dargestellt. Die Gruppengeschwindigkeit ist demnach stets kleiner als

Dispersion

die Freifeld-Schallgeschwindigkeit, der sie sich bei hohen Frequenzen asymptotisch annähert. Überdies folgt aus Gl. (47) (mit $c' = c_{ph}$):

$$c_{ph} \cdot c_{gr} = c^2 \qquad (61)$$

Die Gln. (60) und (61) gelten auch für den Exponentialtrichter, wobei ω_n durch ω_g zu ersetzen ist. Allerdings sei darauf hingewiesen, dass es auch ganz andere Dispersionsgesetze gibt, für welche die Gl. (61) nicht gilt (s. Kapitel 10).

9 Schallfelder in geschlossenen Hohlräumen

In den letzten Kapiteln hat sich gezeigt, dass sich mit jeder Beschränkung des Raumbereichs, welcher der Schallausbreitung zur Verfügung steht, die Komplexität des Schallfelds erhöht. So erzeugt eine reflektierende Wand bei schrägem Schalleinfall ein Wellenfeld, das in der einen Richtung fortschreitet, in der anderen Richtung aber als mehr oder weniger ausgeprägte stehende Welle anzusprechen ist. Engt man das Ausbreitungsgebiet durch ein Rohr oder einen Kanal ein, so lässt eine Schallquelle u. U. eine Vielzahl von verschiedenen Wellentypen oder Wellenmoden entstehen. Die konsequente Fortsetzung dieses Weges führt zu einem völlig geschlossenen Hohlraum; das Schallfeld in ihm setzt sich aus diskreten Schwingungsmoden zusammen, die den Begriff der Schallausbreitung auf den ersten Blick etwas fragwürdig machen. Dieser Sachverhalt bildet u. a. die Grundlage der Raumakustik, auch wenn in der raumakustischen Praxis meist pauschaleren und einfacheren Berechnungsweisen der Vorzug gegeben wird.

9.1 Eigenschwingungen in eindimensionalen Wellenleitern (Rohren)

Als Vorbereitung gehen wir von einem schallharten Rohr der Länge L aus, dessen Querabmessungen so klein seien, dass sich im betrachteten Frequenzbereich nur die Grundwelle ausbreiten kann. Die in den Abschnitten 4.4 und 8.1 behandelten Ausbreitungsverluste werden vernachlässigt.

Wird das Rohr, dessen Achse die x-Achse eines kartesischen Koordiantensystems sei, an beiden Enden mit einem schallharten Deckel verschlossen, dann bildet sich vor jedem der beiden Abschlüsse eine stehende Welle aus; an beiden Rohrenden liegt ein Schalldruckbauch. Beide Stehwellenfelder sind nur dann miteinander verträglich, wenn sie ohne Bruch, d. h. stetig und mit stetiger Tangente ineinander übergehen. Dazu muss die Rohrlänge gleich einer ganzen Zahl von Halbwellenlängen sein (s. Fig. 9.1a), da der Abstand zweier benachbarter Schalldruckbäuche eine halbe Wellenlänge beträgt. Damit ist aber auch die Frequenz der Schallwelle festgelegt:

$$f_n = n \frac{c}{2L} \quad (n = 0, 1, 2, \ldots) \tag{1}$$

Der Schalldruck bei einer dieser Frequenzen ist gegeben durch

$$p_n(x,t) = \hat{p} \cos\left(\frac{n\pi x}{L}\right) e^{j\omega_n t} \tag{2}$$

mit $\omega_n = 2\pi f_n$. Dabei soll x = 0 das linke Rohrende kennzeichnen.

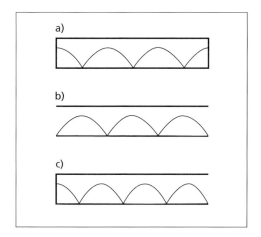

Fig. 9.1 Eigenschwingungen in einem schallharten Rohr endlicher Länge. Das Rohr ist
a) beidseitig schallhart,
b) beidseitig schallweich,
c) an einem Ende schallhart, am anderen schallweich abgeschlossen.

Bleibt das Rohr an beiden Enden offen, ist es also nach Abschnitt 8.3 beiderseits (näherungsweise) schallweich abgeschlossen, dann gelten die gleichen Überlegungen wie beim schallhart abgeschlossenen Rohr. Die „erlaubten" Frequenzen, die wir im Folgenden Eigenfrequenzen nennen werden, sind ebenfalls durch Gl. (1) gegeben. Die Verteilungen der Schalldruckamplituden erhält man, wenn man in Gl. (2) die Kosinusfunktion durch die Sinusfunktion ersetzt. Dies zeigt, dass für n = 0 kein Schallfeld existiert.

Schließlich betrachten wir noch den Fall, dass ein Rohrende, z. B. das linke schallhart, das andere schallweich abgeschlossen ist. Da am linken Ende ein Druckbauch, am rechten aber ein Druckknoten liegt, muss jetzt zu der ganzen Zahl von Halbwellenlängen noch eine Viertel Wellenlänge hinzukommen. Die Rohrlänge ist daher ein ungeradzahliges Vielfaches einer viertel Wellenlänge. Daraus folgt:

$$f_n = (2n-1) \cdot \frac{c}{4L} \quad (n = 1, 2, 3 \cdots) \tag{3}$$

Wie in den erstgenannten Fällen, liegen die Eigenfrequenzen gleichabständig, die tiefste von ihnen ist aber nur halb so hoch wie beim gleichartig abgeschlossenen Rohr. Der Schalldruck stellt sich nun dar durch

$$p_n(x,t) = \hat{p} \cos\left[\left(n - \frac{1}{2}\right) \frac{\pi x}{L}\right] e^{j\omega_n t} \tag{4}$$

(s. Fig. 9.1c). Auch hier ist $\omega_n = 2\pi f_n$.

Schließlich geben wir noch die Eigenfrequenzen eines konischen Rohres, d. h. eines Kegeltrichters der Länge L an, der auf seiner einen Seite schallhart, auf der anderen schallweich abgeschlossen ist.

Wir gehen hierzu von der Gl. (8.33) aus, wobei wir die hier unwesentlichen Konstanten in A zusammenfassen und ergänzen den Ausdruck durch eine in entgegengesetzter Richtung laufende Welle:

$$p(x,t) = \frac{1}{x}(Ae^{-jkx} + Be^{jkx})$$

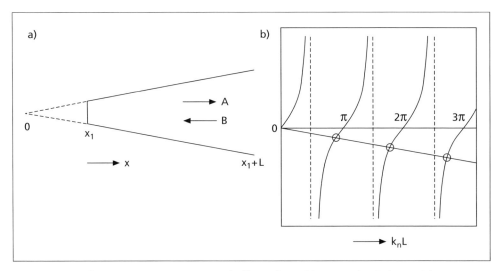

Fig. 9.2 Eigenfrequenzen eines einseitig schallhart abgeschlossenen konischen Trichters.
a) Darstellung,
b) Zur Veranschaulichung der Gl. (5).

mit den zunächst unbekannten Koeffizienten A und B. Die Randbedingungen seien $\partial p/\partial x = 0$ für $x = x_1$ und $p = 0$ für $x = x_1 + L$. Dabei ist x_1 der Abstand des engeren Querschnitts von der gedachten Kegelspitze (s. Fig. 9.2a); für ein zylindrisches Rohr wäre also $x_1 = \infty$. Setzt man den obigen Ansatz für $p(x,t)$ in diese Bedingungen ein, dann ergeben sich die Gleichungen:

$$Ae^{-jkx_1}\left(jk + \frac{1}{x_1}\right) = Be^{jkx_1}\left(jk - \frac{1}{x_1}\right) \quad (x_1 \neq 0)$$

$$Ae^{-jk(x_1+L)} = -Be^{jk(x_1+L)}$$

Indem man sie durcheinander dividiert, erhält man unter Benutzung der Beziehungen (2.6a und b) die Bestimmungsgleichung der „Eigenwerte" $k_n = 2\pi f_n/c$:

$$\tan(k_n L) = -\frac{x_1}{L}(k_n L) \qquad (5)$$

Ihr Inhalt ist in der Fig. 9.2b grafisch dargestellt; die gesuchten Lösungen entsprechen den Schnittpunkten der fallenden Geraden mit der Tangensfunktion. Man sieht, dass besonders die ersten Schnittpunke gegenüber den Unendlichkeitsstellen der Tangensfunktion in Richtung höherer kL-Werte verschoben sind, die entsprechenden Eigenfrequenzen sind also deutlich höher als die nach Gl. (3).

Im Ganzen ist also festzuhalten, dass in einem abgeschlossenen, eindimensionalen Raum bei fehlenden Verlusten ein Schallfeld nur bei diskreten Frequenzen existieren kann, und dass zu jeder von ihnen eine bestimmte Schalldruckverteilung gehört. Diese charakteristischen Frequenzen sind die Eigenfrequenzen, die ihnen zugeordneten Schalldruckverteilungen werden als Eigenschwingungen bezeichnet.

9.2 Eigenschwingungen des Rechteckraums mit schallharten Wänden

Nach diesen Vorbereitungen ist es nicht schwierig, die Eigenfrequenzen und Eigenschwingungen eines allseits schallhart begrenzten Rechteckraums mit den Abmessungen L_x, L_y und L_z anzugeben (s. Fig. 9.3). Zu diesem Zweck ersetzen wir das im vorstehenden Abschnitt betrachtete „dünne" Rohr durch einen rechteckigen, mit schallharten Wänden versehenen Kanal mit den beliebigen Querabmessungen L_y und L_z. Wir lassen also zu, dass die sich in ihm ausbreitende Schallwelle ein „höherer Wellentyp" der in Abschnitt 8.5 behandelten Art ist, der durch zwei ganze Ordnungszahlen m und n charakterisiert ist. Die Kreiswellenzahl k'' dieses Wellentyps ist durch Gl. (8.52), zusammen mit Gl. (8.53) gegeben; die zugehörige Wellenlänge bezüglich der x-Achse ist $\lambda'' = 2\pi/k''$. Die Forderung, dass eine ganze Zahl von Halbwellenlängen in die Kanallänge L_x passt, ist gleichbedeutend mit $L_x = l \cdot (\pi/k'')$. Kombiniert man dies mit Gl. (8.52) dann erhält man für die erlaubten Kreisfrequenzen:

$$\omega_{lmn}^2 = \left(\frac{l\pi c}{L_x}\right)^2 + \omega_{mn}^2 \tag{6}$$

Die gesuchten Eigenfrequenzen $f_{lmn} = \omega_{lmn}/2\pi$ findet man durch Einsetzen der Grenzfrequenz ω_{mn} des betrachteten Wellentyps nach Gl. (8.53):

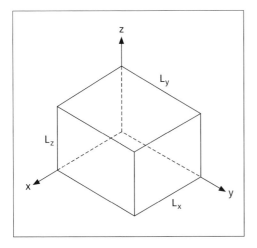

Fig. 9.3 Rechteckraum

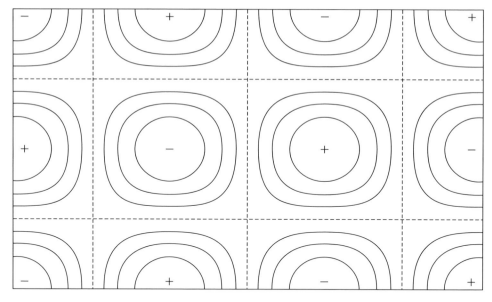

Fig. 9.4 Linien konstanter Schalldruckamplitude in der Ebene z = 0 bei der Eigenschwingung l = 3 und m = 2 eines Rechteckraums (aus H. Kuttruff, Room Acoustics, 4th ed. Spon Press, London 2000, mit freundlicher Genehmigung des Verlags)

$$f_{lmn} = \frac{c}{2}\sqrt{\left(\frac{l}{L_x}\right)^2 + \left(\frac{m}{L_y}\right)^2 + \left(\frac{n}{L_z}\right)^2} \quad (7)$$

l, m, und n sind ganze Zahlen. Die zugehörige Eigenschwingung ist im Prinzip wieder durch die Gl. (2) gegeben. Allerdings muss die konstante Amplitude p̂ durch die dem betreffenden Wellentyp entsprechende Querverteilung nach Gl. (8.51) ersetzt werden und natürlich n durch l und L durch L_x. Dann wird der Schalldruck der durch die Ordnungszahlen l, m und n gekennzeichneten Eigenschwingung:

$$p_{lmn}(x,y,z,t) = \hat{p}\cos\left(\frac{l\pi x}{L_x}\right)\cos\left(\frac{m\pi y}{L_y}\right)\cos\left(\frac{n\pi z}{L_z}\right)\cdot e^{j\omega_{lmn}t} \quad (8)$$

Es handelt sich also um die dreidimensionale Erweiterung der in Abschnitt 6.5 behandelten stehenden Welle, die wegen der als schallhart angenommenen Wände voll ausgebildet ist. Eine gegebene Eigenschwingung hat l Knotenebenen senkrecht zur x-Achse, m Knotenebenen senkrecht zur y-Achse und n Knotenebenen senkrecht zur z-Achse. In diesen Ebenen ist der Schalldruck stets Null. Fig. 9.4 zeigt die Amplitudenverteilung über der Grundfläche z = 0 für eine Eigenschwingung mit m = 3 und n = 2; dargestellt sind die Kurven gleicher Schalldruckamplitude für $|p_{lmn}/\hat{p}|$ = 0,25, 0,5 und 0,75. In je zwei benachbarten Druckbäuchen, die durch eine Knotenebene senkrecht zur Zeichenebene getrennt sind, hat der momentane Schalldruck unterschiedliche Vorzeichen.

Tabelle 9.1 Die zwanzig untersten Eigenfrequenzen eines Rechteckraums mit den Abmessungen 4,7 x 4,1 x 3,1 m³

Eigenfrequenz Hz	l	m	n	Eigenfrequenz Hz	l	m	n
36,17	1	0	0	90,47	1	2	0
41,46	0	1	0	90,78	2	0	1
54,84	0	0	1	99,42	0	2	1
55,02	1	1	0	99,80	2	1	1
65,69	1	0	1	105,79	1	2	1
68,55	0	1	1	108,51	3	0	0
72,34	2	0	0	109,68	0	0	2
77,68	1	1	1	110,05	2	2	0
82,93	0	2	0	115,49	1	0	2
83,38	2	1	0	116,16	3	1	0

Die Tabelle 9.1 führt die ersten zwanzig Eigenfrequenzen eines Rechteckraumsraums mit den Abmessungen 4,7 m x 4,1 m x 3,1 m auf. Sie liegen natürlich nicht gleichabständig. Außerdem scheint sich ihr gegenseitiger Abstand mit wachsendem Wert zu verringern, ihre Dichte auf der Frequenzachse also zu vergrößern. Ihre Gesamtheit kann man sich folgendermaßen veranschaulichen (s. Fig. 9.5): Man stelle sich einen Frequenzraum mit den kartesischen Koordinaten f_x, f_y, und f_z vor. Dabei können wir uns auf den Oktanten beschränken, in dem die Zahlen l, m und n positiv oder 0 sind, da ein Vorzeichenwechsel die Gln. (7) und (8) unbeeinflusst lässt. Eine bestimmte Eigenfrequenz entspricht in dieser Darstellung einem Punkt mit den Koordinaten.

$$f_x = \frac{lc}{2L_x} \ , \ f_y = \frac{mc}{2L_y} \ \text{und} \ f_z = \frac{nc}{2L_z} \ ,$$

Der Abstand eines bestimmten Punktes vom Ursprung ist nach Gl. (7)

$$\sqrt{f_x^2 + f_y^2 + f_z^2} = f_{lmn},$$

die Eigenfrequenzpunkte bilden in ihrer Gesamtheit ein regelmäßiges räumliches Gitter. Die Anzahl der Eigenfrequenzen im Intervall von 0 bis zu einer Frequenz f kann man wie folgt abschätzen: Man denke sich um den Ursprung dieses Koordinatensytems eine Kugel

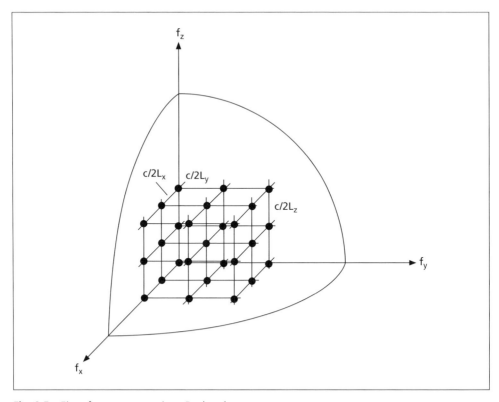

Fig. 9.5 Eigenfrequenznetz eines Rechteckraums

mit dem Radius f beschrieben und aus dieser den Oktanten ausgeschnitten, für den alle Koordinaten positiv sind. Dieser hat das "Frequenzvolumen" $V^{(f)} = (4\pi/3) \cdot f^3/8$; in ihm sind alle Eigenfrequenzpunkte enthalten, die in das genannte Intervall fallen. Auf jeden dieser Punkte entfällt das Frequenzvolumen

$$\frac{c}{2L_x} \cdot \frac{c}{2L_y} \cdot \frac{c}{2L_z} = \frac{c^3}{8V}$$

wobei V das geometrische Volumen des Hohlraums ist. Dividiert man $V^{(f)}$ durch diesen Wert, so erhält man die gesuchte Anzahl der Eigenfrequenzen zu:

$$N_f \approx \frac{4\pi}{3} V \left(\frac{f}{c}\right)^3 \tag{9}$$

Angewandt auf die Werte der Tabelle 9.1 an mit f = 116,5 Hz, liefert diese Formel allerdings nur 10 Eigenfrequenzen. Die Diskrepanz erklärt sich dadurch, dass man durch die Beschränkung auf einen Kugeloktanten die in den Koordinatenflächen gelegenen Eigenfrequenzpunkte nur zur Hälfte, die auf den Koordinatenachsen sogar nur zu einem

Viertel berücksichtigt hat, obwohl doch jeder dieser Punkte eine vollwertige Eigenfrequenz darstellt. Die entsprechend korrigierte Formel lautet:

$$N_f \approx \frac{4\pi}{3} V \left(\frac{f}{c}\right)^3 + \frac{\pi}{4} S \left(\frac{f}{c}\right)^2 + \frac{L}{8}\left(\frac{f}{c}\right) \tag{9a}$$

Dabei ist S die Fläche aller Wände und L die Summe aller Raumkanten. Bei höheren Frequenzen können die beiden Korrekturterme natürlich vernachlässigt werden.

Die Gl. (9a) gilt natürlich nur für den Rechteckraum, während die Gl. (9), wie hier nicht gezeigt werden soll, für hinreichend hohe Frequenzen auf Räume beliebiger Form angewandt werden kann – Durch Differenzieren der Gl. (9) nach der Frequenz f findet man die Zahl der Eigenfrequenzen pro Hertz, also die Eigenfrequenzdichte in der Umgebung der Frequenz f:

$$\frac{dN_f}{df} \approx 4\pi V \frac{f^2}{c^3} \tag{10}$$

Die Eigenfrequenzdichte wächst demnach quadratisch mit der Frequenz an. Als Beispiel betrachten wir wieder den Rechteckraum mit den Abmessungen 4,7 m x 4,1 m x 3,1 m. Für den Frequenzbereich von 0 bis 10000 Hz hat man nach der Gl. (9) mit über 6 Millionen Eigenfrequenzen zu rechnen. Bei 1000 Hz entfallen nach Gl. (10) auf 1 Hertz etwa 19 Eigenfrequenzen, der mittlere Eigenfrequenzabstand beträgt somit etwa 0,05 Hz.

9.3   Eigenschwingungen zylindrischer und kugelförmiger Hohlräume

Die Eigenschwingungen eines zylindrischen Hohlraums kann man in gleicher Weise wie die des Rechteckraums berechnen; man geht dazu von den in Gl.(8.53) angegebenen Wellenmoden im zylindrischen Rohr aus. Ist dieses an beiden Enden mit einer schallharten Platte verschlossen, dann muss auch hier eine ganze Anzahl von Halbwellenlängen in der Rohrlänge L_x untergebracht werden, wobei als Wellenlänge $\lambda'' = 2\pi/k''$ zu setzen ist. Da für die Kreiswellenzahl k'' wieder Gl. (8.52) gilt, sind auch die Eigen-Kreisfrequenzen durch Gl. (6) gegeben, allerdings mit ω_{mn} nach Gl. (8.56). Damit stellen sich die Eigenfrequenzen dar als

$$f_{lmn} = \frac{c}{2}\sqrt{\left(\frac{l}{L_x}\right)^2 + \left(\frac{\nu_{mn}}{\pi a}\right)^2}, \tag{11}$$

wobei a wie früher der Rohrradius und l eine ganze Zahl bezeichnet. Der Schalldruck in einer zugehörigen Eigenschwingung ist

$$p_{lmn}(x,y,z,t) = \hat{p} J_m\left(\nu_{mn}\frac{r}{a}\right) \cdot \cos(m\phi) \cdot \cos\left(\frac{l\pi x}{L_x}\right) \cdot e^{j\omega_{lmn}t} \tag{12}$$

Der Vollständigkeit halber seien hier auch die Eigenfrequenzen einer schallharten Hohlkugel mit dem Radius a angegeben. Sie sind nur zweifach indiziert und lauten:

Tabelle 9.2 Charakteristische Werte χ_{mn} in Gl. (9.13) (n-te Nullstelle der Ableitung $j_m'(x)$)

Ordnung m der sphärischen Besselfunktion	n = 1	n = 2	n = 3
0	0	4,493	7,725
1	2,082	5,940	9,206
2	3,342	7.290	10.614

$$f_{mn} = \chi_{mn} \frac{c}{2\pi a} \qquad (13)$$

Darin ist χ_{mn} die n-te Nullstelle der Ableitung der sphärischen Besselfunktion $j_m{}^1$. In der Tabelle 9.2 sind einige dieser Zahlen angegeben.

9.4 Erzwungene Schwingungen im eindimensionalen Wellenleiter

Bislang wurde vorausgesetzt, dass alle Begrenzungen eines Hohlraums schallhart und damit verlustfrei sind. Daher stellte sich auch nicht die Frage nach der Erzeugung der charakteristischen Schallfelder, die mit den einzelnen Eigenfrequenzen verbunden sind. Einmal angeregt, bleiben sie über beliebig lange Zeit ohne Energiezufuhr erhalten. Diese Vorstellung ist sehr nützlich, da sie auch für reale, d. h. mit Verlusten behaftete Hohlräume zu brauchbaren Ergebnissen führt, wenigstens solange die Verluste nicht zu groß sind. Dennoch muss nun erörtert werden, in welcher Weise die Wandverluste das Bild modifizieren. Jedenfalls lässt sich ein stationäres Schallfeld in einem Hohlraum nur durch eine Schallquelle aufrechterhalten, welche die Verluste laufend wettmacht.

Im Interesse der Einfachheit und Anschaulichkeit kehren wir zu dem im Abschnitt 9.1 behandelten eindimensionalen Hohlraum zurück, d. h. zu einem Rohr mit schallharten Wänden. Nunmehr soll das Rohr aber auf seiner rechten Seite, d. h. bei x = L, mit einem beliebigen Abschluss versehen sein, der durch seinen komplexen Reflexionsfaktor R = $|R|\exp(j\chi)$ gekennzeichnet ist. Außerdem bestehe der linke Abschluss, wie in Fig. 9.6 gezeigt, aus einem schallharten, beweglichen Kolben, der mit der Schnelle $v_0 \exp(j\omega t)$ schwingt und damit die Energieverluste ausgleicht, die von dem rechten Abschluss verursacht werden. Wir betrachten jetzt also erzwungene Schwingungen des Hohlraums bei einer vorgegebenen Frequenz.

Schalldruck und Schallschnelle im Rohr sind durch die Gln. (6.8) und (6.12) mit $\vartheta = 0$ gegeben. Um den Ursprung x = 0 mit dem linken Rohrabschluss zusammenfallen zu lassen,

---

[1] M. Abramowitz und A. Stegun, Handbook of Mathematical Functions. Dover Publ. New York 1964

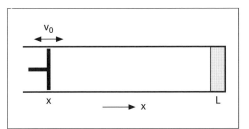

Fig. 9.6 Rohr mit Kolben als Schallquelle, rechts mit beliebigem Abschluss

nehmen wir eine Koordinatenverschiebung vor und ersetzen in diesen Gleichungen x durch x − L. Außerdem wollen wir der Klarheit halber den früher weggelassenen Zeitfaktor hier zufügen. Damit ist:

$$p(x) = \hat{p}\left(e^{-jk(x-L)} + Re^{jk(x-L)}\right)e^{j\omega t} \tag{14}$$

$$v_x(x) = \frac{\hat{p}}{Z_0}\left(e^{-jk(x-L)} - Re^{jk(x-L)}\right)e^{j\omega t} \tag{15}$$

Für x = 0 muss v_x mit der Schnelle v_0 der Kolbenschwingung übereinstimmen, woraus

$$\hat{p} = \frac{v_0 Z_0}{e^{jkL} - Re^{-jkL}} \tag{16}$$

folgt. Damit wird aus der Gl. (14):

$$p_\omega(x) = v_0 Z_0 \frac{e^{jk(L-x)} + Re^{-jk(L-x)}}{e^{jkL} - Re^{-jkL}} e^{j\omega t} \tag{17}$$

(Der hier angefügte Index ω soll auf die Abhängigkeit des Schalldrucks von der Frequenz ω = ck hinweisen.)

Als Funktion des Ortes aufgefasst, stellt der obige Ausdruck eine unvollständig ausgebildete stehende Welle dar (s. Abschnitt 6.5), wobei am linken Ende, also bei x = 0, ein Druckbauch liegt. Dessen Betrag ist

$$|p_\omega(0)| = v_0 Z_0 \sqrt{\frac{1 + |R|^2 + 2|R|\cos(2kL - \chi)}{1 + |R|^2 - 2|R|\cos(2kL - \chi)}} \tag{18}$$

Die Schalldruckamplitude nimmt besonders hohe Werte an, wenn das Argument der Kosinusfunktion im Nenner ein ganzzahliges Vielfaches von 2π ist, also wenn k einen der Werte $k_n = (2n\pi + \chi)/2L$ mit ganzzahligem n annimmt. Die Eigen-Kreisfrequenzen des Rohres ergeben sich also als Lösungen $\omega_n = 2\pi f_n$ der Gleichung

$$\omega = [2\pi n + \chi(\omega)]\frac{c}{2L}, \tag{19}$$

die der Tatsache Rechnung trägt, dass der Reflexionsfaktor und damit auch sein Phasenwinkel χ in aller Regel frequenzabhängig ist. Für χ = 0 entsprechen sie den Eigenfrequenzen f_n des schallharten Rohres nach Gl. (1).

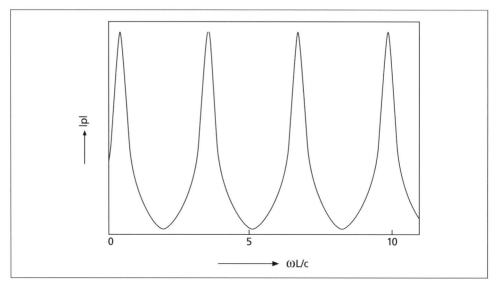

Fig. 9.7 Frequenzabhängigkeit der Schalldruckamplitude in einem Rohr nach Fig. (9.6), Reflexionsfaktor des Abschlusses R = 0,7 · exp(jπ/4)

In Fig. 9.7 ist der Schalldruckbetrag nach Gl. (18) als Funktion des Frequenzparameters ωL/c dargestellt. Dabei wurde der Reflexionsfaktor der Einfachheit halber als frequenzkonstant mit $|R| = 0,7$ und $\chi = 45^0$ angenommen. Da χ i. Allg. von der Frequenz abhängt, liegen die Resonanzen des Rohres in Wirklichkeit nicht ganz so regelmäßig. Die Figur bringt dennoch das Wesentliche zum Ausdruck: Ein Rohr endlicher Länge weist unendlich viele mehr oder weniger ausgeprägte Resonanzen auf; die Resonanzfrequenzen sind identisch mit den Eigenfrequenzen des Rohres.

Die Resonanzeigenschaften des Rohres kommen noch deutlicher zum Ausdruck, wenn man den Bruch in Gl. (17) in Partialbrüche zerlegt. Dies ist möglich, da die Funktion unendlich viele einfache Pole, ihr Nenner also unendlich viele einfache Nullstellen aufweist[2]. Nullsetzen des Nenners ergibt eine Bestimmungsgleichung, deren Lösungen wir mit

$$\underline{k_n} = \frac{\omega_n}{c} + j\frac{\delta_n}{c} \qquad (20)$$

bezeichnen. Die Eigen-Kreisfrequenzen ω_n sind die Lösungen der Gl. (19), während der Imaginärteil von $\underline{k_n}$ durch

$$\delta_n = -\frac{c}{2L}\ln|R(\omega_n)| \qquad (21)$$

gegeben ist. Seine physikalische Bedeutung wird im Abschnitt 9.6 deutlich werden.

---

[2] Die Möglichkeit einer Teilbruchzerlegung ergibt sich aus dem Mittag-Lefflerschen Satz der Funktionentheorie

Geht man schließlich noch von der Kreiswellenzahl k zur Kreisfrequenz ω = ck über, dann lautet die erwähnte Partialbruchzerlegung:

$$\frac{e^{jk(L-x)} + R e^{-jk(L-x)}}{e^{jkL} - R e^{-jkL}} = \frac{c}{jL} \sum_{n=-\infty}^{\infty} \frac{\cos(\underline{k}_n x)}{\omega - \omega_n - j\delta_n}$$

womit Gl. (17) übergeht in

$$p_\omega(x) = \frac{v_0 Z_0 c}{jL} \sum_{n=-\infty}^{\infty} \frac{\cos(\underline{k}_n x)}{\omega - \omega_n - j\delta_n} e^{j\omega t} \qquad (22)$$

Die im Zähler jedes Summenglieds stehende Kosinusfunktion ist die zur Eigenfrequenz ω_n gehörende Eigenschwingung des Raumes. Der Nenner ist ein typischer Resonanznenner, d. h. er macht den Beitrag des betreffenden Summenglieds zum Gesamtdruck $p_\omega(x)$ dem Betrage nach umso größer, je näher die Antriebsfrequenz des Kolbens in Fig. 9.6 bei der jeweiligen Eigenfrequenz ω_n liegt.

Zusammen mit den in Gl. (6.9) ausgedrückten Symmetrieeigenschaften des Reflexionsfaktors R(ω) zeigen die Gl. (19) und (21), dass

$$\omega_{-n} = -\omega_n \quad \text{und} \quad \delta_{-n} = \delta_n \qquad (23a)$$

und weiter

$$\underline{k}_{-n} = -\underline{k}_n^* \quad \text{und} \quad \cos(\underline{k}_{-n} x) = \left[\cos(\underline{k}_n x)\right]^* \qquad (23b)$$

ist. Damit lassen sich jeweils die mit ± n indizierten Glieder in Gl. (22) zusammenzufassen und man erhält nach einigen unwesentlichen, unter der Voraussetzung $\delta_n \ll \omega_n$ gerechtfertigten Vereinfachungen:

$$p_\omega(x) = \frac{2 v_0 Z_0 c \omega}{jL} \sum_{n=0}^{\infty} \frac{\cos(\underline{k}_n x)}{\omega^2 - \omega_n^2 - j2\omega\delta_n} e^{j\omega t} \qquad (24)$$

Jedes Glied dieser Summe stellt eine Resonanzkurve dar, wobei die entscheidende Frequenzabhängigkeit die des Nenners ist. Die bereits im Abschnitt 2.5 eingeführte Halbwertsbreite der n-ten Resonanz ergibt sich, ausgedrückt durch die Kreisfrequenz, zu $2(\Delta\omega)_n = 2\delta_n$ oder

$$2(\Delta f)_n = \frac{\delta_n}{\pi} \qquad (25)$$

Die bisherigen Ausführungen bezogen sich auf eine spezielle Art der Schallerzeugung im Rohr, nämlich durch einen schwingenden Kolben an einem der beiden Rohrenden. Genau so gut hätte man den Kolben durch eine Punktschallquelle vor einem starren Rohrabschluss ersetzen können. Befindet sich die Schallquelle an einer beliebigen Stelle x_0, dann tritt im Zähler jedes Glieds ein zusätzlicher Faktor $\cos(\underline{k}_n x_0)$ hinzu. In diesem Fall werden nicht alle Eigenschwingungen in gleichem Maß angeregt.

Die Darstellung des Schallfelds durch Gl. (24) könnte den Gedanken aufkommen lassen, dass in dem betrachteten Hohlraum gar keine Schallausbreitung stattfindet. Das kann aber nicht sein. Denn wenn der Reflexionsfaktor dem Betrage nach kleiner als 1 ist, verbraucht der rechte Rohrabschluss Schallenergie, die von der Schallquelle aufgebracht werden muss. Tatsächlich kann man die Gl. (14) umschreiben in

$$p(x) = 2\hat{p}R \cos k(L-x)e^{j\omega t} + \hat{p}(1-R)e^{j[\omega t + k(L-x)]}$$

Der erste Term stellt eine reine stehende Welle dar, während der zweite eine von links nach rechts fortschreitende Welle bedeutet, welche die Energieübertragung von der Quelle zum verlustbehafteten Abschluss bewirkt. In Gl. (24) findet dies seinen Niederschlag darin, dass $\cos(k_n x_0)$ komplex ist. Entsprechendes gilt für die im nächsten Abschnitt zu behandelnden Schallfelder im dreidimensionalen Hohlraum.

9.5 Erzwungene Schwingungen in beliebigen Hohlräumen

Die ausführliche Behandlung der erzwungenen Schwingung im abgeschlossenen, mit Wandverlusten behafteten Rohr rechtfertigt sich dadurch, dass viele der Ergebnisse leicht auf dreidimensionale Hohlräume übertragen werden können. Wie im eindimensionalen Fall gehen wir dabei von harmonischen Schwingungen der Kreisfrequenz ω aus. Daher kann man in der Wellengleichung (3.25) die zweimalige Differentiation nach der Zeit durch den Faktor $-\omega^2$ ersetzen. Sie geht dann in die sog. Helmholtz-Gleichung

$$\Delta p + k^2 p = 0 \qquad (26)$$

über, wobei wie früher $k = \omega/c$ gesetzt wurde.

Nun lässt sich jedes Schallfeld in einem Hohlraum durch dessen Eigenschwingungen ausdrücken. Man versteht darunter Lösungen der obigen Differentialgleichung, die der Form und der Beschaffenheit des Hohlraums angepasst sind. So könnte etwa für die Innenwand des Hohlraums die Wandimpedanz vorgeschrieben sein, entsprechend der Gl. (6.10) definiert durch

$$Z = \left(\frac{p}{v_n}\right)_{Wand} \qquad (27)$$

wobei die wandnormale Schnelle v_n nach G. (3.22) gemäß

$$v_n = -\frac{1}{j\omega\rho_0}\frac{\partial p}{\partial n} \quad \text{für Wandpunkte} \qquad (28)$$

mit dem Schalldruck verknüpft ist. (Der Differentialquotient bezeichnet wie in Gl. (7.6) eine partielle Differentiation in Richtung der Wandnormalen und somit die Normalkomponente von grad p. Damit lässt sich die Randbedingung in der Form

$$Z\frac{\partial p}{\partial n} + j\omega\rho_0 p = 0 \qquad (29)$$

schreiben.

Es lässt sich nun zeigen, dass Lösungen der Gl. (26), die der Randbedingung (29) genügen, nur für bestimmte diskrete Werte $\underline{k}_n$ existieren. Diese i. Allg. komplexen Werte werden Eigenwerte genannt, aus ihren Realteilen gehen die Eigen-Kreisfrequenzen $\omega_n = \mathrm{Re}\{\underline{k}_n\}/c$ bzw. die Eigenfrequenzen $f_n = \omega_n/2\pi$ hervor. Die zugehörigen Lösungen sind die Eigenfunktionen oder Eigenschwingungen $p_n(\mathbf{r})$ des Hohlraums. Das Symbol $\mathbf{r}$ kennzeichnet die Lage des Beobachtungspunkts, ausgedrückt in drei passend gewählten Ortskoordinaten. Dementsprechend steht hier n für drei Indices, z. B. für l, m und n wie im Abschnitt 9.2. Wie dort, kann man sich die Eigenschwingungen als dreidimensionale stehende Wellen vorstellen, deren Knotenflächen i. Allg. allerdings nicht eben sind.

Eine geschlossene Lösung der hier umrissenen Randwertaufgabe ist nur für einfache Raumformen und einfache Verteilungen der Wandimpedanz möglich. Das einfachste Beispiel ist der im Abschnitt 9.2 behandelte Rechteckraum mit schallharten Wänden, dessen Eigenschwingungen und Eigenfrequenzen dort auf etwas anderem Weg bestimmt wurden. Bei allgemeineren Hohlraumformen und Randbedingungen müssen die Eigenfunktionen und Eigenwerte nummerisch ermittelt werden, etwa mit der Methode der finiten Elemente, oder der Methode der finiten Randelemente, auf die wir hier nicht eingehen wollen.

Jedenfalls kann man sich auch hier – ähnlich wie in Gl. (24) – das erzwungene Schallfeld in einem beliebigen Hohlraum aus Eigenschwingungen aufgebaut denken[3]. Wird der Raum von einer Punktschallquelle der Volumenschnelle $\hat{Q}_0 \exp(j\omega t)$ erregt, dann ist der Schalldruck in einem bei $\mathbf{r}$ gelegenen Beobachtungspunkt:

$$p_\omega(\mathbf{r}) = \hat{Q}_0 \sum_{n=0}^{\infty} \frac{\omega C_n p_n(\mathbf{r})}{\omega^2 - \omega_n^2 - j2\omega\delta_n} e^{j\omega t} \quad (30)$$

Die Koeffizienten C_n hängen von der Lage der Schallquelle ab. Auch hier wird

$$\delta_n \ll \omega_n \quad (30a)$$

vorausgesetzt.

Dieser Ausdruck entspricht völlig der Gl. (24). Allerdings sind die Eigen-Kreisfrequenzen ω_n oder Eigenfrequenzen f_n jetzt nicht regelmäßig oder auch nur fast regelmäßig längs der Frequenzachse aufgereiht wie im eindimensionalen Fall (s. z. B. Tabelle 9.1). Auch die Konstanten δ_n und damit die Halbwertsbreiten $2(\Delta f)_n$ nach Gl. (25) können sehr unterschiedlich ausfallen.

Man hat nun zwei Grenzfälle zu unterscheiden:
1. Die mittleren Halbwertsbreiten sind so klein bzw. die mittleren Abstände der Eigenfrequenzen auf der Frequenzachse sind so groß, dass die Funktion $p_\omega(\mathbf{r})$ eine Aufeinander folge von säuberlich getrennten Resonanzkurven bildet. Dieser Fall ist Fig. 9.8a dargestellt. In der Umgebung einer Resonanzfrequenz ω_n liefert dann das n-te

---

[3] Eine exakte Herleitung der Gl. (29) findet man z. B. in P. M. Morse und U. Ingard, Theoretical Acoustics, Ch. 9.4. Mc Graw Hill, New York 1968.

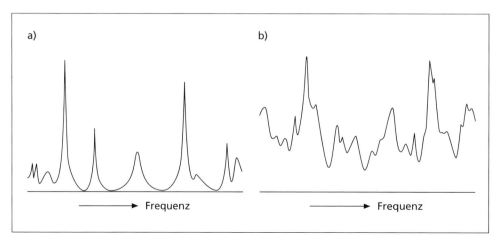

Fig. 9.8 Zur Frequenzabhängigkeit des Schalldruckbetrags nach Gl. (30).
a) Bei kaum überlappenden Resonanzen,
b) bei starker Überlappung

Summenglied den weitaus überwiegenden Beitrag zu p_ω. In diesem Fall kann man die einzelnen Eigenschwingungen praktisch getrennt voneinander anregen und beobachten, indem man die Anregungsfrequenz gleich der entsprechenden Eigenfrequenz wählt.

2. Die Eigenfrequenzen liegen so dicht beieinander bzw. die Halbwertsbreiten sind so groß, dass sich die Resonanzkurven vielfach überlappen (s. Fig. 9.8b). In der Gl. (30) nehmen dann bei jeder beliebigen Anregungsfrequenz zahlreiche Summenglieder merkliche Werte an und tragen mit unterschiedlichsten Phasen zum Gesamtschalldruck $p_\omega(\mathbf{r})$ bei. Die Fig. 9.9 soll diese Überlagerung an Hand eines Zeigerdiagramms verdeutlichen. Jeder Zeiger stellt ein Summenglied der Gl. (30) dar, seine Länge entspricht dem Betrag, seine Orientierung der Phase des betreffenden Glieds. Das Bild bezieht sich auf eine bestimmte Frequenz; bei einer anderen Frequenz (oder bei gleicher Frequenz, aber an einer anderen Stelle des Raumes) wäre zwar das allgemeine Erscheinungsbild dasselbe, im einzelnen sähe das Diagramm aber ganz anders aus und auch die Resultierende hätte einen anderen Wert. Ein Maximum des Betrags von p_ω entsteht dadurch, dass bei der betreffenden Frequenz viele Glieder der Summe (30) sich mit überwiegend gleicher Phase überlagern, dass in Fig. 9.9 also viele Zeiger überwiegend in die gleiche Richtung weisen. Dagegen löschen sich bei einem Minimum die beteiligten Summenglieder zufällig weitgehend aus, der resultierende Zeiger ist nur kurz. Die Eigenschwingungen können in diesem Fall natürlich nicht getrennt angeregt werden.

Nun besagt die Gl. (10), dass die mittlere Dichte der Eigenfrequenzen quadratisch mit der Frequenz anwächst. Man wird also erwarten, dass bei sehr tiefen Frequenzen der Fall 1

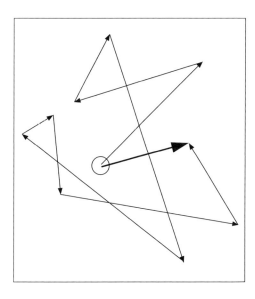

Fig. 9.9 Zeigerdiagramm für eine bestimmte Frequenz bei starker Resonanzüberlappung. Dicker Zeiger: resultierender Schalldruck

gegeben ist, bei hinreichend hohen Frequenzen aber der Fall 2 vorliegt. Nehmen wir an, dass es einen repräsentativen Mittelwert $\langle 2\Delta f \rangle$ für die Halbwertsbreiten der Resonanzen gibt und dass man von deutlicher Resonanzüberlappung sprechen kann, wenn im Mittel mindestens drei Eigenfrequenzen innerhalb einer Halbwertsbreite liegen. Das ist der Fall, wenn für die Eigenfrequenzdichte $dN_f/df \geq 3/\langle 2\Delta f \rangle$ gilt, oder, mit den Gln. (10) und (25)

$$f \geq \sqrt{\frac{3c^3}{4V\langle \delta \rangle}} \tag{31}$$

Dabei ist $\langle \delta \rangle$ der Mittelwert der Konstanten δ_n.

Die Summe in Gl. (30) ist die Übertragungsfunktion des Hohlraums, wenn man diesen als ein Übertragungssystem im Sinne des Abschnitts 2.10 auffasst:

$$\underline{G}(\omega) = \sum_{n=0}^{\infty} \frac{\omega C_n p_n(\mathbf{r})}{\omega^2 - \omega_n^2 - j2\omega\delta_n} \tag{32}$$

Im übernächsten Abschnitt werden einige allgemeine Eigenschaften dieser Übertragungsfunktion angegeben.

9.6 Freie Hohlraumschwingungen

Im Hinblick auf die Raumakustik, wo man es fast immer mit zeitlich veränderlichen Signalen zu tun hat, soll nun das transiente akustische Verhalten eines Hohlraums erörtert werden, d. h. wir betrachten seine Reaktion auf ein zeitlich veränderliches Anregungssignal. Der Prototyp eines solchen Signals ist ein sehr kurzer Impuls, dargestellt durch eine

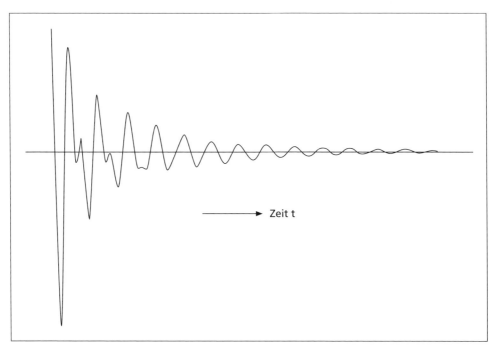

Fig. 9.10 Raumimpulsantwort, bestehend aus drei abklingenden Eigenschwingungen mit unterschiedlichen Abklingkonstanten

Deltafunktion $\delta(t)$, der von der Schallquelle erzeugt wird. Am Ausgangs des Systems, also am gewählten Beobachtungsort erhält man dann die Impulsantwort des Raumes. Diese lässt sich nach den Ausführungen von Abschnitt 2.9 durch Fouriertransformation der Übertragungsfunktion bestimmen, hier also der Gl. (32). Die gesuchte Impulsantwort ist von der Gestalt

$$g(t) = \sum_{n=0}^{\infty} B_n \cdot \cos(\omega_n t + \varphi_n) \cdot e^{-\delta_n t} \quad \text{für } t \geq 0 \tag{33}$$

was man leicht durch Rücktransformation in den Frequenzbereich verifizieren kann. Sie setzt sich also aus gedämpften Sinusschwingungen unterschiedlicher Frequenz zusammen, die Konstanten δ_n, die mittels Gl. (21) als Abkürzung eingeführt worden sind, erweisen sich jetzt als die Abklingkonstanten der einzelnen Komponenten.

In Fig. 9.10 ist als Beispiel für eine solche Impulsantwort die Überlagerung von drei Summengliedern mit unterschiedlichen Frequenzen, Amplituden, Phasenwinkeln und Abklingkonstanten ω_n nach Gl. (33) dargestellt. Die am stärksten gedämpften Teilschwingungen verschwinden schon bald aus dem Schwingungsgemisch; der Schluss der Impulsantwort besteht im wesentlichen aus der Komponente mit der kleinsten Abklingkonstante.

Freie Hohlraumschwingungen

Wesentlich übersichtlicher gestalten sich die Verhältnisse, wenn man sich für das Abklingen der Energiedichte interessiert, die dem Quadrat des Schalldrucks proportional ist. Aus der Gl. (33) findet man zunächst durch Quadrieren:

$$[g(t)]^2 = \sum_{n=0}^{\infty}\sum_{m=0}^{\infty} B_n B_m \cdot \cos(\omega_n t + \varphi_n)\cos(\omega_m t + \varphi_m) \cdot e^{-(\delta_n+\delta_m)t} \quad \text{für } t \geq 0 \quad (34)$$

Nun soll eine Kurzzeitmittelung dieser Summe vorgenommen werden mit Mittelungszeiten, die deutlich größer als die Perioden $2\pi/\omega_n$ bzw. $2\pi/\omega_m$ der Kosinusfunktionen, aber deutlich kleiner als $1/\delta_n$ bzw. $1/\delta_m$ sind. Wegen der Voraussetzung (30a) ist dies ohne weiteres möglich. Für das Produkt der beiden Kosinusfunktionen kann man auch schreiben:

$$\frac{1}{2}\cdot\cos[(\omega_n+\omega_m)t+\varphi_n+\varphi_m] + \frac{1}{2}\cos[(\omega_n-\omega_m)t+\varphi_n-\varphi_m]$$

Für $m \neq n$ stellt jeder dieser Terme eine schnell veränderliche Funktion mit dem Mittelwert 0 dar, verschwindet also bei der Kurzzeitmittelung. Eine Ausnahme bildet der zweite Term für $m = n$; er nimmt dann den Wert ½ an. Durch die Mittelung geht daher die Doppelsumme (34) in die einfache Summe

$$\overline{[g(t)]^2} = \frac{1}{2}\sum_{n=0}^{\infty} B_n^2 \cdot e^{-2\delta_n t} \quad \text{für } t \geq 0 \quad (35)$$

über. Die „energetische Impulsantwort" erweist sich somit als viel einfacher als die schalldruckbezogene Impulsantwort nach Gl. (33). Falls sich die Abklingkonstanten nicht all zu sehr voneinander unterscheiden, kann man sie durch ihren Mittelwert $\langle\delta\rangle$ ersetzen. Dann kann man für die Energiedichte im abklingenden Schallfeld, die ja dem Schalldruckquadrat proportional ist

$$w(t) = w_0 e^{-2\langle\delta\rangle t} \quad \text{für } t \geq 0 \quad (36)$$

schreiben. In der Raumakustik ist dieser Fall häufig gegeben. Den durch G. (36) beschriebenen Abklingvorgang nennt man dort den Nachhall. Die Geschwindigkeit des Abklingens kennzeichnet man i. Allg. nicht durch eine Abklingkonstante, sondern durch die so genannte Nachhallzeit. Man versteht darunter die Zeit, in welcher die Energiedichte auf den millionsten Teil ihres Anfangswerts abfällt (s. Fig. 9.11). Aus der Gleichung

$$10^{-6} = e^{-2\langle\delta\rangle T}$$

ergibt sich durch Logarithmieren:

$$T = \frac{3\cdot\ln 10}{\langle\delta\rangle} \approx \frac{6{,}9}{\langle\delta\rangle} \quad (37)$$

Hiermit und mit der Schallgeschwindigkeit in Luft geht übrigens die Bedingung Gl. (31) über in

$$f > 2000\sqrt{\frac{T}{V}} \qquad (38)$$

Man bezeichnet sie häufig als „Großraumbedingung"

9.7 Statistische Eigenschaften der Übertragungsfunktion

Bei größeren Räumen ist die Bedingung (38) im ganzen interessierenden Frequenzbereich erfüllt, sodass der Grenzfall 2 im Abschnitt 9.5 als typisch für die Raumakustik anzusehen ist. Die Gl. (32) kann dann Hunderte von Gliedern umfassen, die von merklicher Größe sind und daher berechnet werden müssten. Unter diesen Umständen ist zweckmäßiger, bestimmte allgemeine Eigenschaften der Übertragungsfunktion durch statistische Überlegungen zu ermitteln. Diese sehr erfolgreiche Betrachtungsweise und die mit ihr gewonnenen Ergebnisse gehen im wesentlichen auf *M. R. Schroeder* zurück.

Das erste bezieht sich auf den Wertevorrat der Übertragungsfunktion $\underline{G}(\omega)$ bzw. ihres Betrags. Regt man einen Raum mit einem Sinussignal an, dessen Frequenz sehr langsam über den ganzen interessierenden Bereich variiert wird, dann zeigt der in einem Raumpunkt gleichzeitig registierte Schalldruckpegel typischerweise den in Fig. 9.12 gezeigten Verlauf. Man nennt eine solche Kurve die "Frequenzkurve" eines Raumes für eine bestimmte Quellen- und Empfängerposition. Sie ist die logarithmische Darstellung des Betrags der Raumübertragungsfunktion $\underline{G}(\omega)$.

Wie weiter aus dem Zeigerdiagramm in Fig. 9.10 zu ersehen ist, setzt sich sowohl der Realteil G_1 als auch der Imaginärteil G_2 einer Raumübertragungsfunktion aus einer großen Zahl von Komponenten zusammen, die praktisch als zufällig und als voneinander unabhängig angesehen werden können. Unter diesen Umständen kann man den zentralen Grenzwertsatz der Wahrscheinlichkeitsrechnung anwenden, demzufolge G_1 und G_2 jeweils einer Gaußschen Normalverteilung gehorchen. Dann ist auch der Betrag $|\underline{G}| = (G_1^2 + G_2^2)^{1/2}$ zufallsverteilt, nämlich nach der sog. Rayleigh-Verteilung. Bezeichnen wir mit z den Betrag des Schalldrucks, dividiert durch seinen über alle Frequenzen gemittelten Wert, dann ist die Wahrscheinlichkeit dafür, bei irgendeiner Frequenz (oder in irgendeinem Raumpunkt) einen Wert zwischen z und z + dz anzutreffen:

$$W(z)dz = \frac{\pi}{2}e^{-\pi z^2/4}zdz \quad \text{mit} \quad z = \frac{|\underline{p}_\omega|}{\overline{|\underline{p}_\omega|}} \qquad (39)$$

Diese Verteilung ist in Fig. 9.13 gezeigt. Ihre mittlere Standardabweichung ist

$$\sigma_z = \sqrt{\langle z^2 \rangle - \langle z \rangle^2} = \sqrt{\frac{4}{\pi} - 1} = 0{,}523$$

In dem Schlauch zwischen 1- σ_z und 1+ σ_z liegen etwa 67% aller vorkommenden z-Werte. Damit gleichbedeutend ist die Aussage, dass eine Frequenzkurve zu 67% in einem Schlauch mit einer Breite von

Statistische Eigenschaften der Übertragungsfunktion

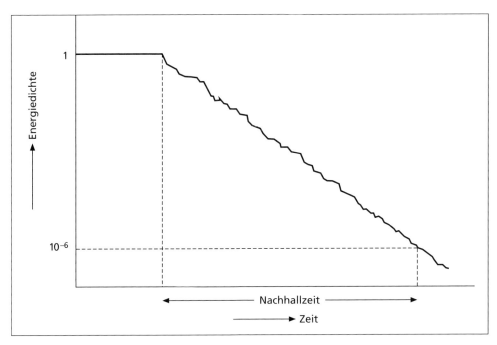

Fig. 9.11 Definition der Nachhallzeit

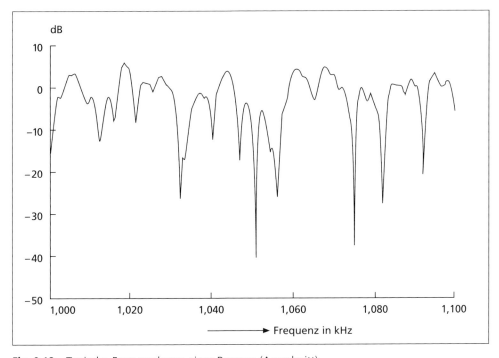

Fig. 9.12 Typische Frequenzkurve eines Raumes (Ausschnitt)

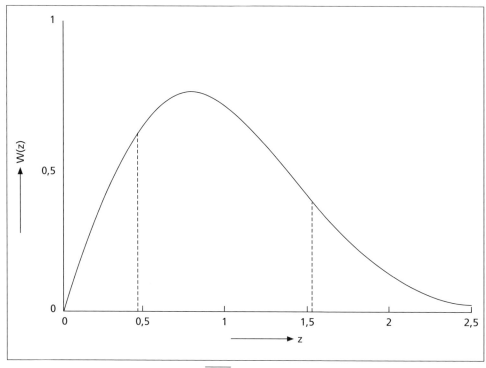

Fig. 9.13 Rayleighverteilung ($z = |p_\omega|/\overline{|p_\omega|}$)

$$20\log_{10}\left(\frac{1+0{,}523}{1-0{,}523}\right) \approx 10 \text{ dB}$$

verläuft.

Des weiteren kann man gewisse Aussagen über die Aufeinanderfolge der Maxima längs einer Frequenzkurve machen. So ist der mittlere Frequenzabstand zweier benachbarter Maxima (oder Minima):

$$(\Delta f)_{max} \approx \frac{4}{T} \qquad (40)$$

wobei T die im vorangehenden Abschnitt eingeführte Nachhallzeit ist.

Der Verteilung (39) zufolge kommen in einer Frequenzkurve beliebig hohe Werte des Schalldruckbetrags vor, allerdings mit immer kleiner werdender Wahrscheinlichkeit. Nun sind nicht all ihre Werte voneinander unabhängig; die im wesentlich durch die Resonanznenner in Gl. (30) bzw. (32) bestimmte Frequenzabhängigkeit verknüpft eng benachbarte Werte miteinander. Betrachtet man einen Ausschnitt der Bandbreite B aus einer Frequenzkurve, dann genügen endlich viele gleichabständig entnommene Proben, um sie zureichend zu repräsentieren. Unter diesen Umständen gibt es auch einen größten Wert, also ein

Statistische Eigenschaften der Übertragungsfunktion

absolutes Maximum der Frequenzkurve, das sich sogar angeben lässt. Sein Pegelabstand gegenüber dem quadratischen Mittelwert der Frequenzkurve ist

$$\Delta L_{max} = 4{,}34\ln[\ln(BT)] \ \text{dB} \qquad (41)$$

Demnach weist die Frequenzkurve eines Raumes mit einer Nachhallzeit von 2 Sekunden im Mittel alle 2 Hz ein Maximum auf. Weiterhin liegt ihr absolutes Maximum in einem Frequenzbereich von 10000 Hz knapp 10 dB über dem Mittelwert. Dieser Wert ist für die Funktion von Beschallungsanlagen in geschlossenen Räumen von Belang.

Es ist bemerkenswert, dass die hier beschriebenen Frequenzkurveneigenschaften für alle Räume gleich sind, also keine akustischen Besonderheiten des Raumes widerspiegeln – abgesehen von der Nachhallzeit. Das steht scheinbar im Widerspruch mit der Tatsache, dass die Übertragungsfunktion eines Systems all seine Übertragungseigenschaften enthält. Tatsächlich gilt das auch für die Übertragungsfunktion eines Raumes. Allerdings schlagen sich die für das Hören maßgebenden akustischen Eigenschaften eines Raumes nicht gerade in offensichtlichen Merkmalen seiner Frequenzkurve nieder. Wie wir in Kapitel 13 sehen werden, zeigen sie sich eher in seiner Impulsantwort.

10 Schallwellen im isotropen Festkörper

Schallwellen in Festkörpern scheinen im Alltagsleben keine große Rolle zu spielen. Aber der Schein trügt: Ein großer Teil des Lärms, unter dem wir zu leiden haben, entsteht dadurch, dass Schallwellen, die zunächst in Maschinenteilen, also in festen Strukturen erregt werden, von irgendwelchen Verkleidungen in die Umgebung abgestrahlt werden. In diesem Zusammenhang spricht man oft von „Körperschall" und meint damit eben die Wellen, die sich in Maschinenteilen, also im „festen Körper" ausbreiten. Auch in Bauten tritt Körperschall auf, der sich in Wänden und Decken ausbreitet und dafür verantwortlich ist, dass man auch in seiner Wohnung akustisch nicht völlig isoliert ist, sondern von seinem Nachbarn oder anderen Lärmquellen mitunter mehr hört als einem lieb ist.

Weniger alltäglich, aber darum nicht weniger wichtig ist die Rolle, die der Festkörperschall in der Ultraschalltechnik spielt. Dabei ist vor allem an die zerstörungsfreie Materialprüfung mit Ultraschall zu denken, auf die im Kapitel 16 noch näher eingegangen wird.

10.1 Schallwellen im unbegrenzten Festkörper

Zunächst betrachten wir einen isotropen Festkörper einheitlicher Zusammensetzung, der nach allen Seiten hin unbegrenzt ist. Legt man kartesische Koordinaten zugrunde, dann gehorchen die Komponenten ξ, η und ζ einer Teilchenauslenkung den drei miteinander verkoppelten Wellengleichungen (3.27). Dass in jeder von ihnen alle drei Komponenten vorkommen, macht die Wellenausbreitung selbst in einem isotropen Festkörper wesentlich komplizierter als die in einem Fluid.

Einen Überblick über die möglichen Wellenarten kann man sich dennoch verschaffen, indem man sich auf ebene Wellen beschränkt, die sich etwa in x-Richtung ausbreiten mögen. Dann verschwinden in diesen Wellengleichungen alle partiellen Ableitungen der Verschiebungskomponenten nach y und nach z. Von dem Laplace-Operator auf der linken Seite bleibt eine zweifache Differentiation nach x übrig; der Differentialquotient im zweiten Term der Gl. (3.27a) reduziert sich auf $\partial^2\xi/\partial x^2$, während er in den beiden anderen Gleichungen ganz verschwindet. Man erhält dadurch voneinander unabhängige, eindimensionale Wellengleichungen für die drei Auslenkungskomponenten:

$$(2\mu + \lambda)\frac{\partial^2 \xi}{\partial x^2} = \rho_0 \frac{\partial^2 \xi}{\partial t^2} \qquad (1a)$$

$$\mu \frac{\partial^2 \eta}{\partial x^2} = \rho_0 \frac{\partial^2 \eta}{\partial t^2} \tag{1b}$$

$$\mu \frac{\partial^2 \zeta}{\partial x^2} = \rho_0 \frac{\partial^2 \zeta}{\partial t^2} \tag{1c}$$

Die erste bezieht sich auf eine Welle, bei der – wie bei Schallwellen in Gasen und Flüssigkeiten – die Teilchenschwingung in Richtung der Schallausbreitung erfolgt. Sie ist also eine Longitudinalwelle, in der nach Gl. (3.18) nur Zugspannungen auftreten. Anders bei den Wellen, die durch die Gln. (1b) und (1c) beschrieben werden: hier schwingen die Teilchen senkrecht zur Ausbreitungsrichtung, also transversal. Solche Wellen bezeichnet man daher als Transversalwellen, das Material wird hier nur auf Scherung beansprucht. Wir können also festhalten, dass in einem isotropen Festkörper drei voneinander unabhängige ebene Wellenarten existieren können, nämlich eine Longitudinalwelle und zwei Transversalwellen mit zueinander senkrechten Schwingungsrichtungen. Welche Welle tatsächlich vorliegt bzw. in welchem Verhältnis die einzelnen Wellenarten vorkommen, hängt von der Art ihrer Entstehung ab.

Durch Vergleich mit der Gl. (3.21) erkennt man, dass die Ausbreitungsgeschwindigkeit der Longitudinalwelle durch

$$c_L = \sqrt{\frac{2\mu + \lambda}{\rho_0}} \tag{2}$$

gegeben ist. Die Transversalwellen breiten sich dagegen mit der kleineren Wellengeschwindigkeit

$$c_T = \sqrt{\frac{\mu}{\rho_0}} \tag{3}$$

aus. In der Tabelle 10.1 sind die Fortpflanzungsgeschwindigkeiten beider Wellenarten für eine Anzahl von Stoffen aufgeführt.

Fig. 10.1a und b zeigt die durch eine Longitudinalwelle und eine Transversalwelle verursachten Verzerrungen des Mediums in Form eines Netzes, das im Ruhezustand aus quadratischen Zellen besteht. Bei der Longitudinalwelle werden die Stoffelemente in Richtung der Ausbreitung gedehnt oder gestaucht, wobei sich natürlich die Dichte des Mediums ändert. Die Longitudinalwelle wird daher auch als Kompressionswelle oder als Dichtewelle bezeichnet. Bei der Transversalwelle bleibt der Inhalt der einzelnen Zellen dagegen unverändert, es ändert sich nur ihre Form: die Zellen werden durch die Welle „geschert". Daher heißt die Transversalwelle auch Scherwelle oder Schubwelle.

Natürlich braucht bei einer Transversalwelle die Teilchenschwingung nicht parallel zur y-Achse oder z-Ebene erfolgen; durch Linearkombination beider Auslenkungskomponenten kann man zu vielen weiteren Möglichkeiten gelangen. Sei etwa

$$\eta(x,t) = \hat{\eta}\cos(\omega t - k_T x - \varphi_1) \quad \text{und} \quad \zeta(x,t) = \hat{\zeta}\cos(\omega t - k_T x - \varphi_2), \tag{4}$$

Tabelle 10.1 Schallgeschwindigkeiten einiger fester Stoffe

Stoff	Dichte (kg/m^3)	Schallgeschwindigkeit in m/s		Wellenwiderstand longitudinal (Ns/m^3)
		longitudinal	transversal	
Metalle:				
Aluminium (gewalzt)	2700	6420	3040	17,3
Blei (gewalzt)	11400	2160	700	24,6
Gold	19700	3240	1200	63,8
Silber	10400	3640	1610	37,9
Kupfer (gewalzt)	8930	5010	2270	44,7
Kupfer (geglüht)	8930	4760	2325	42,5
Magnesium	1740	5770	3050	10,0
Messing (70% Cu, 30% Zn)	8600	4700	2110	40,4
Stahl (rostfrei)	7900	5790	3100	45,7
Stahl (1%C)	7840	5940	3220	46,6
Zink (gewalzt)	7100	4210	2440	29,9
Zinn (gewalzt)	7300	3320	1670	24,2
Nichtmetalle:				
Glas (Flintglas)	3600	4260	2552	15,3
Glas (Kronglas)	2500	5660	3391	14,2
Quarzglas	2200	5968	3764	13,1
Plexiglas	1180	2680	1100	3,16
Polyethylen	900	1950	540	1,76
Polystyrol	1060	2350	1120	2,49

Schallwellen im unbegrenzten Festkörper

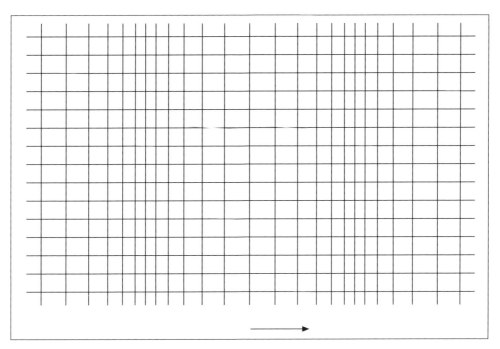

Fig. 10.1 Ebene Wellen im isotropen Festkörper.
a) Longitudinalwelle,

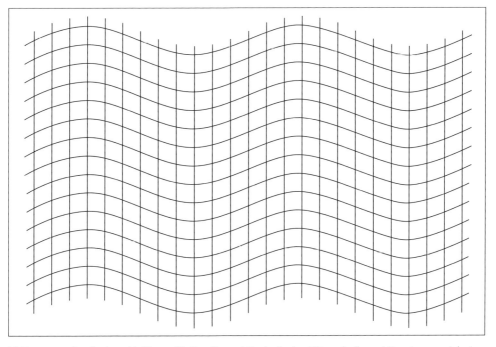

b) Transversalwelle (aus H. Kuttruff, Physik und Technik des Ultraschalls, s. Literaturverzeichnis, mit freundlicher Genehmigung des Verlags)

Schallwellen im isotropen Festkörper

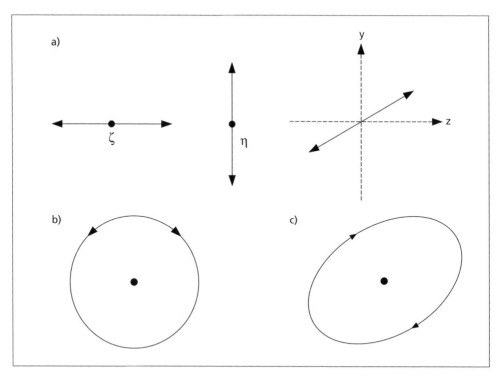

Fig. 10.2 Polarisation von Transversalwellen.
a) lineare Polarisation,
b) rechts- oder linkszirkulare Polarisation,
c) elliptische Polarisation (aus H. Kuttruff, Physik und Technik des Ultraschalls, s. Literaturverzeichnis, mit freundlicher Genehmigung des Verlags)

dann bildet bei Phasengleichheit ($\varphi_1 = \varphi_2$) die Schwingungsrichtung mit der y-Achse den Winkel $\varepsilon = \arctan(\hat{\zeta}/\hat{\eta})$.

In all diesen Fällen spricht man von „linear polarisierten Wellen". Sind dagegen beide Phasenwinkel ungleich, dann umlaufen die Teilchen ihren Ruhepunkt auf einer Ellipsenbahn (elliptische Polarisation), ihre Winkelgeschwindigkeit ist ω. Ein Sonderfall dieser Wellenart tritt auf, wenn die Amplituden beider Schwingungskomponenten einander gleich sind ($\hat{\zeta} = \hat{\eta}$) und sich die beiden Phasenwinkel um $\pi/2$ unterscheiden, d. h. $\varphi_2 - \varphi_1 = \pm \pi/2$ ist. Dann wird aus der elliptischen Teilchenbahn wegen $\hat{\zeta} + \hat{\eta} = $ const. eine Kreisbahn, die entweder im Uhrzeigersinn oder ihm entgegen durchlaufen wird, je nach dem Vorzeichen der Phasendifferenz. Dies ist der Fall der recht- oder linkszirkularen Polarisation. Die Fig. 10.2 stellt verschiedene Polarisationen von Transversalwellen dar.

Wir kommen noch einmal auf das in Fig. 10.1b gezeigte Verzerrungsmuster einer Transversalwelle zurück. Die Zeichenebene sei $z = 0$, in ihr liege auch die Schwingungsrichtung. Nach Gl. (3.18) ist σ_{xy} die einzige von Null verschiedene elastische Spannung, es treten also keine Kräfte senkrecht zur Zeichenebene auf. Daher wird das dargestellte

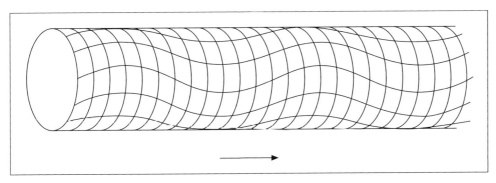

Fig. 10.3 Torsionswelle auf einem kreiszylindrischen Stab (aus H. Kuttruff, Physik und Technik des Ultraschalls, s. Literaturverzeichnis, mit freundlicher Genehmigung des Verlags)

Wellenfeld nicht gestört, wenn wir uns parallel zur Zeichenebene freie Oberflächen des Körpers vorstellen. Wir schließen daraus, dass sich ebene Transversalwellen auch in planparallelen Platten beliebiger Dicke ausbreiten können und zwar mit derselben Geschwindigkeit wie im unbegrenzten Körper.

Auch in Stäben mit kreis- oder kreisringförmigem Querschnitt gibt es reine Transversalwellen. Bei ihnen werden benachbarte Querschnitte gegeneinander verdreht. Man bezeichnet sie daher auch als Torsionswellen. Die Fig. 10.3 zeigt eine Torsionswelle auf einem kreiszylindrischen Stab. Auch hier gibt es keine zur Stabachse senkrechte Teilchenauslenkung. Die Ausbreitungsgeschwindigkeit dieser Welle ist wiederum durch Gl. (3) gegeben.

Für die Messung von Schallgeschwindigkeiten sind zahlreiche Präzisionsmethoden entwickelt worden. Durch sie kann man die Laméschen Konstanten sowie die anderen, mit ihnen verknüpften Elastizitätszahlen (s. Unterabschnitt 10.3.1) mit hoher Genauigkeit bestimmen, und zwar schon an sehr kleinen Proben. Auch für anisotrope Festkörper, z. B. für Kristalle können die elastischen Konstanten auf diese Weise genau ermittelt werden.

10.2 Reflexion und Brechung; Rayleighwelle

Nunmehr betrachten wir, wie in Fig. 10.4 dargestellt, zwei fest miteinander verbundene, verschiedene Festkörper. Auf die Grenzfläche zwischen ihnen falle eine ebene Longitudinal- oder Transversalwelle ein, die Schwingungsrichtung der letzteren soll in der Zeichenebene $z = 0$ liegen. Während bei fluiden Stoffen nur die Normalschnelle und der Schalldruck p auf beiden Seiten der Grenzfläche gleich sein müssen, so ist hier zu fordern, dass alle Schnelle- oder Auslenkungskomponenten, weiter aber auch die Normalspannung σ_{xx} und die Scherspannung σ_{xy} auf beiden Seiten der Ebene $x = 0$ übereinstimmen.

Schallwellen im isotropen Festkörper

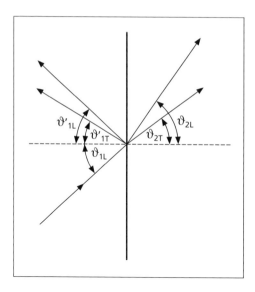

Fig. 10.4 Reflexion und Brechung an der Grenze zwischen zwei Festkörpern

Diese vielen Randbedingungen bedingen ein entsprechend kompliziertes Wellenfeld. Demgemäß tritt bei Schalleinfall auf die Grenzfläche nicht nur jeweils eine einzige reflektierte und gebrochene Welle auf, sondern zwei, nämlich je eine longitudinale und eine transversale Welle, wobei bei der letzteren die Schwingungsrichtung in der Zeichenebene liegt. Hiervon ausgenommen ist nur der Fall senkrechten Schalleinfalls. Die auftretenden Reflexions- und Brechungswinkel gehorchen einem verallgemeinerten Reflexions- und Brechungsgesetz (vgl. Gl. (6.1):

$$\frac{c_{1L}}{\sin \vartheta_{1L}} = \frac{c_{1L}}{\sin \vartheta'_{1L}} = \frac{c_{1T}}{\sin \vartheta'_{1T}} = \frac{c_{2L}}{\sin \vartheta_{2L}} = \frac{c_{2T}}{\sin \vartheta_{2T}} \tag{5}$$

Die gestrichenen Größen beziehen sich auf die reflektierten Komponenten; c_{iL} und c_{iT} ($i = 1$ oder 2) sind die Longitudinal- und Transversalwellengeschwindigkeiten in beiden Medien. Ist die einfallende Welle transversal mit Schwingungsrichtung in der Zeichenebene, dann ist der erste Bruch in Gl. (5) durch $c_{1T}/\sin \vartheta_{1T}$ zu ersetzen. Das gilt auch dann, wenn die Teilchenschwingung senkrecht dazu, also in z-Richtung erfolgt; allerdings bildet sich dann keine reflektierte oder gebrochene Longitudinalwelle und demgemäß entfällt der zweite und der vierte Term. Abgesehen vom letztgenannten Fall, wandelt sich an einer Grenzfläche stets ein Wellentyp teilweise in den anderen um.

Es kann der Fall auftreten, dass eine oder mehrere der obigen Teilgleichungen nicht befriedigt werden können, da der Betrag der Sinusfunktion den Wert 1 nicht übersteigen kann. Dann verschwindet eine der Sekundärwellen. Ist z. B. $c_{2L} > c_{1L}$, dann muss der vierte Term in Gl. (5) für Einfallswinkel $\vartheta_{1L} > \arcsin(c_{1L}/c_{2L})$ verschwinden; es gibt dann keine gebrochene Longitudinalwelle. Ist außerdem $c_{2T} > c_{1L}$, dann gibt es für $\vartheta_{1L} > \arcsin(c_{1L}/c_{2T})$ überhaupt keine gebrochene Welle (Totalreflexion).

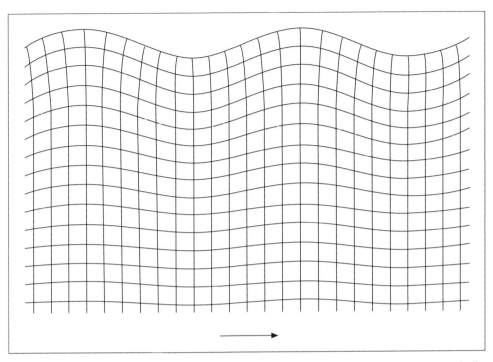

Fig. 10.5 Oberflächen- oder Rayleighwelle (aus H. Kuttruff, Physik und Technik des Ultraschalls, s. Literaturverzeichnis, mit freundlicher Genehmigung des Verlags)

Ist eines der beiden Medien fluid, d. h. flüssig oder gasförmig, dann kann in diesem natürlich keine reflektierte bzw. gebrochene Transversalwelle auftreten. Die Zahl der Randbedingungen vermindert sich dementsprechend, da an der Grenzfläche die Scherspannung σ_{xy} verschwindet und auch die Gleichheit der zur Grenzfläche parallelen Auslenkungskomponenten nicht mehr verlangt werden muss. Nimmt der Festkörper nur den Halbraum ein, d. h. hat er bei x = 0 eine freie Oberfläche, dann gilt für diese außerdem $\sigma_{xx} = 0$. Aus einer einfallenden Longitudinal- oder Transversalwelle mit Schwingungsrichtung in der xy-Ebene entstehen dann i. Allg. zwei reflektierte Wellen, nämlich je eine longitudinale und eine transversale Welle. Für die Reflexionswinkel gilt die Gl. (5) entsprechend. Das gilt allerdings nicht, wenn die einfallende Welle transversal ist mit einem Einfallswinkel $\vartheta_{1T} > \arcsin(c_{1T}/c_{1L})$ ist; in diesem Fall wird nur eine Transversalwelle reflektiert.

Längs einer freien Festkörperoberfläche kann sich ferner eine weitere Wellenart ausbreiten, die Rayleighwelle. Sie entspricht den Oberflächenwellen auf einer Wasserfläche mit dem Unterschied, dass als Rückstellkraft nicht die Schwerkraft oder die Oberflächenspannung wirkt, sondern die Elastizität des Festkörpers. Die Rayleighwelle lässt sich als eine besondere Kombination longitudinaler und transversaler Wellenanteile auffassen (s. Fig. 10.5); Teilchen in der Nähe der Oberflächen bewegen sich auf elliptischen Bahnen. Im übrigen ist die Wellenbewegung auf einen oberflächennahen Bereich be-

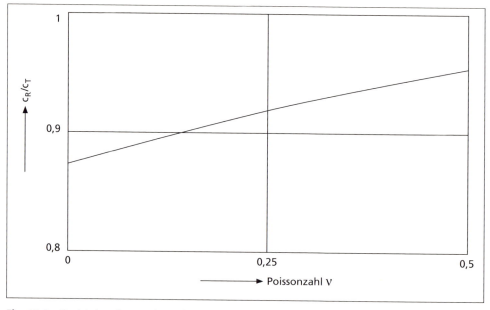

Fig. 10.6 Rayleighwellengeschwindigkeit als Funktion der Poissonzahl ν (aus H. Kuttruff, Physik und Technik des Ultraschalls, s. Literaturverzeichnis, mit freundlicher Genehmigung des Verlags)

schränkt; mit wachsendem Abstand von der Oberfläche nehmen die Auslenkungen exponentiell ab. Im Abstand von etwa zwei Rayleighwellenlängen von der Oberfläche ist die Auslenkung schon nahezu Null.

Die Ausbreitungsgeschwindigkeit c_R der Oberflächenwelle ist stets etwas kleiner als die der Transversalwelle. Für sie gibt es keine geschlossene Formel. In Fig. 10.6 ist sie als Funktion der Poissonzahl ν (s. Gl. (7)) dargestellt.

Die Rayleighwelle spielt eine besondere Rolle in der Seismik, da sie von allen entstehenden Erdbebenwellen die größte Amplitude hat und daher in erster Linie für die durch Erdbeben verursachten Verwüstungen verantwortlich ist. Sie hat aber auch wichtige technische Anwendungen in der Signalverarbeitung: Auf piezoelektrischen Substraten kann man hochfrequente Rayleighwellen mit frequenzselektiven elektroakustischen Wandlerstrukturen erzeugen und wieder in elektrische Signale zurückverwandeln. Auf diese Weise lassen sich sehr kleine elektrische Filter mit vorgeschriebenen Eigenschaften realisieren.

10.3 Wellen in Platten und Stäben

Die im Abschnitt 10.1 besprochenen „Raumwellen", also die Kompressions- und die Scherwelle sind besonders für die Ultraschalltechnik von Bedeutung. Bei den dort benutzten Frequenzen liegen die Wellenlängen nämlich oft im Millimeterbereich, sodass schon ein mäßig großer Körper, etwa ein Werkstück, als annähernd unbegrenzt angesehen werden kann. Im Bereich des hörbaren Schall sind dagegen eher Wellen von Bedeutung, die sich auf Platten oder Stäben ausbreiten. Das gilt für Wände und Decken in Gebäuden ebenso wie für viele Komponenten von Maschinen oder auch von manchen Musikinstrumenten. Eine Art solcher Platten- oder Stabwellen haben wir oben schon kennen gelernt, nämlich die reine Transversal- oder Scherwelle. Weitere Wellenarten sollen nun im Rest dieses Kapitels behandelt werden.

Sofern nicht anders gesagt, setzen wir auch hier voraus, dass die hier zur Rede stehenden Platten und Stäbe aus einem isotropen Material bestehen, dass sie unbegrenzt sind und dass keine äußeren Kräfte auf sie einwirken, allenfalls abgesehen von einer Quelle, von der an einer bestimmten Stelle vorgegebene Schwingungen eingeleitet werden. Die Bedingung der Kraftfreiheit bedeutet, dass auf die Platten- oder Staboberfläche keinerlei Zug- und Schubspannungen einwirken.

10.3.1 Dehnung und Biegung

Als Vorbereitung für das folgende werden in diesem Abschnitt einige Zusammenhänge der Elastizitätslehre behandelt, die zwar elementar, aber doch vielleicht nicht jedem Leser geläufig sind.

Dehnt man einen Stab mit der Länge l und der Querschnittsfläche S durch eine Zugkraft F, dann verlängert er sich bekanntlich (s. Fig. 10.7a). Die relative Längenänderung ist der Kraft pro Flächeneinheit proportional:

$$\frac{\delta l}{l} = \frac{1}{Y} \cdot \frac{F}{S} \tag{6}$$

Y ist eine Materialkonstante und wird Elastizitätsmodul genannt. Gleichzeitig mit der Längenänderung erfährt der Stab eine Verminderung all seiner Querabmessungen, d.h. er wird etwas dünner, wobei diese Verminderung einen gewissen Bruchteil der relativen Längenänderung ausmacht, der wiederum materialabhängig ist. Z.B. ist für einen kreisrunden Stab mit dem Radius a:

$$\frac{\delta a}{a} = -\nu \frac{\delta l}{l} \tag{7}$$

Diese Änderung der Querabmessungen wird als Querkontraktion bezeichnet, und dementsprechend heißt die Konstante ν Querkontraktionszahl oder auch Poissonzahl. Ihr Wert liegt zwischen 0 und 0,5.

Identifizieren wir die Stabachse mit der x-Achse eines rechtwinkligen Koordinatensystems und bezeichnen die Zugspannung dementsprechend mit σ_{xx} (s. Abschnitt 3.1), dann besagt die Gl. (6):

$$\sigma_{xx} = Y \frac{\partial \xi}{\partial x} \tag{8}$$

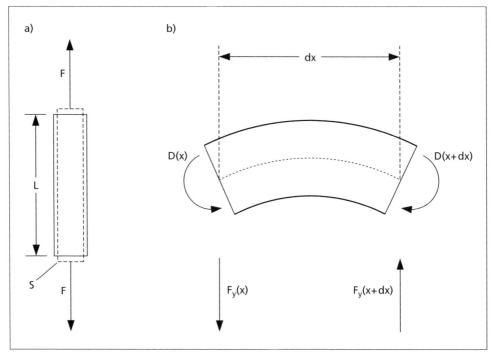

Fig. 10.7 Elastische Verformungen.
a) Dehnung und Querkontraktion,
b) Biegung

Der Differentialquotient auf der rechten Seite ist die Dehnung in x-Richtung, also der differentielle Ausdruck für die relative Längenänderung des Stabes.

Eine weitere elementare Verformung eines Stabs oder einer Platte ist die Biegung. Der Vorgang ist in Fig. 10.7b dargestellt. Die in der Mittellinie gelegene Materialschicht ist die „neutrale Faser", sie wird bei der Dehnung nicht beansprucht. Darunter wird das Material gedehnt und zwar umso mehr, je weiter die entsprechende Schicht oder Faser von der Mittellinie entfernt ist, oberhalb der Mittellinie liegen die umgekehrten Verhältnisse vor. Die entsprechenden axialen Zugspannungen setzen sich jeweils zu einem Drehmoment D zusammen, das auf die beiden im Abstand dx liegenden Querschnitte einwirkt. Dieses Dreh- oder Biegemoment ist der aufgezwungenen Durchbiegung, also der Krümmung des Stabs oder des Balkens proportional, die ihrerseits näherungsweise gleich der zweiten Ableitung der Auslenkung η nach x ist:

$$D = -B \frac{\partial^2 \eta}{\partial x^2} \qquad (9)$$

Der Proportionalitätsfaktor ist die Biegesteife; sie hängt nicht nur von den elastischen Eigenschaften des Materials, sondern auch von den Abmessungen des Stabs oder der Platte ab. Da hier besonders die Biegung von Platten interessiert, beziehen wir das Drehmoment D und die Biegesteife B auf die Breiteneinheit der Platten. Dann gilt für die Biegesteife:

$$B = \frac{d^3}{12} \cdot \frac{Y}{1-\nu^2} \qquad (10)$$

wobei d die Plattendicke ist.

Bei den im Unterabschnitt 10.3.3 zu behandelnden Biegewellen treten ortsabhängige Biegungen auf; das Biegemoment D ist somit nicht konstant. Am linken Querschnitt in Fig. 10.7b sei es D(x), dann ist es am rechten Querschnitt D(x+dx). Der Differenz

$$D(x+dx) - D(x) = \frac{\partial D}{\partial x} dx$$

muss durch ein Kräftepaar mit zwei Querkräften $\pm F_y$ im Abstand dx das Gleichgewicht gehalten werden, wobei:

$$-F_y dx = \frac{\partial D}{\partial x} dx \qquad (11)$$

Da auch die Querkraft F_y von x abhängt, tritt in jedem Längenelement eine Differenzkraft

$$F_y(x+dx) - F_y(x) = \frac{\partial F_y}{\partial x} dx \qquad (12)$$

auf, der irgendwie das Gleichgewicht gehalten werden muss, z. B. durch äußere Kräfte oder durch Trägheitskräfte (s. Unterabschnitt 10.3.3)

Die hier benutzten Elastizitätskonstanten Y und ν hängen mit den schon im Abschnitt 3.3 eingeführten Laméschen Konstanten zusammen, und zwar ist:

$$\mu = \frac{Y}{2(1+\nu)} \quad \text{und} \quad \lambda = \frac{\nu Y}{(1+\nu)(1-2\nu)} \qquad (13)$$

Die Konstante μ wird in der Festigkeitslehre als Gleit- oder Torsionsmodul G bezeichnet. Setzt man diese Beziehungen der Gln. (4) und (5) ein, dann zeigt sich, dass das Verhältnis von c_L und c_T nur von der Querkontraktionszahl abhängt:

$$\left(\frac{c_L}{c_T}\right)^2 = 2\frac{1-\nu}{1-2\nu} \qquad (14)$$

In der Tabelle 10.2 sind die Elastizitätsmoduln und Poissonzahlen einiger Stoffe zusammengestellt.

10.3.2 Dehnwellen

Der vorstehende Unterabschnitt betraf die statischen oder quasistatischen, elastischen Verformungen eines Stabes oder auch eines Rohres. Handelt es sich dagegen um schnelle Deformationen, dann macht sich nicht nur die Elastizität des Materials, sondern auch seine Massenträgheit bemerkbar. Um sie zu berücksichtigen, stellen wir eine Kraftbilanz wie in Gl. (3.5) auf; das Ergebnis können wir direkt übernehmen, indem wir den Schalldruck p

Tabelle 10.2 Elastizitätsmodul und Poissonzahl einiger Stoffe

Stoff	Dichte (kg/m³)	Elastizitätsmodul (10^{10} N/m²)	Poissonzahl
Aluminium	2700	6,765	0,36
Messing (70% Cu, 30% Zn)	8600	10,520	0,37
Stahl	7900	19,725	0,30
Glas (Flintglas)	3600	5,739	0,22
Glas (Kronglas)	2500	7,060	0,22
Plexiglas	1180	0,3994	0,40
Polyethylen	900	0,0764	0,45

durch die (negative) Zugspannung σ_{xx} ersetzen. Weiterhin nehmen wir dieselben Linearisierungen wie im Abschnitt 3.2 vor, ersetzen also die totale durch die lokale Beschleunigung und die Gesamtdichte ρ_g durch die mittlere Dichte ρ_0 und erhalten:

$$\frac{\partial \sigma_{xx}}{\partial x} = \rho_0 \frac{\partial v_x}{\partial t} = \rho_0 \frac{\partial^2 \xi}{\partial t^2} \tag{15}$$

Kombiniert man diese Beziehung mit Gl. (8), dann gelangt man zu der folgenden Wellengleichung:

$$\frac{\partial^2 \xi}{\partial x^2} = \frac{\rho_0}{Y} \frac{\partial^2 \xi}{\partial t^2} \tag{16}$$

Der Vergleich dieser Gleichung mit früheren Wellengleichungen, z. B. mit Gl. (3.21) zeigt sofort, dass die Ausbreitungsgeschwindigkeit der Dehnwellen, die wir mit c_{D1} bezeichnen wollen, durch

$$c_{D1} = \sqrt{\frac{Y}{\rho_0}} \tag{17}$$

gegeben ist.

In ähnlicher Weise kann man auch die Ausbreitung von Dehnwellen in planparallelen Platten ableiten. Ihre Geschwindigkeit ergibt sich dabei zu

$$c_{D2} = \sqrt{\frac{Y}{\rho_0(1-\nu^2)}} \tag{18}$$

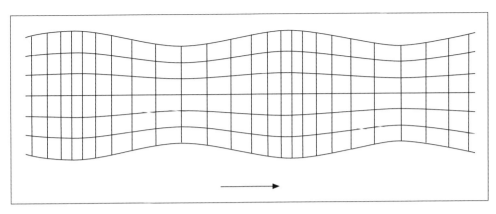

Fig. 10.8 a) Dehnwelle,

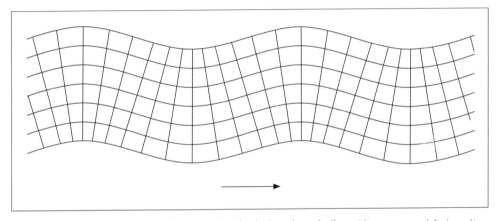

b) Biegewelle (aus H. Kuttruff, Physik und Technik des Ultraschalls, s. Literaturverzeichnis, mit freundlicher Genehmigung des Verlags)

Der etwas größere Wert ist dadurch bedingt, dass der elastische Zwang in einer Platte größer ist als in einem Stab, da die Querkontraktion in Richtung der Plattenebene entfällt. Die Gln. (17 und 18) gelten allerdings nur, wenn die Dicke der Platte bzw. des Stabs klein im Vergleich zur Dehnwellenlänge ist. Trifft das nicht zu, dann erweist sich die Geschwindigkeit der Dehnwellen als dicken- und frequenzabhängig, d. h. es tritt Dispersion auf. Außerdem können in dickeren Stäben höhere Wellentypen auftreten, ähnlich wie dies für gasgefüllten Rohre im Abschnitt 8.5 beschrieben wurde. Die Vielfalt der möglichen Wellentypen ist im Festkörper sogar noch größer als bei den mit einem Fluid gefüllten Wellenleitern.

Fig. 10.8a zeigt die Deformationen in einer Dehnwelle in einer Platte oder einem Stab. Auf Grund der Querkontraktion treten nicht nur Auslenkungen in der Ausbreitungsrichtung, sondern auch in transversaler Richtung auf. An der Stelle größter Längsdehnung ist der Stab oder die Platte am dünnsten; dort wo die Welle das Material zusammengestaucht wird, ist sie am dicksten. Dehnwellen sind also keine reine Longitudinalwellen, wenngleich die longitudinale Bewegung der Teilchen überwiegt. Man bezeichnet sie daher oft auch als Quasilongitudinalwellen. Als unabhängige Schallfeldgrößen kann man die Auslenkung ξ bzw. die entsprechende Schnelle v_x ansehen sowie die Zugspannung σ_{xx}.

Offensichtlich ist $c_{D1} \leq c_{D2}$, wobei das Gleichheitszeichen nur für den unrealistischen Fall fehlender Querkontraktion gilt. Mittels der Gln (13) lässt sich überdies leicht zeigen, dass die Geschwindigkeiten c_{D1} und c_{D2} für ein gegebenes Material immer kleiner sind als die Longitudinalwellengeschwindigkeit c_L, aber größer als die Transversalwellengeschwindigkeit c_T.

10.3.3 Biegewellen

Die Anregung reiner Transversal- oder Dehnwellen in einer Platte erfordert besondere Vorkehrungen, da man darauf achten muss, dass genau die gewünschte, dem jeweiligen Wellentyp entsprechende Schwingungsart erzeugt wird. Die Biegewelle ist dagegen die Plattenwelle schlechthin; schlägt man z. B. mit einem Hammer auf eine Blechplatte, dann entstehen fast reine Biegewellen.

Der Übergang von im Unterabschnitt 10.3.1 behandelten statischen Biegung zur Biegewelle verlangt wiederum die Berücksichtigung der Massenträgheit. Dabei können axiale Auslenkungen gegenüber den viel größeren transversalen Auslenkungen vernachlässigt werden.

Die Trägheitskraft eines Längenelements dx der Platte muss die Differenzkraft nach Gl. (12) kompensieren. Unter Benutzung der schon im Abschnitt 6.6. eingeführten Flächenmasse m′ = ρ_0d wird daher:

$$m' dx \frac{\partial^2 \eta}{\partial t^2} + \frac{\partial F_y}{\partial x} dx = 0$$

Drückt man hier mittels der Gl. (11) die Querkraft durch das Biegemoment und dieses mittels Gl. (9) durch die Auslenkung η aus, dann folgt die Wellengleichung für ebene Biegewellen, die sich in x-Richtung fortpflanzen:

$$\frac{\partial^4 \eta}{\partial x^4} + \frac{m'}{B} \frac{\partial^2 \eta}{\partial t^2} = 0 \qquad (19)$$

Im Gegensatz zu allen bisher besprochenen Wellengleichungen ist sie von vierter Ordnung bezüglich der Ortskoordinate, was eine größere Vielfalt an Lösungen erwarten lässt. Ihre zweidimensionale Erweiterung lautet übrigens:

$$\Delta\Delta\eta + \frac{m'}{B} \frac{\partial^2 \eta}{\partial t^2} = 0 \qquad (20)$$

Die Ausführungen des Unterabschnitts 10.3.1 zeigen, dass bei den durch die Wellengleichung (19) bzw. (20) beschriebenen Biegewellen vier unabhängige „Schallfeldgrößen" auftreten: die in Richtung der Plattennormalen gerichtete Auslenkung η bzw. die ihr entsprechende Schnelle v_y, deren Ableitung nach der Ortskoordinate sowie zwei Kraftgrößen, nämlich das Biegemoment D und die Querkraft F_y.

Wir fragen nun nach Lösungen der Gl. (19), die harmonischen Wellen entsprechen, setzen also an:

$$\eta(x,t) = \hat{\eta} \cdot e^{j(\omega t - k_B x)} \tag{21}$$

Beim Einsetzen in Gl. (19) ist zu beachten, dass jede zeitliche Differentiation gleichbedeutend mit einem Faktor $j\omega$, jede örtliche Differentiation mit einem Faktor $-jk_B$ vor der Schwingungsgröße η ist. Man erhält so $k_B^4 = \omega^2 \, m'/B$, also auch $k_B^2 = \pm\omega\sqrt{m'/B}$. Für das obere Vorzeichen ergibt sich letztlich:

$$(k_B)_{1,2} = \pm\sqrt{\omega} \cdot \sqrt[4]{\frac{m'}{B}} \tag{22}$$

und für das untere:

$$(k_B)_{3,4} = \pm j\sqrt{\omega} \cdot \sqrt[4]{\frac{m'}{B}} \tag{23}$$

Der größeren Anzahl an Schallfeldgrößen entspricht somit auch eine größere Zahl möglicher Lösungen der Wellengleichung.

Die reellen Kreiswellenzahlen nach Gl. (22) führen – eingesetzt in Gl. (21) – zu wellenartigen Lösungen. Dass sie der Kreisfrequenz nicht proportional sind, weist auf Dispersion hin, d. h. wir müssen nach Abschnitt 8.6 zwischen der Phasengeschwindigkeit

$$c_B = \frac{\omega}{k_B} = \sqrt{\omega} \cdot \sqrt[4]{\frac{B}{m'}} \tag{24}$$

und der hier mit c_B' bezeichneten Gruppengeschwindigkeit

$$c_B' = \frac{d\omega}{dk_B} = 2\sqrt{\omega} \cdot \sqrt[4]{\frac{B}{m'}} \tag{25}$$

unterscheiden. Die Gruppengeschwindigkeit der Biegewellen ist also doppelt so groß wie ihre Phasengeschwindigkeit. Allerdings gelten die Gln (22) bis (25) nur für hinreichend tiefe Frequenzen, bei denen die Biegewellenlänge groß im Vergleich zur Plattendicke d ist.

Die Fig. 10.8b zeigt das Verzerrungsmuster in einer Biegewelle. Ebenso wie die Dehnwelle keine reine Longitudinalwelle ist, ist auch die Biegewelle keine reine Transversalwelle, d. h. es entstehen in ihr auch Auslenkungen parallel zur Ausbreitungsrichtung.

Die zu den imaginären Werten $(k_B)_{3,4}$ nach Gl. (23) gehörenden Lösungen $\eta(x,t)$ stellen keine Wellen dar, sondern überall gleichphasige harmonische Schwingungen, deren Amplitude mit wachsendem x exponentiell zu- oder abnimmt. Im Zusammenhang mit der Ausbreitung freier Biegewellen kann man solche exponentielle Nahfelder außer acht lassen. Man benötigt sie indessen, wenn an den Rändern der Platte bestimmte Randbedingungen zu erfüllen sind. Auch in der Nähe einer Biegewellenquelle oder von Inhomogenitäten der Platte treten sie in Erscheinung.

10.3.4 Schallabstrahlung von einer schwingenden Platte

Wie schon am Anfang von Abschnitt 10.3 erwähnt, setzt man bei der Behandlung der Dehn- und Biegewellen voraus, dass die Oberflächen der Stäbe oder Platten kräftefrei sind. Streng genommen bedeutet das, dass sie auch nicht von einem Medium umgeben sind, das mit der Plattenschwingung in Wechselwirkung treten kann. Bei den im Abschnitt 10.1 besprochenen Transversalwellen kann man diese Forderung getrost wegfallen lassen, da keine Auslenkungen senkrecht zur Stab- oder Plattenoberfläche auftreten. Auch bei den in Unterabschnitt 10.3.2 behandelten Dehnwellen sind die Auslenkungen senkrecht zur Oberfläche so gering, dass eine merkliche Wechselwirkung ausgeschlossen werden kann, jedenfalls wenn der Stab oder die Platte von einem Gas umgeben ist. Anders bei Biegewellen: Zwar beeinflusst ein umgebendes Gas die Ausbreitung der Biegewellen nicht merklich, doch führen die starken Querauslenkungen einer schwingenden Biegeplatte unter Umständen zu einer starken Abstrahlung von Schall in das umgebende Medium.

Um diese Umstände näher kennen zu lernen, betrachten wir die Fig. 10.9a. Sie zeigt eine Platte, die von Luft umgeben sei und auf der sich eine Biegewelle ausbreitet. Sollen die Auslenkungen der Platte zur Schallabstrahlung in die Umgebung führen, dann kann dies nur in Form einer ebenen Welle geschehen. Dabei muss die schon in Abschnitt 6.1 erwähnte Spuranpassung gelten, d. h. die Periodizität der Luftschallwelle muss an der Plattenoberfläche mit der der Biegewelle übereinstimmen. Man bezeichnet diesen Sachverhalt auch als „Koinzidenz". Der Winkel zwischen der Abstrahlrichtung und der Plattennormalen sei ϑ. Dann liest man aus der Figur ab, dass

$$\sin \vartheta = \frac{\lambda}{\lambda_B} = \frac{c}{c_B} \qquad (26)$$

sein muss, letzteres, weil die abgestrahlte Welle natürlich die gleiche Frequenz wie die Biegewelle haben muss. Diese Gleichung kann nur erfüllt werden, wenn die Phasengeschwindigkeit der Biegewelle c_B größer ist als die Schallgeschwindigkeit in Luft. Da die erstere nach Gl. (24) mit der Wurzel aus der Frequenz anwächst, ist die Bedingung (26) bei tiefen Frequenzen verletzt, es kommt daher zu keiner Schallabstrahlung. Erst bei einer charakteristischen Frequenz ω_k bzw. $f_k = \omega_k/2\pi$ erreicht die Biegewellengeschwindigkeit

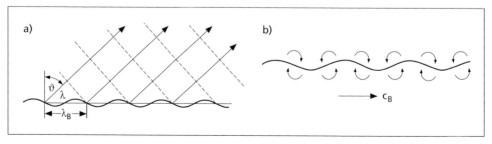

Fig. 10.9 Reaktion des umgebenden Mediums auf eine zu Biegewellen erregte Platte; a) oberhalb der Koinzidenzgrenzfrequenz: Abstrahlung einer Schallwelle, b) unterhalb der Koinzidenzgrenzfrequenz: lokale Ausgleichsvorgänge

die Luftschallgeschwindigkeit, und erst ab dieser Frequenz kann von der schwingenden Platte Schall abgestrahlt werden. Setzt man in Gl. (24) $c_B = c$ und löst nach der zugehörigen Kreisfrequenz auf, dann erhält man für diese charakteristische Kreisfrequenz

$$\omega_k = c^2 \sqrt{\frac{m'}{B}} \qquad (27)$$

oder, wenn diese Gleichung durch 2π dividiert und die Biegesteife aus Gl. (10) eingesetzt wird:

$$f_k = \frac{c^2}{\pi} \sqrt{\frac{3(1-v^2)m'}{Yd^3}} \qquad (28)$$

Man nennt diese Grenzfrequenz die Koinzidenzgrenzfrequenz oder kritische Frequenz der Platte. Sie liegt umso höher, je schwerer und „weicher" die Platte ist, also je dünner sie ist und je niedriger der Elastizitätsmodul ihres Materials ist. Eliminiert man die Wurzel aus den Gln. (24) und (27), dann kann man die Biegewellengeschwindigkeit auch darstellen als:

$$c_B = c\sqrt{\frac{\omega}{\omega_k}} = c\sqrt{\frac{f}{f_k}} \qquad (29)$$

Die Intensität der in die Luft abgestrahlten Welle kann aus der Forderung berechnet werden, dass an der Plattenoberfläche die Schwingungsschnelle $j\omega\eta$ mit der zur Platte senkrechten Komponente der Schallschnelle übereinstimmen muss:

$$j\omega\eta = v_y(y=0) = \frac{p}{Z_0} \cdot \cos\vartheta \qquad (30)$$

Die Kosinusfunktion lässt sich mit Hilfe der Gln. (26) und (29) wie folgt ausdrücken:

$$\cos\vartheta = \sqrt{1-\omega_k/\omega}$$

Damit erhält man aus der Gl. (30) die Schalldruckamplitude und mit ihr die Intensität der abgestrahlten Welle zu:

$$I = \frac{\hat{\eta}^2}{2} \cdot \frac{\omega^3 Z_0}{\omega - \omega_k} \qquad (31)$$

Diese Gleichung macht einmal mehr deutlich, dass mit einer Schallabstrahlung erst bei Frequenzen oberhalb der Koinzidengrenzfrequenz zu rechnen ist.

Bei niedrigeren Frequenzen gleichen sich, wie in Fig. 10.9b dargestellt, die von der Plattenschwingung hervorgerufenen Druck- und Dichteschwankungen sofort durch lokale Luftströmungen aus, ohne dass es zu einer Schallabstrahlung kommt. Diese als „akustischer Kurzschluss" bekannte Erscheinung wird uns in Kapitel 19 wieder begegnen.

Die Koinzidenzgrenzfrequenz kann unterschiedlichste Werte annehmen. So beträgt sie bei einer 24 cm dicken Vollziegelwand etwa 100 Hz; bei einer 1 mm dicken Stahlplatte liegt sie bei etwa 12 kHz. (Weitere Angaben finden sich in der Tabelle 14.1). Das letztere scheint jeder Erfahrung zu widersprechen, da eine dünne Stahlplatte unterhalb von 12 kHz sehr wohl Schall abstrahlt, wenn man sie mit einem Hammer anschlägt. Der Widerspruch löst sich auf, wenn man beachtet, dass die oben besprochenen Gesetzmäßigkeiten nur für unendlich ausgedehnte Platten in aller Strenge gelten, reale Platten aber endliche Abmessungen haben. Dann aber machen sich auch die oben erwähnten exponentiellen Nahfelder bemerkbar, die zu den imaginären Wellenzahlen nach Gl. (23) gehören. Immerhin ist auch bei begrenzten Platten die Schallabstrahlung oberhalb der Koinzidenzfrequenz wesentlich stärker als bei darunter liegenden Frequenzen.

10.3.5 Berücksichtigung von Verlusten

Wird ein fester Körper deformiert, dann wird elastische Energie in ihm gespeichert. Macht man den Vorgang rückgängig, dann wird nicht die ganze Energie zurückgewonnen, vielmehr ist ein gewisser Bruchteil davon verloren gegangen. In elastischen Wellen erfolgen diese Energieverluste periodisch und führen zu einer Dämpfung der Welle. Einige der physikalischen Ursachen der Dämpfung von Festkörperwellen wurden bereits in Unterabschnitt 4.4.3 erörtert. An dieser Stelle steht die formale Behandlung der Formänderungsverluste im Vordergrund. Man kann sie durch einen komplexen Elastizitätsmodul berücksichtigen:

$$\underline{Y} = Y' + jY'' = Y'(1 + j\eta) \tag{32}$$

Entsprechendes gilt für alle anderen Elastizitätskonstanten einschließlich der Biegesteife, die ja alle linear mit dem Elastizitätsmodul verknüpft sind. Die i. Allg. frequenzabhängige Konstante η wird als „Verlustfaktor" bezeichnet.

Ihre Bedeutung für die Wellenausbreitung wird klar, wenn man die Kreiswellenzahl mit Gl. (17) oder (18) durch die Dehnwellengeschwindigkeit ausdrückt und die Gl. (32) einsetzt:

$$\underline{k}_D = \frac{\omega}{\underline{c}_D} = \frac{\omega}{\sqrt{\underline{Y}/\rho_0}} = \frac{\omega}{\sqrt{Y'(1+j\eta)/\rho_0}}$$

Wir nehmen nun an, dass $\eta \ll 1$ ist. Dann kann man die Wurzel in eine Potenzreihe entwickeln und diese nach dem zweiten Glied abbrechen:

$$\underline{k}_D \approx \frac{\omega}{\sqrt{Y'/\rho_0}}\left(1 - j\frac{\eta}{2}\right) = k_D\left(1 - j\frac{\eta}{2}\right) \tag{33}$$

Der „Wellenfaktor" $\exp(-j\underline{k}_D x)$ wird damit:

$$e^{-j\underline{k}_D x} = e^{-k_D \eta x/2} \cdot e^{-jk_D x}$$

Der Vergleich mit Gl.(4.20) zeigt, dass die intensitätsbezogene Dämpfungskonstante

$$m_D = k_D \eta = \frac{2\pi}{\lambda_D}\eta \tag{34}$$

ist. Entsprechendes gilt für auch für andere Wellenarten z. B. für die Torsionswelle. Bei Biegewellen ist nach Gl. (22) die Kreiswellenzahl umgekehrt proportional zur vierten

Tabelle 10.3 Verlustfaktoren einiger Materialien (Anhaltswerte)

Material	Verlustfaktor η
Aluminium	$<10^{-4}$
Messing	$<10^{-3}$
Stahl	10^{-4}
Glas	10^{-3}
Schwerbeton	$4 - 8 \cdot 10^{-3}$
Leichtbeton, Ziegelmauerwerk	10^{-2}
Holz, Kunststoffe, Gummi	$0,1 - 0,5$

Wurzel aus der Biegesteife und damit auch aus dem Elastizitätsmodul. Daher gilt da statt Gl. (33)

$$\underline{k}_B = k_B\left(1 - j\frac{\eta}{4}\right) \tag{35}$$

und für die Dämpfungskonstante erhält man

$$m_B = \frac{1}{2}k_B\eta = \frac{\pi}{\lambda_B}\eta \tag{36}$$

Trotz des hier fehlenden Faktors 2 ist die Dämpfung der Biegewelle bei gleicher Frequenz und gleichem Material wegen der viel kleineren Wellenlänge größer als die der Dehnwelle.

Den Verlustfaktor misst man meist mit Hilfe eines Resonanzsystems mit einer Masse m und einer Feder, die aus dem zur Rede stehenden Material hergestellt ist. Dabei ist unerheblich, ob die Feder auf Dickenänderung oder z. B. auf Torsion beansprucht wird. Wesentlich ist nur, dass ihre Nachgiebigkeit umgekehrt proportional dem Elastizitätsmodul ist und wie dieser komplex ist:

$$\frac{1}{\underline{n}} = a \cdot \underline{Y} = a \cdot Y'(1 + j\eta)$$

Damit wird auch die Resonanzfrequenz komplex:

$$\underline{\omega}_0 = \frac{1}{\sqrt{m\underline{n}}} = \sqrt{\frac{aY'}{m}}\left(1 + j\frac{\eta}{2}\right) = \omega_0\left(1 + j\frac{\eta}{2}\right)$$

wobei wie oben die Wurzel von $1 + j\eta$ durch $1 + j\eta/2$ angenähert wurde. Eingesetzt in einen „Schwingungsfaktor" ergibt dies

$$e^{-j\underline{\omega}_0 t} = e^{-\omega_0\eta t/2} \cdot e^{-j\omega_0 t}$$

also eine abklingende Schwingung mit der Abklingkonstanten

$$\delta = \omega_0 \eta / 2 \tag{37}$$

die man leicht messen und zur Bestimmung von η heranziehen kann. Man kann den Verlustfaktor aber auch aus der Resonanzgüte bestimmen. Nach Gl. (2.31) ist nämlich:

$$Q = \frac{\omega_0}{2\delta} = \frac{1}{\eta} \tag{38}$$

In der Tabelle 10.2 sind Verlustfaktoren einiger Stoffe aufgeführt. Allerdings sind diese Werte nur als Anhaltspunkte anzusehen. Insbesondere bei Kunststoffen hängt der Verlustfaktor oft stark von der Temperatur und auch von der Frequenz ab.

11 Musik und Sprache

In Kapitel 5 wurde die Schallabstrahlung von idealisierten Schallquellen behandelt, etwa von einzelnen oder mehreren Punktschallquellen, oder von schwingenden Flächen. Reale Schallquellen kommen in ihrem Abstrahlverhalten diesen Schallquellen oft ziemlich nahe, zumindest in beschränkten Frequenzbereichen. Oft ist das von ihnen erzeugte Schallfeld aber wesentlich komplizierter als das der in Kapitel 5 beschriebenen Grundtypen, sei es, weil die abstrahlenden Flächen komplizierter geformt sind und zudem meist ungleichmäßig erregt werden, sei es wegen der Beugung des abgestrahlten Schalls an Gehäusen, Kapselungen u. dgl.. Voraussetzung für jede Schallabstrahlung ist aber, dass Schwingungen entstehen, welche den Schallstrahler, sei er nun einfach oder kompliziert, überhaupt erst erregen. Diese Frage wird uns an verschiedenen Stellen dieses Buchs beschäftigen. Das vorliegende Kapitel ist den mechanischen Schallquellen gewidmet im Gegensatz zu den elektrischen Schallerzeugern wie Lautsprechern und Kopfhörern. Auch wird die Entstehung unerwünschten Lärms zurückgestellt bis zu Kapitel 15. Demgemäß behandelt dieses Kapitel die Schallerzeugung durch das menschliche Sprachorgan und durch konventionelle Musikinstrumente.

11.1 Ton, Klang, Geräusch

Wir sind gewohnt, einen Schall, dem eine eindeutige Höhenlage zuzuordnen ist, als einen Ton zu bezeichnen. Zum Beispiel empfinden wir die Schalle, die mit einer Klarinette oder einer Violine erzeugt werden, als eine Abfolge von Tönen. Erklingen mehrere Töne gleichzeitig, etwa bei einem musikalischen Akkord, so sprechen wir gemeinhin von einem Klang.

Andererseits ist seit langem bekannt, dass jedes Musikinstrument eine Gemisch von Schwingungen sehr unterschiedlicher Frequenz erzeugt. So besteht z. B. ein Geigenton oder ein gesungener Ton – physikalisch gesehen – aus einem Grundton und zahlreichen Obertönen. Jedem dieser Teiltöne oder Partialtöne entspricht eine Sinusschwingung, wobei die Frequenzen der Obertöne ganzzahlige Vielfache der Grundtonfrequenz sind. Zeitlich gesehen, setzt sich das ganze Schwingungsgemisch zu einem periodischen Schallsignal zusammen (s. Unterabschnitt 2.9.1).

Physikalisch wäre daher nur eine sinusförmige Schallschwingung als Ton zu bezeichnen, während der von einem Musikinstrument erzeugte Schall als „Klang" anzusprechen wäre. In der Tat hat er ja auch eine „Klangfarbe", die von der relativen Stärke der einzelnen Teiltöne abhängt. Der Sprachgebrauch ist hier also nicht ganz eindeutig. Um Missverständnisse zu vermeiden, nennt man oft das mit einer einzigen Sinusschwingung verbun-

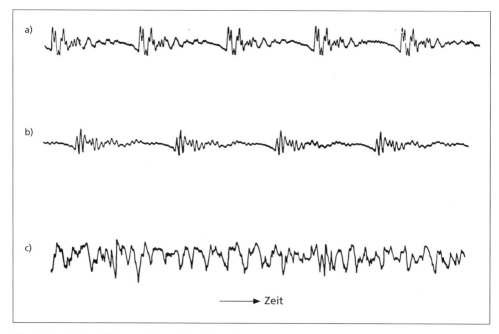

Fig. 11.1 Zeitfunktionen einiger Schallsignale.
a) Vokal /a/,
b) Vokal /i/,
c) Geräusch (Straßenverkehr)

dene Schallsignal einen „reinen Ton"; den aus mehreren oder zahlreichen Komponenten zusammengesetzten Ton dagegen einen „komplexen Ton".

Ist dagegen das Frequenzspektrum eines Schalles kontinuierlich, d. h. besteht es nicht aus diskreten Obertönen, dann ist die entsprechende Schwingung aperiodisch. Man spricht dann oft von einem Geräusch. Beispiele für Geräusche sind Knalle, das Rollen des Donners, das vom Wind oder anderen Luftströmungen erzeugte Rauschen, oder das Rauschen strömenden Wassers in einem Fluss oder in einer Wasserleitung. Die letztgenannten Geräusche sind mehr oder weniger stationär; dass sie aperiodisch sind, beruht auf den Zufallsprozessen bei ihrer Entstehung (s. Abschnitt 15.2.2). Man kann solche Geräusche zwar beobachten und analysieren, man kann sie aber nicht vorhersagen, sondern allenfalls durch Mittelwerte wie ihr Leistungsspektrum beschreiben.

Schließlich gibt es auch Mischformen zwischen periodischen und aperiodischen Schallsignalen. Man denke etwa an die Bogengeräusche bei Streichinstrumenten, oder an die Luftgeräusche bei Blasinstrumenten, insbesondere bei Flöten. Sie sind keineswegs immer als unvermeidliche Begleiterscheinungen der Tonerzeugung zu werten, sondern können durchaus zur Charakteristik des betreffenden Instrumentenklangs beitragen.

In Fig. 11.1 sind die Zeitverläufe des Schalldrucks für einige Arten von Schallsignalen dargestellt.

Sprache besteht aus einzelnen, ineinander übergehenden Sprachlauten verschiedener Art. Die Vokale (/a/, /e/, /i/, /o/,/u/ usw.) wären in unserer obengenannten Bezeichnungsweise als komplexe Töne anzusprechen, d. h. sie haben ein aus diskreten „Spektrallinien" bestehendes Spektrum. Allerdings verändert sich auf Grund der Sprachmelodie laufend die Grundfrequenz und damit der Frequenzabstand der einzelnen Obertöne. Eine Mischform der beiden Spektraltypen bilden die stimmhaften Konsonanten wie das stimmhafte /s/ oder /sch/. Reine aperiodische Sprachlaute sind die stimmlosen Reibelaute oder Frikative sowie die Plosivlaute (/p/, /k/ oder /t/). Nach dem Gesagten könnte der Konsonant /s/ durchaus auch als Geräusch bezeichnet werden.

Ist schon die eindeutige Wertung von Geräuschen schwierig, so gilt das erst recht für die Abgrenzung erwünschter Schalle vom Lärm. Schon der Gegensatz „erwünscht – unerwünscht" weist darauf hin, dass hier die subjektive Einstellung und Befindlichkeit des Hörers einfließt. So wird einem Motorradfreund der „sound" des eigenen Gefährts kaum als Lärm vorkommen. Andererseits kann das schönste Konzert, vom Nachbarn mit einem Radio oder einem CD-Spieler produziert, für den unfreiwilligen Hörer zum unerträglichen Lärm werden.

11.2 Tonhöhe, Tonintervalle und Tonskalen

Eines der wichtigsten Merkmale eines reinen oder komplexen Tons ist – neben seiner Lautstärke – seine Höhe. So beruht der melodische Gehalt jeder Musik auf einer Abfolge von Tönen unterschiedlicher Höhe.

Der unbefangene Leser wird bei dem Wort Tonhöhe vielleicht zuerst an die in Fig. 11.2 dargestellte Tastatur eines Klaviers denken. Auf ihr sind alle spielbaren Töne in Halbtonintervallen (s. u.) nach ihrer Höhe angeordnet. In der Mitte der Tastatur liegt der mit a′ bezeichnete Ton (internationale Bezeichnung A_4), der so genannte Kammerton, dessen Frequenz durch internationale Vereinbarung festgelegt ist:

$$f(a′) = 440 \text{ Hz} \tag{1}$$

Allerdings weicht man in der musikalischen Praxis von dieser Vereinbarung oft ab.

Wie schon im vorangehenden Abschnitt erwähnt, enthalten die mit Musikinstrumenten erzeugten, stationären Töne außer einem Grundton zahlreiche Obertöne, deren Frequenzen ganzzahlige Vielfache der dem Grundton entsprechenden Grundfrequenz sind. In diesem Fall ist die wahrgenommene Tonhöhe die Höhe des Grundtons.

Grundlage jedes musikalischen Tonsystems ist die Konsonanz. Man versteht darunter folgendes: Lässt man zwei Töne verschiedener Tonhöhe gleichzeitig erklingen, so wirkt ein solcher Zweiklang mehr oder weniger angenehm, je nach dem Frequenzverhältnis beider Töne, d. h. nach dem zwischen ihnen liegenden Tonhöhenintervall. Diese Erscheinung ist besonders ausgeprägt bei komplexen Tönen, deren Spektrum aus mehreren oder vielen, auf der Frequenzachse gleichabständig gelegenen Komponenten besteht. Der Grad

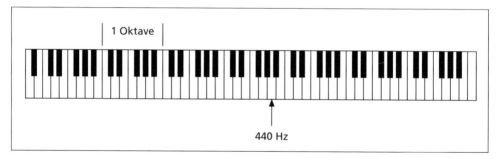

Fig. 11.2 Tastatur eines Klaviers

der Konsonanz ist in der Regel umso höher, je kleiner die Zahlen sind, durch die sich das Frequenzverhältnis der beiden Komponenten ausdrückt. In der Tabelle 11.1 sind einige Tonintervalle aufgeführt, und zwar in der Reihenfolge abnehmender Konsonanz.

Nach *Helmholtz* erklärt sich die Konsonanz durch mehr oder weniger vollständiges Zusammenfallen von Obertönen der beiden Bestandteile des Zweiklangs. Für zwei Töne mit den Grundfrequenzen 100 Hz und 150 Hz, entsprechend einem Quintintervall, lauten die Obertonreihen (alle Zahlen in Hz):

100 200 300 400 500 600 700 800 900 1000
   150   300   450   600   750   900

Man erkennt, dass hier jeder dritte Oberton der oberen Reihe mit jedem zweiten Oberton der unteren Reihe zusammenfällt. Haben die beiden Töne dagegen den Abstand einer großen Terz, so lauten die beiden Obertonreihen:

100 200 300 400 500 600 700 800 900 1000
   125   250   375   500   625   750   875   1000

Tabelle 11.1 Frequenzverhältnisse und Zahl der Halbtöne für einige Intervalle hoher Konsonanz

Bezeichnung	Zahl der Halbtöne	Frequenzverhältnis (reine Intervalle)	Frequenzverhältnis (temperierte Intervalle)
Oktave	12	2:1 = 2	2
Quint	7	3:2 = 1,5	1,4983
Quart	5	4:3 = 1,3333	1,3348
Große Terz	4	5:4 = 1,25	1,2599
Kleine Terz	3	6:5 = 1,2	1,1892

Bei diesem Zweiklang fällt nur mehr jeder fünfte Oberton der oberen Reihe mit jedem vierten Oberton der unteren zusammen. Die Zahl der Koinzidenzen ist also kleiner als beim ersten Zahlenbeispiel und damit auch der Grad der Konsonanz.

Durch „Aneinander legen" von Intervallen der in Tabelle 11.1 aufgeführten Art kann man nun so genannte reine Tonsysteme erzeugen. Die Oktave als Intervall größter Konsonanz spielt dabei eine Sonderrolle, da zwei Töne im Oktavabstand in gewissem Sinn als „gleich" empfunden werden und auch mit dem gleichen Buchstaben bezeichnet werden. Legt man beispielsweise zwei Quintintervalle aneinander, so entsteht ein Intervall mit dem Frequenzverhältnis

$$\frac{3}{2} \cdot \frac{3}{2} = \frac{9}{4} = \frac{2}{1} \cdot \frac{9}{8}$$

das sich also aus einer Oktave und einem Frequenzverhältnis 9/8 entsprechenden Intervall zusammensetzt. Das letztere nennt man einen Ganzton.

Allerdings stößt man bei Fortführung dieses Verfahrens auf merkwürdige Diskrepanzen: Fügt man z. B. eine Quinte an eine Quarte, so sollte das resultierende Gesamtintervall eine Oktave ergeben. In der Tat ist

$$\frac{3}{2} \cdot \frac{4}{3} = \frac{12}{6} = \frac{2}{1} \qquad (2)$$

Das gleiche Ergebnis erwartet der musikalisch Gebildete, wenn er drei große Terzen zu einem Gesamtintervall zusammenfügt. In Wirklichkeit findet er:

$$\frac{5}{4} \cdot \frac{5}{4} \cdot \frac{5}{4} = \frac{125}{64} \neq \frac{2}{1} \qquad (3)$$

also eine Abweichung um 125/128 vom Oktavenverhältnis. – Des weiteren sollten zwölf Quinten sieben Oktaven ergeben, was man an einem Klavier leicht nachprüfen kann. Man nennt diesen Prozess, der nacheinander durch alle Halbtöne führt, den Quintenzirkel. Tatsächlich aber ist $(3/2)^{12}$ = 531441/4096, während 2^7 = 128/1= 524288/4096 ist, der Quintenzirkel führt also nicht genau zu seinem Ausgangspunkt (plus sieben Oktaven) zurück. Der Unterschied von 531441/524288 ist nicht sehr groß, aber doch hörbar. (Genau genommen beläuft er sich auf etwa 23,5 cent, s. Gl. (5).) Ähnliche Ungereimtheiten treten bei jedem Tonsystem auf, das auf reinen, durch einfache Frequenzverhältnisse darstellbaren Intervallen beruht. Für fest gestimmte Instrumente wie das Klavier oder die Orgel hat man daher eine Kompromissstimmung eingeführt, die gleichschwebend-temperierte Stimmung, bei welcher der z. B. in Gl. (3)) zutage tretende Fehler gleichmäßig auf alle in einer Oktave auftauchenden Halbtonschritte verteilt wird und in der als einziges „reines" Intervall nur die Oktave auftritt. Demgemäß ist einem Halbton das Frequenzverhältnis

$$\sqrt[12]{2} : 1 = 1{,}0594... \qquad (4)$$

zuzuordnen, entsprechend einer relativen Frequenzdifferenz von knapp 6%. Unterteilt man dieses Halbtonintervall in 100 gleiche Teile, dann gelangt man zu dem sehr kleinen Tonhöhenintervall von 1 cent, das nach dem Gesagten das Frequenzverhältnis

$$\sqrt[1200]{2} : 1 = 1{,}000577\ldots \qquad (5)$$

gegeben ist.

In der letzten Spalte der Tabelle 11.1 sind die Frequenzverhältnisse eingetragen, die den einzelnen Intervallen bei temperierter Stimmung zuzuordnen sind.

Damit sind längst nicht alle Stimmungsprobleme gelöst. So stimmt z. B. ein Geiger sein Instrument meist in reinen Quinten, was zwangsläufig zu Unstimmigkeiten im Zusammenspiel mit festgestimmten Instrumenten, z. B. mit einem Klavier führt.

11.3 Zur Wirkungsweise von Musikinstrumenten

Die Wirkungsweise von Musikinstrumenten kann man durch das in Fig. 11.3 gezeigte Funktionsschema beschreiben. Es enthält zunächst einen primären Schwingungserzeuger SG, weiterhin ein die Grundtonhöhe F_0 bestimmendes Element, z. B. einen Resonator. Diese beiden wirken meist eng zusammen, was durch eine Rückkopplungsschleife angedeutet ist, oft sind sie überhaupt nicht voneinander zu trennen. Das entstandene Signal wird schließlich in die umgebende Luft abgestrahlt. Dazu dient bei manchen Blasinstrumenten ein Trichter, welcher die Anpassung verbessert. Bei anderen Instrumenten erfolgt die Abstrahlung von einer zu Biegeschwingungen erregten Platte, oft als „Resonanzboden" bezeichnet. Diese hat auf Grund ihrer zahlreichen Eigenschwingungen eine ausgeprägte Filterwirkung, was durch das mit F bezeichnete Element zum Ausdruck gebracht wird. Durch sie werden manche Obertöne abgeschwächt, andere werden verstärkt. Es liegt auf der Hand, dass ein Resonanzboden die Klangfarbe des Instruments entscheidend beeinflusst. Außerdem ist er oft für die mehr oder weniger ausgeprägte Bündelung der Schallabstrahlung verantwortlich.

Das frequenzbestimmende Element der meisten Musikinstrumente ist entweder eine Saite oder ein Rohr. Im letzteren Fall ist das Rohr entweder an beiden oder nur an einem seiner Enden offen, also schallweich abgeschlossen. Seine Eigenfrequenzen berechnen sich nach Gl. (9.1) bzw. nach Gl. (9.3). Bei Orgelpfeifen liegt die Länge L der Luftsäule und damit die Tonhöhe fest, bei Holzblasinstrumenten wie der Flöte kann sie mit Hilfe

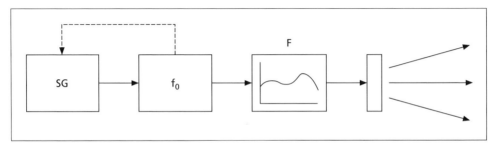

Fig. 11.3 Funktionsschema eines Musikinstruments (SG mechanischer Schwingungsgenerator, f_0 frequenzbestimmendes Element (Resonator), F Klangfarbenfilter)

seitlicher Bohrungen, den Grifflöchern, verändert werden, die entweder mit den Fingern des Spielers oder mit Hilfe von Klappen weitgehend abgedeckt werden. Jede offene Bohrung ist eine nahezu schallweiche Reflexionsstelle; die dem Schwingungserzeuger am nächsten gelegene Öffnung legt daher die wirksame Länge L des Resonators fest. Bei den meisten Blechblasinstrumenten kann die Rohrlänge durch bestimmte mechanische Hilfsmittel verändert werden.

Die Eigenfrequenzen einer zwischen zwei Punkten gespannten Saite sind ebenfalls durch die Gl. (9.1) gegeben, allerdings ist hier die Luftschallgeschwindigkeit c durch die Fortpflanzungsgeschwindigkeit transversaler Saitenwellen

$$c_s = \sqrt{\frac{F_s}{\mu}} \tag{6}$$

zu ersetzen. Hier ist F_s die Kraft, mit der die Saite gespannt ist, und μ die Saitenmasse pro Längeneinheit. Beim Klavier liegen die Saitenlängen fest, dagegen wird Streichinstrumenten wie der Violine die wirksame Saitenlänge L und damit wiederum die Tonhöhe dadurch variiert, dass der Spieler die Saite an der gewünschten Stelle gegen das Griffbrett drückt. Dagegen ist das Griffbrett einer Gitarre mit einer Reihe von Metallstegen („Bünden") versehen, die quer zu den Saiten verlaufen und die wirksame Länge L festlegen, wenn der Spieler die Saite hinter einem von ihnen niederdrückt.

Die nachstehende Besprechung einiger Instrumentengruppen soll die Vorgänge der Klangerzeugung etwas näher beleuchten. Dabei werden die Streichinstrumente etwa ausführlicher behandelt, um wenigstens an einem Beispiel einen kleinen Eindruck von der die Komplexität der mechanischen Schallerzeugung zu vermitteln.

11.4 Saiteninstrumente

Die verschiedenen Saiteninstrumente unterscheiden sich durch die Art ihrer Anregung: Diese kann entweder durch Anstreichen mit einem Bogen erfolgen, wodurch ein stationärer Ton entsteht, oder aber durch Anzupfen oder Anschlagen der Saite. Im letzteren Fall wird ein mehr oder weniger schnell verklingender Ton erzeugt, da die Schwingungsverluste nicht durch fortwährende Energiezufuhr kompensiert werden. Nach dem Obengesagten ist es in beiden Fällen die freie Länge der Saite, die den Grundton bestimmt.

11.4.1 Streichinstrumente

Die heute üblichen Streichinstrumente sind die Violine, die Viola (auch Bratsche genannt), das Violoncello und der Kontrabaß. Der Vorgang der Schallerzeugung ist bei allen Streichinstrumenten der gleiche; die Unterschiede liegen in ihrem Tonumfang und damit in ihrer Größe.

Ein Streichinstrument besteht zunächst aus einem hohlen Holzkörper (Fig. 11.4a und b), dem Corpus. Über diesen sowie das angesetzte Griffbrett sind vier (beim Kontrabaß

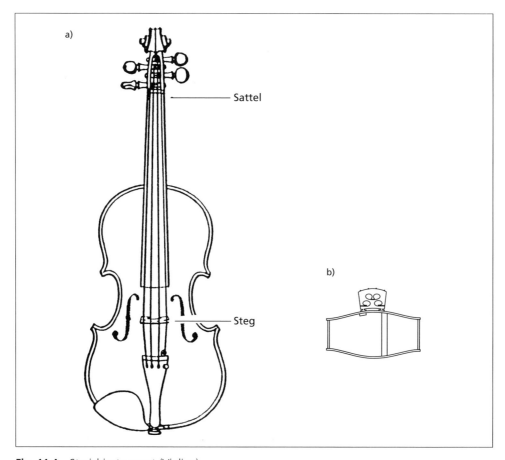

Fig. 11.4 Streichinstrument (Violine)

mitunter auch fünf) Saiten gespannt, die über den Steg laufen; die frei schwingende Länge L einer Saite ist der Abschnitt zwischen dem Steg und dem Sattel bzw. einem aufgesetzten Finger.

Die primäre Schwingung wird durch Anstreichen der Saiten mit einem Bogen erzeugt, einer dünnen Holzstange, die ein flaches Bündel von Pferdehaaren spannt. Dieser wird mit einem gewissen Druck auf eine Saite aufgesetzt und zugleich senkrecht zu ihr bewegt; der Abstand x_0 der Bogenhaare vom Steg beträgt dabei etwa ein Zehntel der freien Saitenlänge. Dabei findet ein sogleich näher zu beschreibendes, kompliziertes Wechselspiel zwischen dem Bogen und der Saite statt, die auf Grund ihrer Resonanzeigenschaften die Grundfrequenz des erzeugten Tones festlegt. Beim Anstreichen haftet die Saite zunächst an den rauen und mit Kolophonium etwas klebrig gemachten Bogenhaaren. Mit wachsender Auslenkung wird aber der Punkt erreicht, wo die Haftreibung nicht mehr zum Festhalten der Saite ausreicht, diese reißt daher ab und schnellt zurück, auf Grund von

Trägheitskräften sogar über ihre Ruhelage hinaus. Hat sie im Verlauf danach wieder die gleiche Geschwindigkeit wie der Bogen erreicht, so wird sie von diesem erneut eingefangen und das Spiel beginnt von neuem. Der sich bei diesem ständigen Wechsel von Haftreibung und Gleitreibung einstellende zeitliche Verlauf der Saitenauslenkung am Bogen ist in Fig. 11.5a dargestellt – eine Sägezahnschwingung, bei der die Auslenkung während Haftphase der Dauer t_h langsam anwächst; die Gleitphase hat eine wesentlich kürzere Dauer t_g und entspricht dem steil abfallenden Teil.

Die zugehörige Saitenschwingung muss so beschaffen sein, dass jede vom Bogen ausgehende Störung sich mit der Saitenwellengeschwindigkeit auf der Saite fortpflanzt, dass die Saite andererseits am Steg und an der anderen Begrenzung – dem Sattel oder dem aufgesetzten Finger – stets in Ruhe bleibt, und dass sich an der Anstreichstelle die in Fig. 11.5a gezeigte Sägezahnschwingung einstellt. Diese Bedingungen erfüllt die in Fig. 11.5b stark übertrieben dargestellte Schwingungsform. Die Saite bildet dabei zwei gerade Abschnitte, zwischen denen ein scharfer Knick liegt. Dieser bewegt sich auf dem oberen, gestrichelt eingezeichneten Parabelabschnitt mit der Geschwindigkeit c_s vom Sattel zum Steg. Dort wird er unter Vorzeichenumkehr reflektiert und läuft wieder zurück zum rechten Ende, diesmal auf dem unteren Parabelabschnitt. Dort wird er erneut reflektiert usw.. Die Dauer eines Umlaufs ist die der Grundschwingung zugeordnete Schwingungsperiode $T = 1/f_1$. Die beiden Parabelabschnitte sind durch die Gleichung

$$y_k = \pm 4 y_{max} \frac{x_k}{L} \cdot \left(1 - \frac{x_k}{L}\right) \tag{7}$$

gegeben, wobei die maximale Schwingungsweite y_{max} von der Bogengeschwindigkeit und dem Bogendruck abhängt; L ist die Länge des freien Saitenabschnitts. Aus der Figur entnimmt man leicht, dass für das Verhältnis der Gleitzeit zur Haftzeit

$$\frac{t_g}{t_h} = \frac{x_0}{L - x_0} \tag{8}$$

gilt. Mit dem bloßen Auge sieht man von diesem Schwingungsvorgang allerdings nur die beiden Parabelstücke und dazwischen eine etwas diffuse Fläche.

Die Schwingungsanregung einer gestrichenen Saite wurde hier stark idealisiert dargestellt, vor allem wurden alle Verluste vernachlässigt. Diese entstehen durch unvollkommene Reflexion der Saitenwelle Steg und am aufgesetzten Finger sowie dadurch, dass die Saite in der Gleitphase zwar nicht am Bogen haftet, aber diesen doch berührt. Sie führen zu einer Verrundung des in Fig. 11.5b dargestellten Saitenknicks und zwar umso mehr, je geringer der Bogendruck und je weiter die Anstreichstelle vom Steg entfernt ist. Die Wirkung des Bogens besteht letztlich darin, den Knick zu Beginn und am Ende der Haftphase immer wieder „anzuschärfen".

Wegen ihres geringen Strahlungswiderstands strahlt die Saite selbst nur eine verschwindend kleine Schallleistung ab. Ein deutlich hörbarer Ton entsteht erst dadurch, dass die schwingende Saite transversale Wechselkräfte in den Steg einleitet, die von diesem auf

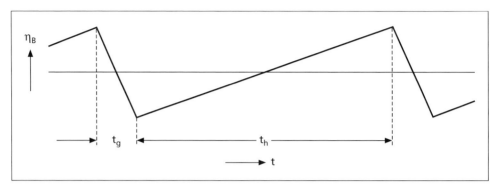

Fig. 11.5 a) Saitenauslenkung an der Anstreichstelle als Funktion der Zeit, t_h = Haftdauer, t_g = Gleitdauer

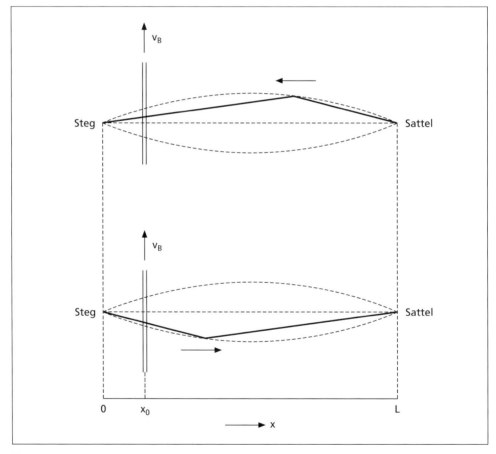

b) Saitenauslenkung als Funktion des Ortes zu zwei verschiedenen Zeiten (sog *Helmholtz-Schwingung*) (v_B Bogengeschwindigkeit)

den Corpus übertragen werden. Die auf den Steg wirkende Wechselkraft F_y ergibt sich als transversale Komponente der Saitenspannung und ist dem Neigungswinkel der Saite am Steg proportional: Bezeichnen wir mit F_s die Saitenspannung im Ruhezustand, dann ist:

$$F_y = F_s \frac{y_k}{x_k} = \pm \frac{4 y_{max}}{L} \cdot \left(1 - \frac{x_k}{L}\right) \cdot F_s \qquad (9)$$

letzteres unter Benutzung der Gl. (7). Sie steigt, ausgehend von $-4y_{max}F_s/L$ bei $x_k = 0$ (unteres Vorzeichen), linear mit der Koordinate x_k und damit auch mit der Zeit an. Bei $x_k = L$ wechselt das Vorzeichen in Gl. (9); F_y wächst weiterhin an und springt für $x_k = 0$ von $+4y_{max}F_s/L$ auf ihren Ausgangswert zurück. Daraus resultiert als Zeitfunktion die bereits in Fig. 2.10a als Beispiel gezeigte Sägezahnschwingung; das zugehörige Frequenzspektrum kennen wir ebenfalls schon von Fig. 2.10b.

Wie aus Fig. 11.4b ersichtlich, befindet sich zwischen Boden und Decke des Instruments, und zwar in der Nähe des rechten Stegfußes, der so genannte Stimmstock. Daher ist der Corpus unter dem rechten Stegfuß steifer als unter dem linken; als Folge davon reagiert der Steg auf die von der Saite eingeleitete transversale Wechselkraft mit Drehschwingungen um seinen rechten Fußpunkt, etwas vereinfachend gesagt. Daher regt vor allem der linke Stegfuß den Corpus zu Biegeschwingungen an. Dieser wirkt als „Resonanzboden" in dem eingangs beschriebenen Sinn: auf Grund seiner Resonanzen wird das zunächst unspezifische Spektrum der Fig. 2.10b durchgreifend verändert, wodurch erst der individuelle Klang des Instruments entsteht. Außerdem sorgt der Corpus für eine wirkungsvolle Abstrahlung des Schalls in die Umgebung.

11.4.2 Instrumente mit angezupften oder angeschlagenen Saiten

Bei einem Zupfinstrument wird die Saite mit dem Finger aus ihrer Ruhelage ausgelenkt und zur Zeit $t = 0$ losgelassen. Zur Berechnung ihrer Schwingungsform kann man sich der allgemeinen Lösung Gl. (4.2) bedienen, wobei der Schalldruck p durch die Auslenkung $\eta(x,t)$ und c durch die Geschwindigkeit c_s der Saitenwellen zu ersetzen ist. Ihr örtlicher Verlauf zum Zeitpunkt des Loslassens sei $\eta_0(x) = \eta(x,0)$ und ist im oberen Teilbild der Fig. 11.6 als dicke Kurve eingezeichnet. Über die Saitenenden bei $x = 0$ und $x = L$ muss die Funktion ungerade und periodisch mit der Periode 2L fortgesetzt werden; damit wird sichergestellt, dass die Saitenenden stets in Ruhe bleiben, d. h. dass $\eta(0,t) = \eta(L,t) \equiv 0$ ist. Nach Gl. (4.2) gilt für η_0:

$$\eta_0(x) = \eta(x,0) = f(x) + g(x) \qquad (10)$$

Zu diesem Zeitpunkt ist die Saite in Ruhe, d. h. es ist

$$\left(\frac{\partial \eta}{\partial t}\right)_{t=0} = -c_s f'(x) + c_s g'(x) = 0 \qquad (11)$$

Aus beiden Gleichungen folgt $f(x) = g(x) = \eta_0(x)/2$ und die modifizierte Gl. (4.2) geht über in:

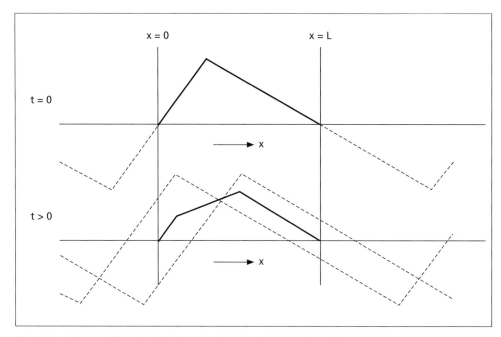

Fig. 11.6 Konstruktion der Schwingungsform einer gezupften Saite

$$\eta(x,t) = \frac{1}{2} \cdot [\eta_0(x - c_s t) + \eta_0(x + c_s t)] \quad (12)$$

Die Schwingungsverteilung zu einem Zeitpunkt t > 0 erhält man also dadurch, dass man die Anfangsverteilung einmal um ct nach rechts und einmal um ct nach links verschiebt und aus beidem den Mittelwert bildet, wie das im unteren Teilbild von Fig. 11.6 angedeutet ist. In Fig. 11.7 sind die so konstruierten Schwingungsphasen dargestellt, jeweils im Abstand von 1/10 der Schwingungsperiode. Dabei wurde angenommen, dass der Abstand der Anzupfstelle vom linken Saitenende 3/10 der gesamten Saitenlänge L beträgt.

In entsprechender Weise kann man auch die Schwingungsform einer angeschlagenen Saite ermitteln. Dabei nehmen wir an, dass zum Zeitpunkt t = 0 die bis dahin in Ruhe befindliche Saite von einem schmalen „Hammer" angeschlagen wird, der ihr auf seiner ganzen Breite die Geschwindigkeit $V_0(x)$ erteilt, während $\eta_0(x) = 0$ ist. An Stelle der Gl. (14) erhält man dann

$$\eta(x,t) = \frac{1}{2c_s} \cdot [-V_0(x - c_s t) + V_0(x + c_s t)] \quad (13)$$

In Fig. 11.8 sind verschiedene Schwingungsphasen einer angeschlagenen Saite dargestellt. Die Breite des Hammers ist durch $x_0 - h/2$ bis $x_0 + h/2$ gegeben, sodass in diesem Bereich eine örtlich konstante Anfangsschnelle v_0 erzeugt wird. Dabei wurde im Sinne eines Modells h zu L/10 und x_0 zu 3/10 angenommen. Die auf den Steg wirkende Wechselkraft

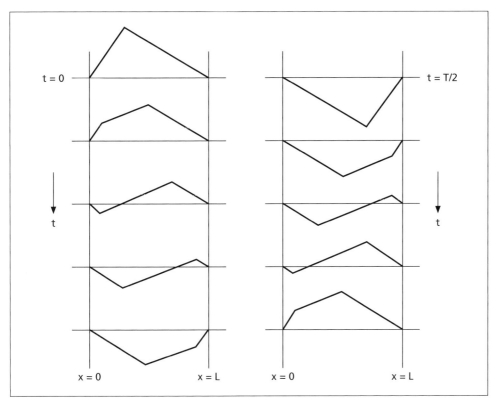

Fig. 11.7 Die Schwingungsphasen einer angezupften Saite, in zeitlichen Abständen von T/10

ist wie bei Streichinstrumenten die transversale Komponente der Saitenspannung, also der Neigung der Saite am Steg gegenüber ihrer Ruhelage proportional.

Es sei noch einmal darauf hingewiesen, dass diese Schwingungsformen stark idealisiert sind, da viele Einflüsse auf den Schwingungsablauf unberücksichtigt blieben. Das gilt insbesondere für die Schwingungsverluste, die bei der angezupften und der angeschlagenen Saite ein Abklingen der Schwingung verursachen; dementsprechend bestehen die Spektren der Töne hier nicht aus scharfen Linien, sondern endlich breiten Maxima.

Zupfinstrumente sind die Gitarre sowie die ihr verwandte Laute und Mandoline, die Harfe und das Cembalo; auch bei Streichinstrumenten werden die Saiten manchmal durch Zupfen erregt („pizzicato"). Die Funktion des Stegs und des Corpus bei der Gitarre ist ähnlich wie bei den Streichinstrumenten.

Bei der Harfe und dem Cembalo schwingt stets die ganze Saite, d. h. die Tonhöhe wird nicht durch aufgesetzte Finger verändert. Der Corpus der Harfe besteht aus einem flachen, länglichen Holzkasten, an dem die Saiten unter einem Winkel von $30 - 40^0$ befestigt sind und auf den sie ihre Schwingung direkt übertragen. Beim Cembalo werden die Saiten mit

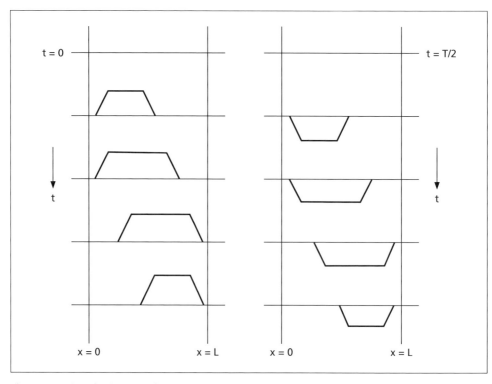

Fig. 11.8 Die Schwingungsphasen einer angeschlagenen Saite, in zeitlichen Abständen von T/10

Metallstiften angezupft. Die Schwingung wird über einen breiten Steg auf einen großflächigen Resonanzboden übertragen und von dort abgestrahlt.

Das wichtigste Musikinstrument mit angeschlagenen Saiten ist das Klavier. Wie beim Cembalo ist für jeden Ton eine Saite vorgesehen; bei manchen sind die Saiten sogar zwei- oder dreifach. Zum Anschlagen dient ein kleiner, mit Filz belegter Hammer, der über eine komplizierte Mechanik von der Taste in Bewegung versetzt wird und frei auf die Saite trifft. Auf Grund des Filzbelags bleibt der Hammer für eine kurze Zeit in Kontakt mit der Saite. Die Nachklingdauer der angeschlagenen Saite liegt bei tiefen und mittleren Tönen in der Größenordnung von Sekunden und wird normalerweise durch Filzpolster verringert. Deren Dämpfung kann aber durch ein Pedal aufgehoben werden.

11.5 Blasinstrumente

Bei den Blasinstrumenten wird der frequenzbestimmende Resonator – eine in ein Rohr eingeschlossene Luftsäule – durch die Instabilität einer Luftströmung angeregt, also durch eine Art Pfeife. Je nach ihrem Aufbau unterscheidet man Lippenpfeifen und Zungen-

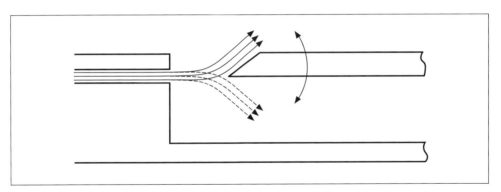

Fig. 11.9 Schwingungserzeugung bei einer Lippenpfeife

pfeifen, die bei Holzblasinstrumenten, aber auch bei Orgeln verwendet werden. Bei Blechblasinstrumenten sind es die Lippen des Spielers, welche in Zusammenwirkung mit dem Mundstück des Instruments den Ton erzeugen. Wie bei den Saiteninstrumenten ist die Art der Schallerzeugung von entscheidendem Einfluss auf die Klangfarbe der erzeugten Töne

11.5.1 Blasinstrumente mit Lippenpfeifen

Bei einer Lippenpfeife wird eine Schneide, die sog. Lippe, von einem begrenzten Luftstrom angeblasen (s. Fig. 11.9). Die Schneide bewirkt keineswegs eine stabile Teilung des Luftstroms, dieser pendelt vielmehr von einer Seite auf die andere und erzeugt eine Abfolge von Luftwirbeln. Dabei entsteht der so genannte Schneidenton, dessen Frequenz mit der Strömungsgeschwindigkeit anwächst und im übrigen von der Geometrie der Anordnung abhängt. Schneidentöne entstehen auch im Freien durch Wind, der z. B auf eine Hausecke trifft.

In Fig. 11.9 hat man sich den Rohrresonator auf der rechten Seite der Lippe vorzustellen. Die Wirbel erregen einerseits die Eigenschwingungen des Rohres, andererseits wirken die mit ihnen verbundenen Druckschwankungen auf den Luftstrom an der Lippe zurück und synchronisieren die Umlenkung der Luft. Dies gilt vor allem für die niedrigste Eigenschwingung, welche i. Allg. die Frequenz des Grundtons und damit die Tonhöhe festlegt. Allerdings hängt die Tonhöhe auch von der Strömungsgeschwindigkeit der Luft ab. I.A. nimmt sie stetig mit der Geschwindigkeit zu, wenn auch nicht so stark, wie bei den obenerwähnten Schneidentönen, die nicht von einem Resonator synchronisiert werden. Die Tonhöhe kann aber auch abrupt auf einen höheren Wert springen; die Wirbelablösung wird dann von einer höheren Eigenschwingungen gesteuert. Jedenfalls herrscht auch hier eine enge Wechselwirkung zwischen dem Schwingungsgenerator und dem angekoppelten Resonator.

Eine weit verbreitete Form der Lippenpfeife ist die Blockflöte. Man stellt sie aus Holz her, der Spieler muss die Grifflöcher mit seinen Fingern öffnen und schließen. Bei der Querflöte ist die Anblasrichtung quer zur Achse, die Lippe liegt also parallel zu ihr. Moderne Instrumente werden aus Metall, z. B. Silber oder sogar Gold hergestellt; zum Öffnen und Schließen der Grifflöcher steht ein Klappenmechanismus zur Verfügung. Orgelpfeifen sind meist aus Metall gefertigt und von kreisförmigem Querschnitt; zuweilen sind sie aber auch aus Holz und haben dann rechteckigen, meist quadratischen Querschnitt. Der Einfluss des Wandmaterials auf die Klangqualität von Orgelpfeifen ist umstritten; traditionell wird hierfür eine Blei-Zinn-Legierung verwendet. Im übrigen werden bei der Orgel außer Lippenpfeifen auch Zungenpfeifen verwendet.

Das Klangspektrum von Lippenpfeifen – und entsprechendes gilt auch für die im nächsten Unterabschnitt zu besprechenden Zungenpfeifen- hängt von ihrer Mensur, d. h. von dem Verhältnis von Durchmesser und Länge ab; je weiter eine Pfeife mensuriert ist, umso weicher klingt sie. Auch konisch verengte Orgelpfeifen werden verwendet, die wiederum andere Klangeigenschaften haben.

11.5.2 Blasinstrumente mit Zungenpfeifen

Bei den Zungeninstrumenten werden für die primäre Schwingungserzeugung schwingende Plättchen aus Metall oder einem pflanzlichen Material benutzt. Auch hier besteht eine Wechselwirkung zwischen dem Schwingungsgenerator und dem angekoppelten Resonator – in der Regel handelt es sich dabei ebenfalls um ein Rohr – wenngleich in geringerem Maß als bei den Lippenpfeife.

Die Schwingungserzeugung mit einer Zungenpfeife soll an Hand der Fig. 11.10 erläutert werden. Die Zunge ist hier ersetzt durch eine Platte, die zusammen mit einem Anschlag ein Ventil bildet. In ihrer Ruhelage, die durch eine Feder festgelegt ist, befindet sich die Platte in geringem Abstand vor dem Anschlag, das Ventil ist also offen. Erhöht man auf ihrer linken Seite den Luftdruck durch Anblasen, dann strömt diese mit zunehmender Geschwindigkeit durch die Verengung. Nun besagt das Bernoullische Gesetz der Strömungslehre, dass

$$p + \frac{\rho}{2} v_s^2 = \text{const.} \tag{14}$$

Darin ist p der lokale Luftdruck, ρ die als konstant angenommene Dichte der Luft und v_s ihre Strömungsgeschwindigkeit. (Da sich in Wirklichkeit auch die Dichte der Luft ändert, sollten aus der Gl. (11.14) nur qualitative Schlüsse gezogen werden.) In der Verengung zwischen der Platte und dem Anschlag strömt die Luft besonders schnell, daher entsteht hier nach Gl. (14) ein Unterdruck, der die Ventilplatte mit wachsender Geschwindigkeit nach rechts beschleunigt und schließlich an den Anschlag zieht. Damit ist die Strömung unterbrochen, der Bernoulli-Unterdruck verschwindet und die Feder verschiebt die Platte wieder nach links, von wo aus sich das Spiel wiederholt. Der Luftstrom wird also periodisch unterbrochen. Einerseits steigt die Frequenz der so erzeugten Schwingung mit wachsendem Anblasdruck, andererseits wirken die in dem rechter Hand angekoppelten

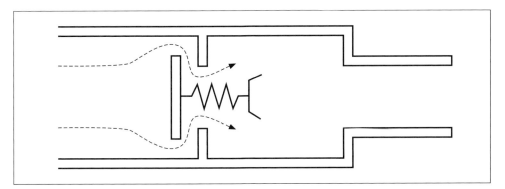

Fig. 11.10 Zur Wirkungsweise einer Zungenpfeife

Rohr angefachten Eigenschwingungen auf die Platte zurück und üben so eine synchronisierende Wirkung auf sie aus. Betrachten wir etwa die Öffungsphase des Ventils: In ihr wird eine Druckwelle in das Rohr emittiert, läuft bis zu dessen offenem Ende und wird dort unter Vorzeichenumkehr, d. h. als Unterdruckwelle reflektiert. Diese erreicht das Ventil gerade dann, wenn es erneut geöffnet ist und trägt damit zur Beschleunigung des Schließvorgangs bei.

Fig. 11.10 veranschaulicht das Prinzip der „aufschlagenden Zunge"; stellt man sich dagegen im Ruhezustand die Ventilplatte bündig in der von ihr zu verschließenden Öffnung vor, dann gelangt man zu einer „durchschlagenden Zunge".

In jedem Fall bildet bei Zungenpfeifen der Schwingungsgenerator einen nahezu schallharten Abschluss des angeschlossenen Rohrresonators, im Gegensatz zu den Lippenpfeifen. In Fig. 11.11 sind einige Mundstücke von Zungenpfeifen dargestellt. Klarinette und Saxophon haben eine einfache, aus Rohr hergestellte Zunge, die beim Anblasen eine Öffnung im Mundstück periodisch verschließt. Bei der Oboe und dem Fagott bilden dagegen zwei bewegliche Zungen ein flaches Röhrchen. Bei beiden Instrumenten bildet die Zunge auf Grund ihres Materials und der Tatsache, dass der Spieler sie mit den Lippen mehr oder weniger fest berührt, einen relativ stark gedämpften Resonator. Anders bei der Orgelpfeife: die Zunge ist hier eine frei schwingendes, aufschlagendes Metallplättchen mit einer ausgeprägten Resonanz, die nahe bei der Grundfrequenz des angeschlossenen Resonators liegt.

Erwähnt sei schließlich noch, dass bei der Klarinette das angeschlossene Rohr zylindrisch, bei der Oboe dagegen konisch ist. Nach Fig. 9.2b liegen die Eigenfrequenzen eines konischen Rohres nicht harmonisch; insbesondere die tiefsten sind z. T. erheblich gegen die des zylindrischen Rohrs nach oben verschoben. Das hat nicht nur Auswirkungen auf den Klang des Instruments, sondern auch auf den Grundton. So liegt der tiefste Ton einer modernen Oboe fast eine Oktave über dem der Klarinette, obwohl beide Instrumente fast gleich lang sind. Dennoch liegen die Obertöne des stationär erzeugten Tones natürlich in jedem Fall harmonisch, da es sich um periodische Schallsignale handelt.

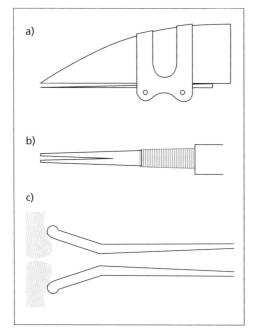
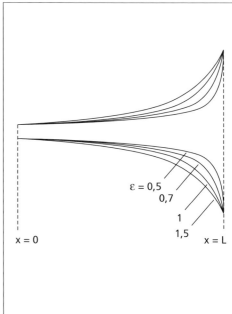

Fig. 11.11 Mundstück
a) der Klarinette,
b) der Oboe,
c) der Trompete

Fig. 11.12 Verschiedene Besseltrichter (s. Gl. (15))

11.5.3 Blechblasinstrumente

Bei Blechblasinstrumenten wie der Trompete, dem Horn, der Posaune usw. bilden die Lippen des Spielers den eigentlichen Schwingungserzeuger. Wie in Fig. 11.11c dargestellt, werden sie in geschlossenem Zustand an das Mundstück gedrückt. Dieses bildet seinerseits das eine Ende des Metallrohrs, aus dem das Instrument im wesentlichen besteht. Bei hinreichendem Druck der Atemluft werden die Lippen auseinandergedrückt, die Luft strömt mit relativ hoher Geschwindigkeit durch den entstehenden Spalt. Wie bei der in Fig. 11.10 schematisch dargestellten Zungenpfeife erniedrigt sich dadurch der Luftdruck im Spalt auf Grund des in Gl. (14) angegebenen Bernoullischen Gesetzes. Dieser Unterdruck zieht die Lippen wieder zusammen, wodurch der Luftstrom unterbrochen wird. Nun wiederholt sich dieser Vorgang mehr oder weniger periodisch. Der angekoppelte Resonator synchronisiert der Lippenschwingung und sorgt damit für die Entstehung eines stationären Tons.

Das auffälligste Merkmal der Blechblasinstrumente ist die trichterartige Erweiterung des Rohrquerschnitts auf der Abstrahlungsseite. Sie dient einer Vergrößerung der strahlenden Fläche und damit der Erhöhung des Strahlungswiderstands. Der Trichter kann näherungsweise als Bessel-Trichter beschrieben werden, dessen Radius (bei kreisförmigem Querschnitt) durch

$$r = r_0 \left(1 - \frac{x}{a}\right)^{-\varepsilon} \quad \text{mit} \quad a = \frac{L}{1 - q^{-1/\varepsilon}} \quad (15)$$

gegeben ist. Dabei ist r_0 der Anfangsradius für $x = 0$, q ist das Verhältnis von End- und Anfangsradius und L die Länge des Trichters. In Fig. 11.12 sind einige Trichter dieser Art für q = 10 gezeichnet. Bei den üblichen Blechblasinstrumenten liegt ε zwischen 0,7 und 1. Allerdings beschränkt sich die Querschnittserweiterung auf den letzten Teil des Rohrresonators, z. B. auf das letzte Drittel; der größere Rest ist zylindrisch. Ein kürzerer und weiter geöffneter Trichter wie bei Trompete und Posaune hat eine hellere Klangfarbe zur Folge. Die Eigenfrequenzen des zusammengesetzten Rohres liegen wieder nichtharmonisch, was einen Feinabgleich der tatsächlichen Trichterform erforderlich macht.

Der gesamte Rohrresonator hat eine beachtliche Länge, weshalb er größtenteils „aufgewickelt" wird, entweder in Kreisform wie beim Horn oder in länglichen Schleifen wie bei der Trompete. Die wirksame Länge und damit die Höhe des erzeugten Tons kann entweder mit Hilfe von Ventilen verändert werden, durch die zusätzliche Leitungsstücke eingefügt werden, oder aber durch ausziehbare Rohrteile wie bei der Posaune.

11.6 Erzeugung von Sprache

Mit seinem Sprachorgan ist der Mensch in der Lage, eine große Zahl von Lautäußerungen von sehr unterschiedlichem und schnell wechselndem Klangcharakter zu erzeugen. Wie schon im Abschnitt 11.1 erwähnt, unterscheiden wir verschiedene Arten von Sprachlauten, nämlich im wesentlichen Vokale einschließlich der Halbvokale, stimmhafte und stimmlose Reibelaute sowie die impulsartigen Plosivlaute. Der Wechsel zwischen den verschiedenen Lauten wird durch die Artikulation, d. h. im wesentlichen durch Mund- und Zungenbewegungen bewerkstelligt; die der Tonhöhe erfolgt durch mehr oder weniger starke Muskelanspannungen im Kehlkopf.

In diesem Abschnitt soll dargestellt werden, wie die verschiedenen Laute entstehen. Das in Fig. 11.3 gezeigte Funktionsschema kann auch auf die Spracherzeugung angewandt werden mit der Maßgabe, dass – je nach dem zu bildenden Sprachlaut – verschiedene Schwingungsgeneratoren verwendet werden.

Fig. 11.13 zeigt einen Schnitt durch den menschlichen Kopf, soweit er für die akustische Spracherzeugung von Belang ist. An ihr sind der Kehlkopf mit den Stimmlippen, das Ansatzrohr, die Rachen-, Mund- und Nasenhöhle beteiligt, des weiteren die Zunge, der Gaumen, die Zähne und die Lippen und schließlich die Mund- und Nasenöffnung. Die zum Sprechen erforderliche Energie wird beim Ausatmen von der in der Lunge gespeicherten Luft geliefert, die Schallabstrahlung erfolgt durch den Mund und die Nase.

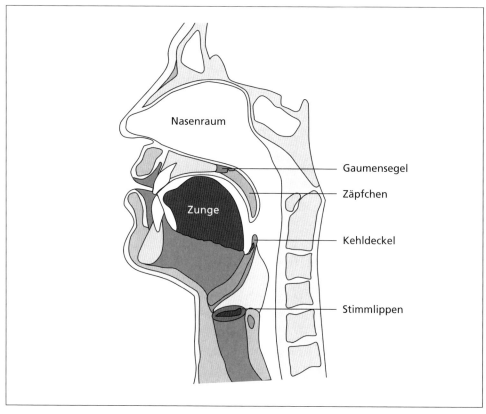

Fig. 11.13 Sprachorgan (Schnitt, aus E. Zwicker, Psychoakustik, s. Literaturverzeichnis, mit freundlicher Genehmigung des Verlags)

11.6.1 Der Kehlkopf

In Fig. 11.14 ist ein Querschnitt durch den Kehlkopf dargestellt. In ihm befinden sich – grob gesagt – zwei einander gegenüberstehende Muskeln von etwa dreieckförmigem Querschnitt. Sie werden oft als Stimmbänder, zutreffender allerdings als Stimmlippen bezeichnet. Zwischen diesen liegt ein Spalt, die Stimmritze; atmet man, ohne zu sprechen, dann ist diese weit offen.

Bei der Bildung von stimmhaften Lauten, z. B. von Vokalen, ist die Stimmritze nur wenig geöffnet; die Atemluft durchströmt sie daher mit vergleichsweise hoher Geschwindigkeit. Somit bildet sich in ihr nach Gl. (11.14) ein Unterdruck, der die Stimmlippen entgegen ihrer Rückstellkraft zusammenzieht und damit den Luftstrom unterbricht. Damit verschwindet aber der Unterdruck, die Stimmlippen können auf Grund ihrer elastischen Rückstellkraft wieder in Richtung ihrer Ausgangsstellung zurückschwingen. Darauf wiederholt sich der Vorgang, der im Ganzen stark an die im Unterabschnitt 11.5.3 beschriebene Schwingungserzeugung bei Blechblasinstrumenten erinnert. Allerdings ist die Fre-

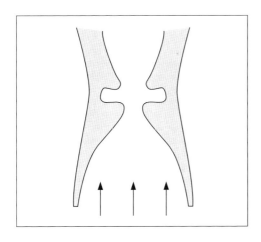

Fig. 11.14 Schnitt durch den Kehlkopf (schematisch, aus E. Zwicker, Psychoakustik, mit freundlicher Genehmigung des Verlags)

quenz der erzeugten Schwingung unabhängig von irgendwelchen angekoppelten Resonatoren. Sie wird einerseits bestimmt durch die Abmessungen des Kehlkopfs und die wirksame Masse der Stimmlippen; die höhere Tonlage bei Frauen und Kindern erklärt sich daraus, dass bei ihnen die Stimmlippen kleiner sind als bei erwachsenen Männern. Andererseits hängt die Stimmbandfrequenz von der Muskelanspannung in den Stimmlippen ab, welche ihre elastische Rückstellkraft bestimmt. Der Sprecher oder Sänger kann dadurch die Frequenz seiner Stimmbandschwingung in weiten Grenzen ändern. Normalerweise beträgt der Stimmumfang etwa zwei Oktaven entsprechend einem Frequenzverhältnis von 1 : 4; bei ausgebildeten Sängern kann er noch wesentlich größer sein.

Jedenfalls wird der Strom der Atemluft durch den Kehlkopf bei konstant gehaltener Tonhöhe periodisch unterbrochen. Dadurch entsteht eine regelmäßige Abfolge von Druckimpulsen, also ein Signal, welches auf Grund seiner Zeitstruktur sehr viele Obertöne enthält, aber noch völlig unspezifisch ist. Zu einem Sprachlaut kann es erst werden, wenn sein Spektrum bzw. sein zeitlicher Verlauf in charakteristischer Weise verändert wird.

11.6.2 Der Stimmkanal, Vokale

Dies geschieht dadurch, dass das Stimmbandsignal den aus dem Ansatzrohr sowie der Mund- und Nasenhöhle gebildeten Hohlraum passieren muss, bevor es von der Mundöffnung und den Nasenlöchern abgestrahlt wird. Wie jeder Hohlraum (s. Kapitel 9) hat auch dieser mehrere Eigenfrequenzen innerhalb des Hörbereichs – man kann auch sagen : Resonanzen – die allerdings relativ stark gedämpft sind. Dies ist übrigens der Grund dafür, dass diese Resonanzen die Grundfrequenz des Sprachlauts nicht merklich beeinflussen; die Rückkopplungsschleife in Fig. 11.3 entfällt also. Die Resonanzfrequenzen hängen von der Form des Hohlraums, insbesondere von der Zungenstellung, und von der Öffnung des Mundes ab und wird beim Sprechen laufend verändert. Das gleiche gilt für die Frequenzübertragungsfunktion des Stimmkanals, zu der sich die Eigenschwingungen des Hohl-

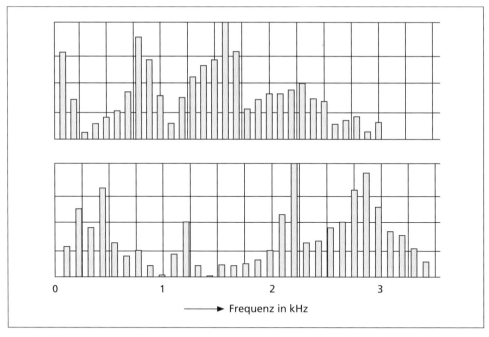

Fig. 11.15 Spektren einiger Sprachlaute

raums zusammensetzen; sie hebt in manchen Bereichen die Spektralkomponenten des Stimmbandsignals an, in anderen senkt sie sie ab.

In Fig. 11.15 sind die Spektren einige Vokale gezeigt. Man erkennt, dass die Folgen von Spektrallinien jeweils drei bis vier flache Maxima aufweisen. Diese Bereiche erhöhter Spektralenergie sind für die betreffenden Laute charakteristisch, man bezeichnet sie als Formanten, die ihnen zugeordneten Frequenzen als Formantfrequenzen. Natürlich liegen diese nicht exakt fest, sondern zeigen individuelle Unterschiede; auch bei ein und demselben Sprecher gibt es Unterschiede. Ein bestimmter Laut ist bereits durch die beiden ersten Formanten hinreichend charakterisiert.

Alternativ kann man die Entstehung der Vokale natürlich auch im Zeitbereich beschreiben. Jeder der Stimmbandimpulse erregt im Mundraum eine abklingende Schwingung; die Überlagerung all dieser Abklingvorgänge bildet den betreffenden Sprachlaut. Man kann solche Abklingvorgänge direkt hören, indem man durch Mund- und Lippenstellung einen bestimmten Vokal vorbildet und mit dem Finger die Wange anschnippt. (Am deutlichsten hört man diese Schwingung bei den Vokalen /o/ und /a/, weniger gut bei /u/ oder /e/.)

Beim normalen Sprechen ändert der Sprecher die Stimmbandgrundfrequenz laufend. Diese „Sprachmelodie" trägt nicht nur selbst Information (z. B. über den Gemütszustand des Sprechers, oder bei Fragen), sondern ist auch für das Sprachverständnis wichtig. Dies zeigt sich, wenn man die Übertragungsfunktion des Stimmkanals durch elektrische Filter nachbildet. Regt man eine solche Filterkombination mit einer streng periodischen Impulsfolge an, dann wird man das mit einem Lautsprecher wiedergegebene Ergebnis kaum als Sprachlaut identifizieren, eher denkt man an ein „technisches" Geräusch. Dies ändert sich, wenn man die Wiederholungsfrequenz der Impulse leicht variiert; man erkennt dann den synthetisierten Laut sofort.

Zur Bildung von Vokalen ist die Stimmbandschwingung nicht unbedingt erforderlich. So bleiben beim Flüstern die Stimmlippen außer Funktion; als primäre Schallquelle wirkt das Rauschen, das die Atemluft in der Stimmritze oder an anderen Engstellen der Mundhöhle erzeugt. Auch diesem Geräusch wird beim Sprechen die jeweilige Formantstruktur aufgeprägt; die Spektren haben nun allerdings keine Linienstruktur, sondern sind kontinuierlich.

Als Halbvokale bezeichnet man die Laute /m/, /n/, /ng/ und /l/. Sie werden wie die Vokale stimmhaft gesprochen. Allerdings erfolgt bei den ersten drei die Schallabstrahlung nur über die Nase. So werden bei /m/ Lippen geschlossen, bei /n/ bildet die an den vorderen Gaumen gelegte Zunge einen Verschluss, während bei /ng/ der Luftstrom durch den Mund im hinteren Gaumenbereich unterbunden wird. Die Unterscheidung dieser Laute wird durch die Übergänge von den vorausgehenden oder zu den nachfolgenden Vokalen wesentlich erleichtert.

11.6.3 Bildung von Konsonanten

Bei den Konsonanten handelt es sich im Sinne unserer Begriffsbestimmungen von Abschnitt 11.1 um Geräusche. Sie haben ein breites, kontinuierliches Spektrum, das bis zu etwa 12 kHz reichen kann. Sie entstehen durch turbulente Strömungen der Atemluft an Verengungen des durch Luftröhre, Kehlkopf, Ansatzrohr und Mundhöhle bestehenden Strömungskanals. Beim /h/ wirkt allein schon die Stimmritze in diesem Sinn, bei anderen stationären Reibelauten oder Frikativen baut man beim Sprechen eine zusätzliche Engstelle im Mund auf, z. B. zwischen den unteren Schneidezähnen und der Oberlippe bei /f/, oder zwischen den oberen und den unteren Schneidezähnen bei /s/ oder /sch/. Im letzteren Fall bildet man durch Vorstülpen der Lippen einen zusätzlichen Resonator, der den Schwerpunkt des Spektrums nach tieferen Frequenzen verschiebt. Diese Laute werden z. T. übrigens sowohl stimmlos als auch stimmhaft gesprochen, d. h. unter Mitwirkung einer Stimmlippenschwingung. In diesem Fall überlagert sich dem kontinuierlichen Geräuschspektrum das vom Kehlkopf erzeugte Linienspektrum.

Während die Reibelaute im Prinzip stationär sind, handelt es sich bei den Plosivlauten /p/, /k/, /t/, /b/, /g/ und /d/ um einmalige Ausgleichsvorgänge und die damit verbundenen impulsartigen Geräusche. Sie entstehen dadurch, dass zunächst der Luftweg bei geöffneter Stimmritze völlig verschlossen wird. Dadurch baut sich ein statischer Überdruck auf. Wird der Luftweg plötzlich freigegeben, dann entsteht ein Druckimpuls und zugleich eine schnell abklingende, turbulente Luftströmung, also Rauschen. Bei fortlaufender Sprache beginnen sofort danach die Stimmlippen zu schwingen, um den nachfolgenden Vokal oder

Halbvokal zu bilden, der auch hier die Erkennung des Konsonanten erleichtert. Den Verschluss bilden bei /p/ und /b/ die Lippen, bei /t/ und /d/ dagegen die Zunge zusammen mit dem vorderen Gaumen. Bei /k/ und /g/ wird der Luftstrom im hinteren Gaumenbereich unterbrochen. Bei den Plosivlauten /p/, /k/ und /t/ wirkt sozusagen der ganze Luftdruck der Lunge auf den Verschluss, während bei den „weichen" Plosivlauten der Druck mehr lokal aufgebaut wird. Außerdem setzt bei den letzteren Lauten die Stimmlippenschwingung oft schon etwas früher ein.

12 Das menschliche Gehör

Unser Hauptinteresse an der Akustik rührt natürlich daher, dass wir Schall mit unserem Gehörsinn direkt, d. h. ohne besondere Hilfsmittel wahrnehmen können. Dabei zeigt unser Gehör eine wahrhaft erstaunliche Empfindlichkeit – wäre es nur wenig empfindlicher, dann könnten wir hören, wie die Moleküle der Luft auf unser Trommelfell prasseln, was allerdings keine sehr sinnvolle Wahrnehmung wäre. Ebenso erstaunlich ist der weite Ton- und Lautstärkenumfang der Schalle, die von unserem Gehör verarbeitet werden können. Was den ersteren betrifft, sei daran erinnert, dass der unserem Auge zugängliche Frequenzbereich elektromagnetischer Wellen nur ein Verhältnis 1 : 2, also eine Oktave umfasst, während die Frequenzen des Hörbereichs sich zwischen etwa 16 Hz bis über 20000 Hz, also über mehr als drei Zehnerpotenzen erstrecken, also etwa zehn Oktaven. Allerdings sinkt auch bei gesunden Menschen die Obergrenze dieses Frequenzbereichs mit zunehmendem Lebenalter erheblich ab. – Der Bereich der ohne Überlastung zu verarbeitenden Schallintensitäten umfasst über 12 Zehnerpotenzen – ohne die von elektrischen Messinstrumenten her bekannte Bereichsumschaltung. Ebenso bemerkenswert ist das feine Unterscheidungsvermögen unseres Gehörs für Tonhöhen- oder Klangfarbenunterschiede. Ermöglicht werden diese Wahrnehmungsleistungen durch den anatomischen, um nicht zu sagen: den mechanischen Aufbau des Gehörorgans, durch seine nichtlineare Arbeitsweise sowie durch die komplizierte Verarbeitung, die unser Gehirn mit den im Innenohr in elektrische Nervenimpulse umgewandelten Signalen vornimmt.

Um den Vergleich mit dem Gesichtssinn noch etwas weiterzuspinnen sei erwähnt, dass sich das akustische „Gesichtsfeld" über alle Raumrichtungen erstreckt, im Gegensatz zum optischen, das auf einen relativ kleinen Raumwinkelbereich beschränkt ist. Allerdings wird hier auch eine Beschränkung des Gehörsinns deutlich: Zwar können wir die Richtung des Schalleinfalls bei einer einzigen Schallwelle gehörmäßig recht gut bestimmen. Bei komplexeren Schallfeldern machen sich aber die im akustischen Fall sehr viel größeren Wellenlängen geltend sowie der Umstand, dass für den Schall nur zwei „Sensoren" zur Verfügung stehen, die im Vergleich zur Wellenlänge sehr klein sind. Beim Auge erstreckt sich das empfindliche Organ – die Pupille bzw. die Netzhaut – dagegen über sehr viele Wellenlängen. Das räumliche Auflösungsvermögen unseres Gehörs ist daher viel kleiner als beim Sehen, mit anderen Worten: ein räumliches Schall-„Bild" können wir nicht oder doch nur sehr bedingt wahrnehmen.

Die Funktionsweise unseres Gehörs näher kennen zu lernen ist schon an sich interessant. Darüber hinaus hat die Beschäftigung mit dem Hören aber auch gewichtige praktische Aspekte. So kann man die Qualität einer natürlichen oder elektroakustischen

Schallübertragung, oder die Wirksamkeit einer Lärmbekämpfungsmaßnahme quantitativ wohl kaum beurteilen, wenn keine Beurteilungsmaßstäbe zur Verfügung stehen. Das gilt nicht nur für die Beurteilung gegebener Situationen, sondern auch für die Planung von akustischen Maßnahmen aller Art, etwa in der Raumakustik, der Bauakustik oder bei elektroakustischen Beschallungsanlagen. Auch in der modernen Technik der Schallspeicherung werden Gehöreigenschaften bewusst ausgenutzt. Aus diesem Grund wird in diesem Kapitel besonders auf die Wahrnehmungsleistungen des menschlichen Gehörs eingegangen, welche letztlich den Maßstab für Aufgaben der obengenannten Art abgeben.

12.1 Aufbau und Wirkungsweise des Hörorgans

Beim menschlichen Gehörorgan, das in Fig. 12.1 schematisch dargestellt ist, unterscheidet man das aus der Ohrmuschel, dem Gehörgang und dem Trommelfell bestehende Außenohr, das im wesentlichen aus der Schnecke (Cochlea) bestehende Innenohr mit den Bogengängen sowie das dazwischenliegende Mittelohr, das die Schallschwingungen vom

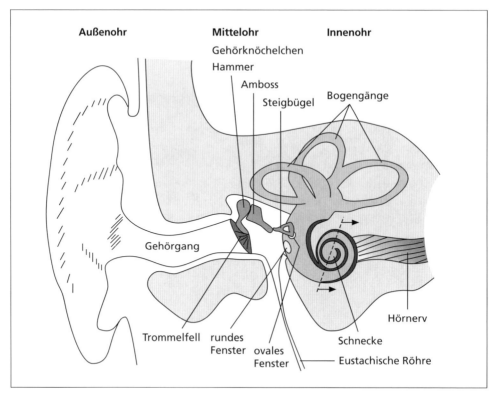

Fig. 12.1 Das menschliche Hörorgan (aus E. Zwicker, Psychoakustik, s. Literaturverzeichnis, mit freundlicher Genehmigung des Verlags)

Außenohr zum Innenohr überträgt. Die Ohrmuschel ist für den Hörvorgang allenfalls von untergeordneter Bedeutung, jedenfalls kann ihr kaum eine Trichterwirkung zugeschrieben werden – im Gegensatz zur Ohrmuschel zahlreicher Tiere, z. B. des Schäferhunds, des Pferds oder insbesondere der Fledermäuse.

Der auf den Kopf treffende Schall gelangt zunächst in den Gehörgang, eine mit Haut ausgekleidete, leicht gekrümmte Röhre von etwa 2,7 cm Länge und 6-8 mm Durchmesser und trifft an dessen innerem Ende auf das Trommelfell, das von der Schallwelle zu Schwingungen angeregt wird. Das Trommelfell ist eine straff gespannte Membran mit einer Fläche von etwa 1 cm^2. Es schließt den Gehörgang nicht völlig reflexionsfrei ab, daher wirkt dieser als stark gedämpfter, $\lambda/4$-langer Leitungsresonator (λ = Schallwellenlänge in Luft) mit einer Resonanzfrequenz von etwa 3000 Hz (s. Gl. (9.3)). Diese Resonanz ist der Grund dafür, dass das menschliche Gehör in diesem Frequenzbereich besonders empfindlich ist.

Hinter dem Trommelfell liegt das Mittelohr in einer luftgefüllten Höhlung, der sog. Paukenhöhle, in der sich die drei beweglich an Bändern aufgehängten Gehörknöchelchen Hammer, Amboß und Steigbügel befinden. Der Ausgleich des Luftdrucks kann durch die Eustachische Röhre erfolgen, die in der Mundhöhle endet. Sie ist normalerweise verschlossen, öffnet sich aber beim Schlucken oder Gähnen. Die Gehörknöchelchen stehen in mechanischem Kontakt miteinander und übertragen die Schwingungen vom Trommelfell zu dem Eingangsfenster der Schnecke, dem „ovalen Fenster". Dabei tritt eine Hebelwirkung in dem Sinne auf, dass am Steigbügel die Wechselkraft etwa um den Faktor 2 größer, die Schwingungsamplitude entsprechend kleiner ist als am Trommelfell. Eine viel weitergehende Krafttransformation bewirken die unterschiedlichen Flächen S_T und S_F von Trommelfell und ovalem Fenster, dargestellt in Fig. 12.2, in der die Gehörknöchelchenkette durch eine starre Stange ersetzt ist. Auf Grund des Druckes p_G im Gehörgang wirkt auf das Trommelfell die Kraft $F_L = S_T \cdot p_G$. Für die auf das ovale Fenster einwirkende Kraft gilt $F_F = S_F \cdot p_F$. Da beide Kräfte gleich sein müssen, gilt

$$p_F = \frac{S_T}{S_F} \cdot p_G \qquad (1)$$

Beim menschlichen Ohr beträgt das Flächenverhältnis etwa 30; zusammen mit der Hebelwirkung der Gehörknöchelchen ergibt sich insgesamt eine Druckübersetzungverhältnis ü von etwa 60. Diese Druckverstärkung, mit der eine Verringerung der Schallschnelle um den gleichen Faktor einhergeht, ist in der Tat sehr sinnvoll: Da die Schnecke mit einer

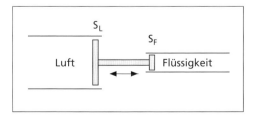

Fig. 12.2 Zur Drucktransformation im Mittelohr

Flüssigkeit gefüllt ist, deren Wellenwiderstand Z'_0 den Wellenwiderstand Z_0 der Luft im Gehörgang um Größenordnungen übertrifft, würde der aus dem Gehörgang einfallende Schall nach Gl. (6.19) (mit $\vartheta = \vartheta' = 0$) fast vollständig reflektiert, wenn er direkt auf das ovale Fenster träfe. Durch die Drucktransformation wird dagegen das Verhältnis des Schalldrucks zur Schallschnelle am Fenster auf den Wert

$$\frac{p_F}{v_F} = \ddot{u}^2 \frac{p_G}{v_G} \approx \ddot{u}^2 \cdot Z_0 \tag{2}$$

erhöht. Das Mittelohr verbessert also – ähnlich wie ein elektrischer Übertrager – die Anpassung der Quelle an den „Verbraucher", hier also an das Innenohr. Außerdem schützen die Gehörknöchelchen das Innenohr bis zu einem gewissen Grad gegen mechanische Überlastung. Maßgebend hierfür ist ein Reflex, durch den zwei kleine Muskeln die gegenseitige Lage der Gehörknöchelchen verändern und damit die Effizienz der Schwingungsübertragung vermindern.

Das Innenohr besteht im wesentlichen aus der Schnecke oder Cochlea, einem spiralartig aufgewickelten, mit Lymphflüssigkeit gefüllten Kanal. Dieser hat etwa 2 ½ Windungen und ist in einen besonders harten Knochen, das Felsenbein, eingebettet. Das letztere gilt auch für die Bogengänge, die mit der Schnecke in Verbindung stehen und das Gleichgewichtsorgan bilden. Denkt man sich die Cochlea abgewickelt, wie in Fig. 12.3a gezeigt, so hat sie eine Länge von etwa 3 cm. In ihrem in Fig. 12.3b dargestellten Querschnitt sind zwei gleichlaufende Teilkanäle zu unterscheiden: die *Scala vestibuli* und die *Scala tympani*. Beide sind durch die knöcherne Schneckentrennwand und durch die sich daran anschließende Basilarmembran voneinander getrennt. Die sehr dünne Reissnersche Membran grenzt von der *Scala vestibuli* übrigens einen weiteren Gang ab, die *Scala media*, die aber mechanisch der *Scala vestibuli* zuzurechnen ist. Die Basilarmembran ist am Anfang der Cochlea ziemlich schmal und verbreitert sich zur Spitze der Cochlea hin. Außerdem ist sie in Querrichtung verhältnismäßig straff, in Längsrichtung dagegen nur wenig gespannt. Zu erwähnen sind noch zwei Ausgleichsöffnungen: das von einer dünnen Membran abgedeckte „runde Fenster" am Anfang der *Scala tympani*, und das *Helicotrema* am Schneckenende, das eine offene Verbindung zwischen der *Scala tympani* und der *Scala vestibuli* darstellt. Auf der Basilarmembran befindet sich das sog. Cortische Organ, auf das wir gleich noch zurückkommen werden.

Mechanisch gesehen, besteht die Cochlea also im wesentlichen aus zwei über die Basilarmembran quergekoppelten Kanälen, gefüllt mit einer etwas zähen Flüssigkeit, die man als annähernd inkompressibel ansehen kann. Die Querschnitte dieser Kanäle und die Nachgiebigkeit der sie verkoppelnden Membran sind ortsabhängig. Wird das ovale Fenster vom Steigbügel in Schwingungen versetzt, dann entstehen zwischen beiden Kanälen lokale Druckdifferenzen. Als Folge davon wird die Basilarmembran transversal aus ihrer Ruhelage ausgelenkt, und diese Auslenkung breitet sich vom ovalen Fenster zum Helicotrema hin in Form einer fortschreitenden Welle aus. Auf Grund der verwickelten geometrischen und mechanischen Verhältnisse ist die Amplitude dieser Welle örtlich nicht konstant,

Aufbau und Wirkungsweise des Hörorgans

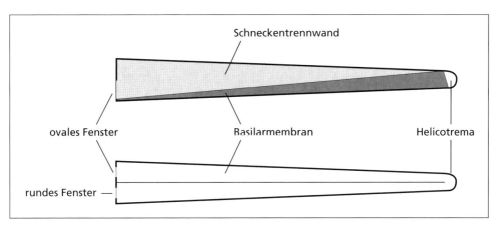

Fig. 12.3 Die Schnecke oder Cochlea, abgewickelt dargestellt.
a) Längsschnitt,

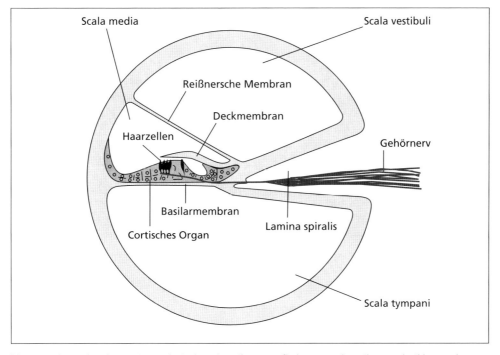

b) Querschnitt (nach I. Veit: Technische Akustik, 4. Aufl. (Kamprath-Reihe: Technik) Vogel Buchverlag Würzburg 1988, mit freundlicher Genehmigung des Verlags)

vielmehr weist sie ein ausgeprägtes Maximum auf, dessen Lage von der Frequenz abhängt. Mit wachsender Frequenz verschiebt sich die Stelle maximaler Auslenkung vom Helicotrema zum ovalen Fenster; bei sehr hohen Frequenzen bewegen sich nur noch die dem ovalen Fenster nächstgelegenen Bereiche der Basilarmembran. Das Innenohr nimmt also

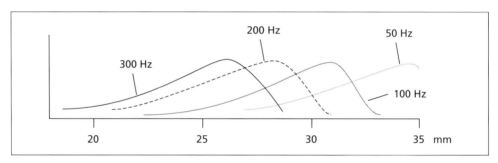

Fig. 12.4 Auslenkung (Amplitude) der Basilarmembran bei Erregung mit Sinustönen verschiedener Frequenz. Abszisse ist der Abstand vom ovalen Fenster

eine Art Frequenzanalyse vor, die als Frequenz-Ortstransformation bezeichnet wird: jede Spektralkomponente ist einer bestimmten Stelle der Basilarmembran zugeordnet. Umgekehrt kann man jeder Stelle der Basilarmembran eine Frequenz zuordnen, nämlich die des Sinustons, welcher diese Stelle in maximale Auslenkung versetzt. Die Fig. 12.4 zeigt die Hüllkurve der Membranschwingung für drei Frequenzen. Die Auslenkungen sind der Deutlichkeit halber stark übertrieben; bei einem Schalldruckpegel von 60 dB hat die maximale Auslenkung die Größenordnung von 10^{-4} μm.

Die Umsetzung des physikalischen Reizes in Nervensignale geschieht nun durch das Cortische Organ, das etwa 16000 Sinneszellen trägt, nämlich die in insgesamt vier Reihen angeordneten Haarzellen, wobei noch zwischen inneren und äußeren Haarzellen zu unterscheiden ist. Jede Haarzelle trägt auf ihrer Oberfläche ein Büschel dünner haarähnlicher Fortsätze unterschiedlicher Länge, die Stereocilien, die miteinander verbunden sind. Über ihnen liegt in kleinem Abstand die von der Schneckentrennwand ausgehende Deckmembran. Wird nun die Basilarmembran ausgelenkt, dann werden die Stereocilien auf Grund der Relativbewegung zwischen Deckmembran und Cortischem Organ um ihre Fußpunkte auf der Haarzelle gedreht, wobei nicht ganz klar ist, ob die Stereocilien die Deckmembran berühren oder ob sie lediglich durch hydrodynamische Vorgänge ausgelenkt werden. Jedenfalls werden durch die Verdrehung der Stereocilien elektrochemische Impulse, sog. „spikes", ausgelöst, die über die Nervenfasern des Gehörnervs zum Gehirn weitergeleitet werden. Die Abfolge dieser Impulse, der sog. Aktionspotenziale, ist keineswegs ein Abbild des Schallsignals, durch das sie hervorgerufen werden; vielmehr findet eine komplizierte Codierung des Schallsignals statt. Jede Haarzelle ist mit mehreren Nervenfasern verbunden, und jede Faser hat eine charakteristische Frequenz, bei der sie besonders leicht anspricht. Diese charakteristische Frequenz steht in Beziehung zu der Frequenz, welche auf Grund der obenerwähnten Frequenz-Ortstransformation dem betreffenden Abschnitt der Basilarmembran zuzuordnen ist. Es sei schließlich erwähnt, dass nicht alle der etwa 30000 Nervenfasern des Hörnervs vom Cortischen Organ zum Gehirn führen, sondern etwa 2000 Fasern Information in umgekehrter Richtung, also vom Gehirn zum Cortischen Organ leiten, dass also eine Art Rückkopplung auftritt. Es würde den Rahmen diese Buchs sprengen, diese Vorgänge, die im einzelnen wohl auch noch nicht ganz verstanden sind, auch nur halbwegs erschöpfend darzustellen.

Die Übertragung der Schallschwingungen durch das Mittelohr erfolgt keineswegs linear. Die Gln. (1) und (2) treffen also nur näherungsweise zu. Auch die Einwirkung der Deckmembran auf die Stereocilien ist ein nichtlinearer Vorgang. Daher entstehen im Ohr Verzerrungsprodukte, d. h. zusätzliche Spektralkomponenten (s. Abschnitt 2.11). Besonders sinnfällig ist der Differenzton, der sich bildet, wenn das dem Ohr zugeführte Schallsignal aus zwei Tönen unterschiedlicher Frequenz besteht. Man hört ihn besonders deutlich bei zwei Flöten, oder auch beim Stimmen eines Streichinstruments.

Schließlich sei erwähnt, dass es für die Erregung des Innenohres noch einen anderen Weg gibt als den über das Mittelohr, nämlich direkt über den Knochen, in den es eingebettet ist. Als äußeres Empfangsorgan für den Schall wirkt hier der ganze Schädel. Da hierbei die Anpassung durch das Mittelohr entfällt, ist die Empfindlichkeit des Gehörs bei dieser „Knochenleitung" sehr viel geringer als bei Erregung über den Gehörgang. Immerhin spielt die Knochenleitung für das Mithören und damit für die Selbstkontrolle beim Sprechen eine wichtige Rolle.

Im Folgenden werden wir uns mit den Wahrnehmungsleistungen des menschlichen Gehörs beschäftigen. Dies ist das Gebiet der Psychoakustik, welche auf Grund meist recht zeitraubender und diffiziler Versuche Aufschluss über unsere „inneren" Laustärke- oder Tonhöhenskalen zu gewinnen sucht sowie über zahlreiche weitere Fragen der subjektiven Wahrnehmung von Schallen. Sie ist dabei auf die Mitwirkung von unvereingenommenen und kooperativen Versuchspersonen angewiesen. Ihnen werden verschiedene Schallreize dargeboten, die sie nach bestimmten vorgegebenen Gesichtspunkten beurteilen sollen. Es liegt auf der Hand, dass die dabei gefundenen Einzelergebnisse ziemlich starken Streuungen unterworfen sind, sodass erst die Mittelung über viele Einzelurteile zu verlässlichen Aussagen führt.

12.2 Psychoakustische Tonhöhe

In Abschnitt 11.2 wurden Tonskalen behandelt, die auf dem Prinzip der Konsonanz beruhen und sich am Kammerton mit der Frequenz 440 Hz orientieren, gewissermaßen als einem Fixpunkt. Damit ist die Frage nach der Tonhöhe für den Musiker beantwortet.

Zu teilweise ganz anderen Ergebnissen gelangt man, wenn man sich dem Problem der Tonhöhe aus psychoakustischer Sicht nähert. Man stellt hierbei einem unbefangenen Hörer die Aufgabe, zu einem gegebenen Ton T_1 einen zweiten Ton T_2 so auszuwählen oder selbst einzustellen, dass er bei abwechselndem Anhören den Ton T_2 als doppelt so hoch empfindet wie T_1. Fig 12.5a soll diesen Versuch und sein Ergebnis veranschaulichen. Hier sind auf der Abszisse die Frequenzen der Töne abgetragen, an der Ordinate ist die zugehörige Empfindungsgröße abgetragen, deren genaue Definition vorerst noch offen bleibt. Beide Achsen sind logarithmisch geteilt. Eine Verdoppelung der subjektiven Tonhöhe wird durch den dicken, wegen der logarithmischen Achsenteilung immer gleich langen senkrechten Strich angedeutet. – Bei relativ niedrigen Frequenzen von T_1 wird sich die Versuchsperson erwartungsgemäß für einen Ton T_2 mit doppelter Frequenz entscheiden. Dies ändert sich, wenn T_1 eine Frequenz oberhalb von 500 Hz hat. Um von da aus zu einem doppelt so hohen Ton zu gelangen, muss man die Frequenz nicht etwa auf 1000 Hz, sondern auf 1140 Hz erhöhen, und eine abermalige Verdoppelung der Tonhöhe führt zu einem Ton mit 5020 Hz. Zu entsprechenden Resultaten gelangt man, wenn dem Hörer aufgegeben wird, Halbierungen der empfundenen Tonhöhe vorzunehmen. Allerdings sind Messungen dieser Art mit großen Unsicherheiten behaftet, sodass man über viele, mit zahlreichen Versuchspersonen erhaltene Einzelergebnisse mitteln muss. Dabei findet man schließlich den in Fig. 12.5b dargestellten Zusammenhang zwischen der Frequenz und der subjektiven Tonhöhe, die wegen der Art ihrer Bestimmung auch „Verhältnistonhöhe" genannt wird. Die Einheit „mel" wird dadurch festgelegt, dass der Frequenz von 125 Hz eine subjektive Tonhöhe von 125 mel und dass jeder Verdoppelung der Tonhöhe eine Verdoppelung der Maßzahl entsprechen soll.

Zu einem ähnlichen Resultat gelangt man, wenn man nach der Unterschiedsschwelle der Tonhöhenempfindung fragt, also nach der Frequenzänderung, die zu einer gerade noch wahrnehmbaren Tonhöhenänderung führt. Man ermittelt sie mit Sinustönen, deren Frequenzen zwischen den Werten $f + \Delta f$ und $f - \Delta f$ schwankt, in der Sprache der Nachrichtentechnik also mit frequenzmodulierten Tönen. Die Schwankungsfrequenz beträgt einige Hertz. Bei sehr geringer Schwankungsbreite hört man einen Ton einheitlicher Tonhöhe; erst wenn $2\Delta f$ einen bestimmten Schwellenwert $2\Delta f_s$ überschreitet, nimmt man eine Tonhöhenschwankung wahr. Dieser Schwellenwert ist in Fig. 12.6 als Funktion der Mittenfrequenz f des Sinustons aufgetragen. Unterhalb von 500 Hz ist er konstant und beträgt 3,6 Hz, darüber steigt er monoton mit einem mittleren Anstieg von $0{,}007 \cdot f$ an. Trägt man die Anzahl der kritischen „Reizstufen" $2\Delta f_s$, die man zur Überdeckung des Frequenzbereichs von 20 bis fHz braucht, als Funktion von f auf, dann gelangt man zu einer Kurve von ähnlicher Form wie die der Fig. 12.5b. Überdies findet man bei diesen Untersuchungen, dass zur Überdeckung des Frequenzbereichs von 20 Hz bis 16 kHz 640 Stufen erforderlich sind. Mit anderen Worten: Der normalhörende Mensch kann etwa 640 Tonhöhen unterscheiden.

In diesem Zusammenhang ist eine anderer Befund sehr bemerkenswert: Im Abschnitt 12.1 wurde erwähnt, dass man gemäß der Frequenz-Ortstransformation jeder Stelle der Basilarmembran eine Frequenz zuordnen kann, bei der sie am stärksten zu Schwingungen erregt wird. Denkt man sich nun über diesen Frequenzen die Längenkoordinate auf der Basilarmembran aufgetragen, und zwar beides mit logarithmischer Achsenteilung, ergibt sich wiederum die in Fig. 12.5b gezeigte Kurve. An die Ordinatenachse der Fig. 12.5b könnte man also auch „Abstand vom ovalen Fenster" schreiben. Anders ausgedrückt: die mel-Skala ist die natürliche Längenskala der Basilarmembran, oder noch einfacher: 1 mm Basilarmembran entspricht 75 mel, eine Tonhöhenstufe entspricht 50 μm auf der Basilarmembran.

Psychoakustische Tonhöhe

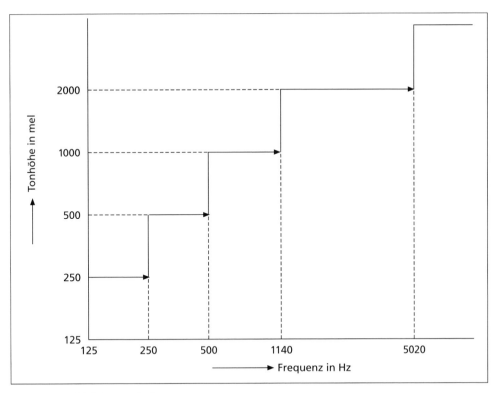

Fig. 12.5 Subjektive Tonhöhe
a) Tonhöhenverdoppelung,

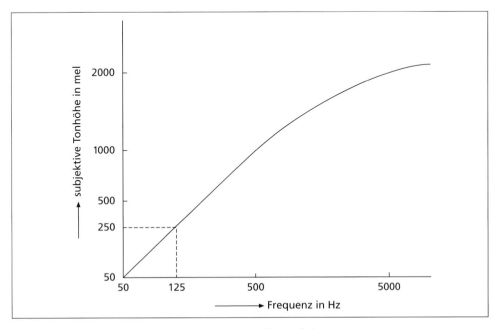

b) Zusammenhang zwischen der subjektiven Tonhöhe und der Frequenz

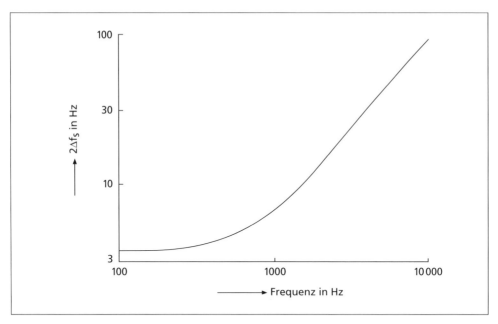

Fig. 12.6 Gerade wahrnehmbare Frequenzdifferenz

Die subjektive Tonhöhe hängt übrigens nicht nur von der Frequenz des Tones, sondern in geringem Maß auch von seiner Stärke ab. Hiervon kann man sich leicht selbst überzeugen: Hält man eine angeschlagene, auf eine mittlere Frequenz abgestimmte Stimmgabel unmittelbar vor seinen Gehörgang, so hört man einen kräftigen Ton. Entfernt man die schwingende Stimmgabel vom Ohr, dann hört man den Ton nicht nur schwächer, sondern auch etwas höher. Bei hohen Frequenzen kehrt sich das Vorzeichen der pegelbedingten Tonhöhenänderung um, d. h. die Höhe eines Tones nimmt mit seiner Stärke zu. Ein analoges Phänomen beobachtet man übrigens auch bei visuellen Wahrnehmungen, nämlich eine scheinbare Farbänderung bei hohen Lichtintensitäten.

Schon im Abschnitt 11.2 wurde erwähnt, dass bei komplexen Tönen mit harmonisch gelegenen Obertönen der Grundton für die wahrgenommene Tonhöhe maßgebend ist. Das ist selbst dann der Fall, wenn der Grundton oder sogar der Grundton und die ersten Obertöne physikalisch nur sehr schwach oder gar nicht vorhanden sind. Das Ohr scheint also den fehlenden Grundton aus dem Abstand der Obertöne zu rekonstruieren. Man nennt diese Erscheinung „Residualhören"; die dabei wirksame Tonhöhe bezeichnet man auch als „virtuelle Tonhöhe". Diese Gehöreigenschaft ist für die Tonhöhenwahrnehmung sehr wichtig. Manche Musikinstrumente strahlen den Grundton nämlich nur sehr schwach ab, da ihr Corpus, gemessen an der Schallwellenlänge, hierfür eigentlich zu klein ist. Das gilt z. B. für die Viola oder für den Kontrabaß. Dennoch nehmen wir den Ton in der vom Spieler vorgesehenen Höhe wahr. Auch beim Telefonieren wird der Grundton einer männlichen Stimme wegen des technisch zur Verfügung stehenden Frequenzbandes nicht mitübertragen, was uns aber nicht hindert, die Stimmlage des Sprechers richtig zu erkennen.

Wir haben im Ganzen also das etwas verwirrende Ergebnis, dass die musikalische Tonhöhe, abgeleitet aus dem Prinzip der Konsonanz, und die psychoakustische Tonhöhe, aus systematischen Hörversuchen bestimmt, bei Frequenzen oberhalb von 1000 Hz stark divergieren, also eigentlich ganz verschiedene Dinge sind. Dass sich das in der Musik sehr wohl auswirkt, kann man leicht feststellen, wenn man bei einem Klavier eine Oktave einmal in der linken Hälfte der Tastatur und dann im ganz hohen Bereich anschlägt, d. h. um 100 Hz und um 6000 Hz: Die letztere Oktave klingt wesentlich „enger" als die erstere. Das gleiche beobachtet man, wenn man statt der Oktave eine einfache Melodie spielt. Allerdings werden in der Musik hohe Grundtöne relativ selten verwendet. So liegen im Solopart des recht virtuosen Violinkonzerts von *F. Mendelssohn-Bartholdy* (1. Satz) weniger als 15% der zu spielenden Grundtöne oberhalb von 1000 Hz; für die begleitenden Orchesterstimmen ist dieser Prozentsatz natürlich noch wesentlich kleiner.

12.3 Hörschwelle und Hörfläche

Bereits in Kapitel 1 wurde eine vorläufige Aussage über den Frequenzbereich gemacht, in dem Schalle vom menschlichen Gehörs wahrgenommen werden. Dieser Frage werden wir in diesem Abschnitt etwas genauer nachgehen. Zu diesem Zweck ist in der Fig. 12.8 als untere Kurve die Hörschwelle eines normalhörenden Menschen dargestellt, d. h. der Schalldruckpegel eines Sinustons, der gerade eben zu einer Hörempfindung führt. Die Bestimmung der Hörschwelle, die für die Ohrenheilkunde von großem diagnostischem Wert ist, wird heute mehr oder weniger automatisch mit so genannten Audiometern vorgenommen. Beim Bekesy-Audiometer wird mit einem elektrischen Tongenerator ein Prüfton erzeugt, dessen Schallpegel stetig zu- oder abnimmt. Dem Probanden wird aufgegeben, mittels eines Schalters den Sinn der Pegeländerung umzukehren, sobald er den Ton gerade wahrnimmt oder gerade nicht mehr wahrnimmt. Dabei lässt man die Frequenz des Prüftons langsam ansteigen. Die gleichzeitige Registierung des Schalldruckpegels liefert nach Durchlaufen des gesamten Frequenzbereichs eine Kurve mit sehr dichten Schwankungen, deren Mittelwert die gesuchte Hörschwelle ist.

Nach Fig. 12.7 fällt die Hörschwelle, beginnend bei tiefen Frequenzen, zuerst stark, dann immer langsamer ab, erreicht zwischen 3 und 4 kHz ein Minimum und steigt dann wieder steil an. Der Frequenzumfang des menschlichen Gehörs ist also auch eine Frage der Schallintensität oder des Schalldruckpegels. In der Tat kann man auch Infraschall, also Schall mit Frequenzen unterhalb von 16 Hz, bei genügender Intensität noch wahrnehmen, wenn man auch eher eine Druckschwankung spürt als einen Ton hört. Und umgekehrt kann man auch Schalle mit Frequenzen von 30 oder 50 kHz in gewissem Sinn hören und ihnen sogar eine Art Tonhöhe zuordnen, sofern sie hinreichend stark sind. Im übrigen weist die Hörschwelle gerade bei hohen Frequenzen starke individuelle Unterschiede auf; der Be-

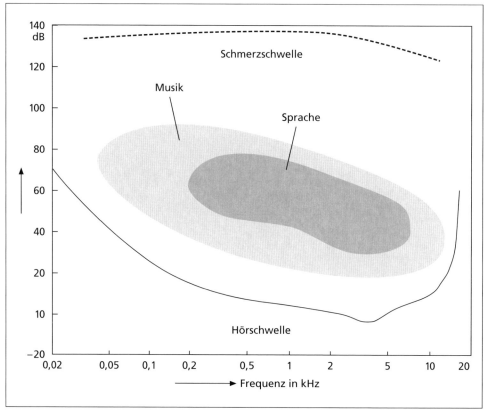

Fig. 12.7 Hörschwelle und Schmerzschwelle; die von Musik und Sprache belegten Bereiche der Frequenz-Pegelebene

reich steilen Anstiegs verschiebt sich mit zunehmendem Lebensalter in Richtung tieferer Frequenzen.

Des weiteren ist in der Fig. 12.7 als obere Grenzkurve die sog. Schmerzschwelle eingezeichnet, also, wiederum als Funktion der Frequenz, der Schalldruckpegel eines Sinustones, der für den Hörer mit beginnenden Schmerzempfindungen verbunden ist. Naturgemäß ist diese Schwelle weniger scharf definiert ist als die Hörschwelle, da die Grenze zwischen starkem Unbehagen und leichtem Schmerz nicht leicht zu ziehen ist.

Den zwischen der Schmerzschwelle und der Hörschwelle liegenden Bereich nennt man die Hörfläche. Er erstreckt sich über die Frequenzen und Schalldruckpegel aller Sinustöne, die unser Gehör ohne Schaden zu Hörempfindungen verarbeiten kann.

In der Figur sind außerdem die Bereiche der Frequenz-Pegelebene dargestellt, die von Musik und von Sprache genutzt werden. (HiFi-Freunde werden allerdings kaum damit einverstanden sein, dass der Bereich musikalisch relevanter Frequenzen bereits bei 10–12 kHz enden soll.)

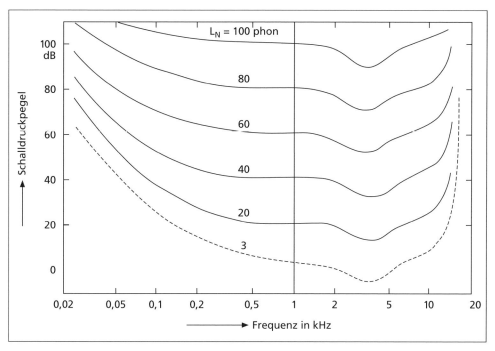

Fig. 12.8 Kurven gleicher Lautstärke bei frontalem Schalleinfall

Von Interesse sind schließlich die gerade wahrnehmbaren Pegeldifferenzen. Sie betragen für weißes Rauschen (s. Unterabschnitt 2.9.3) etwa 0,5 dB, wenn der Schalldruckpegel oberhalb von 40 dB liegt; nach kleineren Pegelwerten hin steigt die Unterschiedsschwelle deutlich an. Für Sinustöne ist die gerade wahrnehmbare Pegeldifferenz noch etwas kleiner.

12.4 Lautstärke und Lautheit, Frequenzgruppen

Bisher wurden zur Kennzeichnung die Stärke eines Schalles ausschließlich objektive Maße herangezogen – der Effektivwert des Schalldrucks, oder der von ihm abgeleitete Schalldruckpegels, oder die Schallintensität. Diese Größen sagen noch wenig darüber aus, wie laut wir einen bestimmten Schall subjektiv empfinden. Wie kann man die Empfindung der Lautstärke quantifizieren?

Der Antwort auf diese Frage kommt man näher, wenn man Versuchspersonen die Aufgabe stellt, den Pegel eines Vergleichstons mit der Frequenz 1000 Hz so einzuregeln, dass dieser gleich laut erscheint wie der zu kennzeichnende Schall. Als dessen Lautstärke bezeichnet man dann den Pegel des Vergleichstons; er wird nicht in dB angegeben, sondern in „phon". Dieses Verfahren erfordert zwar auch wieder die Mittelwertbildung über die mit zahlreichen Versuchspersonen ermittelten Ergebnisse, ist also sehr umständlich; immerhin führt es zu einem konsistenten Ergebnis. Wendet man es auf Sinustöne unterschiedlicher Frequenz an, dann ergeben sich die in Fig. 12.8 dargestellten „Kurven gleicher Lautstärke", in diesem Fall für frontal auf den Kopf einfallende ebene Wellen. Jede dieser Kurven verbindet die Punkte in der Pegel-Frequenzebene, welche die gleiche Lautstärkeempfindung auslösen; die angeschriebene Maßzahl ist die Lautstärke in phon. Ihrer Definition gemäß, stimmt bei 1000 Hz die Lautstärke in phon mit dem Schalldruckpegel in dB überein. Man kann diese Kurven auch als Frequenzabhängigkeit der Lautstärkeempfindung auffassen. So zeigt dieses Diagramm beispielsweise, dass der Pegel eines 100 Hz Tons auf 56 dB erhöht werden muss, damit er gleich laut wirkt wie ein 1000 Hz-Ton von 40 dB. Das auffälligste Merkmal dieser Kurven ist, dass sie keineswegs durch Parallelverschiebung aus einander hervorgehen, d. h. für verschieden laute Töne ergeben sich unterschiedliche Frequenzabhängigkeiten der Lautstärke. Jedenfalls kann man mit ihnen – gegebenenfalls durch Interpolation – die Lautstärke jedes Sinustons mit gegebenem Pegel und gegebener Frequenz bestimmen.

Der Lautstärke fehlt allerdings ein wichtiges Merkmal eines vernünftigen Maßstabs, nämlich dass man bei einer Verdoppelung der zu messenden Größe auch eine doppelt so große Maßzahl erhält. So ist eine Strecke von 100 km doppelt so lang wie eine von 50 km, ein Schall mit einer Lautstärke von 100 phon ist aber keineswegs nur doppelt so laut wie ein anderer Schall mit 50 phon, sondern sehr viel lauter. Man bezeichnet die in phon gemessene Größe daher oft nicht als Lautstärke, sondern etwas vorsichtiger als Lautstärkepegel.

Um zu einer Empfindungsgröße zu gelangen, welche diese Bedingung erfüllt, verfährt man ähnlich wie bei der Bestimmung der subjektiven Tonhöhe (s. Abschnitt 12.2): Man stellt einer Versuchsperson die Aufgabe, einen Ton gegebener Frequenz so einzuregeln, dass er doppelt (oder halb) so laut ist wie ein gegebener Ton. Die auf diese Weise definierte Empfindungsgröße nennt man die Lautheit und misst sie in der Einheit sone. Da die Halbierungs-oder Verdoppelungsmethode nur relative Unterschiede liefert, hat man festgelegt, dass 40 phon einem sone entsprechen sollen. Die Lautheit geht also durch eine Maßstabsverzerrung aus dem Lautstärkepegel hervor. Die Relation zwischen beiden ist für reine Töne bzw. schmalbandiges Rauschen in Fig. 12.9 dargestellt, in der beide Achsen logarithmisch geteilt sind. Erfreulicherweise verläuft die Kurve oberhalb von 40 phon einigermaßen gerade, sodass man sie durch ein Potenzgesetz annähern kann:

$$N = 2^{(L_N - 40)/10} , \tag{3}$$

in Worten: eine Erhöhung des Lautstärkepegels L_N um 10 phon führt zu einer Verdoppelung der Lautheit N. Angewandt auf unser obiges Zahlenbeispiel bedeutet dies, dass ein Schall mit einem Lautstärkepegel von 100 phon 32-mal so laut ist wie ein anderer Schall mit 50 phon oder genauer: der erstere hat eine Lautheit von 64 sone, der letztere von 2 sone. Wegen der einfachen Beziehung zwischen beiden Größen kann man die in Fig. 12.8 gezeichnete Kurvenschar auch als „Kurven gleicher Lautheit" bezeichnen; man muss

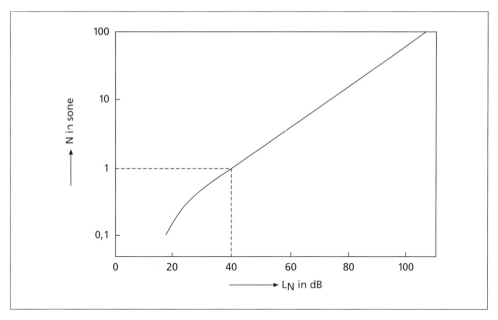

Fig. 12.9 Der Zusammenhang zwischen der Lautheit N und dem Lautstärkepegel L_N

lediglich an die Kurven die der Gl. (3) entsprechenden Zahlen schreiben. Allerdings erhält die der Hörschwelle entsprechende Kurve die Bezeichnung „0 sone".

Man kann der Gl. (3) noch eine andere Wendung geben: Setzt man in ihr den Schalldruckpegel des 1000 Hz-Tons ein, der gleich laut wie der gegebene Ton ist, setzt als also nach Gl. (3.34) $L_N = 10 \log_{10}(\widetilde{p}^2 / p_0^2)$, dann wird $N \propto 2^{\log_{10}(\widetilde{p}^2/p_0^2)} \propto \widetilde{p}^{2\log_{10} 2}$, oder

$$N \propto \widetilde{p}^{0,6} \qquad (4)$$

Die Lautheit ist also proportional der 0,6-ten Potenz des effektiven Schalldrucks. Dies gilt, wie gesagt, für Schallsignale kleiner Frequenzbandbreite; bei breitbandigen Geräuschen vermindert sich der Exponent auf etwa 0,5.

Die Untersuchung der Lautstärke oder der Lautheit von Geräuschen führt zu weiteren interessanten Ergebnissen. Erhöht man Bandbreite Δf eines ursprünglich sehr schmalbandigen Geräusches und zwar so, dass seine Gesamtleistung unverändert bleibt, so bleibt der Lautstärkepegel bis zu einer kritischen Bandbreite Δf_k konstant, wächst nach dessen Überschreitung aber stetig an. Bei Bandbreiten unterhalb von Δf_k kommt es für den Lautheitstärkepegel und damit auch für die Lautheit somit nur auf die dem Gehör zugeführte Leistung an. Bei breitbandigeren Signalen nimmt unser Gehör dagegen eine kompliziertere Signalverarbeitung vor. Diese kritischen Frequenzbänder, die man als „Frequenzgruppen" bezeichnet, spielen dabei eine wichtige Rolle. Das gilt erst recht für eine gehörrichtige Lautheitsmessung, worauf wir im Abschnitt 12.6 zurückkommen werden.

Tabelle 12.1 Frequenzgruppen

Nummer des Bandes	Untere Frequenzgrenze in Hz	Obere Frequenzgrenze in Hz	Bandbreite in Hz
1	0	100	100
2	100	200	100
3	200	300	100
4	300	400	100
5	400	510	110
6	510	630	120
7	630	770	140
8	770	920	150
9	920	1080	160
10	1080	1270	190
11	1270	1480	210
12	1480	1720	240
13	1720	2000	280
14	2000	2320	320
15	2320	2700	380
16	2700	3150	450
17	3150	3700	550
18	3700	4400	700
19	4400	5300	900
20	5300	6400	1100
21	6400	7700	1300
22	7700	9500	1800
23	9500	12000	2500
24	12000	15500	3500

Demgemäß hat man sich den gesamten Frequenzbereich in frequenzgruppenbreite Bänder unterteilt zu denken. In der Tabelle 12.1 sind die Frequenzgrenzen dieser Bänder angegeben. Bei tiefen Frequenzen haben sie die konstante Breite von 100 Hz, darüber wächst die Bandbreite bis auf 3500 Hz an. Auch diese Werte sind durch die komplizierten Ausbreitungsvorgänge im Innenohr bedingt. Demgemäß lässt sich die Breite der Frequenzgruppen sehr viel einfacher in Einheiten der subjektiven Tonhöhe ausdrücken:

$$1 \text{ Frequenzgruppe} = 100 \text{ mel} = 1{,}3 \text{ mm auf der Basilarmembran}$$

Schließlich noch eine Bemerkung zumso genannten Phasenhören: Nach dem Ohmschen Gesetz der Akustik sind Phasendifferenzen zwischen den einzelnen Komponenten eines Klangspektrums nicht hörbar. Tatsächlich können sich aber Schallsignale mit gleichem Amplitudenspektrum, aber verschiedenem Phasenspektrum u. U. sehr unterschiedlich anhören. Dagegen sind die Phasenbeziehungen für die Lautheitsbildung in der Tat von untergeordneter Bedeutung.

12.5 Verdeckung

Wichtige Einblicke in die Art der Signalverarbeitung durch unser Gehör erhält man durch die Untersuchung der sog. Verdeckung. Es ist ja eine geläufige Tatsache, dass ein lauter Schall einen leisen „verdecken", also unhörbar machen kann. So kann man in der unmittelbaren Umgebung eines Presslufthammers Sprache in Unterhaltungsstärke nicht nur nicht verstehen, sondern man hört überhaupt nicht, dass jemand spricht, der Presslufthammer „verdeckt" die Sprache. Der Alltag liefert zahlreiche weitere Beispiele für die Verdeckung.

Zur systematischen Untersuchung der Verdeckung misst man wieder die Hörschwelle, diesmal aber in Gegenwart eines verdeckenden Tones, eines sog. „Maskierers". Der frequenzveränderliche Testton spielt dabei die Rolle einer Sonde, mit der man die Erregung der Basilarmembran durch das verdeckende Signal ausmisst. Um Interferenzen auszuschließen, benutzt man hierfür nicht reine Töne, sondern Rauschen von geringer Bandbreite. Da solchen Signalen keine definierte Phase zugeordnet werden kann, mitteln sich alle Phaseneffekte, also alle Schwebungen heraus. Eine so gemessene Hörschwelle nennt man „Mithörschwelle".

Die Fig. 12.10a zeigt die Verdeckung durch Rauschen mit der Bandbreite einer Frequenzgruppe und der Mittenfrequenz von 1000 Hz. Der Schalldruckpegel des verdeckenden Geräuschs beträgt 80 dB bzw. 100 dB. Fernab von 1000 Hz stimmt die Mithörschwelle mit der gestrichelt gezeichneten, normalen Hörschwelle überein, es findet keine Verdeckung statt. Nähert sich die Frequenz des Testtons von tiefen Frequenzen aus der Frequenz des verdeckenden Tones, so steigt die Schwelle sehr steil an, erreicht bei 1000 Hz ein Maximum und fällt nach höheren Frequenzen wieder ab. Die hochfrequente Flanke wird mit wachsendem Pegel des Maskierers immer flacher, was auf einen nichtlinearen

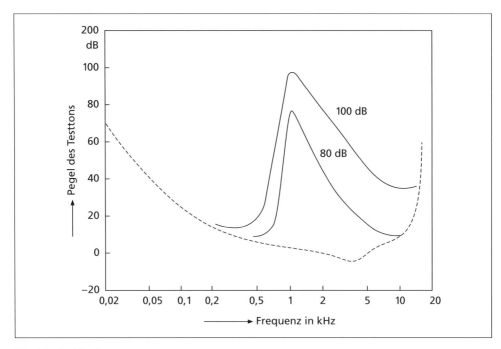

Fig. 12.10 Verdeckung
a) im Frequenzbereich (normale Hörschwelle gestrichelt).

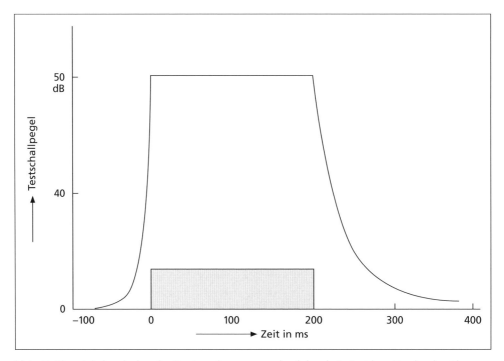

b) im Zeitbereich (verdeckender Tonimpuls grau angelegt) (nach E. Zwicker, Psychoakustik, s. Literaturverzeichnis, mit freundlicher Genehmigung des Verlags)

Effekt hinweist. Die Steilheit der linken Flanke, die 100 dB/Oktave erreicht, ist ein Indiz für das hohe Frequenzauflösungsvermögen des menschlichen Gehörs. Eine steil ansteigende Flanke auf der tieffrequenten Seite und eine flache „Schleppe" auf der hochfrequenten Seite beobachtet man übrigens auch, wenn man als verdeckendes Signal hochpass- bzw. tiefpassgefiltertes Rauschen verwendet. Allgemein kann man aus diesen Beobachtungen schließen, dass tiefe Töne von höheren weniger stark verdeckt werden als umgekehrt.

Außer der Verdeckung im Frequenzbereich gibt es auch eine zeitliche Verdeckung, die für die Wahrnehmung schnell veränderlicher Schallsignale von Belang ist. In Fig. 12.10b ist schraffiert ein 200 ms langer Tonimpuls eingezeichnet, der das verdeckende Signal ist. Die Mithörschwelle steigt bereits vor dem Einschalten des maskierenden Impulses an, was man als Vorverdeckung bezeichnet. Das waagerechte Niveau ist der Bereich der Simultanverdeckung, während die langsam abfallende Flanke die Nachverdeckung anzeigt. Ihr zufolge braucht das Gehör eine gewisse Erholungszeit, bevor es zur Wahrnehmung weiterer Schallsignale bereit ist. Dagegen ist die Vorverdeckung darauf zurückzuführen, dass sich das Gehör mit der Verarbeitung des energiearmen Testimpulses mehr Zeit lässt als mit der des starken Maskierers.

12.6 Messung der Lautstärke bzw. der Lautheit

Für die Lärmbekämpfung, insbesondere für die Beurteilung und den Vergleich von Lärmsituationen sowie für viele andere Fragen der praktischen Akustik ist es von größter Wichtigkeit, dass man die subjektiv empfundene Lautstärke von Schallen genau messen kann, wobei die Arbeitsweise des menschlichen Gehörs wenn nicht nachgebildet, dann doch so weit wie möglich berücksichtigt wird. Ein über alle Zweifel erhabenes Verfahren der Lautheitsmessung wäre der Direktvergleich des zu beurteilenden Schalles mit einem 1000 Hz-Ton einstellbaren Pegels, gegebenenfalls mit nachfolgender Umrechnung der Laustärkepegels in Lautheit nach Gl. (3). Es liegt auf der Hand, dass ein derart umständliches Verfahren für praktische Zwecke nicht in Frage kommt.

Handelt es sich bei den zu beurteilenden Signalen um Sinustöne oder schmalbandige Geräusche, dann kann man deren Frequenz und Pegel messen und aus den Kurven gleicher Lautstärke oder gleicher Lautheit (Fig. 12.8) das gewünschte Resultat ablesen. Auf die gesonderte Bestimmung von Frequenz und Pegel könnte man sogar verzichten, wenn man die Kurven gleicher Lautstärke durch ein elektrisches Filter nachbilden könnte. Ein Lautstärkemesser bestände dann aus einem kalibrierten Mikrofon, welches das Schallsignal in ein elektrisches Signal umwandelt, aus einem „Ohrfilter" und einem Anzeigeinstrument, von dem der Lautstärkepegel abgelesen werden kann (Fig. 12.11a).

Die grundsätzliche Schwierigkeit eines solchen Verfahrens besteht darin, dass man für jede Stärke des zu beurteilenden Schalles eigentlich ein anderes Bewertungsfilter bräuchte. Tatsächlich hat man für verschiedene Stärkenbereiche unterschiedliche Filter-

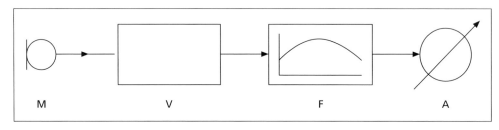

Fig. 12.11 Messung des bewerteten Schalldruckpegels.
a) Prinzipschaltbild eines bewertenden Pegelmessers (M Mikrofon, V Verstärker, F Filter zur Frequenzbewertung, A Anzeige)

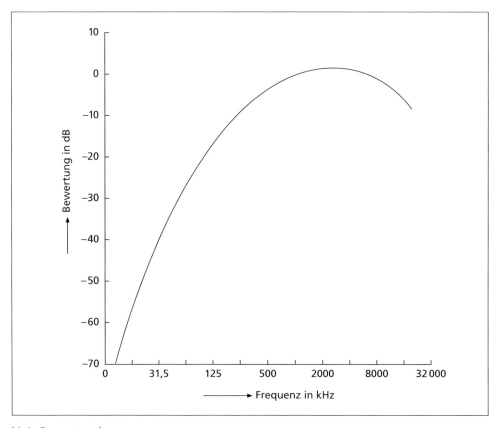

b) A- Bewertungskurve

kurven (A, B, C usw.) entwickelt und international standardisiert. Von diesen ist praktisch nur die so genannte A-Bewertung übriggeblieben. Ihr Verlauf ist in Fig. 12.11b dargestellt. Die mit entsprechenden Filtern gemessene Größe wird als „A-bewerteter Schalldruckpegel" bezeichnet und durch die Einheit dB(A) gekennzeichnet.

Nun sind die meisten Geräusche nicht schmalbandig. Misst man deren Lautstärkepegel mit einem bewertenden Schallpegelmesser der beschriebenen Art, dann erhält man systematisch zu niedrige Werte; der Fehler kann bis zu 15 dB betragen. Der Grund liegt darin, dass die Kurven gleicher Lautstärke nur für reine Töne, allenfalls für schmalbandige Geräusche gelten, da sie insbesondere die im Abschnitt 12.5 beschriebene, gegenseitige Verdeckung von Spektralkomponenten unberücksichtigt lassen. Dennoch hat sich die Messung von „bewerteten Schalldruckpegeln" nach dieser Methode allgemein durchgesetzt, da die entsprechenden Geräte handlich sind und von jedermann bedient werden können, und weil praktisch alle technischen Richtlinien und gesetzlichen Vorschriften auf dem A-bewerteten Schalldruckpegel beruhen.

Für eine korrekte Lautheitsbestimmung muss das Schallsignal dagegen mittels einer geeigneten Filterbank in frequenzgruppenbreite Teilsignale zerlegt werden. Die einzelnen Frequenzgruppenpegel werden sodann in Lautheiten umgerechnet, wobei natürlich die Frequenzabhängigkeit der Lautheitsempfindung zu berücksichtigen ist. Als Ergebnis erhält man eine Treppenkurve wie in Fig. 12.12 gezeigt. Der gegenseitigen Verdeckung wird nach *Zwicker* dadurch Rechnung getragen, dass an die rechte Seite jeder Treppenstufe eine „Schleppe" angesetzt wird, die im wesentlichen der rechtsseitigen Böschung der in Fig. 12.10a gezeigten Mithörschwellen entspricht. Bei Kurvenüberschneidungen wird der jeweils höhergelegene Kurventeil als gültig angesehen. Die Gesamtlautheit des Signals ergibt sich dann als die Fläche, die unter der so entstandenen Lautheitskurve liegt. Nähere Einzelheiten möge der Leser der Literatur entnehmen[1].

Das hier nur knapp skizzierte Verfahren erscheint relativ verwickelt, was nicht verwunderlich ist, da es die komplexe Signalverarbeitung durch das Ohr nachahmen soll. Für seine Durchführung stehen aber sowohl grafische Hilfen als auch Rechnerprogramme zur Verfügung, außerdem gibt es entsprechende Messgeräte. Das seiner breiten Anwendung entgegenstehende Hindernis liegt darin, dass sich die existierenden Richtlinien und Vorschriften ausnahmslos auf den bewerteten Schalldruckpegel stützen, trotz der erwiesenen Mängel dieser Größe.

12.7 Richtungswahrnehmung

Unsere Fähigkeit, die Herkunftsrichtung eines Schalles gehörmäßig festzustellen, beruht darauf, dass wir normalerweise mit zwei Ohren hören und die beiden empfangenen Ohrsignale unbewusst miteinander vergleichen. Fällt eine Schallwelle nämlich aus einer Richtung ein, die nicht in der Symmetrieebene des Kopfes liegt, dann wird das eine Ohr durch den Kopf mehr oder weniger abgeschattet, während das andere dem einfallenden Schall voll ausgesetzt ist. Außer den hierdurch bedingten Amplitudenunterschieden treten

---
[1] E. Zwicker und H. Fastl (s. Literaturliste)
 H. Fastl, Gehörbezogene Lärmmessverfahren. Fortschritte der Akustik – DAGA '88. Bad Honnef, DPG-GmbH.

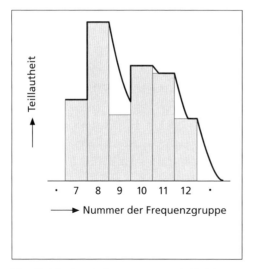

Fig. 12.12 Lautheitsmessung nach *Zwicker* (Prinzip)

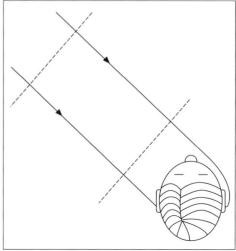

Fig. 12.13 Zum Richtungshören

auch Laufzeitunterschiede zu beiden Ohren auf. Der Situation ist in Fig. 12.13 erläutert. In Wirklichkeit ist der Sachverhalt etwas komplizierter, da die einfallende Schallwelle am Kopf und an den Ohrmuscheln gebeugt wird, und zwar bei seitlichem Schalleinfall für beide Ohren unterschiedlich. Man beschreibt diesen Vorgang durch die so genannten „Außenohr-Übertragungsfunktionen", die sich auf die Schallübertragung von der freien Welle bis zum Anfang des Gehörgangs beziehen. Sie können als Filterfunktionen aufgefasst werden, mit denen das Spektrum der einfallenden Schallwellen verändert wird, und zwar i. Allg. für beide Ohren verschieden. In Fig. 12.14a sind die Beträge der beiden Übertragungsfunktionen für seitlichen Schalleinfall dargestellt. Ihr unregelmäßiger Verlauf spiegelt die starke Frequenzabhängigkeit der Beugung wider. Die von ihnen bewirkten spektralen Unterschiede beider Ohrsignale werden vom Gehirn erkannt und mit beachtlicher Genauigkeit den jeweiligen Richtungen zugeordnet. So wird bereits eine Abweichung vom frontalen Schalleinfall um etwa 2^0 erkannt. Bei seitlichen Einfallsrichtungen vergrößert sich die Unschärfe der Richtungserkennung auf etwa $\pm 10^0$, bei Schalleinfall von hinten liegt sie dagegen bei $\pm 5^0$.

Diese Erklärung versagt, wenn die Schallwelle aus der Symmetrieebene des Kopfes einfällt, also z. B. von vorn, von oben oder von hinten, weil dann die den beiden Ohren zuzuordnenden Außenohr-Übertragungsfunktionen gleich oder fast gleich sind. Dennoch hängen sie von der Schalleinfallsrichtung ab (s. Fig. 12.14b), da der Kopf nicht kugelförmig ist; auch spielen bei höheren Frequenzen die Ohrmuscheln zweifellos eine gewisse Rolle. Jedenfalls kann jetzt nur die beiden Ohren gemeinsame Klangfarbenänderung ausgewertet werden, die zwar weniger ausgeprägt sind als die bei seitlichem Schalleinfall auftretenden binauralen Unterschiede der Klangfarbe, die aber dennoch eine Richtungs-

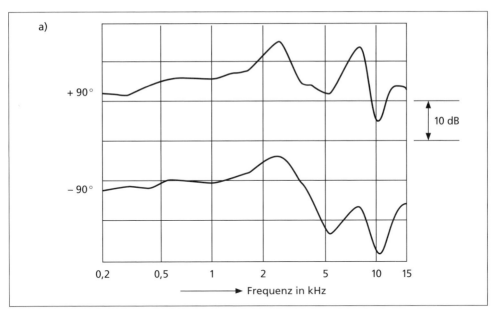

Fig. 12.14 Betrag einiger Außenohr-Übertragungsfunktionen (nach Mehrgardt und Mellert. In jedem Diagram sind die einzelnen Kurven um 20 dB gegeneinander versetzt).
a) Horizontale Ebene, rechtes Ohr

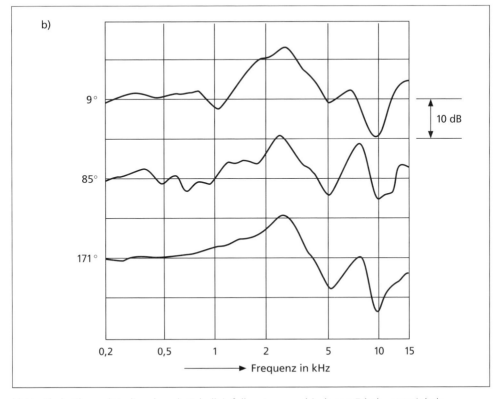

b) Vertikale Ebene (Medianebene), Schalleinfall unter verschiedenen Erhebungswinkeln.

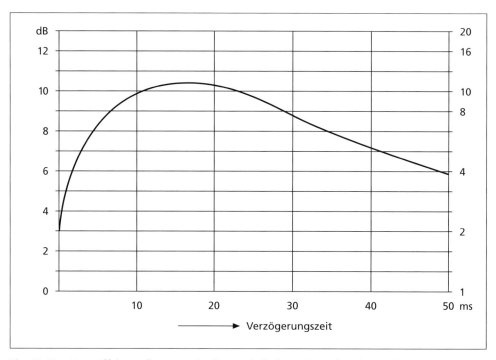

Fig. 12.15 Haas-Effekt. Aufgetragen ist die Pegelerhöhung des Sekundärschalls, die gerade noch nicht zu einer Störung der Lokalisation führt.

lokalisation ermöglichen. *Blauert* hat sogar nachgewiesen, dass bestimmte Frequenzbänder mit bestimmten Einfallsrichtungen assoziiert werden; er nannte diese Bänder daher richtungsbestimmende Bänder.

Die beschriebenen Gehöreigenschaften gelten für einen Hörer in reflexionsfreier Umgebung, wo das Ohr nur von einer einzigen Schallwelle getroffen wird. Befindet man sich in einem geschlossenen Raum, dann wird das Ohr des Zuhörers von zahlreichen weiteren Schallwellen getroffen, nämlich von denen, die an den Wänden des Raumes einmal oder mehrfach reflektiert worden sind (s. Kapitel 13). Sie übermitteln das gleiche oder ein ähnliches Signal wie die von der Schallquelle auf kürzestem Weg zum Ohr gelangende Welle, der so genannte Direktschall. Sie kommen aber auf Grund des von ihnen zurückgelegten Umwegs erst nach diesem beim Ohr an. Nun hat unser Gehör die wichtige Eigenschaft, dass es seinen Richtungseindruck nach dem zuerst eintreffenden Schall bildet. Dies wird in aller Regel der Direktschall sein. Dieser Sachverhalt, welcher der Inhalt des von *L. Cremer* formulierten „Gesetzes der ersten Wellenfront" ist, ermöglicht uns überhaupt die gehörmäßige Ortung einer Schallquelle in einem Raum.

Eine noch weiter gehende Erscheinung ist als „Haaseffekt" bekannt: Die Lokalisierung der Schallquelle ist sogar dann noch möglich, wenn ein verzögert beim Ohr eintreffender Schallanteil energiereicher ist als der Direktschall. Beim natürlichen Hören in einem Raum wird dieser Fall nur in Ausnahmefällen eintreten. Er ist aber typisch für elektroakustische Beschallungsanlagen, bei denen der Hauptteil des gehörten Schalles aus einem Lautsprecher kommt, der vom Hörer weiter entfernt ist als die Originalschallquelle. In Fig. 12.16 ist der Sachverhalt dargestellt; Abszisse ist hier die Verzögerung des Sekundärschalls gegenüber dem von der Originalschallquelle stammenden Direktschall. Die Ordinate gibt an, um welchen Pegel der Sekundärschall, hier also der aus dem Lautsprecher stammende Schallanteil, gegenüber dem des Direktschalls höher sein darf, ohne dass die Lokalisation des Direktschall gestört wird. Man sieht, dass in günstigen Fällen diese Pegeldifferenz bis zu 10 dB beträgt, d.h. die Lokalisation wird erst dann beeinträchtigt, wenn die Intensität des Sekundärschalls mehr als zehnmal so groß sein als die des Direktschalls.

13 Raumakustik

Für die meisten Menschen unseres Kulturkreises spielt sich das Leben größtenteils in geschlossenen Räumen ab. Daher stellt sich auch für das Alltagsleben die Frage, wie Räume die Übertragung von Sprache, Musik, aber auch von Geräuschen beeinflussen. Erst recht gilt das für Auditorien aller Art, in denen eine größere Zahl von Menschen eine akustische Darbietung verfolgen, z. B. einen Vortrag hören, eine Theater- oder Opernaufführung sehen, oder ein Konzert genießen wollen. Auch der Laie weiß, dass solche Säle eine gute oder weniger gute „Akustik" haben können. Das gilt auch für solche Räume, bei denen – wie bei Kirchen – die Übermittlung akustischer Informationen, also von Sprache oder Musik, nicht im Vordergrund steht. Aber auch in Arbeitsräumen wie Fabrikhallen oder Großraumbüros beeinflusst der Raum das Befinden der Menschen, und sei es auch nur, dass er den Pegel des Arbeitslärms mitbestimmt, dem man ja auch fremde Telefon- oder andere Gespräche zurechnen muss.

Die physikalischen Grundlagen der Raumakustik sind bereits in Kapitel 9 dargelegt worden. Jedes Schallfeld in einem Hohlraum baut sich demgemäß aus bestimmten Elementen, den Eigenschwingungen, vielfach auch „Raummoden" genannt, auf. Diese Eigenschwingungen hängen von der Form und von der Wandbeschaffenheit des betreffenden Raumes ab. Schon die Berechnung einer einzelnen Eigenschwingung gestaltet sich für einen halbwegs realistischen Raum mit all seinen Einzelheiten überaus kompliziert. Hinzu kommt, dass die Anzahl der zu berechnenden Eigenschwingungen außerordentlich groß ist, es sei denn, der Raum sei sehr klein oder man interessiert sich für einen stark eingeschränkten Frequenzbereich. Und schließlich gelingt es selten, aus der Kenntnis der Eigenschwingungen Folgerungen für bauliche Änderungen mit dem Ziel einer Verbesserung der „Akustik" abzuleiten. Kurzum: die in Kapitel 9 beschriebenen Vorstellungen sind physikalisch zwar korrekt, für praktische Zwecke sind andere Methoden der Schallfeldbeschreibung aber nützlicher. Bei ihnen muss man zwar auf manche physikalische Details verzichten; dafür lassen sie die Beziehung des Schallfelds zu den baulichen Gegebenheiten eines Raumes deutlicher hervortreten und auch zu dem, was der Hörer in einem Raum wirklich wahrnimmt.

Bei den folgenden Darlegungen beschränken wir uns im wesentlichen auf Räume bzw. auf Frequenzbereiche, für welche die Großraumbedingung (9.38) erfüllt ist, die hier noch einmal wiederholt sei:

$$f > 2000\sqrt{\frac{T}{V}} \qquad (1)$$

Die Frequenz f ist dabei in Hertz zu messen, V ist das Raumvolumen in m³ und T die Nachhallzeit in Sekunden. – Diese Bedingung stellt sicher, dass die den Eigenschwingungen zuzuordnenden Resonanzkurven sich hochgradig überlappen und daher nicht einzeln in Erscheinung treten können. Sie ist nicht allzu einschränkend: Bereits für einen Raum mit einem Volumen von 400 m³ und einer Nachhallzeit von 1s liegt der durch Gl. (1) zugelassene Frequenzbereich oberhalb von 100 Hz.

13.1 Geometrische Raumakustik

Eine anschauliche Möglichkeit zur Beschreibung der Schallausbreitung in einem Raum bietet die geometrische Akustik, die sich – analog der geometrischen Optik – auf den Grenzfall hoher Frequenzen beschränkt, wo Beugung und Interferenzen vernachlässigt werden können. Als Träger der Schallausbreitung betrachtet man hier nicht die Welle, sondern den Schallstrahl, den man sich (s. Fig 13.1) als verschwindend schmalen Ausschnitt aus einer Kugelwelle vorstellen kann. Hieraus folgt sofort, dass – bei fehlender Dämpfung durch das Medium – die Energie eines Schallstrahls während der Ausbreitung konstant bleibt, wogegen seine Intensität wie bei jeder Kugelwelle umgekehrt proportional zum Quadrat der Entfernung von seinem Ausgangspunkt abnimmt. Im Folgenden werden wir einen Schallstrahl durch eine Gerade darstellen, sollten uns dabei aber immer an seine in Fig. 13.1 erklärte Herkunft erinnern.

Das wichtigste Gesetz der geometrischen Raumakustik ist das Reflexionsgesetz, das sich hier auf die Regel

Einfallswinkel = Ausfallswinkel

reduziert. Dieses Gesetz gilt streng genommen nur für die Reflexion an unbegrenzten Flächen, näherungsweise aber auch an endlich große Flächen, sofern deren Abmessungen sehr groß im Vergleich zur Wellenlänge sind. Auf die Reflexion an gekrümmten Wänden oder Decken kann das Reflexionsgesetz ebenfalls angewandt werden, sofern ihr Krümmungsradius groß gegen die Wellenlänge ist. Bezüglich der Schallreflexion an „rauhen" Flächen, an denen der Schall u. U. gestreut wird, sei auf Abschnitt 7.5 verwiesen.

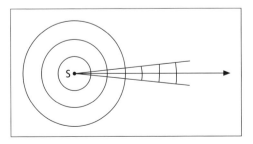

Fig. 13.1 Zur Definition eines Schallstrahls

Raumakustik

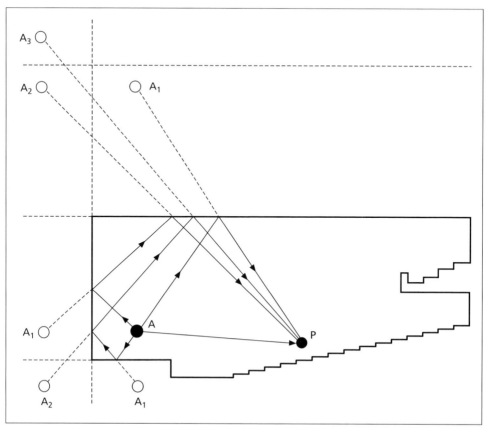

Fig. 13.2 Längsschnitt eines Auditoriums mit einigen Schallstrahlen und Spiegelschallquellen. A=Schallquelle, A_1=Spiegelquellen erster Ordnung, A_2=Spiegelquellen zweiter Ordnung usw.

Die Fig. 13.2 zeigt schematisch den Längsschnitt eines Raumes. In ihm sind einige Strahlenwege eingezeichnet, auf denen Schall von der Schallquelle A zu einem Beobachtungspunkt P gelangt. Den Anteil, der diese Strecke auf dem kürzesten Weg zurücklegt, nennt man den Direktschall. Alle weiteren Beiträge werden auch „Rückwürfe" genannt. Einer davon entsteht z. B. durch Reflexion an der Decke. Es gibt aber auch Strahlen, die mehrfach reflektiert werden, bevor sie zum Beobachtungspunkt gelangen. So wird einer der Strahlen zuerst von der Podiumsrückwand und dann von der Decke zurückgeworfen, ein anderer sogar erst vom Fußboden und der Rückwand des Podiums, bevor er zur Decke gelangt und von dieser zum Beobachtungspunkt gelenkt wird. Die Konstruktion solcher Strahlen ist ein einfaches Mittel, den Beitrag einzelner Wand- oder Deckenteile zur Schallversorgung zu untersuchen. Allerdings wird das Bild bei der Verfolgung zahlreicher Mehrfachreflexionen schnell unübersichtlich.

Vom Beobachtungspunkt P aus gesehen, scheinen die reflektierten Strahlen in Fig. 13.2 von virtuellen Schallquellen herzukommen, die spiegelbildlich zu den reflektierenden Flächen liegen. So sind die mit A_1 bezeichneten Quellen Spiegelbilder der Originalschallquelle bezüglich des Fußbodens, der Rückwand des Podiums sowie der Decke. Der zweifach reflektierte Strahl kann einer Spiegelquelle zweiter Ordnung (A_2 oben) zugeschrieben werden, die ihrerseits durch Spiegelung der hinter dem Podium gelegenen Quelle A_1 an der Deckenebene entstanden ist. Und der dreimal reflektierte Schallstrahl scheint von der Spiegelquelle dritter Ordnung A_3 auszugehen, die das Spiegelbild der unteren Spiegelschallquelle A_2 bezüglich der Decke ist. Dieser Prozess der fortlaufenden Spiegelung kann auf alle ebenen Raumwände ausgedehnt und beliebig fortgesetzt werden. Da hierbei die Anzahl der Spiegelquellen lawinenartig anwächst, bedient man sich bei der konsequenten Durchführung dieses Verfahrens zweckmäßigerweise eines Rechners. Man setzt voraus, dass Originalschallquelle und alle Spiegelschallquellen das gleiche Signal erzeugen; die Schwächung durch unvollkommene Reflexion kann man näherungsweise dadurch berücksichtigen, dass man sich die Leistung einer Spiegelquelle n-ter Ordnung um den Faktor

$$(1 - \alpha_1)(1 - \alpha_2)(1 - \alpha_3) \cdots (1 - \alpha_n)$$

verkleinert denkt, wobei $\alpha_1, \alpha_2, \alpha_3, \cdots, \alpha_n$ die Absorptionsgrade der Flächen sind, die an der Bildung der Spiegelschallquelle beteiligt waren.

Besonders einfach gestaltet sich die Konstruktion der Spiegelquellen für einen Rechteck- oder richtiger: einen Quaderraum. Wegen der Symmetrie des Raumes fallen hier nämlich viele Spiegelquellen aufeinander; zusammen bilden sie das in Fig. 13.3 gezeigte regelmäßige Muster, das man sich natürlich räumlich ergänzt denken muss.

Hat man für einen gegebenen Raum hinreichend viele Spiegelquellen konstruiert, die mit zunehmender Ordnung immer schwächer werden, dann braucht man die Wände des Raumes nicht mehr; der im Beobachtungspunkt auftretende Gesamtschall ergibt sich dann durch Addition der Beiträge der Spiegelquellen, wobei natürlich die mit der Entfernung zunehmende Schwächung und Laufzeit der einzelnen Bestandteile in Rechnung zu stellen ist. Dies ist die Grundlage wichtiger Verfahren zur Berechnung des Schallfelds in einem Raum.

Streng genommen müsste man zur Ermittlung des Gesamtsignals im Empfangspunkt P die Schalldrücke aller Beiträge addieren, was gelegentlich auch gemacht wird. Wird der Raum mit einem Sinuston angeregt, dann ergäbe sich die Gesamtintensität gemäß

$$I = \frac{1}{2Z_0} \left| \sum_n p_n \right|^2 = \frac{1}{2Z_0} \sum_n \sum_m p_n p_m^*$$

wobei der Stern den Übergang zur konjugiert-komplexen Größe bezeichnet. Die Beiträge p_n und p_m haben gleiche Frequenz, aber wegen der verschiedenen Laufwege unterschiedlichste Phasen. Wenn ihre Zahl oder ihre Bandbreite sehr groß ist, mitteln sich die Interferenzterme, d. h. die Summenglieder mit $n \neq m$ heraus und es bleibt:

$$I \approx \frac{1}{2Z_0} \sum_n |p_n|^2 = \sum_n I_n \qquad (2)$$

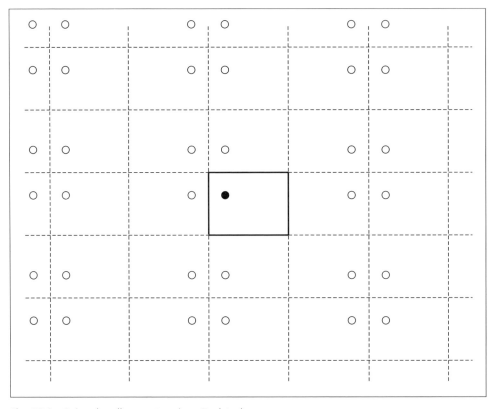

Fig. 13.3 Spiegelquellenmuster eines Rechteckraums

Man kann sich also i. Allg. auf die einfachere Addition der Intensitäten beschränken (Inkohärenz).

Das Spiegelungsprinzip versagt, wenn die reflektierende Fläche gekrümmt ist. Zur Ermittlung des Strahlenwegs muss dann in jedem Reflexionspunkt die Flächennormale konstruiert werden, bezüglich welcher der Einfalls- und der Reflexionswinkel zu messen ist.

13.2 Impulsantwort eines Raumes

Mithilfe geometrisch-akustischer Vorstellungen kann man nicht nur die räumliche Verteilung der stationären Schallenergie in einem Raum studieren, sondern auch die zeitliche Abfolge der Rückwürfe in einem beliebigen Empfangspunkt, die zumindest ebenso interessant ist. Wir nehmen an, dass die Schallquelle ein beliebiges Signal s(t) erzeugt, wobei sich die Funktion s(t) auf den Schalldruck bezieht. Zum Zuhörer gelangt zuerst der Direktschall, da er den kürzesten Weg zurückzulegen hat. Die Beiträge der Spiegelquellen, also die Rückwürfe treffen nach Maßgabe ihres längeren Laufwegs geschwächt und verzögert bei ihm ein. Damit kann man das beim Zuhörer eintreffende Signal durch eine Summe

$$s'(t) = \sum a_n s(t - t_n) \qquad (3)$$

darstellen. Die Zeiten t_n sind die Verzögerungen des jeweiligen Rückwurfs gegenüber dem Direktschall. In Wirklichkeit sind die reflektierten Signale nicht genau abgeschwächte Wiederholungen des Originalsignals, vielmehr wird ein breitbandiges Schallsignal bei jeder Wandreflexion mehr oder weniger verzerrt, da der Reflexionsfaktor einer Wand i. Allg. von der Frequenz abhängt und daher die einzelnen Spektralkomponenten eines Signals unterschiedlich beeinflusst (vgl. Abschnitt 6.3). – Ist das von der Schallquelle ausgesandte Signal ein sehr kurzer Impuls, dargestellt durch die Diracsche Deltafunktion, dann stellt die Gl. (3) die Impulsantwort des Raumes dar:

$$g(t) = \sum_n a_n \delta(t - t_n) \qquad (4)$$

In Fig. 13.4a, die eine solche Impulsantwort zeigt, kennzeichnet der erste Strich den Direktschall, jeder weitere Strich stellt einen Rückwurf dar. Die zeitliche Dichte der Rückwürfe nimmt quadratisch mit der Zeit zu. Glücklicherweise ist das zeitliche Auflösungsvermögen unseres Gehörs beschränkt, sodass wir eine solche Impulsantwort nicht als Geknatter, sondern als ein mehr oder weniger gleichmäßig verklingendes Rauschen wahrnehmen. Dieses allmähliche Abklingen der Schallenergie in einem Raum ist uns schon in Abschnitt 9.6 begegnet und wurde dort als Nachhall bezeichnet. Allerdings erlaubt die Impulsantwort auf Grund ihrer Feinstruktur Aussagen über die Qualität der Schallübertragung, die über die Beurteilung des Nachhalls weit hinausreichen und die sie zum „akustischen Fingerabdruck" des betreffenden Raumes machen. Das gilt insbesondere für Impulsantworten, die in realen Räumen gemessen werden. Ein Beispiel ist in Fig. 13.4b dargestellt. Ihre im Vergleich zu Fig. 13.4a kompliziertere Struktur ist auf die schon erwähnte Signalverzerrung bei der Reflexion zurückzuführen sowie darauf, dass reale Wände die auffallende Schallenergie nicht ausschließlich nach dem Reflexionsgesetz zurückwerfen, sondern dass ein Teil davon auch gestreut wird. Das gilt besonders für traditionelle Konzertsäle und Theater mit ihren Säulen, Nischen oder Kassettendecken, oder für die mit reichen Verzierungen ausgestatteten Barockkirchen.

Grundsätzlich nimmt unser Gehör die Rückwürfe, die gegenüber dem Direktschall um nicht mehr als etwa 50 ms verzögert sind, nicht getrennt vom Direktschall wahr. Sie erhöhen vielmehr die scheinbare Lautstärke des Direktschalls und werden daher oft als „nützliche Rückwürfe" bezeichnet. Erst die später eintreffenden Rückwürfe bilden den hörbaren Nachhall. Zur zahlenmäßigen Kennzeichnung des Anteils nützlicher Rückwürfe an einer Impulsantwort kann man verschiedene Maßzahlen von der Impulsantwort ableiten. Zum Beispiel wird die „Deutlichkeit", definiert durch

$$D = \frac{\int_0^{50\text{ms}} [g(t)]^2 dt}{\int_0^{\infty} [g(t)]^2 dt} \cdot 100\% \qquad (5)$$

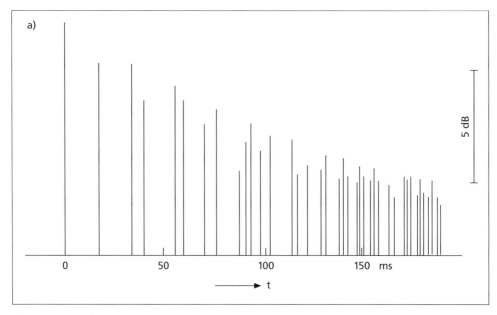

Fig. 13.4 Impulsantwort eines Raumes
a) schematisch,

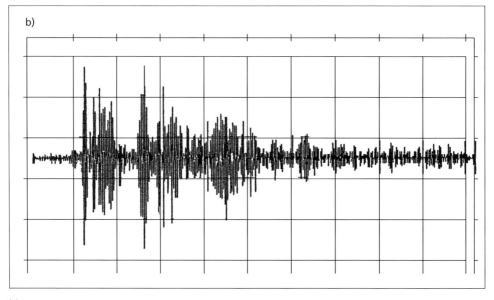

b) gemessen

als Maß für die Sprachverständlichkeit angesehen. Des weiteren sei hier noch das Klarheitsmaß

$$C = 10 \cdot \log_{10} \left[\frac{\int_0^{80\text{ms}} [g(t)]^2 \, dt}{\int_{80\text{ms}}^{\infty} [g(t)]^2 \, dt} \right] \text{ dB} \qquad (6)$$

erwähnt, das zur Kennzeichnung der Durchsichtigkeit von Musikdarbietungen verwendet wird.

Mitunter kommt es vor, dass in der Impulsantwort eines Raumes ein Rückwurf auftritt, der wesentlich energiereicher ist als die umgebenden Rückwürfe und der zudem um mehr als 50 ms gegenüber dem Direktschall verzögert ist. Ein solcher Rückwurf wird in dem betreffenden Raum als Echo wahrgenommen. Er kann durch Schallreflexion an einer konkav gekrümmten Wand entstehen oder durch zufällige Häufung schwächerer Rückwürfe.

Ein weiteres Kennzeichen eines Rückwurfs ist die Richtung, aus der er beim Zuhörer eintrifft. Ist nur eine einzige reale Schallquelle vorhanden, die auch ein Orchester oder ein Chor sein kann, dann kann der Hörer diese meist ohne Schwierigkeit gehörmäßig orten, obwohl er den weitaus größten Teil der Schallenergie oft aus ganz anderen Richtungen empfängt. Dafür maßgebend ist das am Ende des letzten Kapitels erwähnte „Gesetz der ersten Wellenfront". Es besagt, dass ein Zuhörer die Schallquelle in der Richtung ortet, aus welcher der Direktschall bei ihm eintrifft. Dennoch hat der Hörer eine gewisse Wahrnehmung für die Richtungsvielfalt des zurückgeworfenen Schalls; sie erzeugt bei ihm ein subjektives Räumlichkeitsgefühl, also den Eindruck, dass er von Schall umgeben ist.

13.3 Diffuses Schallfeld

In einem geschlossenen Raum werden die Schallwellen immer wieder zwischen den Wänden hin- und herreflektiert, wobei sie jedes Mal ihre Richtung ändern. In einem bestimmten Punkt treffen sich daher Wellen unterschiedlichster Richtung. Wir bezeichnen mit $I'(\phi, \theta) \, d\Omega$ die Intensität aller Wellen oder Strahlen, die an dieser Stelle in den durch die Winkel ϕ und θ gekennzeichneten Raumwinkelbereich $d\Omega$ laufen. Dann ist die zugehörige Energiedichte $dw = I' d\Omega/c$. Die gesamte Energiedichte erhält man durch Integration über den vollen Raumwinkel 4π:

$$w = \frac{1}{c} \iint_{4\pi} I'(\phi, \theta) d\Omega \qquad (7)$$

Weiterhin berechnen wir die sekundlich auf ein Flächenelement dS einer Wand auffallende Energie (s. Fig. 13.5). Der Beitrag hierzu, der aus der durch ϕ und θ gekennzeichneten Richtung eintrifft, ist $I'(\phi,\theta)\cos\theta \, dS d\Omega$; der Faktor $\cos\theta$ berücksichtigt die perspektivische

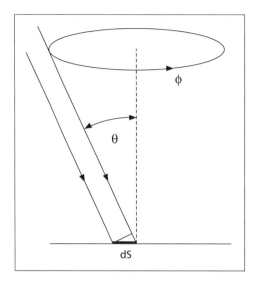

Fig. 13.5 Zur Herleitung der Gl. (8)

Verkleinerung der Fläche dS. Da die Beiträge diesmal nur aus einem Halbraum stammen, ist dieser Ausdruck nur über den halben Raumwinkel zu integrieren. Bezogen auf die Flächeneinheit ist somit:

$$B = \iint_{2\pi} I'(\phi,\theta)\cos\theta d\Omega \tag{8}$$

Die Größe B ist die sog. „Bestrahlungsstärke" der Wand, die wir schon in Abschnitt 7.5 kennen gelernt haben.

Die Berechnung der Integrale in den Gln. (7) und (8) gestaltet sich sehr einfach, wenn die Größe I' nicht von der Richtung abhängt, also konstant ist. Dann wird mit $d\Omega = 2\pi \cdot \sin\theta d\theta$:

$$w = \frac{4\pi I'}{c} \quad \text{und} \quad B = 2\pi I' \int_0^{\pi/2} \cos\theta \sin\theta d\theta = \pi I' \tag{9}$$

Aus beiden Formeln folgt der wichtige Zusammenhang:

$$B = \frac{c}{4} w \tag{10}$$

Die hier angenommene Unabhängigkeit der „differentiellen Intensität" I' von der Ausbreitungsrichtung bedeutet, dass alle Raumrichtungen gleichermaßen an der Schallausbreitung beteiligt sind. Ein solches Schallfeld könnte man isotrop nennen; in der Raumakustik hat sich dafür die Bezeichnung „diffus" eingebürgert. Natürlich ist ein solches Feld in aller Strenge nicht realisierbar, denn in ihm müsste ja die gesamte Schallintensität verschwinden. Das kann aber nicht sein, da laufend Energie von der Schallquelle zu den Wänden transportiert wird. Dennoch liegen die in einem Raum vorliegenden Verhältnisse meist näher bei dem Grenzfall des diffusen Feldes als etwa bei dem einer einzelnen Schallwelle, vor allem, wenn der Raum von unregelmäßiger Gestalt ist und diffus reflektierende Flächen enthält.

Im Folgenden sollen noch zwei weitere Eigenschaften des diffusen Schallfelds hergeleitet werden. Das oben betrachtete Wandelement habe den von der Einfallsrichtung abhängigen Absorptionsgrad $\alpha(\theta)$. Dann ist die sekundlich von ihm verschluckte Energie nach Gl. (8):

$$\alpha_m B dS = I' dS \iint_{2\pi} \alpha(\theta) \cos\theta d\Omega$$

oder mit der zweiten Gl. (9) und $d\Omega = 2\pi \sin\theta d\theta$:

$$\alpha_m = 2 \int_0^{\pi/2} \alpha(\theta) \cos\theta \sin\theta d\theta\Omega \qquad (11)$$

Dieser Ausdruck ist als Parissche Formel bekannt; er enthält die Vorschrift, nach welcher der winkelabhängige Absorptionsgrad einer Wandfläche über alle Richtungen zu mitteln ist. Bei bekannter Wandimpedanz kann man den winkelabhängigen Absorptionsgrad $\alpha(\theta)$ der Gl. (6.23) entnehmen. Das Integral kann geschlossen ausgewertet werden, falls die betreffende Wandfläche lokal reagiert (s. Abschnitt 6.4), die Wandimpedanz also winkelunabhängig ist. Das Ergebnis ist in Fig. 13.6 in Form von Kurven konstanten Absorptionsgrads in der Impedanzebene dargestellt. Sie bilden das Gegenstück zu der für senkrechten Schalleinfall geltenden Fig. 6.5. Aus Fig. 13.6 ersieht man, dass der Absorptionsgrad einer lokal reagierenden Fläche im diffusen Feld höchstens den Wert 0,951 erreichen kann, nämlich für $|\xi| = 1{,}567$ und $\chi = 0$.

Nunmehr entfernen wir uns noch einen Schritt weiter von der Schallwelle und stellen uns vor, das Schallfeld bestehe aus kleinen Energiepaketen, sog. Schallteilchen, die sich geradlinig mit Schallgeschwindigkeit durch den Raum bewegen, bis sie auf eine Wand treffen und von dieser zurückgeworfen werden. Bezeichnet man die Energie eines solchen Teilchens mit ε_0, dann ist sein Beitrag zur Energiedichte $w = \varepsilon_0/V$, wenn V das Raumvolumen kennzeichnet. Das Teilchen treffe pro Sekunde $\bar{n}$-mal auf eine Wand und transportiert daher die Leistung $\bar{n}\varepsilon_0$ auf die Raumbegrenzungsfläche. Division durch deren Flächeninhalt S ergibt den von dem Teilchen gelieferten Beitrag zur Bestrahlungsstärke $B = \bar{n}\varepsilon_0 / S$. Setzt man diese Ausdrücke für w und B in die Gl. (10) ein, dann ergibt sich die mittlere Reflexionshäufigkeit eines Schallteilchens oder auch eines Schallstrahls zu

$$\bar{n} = \frac{cS}{4V} \qquad (12)$$

Der Kehrwert hiervon ist die mittlere Zeit zwischen zwei Stößen, oder multipliziert mit der Schallgeschwindigkeit, die Strecke, die ein Schallteilchen im Mittel geradlinig durchläuft, d. h. ohne von einer Wand zurückgeworfen zu werden:

$$\bar{l} = \frac{4V}{S} \qquad (13)$$

Man nennt sie die mittlere freie Weglänge eines Schallteilchens.

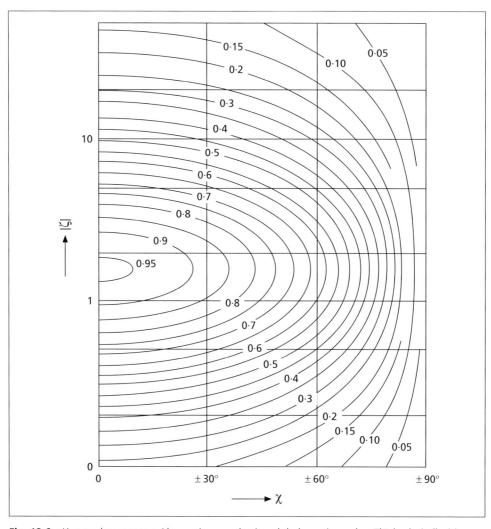

Fig. 13.6 Kurven konstanten Absorptionsgrads einer lokal reagierenden Fläche bei allseitigem Schalleinfall. Abszisse ist der Betrag, Ordinate der Phasenwinkel der spezifischen Wandimpedanz (aus H. Kuttruff, Room Acoustics, s. Literaturliste, mit freundlicher Genehmigung des Verlags)

Die Größen $\bar{n}$ und $\bar{l}$ sind zunächst als zeitliche Mittelwerte aufzufassen, die sich auf ein einzelnes Teilchen beziehen. Im diffusen Schallfeld kann man aber davon ausgehen, dass die „Schicksale" der Teilchen im einzelnen zwar verschieden, im ihrem allgemeinen Erscheinungsbild einander aber doch ähnlich sind, sodass die Schallteilchen ihre Individualität verlieren. Die Unterscheidung zwischen dem Zeitmittelwert und dem Mittelwert über viele Teilchen wird dann sinnlos, sodass man die obigen Mittelwerte als repräsentativ für alle Teilchen ansehen kann.

13.4 Stationäre Energiedichte und Nachhall

Im vorangehenden Abschnitt war von einer Schallquelle nicht die Rede, das diffuse Schallfeld ist als etwas Gegebenes angenommen worden. Nunmehr stellen wir die Frage nach der Energiedichte, die sich in einem Raum einstellt, wenn ihm von einer Schallquelle eine bestimmte akustische Leistung zugeführt wird. Dabei verzichten wir ganz auf die Verfolgung einzelner Schallstrahlen und setzen statt dessen ein diffuses Schallfeld voraus. Außerdem beschränken wir uns auf statistische Mittelwerte, für die sich einige einfache Zusammenhänge ableiten lassen.

Anschaulich ist klar, dass sich eine umso größere Energiedichte aufbaut, je größer die Leistung der Schallquelle ist und je weniger Energie sekundlich durch Verlustprozesse verloren geht, je kleiner also der Absorptionsgrad der Raumbegrenzungsfläche ist. Wir gelangen damit zu der Leistungsbilanz:

Änderung des Energieinhalts = zugeführte Energie − absorbierte Energie

wobei sich alle Änderungen auf die Zeiteinheit beziehen. Der Energieinhalt ist die Energiedichte w multipliziert mit dem Raumvolumen V, auf der linken Seite der Bilanz steht also $V \cdot dw/dt$. Die sekundlich zugeführte Energie ist die Schallquellenleistung P. Zur Berechnung der absorbierten Energie unterteilen wir die Raumbegrenzungsfläche in Teilflächen S_i mit den jeweils einheitlichen Absorptionsgraden α_i. Jede dieser Teilflächen absorbiert sekundlich die Energie $\alpha_i B S_i$ oder, da man die Bestrahlungsstärke B nach Gl. (10) durch die Energiedichte ausdrücken kann, $\alpha_i S_i cw/4$. Führen wir noch die „äquivalente Absorptionsfläche"

$$A = \sum_i \alpha_i S_i \qquad (14)$$

ein, dann geht die obige Energiebilanz über in

$$V \frac{dw}{dt} = P(t) - \frac{c}{4} A w \qquad (15)$$

Dies ist eine Differentialgleichung erster Ordnung für die Energiedichte. Sie lässt für beliebig zeitabhängige Schallquellenleistungen P(t) geschlossen lösen. Hier sollen aber nur zwei Sonderfälle betrachtet werden.

Im ersteren Fall sei die Leistung P konstant und ebenso die Energiedichte w (stationärer Fall). Dann ergibt sich sofort:

$$w = \frac{4P}{cA} \qquad (16)$$

Diese Formel entspricht unseren Erwartungen. Indessen enthält sie noch nicht die volle Wahrheit: In der Nähe der Schallquelle überwiegt zweifellos die von ihr direkt, also ohne Mitwirkung des Raumes erzeugte Energiedichte. Diese ist, falls der Schall nach allen Richtungen gleichmäßig abgestrahlt wird:

$$w_d = \frac{P}{4\pi c r^2} \qquad (17)$$

wobei r der Abstand von der Schallquelle ist. Die Entfernung, in der beide Energiedichten gleich groß sind, nennt man den Hallradius (s. Fig. 13.7). Durch Gleichsetzen der Gln. (16) und (17) findet man für ihn:

$$r_h = \sqrt{\frac{A}{16\pi}} \qquad (18)$$

Mit seiner Benutzung kann man die gesamte Energiedichte w + w$_d$ in der Form

$$w_{ges} = \frac{P}{4\pi c}\left(\frac{1}{r^2} + \frac{1}{r_h^2}\right) \qquad (19)$$

schreiben. Der erste Term stellt das sog. Direktfeld dar, der zweite das Hallfeld, oft auch „Diffusfeld" genannt.

Wird der Schall dagegen bevorzugt in eine bestimmte Richtung abgestrahlt, dann ist das erste Glied in der obigen Gleichung mit dem in Gl. (5.16) eingeführten Bündelungsgrad γ zu multipizieren, der angibt, um welchen Faktor die Bündelung die Intensität in der Hauptabstrahlrichtung erhöht:

$$w_{ges} = \frac{P}{4\pi c}\left(\frac{\gamma}{r^2} + \frac{1}{r_h^2}\right) \qquad (19a)$$

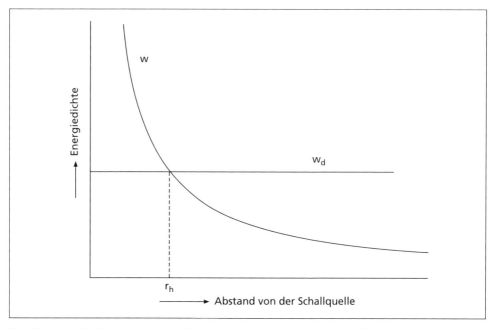

Fig. 13.7 Zur Definition des Hallradius r$_h$. (w, w$_d$: Energiedichte im Diffusfeld bzw. im Direktschallfeld)

Das Hallfeld wird dann gewissermaßen zurückgedrängt. Demgemäß werden die Energiedichten des Direktschallfeldes und des Diffusfeldes erst in der Entfernung $r_h' = r_h \sqrt{\gamma}$ einander gleich.

Die obigen Formeln zeigen, wie die Energiedichte und damit der Lärmpegel z. B. in einem Arbeitsraum gesenkt werden kann, nämlich durch Vergrößern der Absorptionsfläche A, was wiederum durch schallabsorbierende Verkleidung insbesondere der Decke möglich ist. Allerdings kann man auf diese Weise nur die Energiedichte im Hallfeld, also den zweiten Term in Gl. (19) oder (19a) vermindern. Diese Methode stößt daher an ihre Grenze, wenn der Hallradius r_h vergleichbar wird mit den Raumabmessungen. Zudem ist in solchen Räumen das Schallfeld so weit vom diffusen Grenzfall entfernt, dass die obigen Gleichungen allenfalls einen Anhaltspunkt für die erreichbare Pegelminderung liefern.

Im zweiten Sonderfall gehen wir davon aus, dass die Schallquelle bis zur Zeit t = 0 in Betrieb war und bis dahin eine gewisse Energiedichte w_0 aufgebaut hat. Danach wird die Quelle abgeschaltet (P = 0). Die nunmehr homogene Differentialgleichung (15) hat die Lösung

$$w(t) = w_0 e^{-cAt/4V} \quad \text{für } t \geq 0 \tag{20}$$

Sie beschreibt den Nachhall des Raumes und entspricht der Gl. (9.36) mit $\langle \delta \rangle = cA/8V$, die sich allerdings aus einer ganz anderen Betrachtung ergeben hatte. Die Gl. (9.37) liefert für die Nachhallzeit

$$T = \frac{24 \cdot \ln 10}{c} \cdot \frac{V}{A} \tag{21}$$

Setzt man hier noch den Wert der Schallgeschwindigkeit in Luft ein, dann wird

$$T = 0{,}163 \frac{V}{A} \tag{22}$$

Hier sind alle Längen sind in Meter einzusetzen.

Neben dem Reflexionsgesetz bildet diese Gleichung die wichtigste Regel der Raumakustik. Sie geht auf den Pionier der Raumakustik W. C. Sabine zurück und wird auch nach ihm benannt.

Streng genommen gilt sie allerdings nur für kleine Absorptionsgrade, d. h. so lange die Absorptionsfläche klein gegen den Flächeninhalt S aller Wände ist. Das erkennt man leicht, wenn man alle Teilflächen als vollständig absorbierend annimmt, also in Gl. (14) alle Absorptionsgrade gleich 1 setzt. Die Gl. (22) führt dann auf eine endliche Nachhallzeit, obwohl gar keine reflektierenden Wände vorhanden sind.

Zu einer genaueren Nachhallformel gelangt man, wenn man berücksichtigt, dass die Energie nicht kontinuierlich abnimmt wie in Gl. (15) angenommen, sondern in endlichen Stufen. Wie im vorangehenden Abschnitt, betrachten wir wieder das Schicksal eines hypothetischen Schallteilchens. Seine Energie vermindert sich bei jeder Reflexion um den Faktor $1 - \alpha$. Da es im Mittel $\bar{n}$-mal pro Sekunde mit einer Wand zusammenstößt, hat es t Sekunden nach dem Abschalten der Schallquelle nur noch den Bruchteil

$(1-\alpha)^{\bar{n}t} = \exp[\bar{n}t \ln(1-\alpha)]$ seiner Anfangsenergie. Was für das einzelne Teilchen gilt, gilt auch für die gesamte Energiedichte, die jetzt nach dem Gesetz

$$w(t) = w_0 e^{\bar{n}t \ln(1-\alpha)} \quad (23)$$

abklingt. Diese Formel ist noch in zwei Punkten zu erweitern: Da die Absorptionsgrade der Raumbegrenzungsfläche i. Allg. nicht einheitlich sein werden, ist α durch den arithmetischen Mittelwert

$$\bar{\alpha} = \frac{A}{S} = \frac{1}{S}\sum_i \alpha_i S_i \quad (24)$$

zu ersetzen. Außerdem wird die Schallenergie nicht nur an den Raumwänden, sondern auch während ihrer Ausbreitung in der Luft dissipiert. Dies wird durch einen zusätzlichen Faktor $\exp(-mct)$ in der Gl. (23) berücksichtigt, wobei m die in Gl. (4.19) eingeführte Dämpfungskonstante der Luft ist. Damit und mit $\bar{n} = cS/4V$ erhält man schließlich die genauere Nachhallformel

$$T = 0{,}163 \frac{V}{4mV - S\ln(1-\bar{\alpha})} \quad (25)$$

Sie wird meist als „Eyringsche Formel" bezeichnet. Für $\bar{\alpha} \ll 1$ wird $\ln(1-\bar{\alpha}) \approx -\bar{\alpha}$; die obenstehende Formel geht dann in die Sabinesche Nachhallformel Gl. (22) über, wobei die äquivalente Absorptionsfläche jetzt

$$A = \sum_i \alpha_i S_i + 4mV \quad (26)$$

ist und somit ebenfalls die Dämpfung in der Luft berücksichtigt. Das Glied 4mV macht sich nur bei großen Räumen und höheren Frequenzen bemerkbar.

13.5 Schallabsorption

Welcher Betrachtungsweise man auch den Vorzug gibt, ob der geometrischen oder der statistischen, in jedem Fall wird das Schallfeld in einem Raum und damit auch das, was man darin hört, von der Art und Beschaffenheit seiner Begrenzungsflächen bestimmt. Daher kommt der Wandabsorption eine besonders hohe Bedeutung für die Raumakustik zu. Da die Grundmechanismen der Schallabsorption bereits im Abschnitt 6.6 beschrieben wurden, können wir uns hier auf einige Ergänzungen beschränken.

Zunächst muss festgestellt werden, dass es eine völlig schallharte Wand nicht gibt. Selbst eine ganz starre und porenfreie Wand hat einen nicht verschwindenden Absorptionsgrad. Ähnlich wie auf der Innenwand eines schallleitenden Rohres (s. Abschnitt 8.1) bildet sich auf jeder glatten, von einer Schallwelle getroffenen Fläche eine Grenzschicht, in welcher die Viskosität und die Wärmeleitfähigkeit der Luft erhöhte Schwingungsverluste bewirkt. Die Wand ist gleichsam mit einer Haut überzogen, in der Schall absorbiert wird (s. Fig. 13.8a). Aus diesem Grund wird eine Wand oder Decke selten einen Absorptionsgrad

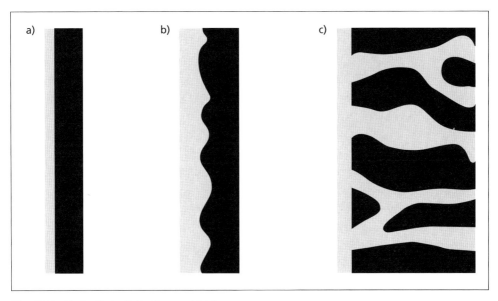

Fig. 13.8 Verlustbehaftete Grenzschicht
a) vor einer glatten Wand,
b) vor einer rauen Wand,
c) vor und in einem porösen Material (aus H. Kuttruff, Room Acoustics, s. Literaturliste, mit freundlicher Genehmigung des Verlags)

unter 0,01 haben. Schon geringe Rauhigkeiten der Wand lassen die Grenzschicht dicker werden (s. Fig. 13.8b) und erhöhen somit ihren Absorptionsgrad. Ein weiterer, sehr erheblicher Anstieg tritt auf, wenn die Wand Poren aufweist. Sind diese hinreichend eng, dann werden sie, wie in Fig. 13.8c dargestellt, ganz von der Grenzschicht ausgefüllt. Dadurch wird der teilweise in die Poren eindringenden Schallwelle relativ viel Energie entzogen.

Im Unterabschnitt 6.6.2 wurde die Absorption einer porösen Schicht behandelt, die sich unmittelbar vor einer schallharten Wand befindet. Das Ergebnis ist in Fig. 6.9 dargestellt. Obwohl es sich auf das stark idealisierte Rayleigh-Modell des porösen Materials und auf senkrechten Schalleinfall beschränkt, zeigt es die wesentlichen Eigenschaften der porösen Absorption. Insbesondere geht aus diesem Diagramm hervor, dass zur Erzielung einer hohen Absorption die Schichtdicke einen merklichen Bruchteil einer Wellenlänge ausmachen muss, was sich besonders bei tiefen Frequenzen als schwierig erweisen kann.

Eine bessere Ausnutzung des absorbierenden Materials wird dadurch möglich, dass die poröse Schicht nicht direkt, sondern mit einem gewissen Abstand unmittelbar vor einer Wand oder unter der Decke montiert wird (s. Fig. 13.9). Die Absorptionswirkung setzt dann schon bei der Frequenz ein, für welche die Dicke der Gesamtkonstruktion etwa eine Viertel Wellenlänge beträgt. In der Grenze verschwindender Schichtdicke gelangt man zu

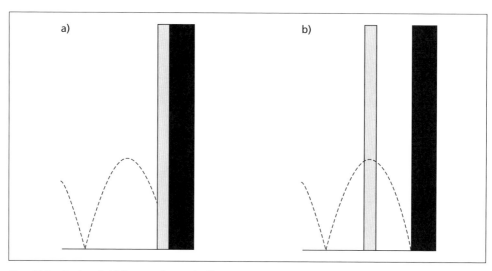

Fig. 13.9 Poröse Schicht vor einer schallharten Wand.
a) ohne Wandabstand,
b) mit Wandabstand. (Gestrichelt: Schnelleamplitude ohne Schicht) (aus H. Kuttruff, Room Acoustics, s. Literaturliste, mit freundlicher Genehmigung des Verlags)

dem in Unterabschnitt 6.6.3 (zweiter Teil) behandelten Vorhang vor einer Wand. Die starken Schwankungen des Absorptionsgrads in Fig. 6.11 kann man dadurch ausgleichen, dass man den Vorhang nicht glatt, sondern in tiefen Falten aufhängt, was ohnehin wesentlich dekorativer wirkt.

Kommerzielle Absorptionsmaterialien werden z. B. aus Glas- oder Mineralfasern hergestellt, die unter Zugabe eines Bindemittels zu Platten gepresst werden. Ihre Oberfläche wird oft mit einem harten Überzug versehen, der seinerseits wieder gelocht ist, um dem Schall Zutritt zu dem porösen Stoff zu geben. Auch geschäumte Kunststoffe eignen sich grundsätzlich als Absorptionsmaterial, sofern sie mit offenen Poren versehen sind. Zur Abdeckung dieser oft etwas unansehnlichen Materialien werden meist Lochplatten aus Blech, Holz oder Gips verwendet.

Eine oft sehr wertvolle Ergänzung der Absorption bei tiefen Frequenzen bietet der in Unterabschnitt 6.6.4 beschriebene Resonanzabsorber, von dem in der Raumakustik häufig Gebrauch gemacht wird. In der Praxis besteht er aus einer schwingungsfähig gelagerten Platte, meist aus Holz oder Gips, die mittels einer geeigneten Unterkonstruktion vor der zu verkleidenden Wand montiert ist (s. Fig. 13.10a). Unter der Einwirkung des Schallfelds führt die Platte Biegeschwingungen aus. Sofern sie nicht zu dick ist und der Abstand L der Stützen nicht zu klein ist, kann der Einfluss der Biegesteife auf die Resonanzfrequenz vernachlässigt werden. Die Resonanzfrequenz ist dann durch Gl. (6.52) gegeben, die sich auch umschreiben lässt in

Schallabsorption

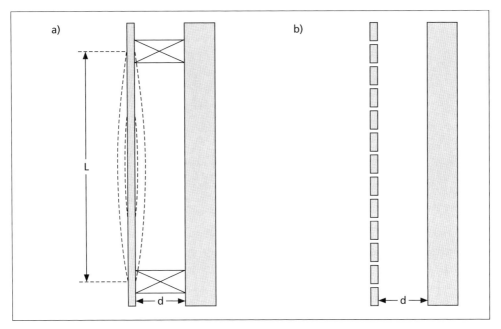

Fig. 13.10 Resonanzabsorber
a) mit schwingungsfähiger Platte, b mit Lochplatte (aus H. Kuttruff, Room Acoustics, s. Literaturliste, mit freundlicher Genehmigung des Verlags)

$$f_0 = \frac{600}{\sqrt{m'd}} \quad \text{Hz} \qquad (27)$$

wobei m' die flächenspezifische Masse in kg/m² und d die Dicke des Luftpolsters in cm ist. In dieser Form gilt sie für senkrechten Schalleinfall; bei allseitigem Schalleinfall, d. h. im diffusen Schallfeld ist die Zahl 600 durch 850 zu ersetzen.

Nach den Ausführungen in Unterabschnitt 8.3.3 wirkt auch eine Lochplatte vor einer starren Wand als Resonanzabsorber (s. Fig. 13.10b). Für die Resonanzfrequenz gilt wieder die Gl. (27), wobei jetzt für die Flächenmasse

$$m' = \frac{S_1}{S_2}\rho_0 l \qquad (28)$$

zu setzen ist. Dabei ist S_2/S_1 der Bruchteil der Öffnungen an der Gesamtfläche. Dieser Quotient wurde im Unterabschnitt 8.3.1 als Perforationsgrad σ bezeichnet. l ist die geometrische Plattendicke zuzüglich der doppelten Mündungskorrektur:

$$l = l_{geo} + 2\Delta l \qquad (29)$$

Die letztere hat für kreisförmige Löcher mit dem Radius a den Wert $\pi a/4$ (s. Gl. (7.11)).

In beiden Fällen tritt Absorption allerdings nur auf, wenn der Resonator mit Verlusten behaftet ist. Diese entstehen durch Abstrahlung, bei Plattenresonatoren außerdem durch elastische Verluste im Plattenmaterial, bei Lochplattenabsorbern dagegen durch die Viskosität der mit relativ hoher Geschwindigkeit durch die Öffnungen strömenden Luft. Sie können dadurch erhöht werden, dass der Luftraum hinter der Platte ganz oder teilweise mit porösem Material gefüllt wird. Die Frequenzabhängigkeit des Absorptionsgrads von Resonanzabsorption für verschiedene Werte des Verlustwiderstands wurde bereits in Fig. 6.12 dargestellt

Die Resonanzfrequenz einer holzverkleideten Wand liegt typischerweise im Bereich von 80 – 100 Hz; mit Lochplatten kann man die Resonanzfrequenz in weiten Grenzen variieren. Sie beträgt z. B. bei einer 10 mm dicken Platte mit 8 cm Wandabstand, die zu 3% mit Löchern von 8 mm Durchmesser perforiert ist, etwa 250 Hz. Resonanzabsorber bieten daher eine willkommene Möglichkeit der Schallabsorption namentlich im Bereich tiefer Frequenzen, bei denen poröse Schichten allein nur geringe Absorption zeigen.

Den weitaus überwiegenden Teil der äquivalenten Absorptionsfläche eines voll besetzten Versammlungsraums bildet indessen das Publikum. Für eine genaue Vorausberechnung der Nachhallzeit wäre die Kenntnis der Publikumsabsorption daher besonders wichtig. Leider hängt diese von verschiedenen Umständen ab, so von der Art der Bestuhlung, der Sitzdichte und der Aufteilung der Publikumsfläche in verschiedenen Blöcke, bis zu einem gewissen Grad auch von der Art der Kleidung, die für die Absorption letztlich verantwortlich ist.

Rechnerisch kann die Publikumsabsorption auf zwei Weisen berücksichtigt werden: Zum einen kann man jeder anwesenden Person – einschließlich ihres Sitzes – eine gewisse Absorptionsfläche δA zuordnen. Die gesamte Absorptionsfläche des Raumes ist dann

$$A = \sum_i \alpha_i S_i + N \cdot \delta A \tag{31}$$

wobei die Summe den Beitrag der Raumbegrenzungsflächen nach Gl. (14) darstellt; N ist die Zahl der Zuhörer. Üblicher ist die zweite Berechnungsart, bei der die Absorption einer geschlossenen Zuhörerfläche durch deren Absorptionsgrad berücksichtigt wird. Damit kann die Gl. (14) unverändert angewandt werden. Als wirksame Publikumsfläche S_p wird dabei die Summe der Flächeninhalte zusammenhängender Publikumsbereiche eingesetzt, jeweils vermehrt um U/2, wobei U der Umfang des Bereichs in Meter ist. Dadurch soll die an den Rändern der Bereiche auftretende Schallbeugung berücksichtigt werden, welche die Absorptionswirkung erhöht.

Bei größeren Räumen muss schließlich die Dämpfung in der Luft durch einen Term 4mV wie in den Gln. (25) und (26) berücksichtigt werden. In der Tabelle 13.1 sind einige Werte der Dämpfungskonstanten m zusammengestellt. Die Tabelle 13.2 zeigt Absorptionsgrade von verschiedenen Wandarten und -Verkleidungen, von Bodenbelägen, aber auch von geschlossenen Publikumsflächen. Sie alle sind allerdings nur als Anhaltswerte anzusehen.

Schallabsorption

Tabelle 13.1 Intensitätsbezogene Dämpfungskonstante m (in 10^{-3} m^{-1}) von Luft bei Normalbedingungen

Relative Luftfeuchtigkeit (%)	Frequenz (Hz)					
	500	1000	2000	4000	6000	8000
40	0,60	1,07	2,58	8,40	17,71	30,00
50	0,63	1,08	2,28	6,84	14,26	24,29
60	0,64	1,11	2,14	5,91	12,08	20,52
70	0,64	1,15	2,08	5,32	10,62	17,91

Tabelle 13.2 Schallabsorptionsgrad α einiger Flächen

Material	Frequenz (Hz)					
	125	250	500	1000	2000	4000
Beton, Kalkzementputz, Naturstein	0,02	0,02	0,03	0,04	0,05	0,05
Linoleumbelag auf Filzschicht	0,02	0,05	0,1	0,15	0,07	0,05
Teppich in Schlingenwebart, 4,5 mm dick, imprägniert, direkt auf Boden	–	0,02	0,04	0,15	0,36	0,32
Gebundene Mineralfaserplatte, 30 mm dick, längenspez. Stömungswiderstand 12000 Ns/m^4, direkt vor Wand	–	0,44	0,84	0,84	0,93	0,88
8 mm Sperrholzplatte, 60 mm vor Wand, 30 mm Mineralfaserplatte im Hohlraum	0,5	0,15	0,07	0,05	0,05	0,05
9,5 mm Gipskartonplatte, gelocht, $\sigma \approx 15$ %, 60 mm vor Wand, 30 mm Mineralfaserplatte im Hohlraum	0,4	0,95	0,9	0,7	0,65	0,65
20 mm gepresste mineralische Dämmplatten, außen kaschiert, in 300 mm Abstand unter Decke	0,5	0,7	0,74	0,9	0,93	0,85
Plüschvorhang Strömungswiderstand 450 Ns/m^3, in tiefen Falten vor einer Wand	0,15	0,45	0,90	0,92	0.95	0,95
Geschlossen sitzendes Publikum	0,5	0,7	0,85	0,95	0,95	0,90

13.6 Zur Hörsamkeit von Auditorien

Was macht nun die gute oder auch weniger gute „Akustik" eines Vortragssaals, eines Theaters oder Konzertsaals aus? Gibt es quantitative Maßstäbe dafür, und kann man einen Saal so planen, dass in ihm gute oder sogar sehr gute Hörverhältnisse herrschen werden?

Zunächst gibt es einige einfache und nahe liegende Forderungen, die in allen Sälen erfüllt sein müssen. Die erste betrifft den Geräuschpegel, der durch technische Einrichtungen wie z. B. die Klimaanlage, aber auch durch von außen eindringenden Lärm verursacht wird. Er muss unter einer bestimmten, durch Normvorschriften festgelegten Schwelle bleiben. Des weiteren dürfen in einem Saal keine hörbaren Echos auftreten. Diese Forderung trifft sich mit der, dass die von der Schallquelle abgegebene Energie möglichst gleichmäßig über die Zuhörerschaft verteilt werden soll, sodass an allen Plätzen eine ausreichende Lautstärke herrscht. Dafür ist in erster Linie die Form des Raumes maßgebend. So konzentrieren z. B. gekrümmte Wand- oder Deckenflächen den zurückgeworfenen Schall bevorzugt in begrenzten Raumbereichen, wirken also einer gleichmäßigen Schallverteilung entgegen. In Verbindung mit langen Laufzeiten des reflektierten Schalls können dort hörbare Echos entstehen. Besonders gefährdet sind in dieser Beziehung Räume mit kreisförmigem Grundriß, aber auch andere regelmäßige Raumformen sind problematisch.

In jedem Fall aber gilt es, mit der begrenzten Schallenergie ökonomisch umzugehen, d. h. sie durch geeignete Gestaltung der Wände und der Decke dahin zu lenken, wo sie gebraucht wird, nämlich bei den Zuhörern. So müssen alle Flächen, an denen wenig verzögerte, also „nützliche" Schallrückwürfe entstehen könnten, gut reflektierend sein, dürfen also keineswegs schallschluckend verkleidet werden. Der dekorative Stoffvorhang, den man so oft vor der Rückwand eines Konzertpodiums sieht, ist also aus akustischer Sicht völlig fehl am Platz.

Eine andere wichtige Bedingung ist, dass der Raum eine seinem Verwendungszweck angepasste Nachhallzeit hat. Soll der Saal hauptsächlich für den Unterricht, für Vorträge, Diskussionen oder auch Schauspielaufführungen benutzt werden, so muss seine Nachhallzeit kurz sein, da zu langer Nachhall die einzelnen Sprachlaute und Silben miteinander vermischt und ihre Verständlichkeit herabsetzt. Eigentlich bräuchte ein solcher Saal überhaupt keinen Nachhall zu haben. Das wäre allerdings nur durch eine durchgehende, stark schallschluckende Verkleidung seiner Wände und der Decke zu erreichen, die andererseits auch die oben erwähnten, für die Schallversorgung so wichtigen nützlichen Schallrückwürfe vernichten würde. Einen brauchbaren Kompromiss stellen Nachhallzeiten zwischen 0,5 und 1,3 Sekunden dar, wobei die längeren Werte für größere Säle angemessen sind, wo man unbewusst eine etwas längere Nachhallzeit erwartet. Besonders bei tiefen Frequenzen darf der Nachhall nicht zu lang sein, damit die für die Sprachverständlichkeit wichtigen Spektralkomponenten mittlerer und hoher Frequenz nicht von ihm verdeckt werden.

Anders liegen die Dinge beim Konzertsaal, da Musik nicht im gleichen Sinn „verstanden" werden muss wie Sprache. So sollen die Bogengeräusche der Streichinstrumente oder die Luftgeräusche der Holzbläser nicht gehört werden, auch Ungenauigkeiten des Zusammenspiels oder der Intonation sollen tunlichst im Gesamtklang untergehen. Der typisch orchestrale Klang verlangt eine Durchmischung der einzelnen Instrumentenschalle und auch, dass aufeinander folgende Töne einer Passage bis zu einem gewissen Grad miteinander verschmelzen. Diese räumliche und zeitliche Glättung bewirkt der Nachhall, der in großen Konzertsälen eine Dauer von etwa 2 Sekunden haben sollte. Vielfach wird es als angenehm empfunden, wenn die Nachhallzeit bei tiefen Frequenzen sogar noch etwas länger ist, weil dies dem Klang der Musik Wärme verleiht.

Ebenso wichtig wie eine angemessene Nachhallzeit ist, dass die eingangs erwähnte Lenkung des Schalles durch entsprechend orientierte Wand- und Deckenteile nicht zu weit getrieben wird. Würde nämlich der von den Musikern hervorgebrachte Schall ausschließlich auf das stark absorbierende Publikum gelenkt, dann würde er den Raumnachhall kaum anregen, sodass trotz rechnerisch korrekter Nachhallzeit wenig davon zu hören wäre (s. Fig. 13.11). Auch müssen die Wände des Podiums oder der Bühne einen Teil des auftreffenden Schalls zu den Musikern zurückwerfen, damit diese sich gegenseitig hören können.

Eine hinreichend lange Nachhallzeit ist aber nicht das einzige Kennzeichen eines akustisch guten Konzertsaals. Der Konzertbesucher erwartet unbewusst, dass er von der Musik gewissermaßen eingehüllt wird, dass das Schallfeld also räumlich wirkt. Es hat sich gezeigt, dass für diese Wirkung Rückwürfe verantwortlich sind, die aus seitlichen Richtungen beim Zuhörer eintreffen. Wegen der Schallbeugung am Kopf rufen diese Rückwürfe an beiden Ohren etwas unterschiedliche Schallsignale hervor. Wie in Abschnitt 12.7 dargelegt, ermöglichen uns diese „interauralen" Unterschiede, die Herkunftsrichtung des Schalls im Feld einer einzelnen ebenen Welle gehörmäßig festzustellen. In dem komplizierten Schallfeld eines Konzertsaals erzeugen sie dagegen den Eindruck eines räumlichen Schallfelds.

Was das Opernhaus betrifft, so sollte man erwarten, dass hinsichtlich der Nachhallzeit ein Kompromiss zwischen der langen Nachhallzeit eines Konzertsaals und den kurzen, für

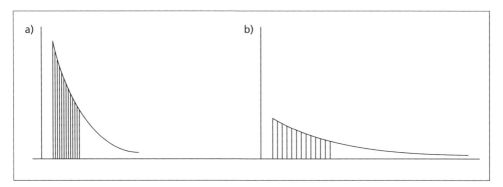

Fig. 13.11 Gründe für mangelnden Nachhall in einem Konzertsaal.
a) Nachhallzeit zu kurz,
b) Nachhall zu schwach angeregt

die Sprachverständlichkeit günstigen Werten angezeigt wäre. Nun haben ältere Häuser eher kurze Nachhallzeiten im Bereich von etwa 1 Sekunde, während die Nachhallzeiten moderner Operntheater schon denjenigen nahe kommen, die man im Konzertsaal als optimal empfindet. Vermutlich legt der Opernbesucher in neuerer Zeit mehr Wert auf klangvolle Arien und einen schönen Orchesterklang als auf das genaue Verstehen des gesungenen Textes, der dem wahren Kenner ohnehin geläufig ist.

Nun soll noch kurz auf die dritte der eingangs gestellten Fragen eingegangen werden. Die Nachhallzeit eines Raumes kann leicht nach einer der oben angegebenen Nachhallformeln vorausberechnet werden; in der Praxis benutzt man dafür meist die Gl. (22). Wie zutreffend die Ergebnisse sind, hängt natürlich von den eingesetzten Absorptionsgraden ab. Darüber hinaus kann man die Impulsantwort eines Raumes an Hand vorliegender Pläne vorausberechnen. Man bedient sich dabei entweder der Spiegelschallquellenmethode, oder man verfolgt rechnerisch zahlreiche Schallteilchen, die von einer gedachten Schallquelle in unterschiedlichste Richtungen abgeschossen werden, auf ihrem komplizierten Weg durch den Raum. Die letztere Methode, auch als „ray tracing" bezeichnet, hat den Vorteil, dass sie auch auf gekrümmte oder streuende Wandflächen angewandt werden kann. Auch Kombinationen beider Verfahren werden angewandt. Aus den Impulsantworten kann man praktisch alle gewünschten Daten ermitteln, also nicht nur die Nachhallzeit, sondern auch Maßzahlen, die den einzelnen Platz im Saal kennzeichnen wie die Deutlichkeit oder das Klarheitsmaß; ferner kann man aus ihnen Informationen über den zu erwartenden Räumlichkeitseindruck ableiten.

Eine als „Auralisation" bezeichnete Technik ermöglicht es überdies, Musikaufnahmen so zu bearbeiten und darzubieten, als würde der Hörer der Aufführung an einem beliebigen Platz des betreffenden, vielleicht erst auf dem Papier existierenden Raumes beiwohnen. Dies geschieht mit einem digitalen Frequenzfilter, welches die binaurale, d. h. für jedes Ohr eines Zuhörers berechnete oder gemessene Impulsantwort des Raumes nachbildet. Die Wiedergabe erfolgt mit Kopfhörern oder besser mit Lautsprechern nach dem in Unterabschnitt 20.1.3 zu schildernden Verfahren. Auf diese Weise kann man z. B. die Hörverhältnisse an verschiedenen Plätzen eines Saals oder aber aus verschiedenen Sälen durch direkte Beurteilung miteinander vergleichen.

Schließlich sei hier der Meinung entgegengetreten, dass sich akustische Mängel eines Raumes durch eine gute elektroakustische Beschallungsanlage kompensieren lassen. In Konzertsälen werden solche Anlagen sowohl von den Musikern als auch von den Musikliebhabern i. Allg. strikt abgelehnt. Entsprechendes gilt für das Theater, abgesehen vielleicht vom Musical. Aber auch dort, wo auf eine elektroakustische Beschallung nicht verzichtet werden kann wie etwa bei großen Hörsälen, bei Parlamenten usw. muss allein schon die „natürliche" Schallübertragung dem jeweiligen Verwendungszweck des Saales so weit wie möglich entgegenkommen. Im Abschnitt 20.4 wird deutlich werden, wie eng die Verknüpfung zwischen den akustischen Eigenschaften eines Saales und der Funktion der in ihm installierten Beschallungsanlage ist.

13.7 Akustische Messräume

Für viele akustische Messungen benötigt man Umgebungen mit bestimmten akustischen Eigenschaften. Hier ist in erster Linie der reflexionsfreie Raum und sein Gegenstück, der Hallraum zu nennen.

Reflexionsfreie Räume sollen die bei freier Schallausbreitung herrschenden Verhältnisse nachbilden. Man benötigt sie z. B. zur Freifeldkalibrierung von Mikrofonen, zur Messung der Übertragungsfunktion und der Richtcharakteristik von Lautsprechern, für psychoakustische Versuche und viele andere Zwecke. Da sich völlige Reflexionsfreiheit nicht erreichen lässt, begnügt man sich mit der Forderung, dass der Reflexionsfaktor des Bodens, der Seitenwände und der Decke kleiner als 0,1 ist, entsprechend einem Absorptionsgrad von über 0,99. Das bedeutet, dass der Schalldruckpegel einer ebenen Welle bei der Reflexion mindestens um 20 dB verringert wird Das ist leicht bei hohen und mittleren, nicht aber bei tiefen Frequenzen zu realisieren. Bei den meisten reflexionsfreien Räumen sind die Begrenzungsflächen mit Pyramiden oder Keilen aus porösem Material verkleidet, die einen allmählichen Übergang vom Wellenwiderstand der Luft zu dem des Wandmaterials bilden. Der Bereich hoher Schallabsorption reicht etwa herunter bis zu der Frequenz, bei der die Keillänge ein Drittel der Wellenlänge ist. Bei der in Fig. 13.12 gezeigten Verkleidung bilden jeweils drei Keile ein Paket mit parallelen Keilschneiden; benachbarte Pakete werden so montiert, dass ihre Schneiden senkrecht zueinander verlaufen. Außerdem kann man über schmale Schlitze zwischen den Keilen einen dahinterliegenden Luftraum ankoppeln, der als Resonanzabsorber wirkt und die Frequenzuntergrenze noch etwas herabsetzt. Die Begehbarkeit des Raumes wird durch einen Rost oder ein straff gespanntes Netz über der Bodenverkleidung erreicht.

Im Gegensatz zum reflexionsfreien Raum soll sich in einem Hallraum bei Schallanregung ein möglichst diffuses Schallfeld ausbilden. Hierfür müssen seine Begrenzungsflächen hochreflektierend, also möglichst glatt, unporös und schwer sein. Häufige Richtungswechsel der Schallwellen werden durch eine unregelmäßige Raumform bewirkt. Zur weiteren Erhöhung der Schallfelddiffusität kann man die Wände mit Kugel- oder Zylindersegmenten bedecken; vielfach hängt man auch Streukörper in dem Raum auf, an denen der Schall immer wieder gestreut wird. Ein Hallraum sollte eine Volumen von etwa 200 m^3 und eine Nachhallzeit von mindestens 5 Sekunden haben.

Hallräume werden zum einen zur Messung der akustischen Leistung von Schallquellen benutzt. Dabei geht man von Gl. (16) aus, nach der:

$$P = \frac{cA}{4} \cdot w = \frac{cA}{4Z_0} \cdot \widetilde{p}^2 \quad (32)$$

ist. Der letztere Ausdruck ergibt sich aus Gl. (5.8), der effektive Schalldruck bzw. der ihm entsprechende Schalldruckpegel wird mit einem kalibrierten Messgerät bestimmt.

Außerdem wird der Hallraum zur Messung der Schallabsorption von Wänden, Wandverkleidungen aller Art, aber auch von Personen, von Stühlen und anderen Einzelabsorbern verwendet. Während eine Messung mit dem Kundtschen Rohr (s. Abschnitt 6.5) den

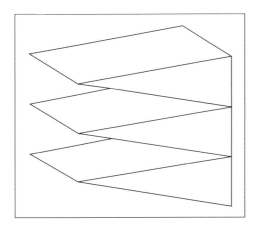

Fig. 13.12 Wandelement eines reflexionsfreien Raums

Absorptionsgrad bei senkrechtem Schalleinfall liefert, bestimmt man mit dem Hallraumverfahren die im diffusen Feld wirksame Absorption, die für die Raumakustik meist wichtiger ist.

Hierzu wird eine Probe der Fläche S_p auf den Boden oder eine Wand des Hallraums gebracht. Aus der damit gemessenen Nachhallzeit bestimmt man den mittleren Absorptionsgrad $\bar{\alpha}$ am besten mittels der Eyringschen Nachhallformel (25). Wegen der geringen Raumgröße kann das Glied 4mV in der Regel weggelassen werden. Der mittlere Absorptionsgrad ist andererseits nach Gl. (24):

$$\bar{\alpha} = \frac{1}{S}\left[S_p \alpha_p + (S - S_p)\alpha_0\right] \tag{33}$$

Hieraus kann man den Absorptionsgrad α_p der Probe entnehmen, den Absorptionsgrad der freien Hallraumwand α_0 bestimmt man durch eine Leermessung.

14 Bauakustik

In gewissem Sinn ist die Bauakustik das Gegenstück zur Raumakustik, da sich beides auf die Schallausbreitung in Bauwerken bezieht. Allerdings ist die Zielsetzung beider Teilgebiete recht unterschiedlich. Während es in der Raumakustik darauf ankommt, innerhalb eines Raumes eine möglichst gute Schallübertragung von einer Schallquelle, etwa einem Redner oder einem Orchester, zum Zuhörer sicherzustellen, ist es die Aufgabe der Bauakustik, eine Schallübertragung zwischen verschiedenen Räumen desselben Gebäudes oder aber zwischen der Außenwelt und den Innenräumen so weit wie möglich oder nötig zu verhindern. Die Bauakustik hat es also mit der Lärmbekämpfung in Gebäuden zu tun.

Vom Standpunkt der Akustik aus gesehen, besteht ein Gebäude im Wesentlichen aus Wänden und Decken, welche die einzelnen Räumen gegeneinander und gegen die Außenwelt abgrenzen. Guter Lärmschutz in einem Gebäude verlangt zunächst, dass diese Bauteile eine hinreichend hohe Schallisolation gewährleisten oder, wie man auch sagt, sie müssen eine hinreichend hohe Schalldämmung aufweisen. Dasselbe gilt für Türen und Fenster. Der Ausdruck Schalldämmung weist auf den Damm hin, welcher dem anflutenden Lärm entgegengestellt werden soll.

Hinsichtlich der Schwingungsanregung der Bauteile hat man Luftschall und Körperschall zu unterscheiden; demgemäß spricht man von Luftschalldämmung und Körperschalldämmung. Im ersteren Fall werden die Schwingungen des betreffenden Bauteils von Luftschallwellen erregt, die beim Sprechen, von Musikinstrumenten, dem Lautsprecher des Fernsehgeräts oder auch von äußeren Lärmquellen erzeugt werden. Körperschall entsteht dagegen durch Quellen, die mit einer Wand oder einer Decke in festem mechanischem Kontakt stehen und Wechselkräfte auf das Bauteil ausüben. In jedem Fall führen die Wand- oder Deckenschwingungen zu einer Schallabstrahlung in den hinter oder unter der Trennwand liegenden Raum, was i. Allg. unerwünscht ist. Die Schwingungen können aber auch in Form von Körperschall in der Gebäudestruktur weitergeleitet und an einer entfernteren Stelle abgestrahlt werden.

Zunächst eine Vorbemerkung über die Art der Wellen, die bei der Körperschallausbreitung auftreten. Die Longitudinalwellengeschwindigkeit üblicher Baumaterialien hat die Größenordnung von 4500 m/s. Andererseits beschränkt man sich in der Bauakustik auf den Frequenzbereich bis etwas über 3 kHz. Bei dieser Frequenz ist die Longitudinalwellenlänge 1,5 m, ist also sicher sehr groß im Vergleich zu vorkommenden Wanddicken. Daraus folgt, dass die Wände und Decken eines Bauwerks als Platten im Sinne des Abschnitts 10.3 anzusehen sind. Die Fortleitung von Schall in einem Bauwerk geschieht demnach in Form von Dehn- oder Biegewellen.

14.1 Kennzeichnung und Messung der Luftschalldämmung

Die Luftschalldämmung eines Bauteils – z. B. einer Wand oder einer Decke – wird durch Vergleich der Schallintensitäten I_0 und I_d der auftreffenden und der von dem Bauteil durchgelassenen Welle charakterisiert. Das Luftschalldämmmaß ist definiert durch:

$$R_L = 10 \log_{10}\left(\frac{I_0}{I_d}\right) \tag{1}$$

Dabei werden i. Allg. ebene Wellen vorausgesetzt.

Nun kann man Intensitäten nur mit erheblichem Aufwand direkt messen, eine Messung entsprechend der obigen Definition wird man daher nur in den seltensten Fällen vornehmen. Zudem interessiert man sich meist für die Luftschalldämmung bei allseitigem Schalleinfall. Demgemäß geht man von zwei benachbarten Räumen aus, zwischen denen die zu untersuchende Trennwand liegt wie in Fig. 14.1 gezeichnet. Zur Kennzeichnung des Luftschalldämmaßes vergleicht man die sendeseitige Schallleistung P_0 mit der Leistung P_d, die von der Wand in den dahinterliegenden Empfangsraum übertragen wird:

$$R_L = 10 \log_{10}\left(\frac{P_0}{P_d}\right) \tag{2}$$

Auch diese Leistungen sind der direkten Messung nicht oder nur schwer zugänglich. Nun erzeugt die Schallquelle SQ im „Senderaum" ein als diffus angenommenes Schallfeld mit der Energiedichte w_1. Die auf die Wand der Fläche S gestrahlte Leistung ist SB, wobei B die in Abschnitt 13.3 eingeführte Bestrahlungsdichte ist. Mit Gl. (13.10) wird somit

$$P_0 = \frac{c}{4} S \cdot w_1 \tag{3}$$

Wir nehmen an, dass die von der Rückseite der Wand abgestrahlte Schallleistung P_d im „Empfangsraum" ebenfalls ein diffuses Feld mit der Energiedichte w_2 erzeugt; nach Gl. (13.16) ist daher:

$$P_d = \frac{c}{4} A \cdot w_2 \tag{4}$$

wobei A die äquivalente Absorptionsfläche des Empfangsraums bedeutet. Eingesetzt in Gl. (2) ergeben beide Ausdrücke:

$$R_L = 10 \log_{10}\left(\frac{w_1}{w_2}\right) + 10 \log_{10}\left(\frac{S}{A}\right)$$

oder, weil das erste Glied die Differenz der Schalldruckpegel im Sende- und Empfangsraum ist:

$$R_L = L_1 - L_2 + 10 \log_{10}\left(\frac{S}{A}\right) \tag{5}$$

Unter den getroffenen Voraussetzungen reduziert sich die Bestimmung des Luftschalldämmmaßes also auf die Messung zweier Schalldruckpegel; die Absorptionsfläche des Empfangsraums wird mittels der Sabineschen Nachhallformel (13.22) aus seiner gemes-

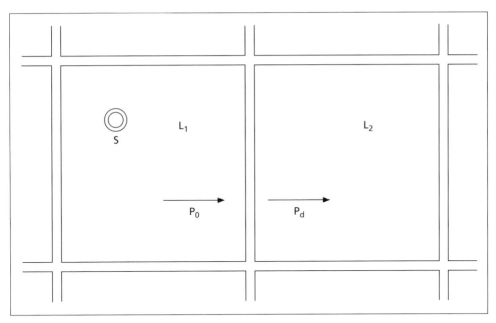

Fig. 14.1 Zum Schalldurchgang durch eine Wand. P_0, P_d: die auf die Wand auftreffende bzw. von ihr durch gelassene akustische Leistung; L_1, L_2: Schalldruckpegel im Sende- bzw. Empfangsraum

senen (oder geschätzten) Nachhallzeit ermittelt. Weil das Luftschalldämmmaß in der Regel stark von der Frequenz abhängt, führt man diese Messung üblicherweise mit Frequenzbändern von Terzbandbreite aus, die insgesamt den Bereich von 100 Hz bis 3,2 kHz überdecken.

Das Luftschalldämmmaß kann sowohl in einem Prüfstand als auch am fertigen Bau gemessen werden. Besonders im letzteren Fall nimmt man in Kauf, dass der Schall auch über Nebenwege vom Sende- zum Empfangsraum gelangen kann. Beispielsweise kann das sendeseitige Schallfeld Biegewellen in den angrenzenden Wänden anregen, welche von den gleichen Wänden im Empfangsraum abgestrahlt werden, die Trennwand also umgehen. In der Fig. 14.2 sind noch weitere Nebenwege eingezeichnet. Um die von ihnen verursachten Messfehler auszuschließen, benötigt man einen nebenwegfreien Prüfstand.

Die Beurteilung der Schalldämmung von Trennwänden erfolgt an Hand einer international standardisierten Bezugskurve. Sie ist in Fig. 14.3 für terzbreite Frequenzbänder dargestellt, zusammen mit einem typischen Messresultat. Ihr Verlauf orientiert sich einmal an dem technisch Möglichen, trägt also der Tatsache Rechnung, dass es viel schwieriger und aufwändiger ist, eine hohe Luftschalldämmung bei tiefen Frequenzen zu erreichen als bei hohen. Sie berücksichtigt aber auch, dass tieffrequente Spektralanteile weniger laut und

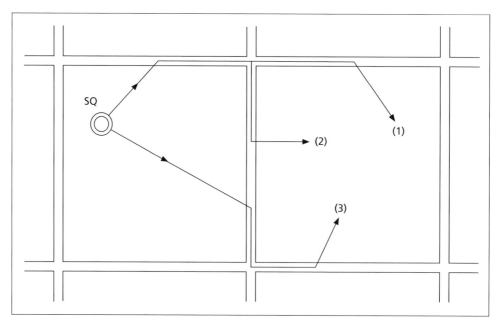

Fig. 14.2 Nebenwege der Schallübertragung zwischen Räumen

lästig sind als solche bei höheren Frequenzen, was z. B. aus dem Verlauf der Kurven gleicher Lautstärke (s. Fig. 12.8) hervorgeht.

Obwohl die Frequenzabhängigkeit des Luftschalldämmmaßes von großem Interesse ist, da man aus ihr u. U. Rückschlüsse auf die Ursachen des Schalldurchgangs ziehen kann, möchte man die Dämmwirkung eines Trennelements häufig durch eine einzige Zahl charakterisieren. Dazu wird die Bezugskurve soweit nach oben oder unten verschoben, bis ihre Unterschreitung durch die zu beurteilende Schalldämmkurve im Mittel 2 dB beträgt. (Die Überschreitungen bleiben bei dieser Mittelung außer Betracht.) Der von der verschobenen Bezugskurve bei 500 Hz angenommene Wert ist dann das „bewertete Luftschalldämmmaß" R_w. Nach den Vorschriften der einschlägigen DIN-Norm Nr. 4109 „Schallschutz im Hochbau" sollte R_w für Wohnungstrennwände und -decken mindestens 53 bzw. 54 dB betragen.

Das in Fig. 14.3 gezeigte Messresultat bezieht sich auf eine 24 cm dicke, beidseitig verputzte Vollziegelwand. Ihr Luftschalldämmmaß liegt im Mittel etwas über der Bezugskurve. In der Tat kann diese um 2 dB nach oben verschoben werden bis die oben erwähnte Bedingung erfüllt ist. Ihr bewertetes Luftschalldämmmaß beträgt 54 dB.

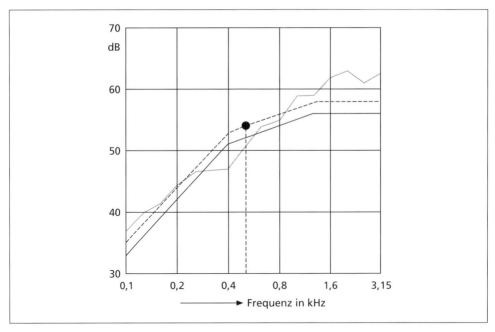

Fig. 14.3 Luftschalldämmung von Trennwänden. Dick durchgezogen: Bezugskurve für das Luftschalldämmmaß, gestrichelt: dsgl., nach oben verschoben, dünn durchgezogen: Luftschalldämmmaß einer 24 cm dicken, beidseitig verputzten Vollziegelwand.

14.2 Luftschalldämmung von zusammengesetzten Bauteilen

Häufig ist eine Trennwand aus Bauteilen mit unterschiedlicher Luftschalldämmung zusammengesetzt. Beispiele sind Wände, in die Fenster oder Türen eingesetzt sind. Es stellt sich dann die Frage, welches Luftschalldämmmaß die Wand im Ganzen hat.

Wir bezeichnen mit R_{L0} das Luftschalldämmmaß der Grundwand und mit R_{L1} das Luftschalldämmmaß, welches das eingesetzte Bauteil hätte, wenn es unendlich ausgedehnt wäre. Die Gesamtfläche der zusammengesetzten Wand sei S_0, während das eingesetzte Bauteil die Fläche S_1 hat (s. Fig. 14.4a). Nach Gl. (1) dringt durch das letztere sekundlich die Energie

$$P_{d1} = I_0 \cdot 10^{-0{,}1 R_{L1}} \cdot S_1 \qquad (6a)$$

die vom übrigen Teil der Trennwand durchgelassene Leistung ist

$$P_{d0} = I_0 \cdot 10^{-0{,}1 R_{L0}} \cdot (S_0 - S_1) \qquad (6b)$$

Die von der ganzen Wand durchgelassene Schallleistung P_d ist gleich der Summe dieser Einzelleistungen, woraus sich nach Gl. (2) ihr Luftschalldämmmaß ergibt:

$$R_L = -10 \log_{10}\left(\frac{P_d}{P_0}\right) = -10 \log_{10}\left[\left(1 - \frac{S_1}{S_0}\right) \cdot 10^{-0{,}1 R_{L0}} + \frac{S_1}{S_0} \cdot 10^{-0{,}1 R_{L1}}\right] \qquad (7)$$

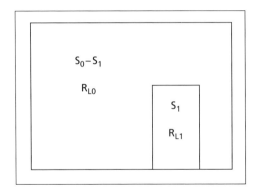

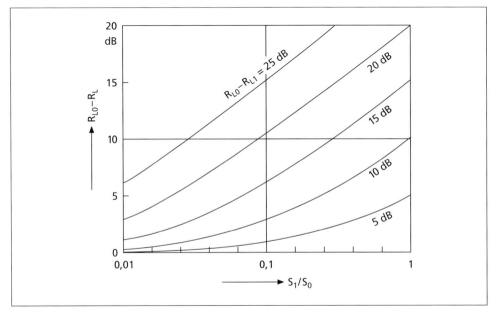

Fig. 14.4 Luftschalldämmung zusammengesetzter Bauteile.
a) Darstellung,

b) Minderung des Luftschalldämmmaßes.: S_0, R_{L0}: Flächeninhalt und Luftschalldämmmaß der Ausgangswand; S_1, R_{L1}: Flächeninhalt und Luftschalldämmmaß des eingesetzten Wandteils

Der Inhalt dieser etwas unhandlichen Formel ist in Fig. 14.4b dargestellt. Sie zeigt die von dem eingesetzten Bauteil verursachte Minderung $R_{L0} - R_L$ des Dämmmaßes als Funktion des Flächenverhältnisses S_1/S_0. Kurvenparameter ist die Differenz $R_{L0} - R_{L1}$ der Schalldämmmaße, die beide Bauteile allein hätten. Man ersieht aus ihr zum Beispiel, dass ein eingesetztes Bauteil, dessen Luftschalldämmung um 20 dB unter dem der Hauptwand liegt und dessen Fläche S_1 ein Zehntel der gesamten Wandfläche S_0 ausmacht, die Schalldämmung der ganzen Wand um etwas mehr als 10 dB verringert.

In dem nicht seltenen Fall, dass das Luftschalldämmmaß R_{L0} der Wand allein wesentlich größer ist als das des eingesetzten Bauteils R_{L1} und das Verhältnis S_1/S_0 nicht allzu klein ist, kann man in der zweiten Form der Gl. (7) das erste Glied in der Klammer gegenüber dem zweiten vernachlässigen und erhält die Näherungsformel.

$$R_L \approx R_{L1} - 10\log_{10}\left(\frac{S_1}{S_0}\right) \tag{7a}$$

Hierauf bezieht sich der obere Teil des Kurvenfeldes in Fig. (14.4b), in dem die Kurven praktisch geradlinig verlaufen.

Allerdings beschreiben die obengenannten Formeln den Sachverhalt nur dann zutreffend, solange die Abmessungen des eingesetzten Bauteils wesentlich größer sind als die in Frage kommenden Schallwellenlängen. Ist diese Bedingung nicht erfüllt, was z. B. bei einem kleineren Fenster und Frequenzen bis zu etwa 500 Hz sehr wohl der Fall sein kann, dann werden die Verhältnisse durch die Beugung des auftreffenden Schalles an den Rändern u. U. stark modifiziert.

14.3 Luftschalldämmung einer unbegrenzten Wand

Im Folgenden sollen die Vorgänge beim Schalldurchgang durch eine homogene, verlustfreie Wand etwas genauer betrachtet werden. Dabei stellen wir uns die Wand als unendlich ausgedehnt vor; die einfallende Schallwelle wird als eben angenommen. Da die „Absorption" einer verlustfreien Wand in Wirklichkeit von durchgelassenem Schall verursacht wird, ist ihr Luftschalldämmmaß nach der Definition des Absorptionsgrads und nach Gl. (1) oder (2):

$$R_L = 10\log_{10}(1/\alpha) \tag{8}$$

Für senkrechten Schalleinfall kennen wir den Absorptionsgrad schon von Unterabschnitt 6.6.4. Mit Gl. (6.48) wird aus der Gl. (8):

$$R_L = 10\log_{10}\left[1 + \left(\frac{\omega m'}{2Z_0}\right)^2\right] \tag{9}$$

Der Inhalt dieser Formel ist in Fig. 14.5 dargestellt, Abszisse ist die Frequenz $f = \omega/2\pi$. Das erste Glied in der eckigen Klammer von Gl. (9) macht sich nur bei sehr leichten Wänden bemerkbar; bei schwereren Wänden verlaufen die Kurven gerade mit einem Anstieg von 6 dB/Oktave bzw. 20 dB/Dekade und es ist:

$$R_L \approx 20\log_{10}\left(\frac{\omega m'}{2Z_0}\right) \tag{9a}$$

Dies ist das wichtige Massengesetz, das die Obergrenze der mit einer Einfachwand erreichbaren Luftschalldämmung kennzeichnet. Es zeigt, dass eine Wand zwischen zwei Räumen als akustischer Tiefpass wirkt. Dies entspricht auch unserer Alltagserfahrung: Hört man im Hotel das Fernsehgerät des Nachbarn durch die Zimmerwand hindurch, dann

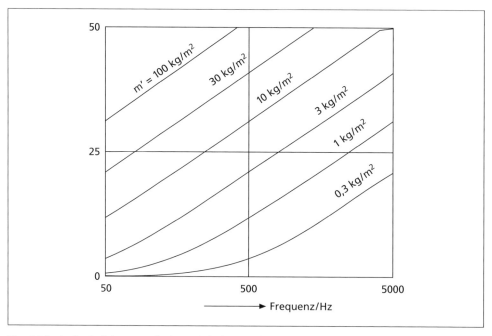

Fig. 14.5 Luftschalldämmmaß einer Einfachwand bei senkrechtem Schalleinfall (Massengesetz)

nimmt man zwar wahr, ob der Sprecher ein Mann oder eine Frau ist, kann aber – außer in krassen Fällen – das Gesagte nicht verstehen, da die für die Sprachverständlichkeit wichtigen mittleren und hohen Spektralkomponenten wesentlich stärker von der Wand zurückgehalten werden. Auch der Musikgenuss reduziert sich auf die Wahrnehmung der Bässe.

Bei schrägem Schalleinfall ist die Luftschalldämmung geringer als nach Gl. (9) oder (9a). Das liegt vor allem daran, dass sich dann die Biegesteife der Wand bemerkbar macht, die bei senkrechtem Schalleinfall überhaupt nicht ins Spiel kommt.

Wir nehmen an, dass die primäre Schallwelle unter einem Winkel ϑ auf die Wand einfällt. Sie übt nach Gl. (6.8) (mit x = 0) auf die Vorderseite der Wand den Wechseldruck

$$p_1(y) = \hat{p}(1 + R)e^{-jky\sin\vartheta} \cdot e^{j\omega t} \tag{10}$$

aus, wobei R wie früher der Reflexionsfaktor ist. Auf ihre Rückseite wirkt der Schalldruck der rückwärtig abgestrahlten Welle ein, also nach Gl. (6.15), ebenfalls mit x = 0:

$$p_2(y) = \hat{p}Te^{-jky\sin\vartheta} \cdot e^{j\omega t} \tag{11}$$

(T = Transmissionsfaktor) – Die Differenz beider Drucke verursacht eine wellenförmige Auslenkung der Wand, welche die gleiche Periodizität bezüglich der y-Richtung aufweist wie die einfallende, die reflektierte und die von der Wand übertragene Schallwelle. Die in

Fig. 14.6 angedeuteten Wellenfronten zeigen, dass hier wieder die schon im Abschnitt 6.1 erwähnte Spuranpassung auftritt. Der Wand wird also eine in y-Richtung laufende Biegewelle aufgezwungen.:

$$\xi(y) = \hat{\xi} e^{-jky\sin\vartheta} \cdot e^{j\omega t} \quad (12)$$

Auf den ersten Blick könnte man vielleicht erwarten, dass sich die Wand aus diesem Grund dem Schalldurchgang stärker widersetzt als allein vermöge ihrer Massenträgheit. Das trifft aber nicht zu, zumindest nicht bei tiefen Frequenzen, da die elastische Rückstellkraft wie bei einem Resonanzsystem (s. z. B. Gl. 2.20)) der Massenträgheit entgegenwirkt.

Um die Auslenkung ξ mit der Querkraft, d.h. mit der Druckdifferenz $p_1 - p_2$ zu verknüpfen, greifen wir auf die Unterabschnitte 10.3.1 und 10.3.3 zurück, müssen allerdings x durch y sowie η durch ξ ersetzen, um die dort angegebenen Formeln den hier gewählten Koordinaten anzupassen. Die der Gl. (10.19) vorausgehende Kräftebilanz, ergänzt um die Druckdifferenz $p_1 - p_2$ lautet dann:

$$m' \frac{\partial^2 \xi}{\partial t^2} + \frac{\partial F_x}{\partial y} = p_1 - p_2$$

oder, wenn man nacheinander unter Benutzung der Gln. (10.11) und (10.9) die Querkraft F_x durch das Biegemoment D und dieses durch die Auslenkung ξ ausdrückt:

$$m' \frac{\partial^2 \xi}{\partial t^2} + B \frac{\partial^4 \xi}{\partial y^4} = p_1 - p_2$$

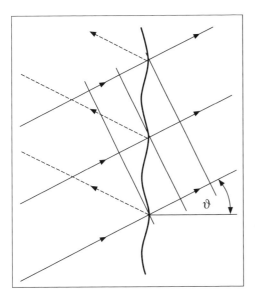

Fig. 14.6 Schräger Schalleinfall auf eine Wand

Da nach Gl. (12) jede Differentiation nach t gleichbedeutend mit einem Faktor jω ist und jede Differentiation nach y einem Faktor $-jk \cdot \sin \vartheta$ entspricht, wird hieraus:

$$p_1 - p_2 = \left(-\omega^2 m' + Bk^4 \sin^4 \vartheta\right) \cdot \xi$$

oder, wenn man die Auslenkung ξ der Wand durch deren Schnelle $v = j\omega\xi$ ausdrückt und k durch ω/c ersetzt:

$$p_1 - p_2 = j\omega m' \left(1 - \frac{B\omega^2 \sin^4 \vartheta}{m'c^4}\right) \cdot v = j\omega m'_{eff} v \qquad (13)$$

Hier wurde die „effektive Flächenmasse" m'_{eff} der Wand eingeführt, die auch durch ihre in Gl. (10.27) eingeführte Koinzidenzgrenzfrequenz

$$\omega_k = c^2 \sqrt{\frac{m'}{B}}$$

ausgedrückt werden kann:

$$m'_{eff} = m' \left(1 - \frac{\omega^2}{\omega_k^2} \sin^4 \vartheta\right) \qquad (14)$$

Sie wird mit wachsender Frequenz und zunehmendem Einfallswinkel immer kleiner. Mit anderen Worten: Die elastische Reaktion der Wand macht sich umso stärker bemerkbar, je kleiner die Wellenlänge der erzwungenen Biegewelle ist, je stärker also die Wand verbogen wird. Bei der Frequenz

$$\omega_\vartheta = \frac{\omega_k}{\sin^2 \vartheta} \qquad (15)$$

verschwindet die effektive Flächenmasse sogar ganz; die Wand ist dann akustisch überhaupt nicht vorhanden. Bei noch höheren Frequenzen wird sie sogar negativ, die Schallisolation der Wand wird dann überwiegend durch ihre Biegesteife bestimmt.

Setzt man die Frequenz ω_ϑ in den Ausdruck für die Phasengeschwindigkeit der Biegewelle nach Gl. (10.29) ein, dann erhält man $c_B = c/\sin\vartheta$. Dies ist aber gerade die Phasengeschwindigkeit der Auslenkungswelle nach Gl. (12). Aus der erzwungenen Biegewelle ist jetzt also eine freie Biegewelle geworden, die mit sehr geringem Aufwand aufrechterhalten werden kann. Dass hier die Koinzidenzgrenzfrequenz auftritt ist nicht verwunderlich, da die Anregung von Biegewellen durch ein Schallfeld der umgekehrte Vorgang wie die Schallabstrahlung von einer schwingenden Platte ist.

Um das Luftschalldämmmaß der Wand zu erhalten, muss man wie bei der Ableitung der Gln (6.19) und (6.20) den Reflexions- und den Transmissionsfaktor aus der für x = 0 geltenden Randbedingung bestimmen. Diese verlangt, dass bei x = 0 die Normalkomponenten der Schnelle auf beiden Seiten der Wand einander gleich und gleich der Wandschnelle sein müssen:

$$v_{x1} = v_{x2} = v$$

Der Kehrwert des Transmissionsfaktors ergibt sich daraus zu

$$\frac{1}{T} = 1 + \frac{j\omega m'_{eff}}{2Z_0}\cos\vartheta$$

Nun ist $|T|^2$ gerade der Absorptionsgrad der Wand, sodass das Luftschalldämmmaß nach Gl. (8)

$$R_L = 10\log_{10}|1/T|^2 = 10\log_{10}\left[1 + \left(\frac{\omega m'_{eff}}{2Z_0}\cos\vartheta\right)^2\right] \quad (16)$$

wird. Man beachte die formale Ähnlichkeit dieser Gleichung mit Gl. (9).

In Fig. 14.7 ist das durch Gl. (16) gegebene Luftschalldämmmaß für einige Schalleinfallswinkel in Abhängigkeit der Frequenz dargestellt. Ausgenommen für den Fall $\vartheta = 0$, weisen alle Kurven bei der Frequenz ω_ϑ nach Gl. (14) einen scharfen, bis zu Null herabreichenden Einbruch auf; in dem darüber liegenden Frequenzbereich steigen sie sehr steil an (im Grenzfall sehr hoher Frequenzen mit 18 dB pro Oktave). Mit wachsendem Einfallswinkel nähert sich der Nulldurchgang der Koinzidenzgrenzfrequenz ω_K an.

In der Realität hat man es mit mehr oder weniger allseitigem Schalleinfall zu tun. Dadurch wird der scharfe Einbruch des Schalldämmmaßes gleichmäßig über den Fre-

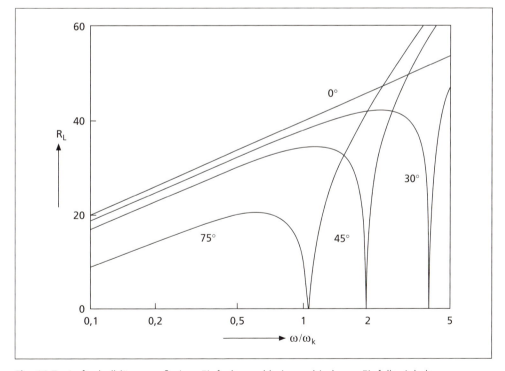

Fig. 14.7 Luftschalldämmmaß einer Einfachwand bei verschiedenen Einfallswinkeln

Tabelle 14.1 Konizidenzgrenzfrequenz einiger Wände

Material	Dicke in cm	Grenzfrequenz in Hz
Glas	0,4	2450
Hartfaserplatte	0,9	4000
Gips	8	370
Vollziegel	12	180
Schwerbeton	24	65

quenzbereich oberhalb der Koinzidenzgrenzfrequenz verteilt und führt dort zu einer gegenüber dem Massengesetz (9a) stark reduzierten Dämmung. Die Fig. 14.8 zeigt schematisch den Verlauf des Luftschalldämmmaßes als Funktion der Frequenz. Weit unterhalb der Koinzidenzgrenzfrequenz folgt das Dämmmaß dem einfachen Massengesetz; die Winkelmittelung führt zu einem Abschlag um 3 dB gegenüber Gl. (9a).

Für die Praxis ist diese Resultat von beachtlicher Bedeutung. Dies geht aus der Tabelle 14.1 hervor, in der die Koinzidenzgrenzfrequenzen einiger Wandarten angegeben sind. Demnach kann man nur bei dünnen Schalen wie Glasscheiben u. dgl. damit rechnen, dass

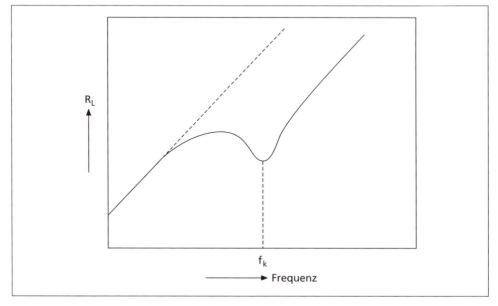

Fig. 14.8 Luftschalldämmmaß einer Einfachwand bei allseitigem Schalleinfall, schematisch. f_k = Koinzidenzgrenzfrequenz.

das Massengesetz im ganzen interessierenden Frequenzbereich einigermaßen zutrifft. Bei dicken Wänden liegt die Koinzidenzgrenzfrequenz so niedrig, dass sich die nachteilige Wirkung der Spuranpassung mehr oder weniger bei allen Frequenzen bemerkbar macht. Das kommt auch in der Fig. 14.9 zum Ausdruck, in der das über den gesamten Frequenzbereich gemittelte Luftschalldämmmaß über dem Flächengewicht der Wand aufgetragen ist, wobei übliche Baumaterialien vorausgesetzt sind. Nach anfänglichem Anstieg bleibt das mittlere Luftschalldämmmaß zunächst fast konstant, da sich der schädliche Einfluss der Koinzidenz bei immer niedrigeren Frequenzen bemerkbar macht. In diesem Bereich bringt eine Erhöhung des Flächengewichts akustisch so gut wie keinen Vorteil. Erst bei sehr schweren und dicken Wänden stellt sich wieder eine Verbesserung der Schalldämmung ein, die aber dennoch weit hinter den Vorhersagen des Massengesetzes zurückbleibt. Paradoxerweise ist die Luftschalldämmung einer dünnen Wand relativ höher als die einer dicken. Die Aussage, dass die Schallisolation einer Wand in erster Linie von ihrem Gewicht abhängt, ist also nur bedingt richtig.

Die vorstehenden Überlegungen dienen hauptsächlich dem Verständnis der Vorgänge, die für den Schalldurchgang durch eine Wand maßgebend sind. Sie sind keineswegs als Ersatz für die messtechnische Untersuchung einer Wand anzusehen. Dabei ist ja zu bedenken, dass reale Wände stets endliche Abmessungen haben. Das bedeutet, dass die bei schrägem Schalleinfall angeregten Biegewellen auf eine Wand oder Decke an deren

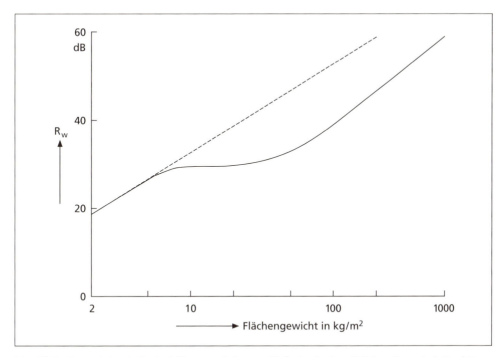

Fig. 14.9 Bewertetes Luftschalldämmmaß R_w von Einfachwänden üblicher Bauart als Funktion ihrer Flächenmasse

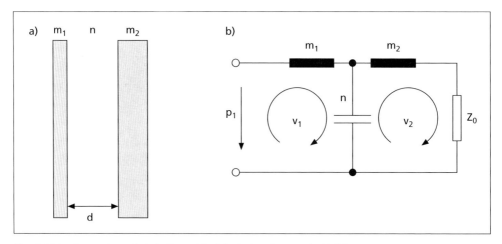

Fig. 14.10 Doppelwand a) Aufbau, b) elektrisches Ersatzschaltbild

Rändern reflektiert werden, wodurch das Bild modifiziert wird und zwar umso mehr, je kleiner die Wand ist und je kleiner ihr für die Ausbreitungsdämpfung maßgebender Verlustfaktor ist (s. Unterabschnitt 10.3.5). Diese Bemerkung gilt auch für den nachfolgenden Abschnitt.

14.4 Luftschalldämmung einer Doppelwand

Wie aus Fig. 14.9 zu ersehen, sind die Möglichkeiten, mit einer Einfachwand immer höhere Luftschalldämmungen zu erzielen, aus praktischen Gründen begrenzt. Weit höhere Werte ergeben sich indessen, wenn die Trennwand aus mehreren hintereinander angeordneten Teilwänden – sog. Schalen – besteht, zwischen denen jeweils eine Luftschicht liegt. Die nachstehende rechnerische Behandlung beschränkt sich auf den senkrechten Schalleinfall.

Wir betrachten hier die in Fig. 14.10a gezeichnete Doppelwand; Fig. 14.10b zeigt das ihr entsprechende elektrische Ersatzschaltbild. Ihm zufolge wirkt die Doppelwand als akustisches Tiefpassfilter. Die beiden „Schalen" haben die Flächenmassen m'_1 und m'_2, die druckbezogene Nachgiebigkeit der dazwischenliegenden Luftschicht ist nach Abschnitt 6.6.1:

$$n' = \frac{d}{cZ_0} \qquad (17)$$

Aus dem Ersatzschaltbild folgt durch Anwendung der Kirchhoffschen Regel:

$$p_1 = j\omega m'_1 v_1 + \frac{1}{j\omega n'}(v_1 - v_2) \qquad (18)$$

und

$$0 = \frac{1}{j\omega n'}(v_2 - v_1) + (j\omega m'_2 + Z_0)v_2$$

oder
$$v_1 = (1 + j\omega n'Z_0 - \omega^2 n'm_2')v_2 \tag{19}$$

Nun setzen sich auch hier Schalldruck p_1 und Schallschnelle v_1 vor der Wand aus den entsprechenden Größen einfallenden und der reflektierten Welle zusammen:

$$p_1 = p_0 + p_r \quad \text{und} \quad Z_0 v_1 = p_0 - p_r$$

Addition beider Gleichungen ergibt

$$2p_0 = p_1 + Z_0 v_1 = \left(Z_0 + j\omega m_1' + \frac{1}{j\omega n'}\right)v_1 - \frac{1}{j\omega n'}v_2 ,$$

letzteres mit Gl. (18). Drückt man hier noch v_1 mittels der Gl. (19) durch v_2 aus und führt mit $p_2 = Z_0 v_2$ den Schalldruck der von der Wand durchgelassenen Welle ein, dann wird

$$2p_0 = \frac{1}{j\omega n'Z_0}\left[\left(1 + j\omega n'Z_0 - \omega^2 n'm_1'\right)\left(1 + j\omega n'Z_0 - \omega^2 n'm_2'\right) - 1\right]p_2$$

oder, nach Trennung in Real- und Imaginärteil und Division durch $2p_2$:

$$\frac{p_0}{p_2} = 1 - \omega^2 n'\frac{m_1' + m_2'}{2} + j\left(\frac{\omega n'Z_0}{2} + \omega\frac{m_1' + m_2'}{2Z_0} - \omega^3 n'\frac{m_1' m_2'}{2Z_0}\right) \tag{20}$$

Maßgebend ist vor allem der Imaginärteil dieses Ausdrucks, wobei man bei einigermaßen schweren Teilwänden dessen ersten Term gegenüber den beiden anderen vernachlässigen kann. Das durch Einsetzen in die allgemeine Definitionsgleichung

$$R_L = 10\log_{10}\left(\frac{I_0}{I_d}\right) = 10\log_{10}\left|\frac{p_0}{p_2}\right|^2$$

berechnete Schalldämmmaß ist in Fig. 14.11 als Funktion der Frequenz aufgetragen.

Bei sehr tiefen Frequenzen schwingen nach Gl. (19) beide Schalen fast gleichphasig; da hier das letzte Glied in Gl. (20) vernachlässigt werden kann, folgt das Schalldämmmaß in diesem Bereich dem einfachen Massengesetz, wobei die wirksame Masse $m_1' + m_2'$ ist. Mit wachsender Frequenz macht sich das letzte Glied in Gl. (20) aber zunehmend bemerkbar; bei der Frequenz

$$\omega_0 = \sqrt{\frac{1}{n'}\left(\frac{1}{m_1'} + \frac{1}{m_2'}\right)} \tag{21}$$

verschwindet die Klammer, es liegt also Resonanz vor. Die beiden Schalen schwingen jetzt gegenphasig mit

$$\left(\frac{v_1}{v_2}\right)_{\omega_0} \approx -\frac{m_2'}{m_1'} \tag{22}$$

und das Druckverhältnis reduziert sich auf

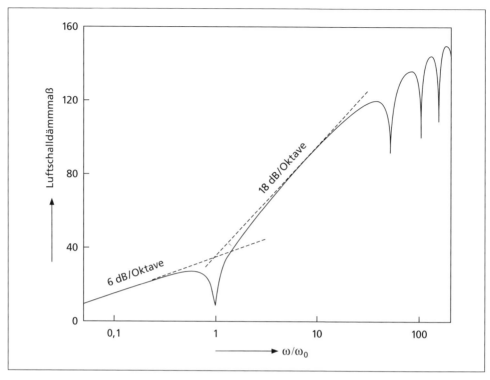

Fig. 14.11 Luftschalldämmmaß einer Doppelwand bei senkrechtem Schalleinfall

$$\left(\frac{p_0}{p_2}\right)_{\omega_0} \approx -\frac{1}{2}\left(\frac{m'_1}{m'_2} + \frac{m'_2}{m'_1}\right) \quad (23)$$

Oberhalb der Resonanzfrequenz befinden wir uns im Sperrbereich des Tiefpassfilters von Fig. 14.10b; in der Gl. (20) ist das letzte Glied jetzt allein maßgebend und es wird:

$$R_L \approx 20\log_{10}\left(\frac{\omega^3 n' m'_1 m'_2}{2Z_0}\right) = R_{L0} + 40\log_{10}\left(\frac{\omega}{\omega'_0}\right) \quad (24)$$

Dabei ist R_{L0} das Luftschalldämmmaß der ersten Schale allein; das zweite Glied mit

$$\omega'_0 = \frac{1}{\sqrt{n'm'_2}} \quad (24a)$$

beschreibt die durch die zweite Schale erbrachte Verbesserung. Das Luftschalldämmmaß steigt in diesem Bereich sehr stark, nämlich mit 18 dB/Oktave an und liegt weit oberhalb dem mit einer Einfachwand der Flächenmasse Masse $m'_1 + m'_2$ erreichbaren Wert.

Der Anstieg des Luftschalldämmmaßes flacht sich bei hohen Frequenzen allerdings auf 12 dB/Oktave ab; außerdem treten scharfe Einbrüche des Kurvenverlaufs aus. Beides ist darauf zurückzuführen, dass hier die Dicke des Luftpolsters nicht mehr klein gegen die Schallwellenlänge ist. Die Luftschicht kann jetzt nicht mehr als ein konzentriertes „Schaltelement" aufgefasst werden; für die rechnerische Behandlung müssen die Leitungsgleichungen herangezogen werden (s. Abschnitt 8.2). Jedenfalls kommt es zur Ausbildung von stehenden Wellen zwischen den Schalen; bei den Kreisfrequenzen

$$\omega_n = n \cdot \frac{\pi c}{d} \quad \text{mit } n = 1, 2, \ldots$$

treten Resonanzen des Hohlraums auf (s. Abschnitt 9.1), welche für die Einbrüche verantwortlich sind. Die beste Luftschalldämmung im betrachteten Frequenzbereich wird dann erreicht, wenn die Grundresonanz ω_0 möglichst niedrig, die erste der höheren Resonanzen aber möglichst hoch liegt. Das wird durch schwere Schalen in geringem Abstand erreicht. Außerdem ist es günstig, wenn beide Schalen unterschiedlich dick sind, da sonst nach Gl. (23) die Schalldrucke auf beiden Seiten der Wand bei der Resonanzfrequenz einander gleich werden, die Schalldämmung also ganz verschwindet.

Allerdings werden die tatsächlichen Verhältnisse bei allseitigem Schalleinfall, wie er in der Praxis fast immer mehr oder weniger gegeben ist, wesentlich modifiziert. Maßgebend dafür ist auch hier wieder die im vorangehenden Abschnitt diskutierte Verschlechterung durch Spuranpassung. Auch aus diesem Grund ist es vorteilhaft, wenn beide Teilwände unterschiedlich dick sind, dann sind auch ihre Koinzidenzgrenzfrequenzen verschieden und sie können nicht bei dem gleichen Einfallswinkel schalldurchlässig werden.

Doppelwände werden in der Praxis häufig verwendet, da sie sich nicht nur durch hohe Schalldämmung, sondern auch durch gute Wärmeisolation auszeichnen. Dabei ist wichtig, dass zwischen beiden Schalen nirgends eine starre Verbindung ist, die als Schallbrücke wirken könnte und damit die relativ aufwändige Konstruktion illusorisch macht. Beispiele für Doppelwände sind Trennwände in Reihenhäusern, hochisolierende Leichtbauwände sowie stark schalldämmende Türen. In den Zwischenraum zwischen beiden Schalen bringt man meist eine Matte aus porösem Material ein, die einerseits die Resonanzen etwas dämpft und damit die Schalldämmung auch in problematischen Frequenzbereichen verbessert, zum anderen aber auch zur Vermeidung von Schallbrücken beitragen kann. Bei Doppelfenstern ist das natürlich nicht möglich; hier kann man eine Bedämpfung dadurch erreichen, dass man die Fensterleibungen perforiert und mit porösem Material hinterlegt. Eine wichtige Nutzanwendung der doppelwandigen Bauweise ist die biegeweiche Vorsatzschale vor einer existierenden Wand oder Decke, mit der man eine überraschend hohe Verbesserung der Luftschalldämmung erreichen kann. Sie besteht (s. Fig. 14.12) aus einer dünnen Platte, z. B. einer Gipsplatte oder auch einer Putzschicht auf einem geeigneten Träger, die in einigen Zentimetern Abstand vor der eigentlichen Wand montiert wird. Zur Vermeidung von Schallbrücken wird sie auf der Unterkonstruktion nur punktweise und auf weichen Zwischenlagen z. B. aus Gummi oder Kork befestigt.

In der Tabelle 14.2 ist das mittlere Schalldämmmaß einiger typischer Wandkonstruktionen angegeben.

Tabelle 14.2 Bewertetes Luftschalldämmmaß einiger Wände

Typ	Flächengewicht in kg/m²	Bewertetes Schalldämm-Maß R_w in dB
Vollziegel, 115 mm	260	49
Vollziegel, 240 mm	460	55
Beton, 120 mm	280	49
Gipsplatte, 60 mm	83	35
Holzspanplatte, 2 cm	11	22
140 cm Stahlbeton – 60 mm Zwischenraum mit Mineralfaser – 120 cm Stahlbeton	630	76
60 mm Gipsplatte, 20 mm Mineralfaser, 25 mm Gipsplatte	89	48
Einfaches Glasfenster	10	15
Einfache Tür	15	22

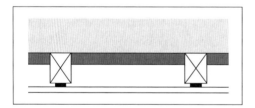

Fig. 14.12   Biegeweiche Unterdecke

14.5 Körperschalldämmung

Streng genommen handelt es sich bei allen Schwingungen von Bauteilen eines Gebäudes bzw. bei allen Wellen auf Bauteilen um Körperschall, also, wie eingangs erläutert, um Dehnwellen oder Biegewellen. Im engeren Sinn spricht man in der Bauakustik aber dann von Körperschall, wenn die Anregung nicht durch eine Luftschallwelle erfolgt, sondern durch festen Kontakt mit einer Kraftquelle, die normal gerichtete Wechselkräfte in die Wand oder Decke einleitet. Falls es sich um eine lokalisierte Quelle handelt, breitet sich der Körperschall von der Anregungsstelle in Form einer kreisförmigen Biegewelle aus, ähnlich wie eine Wasserwelle auf der Oberfläche eines Sees. Da sich die von der Schallquelle erzeugte Leistung P im Verlauf der Ausbreitung auf einen immer größeren

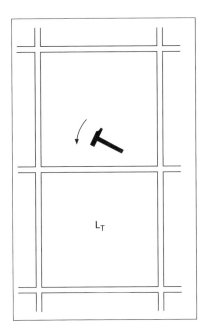

Fig. 14.13 Messung des Trittschallpegels L_T

Kreis verteilt, dessen Umfang umgekehrt proportional zu der Entfernung r von der Anregungsstelle anwächst, nimmt die Intensität im gleichen Maß ab:

$$I = \frac{P}{2\pi r} \qquad (25)$$

Die wichtigste Körperschallquelle in Wohngebäuden sind die Schuhe von Personen, welche die Decke begehen. Man spricht in diesem Fall von „Trittschall" und „Trittschalldämmung". Daneben wird Körperschall auch von spielenden Kindern sowie von manchen Musikinstrumenten wie von dem Violoncello oder dem Klavier erzeugt. Außerdem entsteht Körperschall durch rotierende Maschinen wie Pumpen oder durch andere technische Aggregate sowie durch Wasserleitungen und Armaturen, die fest mit einer Wand oder Decke verbunden sind. Selbst ein ungünstig konstruierter oder montierter Lichtschalter kann eine lästige Körperschallquelle sein.

Die Stärke von Körperschall kennzeichnet man durch die oberflächennormale Komponente der Schwingungsschnelle v_n, oder, davon abgeleitet, durch den Schnellepegel oder Körperschallpegel:

$$L_v = 10 \log_{10}\left(\frac{\tilde{v}_n}{\tilde{v}_0}\right) \qquad (26)$$

Die Bezugsgröße $\tilde{v}_0$ setzt man meist gleich $5 \cdot 10^{-8}$ m/s.

14.5.1 Trittschallpegel und Trittschalldämmung

Zur messtechnischen Kennzeichnung der Körperschall- oder Trittschalldämmung einer Decke müsste eigentlich die von ihr abgestrahlte Schallleistung ins Verhältnis zu

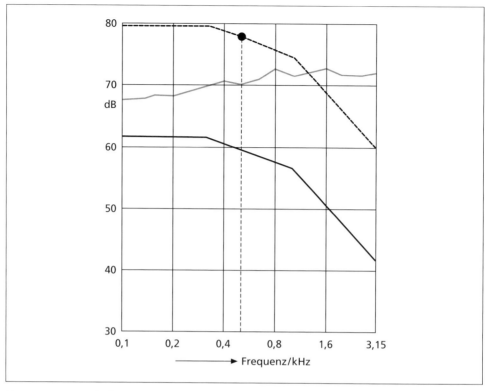

Fig. 14.14 Trittschalldämmung von Decken. Dick durchgezogen: Bezugskurve für den Normtrittschallpegel, gestrichelt: dsgl., nach oben verschoben, dünn durchgezogen: Normtrittschallpegel einer 12 cm dicken Betondecke.

der eingeleiteten Kraft gesetzt werden. Da dies namentlich bei Messungen am fertigen Bauwerk zu umständlich wäre, verwendet man eine genormte Körperschallquelle, ein elektrisch angetriebenes Normhammerwerk, das in etwa das Herumgehen mehrerer Personen auf einer Decke nachbildet. Es besteht aus fünf in gerader Linie angeordneten Hämmern zu je 500 g Gewicht; der Abstand zwischen den beiden äußersten Hämmern beträgt 40 cm. Jeder von ihnen ist ein auf seiner Unterseite leicht verrundeter Zylinder von 3 cm Durchmesser. Das Hammerwerk lässt die Hämmer mit einer Schlagfrequenz von 10/s aus einer Höhe von vier Zentimetern auf den Fußboden fallen.

Wie bei der Messung der Luftschalldämmung betrachtet man den Schalldruckpegel L_T im darunter liegenden Raum als Maß für die von der Decke abgestrahlte Schallleistung. Da die Energiedichte in diesem Raum seiner äquivalenten Absorptionsfläche A umgekehrt proportional ist, bezieht man sich auf einen einheitlichen Wert von $A_0 = 10$ m². Dadurch gelangt man zu dem Normtrittschallpegel: (s. Gl. (13.16))

$$L_n = L_T + 10\log_{10}\left(\frac{A}{10\text{ m}^2}\right) \tag{27}$$

Die Messung wird mit Frequenzbändern von der Breite einer Terz durchgeführt. Ihr Ergebnis wird auch wieder an Hand einer standardisierten Bezugskurve beurteilt (s. Fig. 14.14), die allerdings umgekehrt zu lesen ist wie die entsprechende Kurve für die Luftschalldämmung: je weiter ein Einzelergebnis über der Kurve liegt, umso ungünstiger ist es. Der Kurvenverlauf berücksichtigt einerseits, dass ein hoher Trittschallschallpegel eher bei hohen Frequenzen vermieden werden kann als bei niederen, andererseits aber auch die Frequenzabhängigkeit unserer Lautstärkeempfindung.

Zu einer einzigen, die Trittschalldämmung der Decke kennzeichnenden Zahl gelangt man ähnlich wie bei der Luftschalldämmung: die Bezugskurve wird in 1 dB-Schritten soweit nach oben oder unten verschoben, bis die mittlere Überschreitung durch die Messkurve nicht mehr als 2 dB beträgt. Als „bewerteten Norm-Trittschallpegel" $L_{n,w}$ bezeichnet man dann den Ordinatenwert, den die verschobene Bezugskurve bei 500 Hz anzeigt. Für Wohnungstrenndecken sollte er nach der einschlägigen DIN-Norm Nr. 4109 höchstens 53 dB betragen.

Das als Beispiel gezeigte Messergebnis bezieht sich auf eine 12 cm dicke Stahlbetonplatte. Da es hier – im Gegensatz zur Luftschalldämmung – auf möglichst niedrige Werte ankommt, sieht man, dass die Trittschalldämmung dieser Decke im ganzen Frequenzbereich zu gering ist. In der Tat muss die Bezugskurve um nicht weniger als 18 dB nach oben verschoben werden, damit das erwähnte Deckungskriterium erfüllt ist. Der bewertete Norm-Trittschallpegel der Decke beträgt demnach 78 dB.

In der Tabelle 14.3 sind die bewerteten Normtrittschallpegel einiger typischer Decken angegeben.

14.5.2 Verbesserung des Trittschallschutzes

Dass man Gehgeräusche sowohl in dem Raum, in dem sie entstehen, als auch in dem darunter liegenden Raum durch weiche Bodenbeläge (in der Bauakustik als „Deckenauflagen" bezeichet) mindern kann, ist allgemein bekannt. In Frage kommen hier weiche Kunststoffe und natürlich auch Teppiche aller Art. Ihre Wirkung beruht zum einen darauf, dass der Schwerpunkt des Kraftspektrums nach tiefen Frequenzen verschoben wird, die als weniger laut und lästig empfunden werden. Zum anderen mindern innere Verluste in diesen Materialien die eingeleiteten Wechselkräfte.

Ein im Wohnungsbau viel verwandte Methode zur Verbesserung der Trittschallisolierung ist der schwimmende Estrich. Man versteht darunter eine etwa 4–6 cm dicke Fußbodenplatte aus Beton, die nicht direkt auf die Rohdecke gegossen wird, sondern auf eine relativ weiche, meist poröse Zwischenschicht. Bewährt haben sich hierfür Platten oder Matten aus Glas- oder Mineralwolle, die im wesentlichen als Speicher für die in ihnen eingeschlossene Luft wirken; die Zwischenschicht ist also eine Art Luftpolster. Etwas weniger günstig sind Schaumstoffplatten. Wesentlich ist jedenfalls, dass die Zwischenlage, die im fertigen Zustand etwa 1 cm dick ist, als Feder wirkt. Um auch den Körperschallkontakt mit den Seitenwänden zu verhindern, ist es günstig, die weiche Schicht von unten über den seitlichen Rand des Estrichs hochzuziehen. Man gelangt dadurch zu einer zwei-

Tabelle 14.3 Bewerteter Normtrittschallpegel einiger Decken

Typ	Flächengewicht in kg/m²	Bewerteter Norm-Trittschallpegel $L_{n,w}$ in dB
Holzbalkendecke	160	65
140 mm Stahlbetonplattendecke	350	75
dsgl., mit schwimmendem Estrich auf Hartschaumplatten	430	59
200 mm Stahlbeton-Hohlplattendecke	160	87
dsgl., mit abgehängter Unterdecke	175	73

schaligen Konstruktion. Die hiermit erreichte Absenkung des Trittschallpegels ist durch das letzte Glied in Gl. (24) gegeben:

$$\Delta L = 40 \log_{10}\left(\frac{\omega}{\omega'_0}\right) \tag{28}$$

zusammen mit Gl. (24a), wobei für m'_2 die Flächenmasse des Estrichs und für n' die Federung der Zwischenschicht nach Gl. (17) einzusetzen ist.

14.5.3 Körperschallausbreitung im Bauwerk

Wie schon erwähnt, können sich die Schwingungen von Bauteilen, die durch Luftschall oder Körperschall erregt werden, auf angrenzende Bauteile übertragen. Dadurch bilden sich nicht nur die in Abschnitt 14.1 erwähnten Nebenwege, sondern der im Bauteil erregte Körperschall kann sich in entferntere Teile eines Gebäudes ausbreiten. Dabei wird er einmal auf Grund eines der jeweiligen Geometrie angepassten Entfernungsgesetzes geschwächt, worauf wir noch zurückkommen werden. Zum anderen wird er infolge der inneren Verluste der Baumaterialien gedämpft. Die entsprechenden Dämpfungskonstanten sind über die Gln. (10.34) und (10.36) mit dem Verlustfaktor η des betreffenden Materials verknüpft. Die zugehörigen Dämpfungsmaße sind wegen $D = 10\log_{10}(e^m) = 4{,}343 \cdot m$:

$$D_D = 27{,}3 \frac{\eta}{\lambda_D} \quad \text{dB/m} \quad \text{(Dehnwellen)} \tag{29}$$

$$D_B = 13{,}6 \frac{\eta}{\lambda_B} \quad \text{dB/m} \quad \text{(Biegewellen)} \tag{30}$$

In der Regel sind sie recht gering. Für übliche Baumaterialien wie Beton oder Ziegelmauerwerk liegen sie bei mittleren Frequenzen noch unter 0,1 dB/m.

Sehr viel stärker wird die Körperschallausbreitung von Unstetigkeiten, z. B. von Querschnittsänderungen, besonders aber von Ecken und Wandverzweigungen beeinflusst. An jeder dieser Stoßstellen wird der Körperschall teilweise reflektiert, teilweise auf die anstoßenden Bauteile übertragen, sie bewirkt also eine Dämmung des Körperschalls. Die Situation wird dadurch weiter kompliziert, dass sich dabei die beiden Wellentypen – Biege- und Dehnwellen – teilweise ineinander umwandeln. Ist z. B. die primäre Welle eine Biegewelle, dann enthält der reflektierte Körperschall i. Allg. auch eine Dehnwellenkomponente; das Gleiche gilt für die durchgelassenen Wellenanteile.

Eine besonders wirkungsvolle Körperschalldämmung erhält man durch eine federnde Zwischenlage zwischen zwei Bauteilen. In Fig. 14.15 ist der einfachste Fall dargestellt, nämlich dass sich eine Dehnwelle auf einem Bauteil – einer Platte oder einem Balken – ausbreitet, das durch eine homogene Schicht der flächenbezogenen Nachgiebigkeit $n' = (\xi_1 - \xi_2)/\sigma$ ist. Dabei ist $\sigma = \sigma_1 = \sigma_2$ die in allen drei Komponenten gleiche Zugspannung. Daher ist auch

$$v_1 - v_2 = j\omega n'\sigma$$

Vergleicht man diesen Ausdruck etwa mit Gl. (13), dann sieht man, dass jetzt Schnellen an die Stelle der Schalldrucke getreten sind, dass die Nachgiebigkeit n' die Stelle der Masse m'_{eff} und die Zugspannung σ die der Schnelle v eingenommen hat. Die weitere Berechnung der Körperschalldämmung erfolgt analog zu der im Anschluss an Gl. (13) gegebenen Ableitung mit dem Ergebnis

$$R_K = 10\log_{10}\left(\frac{\tilde{v}_0}{\tilde{v}_2}\right)^2 = 10\log_{10}\left[1 + \left(\frac{1}{2}\omega n' Z_{0D}\right)^2\right]; \qquad (31)$$

der Wellenwiderstand Z_0 der Luft in Gl. (13) ist durch den reziproken Dehnwellenwiderstand Z_{0D} des Plattenmaterials ersetzt. Diese Formel entspricht völlig dem in Gl. (9) dargestellten Massengesetz der Luftschalldämmung. Daher kann man auch die Körperschalldämmung einer weichen Zwischenschicht der Fig. 14.5 entnehmen, wenn man den Kurvenparameter m' durch $n'Z_{0D}Z_0$ ersetzt.

Als Materialien für körperschallhemmende Zwischenschichten kommt hauptsächlich Kork oder Gummi in Frage. Natürlich braucht die Zwischenschicht nicht homogen zu sein; es können daher auch Lochgummiplatten oder geeignet geformte Stahlfedern verwendet werden.

Wir kommen nun zu dem am Anfang dieses Unterabschnitts angesprochenen Entfernungsgesetz. Die Gl. (25) gilt nur für eine unendlich ausgedehnte, homogene Platte. In einem Gebäude wird die freie Ausbreitung von Dehn- oder Biegewellen immer wieder durch Stoßstellen behindert. Dennoch ist intuitiv klar, dass sich die Körperschallenergie auch bei fehlender oder sehr geringer Dämpfung immer mehr „verdünnt", je weiter sie sich in einem Gebäude von der Anregungsstelle ausbreitet. Die Situation ist in Fig. 14.16 erläutert. Dargestellt ist der Schnitt durch ein sehr großes Gebäude, das durch gleichartige Decken und Seitenwände in zahlreiche Räume gleicher Abmessungen unterteilt ist. Das Bild hat man sich natürlich räumlich ergänzt zu denken. Der dargestellte Kreis ist der Schnitt einer Kugel von beliebigem Radius r mit der x-y-Ebene eines Koordinatensystems.

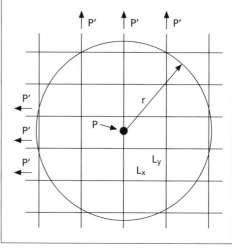

Fig. 14.15 Zur Körperschalldämmung einer federnden Zwischenschicht mit der Nachgiebigkeit n. σ_1, σ_2: Zugspannung, v_1, v_2: Schnelle auf beiden Seiten der Schicht.

Fig. 14.16 Zum Entfernungsgesetz der Körperschallausbreitung in einem großen Gebäude

In ihrem Mittelpunkt liegt die Körperschallquelle, welche die Leistung P in ein Bauteil einleitet. Jedes der von der Kugeloberfläche geschnittenen Bauteile transportiert im Mittel die Körperschallleistung $P' = P/N$, wobei N die Anzahl dieser Bauteile ist.

Der dargestellte Kreis kann aber auch als die Projektion der vorderen Halbkugelfläche in diese Ebene angesehen werden. In ihr liegen $\pi r^2 / L_x L_y$ Rechtecke mit den Abmessungen L_x und L_y. Jedes von ihnen steuert zwei zur x-y-Ebene senkrechte Wände bei. Die gesamte Kugel wird also von

$$N_z = 2 \cdot 2 \cdot \frac{\pi r^2}{L_x L_y}$$

senkrecht zur x-y-Ebene verlaufenden Wänden geschnitten. Entsprechende Formeln gelten für die zur x-z-Ebene und zur y-z-Ebene senkrechten Wände. Addiert man diese drei Ausdrücke, dann wird allerdings jede Wand zweimal gezählt, da eine zur x-y-Ebene senkrechte Wand ja auch zu einer zweiten Koordinatenebene senkrecht verläuft. Daher ist die Gesamtzahl N der von der Kugel geschnittenen Wände:

$$N = \frac{1}{2}(N_x + N_y + N_z) = 2\pi r^2 \left(\frac{1}{L_x L_y} + \frac{1}{L_x L_z} + \frac{1}{L_z L_x} \right) = \frac{\pi r^2}{2} \cdot \frac{L}{V} \quad (32)$$

Darin ist V das Volumen eines Raumes und L wie in Gl. (9.9a) die Länge aller Kanten in ihm. Damit wird aber

$$P' = \frac{2PV}{\pi K r^2} \quad (33)$$

Es gilt also das gleiche Entfernungsgesetz wie in einem homogenen, dreidimensionalen Medium: Die Körperschallintensität nimmt umgekehrt proportional mit dem Quadrat der Entfernung ab; bei Verdoppelung der Entfernung vermindert sich der Körperschallpegel im Mittel um 6 dB.

15 Grundzüge der Lärmbekämpfung

Unter Lärm verstehen wir jede Art von unerwünschtem Schall. Schon aus dieser Feststellung geht hervor, dass es kein physikalisches Merkmal gibt, aus dem man ablesen könnte, ob eine bestimmte Art von Schall als Lärm zu bezeichnen ist oder nicht, dass es vielmehr auf die Begleitumstände ankommt und auch auf die Verfassung dessen, der dem Schall ausgesetzt ist. Insbesondere folgt daraus, dass ein und dasselbe Schallsignal oder Schallereignis unter bestimmten Umständen als angenehm empfunden wird, unter andern Umständen dagegen als lästig und damit als Lärm anzusprechen ist. Man denke etwa an jegliche Art von Musik, aber auch an ein sommerliches Gartenfest oder ein Fußballspiel.

Nicht einmal die Lautstärke kann als eindeutiges Kriterium dafür angesehen werden, ob der betreffende Schall als Lärm einzustufen ist oder nicht. So würde sich ein begeisterter Diskothekbesucher entschieden dagegen verwahren, dass das, was er zu hören bekommt, etwas mit Lärm zu tun hat. Andererseits können auch leise Geräusche oder Schallsignale die Konzentration bei geistiger Arbeit empfindlich beeinträchtigen. Das gilt besonders, wenn die Geräusche intermittierend sind oder auch irgendwelche Information enthalten.

Das heißt aber keineswegs, dass die Lautstärke für die Belästigung durch Lärm keine Rolle spielt. Im Gegenteil: Bei Schalldruckpegeln oberhalb von 85 dB(A) ist damit zu rechnen, dass das Gehör temporäre oder sogar bleibende Schäden erleidet. Solche Werte werden in einer Diskothek mühelos erreicht, ebenso im Orchestergraben eines Opernhauses. Und natürlich gibt es viele Arbeitsplätze in der Industrie und anderen Gewerbebereichen, an denen derartig hohe Schallpegel auftreten. Bei entsprechender Stärke vermindert die Schalleinwirkung die Empfindlichkeit der Sinneszellen, was sich in einer Anhebung der Hörschwelle äußert, die von der Dauer und Intensität des akustischen Reizes abhängt. Diese temporäre Schwerhörigkeit bildet sich nach dem Ende der Schallexposition weitgehend zurück Bei jahrelanger Einwirkung von Schall hoher Intensität ist diese Rückbildung aber unvollständig; es stellt sich ein bleibender und immer stärker werdender Hörverlust ein, bedingt durch Degeneration der Haarzellen.

Aber auch Schall von niedrigerer Intensität ist nicht unbedingt harmlos. Bei Pegeln oberhalb von 60 dB(A) kann er vegetative Störungen auslösen, die vor allem den Kreislauf und den Stoffwechsel betreffen. Und schon bei Schalldruckpegeln von etwas mehr als 30 dB(A) können bei empfindlichen Menschen Schlaf- oder Konzentrationsstörungen eintreten. Dieses ist übrigens auch der Bereich, in dem sich die psychische Befindlichkeit des vom Lärm Betroffenen ganz besonders geltend macht. Das macht es auch so schwierig, einen allgemeinen Maßstab für die Lästigkeit von Lärm zu finden. Auch er würde übrigens nichts daran ändern, dass verschiedene Menschen unterschiedlich lärmempfindlich sind,

d. h. er würde allenfalls einen mittleren Richtwert abgeben, im Einzelfall aber wenig aussagen. Immerhin kann festgestellt werden, dass Schalle von niedriger Frequenz oder mit überwiegend tieffrequenten Spektralkomponenten bei gleicher Intensität weniger lästig sind als solche, in deren Spektrum hohe Frequenzen stark vertreten sind.

In diesem Kapitel werden hauptsächlich Geräusche betrachtet, die von technischen Geräten und Anlagen ausgehen, also von Maschinen im weitesten Sinn des Wortes. Hierzu gehören natürlich auch alle motorgetriebenen Fahrzeuge. Die Lärmbekämpfung in Gebäuden, insbesondere die Bekämpfung von Wohnlärm ist schon im vorangegangenen Kapitel behandelt worden und kann hier außer Betracht bleiben.

Was die Behandlung von Lärmbekämpfungsmaßnahmen betrifft, so folgen wir der üblichen Einteilung in primäre und sekundäre Maßnahmen. Die ersteren betreffen Änderungen, die am Lärmerzeuger selbst vorgenommen werden mit dem Ziel, der Entstehung des Lärms an Ort und Stelle entgegenzuwirken. Unter sekundärer Lärmbekämpfung versteht man Maßnahmen, welche der Ausbreitung des Lärms von seiner Entstehungsstelle bis zum Menschen so weit wie möglich verhindern soll. Allerdings ist diese Abgrenzung nicht ganz eindeutig. Sinngemäß könnte man als tertiäre Lärmbekämpfung den persönlichen Schallschutz durch Ohrstöpsel, Kapselgehörschützer u. dgl. bezeichnen.

15.1 Grenzwerte und Richtlinien

Grundlage einer quantitativen Beurteilung von Lärm hinsichtlich seiner Schädlichkeit oder auch seiner Zumutbarkeit ist der in Abschnitt 12.6 beschriebene A-bewertete Schalldruckpegel. Dabei hat man der Tatsache Rechnung zu tragen, dass dieser in den seltensten Fällen konstant ist, sondern mehr oder weniger starke zeitliche Schwankungen aufweist. Z. B. entstehen solche Schwankungen bei einer Autobahn durch die wechselnde örtliche und zeitliche Verkehrsdichte. Es kann aber auch sein, dass sich die gesamte, am Immissionsort auftretende Energiedichte aus den Beiträgen mehrerer oder vieler Schallquellen zusammensetzt, die jeweils nur zeitweise in Betrieb sind. Dieser Fall liegt häufig in gewerblichen oder industriellen Betrieben vor.

Zur Kennzeichnung der Lärmsituation bei zeitlich schwankenden Pegeln hat sich der so genannte „energieäquivalente Dauerschallpegel" L_{eq} eingebürgert, der auf einer Mittelung der Energiedichte beruht. Diese ist nach Gl. (3.32) dem Quadrat des effektiven Schalldrucks proportional. Dessen Mittelwert über eine Zeit T_m – im einschlägigen Schrifttum oft als „Beurteilungszeitraum" bezeichnet – ist:

$$\overline{\tilde{p}^2} = \frac{1}{T_m}\int_0^{T_m}[\tilde{p}(t)]^2\,dt \tag{1}$$

Dabei ist zu beachten, dass schon der Effektivwert nach Gl. (2.4) ein zeitlicher Mittelwert ist – man könnte ihn als Kurzzeit-Mittelwert ansehen –, während die Mittelung nach Gl. (1)

Grenzwerte und Richtlinien

Tabelle 15.1 Immissionsrichtwerte für Wohngebiete, nach DIN 18005[2]

Art der Baugebiets	Orientierungswert in dB(A)	
	tags	nachts
Reine Wohngebiete, Wochenendhausgebiete, Ferienhausgebiete	50	40 bzw. 35
Allgemeine Wohngebiete, Kleinsiedlungsgebiete und Campingplatzgebiete	55	45 bzw. 40
Friedhöfe, Kleingartenanlagen, Parkanlagen	55	55
Besondere Wohngebiete	60	45 bzw. 40
Dorfgebiete, Mischgebiete	60	50 bzw. 45
Kerngebiete, Gewerbegebiete	65	55 bzw. 50

auf langsame Änderungen abzielt. – Der energieäquivalente Dauerschallpegel ist der daraus abgeleitete Schalldruckpegel:

$$L_{eq} = 10 \log_{10}\left(\frac{\widetilde{p^2}}{p_b^2}\right) = 10 \log_{10}\left(\frac{1}{T_m} \cdot \int_0^{T_m} 10^{0,1 L(t)} dt\right) \qquad (2)$$

Daneben sind noch verschiedene andere Mittelungsverfahren vorgeschlagen worden, die sich aber bislang nicht durchsetzen konnten.

Die Mittelwertbildung darf natürlich nur über einen Zeitraum T_m erfolgen, in dem die Schwankungen des Pegels L(t) nicht allzu stark sind. Es wäre z. B. unsinnig, ihn für ein ruhiges Wohngebiet auszurechnen, das täglich einmal von einem Hubschrauber überflogen wird. In diesem Fall kann man die Lärmsituation besser durch eine Pegelstatistik oder auch durch die Angabe des Pegels kennzeichnen, der in 10% oder 1% der Zeit überschritten wird.

Um die Lärmbelästigung besonders in Wohngebieten innerhalb erträglicher Grenzen zu halten, sind Orientierungsdaten für die städtebauliche Planung entwickelt worden, die in Tabelle 15.1 zusammengestellt sind[1]. Sie beziehen sich auf verschiedene Arten von Baugebieten und sind für Tag (6 Uhr bis 22 Uhr) und Nacht (22 Uhr bis 6 Uhr) unterschiedlich.

---

1 DIN 18005 Teil 1: Schallschutz im Städtebau – Berechnungsverfahren. Schalltechnische Orientierungswerte für die städtebauliche Planung. Berlin, Beuth-Verlag 1987
2 Bei zwei angegebenen Nachtwerten soll der niedrigere für Industrie-, Gewerbe- und Freizeitlärm sowie für Geräusche von vergleichbaren öffentlichen Betrieben gelten

15.2 Grundvorgänge der Lärmentstehung

Angesichts der außerordentlichen Vielfalt technischer Geräuschquellen ist es unmöglich, die einzelnen Mechanismen der Lärmentstehung in dem hier gegebenen Rahmen auch nur halbwegs vollständig darzustellen. Statt dessen sollen hier einige typische Grundvorgänge der Lärmerzeugung besprochen werden, dagegen müssen andere Lärmarten wie z. B. die Geräusche elektrischer Maschinen oder die Rollgeräusche von Fahrzeugen trotz ihrer Wichtigkeit unerwähnt bleiben.

15.2.1 Schlaggeräusche

Bei vielen Maschinen wird mechanische Energie in Form von Bewegungsenergie in einem Werkzeug gespeichert, die beim Auftreffen auf das Werkstück freigesetzt wird und zur Erzielung bestimmter Veränderungen benutzt wird. Das einfachste Beispiel ist der Hammer, mit dem ein Nagel eingeschlagen oder ein Werkstück verformt wird. Dieser Vorgang bildet den Kern vieler anderer Arbeitsvorgänge, z. B. spielt er beim Schmieden, Nieten, Pressen und Stanzen, bei Zahnradgetrieben, bei Verbrennungsmotoren, bei vielen Kraftumlenkungen und Transportvorgängen in Fertigungsanlagen die entscheidende Rolle, jedenfalls hinsichtlich der Lärmentstehung.

Trifft ein fester Körper mit einer gewissen Geschwindigkeit auf einen anderen Festkörper, dann werden beide deformiert. Die damit verbundenen, plötzlichen Volumenänderungen bilden die eine Ursache der Schallabstrahlung. Eine weitere beruht darauf, dass ein bewegter Körper eine gewissen Menge der umgebenden Luft mit sich führt, gleichsam wie eine Schleppe. Beim plötzlichen Abbremsen des Körpers beim Schlag wird diese Luft komprimiert und sendet bei der nachfolgenden Entspannung ebenfalls eine impulsartige Schallwelle aus. Schließlich wird beim Auftreffen des einen Körpers auf den anderen plötzlich Luft verdrängt, es kann aber auch eine auf der Oberfläche befindliche Flüssigkeit wie etwa Öl verdrängt oder abgeschleudert werden.

Das primäre Schallsignal ist jedenfalls ein kurzer Impuls (s. Fig. 15.1a), der für sich genommen meist nicht besonders laut wirkt. Die hohe Lautstärke vieler Schlaggeräusche ist ein sekundärer Effekt: Durch den Schlag können mechanische Eigenschwingungen der aufeinanderschlagenden Teile angeregt werden, die mehr oder weniger langsam ausklingen (s. Fig. 15.1b). Besteht einer der Stoßpartner aus einer Platte oder ist an eine Platte angekoppelt, dann werden auf dieser starke Biegewellen erregt, die zu einer entsprechend kräftigen Schallabstrahlung in die Umgebung führen, wie dies in Unterabschnitt 10.3.4 beschrieben wurde. Man kann sich von der schallverstärkenden Wirkung leicht überzeugen, indem man einen Stein zum einen auf die Straße, zum anderen auf eine hohlliegende Blechplatte fallen lässt.

15.2.2 Strömungsgeräusche

Eine sehr verbreitete Lärmquelle sind Strömungen von Gasen oder Flüssigkeiten. Jeder kennt das Rauschen von Wasserleitungen oder den Lärm, der von Düsentriebwerken

Grundvorgänge der Lärmentstehung

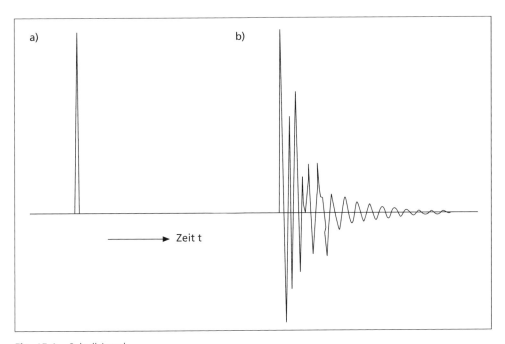

Fig. 15.1 Schallsignal
a) beim Schlag auf einen massiven Körper,
b) beim Schlag auf eine schwingungsfähige Platte

ausgeht. Weitere Lärmquellen dieser Art sind z. B. autogene Schweißgeräte (Schneidbrenner), Ventilatoren oder Flugzeugpropeller. Auch bei schnell fahrenden Autos bilden Strömungsgeräusche eine beachtliche Komponente des Gesamtlärms.

Ursache der Schallentstehung ist eine Instabilität der Strömung, die sich einstellt, wenn die Strömungsgeschwindigkeit einen bestimmten, von der Geometrie der Strömung und der Viskosität des Fluids abhängigen Wert überschreitet. Wird ein ruhender Körper, etwa ein Zylinder, von einem Gas oder einer Flüssigkeit mit verhältnismäßig geringer Geschwindigkeit angeströmt, dann lösen sich von seinen beiden Seiten abwechselnd Wirbel entgegengesetzten Drehsinns ab, welche die bekannte Karmansche Wirbelstraße bilden. Sie üben andererseits transversale Wechselkräfte auf den Körper aus, wovon man sich leicht überzeugen kann, wenn man einen Stock schnell durch Wasser zieht. Bei Propellern u. dgl. erzeugt diese Wechselkraft ein breitbandiges Geräusch mit deutlich tonalem Charakter, weshalb man auch von einem „Hiebton" spricht. Seine Schwerpunktsfrequenz ist durch die Frequenz der Wirbelablösung bestimmt und beträgt

$$f_h \approx 0{,}2\frac{V}{d} \tag{3}$$

(V = Relativgeschwindigkeit zwischen dem Fluid und dem Zylinder, d = Zylinderdurchmesser). Das entstehende Schallfeld hat wegen der Symmetrie der Wirbelablösung Dipolcharakter; die abgestrahlte Leistung wächst mit der sechsten Potenz der Strömungsgeschwindigkeit an. Auf ähnliche Weise entstehen übrigens auch die Schneidentöne, die für die Schallerzeugung bei Lippenpfeifen verantwortlich sind (s. Unterabschnitt 11.5.1).

Bei Propellern und Ventilatoren bildet der Schneidenton jedenfalls eine Komponente des Geräuschs. Des weiteren erzeugt die Verdrängung von Luft oder Flüssigkeit durch das rotierende Propellerblatt ein ziemlich obertonreiches Geräusch, das als „Drehklang" bekannt ist. Seine Grundfrequenz wird durch die Drehzahl des Propellers und durch die Zahl seiner Blätter bestimmt. Ihm überlagern sich u. A. unperiodische Schallkomponenten, die durch Unregelmäßigkeiten der Wirbelablösung hervorgerufen werden.

Bei noch höherer Strömungsgeschwindigkeit zerfallen die Wirbel einer Wirbelstraße in Gebiete mit zeitlich und räumlich regellosen Schwankungen der lokalen Geschwindigkeit, die Strömung ist turbulent geworden. Das gilt auch für den in Fig. 15.2 dargestellten Freistrahl, also einen Gasstrahl, der mit hoher, aber noch deutlich unter der Schallgeschwindigkeit liegender Geschwindigkeit aus einer Düse austritt. Unmittelbar hinter der Düse beginnt sich das ausströmende Gas mit der umgebenden, bis dahin ruhenden Luft zu vermischen, hier entsteht ein Bereich starker Turbulenz. In einiger Entfernung hat sich der turbulente Gasstrahl voll ausgebildet. Die lokalen Geschwindigkeitsschwankungen δv führen auf Grund des Bernoullischen Gesetzes (s. Gl.(11.14)) zu Fluktuationen des Drucks

$$\delta p \approx \rho (\delta v)^2 \qquad (4)$$

(Zwar gilt die obenstehende Beziehung genau genommen nur für inkompressible Medien, lässt sich aber auch auf den vorliegenden Fall anwenden, solange δv deutlich kleiner als die Schallgeschwindigkeit ist.) Die Druckschwankungen bewirken ihrerseits Schwankungen der lokalen Dichte.

Nun wirkt jedes kleine Volumenelement, das sich also periodisch oder regellos ausdehnt oder zusammenzieht, als Punktschallquelle oder als eine kleine „atmende Kugel" (s. Abschnitt 5.7). In einem turbulenten Strömungsfeld arbeiten diese Quellen nicht völlig unabhängig voneinander, sondern sie sind innerhalb eines „Kohärenzgebiets" untereinander korreliert, d. h. sie folgen einem ähnlichen Zeitgesetz. Wegen der unterschiedlichen

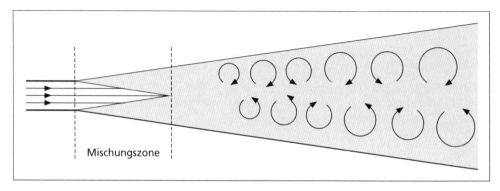

Fig. 15.2 Von einem Freistrahl erzeugtes Turbulenzgebiet

Phasen löschen sich die von ihnen erzeugten Schallwellen vollständig aus; bliebe eine Rest übrig, dann müsste ein Massentransport über die Grenze des Kohärenzgebiets erfolgen, was nicht zutrifft. Ein Kohärenzgebiet erzeugt also sicher keine Kugelwelle.

Gedanklich kann man andererseits jeweils zwei gegenphasig arbeitende Punktschallquellen zu einem Dipol zusammenfassen, von denen jeder eine Strahlung der in Abschnitt 5.5 beschriebenen Art aussendet. Auch diese Dipolquellen sind innerhalb des Kohärenzgebiets untereinander korreliert und kompensieren sich vollständig. Andernfalls müsste auf das Kohärenzgebiet eine äußere Kraft wirken. (Um das einzusehen, braucht man sich einen Dipol nur als kleinen festen Körper vorstellen, der als Ganzes hin- und herbewegt wird, wozu zweifellos eine gewisse Kraft erforderlich ist.). Also auch als Dipol wirkt das Kohärenzgebiet nicht. Dieses Argument gilt indessen nicht, wenn jeweils zwei gegenphasig arbeitende Dipole zu einem Quadrupol zusammengefasst werden (s. Abschnitt 5.5), da der Betrieb eines Quadrupols weder mit einem Massenaustausch nach außen noch mit einer äußeren Krafteinwirkung verbunden ist. Daraus ist zu schließen, dass die aus dem aus einem Kohärenzgebiet dringende Strahlung im wesentlichen Quadrupolcharakter hat. Des weiteren kann man daraus ableiten, dass die akustische Leistung eines Freistrahls mit der achten Potenz der Strömungsgeschwindigkeit zunimmt.

Eine in Flüssigkeitsströmungen häufig auftretende Lärmquelle ist die Kavitation. Man versteht darunter die Bildung von Hohlräumen in Unterdruckbereichen, die an Einschnürungen, in Ventilen usw. auf Grund des Bernoulli-Effekts entsteht. Diese Hohlräume fallen bei Nachlassen des Unterdrucks schnell zusammen, wodurch im Ganzen ein breitbandiges, zischendes Geräusch entsteht. Im nächsten Kapitel werden wir eine andere Form der Kavitation kennen lernen.

15.2.3 Stoßwellen

Unter einer Stoßwelle oder Stoßfront versteht man den sprunghaften Anstieg der Zustandsgrößen eines Medium, also seines Druckes, seiner Dichte und seiner Temperatur. Sie entsteht auf Grund der Nichtlinearität der hydrodynamischen Grundgleichungen, also der Gln. (3.6), (3.9) und (3.11) bzw. ihrer dreidimensionalen Erweiterungen, die in der Akustik meist vernachlässigt wird. Eine solche Stoßfront breitet sich mit einer Geschwindigkeit aus, die über der Schallgeschwindigkeit liegt. Für unser Gehör macht sie sich als scharfen Knall bemerkbar.

Stoßwellen können auf verschiedene Weisen entstehen. Schon im Abschnitt 4.5 wurde die Entstehung von Stoßwellen durch Aufsteilung des Druckanstiegs in einer ebenen Welle beschrieben. Dieser Effekt tritt im Prinzip immer auf, sofern der Laufweg der Welle hinreichend lang ist. Allerdings wirkt ihm die Dämpfung des Mediums entgegen, da diese vornehmlich die höheren Spektralkomponenten schwächt. Praktisch entstehen Stoßwellen nach diesem Muster immer dort, wo eine Gasmenge plötzlich in ein Rohr gedrückt wird. Ein alltägliches und weit verbreitetes Beispiel hierfür ist der Verbrennungsmotor. Man muss also davon ausgehen, dass in der Abgasleitung eines Autos oder eines Motorrads grundsätzlich Stoßwellen entstehen können.

Stoßwellen entstehen aber auch, wenn sich ein Körper mit Überschallgeschwindigkeit durch eine Medium bewegt oder wenn ein ruhender Körper mit Überschallgeschwindigkeit angeströmt wird. Der erstere Fall ist z. B. bei einem mit Überschallgeschwindigkeit v fliegenden Geschoß oder Flugzeug gegeben; die Stoßfront bildet einen Kegel mit dem Öffnungswinkel $2\alpha = 2 \cdot \arcsin(c/v)$, den sog. Machschen Kegel, der von dem bewegten Körper mitgeschleppt wird (s. Fig 15.3). Im zweiten Fall ist die Stoßfront ortsfest. Man kann sie leicht beobachten, wenn man einen Stock in einen schnell fließenden Bach hält. Als Wellen kommen hier die Oberflächen- oder Kapillarwellen in Betracht. Ist die Strömungsgeschwindigkeit des Wassers größer als die Kapillarwellengeschwindigkeit, dann geht von dem Stock ein feststehendes (in Bezug auf das strömende Wasser aber bewegtes) keilförmiges Wellenfeld aus, das von einer Art Stoßfront begrenzt ist. Auch die Einhüllende der Wellenfronten, die von einer mit Überschallgeschwindigkeit bewegten Schallquelle ausgesandt werden, bilden eine Stoßwelle (s. Fig. 5.3b).

Vielleicht das bekannteste Beispiel für akustische Stoßwellen ist der „Doppelknall", der von einem mit Überschallgeschwindigkeit fliegenden Flugzeug ausgeht. Er besteht im wesentlichen aus zwei dicht aufeinander folgenden Stoßwellen, die vom Anfang und vom Ende des Flugzeugs ausgehen. Darüber hinaus erzeugt jede Unstetigkeit des Flugzeugkörpers eine schwächere Stoßwelle. Dieser Doppelknall entsteht also nicht etwa nur einmal, wenn das Flugzeug „die Schallmauer durchbricht", sondern wird dauernd von dem Flugzeug mitgeschleppt.

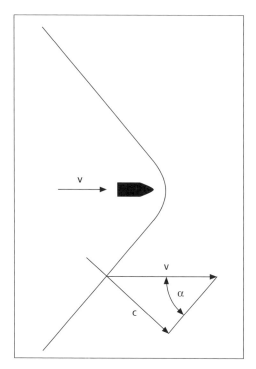

Fig. 15.3 Stoßfront vor einem Körper, der sich mit Überschallgeschwindigkeit V relativ zu dem umgebenden Medium bewegt

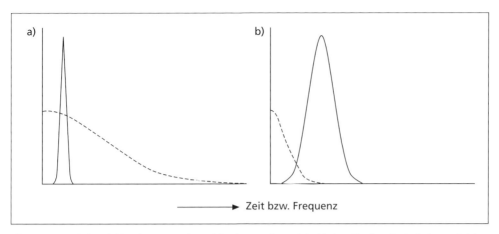

Fig. 15.4 Zeitsignal (durchgezogen) und Spektrum (gestrichelt) des Geräuschs bei einem Schlag
a) zwischen harten Teilen,
b) zwischen weicheren Teilen

Auch die Rotorspitzen von Hubschraubern bewegen sich mit Überschallgeschwindigkeit, was dem erzeugten Lärm in größerer Nähe einen knallenden Charakter gibt. Übrigens entsteht auch der Peitschenknall dadurch, dass ein Teil der Peitschenschnur auf Überschallgeschwindigkeit beschleunigt wird.

15.3 Primäre Lärmbekämpfung

Die Möglichkeiten der primären Lärmbekämpfung sind ebenso vielfältig wie die Lärmerzeuger selbst. Daher können auch in diesem Abschnitt lediglich einige allgemeine, der primären Lärmminderung zugrunde liegende Gesichtspunkte aufgeführt werden. Allerdings wird ihre Umsetzung oft durch praktische oder auch wirtschaftliche Randbedingungen eingeschränkt.

Wird das Geräusch durch aufeinanderschlagende Festkörper, z. B. Maschinenteile hervorgerufen, dann kann man den Pegel des primären Schlaggeräusches und auch die Anregung angekoppelter Strukturen grundsätzlich durch Verlangsamung der Kraftübertragung vermindern. Das kann z. B. dadurch geschehen, dass die aufeinanderschlagenden Teile aus weicherem Material hergestellt werden. Die Wirkung beruht darauf, dass das Spektrum des akustischen Signals, wie in Fig. 15.4 gezeigt, schwerpunktsmäßig nach tiefen Frequenzen verschoben wird. Selbst wenn die beim Schlag erzeugte Schallenergie unverändert bleibt, wird das Geräusch subjektiv als weniger laut empfunden. Dementsprechend führt es bei A-Bewertung zu einem niedrigeren bewerteten Schalldruckpegel. Eine zusätzliche Minderung des Lärmpegels ist dann gegeben, wenn die Materialien hohe innere Verluste aufweisen, was z. B. bei Hartgummi oder bestimmten Kunststoffen der

Fall ist. Natürlich hat diese Methode ihre Grenzen, schließlich kann man einen Nagel nicht mit einem Gummihammer einschlagen. Und doch gibt es viele Fälle, wo der Lärmpegel auf diese Weise erheblich gesenkt werden kann. So ist die Geräuschentwicklung von Zahnradübertragungen wesentlich geringer, wenn Kunststoffzahnräder eingesetzt werden. Auch die Zahnform ist von großem Einfluss auf den Lärmpegel.

Wie schon in Unterabschnitt 15.2.1 bemerkt, erreicht der Lärmpegel von Schlaggeräuschen wirklich hohe Werte erst durch Ankopplung aufeinanderschlagender Maschinenteile an schallabstrahlende Flächen oder Platten, vor allem, wenn diese ausgeprägte Biegeresonanzen aufweisen. Ist die Ankopplung nicht zu vermeiden, dann sollten diese Maschinenteile so klein wie möglich gehalten werden und außerdem biegeweich sein, damit ihre Koinzidenzgrenzfrequenz möglichst hoch liegt. Des weiteren sollten auch diese Materialien möglichst hohe Verlustfaktoren haben. Um sich davon zu überzeugen, braucht man nur eine Metallplatte und zum Vergleich eine etwa gleich große Gummiplatte mit einem Hammer anzuschlagen.

Man kann die mechanische Festigkeit von Metallen mit der von bestimmten Kunststoffen bewirkten Schwingungsdämpfung durch einen mehrschichtigen Aufbau verbinden. Wird eine mit einem Kunststoff beschichtete Platte zu Biegeschwingungen erregt, dann wird auch die verlustbehaftete Schicht elastisch verformt und entzieht der Platte dadurch umso mehr Schwingungsenergie, je höher der Verlustfaktor des Schichtmaterials ist. Dessen Elastiztitätsmodul darf allerdings nicht zu klein sein, damit auch ein merklicher Teil der elastischen Energie in das Schichtmaterial eindringt. Im einfachsten Fall kann eine „Entdröhnungsschicht" hinreichender Dicke auf die Metallplatte aufgeklebt, besser durch Spachteln oder Spritzen aufgebracht werden. Besonders wirkungsvoll ist die Verwendung so genannter Sandwichbleche, bei denen sich die verlustbehaftete Schicht zwischen zwei Metallschichten oder -Platten befindet.

Auch durch Perforation kann die Lärmabstrahlung von schwingenden Flächen stark vermindert werden. Die Fig. 15.5a zeigt einen Ausschnitt aus einer regelmäßig gelochten Platte; die Öffnungsfläche sei S_L, die auf ein Loch entfallende Plattenfläche nennen wir S. Schwingt die Platte mit der Schnelle v_0, dann kommt die verdrängte Luft nur teilweise der Bildung von Schallwellen zugute und erzeugt beidseitig den Druck $\pm p$ und damit auch die Schnelle $\pm p/Z_0$. Zum anderen Teil strömt sie mit der Schnelle v_L durch die Öffnung, was zu einem gewissen Druckausgleich führt. Es gilt:

$$(S - S_L)v_0 = S_L v_L + S \frac{p}{Z_0}$$

Die Druckdifferenz 2p zwischen beiden Plattenseiten muss dabei den Massenwiderstand $j\omega m$ mit $m = \rho_0 S_L d'$ überwinden, wobei d' die Plattendicke einschließlich der Mündungskorrektur ist (s. Unterabschnitt 7.3.3). Die Luftreibung in den Plattenöffnungen wird vernachlässigt. Somit gilt

$$2p = j\omega \rho_0 d' v_L$$

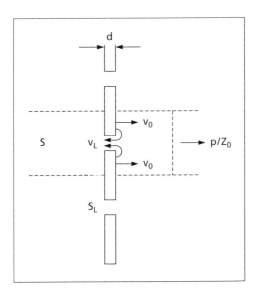

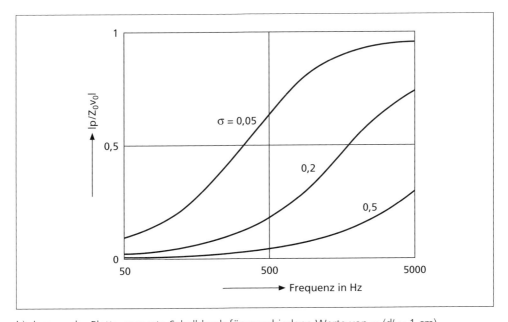

Fig. 15.5 Zur Schallabstrahlung von einer perforierten Platte.
a) Ausschnitt aus der Platte,
b) der von der Platte erzeugte Schalldruck für verschiedene Werte von σ (d' = 1 cm)

Aus diesen Gleichungen kann man v_L eliminieren und erhält mit dem Perforationsgrad $\sigma = S_L/S$ sowie mit $\rho_0 = Z_0/c$ den Schalldruck der abgestrahlten Wellen:

$$p = \frac{1-\sigma}{1+\dfrac{2\sigma c}{j\omega d'}} \cdot Z_0 v_0 \qquad (5)$$

In Fig. 15.5b ist der nach dieser Formel berechnete Betrag von $p/Z_0 v_0$ für d = 1 cm (einschließlich der Mündungskorrektur) und für die Perforationsgrade 0,05, 0,2 und 0,5 als Funktion der Frequenz dargestellt. Bei tiefen Frequenzen, bei denen der Massenwiderstand des „Luftpfropfens" sehr klein ist, verhindert der akustische Kurzschluss der Öffnungen die Abstrahlung ganz erheblich, und zwar schon bei geringer Perforation.

Da die von einer Strömung erzeugte Schallleistung mit einer hohen Potenz der Strömungsgeschwindigkeit anwächst – bei Freistrahlen mit der achten Potenz, bei anderen Strömungsvorgängen immerhin mit der sechsten – muss der erste und wichtigste Schritt einer primären Bekämpfung von Strömungsgeräuschen in der Herabsetzung der Strömungsgeschwindigkeit bestehen. Bei durchströmten Leitungen geschieht dies grundsätzlich durch Vergrößerung der Rohrquerschnitte. Auch bei Freistrahlen, z. B. bei Strahltriebwerken, bringt dies eine wesentliche Geräuschminderung mit sich. Eine weitere Pegelabsenkung gelingt durch eine besondere Gestaltung der Auslassdüse. Diese kann z. B. in mehrere Teildüsen aufgeteilt werden oder einen rosettenartigen Querschnitt erhalten. Dadurch wird eine schnellere Durchmischung des ausgestoßenen Gases mit der Umgebungsluft erreicht und damit eine kleinere Ausdehnung der für die Schallerzeugung wesentlichen Mischungszone. Im gleichen Sinn wirkt auch eine Neigung der Teildüsen gegenüber der Strahlachse.

Ferner kommt es bei Strömungen jeder Art darauf an, Unstetigkeiten der angrenzenden Körper, also von Rohrleitungen, an der Außenhaut von Fahrzeugen usw. so weit wie möglich zu vermeiden. An solchen Stellen entstehen Wirbel bzw. Turbulenz, und beide sind nach Unterabschnitt 15.2.2 Quellen des Strömungslärms. Daher sollten abrupte Querschnittsänderungen vermieden und durch stetige Übergänge ersetzt werden, Strömungsumleitungen nicht durch Ecken oder Knicke, sondern durch großzügig verrundete Leitungsabschnitte erfolgen. Da Turbulenz auch den Strömungswiderstand heraufsetzt, decken sich in diesem Fall die schalltechnischen Anforderungen mit den Erfordernissen eines ökonomischen Massentransports.

Stoßwellen können grundsätzlich nicht vermieden werden, da sie aufs engste mit der Überschallströmung verknüpft sind. So gibt es gegen die Entstehung der N-Welle, also des „Doppelknalls" bei Überschallflugzeugen, keine Abhilfemaßnahme. Der Aufsteilung eines Druckimpulses in einer Rohrleitung zu einer Stoßwelle kann dagegen bis zu einem gewissen Grad durch Aufspalten des Druckimpulses in mehrere kleinere Impulse entgegengewirkt werden, wie dies in Fig. 15.6 dargestellt ist. Im linken Teil dieser Figur ist eine einfache Umwegleitung gezeigt, im rechten entsteht die Aufspaltung dadurch, dass der Druckimpuls immer wieder zwischen zwei Sprungstellen des Leitungsquerschnitts hin- und herreflektiert wird. Solche Maßnahmen werden aber wirkungslos, wenn auf der stromab gelegenen Seite eine längere Rohrleitung angeschlossen wird, da sich dann die einzelnen Teilimpulse wieder einholen und sich erneut in einer Stoßwelle vereinigen können.

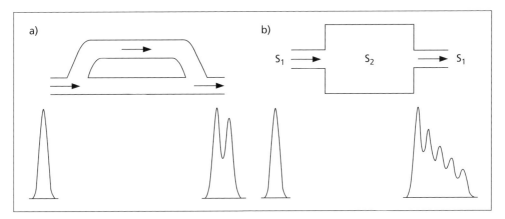

Fig. 15.6 Aufspaltung einer Stoßwelle in einem Rohr,
a) durch Umwegleitung,
b) durch Querschnittserweiterung

15.4 Sekundäre Lärmbekämpfung

Die Möglichkeiten einer lärmarmen Konstruktion stoßen oft an Grenzen, die nicht akustischer Art sind. Die Lärmbelastung kann dann durch sekundäre Maßnahmen weiter gesenkt werden, d. h. man muss versuchen, dem Schall Hindernisse in den Weg zu stellen. So gesehen, kann man die in Kapitel 14 beschriebenen bauakustischen Maßnahmen als „sekundäre Lärmbekämpfung am Bau" ansehen. Die in den nächsten beiden Unterabschnitten beschriebenen Methoden stehen ebenfalls in Beziehung zu den Ausführungen des vorangehenden Kapitels.

15.4.1 Kapselung von Lärmquellen

Eine nahe liegende Möglichkeit der Lärmbekämpfung besteht darin, Maschinen und andere Lärmerzeuger zu kapseln, d. h. mit einem schalldämmenden Gehäuse zu versehen. Dieses besteht meistens aus Blech, in manchen Fällen aber auch aus Mauerwerk. Wichtig ist in jedem Fall, dass die Kapsel dicht schließt, da schon kleine Ritzen oder Spalte ihre Dämmwirkung stark herabsetzen können (s. Unterabschnitt 7.3.3). Diese Forderung steht in Konkurrenz mit der nach einer gewissen Mobilität, da alle Maschinen bedient, zumindest aber von Zeit zu Zeit gewartet werden müssen. Außerdem darf die Kapselwand natürlich nicht durch Körperschall z. B. aus dem Untergrund zu Schwingungen erregt werden.

Die mit einer Kapselung erreichbare Schalldämmung ergibt sich aus den Überlegungen des vorstehenden Kapitels. Mit einer sorgfältig aufgebauten Kapsel lassen sich Pegelminderungen bis etwa 30 dB erreichen. Da die Kapselabmessungen oft nicht sehr groß sind, spielt die Unterbindung von Biegeresonanzen durch die obenerwähnten Entdröhnbeläge hier eine größere Rolle als in der eigentlichen Bauakustik. Auf einen Punkt, der grundsätzlich bei allen Maßnahmen der Schalldämmung eine Rolle spielt, muss hier besonders hingewiesen werden. Innerhalb der Kapsel wird sich durch wiederholte Reflexion des Lärms an den Kapselwänden ein höherer Pegel einstellen als bei fehlender Kapsel, ein Effekt, der in jedem geschlossenen Raum auftritt und die Wirkung einer Kapsel weitgehend illusorisch machen kann. Um ihn zu vermeiden, muss die Kapsel innen mit einem geeigneten, möglichst auf das Spektrum des erzeugten Lärms abgestimmten Absorptionsmaterial ausgekleidet werden. Hierfür kommen mit Lochblechen abgedeckte Mineralwolleschichten oder auch geeignete Kunststoffschäume in Frage. Ein besonderes Problem ist die Belüftung der Maschine und die Wärmeabführung. Beides erfolgt über Kanalstücke, die als Absorptionsschalldämpfer ausgebildet sind (s. Unterabschnitt 15.4.7).

15.4.2 Verhinderung der Körperschalleinleitung

Viele haustechnische und andere Geräte, die mit irgendwelchen Bauteilen wie Decken oder Wände starr verbunden sind, leiten in diese Wechselkräfte ein, die sich als Körperschall im Bauwerk ausbreiten und auch noch in größerer Entfernung durch Abstrahlung in die Umwelt bemerkbar machen (s. auch Abschnitt 14.5).

Für die folgende Betrachtung denken wir vornehmlich an rotierende Maschinen, bei denen die Wechselkräfte auf Unwucht zurückzuführen sind. Sie lässt sich aber ebenso auf andere Körperschallquellen anwenden, z. B. auf ein Klavier oder Cello, das nicht nur den erwünschten Luftschall erzeugt, sondern auch Körperschall in den Fußboden und damit in die Decke der darunter wohnenden Hausgenossen einleitet.

Die Übertragung von Körperschall kann bei Maschinen wesentlich durch ein auf Federn gelagertes Fundament vermindert werden (s. Fig. 15.7a). Das elektrische Ersatzschaltbild des so entstehenden Resonanzsystems ist in Fig. 15.7b gezeigt; n ist die Nachgiebigkeit aller Federn zusammen, und m ist die gemeinsame Masse der Maschine und ihres Fundaments. Die in der Feder enthaltenen Verluste sind in dem Reibungswiderstand r zusammengefasst. Dem Schaltbild entnimmt man, dass die in den Boden übertragene Kraft gegeben ist durch

$$F' = \frac{r + \dfrac{1}{j\omega n}}{j\omega m + r + \dfrac{1}{j\omega n}} \cdot F = \frac{1 + \dfrac{j}{Q}(\omega/\omega_0)}{1 + \dfrac{j}{Q}(\omega/\omega_0) - (\omega/\omega_0)^2} \cdot F \qquad (6)$$

Hier ist F die von der Maschine erzeugte Wechselkraft. Diese Gleichung stimmt mit Gl. (2.32) überein, was nicht verwunderlich ist, da das am Ende des Abschnitts 2.7 behandelte Beispiel das umgekehrte Problem behandelt, nämlich die Isolation der Masse m gegenüber Erschütterungen des Untergrunds. Ihr Inhalt ist in Fig. 15.8 dargestellt; aufgetragen ist die Größe $20 \log_{10} |F'/F|$ als Funktion der Frequenz. Die Körperschalldämmung setzt erst oberhalb der Resonanzfrequenz ω_0 ein, ist dann allerdings beträchtlich. Es gilt die folgende Faustregel: Wenn die Masse m die Feder unter der Wirkung der Schwerkraft um 1 mm eindrückt, beträgt die Resonanzfrequenz des Systems etwa 16 Hz; soll die Resonanzfre-

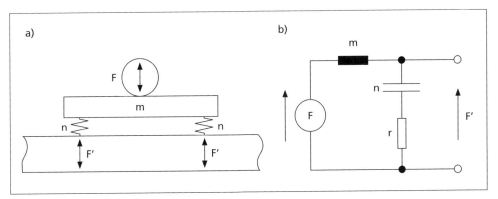

Fig. 15.7 Verminderung der Körperschalleinleitung durch ein federnd gelagertes Maschinenfundament.
a) Anordnung, schematisch
b) elektrisches Ersatzschaltbild

quenz noch niedriger liegen, dann muss eine entsprechend weichere Feder verwendet werden. Ein kritischer Punkt ist die Resonanzspitze; stimmt die Drehzahl mit der Resonanzfrequenz überein, dann führt die Maschine mit ihrem Fundament Schwingungen erheblicher Amplitude aus, die nicht immer unbedenklich sind. Außerdem verkehrt sich die Körperschalldämmung in ihr Gegenteil. Es kommt also darauf an, beim Hochfahren der Maschine diesen kritischen Drehzahlbereich möglichst schnell zu passieren. Man kann aber auch die Resonanzspitze durch zusätzliche Verluste weitgehend oder ganz vermeiden. Allerdings muss man dafür einen etwas flacheren Abfall der Kurven in Fig. 15.8 in Kauf nehmen.

15.4.3 Lärmschutzwände

Es ist eine alltägliche Erfahrung, dass Schall durch ein ausgedehntes Hindernis, etwa eine Mauer oder ein Gebäude mehr oder weniger geschwächt wird; das Hindernis wirft einen „Schallschatten". Diese Abschattung ist allerdings nicht perfekt, da der Schall, wie in Kapitel 7 ausführlich behandelt, um die Ränder des Hindernisses herumgebeugt wird. Daher haben Lärmschutzwände entlang von stark befahrenen Straßen oder von Eisenbahnlinien nur eine begrenzte, gleichwohl aber sehr nützliche Wirkung.

In praktischen Situationen ist die einfallende Welle nicht eben, wie früher angenommen, sondern geht als Kugelwelle von einem Punkt oder einem begrenzten Bereich aus. In diesem Fall lässt sich die durch eine Wand bewirkte Pegeländerung ΔL mit einer halbempirischen Formel von *Kurze* und *Anderson*[2] hinreichend genau berechnen:

---

[2] U. J. Kurze and G. S. Anderson, Sound attenuation by barriers. Appl. Acoust. 4 (1971), 35

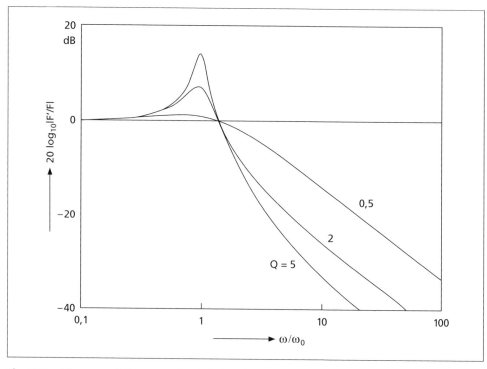

Fig. 15.8 Körperschalldämmung durch federnde Lagerung. Kurvenparameter: Güte Q

$$\Delta L = 20 \log_{10} \left[\frac{\sqrt{2\pi N}}{\tanh \sqrt{2\pi N}} \right] dB + 5\,dB \qquad (7)$$

Darin ist

$$N = \frac{2}{\lambda}(a_1 + a_2 - b) \qquad (8)$$

ein Frequenzparameter; die Bedeutung von a_1, a_2 und b geht aus Fig. 15.9a hervor. Die in der Klammer stehende Summe stellt also den von der Wand erzwungenen Umweg der Schallstrahlen auf ihrem Weg von der Quelle zum Beobachtungsort dar. In Fig. 15.9b ist die Pegelminderung nach Gl. (7) in Abhängigkeit von N als durchgezogene Kurve dargestellt.

Die Gl. (7) kann auch auf die Abschirmung gegenüber dem Lärm von einer stark befahrenen Straße angewandt werden, die hierfür als Linienquelle aufgefasst wird. Da der von den einzelnen Längenelementen ausgehende Schall inkohärent ist (s. S. 254), können die entsprechenden Intensitäten einfach addiert werden. Dabei muss natürlich berücksichtigt werden, dass der Parameter N von der Lage des Längenelements abhängt; seinen größten Wert N_{max} nimmt er für das dem Beobachtungspunkt nächstgelegene Element an.

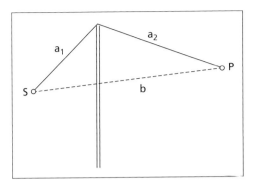

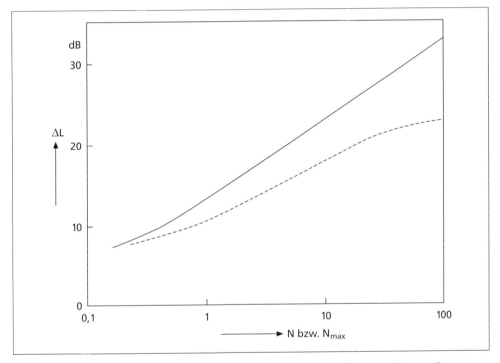

Fig. 15.9 Wirkung einer Lärmschutzwand.
a) Lage von Schallquelle S und Beobachtungspunkt P,
b) Pegelminderung für eine Punktschallquelle (durchgezogen) und für eine Linienquelle.
$N = (2/\lambda) \cdot (a_1 + a_2 - b)$

Das Ergebnis einer solchen Summation (oder richtiger Integration) ist in Fig. 15.9b als gestrichelte Kurve dargestellt, wiederum nach *Kurze* und *Anderson*. Der auf der Abszisse abgetragenen Wert ist hier N_{max}. Die Kurve gilt für eine unendlich lange Lärmschutzwand. Ersichtlich ist die Abschirmung bei einer Linienquelle weniger wirksam als bei einer Punktquelle.

Die Gültigkeit dieser Kurven setzt voraus, dass die Luftschalldämmung der Wand selbst deutlich größer ist als die aus ihnen hervorgehenden Abschirmwerte, was leicht zu erreichen ist, wenn die Wand völlig geschlossen ist, d.h. keine Spalten, Schlitze oder sonstige Öffnungen aufweist. Daraus folgt andererseits, dass z.B. die bei Gartenbesitzern beliebten Flechtzäune zwar einen wirkungsvollen Sichtschutz bieten, als Schallschutzwände dagegen wenig geeignet sind.

Bei größeren Entfernungen darf man die in den obigen Diagrammen dargestellten Pegelminderungen allenfalls als Anhaltswerte ansehen, da die Krümmung der Schallstrahlen durch Wind- oder Temperaturgradienten die Verhältnisse stark modifizieren können (s. Abschnitt 6.2). Um zu vermeiden, dass der von Schallschutzwänden reflektierte Schall in andere zu schützende Gebiete gelenkt wird oder dass Mehrfachreflexionen zwischen ihr und z.B. einem Eisenbahnzug die Wirkung verschlechtern, versieht man die Wand oft mit einer schallschluckenden Verkleidung, die natürlich witterungsbeständig sein muss.

15.4.4 Abschirmung durch Bewuchs

Sehr viel weniger wirksam als geschlossene Abschirmwände sind Sträucher, Bäume u. dgl., deren Wirkung oft stark überschätzt wird. So mag eine dichte Gartenhecke zwar einen ausgezeichneten Sichtschutz gewähren; ihre schallabschirmende Wirkung ist aber eher psychologischer als physikalischer Art. Der Grund ist klar: im Gegensatz zum Licht wird der Schall weitgehend zwischen den Blättern und Zweigen der Pflanzen hindurchgebeugt. Allerdings geht ein geringer Teil der Schallenergie durch Absorption oder durch Streuung verloren.

Dasselbe gilt auch für ausgedehnte Wälder, wobei die Dämpfung der Schallwellen stark von der Art der Bäume abhängt; es liegt auf der Hand, dass Nadelwald von einheitlicher Baumhöhe den Schall anders schwächt als dichter Laubwald im Sommer, der zusätzlich von Sträuchern unterschiedlicher Höhe durchsetzt ist. Die Literaturdaten streuen daher über einen breiten Bereich. Immerhin kann man aus der Fülle des vorliegenden Messmaterials einen groben Anhaltswert für die Zusatzdämpfung durch Wald ableiten: für Verkehrslärm kann man bei ebenem Gelände mit einer Dämpfung von etwa 0,1 dB/m rechnen.

15.4.5 Absenkung des Lärmpegels durch raumakustische Maßnahmen

In einem geschlossenen Raum wird eine meist sehr wirksame Absenkung des Lärmpegels durch eine schallschluckende Wand- oder Deckenverkleidung in Räumen erreicht. Dabei ist es unerheblich, ob der Lärm von außen in den Raum eindringt – etwa auf Grund unzureichender Schallisolation –, oder ob er, wie in Werkstätten, Fabrikationshallen, Großraumbüros oder Theaterfoyers, in dem betreffenden Raum selbst entsteht. Grundlage der Pegelabsenkung ist die Gl. (13.19), die hier noch einmal in etwas anderer Form wiederholt sei:

$$w_{ges} = \frac{P}{4\pi c}\left(\frac{1}{r^2} + \frac{16\pi}{A}\right) \qquad (9)$$

Hier ist w_{ges} die gesamte Energiedichte in einem Raumpunkt, r ist sein Abstand von der Lärmquelle, sofern es sich dabei um eine einzelne Punktschallquelle handelt, und A die äquivalente Absorptionsfläche des Raumes. Da deren Erhöhung nur den zweiten Term beeinflusst, ist diese Maßnahme umso wirksamer, je weiter der betreffende Punkt von der Schallquelle entfernt ist. Im Grenzfall bewirkt die Verdopplung der Absorptionsfläche eine Halbierung der Energiedichte und dementsprechend eine Pegelabsenkung um 3 dB. Sind im Raum viele Schallquellen verteilt, dann befindet man sich fast immer im Direktfeld einer Quelle und damit wird die Pegelabsenkung nach der obigen Formel nicht sehr eindrucksvoll. Dennoch wirkt es sich vorteilhaft aus, wenn wenigstens die Schallreflexion von der Decke durch eine geeignete Verkleidung beseitigt wird.

15.4.6 Reflexionsschalldämpfer

Ein Schalldämpfer dient dem Zweck, die Übertragung von Lärm in einer Rohrleitung, in der Gase oder auch Flüssigkeiten transportiert werden, so weit wie möglich oder nötig zu unterbinden. Hauptanwendungsgebiete sind Abgasleitungen von Verbrennungsmotoren sowie Klimaanlagen, bei denen Frischluft von leistungsstarken Ventilatoren in Bewegung gesetzt und in den zu klimatisierenden Räumen eingeblasen wird. Auch bei bestimmten industriellen Anlagen werden z. T. sehr umfangreiche Schalldämpfer eingesetzt.

Je nach ihrer Funktionsweise unterscheidet man Reflexions- und Absorptionsschalldämpfer. Die ersteren bilden gewissermaßen Barrieren, an denen der Schall in seine Herkunftsrichtung zurückgeworfen wird. Die letzteren reflektieren den Schall nur unwesentlich; sie bilden Kanalabschnitte hoher Dämpfung, in denen die Schallenergie in Wärme umgewandelt wird.

Als einfachsten Reflexionsschalldämpfer haben wir bereits in Abschnitt 8.3 die sprunghafte Änderung des Rohrquerschnitts von S_1 auf S_2 kennen gelernt. Ihr Reflexionsfaktor R ist nach Gl. (8.15):

$$R = \frac{S_1 - S_2}{S_1 + S_2} \tag{10}$$

während der Transmissionfaktor T = 1 + R ist. Allerdings ist die von einem einzigen Querschnittssprung bewirkte Schalldämmung recht bescheiden. Ein wesentlich wirksamerer Reflexionsschalldämpfer ist die Fig. 15.6b gezeigte Kombination zweier Querschnittssprünge. Da hier nicht wie am Ende von Abschnitt 15.3 die Verhinderung nichtlinearer Aufsteilung von Druckfronten, sondern die lineare Schallausbreitung durch einen solchen „Topf" zur Rede steht, betrachten wir Sinuswellen der Kreisfrequenz $\omega = ck$. Im Gegensatz zu der Darstellung in Unterabschnitt 8.3.2 setzen wir nicht voraus, dass die Topflänge l klein im Verhältnis zur Schallwellenlänge λ ist; allerdings sollen auch hier alle Querabmessungen kleiner als λ sein.

Der Schalldruck einer von links einfallenden Welle wird beim Eindringen in den Topf zunächst um den Transmissionsfaktor T vermindert. Danach wird sie fortlaufend zwischen den beiden Abschlüssen hin- und herreflektiert. Bei jedem Hin- und Rückweg ändert sich ihr Schalldruck um den Faktor R^2; außerdem tritt jeweils ein Phasenfaktor exp(-j2kl) hinzu, da die Topflänge l zweimal durchlaufen wird. Jeder rechts aus dem Topf austretende Wellenanteil wird außerdem mit dem Transmissionsfaktor $T' = 1 - R$ der rechten Begrenzung multipliziert. Der Schalldruck hinter dem rechten Abschluss ist damit

$$p_1 = p_0 TT'e^{-jkl}\left(1 + R^2 e^{-j2kl} + R^4 e^{-j4kl} + ...\right) = \frac{TT'e^{-jkl}}{1 - R^2 e^{-j2kl}} p_0 \qquad (11)$$

Durch Einsetzen der Ausdrücke für T, T' und R ergibt sich hieraus nach einigen einfachen Umformungen:

$$\left|\frac{p_0}{p_1}\right|^2 = 1 + \left[\frac{S_1^2 - S_2^2}{2S_1 S_2} \cdot \sin(kl)\right]^2 \qquad (12)$$

Der Inhalt dieser Formel ist in Fig. 15.10 für verschiedene Flächenverhältnisse S_2/S_1 dargestellt. Aufgetragen ist der zehnfache Logarithmus der in Gl. (12) dargestellten Größe als Funktion von kl. Da die einzelnen Wellenanteile miteinander interferieren, hängt die Schalldämmung des Dämpfers stark von der Frequenz ab. Insbesondere verschwindet sie immer dann, wenn kl ein ganzzahliges Vielfaches von π, die Topflänge l also ein ganzzahliges Vielfaches der halben Wellenlänge ist. Das ist verständlich, da der Schall-

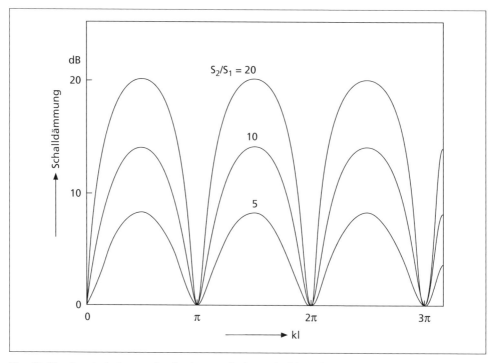

Fig. 15.10 Pegelminderung durch einen Reflexionsschalldämpfer nach Fig. 15.6b in Abhängigkeit von der Schalldämpferlänge. Kurvenparameter ist das Querschnittsverhältnis S_2/S_1.

dämpfer ein Leitungsresonator der in Abschnitt 9.1 behandelten Art ist mit dem Unterschied, dass die Leitung beidseitig weder schallhart noch schallweich, sondern mit der Impedanz $Z_0 S_2/S_1$ abgeschlossen ist. Um diese Frequenzabhängigkeit abzumildern, kann man den Schalldämpfer mit einer unsymmetrisch angeordneten Blende unterteilen.

Zu den Reflexionsschalldämpfern muss man auch Abschnitte von Rohren mit einer schallweichen oder nahezu schallweichen Wand zählen. Solche Leitungen lassen sich für gasförmige Medien zwar nicht realisieren, wohl aber für flüssige, z. B. für Wasser, indem man als Wand einen Schlauch aus nachgiebigem Material wie Gummi verwendet. In diesem Fall gibt es nach Abschnitt 8.5 keine Grundwelle, d. h. die unterste Grenzfrequenz ist nicht Null, sondern hat einen endlichen Wert. Für kreisförmige Querschnitte und für Wasser als schallführendes Medium beträgt sie $(570/a)$ Hz, wobei a der halbe Leitungsdurchmesser in Metern ist. Liegt die Kreisfrequenz der Schallwelle unter diesem Wert, so wird die Kreiswellenzahl k'' nach Gl. (8.52) rein imaginär. Die intensitätsbezogene Dämpfungskonstante m ist dann gleich dem doppelten Wert von k''. Allerdings setzt die Gültigkeit dieser Formel voraus, dass die Länge des Leitungsabschnitts deutlich größer ist als der Rohrdurchmesser.

15.4.7 Absorptionsschalldämpfer

Ein Absorptionsschalldämpfer besteht im Prinzip aus einem Kanalabschnitt, dessen Wände ganz oder teilweise mit einem mehr oder weniger schallschluckenden Material ausgekleidet ist (s. Fig. 15.11). Die Absorptionswirkung beruht darauf, dass an der absorbierenden Kanalwand die wandnormale Komponente der Schallschnelle nicht wie in einem schallharten Kanal verschwindet, sondern einen endlichen Wert hat. Dieser Komponente und damit der ganzen Schallwelle wird also durch die Auskleidung fortlaufend Energie entzogen. Zugleich wird deutlich, dass die im Kanal laufende Welle auch nicht eben sein kann, sondern eine etwas kompliziertere Struktur hat.

Um sie zu bestimmen, müsste man die Wellengleichung (3.25) lösen unter Beachtung der Kanalgeometrie sowie der durch die Art der Wandauskleidung vorgegebenen Randbedingungen. Man findet für sie unendlich viele Lösungen, von denen jede einem Wellentyp der in Abschnitt 8.5 beschriebenen Art entspricht. Allerdings lassen sich die zugehörigen Kreiswellenzahlen nicht wie dort mit einer geschlossenen Formel berechnen.

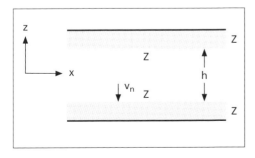

Fig. 15.11 Absorptionsschalldämpfer, schematisch. v_n = Normalschnelle, Z = Wandimpedanz der Auskleidung.

Außerdem sind sie i. Allg. komplex, was ja erwünscht ist, da ihr Imaginärteil dem längenbezogenen Dämpfungmaß proportional ist.

Von all diesen Wellentypen ist nur die Grundwelle von Interesse, da sie auch bei beliebig tiefen Frequenzen ausbreitungsfähig ist und außerdem die geringste Dämpfung aufweist, bei einem längeren Kanal also allein übrigbleibt. Daher verzichten wir hier auf diesen Lösungsweg und beschränken uns statt dessen auf eine elementare Ableitung des Dämpfungsmaßes. Wir nehmen dafür an, dass der Kanal mit einer einheitlichen, lokal reagierenden Auskleidung der Wandimpedanz Z versehen ist.

Wir bezeichnen die von dem Kanal transportierte Schallleistung mit P und gehen davon aus, dass sie im Zuge der Wellenausbreitung sich gemäß

$$P = P_0 e^{-mx}$$

vermindert, sodass $dP/dx = -mP$ ist. Andererseits ist $-dP/dx$ die pro Längeneinheit von der Auskleidung verschluckte Leistung, ist also $I_n U$, wobei U der Umfang des Kanals und I_n die auf die Auskleidung gerichtete Komponente der Schallintensität ist. Die letztere kann man aus der Gl. (3.33) berechnen, indem man I durch I_n und v durch die Normalkomponente $v_n = p_w/Z$ der Schnelle ersetzt, wobei p_w der Schalldruck an der Oberfläche der Auskleidung ist. Damit erhält man zunächst

$$mP = \frac{U}{2} |p_w|^2 \operatorname{Re}\left\{\frac{1}{Z}\right\} \tag{13}$$

Ist die Impedanz nicht zu klein, dann darf man erwarten, dass der Schalldruck und die Intensität über den Kanalquerschnitt nicht sehr stark variiert. Dann kann man $p_w \approx p$ und

$$P \approx S \cdot \frac{|p|^2}{2 Z_0}$$

setzen mit S als Querschnittsfläche. Damit findet man aus Gl. (13):

$$m = \frac{U}{S} \operatorname{Re}\left\{\frac{Z_0}{Z}\right\} \tag{14}$$

Leider sagt diese Ableitung nichts über den Gültigkeitsbereich der Formel aus. Dagegen zeigt die eingangs erwähnte, genauere Behandlung der Kanaldämpfung, dass die Gl. (14) in dem durch

$$\left|\frac{Z_0}{Z}\right| \ll \frac{\omega S}{cU} \ll \left|\frac{Z}{Z_0}\right| \tag{15}$$

bestimmten Frequenzbereich eine brauchbare Näherung darstellt. Allerdings hat dieser nur dann eine sinnvolle Breite, wenn die Wandimpedanz Z wesentlich größer ist als der Wellenwiderstand der Luft. Unter dieser Voraussetzung kann in Gl. (14) der Ausdruck $\operatorname{Re}\{Z_0/Z\} = \operatorname{Re}\{1/\zeta\} = \xi/|\zeta|^2$ nach Gl. (6.23) (mit $\vartheta = 0$) durch $\alpha/4$ ersetzt werden, wobei α der Absorptionsgrad der Auskleidung ist. Führt man noch das längenspezifische Dämpfungsmaß $D = 10 \, m \cdot \log_{10} e = 4{,}34 \cdot m$ ein, dann wird aus Gl. (14):

$$D = 4{,}34 \frac{U}{S}\alpha \quad \text{dB/m} \tag{16}$$

Dieser Ausdruck ist als „Pieningsche Formel" bekannt; nach den obigen Ausführungen versteht es sich von selbst, dass er nur mit größter Vorsicht anzuwenden ist. Ohnehin gelten die angeführten Formeln nur für den unendlich langen Kanal; ein realer Schalldämpfer ist natürlich so kurz wie möglich.

Immerhin zeigen die Gln. (14) und (16), dass die Dämpfung umso größer ist, je größer der Umfang und je kleiner die Querschnittsfläche ist. Am ungünstigsten ist daher ein zylindrischer Kanal. Dagegen sind Dämpfer mit schallschluckend verkleideten Zwischenwänden, sog Kulissen, bei gleicher Auskleidung besonders wirkungsvoll. Mit solchen Kulissen kann auch ein vorhandener Kanal nachgerüstet werden. Fig. 15.12a zeigt einen Kulissenschalldämpfer.

Abschließend werfen wir noch einen Blick auf den Bereich hoher Frequenzen. In diesem Fall wird die Wandauskleidung die Querverteilung des Schalldrucks nur wenig beeinflussen, d.h. die Wellentypen unterscheiden sich nicht all zu sehr von denen des schallhart ausgekleideten Kanals. Dasselbe gilt für die Kreiswellenzahl, die für den Fall zweier paralleler, schallharter Platten durch Gl. (8.46) gegeben ist, wobei m hier die Ordnung des Wellentyps, also eine ganze Zahl bedeutet. Bei nicht zu hohem m, aber hoher Kreisfrequenz ist die Wurzel in Gl. (8.46) nur wenig kleiner als 1, der Winkel ε in Fig. 8.12 ist also sehr klein. Die Wellen treffen daher fast streifend auf die Auskleidung d.h. unter einem Winkel, bei dem ihr Absorptionsgrad sehr klein ist. Entsprechend gering ist die Kanaldämpfung. Man kann diese „Strahlbildung" aber vermeiden, indem man die Strömung in einem geknickten oder gewellten Kanal durch die absorbierende Schicht führt. Ein Beispiel für einen solchen Absorptionsschalldämpfer ist in Fig. 15.12b dargestellt.

15.5 Persönlicher Schallschutz

Wenn Maßnahmen der primären und sekundären Lärmbekämpfung nicht möglich sind oder nicht ausreichen, muss das Gehör durch Schutzmittel, die von den gefährdeten

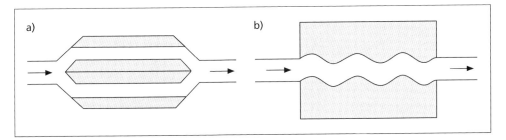

Fig. 15.12 Verschiedene Arten von Absorptionsschalldämpfern.
a) Kulissenschalldämpfer
b) Schalldämpfer mit welligem Kanalverlauf.

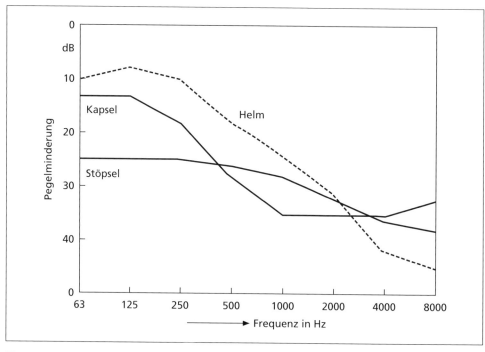

Fig. 15.13 Minderung des Schallpegels durch verschiedene Arten von Gehörschützern

Personen selbst getragen werden, gegen zu starke Lärmbelastung geschützt werden. Mit ihnen soll der Gehörgang bis zu einem gewissen Grad verschlossen werden. Die Wirksamkeit solcher Maßnahmen wird i. Allg. durch die Knochenleitung begrenzt, die von persönlichen Schutzmitteln nicht beeinflusst wird, abgesehen allenfalls von Lärmschutzhelmen.

Wohl am bekanntesten sind knetbare Massen, die vom Benutzer selbst in eine passende Form gebracht werden und in den äußeren Gehörgang eingeführt werden. Sie sind meist aus Baumwollfasern und Wachs oder Vaseline hergestellt. Ebenso werden Stöpsel aus einem geschlossenporigen Kunststoff – PVC oder Polyurethan – verwendet; sie werden vor der Einführung zusammengerollt und -gedrückt und passen sich danach gut der Form des Gehörgangs an. Eine Alternative sind Ohrverschlüsse, die individuell von Abdrücken des äußeren Gehörgangs hergestellt werden. Außerdem gibt es vorgeformte Gehörstöpsel aus einem weichen Kunststoff, die von vornherein der Form des Gehörgangs mehr oder weniger angepasst sind und in verschiedenen Größen erhältlich sind.

Sehr gebräuchlich sind auch Kapselgehörschützer. Dies sind Schalen aus Kunststoff, die innen zur Absorption hoher Frequenzen mit einem porösen Schluckstoff ausgekleidet sind und vom Benutzer wie ein Paar Kopfhörer aufgesetzt werden. Wichtig ist ein fugenfreier Anschluss an den Kopf, der durch ringförmige, mit Schaumstoff oder einer zähen Flüssigkeit gefüllte Dichtungskissen sichergestellt wird. Die beiden Kapseln befinden sich an einem Federbügel, der sie mit einer gewissen Kraft an den Kopf andrückt.

Schließlich gibt es noch Schallschutzhelme, die den größten Teil des Kopfes umschließen. Im Gegensatz zu den vorerwähnten Gehörschutzmitteln, die nur den Gehörgang verschließen, können sie grundsätzlich auch die Knochenleitung behindern.

In Fig. 15.13 sind die mit verschiedenen Gehörschutzmitteln erreichten Pegelminderungen über der Frequenz aufgetragen[3]. Da die Reproduzierbarkeit solcher Messergebnisse nicht allzu hoch ist, sind diese Daten nur als Anhaltswerte aufzufassen. Bei diesem Vergleich schneiden die Gehörstöpsel erstaunlich gut ab, vor allem bei tiefen Frequenzen. Lärmschutzhelme sind dagegen vor allem bei hohen Frequenzen von Vorteil.

---

3 nach E. H. Berger et al (Herausg.) The Noise Manual. Alpha Press Fairfax VA, 2000.

16 Wasserschall und Ultraschall

In diesem Kapitel sollen zwei akustische Teilgebiete besprochen werden, die nicht den hörbarem Schall betreffen, sei es, weil sich die Schallwellen nicht in Luft ausbreiten, sei es, weil ihre Frequenzen oberhalb des unserem Gehör zugänglichen Bereichs liegen. Im letzteren Fall sprechen wir von Ultraschall. Obwohl uns Schallwellen dieser Art im Alltag seltener oder gar nicht begegnen, sind sie doch von großer praktischer Bedeutung. So ermöglicht die Wasserschalltechnik eine Informationsübermittlung unter Wasser, wo elektrische Wellen wegen der elektrischen Leitfähigkeit des Wassers und der dadurch bedingten hohen Ausbreitungsdämpfung versagen. Mithilfe der Ultraschalltechnik kann die innere Beschaffenheit undurchsichtiger Körper und Gegenstände untersucht werden. Auch findet der Ultraschall mannigfache Anwendung auf Grund der hohen akustischen Energiedichten bzw. Intensitäten, die bei höheren Frequenzen erzeugt werden können. Zwischen beiden Gebieten gibt es Gemeinsamkeiten und Überschneidungen: Auch in der Wasserschalltechnik wendet man zum Teil Schall mit Ultraschallfrequenzen an, und in der Ultraschalltechnik spielt die Schallausbreitung in Flüssigkeiten eine größere Rolle als die in Luft. Dennoch grenzt man i. Allg. das Gebiet des Ultraschalls auf Grund der andersgearteten Anwendungen von dem des Wasserschalls ab.

16.1 Ortung mit Wasserschall (Sonartechnik)

Die wichtigsten Anwendungen des Wasserschalls fasst man heute unter dem Akronym SONAR zusammen, das für „Sound Navigation and Ranging" steht. Die Sonar-Technik bildet das Gegenstück zu der allgemein bekannten Radartechnik, die aus den obengenannten Gründen nur über Wasser eingesetzt werden kann. Beide Arten der Ortung beruhen auf dem gleichen Grundgedanken, der auch den später zu besprechenden, diagnostischen Ultraschallanwendungen zugrunde liegt: Ein Sender emittiert ein impulsartiges Signal, das von irgendwelchen Hindernissen teilweise zurückgeworfen wird. Das Echo wird entweder vom Sender selbst empfangen, der hierzu reversibel sein muss, oder aber von einem separaten, nahe dem Sender angeordneten Signalempfänger (s. Fig. 16.1). Aus seiner Laufzeit zu dem reflektierenden oder streuenden Objekt und wieder zurück kann auf dessen Entfernung geschlossen werden, falls die Ausbreitungsgeschwindigkeit des Signals bekannt ist. Durch Anpeilen mit einem scharf gebündelten Schallstrahl kann man auch die Richtung des Objekts und damit seine räumliche Lage ermitteln. Allerdings sind der Genauigkeit der Ortung Grenzen gesetzt, die mit der Schallgeschwindigkeit des Wassers zusammenhängen. Hierauf werden wir im nächsten Abschnitt näher eingehen.

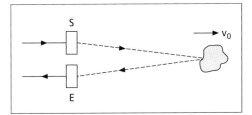

Fig. 16.1 Prinzip der akustischen Ortung (S Schallsender, E Empfänger, v_0 Geschwindigkeit des Objekts relativ zum Sender-Empfänger)

Bewegt sich das Objekt mit einer Geschwindigkeit v_0 relativ zu dem Beobachter, dann wird die Frequenz f jeder Spektralkomponente des Echosignals auf Grund des Dopplereffekts (s. Abschnitt 5.3) um

$$\delta f = \pm 2 \frac{v_0}{c} f \quad (1)$$

verändert. Durch Messung dieser Frequenzverschiebung kann daher auch die Relativgeschwindigkeit eines Objekts ermittelt werden

Neben diesem „aktiven Sonar" gibt es auch ein „passives Sonar", d. h. eine akustische Ortung von anderen Schallquellen, z. B. von Schiffen. Hier ist zwar eine Richtungsbestimmung durch Verwendung stark bündelnder Empfänger, nicht aber eine Bestimmung der Entfernung möglich. Beide, aktives und passives Sonar werden natürlich in großem Umfang für militärische Zwecke, z. B. zur Ortung von Unterseebooten oder Seeminen eingesetzt. Sie haben aber auch sehr wichtige nichtmilitärische Einsatzfelder. Die älteste Anwendung dieser Art ist die Messung der Meerestiefe. In diesem Fall ist das Objekt eine ausgedehnte, wenn auch vielleicht sehr unregelmäßige Fläche, der ein bestimmter Reflexionsfaktor zugeordnet werden kann. Übrigens dringt i. Allg. ein Teil der Schallwelle in den Meeresboden ein und erzeugt Echos an einzelnen Gesteinsschichten, was für die Meeresgeologie interessant ist. Des weiteren dient die Sonartechnik der Sicherheit der Seefahrt, da sie die rechtzeitige Erkennung von Riffen, Untiefen oder Eisbergen ermöglicht.

Eine andere Nutzanwendung der Sonartechnik ist die Ortung von Fischschwärmen. Ihr kommt zugute, dass Fische eine mit Luft gefüllte Schwimmblase haben, die einen hohen Streuquerschnitt (s. u.) hat. Daher sind heute praktisch alle größeren Fischerboote mit Sonaranlagen ausgerüstet. Allerdings bedarf es beachtlicher Erfahrung, um aus den empfangenen Echos auf die Art der Fische zu schließen.

16.2 Zur Schallausbreitung in Meerwasser

Für die Ausbreitung von Schallwellen stellt Wasser in gewissem Sinn ein viel besseres Medium dar als Luft, da seine akustische Dämpfung sehr viel geringer ist. In Fig. 16.2 ist die Dämpfungskonstante von Seewasser – angegeben in dB/km – logarithmisch über der Frequenz aufgetragen. Dabei überlagert sich der von der klassischen Dämpfung bekannte

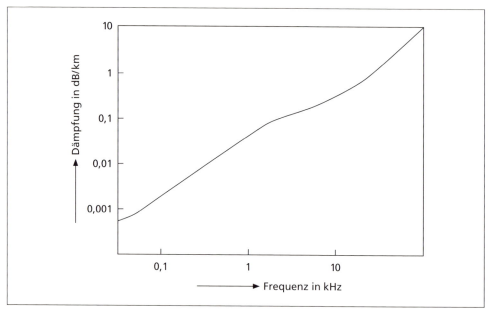

Fig. 16.2 Dämpfung von Schall in Meerwasser

quadratische Anstieg mit einem durch die Dissoziation des gelösten Magnesiumsulfats bedingten Relaxationsprozess (s. Unterabschnitt 4.4.2). Zum Vergleich sei angemerkt, dass die Dämpfung in Luft unter Normalbedingungen und bei 10 kHz von der Größenordnung 100 dB/km ist (s. Fig. 4.14).

Die Schallgeschwindigkeit von Wasser nimmt ungefähr linear mit dem hydrostatischen Druck, d. h. mit der Wassertiefe zu. Außerdem wächst sie im interessierenden Bereich monoton mit der Temperatur an. Im Flachwasser d. h. in Gewässern mit einer Tiefe von bis zu 100 m, findet i. Allg. eine gute Durchmischung des Wassers statt, sodass man von einer einheitlichen Schallgeschwindigkeit ausgehen kann. Anders im tiefen Wasser. Hier liegt i. Allg. eine ausgeprägte Temperaturschichtung vor, die im einzelnen von den allgemeinen klimatischen Bedingungen, von der Tages- und der Jahreszeit, aber auch vom Seegang abhängt. Im Allgemeinen ist das Wasser in der Nähe der Meeresoberfläche am wärmsten, sodass sich, wie in Fig. 16.3 gezeigt, zwei gegenläufige Tendenzen überlagern. Sie führen zu einem Minimum der Schallgeschwindigkeit, das typischerweise in etwa 1000 m Tiefe liegt.

Nach Abschnitt 6.2 zeigen Schallstrahlen in einem inhomogenen Medium i. Allg. einen gekrümmten Verlauf, und zwar werden sie von der Richtung zunehmender Schallgeschwindigkeit weggekrümmt. Daher biegt ein in Oberflächennähe horizontal ausgesandter Strahl nach unten ab, was zur Bildung einer Schattenzone führen kann. Dagegen wird ein in der Nähe dieses Minimums in ungefähr horizontaler Richtung emittierter Strahl um die Horizontale herumpendeln, da er abwechselnd nach oben oder nach unten ge-

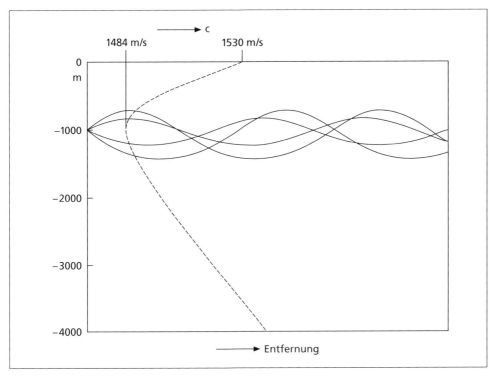

Fig. 16.3 Typische Tiefenabhängigkeit der Schallgeschwindigkeit in Meerwasser (gestrichelt) und die dadurch verursachte Bildung eines Ausbreitungskanals

krümmt wird. Der Tiefenbereich um das Schallgeschwindigkeitsminimum bildet somit einen zweidimensionalen Kanal, in dem die Welle geführt wird. Daher verringert sich die Intensität nicht proportional zu $1/r^2$ (r = zurückgelegte Entfernung), wie wir das von der Ausbreitung einer Kugelwelle kennen, sondern nur proportional zu $1/r$. Dementsprechend nimmt der Pegel bei einer Verdopplung der Entfernung nur um 3 dB ab, was mit den für Kugelwellenausbreitung gültigen 6 dB zu vergleichen ist. Zusammen mit der geringen Dämpfung des Wassers erklärt dies die enorme Reichweite von Schallsignalen im Ozean. Da die einzelnen, in einem Beobachtungspunkt eintreffenden Schallanteile unterschiedliche Wege zurückgelegt haben und auch Bereiche unterschiedlicher Schallgeschwindigkeit durchlaufen haben, fließt ein impulsartiges Signal im Verlauf seiner Ausbreitung auseinander, es zeigt also Dispersion. Man kann die Schallausbreitung in diesem Kanal auch durch diskrete Wellentypen oder Moden beschreiben wie sie uns schon bei den in Abschnitt 8.5 behandelten Kanälen begegnet sind und die wie jene dispersionsbehaftet sind.

16.3 Kennzeichnung der Echostärke

So leicht es im Prinzip ist, das Vorhandensein und die Lage von Objekten durch die Sonarortung zu ermitteln, so schwierig ist es, ein unbekanntes Hindernis auf Grund der empfangenen Echosignale zu identifizieren.

Wie schon in Abschnitt 7.1 erwähnt, kennzeichnet man die „akustische Größe" eines Objekts durch seinen Streuquerschnitt, dessen Definition hier wiederholt sei:

$$Q_s = \frac{P_s}{I_0} \tag{2}$$

Darin ist I_0 die Intensität des Ortungsstrahls an der Stelle des Objekts und P_s die sekundlich von ihm insgesamt gestreute Energie. Bei der Echoortung ist nur der Anteil dieser Energie von Interesse, der zum Sender-Empfänger zurückgestreut wird. Sie wird durch den so genannten „Rückstreuquerschnitt" Q_r gekennzeichnet. Er setzt die am Ort des Sender-Empfängers beobachtete Intensität I_{rs} der Streuwelle in Beziehung zu der Intensität I_0:

$$Q_r = 4\pi r_s^2 \frac{I_{rs}}{I_0} \tag{3}$$

mit r_s als dem Abstand des reflektierenden oder streuenden Objekts vom Sender-Empfänger. Anschaulich bedeutet diese Gleichung, dass die beiden Intensitäten sich verhalten wie der Rückstreuquerschnitt zu der Oberfläche einer Kugel mit dem Radius r_s. Beachtet man, dass bei ungerichteter Schallabstrahlung

$$I_0 = \frac{P_0}{4\pi r_s^2} \tag{4}$$

ist mit P_0 = akustische Senderleistung, dann wird die Intensität beim Empfänger

$$I_{rs} = \frac{P_0 Q_r}{\left(4\pi r_s^2\right)^2} \tag{5}$$

Strahlt die Sonaranlage den Schall gebündelt ab, dann tritt in der Gl. (5) noch das Quadrat des Bündelungsgrads γ als Faktor hinzu. Den i. Allg. stark frequenzabhängigen Rückstreuquerschnitt von einfach geformten Streukörpern kann man berechnen; in der Tabelle 16.1 sind einige Grenzfälle angegeben. Bei komplizierteren Formen stößt die rechnerische Ermittlung des Rückstreuquerschnitts, der ja i. Allg. auch von dessen Orientierung bezüglich der Messrichtung abhängt, auf große Schwierigkeiten. Und noch viel schwieriger ist das „inverse" Problem, nämlich aus dem Streufeld, von dem bei der Echoortung ja nur ein kleiner Ausschnitt beobachtbar ist, auf die Art, Größe und Orientierung des Objekts zu schließen.

Tabelle 16.1 Grenzwerte des Streu = und Rückstreuquerschnitts von Kugel und Kreisscheibe (Radius a), bezogen auf den visuellen Querschnitt πa^2

Objekt		Normierter	
		Streuquerschnitt Q_s	Rückstreuquerschnitt Q_r
Kugel, schallhart	$ka \ll 1$	$\frac{7}{9}(ka)^4$	$\frac{25}{9}(ka)^4$
	$ka \gg 1$	2	1
Kugel, schallweich	$ka \ll 1$	4	4
	$ka \gg 1$	2	1
Kreisscheibe, schallhart	$ka \ll 1$	$\frac{16}{27\pi^2}(ka)^4$	$\frac{16}{9\pi^2}(ka)^4$
	$ka \gg 1$	2	1

16.4 Störungen

Das Problem der Echoortung ist aber noch mit weiteren Unsicherheitfaktoren behaftet. Den einen haben wir schon erwähnt, nämlich die durch die Strahlkrümmung verursachte Vortäuschung einer falschen Peilrichtung. Hinzu kommt, dass durch die Brechung die „Dichte" der Schallstrahlen verändert wird und damit die Intensität, mit welcher das Objekt angepeilt wird. Das Entsprechende gilt auch für den Rückweg vom Objekt zur Sonaranlage. Entsprechende rechnerische Korrekturen sind möglich, wenn man das Profil des zeitlich veränderlichen Schallgeschwindigkeitsprofils möglichst genau kennt. Man hat daher Geräte entwickelt, mit der dieses Profil schnell gemessen werden kann. Sie bestehen im Prinzip aus einem kleinen Schallsender und Schallempfänger, die, zusammen mit einem Gewicht, an einem Seil in das Wasser abgesenkt werden. Beide Wandler bilden eine Übertragungsstrecke, die durch Reflektoren noch verlängert wird. Aus der gemessenen Signallaufzeit in der Übertragungsstrecke wird dann die lokale Schallgeschwindigkeit ermittelt.

Des weiteren herrscht im Meer immer ein gewisser „Lärmpegel", der verschiedene Ursachen hat und die eigentlichen Messsignale mehr oder weniger „verdeckt". Da ist zunächst das thermische Rauschen, das von der statistischen Molekülbewegung verursacht wird. Da es grundsätzlicher Art ist, stellt es eine absolute Untergrenze für die Intensität der nachzuweisenden Echosignale dar. Im Frequenzbereich unterhalb von 50 kHz überwiegen aber die Geräusche, die an der Meeresoberfläche durch Wellen entstehen. Ihre Stärke hängt naturgemäß vom Seegang und von der Windstärke ab. Auch auf die Oberfläche prasselnder Regen erzeugt Geräusche im Wasser. Und schließlich werden auch von manchen Meerestieren Geräusche verursacht, die allerdings eher im Flachwasser eine Rolle spielen. Ein

u. U. erheblicher Anteil an dem Geräuschpegel stammt schließlich von anderen Schiffen. Durch eine geeignete Frequenzfilterung lässt sich in diesen Fällen der Signal-Störabstand erheblich vergrößern.

Aber auch die Schallortung selbst unter Wasser erzeugt unerwünschten Schall, da die zur Ortung benutzten Schallwellen an allen im Wasser schwebenden Objekten wie Luftblasen, Fischen und anderen Lebewesen gestreut werden. In ihrer Gesamtheit verursachen sie einen für die Wasserschalltechnik typischen Nachhall, der hier nicht wie in der Raumakustik durch immer wiederholte Schallreflexionen an ausgedehnten Grenzflächen entsteht.

Zu seiner näheren Beschreibung nehmen wir an, dass die Streuobjekte räumlich regellos verteilt seien mit einer mittleren Anzahldichte von N m^{-3} und dass alle den gleichen Rückstreuquerschnitt Q_r haben. Ein zur Zeit $t = 0$ in das Medium emittierter Schallimpuls der Dauer Δt erreicht nach t Sekunden alle Streuobjekte, die sich in einer Kugelschale mit dem Radius $r = ct$ und der Dicke $\Delta r = c\Delta t$ befinden (s. Fig. 16.4). Ihre Zahl beträgt $N \cdot 4\pi r^2 \cdot \Delta r$. Die von ihnen zu erzeugten Echosignale gelangen $2t$ Sekunden nach Aussendung des Schallsignals zur Sonaranlage zurück; wegen der unregelmäßigen Lage der Streuzentren sind sie untereinander inkohärent und dürfen energetisch addiert werden. Das Resultat lautet:

$$I_s = 4\pi r^2 N \Delta r \cdot \frac{Q_r}{4\pi r^2} \cdot I_0 = \frac{NQ_r \Delta r}{4\pi r^2} P_0$$

letzteres mit Gl. (4) und $\gamma_s = \gamma$. Ersetzt man noch r durch ct und Δr durch $c\Delta t$ und ebenso die Gesamtlaufzeit $2t$ durch t, dann wird unter Berücksichtigung der Bündelung:

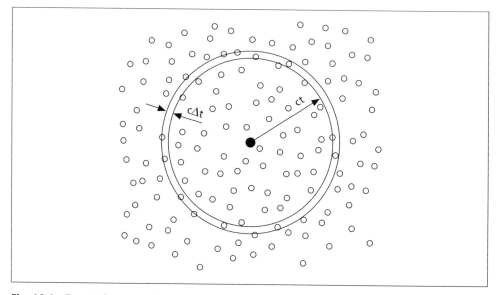

Fig. 16.4 Zum Volumennachhall im Meer

$$I_s = \frac{\gamma^2 NQ_r \Delta t}{\pi ct^2} P_0 \qquad (6)$$

Jedenfalls folgt der durch Streuung erzeugte Nachhall einem ganz anderen Zeitgesetz als der aus der Raumakustik bekannte Nachhall. Natürlich gibt Gl. (6) nur ein grobes Bild des Nachhallverlaufs, in Wirklichkeit weist das Echosignal meist starke unregelmäßige Schwankungen auf.

Die eben beschriebene Art des Nachhalls ist genauer als Volumennachhall zu bezeichnen, da er im Wasservolumen entsteht. Außer ihm erzeugt auch die bewegte Wasseroberfläche eine Rückstreuung, die den sog. Flächennachhall verursacht. Entsprechendes gilt für den meist unregelmäßigen Meeresboden. Eine Überlegung ähnlich der oben beschriebenen zeigt, dass die Intensität im Flächennachhall umgekehrt proportional zur Zeit t abklingt.

16.5 Ausrüstung

Wichtigste Bestandteile jeder Sonaranlage sind die Einrichtungen zum Senden der Wasserschallsignale und zum Empfang der von ihnen ausgelösten Echos. Man verwendet hierfür elektroakustische Wandler, die heute überwiegend piezoelektrischer Art sind. Daneben spielt auch der magnetostriktive Wandler eine gewisse Rolle. (Gelegentlich erzeugt man starke Schallimpulse auch durch Explosionen.) Die nähere Beschreibung der in der Wasserschalltechnik eingesetzten Sendewandler findet sich im Kapitel 19. Da sie reversibel sind, d.h. sowohl elektrische Signale in akustische wandeln und umgekehrt, können beide Aufgaben mit ein und derselben Wandleranordnung gelöst werden. Ebenso verwendet man aber auch getrennte Schallempfänger, sog. Hydrofone, auf die im Kapitel 18 etwas näher eingegangen wird.

Die in der Wasserschalltechnik eingesetzten Frequenzen reichen größenordnungsmäßig von wenigen Hertz bis etwa 100 kHz. Der Schwerpunkt liegt allerdings im Bereich von 5 – 30 kHz; in ihm ist einerseits die Dämpfung noch nicht allzu hoch; zum anderen erreicht man bei diesen Frequenzen schon eine gutes Auflösungsvermögen.

Die Wandler werden meist nicht einzeln eingesetzt, sondern gruppenweise, womit eine höhere Leistung bzw. Empfindlichkeit, insbesondere aber eine ausgeprägte Richtwirkung erzielt wird. Sie können z. B. äquidistant längs einer Geraden angeordnet werden. Die Richteigenschaften der so entstehenden linearen Strahlergruppe wurden bereits in Abschnitt 5.6 behandelt. Sie bündelt den abgestrahlten Schall in die zur Strahlergruppe senkrechte Richtung. Durch zweidimensionale Erweiterung entsteht hieraus eine flächenhafte Strahlergruppe, die den Schall bevorzugt auf die zur Strahlerebene senkrechte Richtung konzentriert. Ihre Richtfunktion ergibt sich durch eine sinngemäße Ergänzung der Gl.(5.25). Diese Strahleranordnung bildet gewissermaßen den Übergang zu der Kolbenmembran (s. Abschnitt 5.8), die von ihr umso besser angenähert wird, je kleiner die Strahlerabstände sind, bezogen auf die Schallwellenlänge.

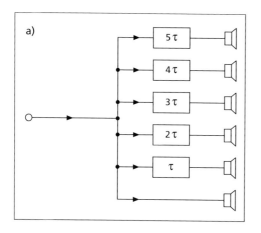

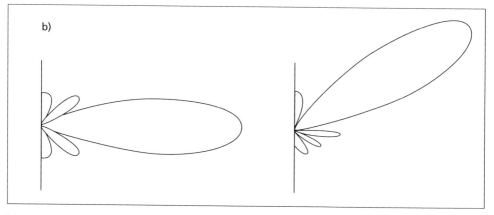

Fig. 16.5 Schwenkung der Richtkeule durch elektrische Verzögerungsglieder.
a) Prinzip,
b) Richtcharakteristik einer linearen Strahlergruppe. (links: normale Richtcharakteristik, rechts: um 30° geschwenkte Richtcharakteristik)

Die Gesamtabmessungen stark richtender Strahleranordnungen müssen ein Mehrfaches der Schallwellenlänge betragen. Sie können daher schon so unhandlich werden, dass sie nicht mehr mechanisch geschwenkt werden können. Dabei ist ja zu bedenken, dass sie an oder unter einem Schiff angebracht werden müssen. Nun besteht die Möglichkeit, die Richtcharakteristik, insbesondere die Hauptabstrahlrichtung einer Zeile durch Verzögerung der elektrischen Speisesignale zu ändern, für Mikrofon- oder Hydrofonzeilen gilt das Entsprechende. Fig. 16.5a veranschaulicht das Prinzip dieser Methode. Soll z. B. die Hauptstrahlrichtung um den Winkel α_0 geschwenkt werden, dann muss das Speisesignal für das n^{te} Strahlerelement um die Zeit $(n-1)\tau$ mit

$$\tau = \frac{d}{c}\sin \alpha_0 \qquad (7)$$

verzögert werden, wobei n die ganzen Zahlen von 1 bis zur Gesamtzahl N der Elemente durchläuft. Die Richtfunktion erhält man dadurch, dass man in der Ableitung der Gl. (5.25) $\sin\alpha$ durch $\sin\alpha - \sin\alpha_0$ ersetzt. Damit ergibt sich der Betrag der Richtfunktion zu

$$|R(\alpha)| = \left|\frac{\sin\left[\frac{Nkd}{2}(\sin\alpha - \sin\alpha_0)\right]}{N\sin\left[\frac{kd}{2}(\sin\alpha - \sin\alpha_0)\right]}\right| \qquad (8)$$

Sie ist in Fig. 16.5b für $k_d = 2$ und $N = 6$ als Polardiagramm dargestellt, und zwar einmal mit $\alpha_0 = 0$ (links), zum anderen mit $\alpha_0 = 30°$. Es ist zu beachten, dass die Richtcharakteristik durch die Verzögerungen nicht als Ganzes geschwenkt wird, sondern auch im Einzelnen verändert wird.

Die Änderung der Strahlercharakteristik durch elektrische Mittel ist natürlich nicht auf lineare Gruppen beschränkt, sondern kann auf beliebige Strahlergruppen angewandt werden.

Die zur Wasserschallortung eingesetzten Signale bestehen im einfachsten Fall aus kurzen Schwingungsimpulsen einheitlicher Frequenz. Die Erkennungssicherheit eines Objekts erhöht sich allerdings mit der Frequenzbandbreite des Ortungssignals, da die Rückstreuung i. Allg. nicht nur hinsichtlich Stärke des Signals, sondern auch seinen Zeitverlaufs verändert. Mit anderen Worten: Durch die Reflexion oder Rückstreuung ändert sich das Frequenzspektrum des Signals in einer für das Objekt charakteristischen Weise. Zur Erhöhung der Signalbandbreite kann man entweder das Signal kürzer machen, oder man arbeitet von vornherein mit einem längeren Signal, das sich aber nach dem Empfang durch ein sog. Korrelationsfilter in einen kurzen Impuls zusammenraffen lässt. Allgemein spielt die Signalverarbeitung bei der Sonarortung eine entscheidende Rolle, worauf wir hier allerdings nicht näher eingehen wollen.

16.6 Allgemeine Bemerkungen zum Ultraschall

Nunmehr wenden wir uns dem zweiten Gegenstand dieses Kapitel zu, dem Ultraschall. Wie schon in der Einleitung erwähnt, bezeichnet man damit Schall mit Frequenzen oberhalb des Wahrnehmungsbereichs des menschlichen Gehörs. Zwar schwankt die Frequenz-Obergrenze des Hörvermögens von Person zu Person und verändert sich auch im Lauf des Lebens; ein brauchbarer Anhaltspunkt ist aber eine Frequenz von 20 kHz. Dementsprechend liegt das Ultraschallgebiet oberhalb von 20 kHz.

Die Ausbreitung von Ultraschall folgt grundsätzlich den gleichen Gesetzmäßigkeiten wie die von Schall aller anderen Frequenzen. Allerdings verschieben sich im Ultraschallbereich die Gewichte der einzelnen Ausbreitungserscheinungen etwas und zwar umso mehr, je höher die Frequenz wird. So spielt die Beugung an Hindernissen wegen der z. T. viel kleineren Wellenlängen nicht die Rolle, die ihr im Hörbereich zukommt. Oft sagt man, dass sich Ultraschall namentlich höherer Frequenz „quasioptisch" ausbreitet und meint damit, dass sich hier die aus der geometrischen Optik bekannten Strahlenvorstellungen mit mehr Berechtigung als im Hörschallgebiet anwenden lassen. So kann man durchaus davon sprechen, dass ein räumlicher Bereich von einem Ultraschallstrahl „ausgeleuchtet" oder „angestrahlt" wird.

Andererseits macht sich die im Hörschallgebiet oft vernachlässigte Dämpfung, die ja mit der Frequenz stark ansteigt, im Bereich des Ultraschalls entsprechend stark bemerkbar. Hinsichtlich der physikalischen Ursachen der Schalldämpfung sei auf Abschnitt 4.4 verwiesen. Sie ist in aller Regel in Gasen höher als in Flüssigkeiten, und hier ist sie wiederum höher als in Festkörpern. Aus diesem Grund spielt in der praktischen Anwendung Ultraschall in Luft eine eher untergeordnete Rolle; bei den meisten praktischen Anwendungen des Ultraschalls ist das Wellenmedium flüssig oder fest.

Bei den vielfältigen praktischen Anwendungen des Ultraschalls unterscheidet man zwischen „diagnostischen" Verfahren, bei denen die aufgewandte Schallenergie grundsätzlich keine Rolle spielt und solchen Anwendungen, bei denen es auf hohe Schallintensitäten oder große Schallschnellen, letztlich also auf hohe akustische Leistungen ankommt, die sich mit Ultraschall relativ leicht erzeugen lassen. Bei den ersteren dient der Ultraschall als Informationsträger, hauptsächlich um Aufschluss über den Zustand im Inneren undurchsichtiger Körper zu erhalten. Im Vordergrund stehen hier die zerstörungsfreie Materialprüfung sowie die medizinische Diagnose mit Ultraschall. Bei den Leistungsanwendungen sucht man gewisse Änderungen eines mit Ultraschall behandelten Körpers zu erzielen. Besonders wichtig ist dabei die Reinigung mit Ultraschall sowie die Verbindungstechnik.

16.7 Erzeugung und Nachweis bzw. Empfang von Ultraschall

Technischer Ultraschall wird heute fast ausschließlich mit elektrischen Mitteln erzeugt. Im Vordergrund steht dabei der piezoelektrische Schallsender, der leicht zu handhaben und den unterschiedlichsten Bedürfnissen angepasst werden kann. Seine nähere Beschreibung findet sich in den Kapiteln 17 und 19. Hier sei nur soviel gesagt, dass er fast immer aus einer Platte oder Schicht piezoelektrischen Materials besteht, das sich zwischen zwei metallischen Elektroden befindet (s. Fig. 17.2). Legt man an diese eine elektrische Wechselspannung, dann ändert die Platte ihre Dicke im Rhythmus der Spannungsschwankungen und strahlt daher Schall von ihren Endflächen in die Umgebung ab.

Da der piezoelektrische Effekt reversibel ist, kann er auch zum Empfang von Ultraschallsignalen verwendet werden. Eine auf den obenbeschriebenen Schallwandler auftreffende Schallwelle ruft Dickenänderungen der piezoelektrischen Schicht hervor; auf den Elektroden entsteht auf Grund des piezoelektrischen Effekts eine entsprechende elektrische Flächenladung. Zur Erzeugung und zum Empfang von Ultraschallsignalen kann ein und dasselbe Piezoelement verwendet werden, wovon sehr häufig Gebrauch gemacht wird. Es gibt aber auch Mikrofone für Ultraschall. Da sie meist in flüssigen Medien eingesetzt werden, bezeichnet man sie i. Allg. als Hydrofone. Sie werden in Kapitel 18 näher beschrieben.

Ist die Schallwellenlänge in der piezoelektrischen Schicht kleiner als deren Dicke d, dann muss die Schicht als Wellenleiter angesehen werden. Die von der Anregungsspannung erzeugten Dehnungen breiten sich dann in Form von Longitudinalwellen in der Piezoschicht aus und werden von den Endflächen fortlaufend hin- und herreflektiert. Dadurch bildet sich eine stehende Welle ähnlich wie in einem beidseitig verschlossenen, luftgefüllten Rohr; diese ist besonders ausgeprägt, wenn die Dicke des Piezoplättchens ein Vielfaches der halben Longitudinalwellenlänge ist. Die entsprechenden Frequenzen sind durch Gl. (9.1) gegeben. Allerdings können bei gleicher Belastung beider Plattenseiten nur Eigenschwingungen mit ungerader Ordnungszahl angeregt werden. Für die Resonanzfrequenzen einer piezoelektrischen Platte der Dicke d gilt daher:

$$f_n = (2n+1) \cdot \frac{c_L}{2d} \qquad (n = 0, 1, 2, ...) \qquad (9)$$

(c_L = Longitudinalwellengeschwindigkeit). Bei Leistungsanwendungen des Ultraschalls sind diese Resonanzen des Wandlers durchaus erwünscht; man beschränkt sich dabei in aller Regel auf die Grundresonanz (n = 0). Ist man dagegen an der Erzeugung von breitbandigen Schallsignalen, z. B. von kurzen Schallimpulsen interessiert, dann versieht man eine Seite des Wandlers mit einem „Dämpfungskörper", der möglichst den gleichen Wellenwiderstand wie das Piezomaterial und zugleich eine hohe innere Dämpfung hat. Typische Wandler, wie sie für die Ultraschall-Materialprüfung eingesetzt werden, sind in Fig. 16.8 dargestellt.

Zum Nachweis von Ultraschall können auch mechanische, thermische oder optische Effekte herangezogen werden. So übt ein begrenzter Schallstrahl in einer sonst ruhenden Flüssigkeit einen Gleichdruck auf ein Hindernis aus, den schon in Abschnitt 4.5 erwähnten Schallstrahlungsdruck. Besteht das Hindernis aus einer zur Strahlachse senkrechten, schallabsorbierenden Platte, dann ist der Strahlungsdruck nummerisch gleich der Energiedichte im Schallstrahl, bei einer reflektierenden Platte ist er doppelt so groß. Aus der auf den Probekörper wirkenden Strahlungskraft kann somit die Energiedichte und die Intensität des Schallstrahls absolut bestimmt werden. Die entsprechenden Geräte heißen Strahlungsdruck- oder Strahlungskraftwaagen. Fig. 16.6 zeigt eine mögliche Ausführung einer solchen Waage.

Bei thermischen Ultraschallsensoren wird die Schallintensität aus der Temperaturerhöhung eines schallabsorbierenden Probekörpers bestimmt, der sich im Schallfeld befindet. Optische Verfahren beruhen darauf, dass eine harmonische (fortschreitende oder stehende) Ultraschallwelle in einem durchsichtigen Stoff auf Grund der von ihr erzeugten Dichteänderungen als optisches Beugungsgitter wirkt. Durch Helligkeitsvergleich der einzelnen Beugungsordnungen kann die Schallintensität absolut bestimmt werden. Aus dem gleichen Grund kann ein ausgedehntes Wellenfeld auch schlierenoptisch sichtbar gemacht werden.

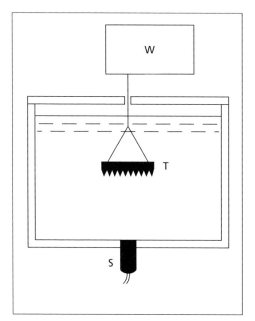

Fig. 16.6 Strahlungsdruckwaage (S Ultraschallsender, T „Target", W Waage)

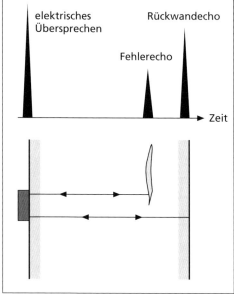

Fig. 16.7 Echosignale bei der Materialprüfung mit Ultraschall

16.8 Diagnostische Ultraschallanwendungen

Die wichtigsten der hier zu beschreibenden Anwendungen sind die zerstörungsfreie Prüfung von Werkstoffen und Werkstücken sowie die medizinische Sonografie. In beiden Fällen handelt es sich um die Untersuchung eines beschallten Mediums und seiner Inhomogenitäten.

Abgesehen von Sonderfällen, wird hierfür heute fast ausschließlich das Impulsechoverfahren eingesetzt. Es entspricht weitgehend dem in Fig 16.1 dargestellten Ortungsprinzip. Die Bündelung der Schallwellen ist im Ultraschallbereich wegen der kleinen Wellenlängen kein Problem. Häufig wirft eine innere Grenzfläche nur einen Teil der primären Schallenergie zurück, daher zeigt ein Schallstrahl oft mehrere oder sogar viele hintereinander liegende Grenzen oder Hindernisse an. Ist das Prüfobjekt eine Platte, ein Rohr, ein Behälter usw., so wird auch von dessen Rückwand i. Allg. ein starkes Echo erzeugt; das Impulsechoverfahren eignet sich daher auch zur Wanddickenmessung. Umgekehrt braucht man die Schallgeschwindigkeit des Mediums nicht zu kennen, wenn die Wanddicke bekannt ist. (s. Fig. 16.7)

Für die Stärke eines Echos ist auch hier der Rückstreuquerschnitt des angepeilten Objekts maßgebend (s. Abschnitt 16.3). Da dieser bei kleinen Objekten sehr stark mit der Frequenz ansteigt, legt die Schwerpunktsfrequenz des Signals die Ausdehnung des kleinsten, noch nachweisbaren Objekts fest. Allerdings wächst mit der Frequenz auch die

Ausbreitungsdämpfung des Ultraschalls an. Daher muss in der Praxis ein Kompromiss hinsichtlich der Betriebsfrequenz gefunden werden. In der technischen Materialprüfung liegen die Prüffrequenzen meist zwischen 1 und 10 MHz. Ähnliches gilt für die medizinische Sonografie, obwohl bei kleinen oder dünnen Organen (Auge, Haut) auch noch Ultraschall mit weit höherer Frequenz zum Einsatz kommt.

16.8.1 Materialprüfung

Ein für die Materialprüfung mit Ultraschall geeigneter Wandler ist in Fig. 16.8a dargestellt. Er besteht im wesentlichen aus einer Platte piezoelektischen Materials, das auf seiner Vorderseite mit einer Schutzschicht, auf seiner Rückseite mit einem Dämpfungskörper versehen ist. Für die Schrägeinstrahlung der Prüfsignale, die z. B. bei der Prüfung von Schweißnähten eingesetzt wird, verwendet man „Winkelprüfköpfe", die mit einem keilförmigen Vorsatzteil versehen sind (s. Fig. 16.8b). Bei ihrer Anwendung ist natürlich die Brechung und die Wellentypwandlung an der Materialoberfläche zu berücksichtigen (s. Abschn. 10.2); bei hinreichend schräger Einstrahlung entsteht im Prüfling eine reine Transversalwelle. – Der Prüfkopf wird mittels eines Koppelmittels (z. B. Öl oder Wasser) auf das zu untersuchende Werkstück aufgesetzt. Alternativ kann das zu prüfende Teil in ein Wasserbad eingetaucht werden. Auch die Ankopplung über einen Wasserstrahl wird praktiziert. Die Durchmusterung der Oberfläche erfolgt entweder manuell oder automatisch.

Die Materialprüfung mit Ultraschall kann fast auf alle Werkstoffe angewandt werden, wenn auch mit unterschiedlichem Erfolg. Maßgebend ist der innere Aufbau der Werkstoffe: durch Streuung an Korngrenzen sowie an gewissen Einlagerungen (z. B. Kohlenstoff in Gußeisen) werden die Schallsignale geschwächt, zugleich wird der Störuntergrund verstärkt; es entsteht „Nachhall" ähnlich wie in Abschnitt 16.4 beschrieben. Glücklicher-

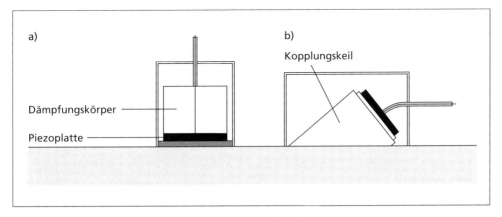

Fig. 16.8 Prüfköpfe für die zerstörungsfreie Materialprüfung
a) Prüfkopf für Senkrechteinstrahlung,
b) Winkelprüfkopf

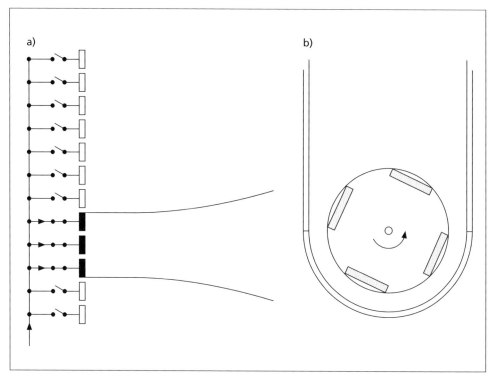

Fig. 16.9 Für die B-Darstellung benutzte Wandler.
a) Lineararray,
b) Sektorscanner (aus H. Kuttruff, Physik und Technik des Ultraschalls, s. Literaturliste, mit freundlicher Genehmigung des Verlags)

weise lassen sich die meisten Stahlsorten gut mit Ultraschall prüfen, ähnliches gilt für Leichtmetalle wie Aluminium und Magnesium und deren Legierungen. Schlecht prüfbar sind dagegen Kupferlegierungen wie Messing oder Bronze und besonders Gußeisen. Eine Ultraschallprüfung von Beton oder Kunststeinen ist wegen der grobkörnigen Struktur dieser Materialien nur bei sehr niedrigen Frequenzen möglich.

Die Ultraschallprüfung wird sowohl auf Rohlinge, auf Halbzeuge wie auch auf fertige Werkstücke angewandt, letzteres sowohl vor der Inbetriebnahme als auch im Zuge von technischen Inspektionen. Im Vordergrund stehen dabei besonders wichtige oder hoch beanspruchte Maschinen- oder Anlagenteile. Als Beispiele seien hier Bleche, Stangen, Achsen und Rohre, Kessel und Behälter aller Art, Schweißnähte, Eisenbahnräder und Schienen genannt, eine Liste, die sich noch beliebig erweitern ließe.

16.8.2 Medizinische Diagnostik (Sonografie)

Bei der Materialprüfung erscheinen die Echosignale meist in Form eines Oszillogramms (s. Fig. 16.7) Diese „A-Darstellung" wird in der medizinischen Sonografie kaum noch benutzt, da der untersuchende Arzt heute eine möglichst naturgetreue, bildliche Darstellung einer Körperregion oder eines Organs vorzieht. Der betreffende Bereich wird daher automatisch mit Schallstrahlen durchmustert („B-Darstellung"). Dazu benutzt man z. B. lineare Wandleranordnungen, sog. „arrays", die aus 60 – 240 nebeneinander liegenden, wenige Wellenlängen breiten Piezoplättchen bestehen (s. Fig. 16.9a). Den aktiven Teil des Schallsenders bilden einige zusammengeschaltete Wandlerelemente, die als Strahlergruppe im Sinn von Abschnitt 5.6 wirken. Dieser wird nach jedem Sende-Empfangszyklus durch Zu- und Abschalten je eines Elements um eine Einheit verschoben. Eine andere Möglichkeit der Durchmusterung bieten rotierende Wandler, die einen Sektor des betreffenden Körperbereichs abtasten (sog. Sektorscanner, s. Fig. 16.9b) oder wie beim Radar ein Rundumbild von ihm erzeugen. In beiden Fällen werden die Echosignale durch Helligkeitsteuerung der einzelnen Bildpunkte des Sichtgeräts angezeigt; eine geeignete Synchronisierung sorgt dafür, dass die Lage jedes Bildpunkts dem Ort des erzeugenden Objekts entspricht. Die Sende-Empfangszyklen folgen so schnell aufeinander, dass eine zur Echtzeitdarstellung ausreichende Bildfrequenz erzielt wird. Damit lassen sich auch veränderliche Vorgänge wie die Bewegung der Herzklappen darstellen. Als Alternative kann hierfür auch die durch den Dopplereffekt verursachte Frequenzverschiebung nach Gl. (1) ausgenutzt werden. Hiermit kann man sogar die Strömungsgeschwindigkeit in Blutgefäßen bestimmen, da jedes Blutkörperchen ein kleines Echo erzeugt.

Die Sonografie eignet sich besonders zur Untersuchung von Weichteilstrukturen, in denen sich die Wellenwiderstände einzelner Gewebe oder Organe nur wenig voneinander unterscheiden, sodass hier eine große Eindringtiefe des Ultraschalls möglich ist. Die Dämpfung, die bei 1 MHz größenordnungsmäßig 1 dB/cm beträgt, kann durch einen elektronischen Tiefenausgleich teilweise wettgemacht werden. Biologische Gewebe stellen sich i. Allg. durch ein unregelmäßiges Fleckenmuster dar. Diese Flecken („Speckles") sind nicht etwa Abbilder der Gewebestruktur selbst, sondern entstehen durch Interferenzen zwischen zahlreichen schwachen Echokomponenten. Die Struktur der Speckles gibt oft Aufschluss über ein Gewebe und seine Veränderungen, außerdem markiert sie die Grenzen verschiedener Gewebe oder Organe und ermöglicht die Beurteilung ihrer Lage und Größe. Luftgefüllte Organe wie die Lunge und dahinterliegende Gewebe können dagegen nicht mit Ultraschall untersucht werden, da ihre Oberflächen den Schall vollständig zurückwerfen. Entsprechendes gilt für Knochen. Ein besonderer Vorteil der Sonografie ist, dass sie nicht mit ionisierender Strahlung arbeitet; die eingestrahlte mittlere Intensität kann so gering gehalten werden, dass Schädigungen des Gewebes durch zu hohe mechanische Beanspruchung oder unzulässige Erwärmung ausgeschlossen sind.

Auf Grund ihrer Leistungsfähigkeit und ihrer einfachen Handhabung wird die Sonografie heute in fast allen Zweigen der Medizin angewandt, z. B. in der Inneren Medizin, der Gynäkologie und Geburtshilfe, der Kardiologie, der Augenheilkunde, der Urologie u. v. a. m.

16.9 Anwendungen von Leistungsultraschall

16.9.1 Kavitation

Zu den bemerkenswertesten Wirkungen intensiver Ultraschallwellen in Flüssigkeiten gehört die Kavitation, also die Entstehung von kleinen Hohlräumen bei Unterdruck. Sie ist uns schon im Unterabschnitt 15.2.2 begegnet, wenn auch in anderem Zusammenhang. In Ultraschallfeldern ist ihre Ursache die negative Halbschwingung des Schalldrucks.

An sich ist die Zerreißfestigkeit physikalisch reiner Flüssigkeiten zu hoch, als dass sie durch die in üblichen Ultraschallfeldern herrschenden Unterdrücke überwunden werden könnte. Allerdings enthalten reale Flüssigkeiten zahlreiche Schwebeteilchen, an denen sich Gasreste stabilisieren können und die als Kavitationskeime wirken. Dadurch wird die Kavitationsschwelle, d. h. die zur Erzeugung von Kavitation erforderliche Mindest-Schalldruckamplitude stark abgesenkt. Bei Frequenzen unter 30 kHz liegt sie größenordnungsmäßig bei 1 bar (entsprechend einer Intensität von etwa 0,3 W/cm^2 in Wasser), bei höheren Frequenzen nimmt sie monoton mit der Frequenz zu.

Im Gegensatz zu normalen, stabilen Gasblasen enthalten Kavitationshohlräume nur wenig Gas. Im Schallfeld führen sie entweder stark nichtlineare Pulsationsschwingungen aus oder sie kollabieren, sobald der Unterdruck verschwindet, durch den sie entstanden sind. Ein solcher Kollaps erfolgt erst langsam, in den Endphasen aber mit sehr hoher Geschwindigkeit. Dabei wird das im Inneren befindliche Restgas stark komprimiert. Es können so lokal sehr hohe Druckspitzen entstehen (10000 atm und mehr), außerdem wird das Gas adiabatisch so stark erhitzt, dass es einen kurzen Lichtblitz aussenden kann. Dies ist wahrscheinlich die Ursache für das schwache Leuchten, das von starken Ultraschallfeldern in Flüssigkeiten ausgeht und als Sonolumineszenz bezeichnet wird. Des weiteren können in Kavitationsfeldern bestimmte chemische Reaktionen ausgelöst oder beschleunigt werden, was die Grundlage der Sonochemie bildet. Jedenfalls bewirkt die Kavitation eine starke zeitliche und räumliche Energiekonzentration, die bei verschiedenen Anwendungen ausgenutzt wird.

16.9.2 Ultraschallreinigung

Bei der Ultraschallreinigung wird der zu behandelnde Gegenstand in ein mit flüssigen Reinigungsmittel gefülltes Gefäß eingetaucht und dort einem starken Ultraschallfeld ausgesetzt. Die Reinigungswirkung beruht darauf, dass auf der verschmutzten Oberfläche Kavitation entsteht; die erforderlichen Kavitationskeime befinden sich auf dem Reinigungsgut. Die Kavitationsblasen erzeugen einerseits bei ihrer Implosion starke Druckstöße, welche die Schmutzschicht angreifen oder an der Oberfläche haftende Schmutzpartikel lockern und abreißen. Zum anderen entstehen in ihrer direkten Umgebung starke Flüssigkeitsströmungen, welche die Schmutzpartikel von der Oberfläche entfernen und für einen schnellen Austausch der Reinigungsflüssigkeit sorgen.

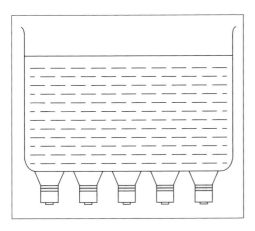

Fig. 16.10 Ultraschall-Reinigungswanne (nach H. Kuttruff, Physik und Technik des Ultraschalls, s. Literaturliste, mit freundlicher Genehmigung des Verlags)

Die Ultraschallreinigung wird in Reinigungswannen unterschiedlichster Größe aus Edelstahl oder Kunststoff durchgeführt (s. Fig. 16.10). Das Schallfeld wird heute fast ausschließlich mit den in Abschnitt 19.7 beschriebenen, piezoelektrischen Verbundschwingern erzeugt, die den Schall vom Boden oder einer Wand der Wanne in die Flüssigkeit abstrahlen. Die Schallfrequenz liegt meist zwischen 20 und 50 kHz. Die Reinigungsflüssigkeit kann, je nach der Art der Verunreinigung, entweder wässrig (basisch oder sauer) oder organisch sein.

Die Ultraschallreinigung bewährt sich überall dort, wo es auf die Erzielung höchster Reinheitsgrade ankommt, oder wo die zu reinigenden Gegenstände mechanisch besonders empfindlich oder besonders klein sind oder eine unregelmäßig gestaltete Oberfläche haben, z. B. Sacklöcher enthalten. Beispiele sind Teile der Feinmechanik und der Feinwerktechnik, medizinische Geräte, optische Linsen, Schmuck aller Art, Fernsehbildröhren, elektronische Baugruppen, zu galvanisiernde Werkstücke, radioaktiv kontaminierte Gegenstände u. v. a. m.

16.9.3 Verbindungstechnik

Als weitere Anwendung von Ultraschall hoher Leistung hat vor allem das Schweißen von Formteilen aus Kunststoff einen festen Platz in der industriellen Fertigung erobert. Die Verschweißung erfolgt durch thermische Erweichung des Materials auf Grund der zugeführten Energie. Daher eignet sich diese Methode nur für die Bearbeitung von Thermoplasten, nicht aber für Duroplaste. Besonders geeignet ist diese Methode für Polystyrol und seine Copolymerisate, Polykarbonat und Polymethylmetakrylat.

Zur Verschweißung werden die zu verbindenden Komponenten zwischen dem „Amboß" und dem eigentlichen Schweißwerkzeug, der „Sonotrode", zusammengedrückt (s. Fig. 16.11a). Die letztere dient zugleich der Einleitung der Schwingungsenergie. Diese wird mit einem leistungsfähigen Ultraschallschwinger, etwa einem Verbundschwinger erzeugt und der Sonotrode über einen sog. Schnelletransformator (s. Abschnitt 19.7) so

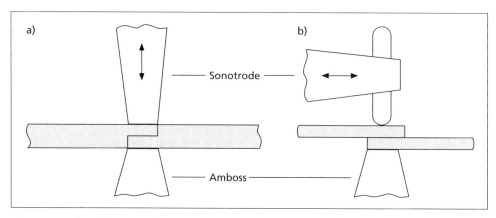

Fig. 16.11 Ultraschallschweißen
a) von Kunststoffen,
b) von Metallen

zugeführt, dass diese senkrecht zur Fügestelle schwingt; die Frequenz beträgt 20-30 kHz. Die Verschweißung wird durch eine lokale Plastifizierung des Materials an den isolierten Berührungsstellen eingeleitet, da hier die größte Energiekonzentration auftritt. Da die Schallabsorption in Kunststoffen i. Allg. mit der Temperatur anwächst, erwärmt sich das bereits erweichte Material immer schneller, der plastifizierte Bereich dehnt sich aus, bis sich schließlich beide Komponenten verbunden haben. Der ganze Schweißvorgang ist nach Bruchteilen einer Sekunde abgeschlossen. Jedenfalls entsteht die Wärme genau da, wo sie gebraucht wird, nämlich an der Fügestelle, was ein besonderer Vorteil des Ultraschallschweißens ist. Daher wird die Ultraschall-Kunststoffschweißung heute in fast allen Zweigen der kunststoffverarbeitenden Industrie zur Herstellung verschiedenartigster Serienteile verwandt.

Mit Ultraschall lassen sich übrigens nicht nur Kunststoffe, sondern auch Metalle sowohl miteinander als auch mit Nichtmetallen verschweißen. Hierbei führt die Sonotrode in Bezug auf die Fügestelle keine senkrechten, sondern transversale Schwingungen aus und erzeugt zunächst eine tangentiale Relativbewegung der beiden Komponenten (s. Fig. 16.11b). Dabei wird lokal die Fließgrenze des Materials überschritten; die Unebenheiten der Oberflächen werden soweit eingeebnet, dass diese sich durch molekulare Anziehungskräfte miteinander verbinden. Es handelt dabei also nicht oder nicht vorrangig um einen thermischen Prozess. Am besten lassen sich mit Ultraschall Aluminium und seine Legierungen mit sich selbst und mit anderen Metallen verschweißen. Auch Verbindungen von Metallen mit Halbleitermaterialien, mit Glas oder mit keramischen Stoffen sind möglich.

16.9.4 Bohren und Schneiden

Beim Ultraschallbohren wird das Werkzeug in kräftige, zur Werkstoffoberfläche senkrechte Schwingungen versetzt, ihre Erzeugung erfolgt ähnlich wie beim Kunststoffschweißen mit einem Verbundschwinger mit angekoppeltem Schnelletransformator. Zwischen dem Werkzeug und dem Werkstück befindet sich, wie in Fig. 16.12 gezeigt, eine wässrige Suspension eines Schleifmittels (Siliziumkarbid, Borkarbid, Diamantpulver). Die Schwingung erzeugt nun in dieser eine Verdrängungsströmung, außerdem entsteht starke Kavitation. Beides führt zu einer schnellen Bewegung der Schleifmittelkörner, wodurch das Material unter dem Bohrwerkzeug zerspant und abgetragen wird. Es handelt sich also in Wirklichkeit um einen Schleifvorgang. Das Nachführen des Werkzeugs muss so langsam erfolgen, dass eine kraftschlüssige Verbindung zwischen Werkzeug und Werkstück vermieden wird. Schließlich entsteht in dem Werkstück eine dem jeweiligen Bohrwerkzeug entsprechende Vertiefung. Mit einem hohlen Werkzeug kann man aus einer Platte kleine Ronden ausschneiden. Verwendet man als Werkzeug eine dünne Klinge, so kann man dünne Scheibchen von einem kompakten Material „abschneiden". Das Werkzeug wird i. Allg. auf den Bohrrüssel aufgelötet; es braucht keineswegs besonders hart zu sein. Bei größeren Löchern arbeitet man zweckmäßigerweise mit hohlen Werkzeugen, durch welche über eine zentrale Bohrung des Schnelletransformators laufend frische Schleifsuspension zugeführt wird. Wichtig ist auch hier, dass alle Komponenten genau auf die Betriebsfrequenz des Schallsenders abgestimmt sind.

Der Vorteil des Ultraschallbohrens ist, dass das Verfahren keineswegs auf die Herstellung kreisrunder Löcher oder Vertiefungen beschränkt ist und dass es sich besonders zur Bearbeitung harter oder spröder Materialien eignet (Glas, Keramik, Hartmetall, Edelsteine).

16.10 Erzeugung hoher und höchster Ultraschallfrequenzen

Bevor wir einzelne Methoden zur Erzeugung höchstfrequenten Ultraschalls besprechen, soll die schon in der Einleitung angesprochene Frage einer absoluten Frequenz-Obergrenze aller akustischen Erscheinungen erörtert werden.

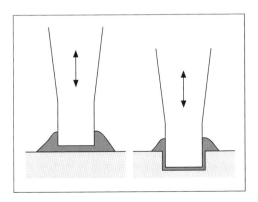

Fig. 16.12 Ultraschallbohren (aus H. Kuttruff, Physik und Technik des Ultraschalls, s. Literaturliste, mit freundlicher Genehmigung des Verlags)

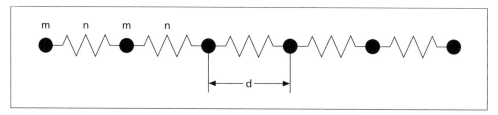

Fig. 16.13 Eindimensionaler Kristall, schematisch

Zunächst muss man sich vor Augen halten, dass bei sehr hohen Frequenzen eine Schallausbreitung in gasförmigen oder flüssigen Medien aus Dämpfungsgründen ausscheidet und dass man sich auch bei Festkörpern auf monokristalline Stoffe beschränken muss, da diese besonders regelmäßig aufgebaut sind und die Schallwellen vergleichsweise wenig dämpfen. Bekanntlich sind ihre Bausteine (Atome, Ionen, Moleküle) in einem sog. Kristallgitter angeordnet.

Fig. 16.13a zeigt ein eindimensionales Kristallgitter, bestehend aus einer Reihe gleicher Punktmassen mit gegenseitigen Abständen d, die durch Federn in ihren Gleichgewichtslagen gehalten werden. Breitet sich eine Longitudinalwelle in diesem „Kristall" aus, dann schwingen alle Massen mit gleicher Amplitude, aber mit gegenseitigen Phasendifferenzen

$$\Delta\varphi = k_L d = 2\pi \frac{fd}{c_L}$$

Diese sind bei tiefen Frequenzen sehr klein, werden mit wachsender Frequenz aber immer größer. Die Schallausbreitung hört auf, wenn benachbarte Massen genau gegenphasig schwingen; die Schallwelle ist dann „stehend" geworden. Dies ist der Fall bei der Frequenz

$$f_{max} = \frac{c_L}{2d} \qquad (10)$$

(Eine etwas genauere Ableitung würde im Nenner statt der 2 einen Faktor π ergeben, was für unseren Zweck aber unerheblich ist.) Mit $c_L \approx 5000$ m/s und einem typischen „Atomabstand" von $d \approx 2{,}5 \cdot 10^{-10}$ m kann man daher die absolute Frequenzobergrenze der Schallausbreitung zu

$$f_{max} \approx 10^{13} \text{ Hz} = 10 \text{ THz}$$

abschätzen, und es ist eine interessante Frage, wie weit man sich dieser Grenze mit experimentellen Mitteln annähern kann.

Mit dem in Abschnitt 16.7 beschriebenen piezoelektrischen Dickenschwinger kann man Ultraschall noch bei recht hohen Frequenzen erzeugen und nachweisen. So kann man dünngeschliffene Quarzplättchen bis zu etwa 100 MHz in ihrer Grundresonanz erregen. Noch weiter kommt man mit dünnen Folien aus Polyvinylidenfluorid (PVDF). So liegt bei

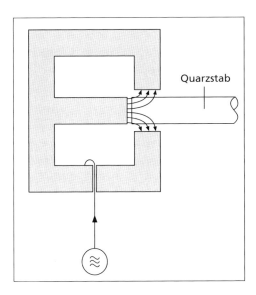

Fig. 16.14 Erzeugung von monofrequentem Ultraschall bis etwa 100 GHz nach *Bömmel* und *Dransfeld* (aus H. Kuttruff, Physik und Technik des Ultraschalls, s. Literaturliste, mit freundlicher Genehmigung des Verlags)

einer handelsüblichen Folie von 10 µm Dicke die Grundresonanz der Dickenschwingung bei etwa 200 MHz. Des weiteren lassen sich sehr dünne Schichten gewisser Piezomaterialien durch Aufdampfen oder Kathodenzerstäubung herstellen. Bestimmte monokristalline Substrate wie Saphir erzwingen dabei eine bestimmte Ausrichtung, d. h. eine kristalline Struktur der Schicht. Am besten eignen sich Stoffe wie Kadmiumsulfid, Zinksulfid oder Zinkoxid für diesen Prozess; man kann mit ihnen Dickenschwinger herstellen, deren Grundresonanz bei Frequenzen von bis zu etwa 3 GHz liegt.

Um zu wesentlich höheren Frequenzen zu gelangen, muss man das Prinzip des Dickenschwingers aufgeben und gewissermaßen aus der Not eine Tugend machen: Statt eines dünnen Plättchens verwendet man jetzt als Schallsender und zugleich als Wellenleiter ein Stäbchen z. B. aus Quarz, dessen eines Ende, wie in Fig. 16.14 gezeigt, in einen elektrischen Koaxialresonator ragt und zwar an einer Stelle, wo die elektrischen Feldlinien sich auf die Endfläche des Stäbchens konzentrieren und fast senkrecht in diese eintauchen. Falls diese Fläche hinreichend eben und exakt senkrecht auf der sog. kristallografischen X-Achse des Quarzes steht, emittiert sie eine ebene Longitudinalwelle in den Stab, der mit einer entsprechenden Anordnung am anderen Stabende nachgewiesen werden kann. Um die Dämpfung möglichst klein zu halten, muss die ganze Anordnung in einem mit flüssigem Helium gekühlten Kryostaten betrieben werden. Man erreicht mit dieser Methode Frequenzen von bis zu 100 GHz. Ihre Grenze findet sie durch die Schwierigkeit, die hohen Anforderungen an die Bearbeitung der Stabendflächen zu erfüllen. Von nun an muss man also ganz andere Wege gehen.

Hierzu müssen wir auf das eingangs erwähnte Kristallgitter zurückkommen. Bei endlichen Temperaturen ist es keineswegs in Ruhe. Vielmehr führen die Kristallbausteine regellose Schwingungen um ihre Gleichgewichtslagen aus mit Schwingungsweiten, die mit wachsender Temperatur zunehmen. Die in diesen Schwingungen gespeicherte Energie bildet im wesentlichen den Wärmeinhalt des Körpers.

Nun kann nach den Vorstellungen der Quantentheorie die in einem Festkörper gespeicherte Schwingungsenergie nicht stetig erhöht oder vermindert werden, sondern nur in ganzzahligen Vielfachen eines endlichen Betrags, den man als Schwingungsquant, als Schallquant oder als Phonon bezeichnet. Seine Energie ist mit der Schwingungsfrequenz f über die Beziehung

$$E = h \cdot f \qquad (11)$$

verknüpft, wobei h die Plancksche Konstante (h = 0,6624 · 10^{-33} Ws²) ist. Die Situation entspricht der eines Hohlraums, dessen elektromagnetische Energie nur sprunghaft, nämlich durch Zufuhr oder Abfuhr endlich großer Energiequanten geändert werden kann, den Lichtquanten oder Fotonen. – Schwingungs- oder Schallenergie kann einem Festkörper also auch durch Erwärmung zugeführt werden. Erhitzt man z. B. einen dünnen, auf den Festkörper aufgedampften Metallfilm durch eine kräftigen, sehr kurzen Stromstoß, dann breitet sich der von ihm ausgehende Phononenstrom mit Schallgeschwindigkeit in dem Festkörper aus. Dies lässt sich auch experimentell nachweisen, falls der Festkörper ein Kristall und weitgehend frei von streuenden Störstellen ist; außerdem muss er auf Heliumtemperaturen abgekühlt werden. Allerdings ist die Schallenergie über einen breiten Frequenzbereich verteilt, der bis zu der durch Gl. (10) umrissenen Obergrenze reicht.

Noch interessanter ist die von *Eisenmenger* und *Dayem*[1] angegebene Methode, monofrequente Schallquanten zu erzeugen und nachzuweisen. Sie beruht auf der Vorstellung, dass in einem supraleitenden Metall die Elektronen nicht einzeln, sondern als sog. Cooperpaare vorliegen. Diese können sich nahezu ungehindert durch das Metallgitter hindurchbewegen, was zu der sehr hohen elektrischen Leitfähigkeit des Supraleiters führt. Um ein solches Cooperpaar in zwei Einzelelektronen aufzubrechen, bedarf es einer kleinen, aber endlichen Energie 2Δ. Diese wird bei der „Rekombination" zweier Einzelelektronen zu einem Cooperpaar wieder freigesetzt, und zwar überwiegend in Form von Schallquanten, deren Frequenz nach Gl. (11) durch

$$f = \frac{2\Delta}{h} \qquad (12)$$

gegeben ist.

Ähnlich wie bei Halbleitern kann der Sachverhalt durch die in Fig. 16.15 gezeigten Energiebänder veranschaulicht werden. Im oberen Band befinden sich – wenn überhaupt – nur Einzelelektronen, während das untere Band nur Cooperpaare enthält.

Für eine Schallerzeugung kommt es also darauf an, in das obere Band Einzelelektronen zu injizieren. Dazu werden zwei Supraleiter dicht aneinandergefügt, nur getrennt durch eine dünne isolierende Schicht. Durch eine elektrische Vorspannung U > 2Δ/e

---

[1] W. Eisenmenger und A. H. Dayem, Quantum generation and detection of incoherent phonons in superconductors. Phys. Rev. Lett. **18(4)**, 125 (1967)

Erzeugung hoher und höchster Ultraschallfrequenzen

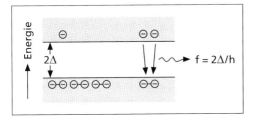

Fig. 16.15 Energieschema eines Supraleiters

(e = Elektronenladung) werden die Bänder in der in Fig. 16.16a gezeigten Weise gegeneinander verschoben. Das elektrische Feld saugt die Cooperpaare nach rechts; sie überwinden die Isolierschicht auf Grund des quantenmechanischen Tunneleffekts und finden sich auf der rechten Seite als Einzelelektronen wieder, da die durch die Vorspannung zugeführte Energie ausreicht, um die Elektronenbindung aufzubrechen. Ihre in Bezug auf die Kante des rechten unteren Bandes überschüssige Energie verlieren sie in zwei Schritten: Zunächst „fallen" sie entweder direkt oder über Zwischenstufen auf die Kante des oberen Bandes (Relaxationsstrahlung). Die dabei entstehenden Schallquanten haben Frequenzen zwischen 0 und (eU – 2Δ)/h. Danach vereinigen sich die Elektronen wieder zu Cooperpaaren, wobei Phononen mit der Frequenz 2Δ/h entstehen.

Zum Nachweis der Schallquanten dient eine ähnliche Anordnung, mit dem Unterschied allerdings, dass die Vorspannung nun kleiner als 2Δ/e ist (s. Fig. 16.14b). Die Cooperpaare können nun nicht durch die Isolierschicht „tunneln"; sie können allenfalls durch außen einfallende Phononen aufgebrochen werden, falls deren Energie mindestens

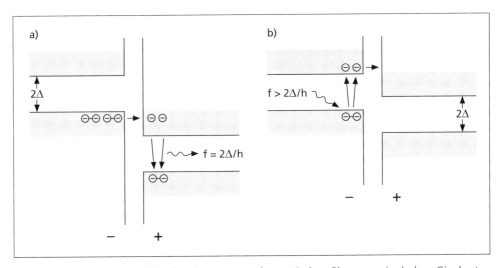

Fig. 16.16 Erzeugung und Nachweis von monochromatischen Phononen im hohen Gigahertzbereich nach *Eisenmenger* und *Dayem*.
a) Erzeugung,
b) Nachweis

gleich dem Bandabstand 2Δ ist. Die entstehenden Einzelelektronen werden wieder durch die Isolierschicht gezogen und führen zu einem entsprechenden elektrischen Strom.

Verwendet man Zinn als Supraleiter, dann kann man Schallquanten von einer Frequenz von bis zu 280 GHz erzeugen und nachweisen, mit Blei beträgt die entsprechende Frequenz 650 GHz. Das Metall wird in Form je zweier, kreuzweise übereinander liegender Streifen auf die Endflächen eines Saphirstäbchen aufgedampft, das als dämpfungsarmer Wellenleiter dient. Die nur 10–50 Å dicke Isolierschicht besteht aus dem jeweilgen Metalloxid. Es versteht sich von selbst, dass die ganze Anordnung auf die Temperatur des flüssigen Heliums abgekühlt werden muss.

Durch Ausnutzung der Relaxationsstrahlung kann man heute Schall mit Frequenzen von mehr als 3000 GHz erzeugen. Damit hat man sich der absoluten Frequenzobergrenze des Schalls bis auf etwa eine Zehnerpotenz genähert.

17 Elektroakustische Wandler

Akustische Signale können heute in fast jeder gewünschten Weise analysiert und verarbeitet werden, man kann sie über weite Strecken übertragen, auf verschiedene Weise speichern und aus dem Speichermedium wieder abrufen. Hierzu müssen sie allerdings zuvor in elektrische Signale umgewandelt und nach ihrer Verarbeitung, Übermittlung oder Speicherung wieder in Schall zurückverwandelt werden. Für beide Schritte benötigt man elektromechanische Wandler, in diesem Zusammenhang auch elektroakustische Wandler genannt. Auch die in der Wasserschall- und der Ultraschalltechnik benutzten Schallwellen kann man praktisch nur mit elektroakustischen Wandlern erzeugen, die mit entsprechenden elektrischen Signalen gespeist werden. Dasselbe gilt für den Nachweis oder Empfang solcher Wellen.

In diesem Kapitel werden einige grundsätzliche Eigenschaften von elektroakustsichen Wandlern erörtert und die verschiedenen Wandlerprinzipien beschrieben. Es ist gewissermaßen als Vorbereitung für die nächsten Kapitel anzusehen, in dem die für das Hörschallgebiet wichtigsten Wandler, nämlich Mikrofone und Lautsprecher beschrieben werden.

Ein elektroakustischer Wandler ist ein System im Sinne des Abschnitts 2.10, er hat also einen Eingang, auf den das zu wandelnde Signal einwirkt, und einen Ausgang, an dem das Ergebnis der Wandlung beobachtet oder abgenommen werden kann. Es wird vorausgesetzt, dass es linear arbeitet, d.h. dass das lineare Superpositionsprinzip gilt – eine Forderung, die von realen Wandlern natürlich nicht in aller Strenge erfüllt wird. Darüber hinaus sind die hier zu besprechenden Wandler reversibel, d.h. sie können grundsätzlich sowohl zur Wandlung mechanischer Schwingungen oder Signale in elektrische als auch im umgekehrten Sinn benutzt werden. In jedem Fall hat man sich vorzustellen, dass die mechanische Seite des Wandlers aus einem beweglichen Teil, einer Platte, einem Stift o. dgl. besteht, auf den die mechanischen Schwingungen einwirken oder wo sie als Ausgangsgröße in Erscheinung treten. Im Sinne der in Abschnitt 2.7 erläuterten elektromechanischen Kraft-Spannungs-Analogie können wir die mechanische Seite des Wandlers aber auch durch zwei Klemmen darstellen, an denen die „Spannung" F anliegt und in welche ein Strom der „Stromstärke" v hineinfließt (s. Fig. 17.1). Wir treffen die Vereinbarung, dass in den Wandler hineinfließende elektrische oder mechanische Leistungen positiv gezählt werden.

Eine Grundforderung an einen elektroakustischen Wandler ist, dass die Signalform durch die Umwandlung möglichst wenig verändert wird. Im Idealfall sollte bei beliebigen Eingangssignalen $s_1(t)$ für die zugehörigen Ausgangssignale $s_2(t)$

$$s_2(t) = K \cdot s_1(t-\Delta t) \tag{1}$$

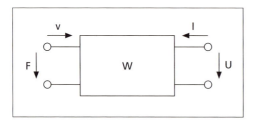

Fig. 17.1 Elektromechanischer Wandler, schematisch (F Kraft, v Schnelle, U Spannung, I Stromstärke)

mit konstantem K gelten. Der Zusatz Δt im Argument soll andeuten, dass eine kleine Zeitverzögerung des Ausgangssignals i. Allg. zulässig ist.

Die Gl. (1) stellt eine sehr einschneidende Forderung dar. Auch wenn ein elektroakustischer Wandler keine nichtlinearen Bestandteile im Sinne des Abschnitts 2.11 enthält, wird er i. Allg. Änderungen der Signalform verursachen. In den Frequenzbereich transformiert, besagt die Gl. (1) nämlich

$$S_2(\omega) = K \cdot S_1(\omega) e^{j\omega \Delta t} \tag{2}$$

wobei $S_1(\omega)$ und $S_2(\omega)$ die komplexen Spektren der Zeitsignale $s_1(t)$ und $s_2(t)$ sind. Der Wandler müsste also das Frequenzspektrum unverändert übertragen, abgesehen von einer laufzeitbedingten Phasendrehung. Abweichungen von diesem idealen Verhalten sind gleichbedeutend mit „lineare Verzerrungen". Wenn man berücksichtigt, dass unser Gehör Änderungen des Phasenspektrums nur in sehr begrenztem Maß wahrnehmen kann, gelangt man zu der weniger einschneidenden Bedingung

$$|S_2(\omega)| = K \cdot |S_1(\omega)| \tag{3}$$

d. h. der Betrag seiner Übertragungsfunktion $G(\omega)$ müsste konstant sein. Auch sie ist in aller Strenge unerfüllbar. Man muss sich daher begnügen, dass ein realer Wandler die Bedingung (2) oder (3) bestenfalls in einem beschränkten Frequenzbereich erfüllt.

Bei weitaus den meisten elektroakustischen Wandlern bilden elektrische oder magnetische Kraftfelder das Bindeglied zwischen mechanischen und elektrischen Vorgängen oder Zuständen, was ja schon das Wort „Kraftfeld" zum Ausdruck bringt. So kennt jedes Kind die Anziehung, die ein Hufeisenmagnet auf kleine Eisenteile ausübt, und auch dass ein gerade benutzter Kamm mitunter kleine Papierschnitzel anzieht, ist allgemein bekannt. Je nach der Art des vermittelnden Kraftfelds unterscheiden wir Wandler mit elektrischen Feldern, im Folgenden kurz E-Wandler genannt, und solche mit magnetischen Feldern, die wir als M-Wandler bezeichnen wollen. Allerdings ist die Verknüpfung zwischen mechanischen und elektrischen Größen nicht immer linear. Dies macht mitunter besondere Maßnahmen zur Linearisierung notwendig, die unten näher beschrieben werden.

$$F = \frac{1}{2} C \cdot \frac{U^2}{d}$$

17.1 Piezoelektrischer Wandler

Viele feste Stoffe erfahren bei Deformation eine dielektrische Polarisation, was sich in einer elektrischen Aufladung ihrer Oberflächen äußert. Man nennt diese Wirkung den piezoelektrischen Effekt. Dieser Effekt ist auch umkehrbar: Bringt man ein Stück piezoelektrischen Materials in ein elektrisches Feld, dann verändern sich seine Abmessungen.

Als einfachsten Fall betrachten wir in Fig. 17.2a eine Scheibe der Dicke d, die in geeigneter Orientierung z. B. aus einem Quarzkristall ausgeschnitten worden ist. Sie ist auf beiden Seiten metallisiert und mit elektrischen Kontakten versehen, sodass sich bei Anlegen einer elektrischen Spannung U ein einigermaßen homogenes, elektrisches Feld in der Platte ausbildet. Dieses ruft eine kleine Dickenänderung hervor, die der Feldstärke U/d proportional ist und die man als die Folge einer durch das elektrische Feld erzeugten, elastischen Spannung σ auffassen kann:

$$\sigma = e \cdot \frac{U}{d} \tag{4}$$

Darin ist e eine Materialkonstante, die piezoelektrische Konstante. Für Quarz hat sie den Wert e = 0,159 N/Vm. – Multipliziert mit der Plattenfläche S, geht diese Gleichung über in

$$F_{v=0} = \frac{eS}{d} \cdot U \tag{5}$$

Der Index v = 0 bei der Kraft F soll andeuten, dass diese nur im Fall der „festgebremst" gedachten, d. h. an jeder Bewegung gehinderten Platte voll in Erscheinung tritt. Ist die Platte dagegen frei beweglich, dann wird die piezoelektrische Kraft durch elastische Gegenkräfte des Wandlermaterials vollständig kompensiert, sodass die Platte nach außen hin kräftefrei erscheint. Der Proportionalitätsfaktor zwischen der elektrischen Spannung und der Kraft ist die sog. Wandlerkonstante, die wir bei E-Wandlern mit N bezeichnen wollen. Sie wird in der Einheit N/A oder Vs/m gemessen, was auf das gleiche hinausläuft, da

$$1 \text{ VAs} = 1 \text{ Nm} \tag{6}$$

ist. Beim piezoelektrischen Wandler ist also

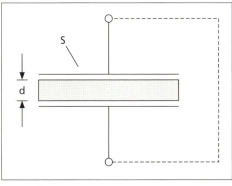

Fig. 17.2 Piezoelektrische Scheibe mit Elektroden

$$N = \frac{eS}{d} \tag{7}$$

Wird umgekehrt durch äußere Kräfte eine relative Dickenänderung ξ/d der Scheibe erzwungen, so entsteht in ihr auf Grund des piezoelektrischen Effekts eine dielektrische Polarisation. Bei kurzgeschlossenen Elektroden (in Fig. 17.2 gestrichelt) erzeugt die Polarisation auf diesen eine Influenzladung Q mit der flächenhaften Ladungsdichte, d. h. der dielektrischen Verschiebung

$$D = \frac{Q}{S} = -e \cdot \frac{\xi}{d} \tag{8}$$

Differenziert man diese Gleichung nach der Zeit, dann wird aus der Ladung die Stromstärke I und aus der Dickenänderung ξ die Schnelle v, mit der sich die beiden Plattenoberflächen relativ zueinander bewegen:

$$I_{U=0} = -\frac{eS}{d} \cdot v = -N \cdot v \tag{9}$$

Auch die Stromstärke I ist hier mit einem Index versehen, der sie als die Kurzschlussstromstärke ausweist. Der piezoelektrische Wandler – und das gilt für jeden E-Wandler – wirkt in der Kraft-Spannungs-Analogie also wie ein idealer Übertrager mit dem Übersetzungsverhältnis 1: N. Gegenüber dem Übertrager der Elektrotechnik hat er allerdings die Besonderheit, dass seine Funktion nicht auf Wechselgrößen beschränkt ist. Dass in beiden Gln. (5) und (9) die gleiche Wandlerkonstante auftritt, entspricht der Reversibilität des Wandlers.

Die Dickenänderung ist nicht die einzige Deformation, die eine piezoelektrische Platte im elektrischen Feld erfährt. Gleichzeitig mit ihr beobachtet man auch eine Änderung der Querabmessungen auf Grund des sog. „transversalen Piezoeffekts". Des weiteren kann das elektrische Feld unter geeigneten Umständen eine Scherdeformation des piezoelektrischen Körpers hervorrufen. Ob die eine oder die andere Veränderung auftritt, hängt von der Art des Materials und von der Orientierung des elektrischen Feldes bezüglich bestimmter Vorzugsrichtungen ab, die durch den inneren Aufbau des betreffenden Materialien gegeben sind. Bei piezoelektrischen Kristallen wie Quarz oder Seignettesalz (Kalium-Natriumtartrat) sind dies die kristallografischen Achsen. Für jeden dieser Effekte ist eine andere piezoelektrische Konstante maßgebend. Des weiteren sei hier erwähnt, dass in der Literatur auch anders definierte Piezokonstanten verwendet werden, etwa der „piezoelektrische Modul", der statt der elastischen Spannung die Dehnung, hier also die relative Dickenänderung in Beziehung zur elektrischen Feldstärke setzt.

Der piezoelektrische Wandler kann durch ein elektrisches Ersatzschaltbild dargestellt werden, das gewissermaßen im Inneren des Kastens in Fig. 17.1 zu denken ist. Hierzu muss der Übertrager, der den Inhalt der Gln. (5) und (9) widerspiegelt, durch einige Schaltelemente ergänzt werden. Zum einen bildet die in Fig. 17.2 dargestellte Scheibe einen elektrischen Plattenkondensator mit der Kapazität C_0, der den elektrischen Klemmen parallel geschaltet ist. Zum anderen setzt die Platte, wie im Anschluss an Gl. (5) schon bemerkt, jeder Dickenänderung einen elastischen Widerstand entgegen, der nichts mit ihren piezoelektrischen Eigenschaften zu tun hat. Sie ist also auch eine (freilich sehr harte) Feder mit der Nachgiebigkeit n_0, die man aus der Gl. (10. 6) berechnen kann. In dem in Fig. 17.3a gezeigten Ersatzschaltbild stellt sich diese Feder als eine Kapazität dar, die mit dem Ausgang des Wandlers in Serie geschaltet ist, da sie mit der von außen beobachtbaren Schnelle v beansprucht wird. Das Bild lässt sich noch vereinfachen, wenn man berücksichtigt, dass ein idealer elektrischer Übertrager mit dem Spannungsübersetzungsverhältnis 1:N eine sekundärseitige Impedanz Z in den Wert Z/N^2 auf seiner Primärseite transformiert. Demgemäß kann man den Übertrager weglassen, wenn man alle mechanischen Impedanzen um den Faktor $1/N^2$ verkleinert (s. Fig. 17.3b).

An Hand dieser Bilder überzeugt man sich leicht davon, dass die elektrische Kapazität der frei beweglichen Platte (F=0) größer ist als die der festgebremsten Platte. Umgekehrt lässt sich eine piezoelektrische Scheibe im elektrischen Kurzschluss (U=0) leichter zusammendrücken, ist also „weicher" als im elektrischen Leerlauf.

Das in Fig. 17.3 gezeigte Ersatzschaltbild beschreibt die Verhältnisse zutreffend, solange sich alle Änderungen der elektrischen und mechanischen Größen hinreichend

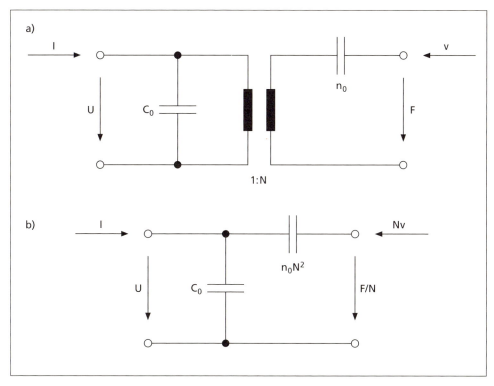

Fig. 17.3 Elektrisches Ersatzschaltbild des piezoelektrischen Wandlers
a) vollständig,
b) vereinfacht

Tabelle 17.1 Eigenschaften einiger piezoelektrischer Werkstoffe

Material	Schallgeschwindigkeit c_L m/s	Dichte g/cm³	Relat. Dielektrizitätszahl	Piezoelektrische Konstante e As/m²
Quarz (x-Schnitt)	5700	2,65	4,6	0,17
Lithiumsulfat	5470	2,06	9	0,66
Bleizirkonattitanat (PZT-5A)	4350	7,75	1700	15,8
Bleimetaniobat	3300	6	225	3,2
Polyvilylidenfluorid (PVDF)	2200	1,78	10	0,14

langsam vollziehen, also bei relativ niedrigen Frequenzen. Dann nämlich kann man die Verdichtung des Plattenmaterials und ebenso seine dielektrische Polarisation als örtlich konstant ansehen. Nur unter dieser Voraussetzung kann man die Piezoscheibe als „konzentriertes" Element auffassen. Bei höheren Frequenzen pflanzen sich dagegen die mechanischen Deformationen in Form elastischer Wellen senkrecht zur Plattenebene aus, und zwar als Longitudinalwellen, wenn es sich um Verdichtungen und Verdünnungen, und um Transversalwellen, wenn es sich um Scherdeformationen handelt (s. Abschnitt 10.1). Die Platte ist damit zu einem Wellenleiter der Länge d geworden. Die Wellen werden zwischen den Plattenoberflächen hin- und herreflektiert, wobei das Vorzeichen der elastischen Spannungen sich jeweils umkehrt, da die Plattenoberflächen i. Allg. kräftefrei sein werden. Wie bei einem schallharten, mit einem Gas gefüllten Rohr bilden sich in der Platte Eigenschwingungen aus, wobei an den Plattenoberflächen Schnellebäuche entstehen. Hierauf werden wir in Abschnitt 19.7 zurückkommen.

Da die im Unterabschnitt 4.4.3 angesprochenen Ausbreitungsverluste in Quarz sehr klein sind, zeichnen sich die mechanischen Resonanzen eines Quarzelements durch eine außerordentlich hohe Güte aus. Man benutzt sie daher schon seit langem zur Frequenzstabilisierung in elektrischen Schwingungserzeugern oder in Quarzfiltern. Auch bei Quarzuhren macht man von der hohen Güte schwingender Quarzelemente Gebrauch.

Im Bereich des Hörschalls steht der piezoelektrische Wandler in Konkurrenz zu anderen Wandlerarten. Dagegen ist er im Ultraschallbereich der Wandler schlechthin. Er wird dort im großen Umfang sowohl zur Schallerzeugung als auch zum Schallempfang benutzt. Hierauf wurde schon im vorangegangenen Kapitel hingewiesen, und auch in Kapitel 19 werden wir auf ihn wieder zurückkommen.

Der piezoelektrische Effekt tritt bei vielen Stoffen auf, wenn auch in sehr unterschiedlichem Maß. Am längsten ist die Piezoelektrizität von Quarz bekannt, der heute allerdings kaum noch in der Elektroakustik benutzt wird. Andere Kristalle mit piezoelektrischen Eigenschaften sind z. B. Turmalin, Seignettesalz oder Lithiumsulfat. Die meisten Piezowandler für praktische Anwendungen bestehen aus keramischen Materialien wie Bariumtitanat, Bleizirkonattitanat (PZT) oder Bleimetaniobat. Wandlerelemente aus diesen Stoffen können fast beliebig geformt werden, also auch z. B. als Kugelkalotten oder Zylinder, müssen aber vor ihrem Einsatz elektrisch polarisiert werden. Dasselbe gilt für Folien aus piezoelektrischen Hochpolymeren wie Polyvinylidenfluorid (PVDF). Die Tabelle (17.1) orientiert über die Eigenschaften einiger Piezomaterialien.

17.2 Elektrostatischer Wandler (Kondensatorwandler)

Lässt man bei dem in Fig. 17.2 dargestellten Plattenkondensator das piezoelektrische Dielektrikum weg, dann gelangt man zum elektrostatischen Wandler, auch als Kondensatorwandler, als kapazitiver oder dielektrischer Wandler bezeichnet. Er beruht auf den Anziehungskräften zwischen entgegengesetzt geladenen elektrischen Leitern. Auch den umgekehrten Effekt gibt es: Verändert man den Abstand zwischen den Elektroden eines geladenen Kondensators, dann ändert sich dessen Kapazität und damit – je nach seiner elektrischen Beschaltung – seine Spannung oder seine Ladung oder beides. Der Ladungsänderung entspricht ein elektrischer Lade- oder Entladestrom.

Allerdings ist die Beziehung zwischen der elektrischen Feldstärke und den mit ihr verbundenen Kräften nichtlinear. So beträgt die ziehungskraft zwischen den Elektroden eines auf die Spannung U aufg densators

$$(10)$$

zeichnet. Daher ist eine Linearisierung tlichen Signalspannung $U_\approx$ eine gegen die Vorspannung ist, kann

$$F_{ges} = \frac{C_0}{2d} \cdot U_0^2 + \frac{C_0 U_0}{d} \cdot U_\approx \quad (11)$$

übergeht. Die Kraft setzt sich also einem konstanten Anteil, der durch die Lagerung des beweglichen Wandlerteils aufgefangen werden muss, und der im zweiten Term enthaltenen Wechselkraft

$$F_{v=0} = \frac{C_0 U_0}{d} \cdot U_\approx = N U_\approx \quad (12)$$

zusammen. Wie bei Gl. (5) weist der Index v = 0 darauf hin, dass es sich hier um die Kraft am festgebremsten Wandler handelt. Durch die Überlagerung der Signalspannung $U_\approx$ mit einer konstanten Vorspannung wird die gesamte Anziehungskraft gewissermaßen moduliert.

Ändert man umgekehrt bei konstant gehaltener Vorspannung U_0 den Plattenabstand um einen kleinen Betrag ξ, dann ändert sich die Kapazität des Wandlers. Da diese ist dem Plattenabstand umgekehrt proportional ist, gilt

$$\frac{C_0 + \delta C}{C_0} = \frac{d}{d+\xi} \approx 1 - \frac{\xi}{d}$$

d. h.
$$\frac{\delta C}{C} \approx -\frac{\xi}{d} \quad \text{für} \quad \xi \ll d \tag{13}$$

Schließt man den Wandler elektrisch kurz, was allerdings nur über eine weitere, große Kapazität geschehen darf, da die Vorspannung U_0 aufrechterhalten werden muss, dann ändert sich auch die auf dem Wandler gespeicherte Ladung um

$$\delta Q = U_0 \delta C \approx -\frac{C_0 U_0}{d} \cdot \xi \tag{14}$$

Differenziert man diese Beziehung nach der Zeit, dann entsteht aus der Ladungsänderung die Kurzschlussstromstärke und aus der Abstandsänderung ξ die Schnelle v:

$$I_{U=0} = -\frac{C_0 U_0}{d} \cdot v = -N \cdot v \tag{15}$$

Die Wandlerkonstante N ist also dieselbe wie in Gl. (12).

Es ist interessant, an Hand eines Zahlenbeispiels die Wandlerkonstante des Kondensatorwandlers mit der eines gleich großen Piezowandlers zu vergleichen. Aus den Gln. (7) und (12) (zweiter Teil) folgt mit $C_0 = \varepsilon_0 S/d$

$$\frac{N_{piezo}}{N_{kap}} = \frac{e \cdot d}{\varepsilon_0 U_0}$$

Dabei ist $\varepsilon_0 = 8{,}854 \cdot 10^{-12}$ As/Vm die Influenzkonstante, die Dielektrizitätskonstante der Luft wurde gleich 1 gesetzt. Für die Piezokonstante setzen wir den für Bleizirkonattitanat gültigen Wert $e = 15{,}8$ As/m² ein; die Gleichfeldstärke im Plattenkondensator wird zu U_0/d = 5000 V/cm = $0{,}5 \cdot 10^6$ V/m angenommen. Damit wird das obengenannte Verhältnis $3{,}57 \cdot 10^6$! Wir werden hierauf in Abschnitt 17.6 zurückkommen.

Das Ersatzschaltbild des elektrostatischen Wandlers (s. Fig. 17.4) unterscheidet sich nicht wesentlich von dem des piezoelektrischen Wandlers. Die Zuführung der Vorspannung U_0, die über einen hohen Widerstand R erfolgt, ist nicht eingezeichnet. (Natürlich muss diese Vorspannung durch einen Trennkondensator von den Klemmen ferngehalten werden, s. Fig. 18.2) Der einzige Unterschied ist daher die Induktivität m_L, welche die Massenträgheit der beweglichen Elektrode berücksichtigt. Bei realen Wandlern handelt es

Elektrostatischer Wandler (Kondensatorwandler)

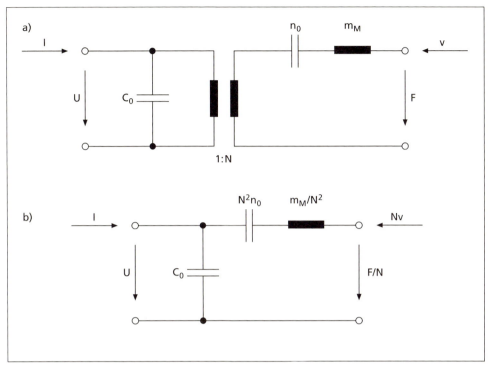

Fig. 17.4 Ersatzschaltbild des elektrostatischen Wandlers
a) vollständig,
b) vereinfacht

sich dabei meist um eine dünne, elektrisch leitende Membran. Die Federnachgiebigkeit n_0 setzt sich i. Allg. aus zwei Anteilen zusammen. Der eine Anteil n_M ist durch die Einspannung der Membran bedingt, der andere Anteil n_L dadurch, dass die Luft zwischen den Elektroden bei schnelleren Abstandsänderungen möglicherweise nicht ausweichen kann und daher zusammengedrückt wird. Da beide „Federn" die gleiche Auslenkung s erfahren, sie aber unterschiedlich großen Kräften F_M und F_L ausgesetzt sind mit $F_M + F_L = F_{v=0}$, gilt

$$\frac{1}{n_0} = \frac{F_M + F_L}{\xi} = \frac{1}{n_M} + \frac{1}{n_L} \tag{16}$$

Die resultierende Nachgiebigkeit berechnet sich also wie die Kapazität zweier in Serie geschalteter Kondensatoren. Die Nachgiebigkeit des Luftpolsters ergibt sich aus Gl. (6.28a), wobei allerdings noch durch die Plattenfläche S zu dividieren ist, da hier nicht Drucke, sondern Kräfte ins Verhältnis zur Auslenkung zu setzen sind:

$$n_L = \frac{d}{\rho_0 c^2 S} \tag{17}$$

Die Wandlergleichungen (12) und (15) wurden unter der Voraussetzung abgeleitet, dass die angelegte Wechselspannung klein im Vergleich zur Vorspannung U_0 ist, und dass die Auslenkungen oder Schwingungsweiten der beweglichen Elektrode klein im Vergleich zum Ruheabstand der Elektroden sind. Diese Bedingungen schränken die Verwendbarkeit des elektrostatischen Wandlers als Schwingungs- oder Schallempfänger nicht wesentlich ein, da hier ohnehin nur kleine Auslenkungen auftreten. Sie beschränken aber seine Anwendung als Schwingungs- oder Schallerzeuger, da es hier namentlich bei tieferen Frequenzen auf die Erzeugung großer Schwingungsamplituden ankommt. Dies geht z. B. aus der Gl. (5.31) hervor, derzufolge bei einer Halbierung der Frequenz die Schnelle der abstrahlenden Membran verdoppelt, die Auslenkung gar vervierfacht werden muss, um den gleichen Schalldruck auf der Mittelachse zu erreichen. Der elektrostatische Schallsender hat daher nur dort größere Bedeutung erlangen können, wo man mit kleinen Schwingungsamplituden auskommt, nämlich als Kopfhörer.

17.3 Dynamischer Wandler

Bei den nachfolgend besprochenen Wandlern erfolgt die Vermittlung zwischen mechanischen und elektrischen Zustandsänderungen durch magnetische Kraftfelder, es handelt sich also um M-Wandler.

Grundlage des dynamischen Wandlers ist die Lorentzkraft, die ein stromdurchflossener elektrischer Leiter in einem Magnetfeld erfährt. Die umgekehrte Wirkung, nämlich die Wandlung einer mechanischen Veränderung in eine elektrische Zustandsänderung beruht auf der magnetischen Induktion, also der Entstehung einer elektrischen Spannung in einem Leiter, der im Magnetfeld bewegt wird. Diese Effekte haben den großen Vorteil, dass sie von Haus aus linear und damit einfacher sind, sofern das vermittelnde Magnetfeld homogen ist.

In Fig. 17.5a ist ein gerades Leiterstück der Länge l dargestellt, also ein Stück Draht, das sich in einem homogenen magnetischen Feld der Induktionsflussdichte B befindet und senkrecht zu den Flusslinien liegt. Über die Zuleitungen wollen wir uns im Augenblick keine Gedanken machen. – Wird der Leiter von einem elektrischen Strom der Stromstärke I durchflossen, dann wirkt auf ihn eine senkrecht zu ihm und zum Magnetfeld gerichtete Kraft. Wird der Leiter festgehalten („festgebremst"), dann ist diese Kraft

$$F_{v=0} = Bl \cdot I \qquad (18)$$

Der Proportionalitätsfaktor zwischen der Stromstärke und der Kraft ist die jetzt mit M bezeichnete Wandlerkonstante

$$M = Bl \qquad (19)$$

Sie hat die Dimension N/A bzw. Vs/m.

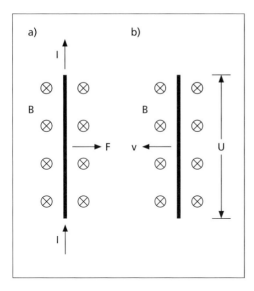

Fig. 17.5 Zum Prinzip des dynamischen Wandlers
a) Entstehung der Lorentz-Kraft,
b) Induktionsgesetz

Wird der Strom abgeschaltet und statt dessen der Leiter mit der Geschwindigkeit v senkrecht zu seiner Erstreckung und zum Magnetfeld bewegt (Fig. 17.5b), dann wird in ihm nach dem Induktionsgesetz eine Leerlaufspannung

$$U_{I=0} = -Bl \cdot v \qquad (20)$$

induziert.

Der Inhalt der Gln. (18) und (20) kann allerdings nur dann durch einen Übertrager veranschaulicht werden, wenn man zur Kraft-Strom-Analogie übergeht. Will man bei der Kraft-Spannungs-Analogie bleiben, so muss man ein eigenes Element „erfinden", den so genannten Gyrator, der eben die Eigenschaft hat, einen Eingangsstrom I in eine Kraft $M \cdot I$ auf der mechanischen Seite zu „übersetzen" und umgekehrt eine auf der mechanischen Seite eingeprägte Schnelle v in eine elektrische Spannung $M \cdot v$. Dieser Gyrator bildet den Kern des in Fig. 17.6a gezeigten elektrischen Ersatzschaltbilds des dynamischen Wandlers. Auf der elektrischen Seite ist zu berücksichtigen, dass der Leiter einen Ohmschen Widerstand R und eine Induktivität L hat. Auf der mechanischen Seite tritt die Masse m_M der bewegten Teile in Erscheinung sowie die Nachgiebigkeit n_M ihrer Lagerung. – Man kann nun – ähnlich wie in Fig. 17.3b – auf den Gyrator verzichten und statt dessen seine Übertragungseigenschaften in die mechanischen Schaltelemente einrechnen. Dabei sind die Gln. (18) und (20) zu berücksichtigen: Schließt man den Gyrator mit der mechanischen Impedanz Z_m ab, dann ist das Ergebnis gleichbedeutend mit einer elektrischen Impedanz M^2/Z_m, die an seinen elektrischen Eingangsklemmen auftritt (s. Fig. 17.7). Es ist hilfreich, sich von der Richtigkeit dieser Feststellung durch eine Dimensionsbetrachtung zu überzeugen, wobei an die Gl. (6) zu erinnern ist. Z_m hat die Dimension Ns/m, die Dimension von $M = Bl$ ist Vs/m. Damit wird die Dimension von M^2/Z_m

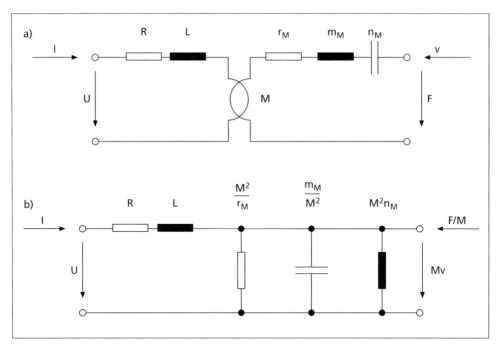

Fig. 17.6 Ersatzschaltbild des dynamischen Wandlers
a) vollständig,
b) vereinfacht

$$\frac{V^2 s^2}{m^2} \cdot \frac{m}{Ns} = \frac{V^2 s}{Nm} = \frac{V}{A}$$

Der Gyrator verwandelt also ein Schaltbild in das dazu duale Schaltbild: aus Strom wird Spannung, aus Serienschaltung wird Parallelschaltung, aus einer Kapazität wird eine Induktivität, und das jeweils Umgekehrte gilt ebenfalls. Damit wird die in Fig. 17.6b gezeigte Version des Ersatzschaltbildes verständlich. Die Masse des Leiters stellt sich jetzt dar durch einen Kondensator der Kapazität m_M/M^2, die Federnachgiebigkeit seiner Aufhängung wird eine Induktivität $n_M M^2$. Auch dies kann man leicht durch eine Dimensionsbetrachtung bestätigen. – Die Gyratoreigenschaft des inneren Wandlers hat übrigens merkwürdige Konsequenzen: Belastet man ein dynamisches Lautsprechersystem mit einer Masse m, dann ist dies gleichbedeutend mit einer Kapazität m/M^2 an den elektrischen Klemmen des Systems. Z. B. entspricht bei einer Wandlerkonstanten von 1 N/A eine an das mechanische System angekoppelte Masse von 100 g einer Kapazität von 0,1 Farad!

Bei praktischen Ausführungen dynamischer Wandler wickelt man den Leiter meist zu einer federnd aufgehängten Zylinderspule auf und deformiert das magnetische Kraftfeld durch Polschuhe so, dass es überall senkrecht auf dem Spulendraht steht (s. Fig. 18.9 und 19.1)

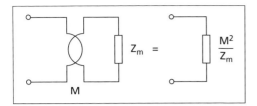

Fig. 17.7 Impedanztransformation durch einen Gyrator

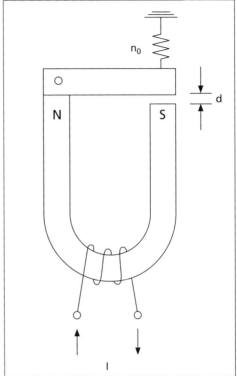

Fig. 17.8 Magnetischer Wandler, schematisch (N Nordpol, S Südpol)

17.4 Magnetischer Wandler

Der magnetische Wandler (im engeren Sinn des Wortes) besteht im Kern (s. Fig. 17.8) aus einem Magneten und einem „Anker" A, d. h. einem beweglichen Bauteil aus magnetisch weichem Eisen. Zwischen ihm und dem einen Magnetpol befindet sich ein flacher Luftspalt der Dicke d. Außerdem trägt der Magnet oder der Anker eine Wicklung, durch die ein elektrischer Strom geschickt werden kann, oder an deren Enden eine elektrische Spannung abgenommen werden kann. Ist der Luftspalt hinreichend eng, dann kann man das Kraftfeld in ihm als näherungsweise homogen ansehen.

Unter diesen Voraussetzungen ist die Anziehungskraft auf den Anker:

$$F_{ges} = \frac{\mu_0}{2} S H^2 \qquad (21)$$

Darin ist S die Fläche des Luftspalts und H die in ihm herrschende magnetische Feldstärke. $\mu_0 = 1{,}2566 \cdot 10^{-6}$ Vs/Am ist die Induktionskonstante. Da die Kraft wie beim elektrostatischen Wandler quadratisch von der elektrischen Größe – hier von der Magnetfeldstärke – abhängt, muss sie linearisiert werden. Hierzu wird dem zeitlich konstanten Feld des Magneten mit der Stärke H_0 ein variables Magnetfeld $H_\approx$ überlagert, das von dem die Wicklung durchfließenden elektrischen Strom erzeugt wird. Unter der Voraussetzung, dass der dem magnetischen Fluss zur Verfügung stehende Querschnitt S überall der gleiche und dass

$$d \gg \frac{l_1}{\mu_1} + \frac{l_2}{\mu_2} \tag{22}$$

ist, gilt

$$H_\approx = \frac{wI}{d} \tag{23}$$

In diesen Formeln sind l_1 und l_2 die abgewickelten Längen des Magneten und des Ankers; μ_1 und μ_2 sind die entsprechenden relativen Permeabilitäten, w ist die Windungszahl der Spule und I die zugeführte Stromstärke. – Eine Linearisierung wird erreicht, wenn

$$H_\approx \ll H_0$$

ist. Damit liefert Gl. (21) nach Einsetzen von $H = H_0 + H_\approx$ und mit Gl. (23):

$$F_{ges} = \frac{\mu_0}{2} S H_0^2 + \mu_0 S \frac{n H_0}{d} \cdot I \tag{24}$$

Wie beim elektrostatischen Wandler setzt sich die Kraft also aus einem konstanten Anteil und der Wechselkraft

$$F_{v=0} = \frac{w \Phi_0}{d} \cdot I \tag{25}$$

zusammen, wobei zur Abkürzung der von dem Magneten erzeugte magnetische Fluss

$$\Phi_0 = \mu_0 S H_0 \tag{26}$$

eingeführt wurde. Der konstanten Kraft in Gl. (24) wird durch die in Fig. 17.8 eingezeichnete Feder das Gleichgewicht gehalten; die Wandlerkonstante des magnetischen Wandlers ist:

$$M = \frac{w \Phi_0}{d} \tag{27}$$

Für die Wandlung in umgekehrter Richtung beachten wir, dass unter der Voraussetzung (22) der magnetische Fluss umgekehrt proportional der Spaltweite ist. Ändert man diese von d auf $d + \xi$ mit $\xi \ll d$, dann gilt daher:

$$\frac{\Phi}{\Phi_0} = \frac{d}{d+\xi} \approx 1 - \frac{\xi}{d}$$

oder, nach zeitlicher Differentiation:

$$\frac{d\Phi}{dt} = -\frac{\Phi_0}{d} \cdot v$$

Diese Flussänderung induziert in der Wicklung die elektrische Leerlaufspannung

$$U_{I=0} = w \frac{d\Phi}{dt} = -\frac{w \Phi_0}{d} \cdot v = -Mv \tag{28}$$

Das Ersatzschaltbild des magnetischen Wandlers ist dasselbe wie das des dynamischen Wandlers (s. Fig. 17.6).

Wie beim elektrostatischen Wandler schränkt die Bedingung ξ << d die zulässige Schwingungsweite stark ein, da die Spaltweite explizit in die Wandlerkonstante M eingeht. Dies erweist sich namentlich bei der Schwingungserzeugung als recht einschneidend. Dennoch wurden in der Anfangszeit der Rundfunktechnik zahlreiche Lautsprecher nach diesem Prinzip gebaut. Ein wesentlicher Vorteil war der hohe Wert der Wandlerkonstante, da die damals verfügbaren Verstärkerleistungen noch recht bescheiden waren.

17.5 Magnetostriktionswandler

Der dem zuletzt zu besprechenden Wandler zugrunde liegende magnetostriktive Effekt hat manche formale Ähnlichkeit mit dem piezoelektrischen Effekt: Magnetisiert man einen ferromagnetischen Körper, so beobachtet man eine Änderung seiner Abmessungen. So ändert ein mit einer Spule umgebener Stab (s. Fig. 17.9) aus Eisen, Kobalt oder Nickel seine Länge, wenn er durch den Spulenstrom magnetisiert wird. Wie beim piezoelektrischen Effekt, kann diese Längenänderung als Folge einer mechanischen Zugspannung aufgefasst werden, die primär von der Magnetisierung erzeugt wird. Allerdings gibt es einen wichtigen Unterschied zwischen der Magnetostriktion und dem Piezoeffekt: Während der letztere auch bei sehr hohen Feldstärken linear ist, ist die magnetostriktive Längenänderung der Feldstärke meist nicht proportional. Um zu einem linear arbeitenden Wandler zu gelangen, muss man deshalb für eine konstante Vormagnetisierung des Wandlermaterials sorgen. Dies kann z. B. dadurch geschehen, dass dem Signalstrom ein konstanter Vormagnetisierungsstrom überlagert wird. Nur unter dieser Voraussetzung gilt in Analogie zur Gl. (4):

$$\sigma = e_m \cdot H \qquad (29)$$

wobei im Auge zu behalten ist, dass die „piezomagnetische Konstante" e_m nicht nur von der Art des Materials, sondern auch von der Vormagnetisierung abhängt. Multipliziert man diese Gleichung mit der Querschnittsfläche S des Stabs und setzt die für schlanke Stäbe der Länge L gültige Beziehung H = wI/L ein (w = Windungszahl), dann ergibt sich:

$$F_{v=0} = \frac{w e_m S}{L} \cdot I \qquad (30)$$

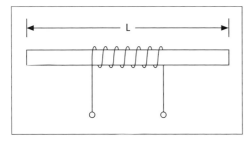

Fig. 17.9 Magnetostriktionswandler, schematisch

Die Wandlerkonstante ist also

$$M = \frac{we_m S}{L} \tag{31}$$

Falls der Stab nicht ausgesprochen dünn und lang ist, muss die Entmagnetisierung durch die Magnetpole an den Stabenden durch einen geeigneten Faktor berücksichtigt werden.

Der Magnetostriktionseffekt ist auch umkehrbar: Eine von außen aufgezwungene Längenänderung eines magnetisierten Stabs hat eine Änderung seiner Magnetisierung zur Folge, was zu einer entsprechenden Induktionsspannung an den Klemmen der Spule führt. Mit den oben genannten Einschränkungen gilt hierfür die Gleichung:

$$U_{I=0} = -\frac{we_m S}{L} \cdot v \tag{32}$$

Das Ersatzschaltbild des magnetostriktiven Wandlers entspricht wiederum dem beiden zuletzt behandelten Wandler (s Fig. 17.6). Auch hier gilt sinngemäß das im Abschnitt 17.1 Gesagte: Falls die Abmessungen des ferroelektrischen Körpers, also z. B. die Länge L des in Fig. 17.9 dargestellten Stabes nicht mehr klein im Verhältnis zur Longitudinalwellenlänge im Wandlermaterial ist, bilden sich in dem Stab Longitudinalwellen aus, die an den freien Stabenden wiederholt reflektiert werden und zur Ausbildung von stehenden Wellen, also von Eigenschwingungen führen. Die zugehörigen Eigenfrequenzen sind durch Gl. (9.1) gegeben.

Den höchsten magnetostriktiven Effekt zeigt Nickel, welches das wichtigste Material für den Bau von Magnetostriktionswandlern ist. Allerdings gibt es auch Ferrite, die für diesen Zweck gut geeignet sind. Um eine Entmagnetisierung zu vermeiden, gibt man dem Wandlermaterial für die praktische Ausführung die Form eines geschlossenen Kerns, der mit einer geeigneten Wicklung versehen ist. Bei Verwendung von Nickel muss der Kern wie bei einem Transformator aus übereinandergelegten, voneinander isolierten Blechen aufgebaut werden, damit in ihm Wirbelströme weitgehend vermieden werden.

Der Magnetostriktionswandler wurde früher hauptsächlich als robuster Schallsender für die Wasserschalltechnik eingesetzt. Auch bei der Erzeugung von Leistungsultraschall von Frequenzen bis zu etwa 50 kHz spielte er eine wichtige Rolle. Dabei wurde das durch die endlichen Abmessungen des Wandlerkerns bedingte Resonanzverhalten bewusst ausgenutzt, da es hierbei nicht auf eine hohe Frequenzbandbreite des Wandlers ankommt, sondern auf eine möglichst hohe akustische Leistung. Inzwischen wurde der magnetostriktive Wandler aus diesen traditionellen Anwendungsfeldern weitgehend durch den piezoelektrischen Wandler verdrängt.

17.6 Der Kopplungsfaktor

Zum Vergleich der verschiedenen Wandlerprinzipien kann man den Kopplungsfaktor heranziehen, der als Maß für die elektromechanische Wirksamkeit der Wandlung gelten kann. Er bezieht nicht nur die Wandlerkonstante N oder M ein. Vielmehr berücksichtigt er auch die Energiespeicherung in den unvermeidlichen elektrischen und mechanischen Konstruktionselementen ein, die für die Wandlung eher störend ist.

Legt man an einen E-Wandler eine Gleichspannung an, dann wird zunächst die Kapazität C_0 in dem Ersatzschaltbild 17.3b aufgeladen. Falls der Wandler mechanisch unbelastet ist, am mechanischen Ende also keine Gegenkraft F auf ihn wirkt, sind die mechanischen „Klemmen" kurzgeschlossen und die „Kapazität" n_0 wird ebenfalls aufgeladen. Physikalisch bedeutet dies, dass die Feder, aus welcher der Wandler mechanisch besteht, gespannt wird. Der Kopplungsfaktor k vergleicht nun die mechanisch, d. h. in der Feder gespeicherte Energie mit der von der Spannungsquelle insgesamt gelieferten Energie:

$$k^2 = \frac{W_{mech}}{W_{el} + W_{mech}} \qquad (33)$$

Die in einem Kondensator der Kapazität C, der auf die Spannung U aufgeladen wird, gespeicherte Energie ist $W = CU^2/2$. Angewandt auf die beiden Kapazitäten in Fig. 17.3b ergibt sich damit für den E-Wandler:

$$k^2 = \frac{n_0 N^2}{C_0 + n_0 N^2} \qquad (34)$$

Der Nenner dieses Ausdrucks ist die Kapazität $C_{F=0}$, die man an den Klemmen des unbelasteten, d. h. kräftefreien Wandlers messen würde:

$$C_{F=0} = \varepsilon_0 \varepsilon_{F=0} \frac{S}{d} \qquad (35)$$

Wir wenden nun die Gl. (34) auf den piezoelektrischen Wandler nach Fig. 17.2 an. Die Nachgiebigkeit der Piezoplatte ergibt sich aus Gl. (10.6), in dem man dort l durch d ersetzt und δl als deren Dickenänderung ansieht:

$$n_0 = \frac{d}{SY} \qquad (36)$$

Die Wandlerkonstante N ist durch Gl. (7) gegeben. Damit erhält man:

$$k_{piezo}^2 = \frac{e^2}{\varepsilon_0 \varepsilon_{F=0} Y} \qquad (37)$$

Der Kopplungsfaktor erweist sich in diesem Fall als reine Materialkonstante.

Für den elektrostatischen Wandler ist die Wandlerkonstante nach Gl. (12) $N = C_0 U_0/d$. Wie das in Abschnitt 17.2 angeführte Beispiel zeigt, ist sie um Zehnerpotenzen kleiner als die eines gleich großen piezoelektrischen Wandlers, was in der Gl. (34) auch nicht durch die größere Nachgiebigkeit n_0 wettgemacht wird. Daher kann man im Nenner der Gl. (34) das zweite Glied gegenüber dem ersten vernachlässigen. Als Federelement betrachten wir das zwischen den Elektroden liegende Luftpolster; seine Nachgiebigkeit ist durch Gl. (17) gegeben. Damit und mit $C_0 = \varepsilon_0 S/d$ wird das Quadrat des Kopplungsfaktors eines Kondensatorwandlers:

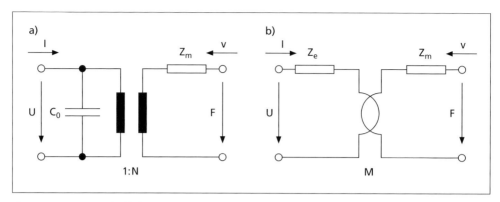

Fig. 17.10 Ersatzschaltbild
a) des E-Wandlers,
b) des M-Wandlers. Z_e elektrische Impedanz, Z_m mechanische Impedanz

$$k_{kap}^2 = \frac{\varepsilon_0 U_0^2}{\rho_0 c^2 d^2} \tag{38}$$

Um einen Zahlenvergleich anzustellen, greifen wir das in Abschnitt 13.3 behandelte Beispiel auf. Setzt man in Gl. (37) für den Elastizitätsmodul des Piezomaterials $Y = 1{,}3 \cdot 10^{11}$ N/m² sowie $\varepsilon_{F=0} = 1700$ für seine relative Dielektrizitätszahl, dann erhält man

$$k_{piezo} = 0{,}36$$

Für den Kondensatorwandler mit den angegebenen Daten wird dagegen mit c = 340 m/s:

$$k_{kap} = 0{,}0038$$

Aus diesem um zwei Größenordnungen kleineren Kopplungsfaktor darf man aber keineswegs schließen, dass der elektrostatische Wandler dem piezoelektrischen in jeder Beziehung unterlegen wäre. Der elektromechanische Kopplungsfaktor ist also nicht das einzige Qualitätsmerkmal eines Wandlers.

Bei M-Wandlern ist von dem Ersatzschaltbild der Fig. 17.6b auszugehen, wobei alle Verlustwiderstände vernachlässigt werden. Als Eingangsgröße betrachten wir nun den elektrischen Speisestrom I, die von ihm gelieferte Energie wird in der Leiterinduktivität L_0 und in der der Federung entsprechenden Induktivität $M^2 n_0$ gespeichert. Ganz analog zur Gl. (34) gilt jetzt für den Kopplungsfaktor:

$$k^2 = \frac{n_0 M^2}{L_0 + n_0 M^2} \tag{39}$$

Als Beispiel betrachten wir einen dynamischen Lautsprecher mit einer Wandlerkonstanten von 1 N/A. Die Nachgiebigkeit der Membranaufhängung betrage $5 \cdot 10^{-4}$ m/N, die Induktivität L_0 der Schwingspule sei 0,5 mH. Damit liefert die Gl. (39):

$$k_{dyn} = 0{,}707$$

Beim dynamischen Wandler liegt also sehr starke Verkopplung elektrischer und mechanischer Größen vor.

17.7 Vierpolgleichungen und Reziprozitätsbeziehungen

In Fig. 17.10a ist noch einmal das elektrische Ersatzschaltbild der E-Wandler in etwas abgeänderter Form dargestellt, Fig. 17.10b zeigt das entsprechende Schaltbild der M-Wandler. Dabei wurden die auf der mechanischen Seite auftretenden Teilimpedanzen in der mechanischen Impedanz

$$Z_m = j\omega m_0 + \frac{1}{j\omega n_0}$$

zusammengefasst. Entsprechend wurde bei den durch Fig. 17.12b repräsentierten Wandlern die elektrische Impedanz

$$Z_e = R_0 + j\omega L_0$$

eingeführt. –
An Hand der Fig. 17.10a lassen sich leicht die Vierpolgleichungen der elektrischen Wandler in der Form

$$U = \frac{1}{j\omega C_0} I + \frac{N}{j\omega C_0} v \qquad (40a)$$

$$F = \frac{N}{j\omega C_0} I + \left(Z_m + \frac{N^2}{j\omega C_0}\right) v \qquad (40b)$$

ableiten. Entsprechend ergeben sich die Vierpolgleichungen des magnetischen Wandlers aus Fig. 17.10b zu:

$$U = Z_e I - Mv \qquad (41a)$$

$$F = MI + Z_m v \qquad (41b)$$

An den Gleichungspaaren (40) und (41) fällt auf, dass jeweils der zweite Koeffizient der ersten Gleichung und der erste Koeffizient der zweiten Gleichung übereinstimmen, abgesehen allenfalls vom Vorzeichen. Das heißt, dass

$$\frac{F_{v=0}}{I} = \pm \frac{U_{I=0}}{v} \qquad (42)$$

ist, wobei das obere Vorzeichen für E-Wandler, das untere für M-Wandler gilt. Der Inhalt dieser Gleichung ist so zu verstehen: Prägt man auf der elektrischen Seite des Wandlers einen Strom der Stromstärke I ein, dann beobachtet man als Folge davon auf der festgebremsten mechanischen Seite eine bestimmte Kraft $F_{v=0}$. Nun wird der Wandler umgekehrt, seine mechanische Seite ist jetzt sein Eingang und wird mit der Schnelle v bewegt, die Leerlaufspannung $U_{I=0}$ ist dann die Ausgangsgröße. In beiden Fällen ist das Verhältnis der jeweiligen Ausgangsgröße zur Eingangsgröße bis auf das Vorzeichen gleich. Die Gl. (42) beinhaltet eine der sog. Reziprozitätsbeziehungen der elektroakustischhen Wandler.

Weitere Versionen der Reziprozitätsbeziehungen kann man ebenfalls aus den Vierpolgleichungen (40) und (41) herleiten, z. B.

$$\frac{v_{F=0}}{I} = \mp \frac{U_{I=0}}{F} \tag{43}$$

Wiederum steht im Nenner dieser Brüche die Eingangsgröße, im Zähler die am jeweils anderen Ende des Wandlers auftretende Ausgangsgröße, und wie oben bezieht sich das obere Vorzeichen auf elektrische, das untere auf magnetische Wandler.

Die Reziprozitätsbeziehungen bilden die Grundlage für ein wichtiges und genaues Verfahren zur Kalibrierung elektroakustischer Wandler.

18 Mikrofone

Mikrofone im weitesten Sinn des Wortes sind elektroakustische Schallempfänger, d. h. Geräte, welche Schallschwingungen oder auch Schwingungen fester Körper in elektrische Schwingungen umwandeln. Es handelt sich dabei meist um elektroakustische Wandler im Sinne von Kapitel 13, auf deren eine Seite eine mechanische Schwingungsgröße einwirkt – eine Wechselbewegung oder ein Wechseldruck – und an deren Ausgang eine Wechselspannung oder ein Wechselstrom auftritt, und zwar als möglichst genaues Abbild der Eingangsgröße.

Im Vordergrund dieses Kapitels stehen Luftschallmikrofone für den Hörbereich. Sie werden zum einen für die möglichst naturgetreue Aufnahme von Schallsignalen, z. B. von Sprache und Musik eingesetzt. Zum anderen dienen sie dazu, Schallfeldgrößen, insbesondere den Schalldruck, mehr oder weniger genau zu messen. Darüber soll aber nicht vergessen werden, dass es auch Mikrofone für Schall in Flüssigkeiten gibt – so genannte „Hydrofone" – die in der Wasserschall- und in der Ultraschalltechnik verwendet werden. Sie sind meist für andere Frequenzbereiche als den des Hörschalls ausgelegt und werden in Abschnitt 18.8 behandelt. Außerdem enthält dieses Kapitel auch einen Abschnitt über Körperschallmikrofone, wobei das Wort „Körper" hier für „Festkörper" steht. Sie werden in der Bauakustik und der Lärmbekämpfung an Maschinen u. dgl. verwendet.

Eine wichtige Kenngröße eines Mikrofons ist seine Empfindlichkeit, bei Druckmikrofonen also das Verhältnis der abgegebenen Leerlaufspannung zu dem Schalldruck in V/Pa oder mV/Pa. Sie hängt in aller Regel von der Frequenz ab, was gleichbedeutend mit dem Auftreten linearer Verzerrungen ist. Diese Frequenzabhängigkeit nennt man landläufig den „Frequenzgang" des Mikrofons. Bestenfalls kann man erreichen, dass die Empfindlichkeit eines Mikrofons in einem bestimmten Frequenzbereich konstant ist. Dagegen spielen nichtlineare Verzerrungen bei Mikrofonen meist keine Rolle, da die Auslenkungen seiner bewegten Teile i. Allg. sehr klein sind.

18.1 Grundsätzliches zur Arbeitsweise von Luftschallmikrofonen

Mechanisch gesehen, besteht ein Luftschallmikrofon fast immer aus einer dünnen Membran, welche die eine Seite einer kleinen Kapsel oder eines kleinen Gehäuses bildet. Es sei vorausgesetzt, dass dessen Abmessungen im ganzen interessierenden Frequenzbereich klein gegen die jeweilige Schallwellenlänge sein. Zuerst soll das Verhalten einer solchen Anordnung im Schallfeld diskutiert werden.

Wir nehmen zunächst an, dass die Kapsel, wie in Fig. 18.1a skizziert, dicht verschlossen ist und dass die eingeschlossene Luft unter Atmosphärendruck steht. Die auf die Membran wirkende Kraft ist dann F = Sp, wenn S die Membranfläche und p ein äußerer Überdruck, also z. B. der Schalldruck in einer Schallwelle ist. Unter ihrem Einfluss bewegt sich die Membran nach innen oder nach außen, je nach dem Vorzeichen des Drucks. Dabei wird die Luft in der Kapsel zusammengedrückt oder ausgedehnt; sie wirkt somit als Feder mit einer Nachgiebigkeit n_L. Aber auch die Membran reagiert auf die Auslenkung auf Grund ihrer Einspannung oder ihrer Biegesteife mit einer gewissen Rückstellkraft; die entsprechende Nachgiebigkeit n_M setzt sich mit n_L gemäß Gl. (17.16) zu der Gesamtnachgiebigkeit n_0 zusammen. Weiterhin ist die Masse m_0 der Membran zu berücksichtigen. (Dass die Auslenkung der Membran wegen ihrer Randeinspannung über die Fläche S variiert, spielt in diesem Zusammenhang keine Rolle.) Beide Elemente, die Membranmasse m_0 und die Federnachgiebigkeit n_0 bilden ein Resonanzsystem der in Abschnitt 2.5 beschriebenen Art, wenn man Schwingungsverluste durch Abstrahlung, innere Verluste in der bewegten Luft und der Membran usw. noch in einem Reibungswiderstand r zusammenfasst. Seine Resonanzfrequenz ist nach Gl. (2.22):

$$\omega_0 = \frac{1}{\sqrt{m_0 n_0}} \tag{1}$$

und die mechanische Eingangsimpedanz der Kapsel ist

$$Z_m = \frac{F}{j\omega\xi} = r + j\left(\omega m_0 - \frac{1}{\omega n_0}\right) \tag{2}$$

Dabei ist ξ die Auslenkung der Membran. Liegt die Schallfrequenz deutlich unter der Resonanzfrequenz, d.h. ist $\omega \ll \omega_0$, die Kapsel in Bezug auf den zu übertragenden

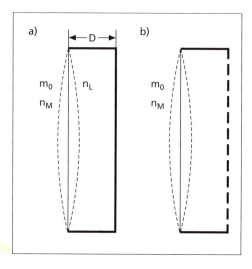

Fig. 18.1 Mikrofonkapsel, schematisch
a) geschlossen,
b) offen

Frequenzbereich also „hoch abgestimmt", dann kann man in Gl. (2) den Widerstands- und den Massenterm vernachlässigen, woraus sich die Membranauslenkung zu

$$\xi = n_0 S \cdot p \tag{3}$$

ergibt. Die Kapsel arbeitet in diesem Frequenzbereich als Druckempfänger.

Eine andere Situation entsteht, wenn die Kapsel, wie in Fig. 18.1b dargestellt, eine perforierte Rückwand hat. Dann wirkt der an der Rückwand herrschende Druck auf die Innenseite der Membran, und die Gesamtkraft ist

$$F = S\Delta p \approx S \frac{\partial p}{\partial x} \cdot D \tag{4}$$

wobei Δp die Druckdifferenz zwischen der Vorder- und der Rückseite der Kapsel, D die Dicke der Kapsel und $\partial p/\partial x$ die x-Komponente des im Schallfeld herrschenden Druckgradienten ist. Die zweite Version der Gl. (4) gilt allerdings nur, wenn Kapseltiefe D klein im Vergleich zur Schallwellenlänge ist. Durch die Perforation der Kapselrückwand verschwindet übrigens die elastische Rückstellkraft der Luftschicht, da diese nicht mehr in der Kapsel eingeschlossen ist; es gilt nunmehr $n_L = \infty$ und daher nach Gl. (17.16) $n_0 = n_M$, d. h. unter sonst gleichen Bedingungen ist die Membran „weicher" geworden. Statt der Gl. (3) gilt – wieder unter der Voraussetzung $\omega \ll \omega_0$:

$$\xi = n_M S D \cdot \frac{\partial p}{\partial x} \tag{5}$$

Die Kapsel ist durch die Perforation ihrer Rückwand zu einem Druckgradientempfänger geworden. Besteht das Schallfeld aus einer ebenen Welle, die unter einem Winkel θ auf die Mikrofonmembran einfällt, ist also nach Gl. (6.5):

$$p(x,y) = \hat{p} e^{-jk(x\cos\theta + y\sin\theta)} \tag{6}$$

dann ist der Schalldruckgradient $\partial p/\partial x$ an der Stelle $x = y = 0$, an der sich die Kapsel befinden möge,

$$\left(\frac{\partial p}{\partial x}\right)_0 = -jkp \cdot \cos\theta \tag{7}$$

Dies in Gl. (5) eingesetzt, führt auf

$$\xi = -jk n_M S D \cdot p \cdot \cos\theta \tag{8}$$

Diese Gleichung zeigt die wesentlichen Kennzeichen des Gradientempfängers: den Anstieg der Membranauslenkung mit der Frequenz $\omega = ck$, und ihre Abhängigkeit vom Einfallswinkel der Schallwelle. Diese entspricht der Richtungsabhängigkeit des Schalldrucks bei dem in Abschnitt 5.5 behandelten Dipolstrahler. Man kann die Gradientkapsel daher auch als Dipolempfänger auffassen. Die Frequenzabhängigkeit der Druckempfindlichkeit lässt sich übrigens beseitigen, wenn man die Bohrungen in der Kapselrückwand möglichst lang und eng macht, sodass die Beweglichkeit der Membran nicht von ihrer

Nachgiebigkeit, sondern von dem Strömungswiderstand r kontrolliert wird, den die Luft beim Hin- und Herschwingen in den Öffnungen überwinden muss. Dann überwiegt das erste Glied in Gl. (2), d. h. es ist $\xi = F/j\omega r$. Zusammen mit den Gln. (4) und (7) führt das auf:

$$\xi = -\frac{SD}{cr} \cdot p \cdot \cos\theta \tag{9}$$

Ergänzend sei bemerkt, dass die mechanische Eingangsimpedanz einer Mikrofonkapsel mitunter wesentlich komplizierter sein kann als die nach Gl. (2). Ein Beispiel hierfür werden wir im Abschnitt 18.4 kennen lernen. Im Allgemeinen kann man davon ausgehen, dass die linearen Verzerrungen eines Mikrofons – einschließlich seiner Phasenverzerrungen – umso geringer sind, je einfacher sein mechanischer Aufbau und je einfacher daher der Ausdruck für seine mechanische Eingangsimpedanz ist.

Die hier besprochenen Kapseln lassen bereits einige für Luftschallmikrofone wesentliche Grundtatsachen erkennen. Zu Mikrofonen werden sie allerdings erst durch Kombination mit einem der im vorangehenden Kapitel beschriebenen elektroakustischen Wandler. Da dieser primär entweder auf die Membranauslenkung ξ oder die Membranschnelle $j\omega\xi$ anspricht, kann man durch die Kombination mit einer Kapsel erreichen, dass das entstandene Mikrofon ein Druckempfänger, ein Druckgradientempfänger oder ein Schnelleempfänger ist.

18.2 Kondensatormikrofon

Besonders einfach und übersichtlich gestaltet sich die elektroakustische Wandlung, wenn dicht hinter der Membran eine vom Kapselgehäuse isolierte Platte, eine „Gegenelektrode" im Abstand d angebracht wird. Ist die Membran aus elektrisch leitendem Material, also aus Metall oder einem metallisierten Kunststoff, dann bildet sie mit der Gegenelektrode einen elektrostatischen Wandler nach Abschnitt 17.2. Das so aufgebaute Kondensatormikrofon wird in der Praxis allerdings nicht im elektrischen Kurzschluss betrieben wie bei Gl. (17.15) angenommen, sondern im Leerlauf. Sein vollständiges Ersatzschaltbild ist in Fig. 18.2 skizziert. Der aus dem Übertrager austretende Strom Nv erzeugt an der Kapazität C_0 einen Spannungsabfall, der an den elektrischen Klemmen in Erscheinung tritt:

$$U_{I=0} = -\frac{Nv}{j\omega C_0} = -U_0 \frac{\xi}{d} \tag{10}$$

Das Kondensatormikrofon nimmt also eine Art Spannungteilung vor, und seine Ausgangsspannung ist der Membranauslenkung $\xi = v/j\omega$ proportional. Kombiniert mit der für $\omega \ll \omega_0$ gültigen Gl. (3) wird daraus:

$$U_{I=0} = \frac{n_0 U_0 S}{d} \cdot p \tag{11}$$

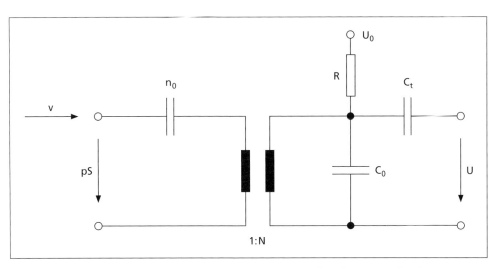

Fig. 18.2 Elektrisches Ersatzschaltbild des Kondensatormikrofons (C_t = Trennkondensator, U_0 = Vorspannung)

d. h. unterhalb seiner Resonanzfrequenz ist das Kondensatormikrofon mit geschlossener Kapsel ein Druckempfänger mit frequenzunabhängiger Empfindlichkeit. Dieser Bereich wird allerdings bei tiefen Frequenzen durch den Widerstand R eingeschränkt, über den die Vorspannung U_0 zugeführt wird. Damit das Mikrofon wirklich im elektrischen Leerlauf betrieben wird, muss noch bei der tiefsten zu übertragenden Frequenz

$$R \gg \frac{1}{\omega C_0} \qquad (12)$$

gelten, wodurch bei gegebenem R eine untere Frequenzgrenze definiert wird.

Der gesamte Frequenzgang eines Druckmikrofons ist in Fig. 18.3 dargestellt. Unterhalb der durch Gl. (12) definierten Grenzfrequenz steigt die Empfindlichkeit proportional zur Frequenz, also mit 6 dB pro Oktave an, oberhalb der Resonanzfrequenz nach Gl. (1) fällt sie proportional zu $1/\omega^2$ ab, logarithmisch ausgedrückt also mit 12 dB pro Oktave. Diesem Frequenzgang überlagert sich u. U. die Wirkung unvollkommener Beugung, worunter folgendes zu verstehen ist: Ein sehr kleines Mikrofon ist für die Schallwellen sozusagen nicht vorhanden, da diese vollständig um die Kapsel herumgebeugt werden. Mit zunehmender Frequenz wird aber das Mikrofon akustisch, d. h. im Verhältnis zur Schallwellenlänge immer größer und erzeugt ein immer stärkeres Streufeld, wobei die Rückstreuung entgegen der einfallenden Schallwelle zunächst überwiegt, wie das für eine schallharte Kugel in Fig. 7.4 dargestellt ist. Der Schalldruck des Streufelds überlagert sich dem der einfallenden Schallwelle. Vor der (nahezu) schallharten, kreisförmigen Membran eines Kondensatormikrofons kann dadurch bei senkrechtem Schalleinfall der Schalldruckpegel gegenüber dem Freifeldwert um mehr als 10 dB ansteigen.

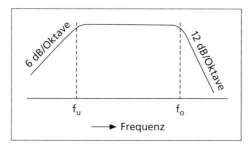

Fig. 18.3 Grundsätzlicher Frequenzgang eines Kondensatormikrofons

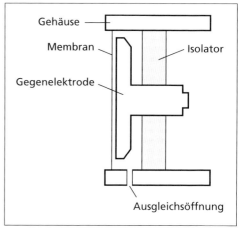

Fig. 18.4 Kondensatormikrofon, schematisch

Für eine Kapsel mit perforierter Rückwand ergibt sich mit den Gln. (5) und (10):

$$U_{I=0} = \frac{n_M U_0 SD}{d} \cdot \frac{\partial p}{\partial x} \tag{13}$$

Ein solches Kondensatormikrofon wirkt somit als Druckgradientempfänger.

Ist die Eingangsimpedanz der Membran nicht durch ihre Federsteife, sondern durch einen Reibungswiderstand bestimmt, dann wird mit Gl. (9) und Gl. (10)

$$U_{I=0} = -\frac{U_0 SD}{crd} \cdot p \cdot \cos\vartheta = -\frac{U_0 \rho_0 SD}{rd} \cdot v_x, \tag{14}$$

letzteres, da $p \cdot \cos\theta/\rho_0 c$ die zur Membranfläche senkrechte Komponente v_x der Schallschnelle ist. Das Mikrofon ist dann ein Schnelleempfänger.

Kondensatormikrofone gibt es in den verschiedensten Ausführungen. Fig. 18.4 zeigt eine typische Ausführungsform. Die Membran ist straff gespannt und besteht aus Nickel oder Duraluminium. Auf Grund ihrer geringen Dicke von 10 – 20 µm ist ihre Biegesteife verschwindend klein, sodass ihre eigene Rückstellkraft nur ihrer mechanischen Spannung entstammt. Ihr Abstand d zur Gegenelektrode ist von der Größenordnung der Membrandicke. Der Beitrag des Luftpolsters zur Gesamtsteife $1/n_0$ (s. Gl.(17.16) ist relativ klein; er kann durch Rillen, Sacklöcher oder durchgehende Bohrungen in der Gegenelektrode weiter +verringert werden, ohne dass der für die Empfindlichkeit des Mikrofons maßgebende Elektrodenabstand erhöht wird. Die elektrische Vorspannung U_0 beträgt meistens 50 bis 100 V. Da die Ruhekapazität des Mikrofons in der Größenordnung von 100 pF liegt, muss der Vorwiderstand R mehrere hundert Megohm betragen, wenn die Leerlaufbedingung nach Gl. (12) bei 20 Hz noch erfüllt sein soll. Diese hochohmige Beschaltung macht das Mikrofon gegen äußere Störfelder sehr anfällig. Daher ist eine sorgfältige Abschirmung erforderlich. Um jede Verminderung der Mikrofonempfindlichkeit durch Leitungskapazitäten zu vermeiden, baut man bereits in das Mikrofongehäuse i. Allg. eine Verstärkerstufe mit sehr hohem Eingangswiderstand ein, die im wesentlichen das Mikrofon an die elektrische Impedanz einer angeschlossenen Leitung anpasst. Außerdem versieht man die Kapselwand bei Druckmikrofonen mit einer feinen Bohrung, damit der Innendruck sich den langsamen, witterungsbedingten Druckschwankungen anpassen kann. Diese Bohrung hat einen hohen Strömungswiderstand, sodass sie sich im akustischen Frequenzbereich nicht bemerkbar machen kann. Die Herstellung eines solchen Mikrofons stellt sehr hohe Anforderungen an die mechanische Präzision. Auf der anderen Seite nimmt das Kondensatormikrofon in der akustischen Messtechnik und bei hochwertigen Schallaufnahmen auf Grund seines im Prinzip sehr einfachen Aufbaus eine Spitzenstellung ein. Seine Empfindlichkeit ist von der Größenordnung 10 mV/Pa.

Eine Bauart, bei der auf die von außen zuzuführende Vorspannung verzichtet werden kann ist das von *G. Sessler* erfundene Elektretmikrofon. Es beruht darauf, dass viele Kunststoffe permanent „elektrisiert", also mit einer bleibenden dielektrischen Polarisation versehen werden können, ein Vorgang, welcher der permanenten Magnetisierung eines ferromagnetischen Stoffes entspricht. Man bezeichnet ein solches Dielektrikum als Elektreten. Die Polarisation erfolgt entweder dadurch, dass in dem betreffenden Stoff ein hinreichend starkes elektrisches Feld bei erhöhter Temperatur erzeugt wird, das auch während der Abkühlung aufrechterhalten wird. Die Polarisation wird dadurch gewissermaßen „eingefroren". Eine andere Methode besteht darin, dass in einen Stoff mit verschwindend kleiner elektrischer Leitfähigkeit Ladungen „geschossen" werden. Die dabei entstehende inhomogene Ladungsverteilung entspricht ebenfalls einer dielektrischen Polarisation. Füllt man den Raum zwischen den Elektroden eines Plattenkondensators, wie in Fig. 18.5 gezeigt, teilweise mit einem Elektretmaterial aus, dann entsteht durch Influenzwirkung im nicht ausgefüllten Bereich ein konstantes elektrisches Feld wie bei einer von außen aufgebrachten Ladung.

Für Elektretmikrofone gibt es im wesentlichen zwei Bauarten: Das Folien-Elektretmikrofon hat eine auf der Außenseite metallisierte Kunststoffmembran, die zugleich den Elektreten bildet. Alternativ kann das Elektretmaterial auch auf der Gegenelektrode aufgebracht werden wie in Fig. 18.6 dargestellt. In diesem Fall spricht man von einem Rückseiten-Elektretmikrofon. Ein besonderer Vorteil des Elektretmikrofons liegt in seinen kleinen Abmessungen.

Die bisher beschriebene Betriebsweise von Kondensatormikrofonen wird als Niederfrequenzschaltung bezeichnet. Man kann die vom Schallfeld verursachten Kapazitätsänderungen auch dazu benutzen, die Frequenz eines Hochfrequenz-Oszillators zu steuern. Dies führt zu einer mit den Schallschwingungen frequenzmodulierten Hochfrequenzschwingung, aus der das ursprüngliche Signal durch Demodulation gewonnen wird. Es liegt auf der Hand, dass diese Art der Wandlung nicht reversibel ist. Der Vorteil dieser Hochfrequenzschaltung liegt darin, dass keine elektrische Vorspannung benötigt wird. Damit entfällt auch der Ladewiderstand R und die durch ihn bedingte untere Frequenzbegrenzung des Übertragungsbereichs.

Mikrofone

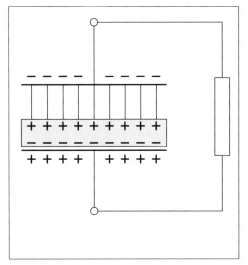

Fig. 18.5 Elektret in einem Plattenkondensator

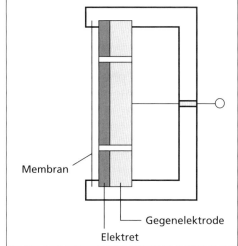

Fig. 18.6 Elektretmikrofon (Rückseiten-Elektret)

18.3 Piezoelektrische Mikrofone

Auch der in Abschnitt 17.1 beschriebene piezoelektrische Wandler ist ein Auslenkungs- oder Elongationsempfänger, solange sein aktives Element klein im Vergleich zur Schallwellenlänge ist. Liest man das in Fig. 17.3a gezeigte Ersatzschaltbild von rechts nach links, dann führt eine auf der mechanischen Seite eingeprägte Schnelle zu einem elektrischen Strom der Stärke Nv, der bei Leerlauf an der Wandlerkapazität C_0 den Spannungsabfall

$$U_{I=0} = \frac{N}{j\omega C_0} \cdot v = \frac{N}{C_0} \cdot \xi \tag{15}$$

erzeugt. Kombiniert mit Gl. (3) ergibt dies:

$$U_{I=0} = \frac{n_0 SN}{C_0} \cdot p \tag{16}$$

Diese Gleichung gilt allerdings nur, wenn das Mikrofon auf der elektrischen Seite hochohmig abgeschlossen wird. Wegen der höheren Dielektrizitätskonstante des Dielektrikums ist diese Bedingung nicht so einschneidend wie bei einem Kondensatormikrofon, besonders wenn das Piezoelement aus einem keramischem Material besteht. Dennoch darf auch hier die Zuleitung zu dem nachgeschalteten Vorverstärker nicht zu lang sein, da C_0 durch ihre Kapazität vergrößert und die Empfindlichkeit des Mikrofons entsprechend herabgesetzt wird.

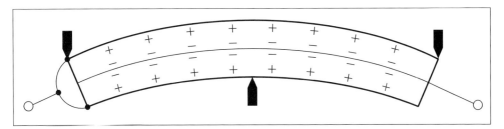

Fig. 18.7 Piezoelektrisches Biegeelement

Trotz der ähnlichen Funktion des piezoelektrischen und des elektrostatischen Wandlers – eine Auslenkung wird in eine ihr proportionale Leerlaufspannung gewandelt – besteht ein gravierender Unterschied zwischen dem Kondensatormikrofon und dem Piezomikrofon. Bei dem letzteren ist n_0 nämlich nicht die Nachgiebigkeit einer dünnen Membran, allenfalls etwas vermindert durch die des Luftpolsters, sondern wird durch die elastischen Eigenschaften eines Festkörpers, nämlich des piezoelektrischen Wandlermaterials bestimmt. Völlig aussichtslos wäre es, ein Luftschallmikrofon mit einem auf Dickenänderungen ansprechenden Piezoelement nach Art der Fig. 17.2 konstruieren zu wollen.

Wesentlich günstiger ist die Verwendung piezoelektrischer Biegeelemente nach Fig. 18.7. Kittet man zwei dünne metallisierte, piezoelektrische Plättchen gleicher Polarisation oder Orientierung aufeinander, so wird bei einer Durchbiegung die eine Hälfte gestaucht, die andere gedehnt. Man nutzt also den transversalen Piezoeffekt aus; die auf den Oberflächen beider Plättchen entstehenden entgegengesetzten Ladungen werden mit der gezeigten Beschaltung addiert. Bei einer Bauart werden die Membranschwingungen durch einen kleinen Stift auf ein solches Biegeelement übertragen (Fig. 18.8a). Man kann auch die Membran selbst als piezoelektrisches Biegeelement ausführen. Und schließlich kann man ein dünnes Piezoplättchen mit einer Metallmembran fest verbinden (Fig. 18.8b); auch hier erzeugt der transversale Piezoeffekt bei Durchbiegung entsprechende Ladungen auf beiden Seiten des Piezoelements.

Es liegt auf der Hand, dass in all diesen Fällen die Membran, die richtiger als „Platte" zu bezeichnen ist, nicht allzu dünn sein kann und daher eine größere Masse hat als die Membran eines Kondensatormikrofons. Vor allem aber weist sie eine gewisse Biegesteife auf, die nach Gl. (10.10) mit der dritten Potenz der Membrandicke anwächst. Die Membran eines Piezomikrofons ist also von Haus aus unbeweglicher als die eines Kondensatormikrofons. Des weiteren hat sie, wie jeder Wellenleiter endlicher Abmessung, Resonanzen oder Eigenschwingungen. Das gilt natürlich auch für die Membran eines Kondensatormikrofons. Dort sind sie aber so stark gedämpft, dass sie nicht stören. Die Resonanzen eines Piezomikrofons sind grundsätzlich stärker ausgeprägt, da die höhere Masse nach Gl. (2.23) eine größere Resonanzgüte mit sich bringt. Hinsichtlich seiner Empfindlichkeit ist das piezoelektrische Mikrofon mit dem Kondensatormikrofon vergleichbar.

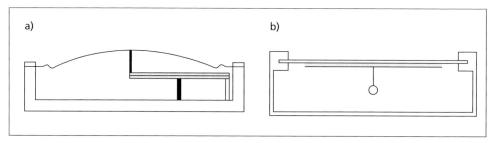

Fig. 18.8 Piezoelektrische Mikrofone

18.4 Dynamische Mikrofone

Auch das dynamische Wandlerprinzip wird mit großem Erfolg zur Konstruktion von Mikrofonen eingesetzt. Eine viel verwendete Bauart ist das in Fig. 18.9 gezeigte Tauchspulmikrofon. Das konstante Magnetfeld wird hier in dem Ringspalt eines Permanentmagneten erzeugt. In diesen Spalt ragt eine kleine Zylinderspule, die Schwingspule, die fest mit der Membran verbunden ist. Die Membran ist in sich steif; ihre Beweglichkeit erhält sie durch biegsame Randlagerung.

Allerdings ist bei dynamischen Wandlern die Ausgangsspannung nach Gl. (17.20) nicht der Auslenkung, sondern der Schnelle der Schwingspule proportional. Eine frequenzunabhängige Druckempfindlichkeit des Mikrofons verlangt daher, dass seine die mechanische Eingangsimpedanz (s. Gl. (2)), reell und frequenzunabhängig ist. Nur dann ist nämlich

$$U_{I=0} = Mv = MrS \cdot p \qquad (17)$$

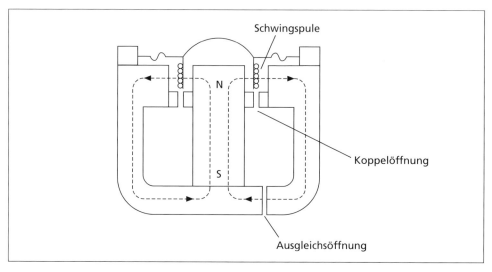

Fig. 18.9 Tauchspulmikrofon

Dies könnte im Prinzip dadurch erreicht werden, dass man die Resonanzfrequenz des Systems mitten in den Übertragungsbereich legt und den Verlustwiderstand r durch geeignete Bedämpfung so hoch macht, dass er im ganzen zu übertragenden Frequenzbereich dominiert. Dadurch würde sich die Empfindlichkeit des Mikrofons stark vermindern. Einen recht glatten Frequenzgang ohne allzu große Empfindlichkeitseinbuße kann man dadurch erreichen, dass man an den hinter der Membran liegenden Luftraum über eine Verengung ein weiteres Luftvolumen ankoppelt. Dieses wirkt, zusammen mit der Koppelöffnung, als Hohlraumresonator (s. Unterabschnitt 8.3.3), der durch die Strömungsverluste in der Verengung bedämpft wird. Mitunter werden an ihn noch weitere Hohlraumresonatoren angekoppelt. Die Aufgabe des Konstrukteurs besteht darin, die Größe dieser Elemente so zu wählen, dass die mechanische Impedanz Z_m des Systems sich in einem gegebenen Frequenzbereich nur wenig ändert. Auf diese Weise lassen sich hervorragende Mikrofone für Sprach- oder Musikaufnahmen herstellen. Die Induktivität der Schwingspule ist i. Allg. gegenüber ihrem Ohmschen Widerstand zu vernachlässigen, der typischerweise bei 200 Ohm liegt. Das Mikrofon kann also ohne merkliche Empfindlichkeitseinbußen an eine längere Leitung angeschlossen werden.

Eine andere Bauart dynamischer Mikrofone ist das früher vielverwendete Bändchenmikrofon, das sich eng an das in Fig. 17.5b dargestellte dynamische Prinzip anlehnt. Der elektrische Leiter ist hier ein dünnes, mehrfach geknicktes Metallbändchen von etwa 3 cm Länge, das unter schwacher Zugspannung zwischen den Polen eines Permanentmagneten angeordnet ist. Die Knicke versteifen das Bändchen in Querrichtung, nicht aber in Richtung seiner Normalen, sodass es leicht beweglich ist. Die Feldlinien des Magnetfelds verlaufen, wie in Fig. 18.10 angedeutet, senkrecht zur Bewegungsrichtung und zur Längserstreckung des Bändchens. Der Schall wirkt von beiden Seiten auf das Bändchen ein; die antreibende Kraft ist daher dem Schalldruckgradienten proportional. Wegen seiner geringen Spannung ist das Bändchen tief abgestimmt, d. h. seine mechanische Impedanz nach Gl. (2) reduziert sich auf seinen Massenwiderstand, $Z_m \approx j\omega m_0$. Daher ist die Leerlaufspannung am elektrischen Ausgang:

$$U_{I=0} = M \cdot \frac{F}{j\omega m_0} = M \cdot \frac{K}{j\omega m_0} \cdot \frac{\partial p}{\partial x} \tag{18}$$

(K ist ein Proportionalitätsfaktor.) Andererseits ist der Schalldruckgradient gemäß Gl. (3.15) mit der entsprechenden Komponente der Luftschallschnelle verknüpft:

$$\frac{\partial p}{\partial x} = -j\omega \rho_0 v_x,$$

sodass schließlich

$$U_{I=0} = -\frac{M}{j\omega m_0} K \cdot j\omega \rho_0 v_x = -\frac{MK\rho_0}{m_0} \cdot v_x \tag{19}$$

wird. Das Bändchenmikrofon ist also ein Schnellemikrofon, selbstverständlich mit der für einen Gradientempfänger typischen Dipolcharakteristik. Dem Mikrofon wird üblicher-

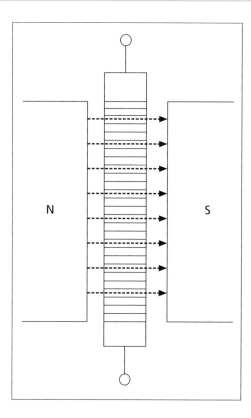

Fig. 18.10 Bändchenmikrofon, schematisch (N Nordpol, S Südpol)

weise ein Übertrager nachgeschaltet, da der elektrische Widerstand des Bändchens und ebenso die induzierte Spannung sehr klein sind. Bei einer Transformation auf eine Ausgangs-Quellimpedanz von 200 Ohm wird eine Empfindlichkeit von etwa 1 mV/Pa erreicht.

18.5 Kohlemikrofon

Das Kohlemikrofon war früher sehr weit verbreitet, auch nach der Erfindung des Kondensatormikrofons und des Bändchenmikrofon wurde es in großem Umfang in Fernsprechgeräten eingesetzt. Heute ist es auch dort von anderen Mikrofontypen abgelöst worden, obwohl man es in älteren Telefonapparaten noch antreffen kann.

Es besteht aus einer mit lockerem Kohlegrieß gefüllten Kammer oder Kapsel, die auf der einen Seite von einer Metallmembran verschlossen ist. Ein von außen auf die Membran wirkender Druck pflanzt sich in das Kammerinnere fort; die Kohlenkörner werden ein wenig zusammengepresst, wodurch sich der Übergangswiderstand zwischen ihnen verringert. Was für einzelne Kohlenkörner gilt, trifft für die ganze Füllung zu: der elektrische Widerstand der Kapsel wird kleiner. Fällt eine Schallwelle auf die Membran, so wird diese in Schwingungen versetzt und dementsprechend schwankt der elektrische Widerstand der

Kapsel. Diese Schwankungen lassen sich mit einer geeigneten Beschaltung in Spannungsschwankungen umsetzen. Der besonderer Vorteil des Kohlemikrofons liegt in seiner hohen Empfindlichkeit. Nachteilig sind die hohen linearen und nichtlinearen Verzerrungen, mit denen es behaftet ist.

Das Kohlemikrofon ist kein elektroakustischer Wandler im Sinne von Kapitel 17, sondern ein elektrisches Schaltelement, dessen Eigenschaften – hier also sein elektrischer Widerstand – von den Druckschwankungen eines Schallfelds gesteuert werden.

18.6 Richtmikrofone

Soll die Ausgangsspannung eines Mikrofons allein dem Schalldruck entsprechen, der an seiner Membran herrscht, dann muss seine Empfindlichkeit unabhängig sein von der Schalleinfallsrichtung, da der Schalldruck selbst nichts über die Richtung einer Schallwelle aussagt. Dies setzt voraus, dass das Mikrofon sehr klein im Vergleich zur Schallwellenlänge ist, was bei tiefen Frequenz leicht, bei hohen Frequenzen dagegen recht schwierig zu erreichen ist. Man kann davon ausgehen, dass die meisten als Schalldruckempfänger bezeichneten Mikrofone allein auf Grund ihrer Membrangröße bei höheren Frequenzen eine merkliche Richtwirkung haben, d. h. dass ihre Empfindlichkeit von der Richtung des Schalleinfalls abhängt (s. a. Abschnitt 18.2).

Eine solche Richtwirkung kann bei Mikrofonen aber auch erwünscht sein. Mit ihrer Hilfe kann bei Schallaufnahmen eine bestimmte Schallquelle unter mehreren anderen hervorgehoben werden. Das gilt insbesondere für Schallaufnahmen in einer von Störgeräuschen erfüllten Umgebung. Es gilt auch für Aufnahmen in nachhallreichen Räumen, da sich zu langer Nachhall nachteilig auf die Qualität der Aufnahme, z. B. auf die Verständlichkeit aufgenommener Sprache auswirkt. Die Nachhallunterdrückung beruht darauf, dass die den Nachhall bildenden Bestandteile des Schallfeldes i. Allg. aus anderen Richtungen beim Mikrofon eintreffen als das aufzunehmende Signal.

Wie bei Schallstrahlern, kennzeichnet man auch die Richtwirkung von Mikrofonen durch eine Richtfunktion $R(\theta,\phi)$, also die Empfindlichkeit des Mikrofons als Funktion der Richtungswinkel θ und ϕ. Sie wird so normiert, dass man für die Richtung maximaler Empfindlichkeit $R = 1$ setzt. Wie in Kapitel 5 ausgeführt, kann man sich jeden Schallstrahler als aus mehreren oder unendlich vielen Punktschallquellen zusammengesetzt denken. Für jede dieser elementaren Quellen gilt aber das in Abschnitt 5.2 erwähnte Reziprozitätsprinzip, demzufolge die Orte einer Punktschallquelle und eines beliebigen Empfangspunkts miteinander vertauscht werden können, ohne dass sich das Verhältnis des empfangenen Schalldrucks zur Volumenschnelle des Senders ändert. Daher hat ein Schallempfänger bestimmter Form oder auch ein aus mehreren Einzelmikrofonen bestehender Empfänger grundsätzlich dieselbe Richtfunktion wie ein gleichartig aufgebauter oder geformter Schallsender. Zur Kennzeichnung der Richtwirkung können bei Mikrofonen dieselben Kennzahlen verwendet werden wie bei Schallquellen, also insbesondere die in Abschnitt 5.4 eingeführte Halbwertsbreite oder der Bündelungsgrad nach G. (5.16a).

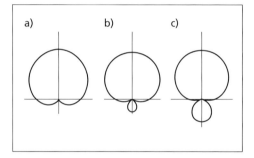 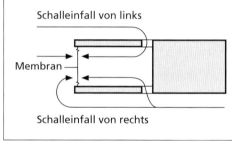

Fig. 18.11 Richtmikrofon, mit
a) Nierencharakteristik,
b) „Superniere",
c) „Hyperniere"

Fig. 18.12 Nierenmikrofon mit einer einzigen Mikrofonkapsel

In den vorstehenden Abschnitten haben wir schon Mikrofone mit Gradientcharakteristik kennen gelernt. Wegen der Form ihrer in Polarkoordinaten dargestellten Richtcharakteristik (s. Fig. 5.6b) bezeichnet man sie auch als „Acht-Mikrofone"; sinngemäß spricht man bei richtungsunabhängiger Empfindlichkeit von einem „Kugelmikrofon". Durch Kombination eines Kugelmikrofons mit einem Achtmikrophon und Addition beider Ausgangsspannungen lassen sich Richtmikrofone mit der allgemeinen Richtfunktion

$$R(\theta) = \frac{A + B\cos\theta}{A + B} \tag{20}$$

realisieren, wobei A und B möglichst frequenzunabhängige Konstanten sind. B = 0 kennzeichnet das Kugelmikrofon, A = 0 das Gradientmikrofon. Die durch A = B bestimmte Charakteristik stellt sich in Polarkoordinaten durch eine nierenförmige Kurve dar, eine sog. Kardioide, die in Fig. 18.11a wiedergegeben ist. Man bezeichnet ein solches Mikrofon daher als Kardioid- oder auch Nierenmikrofon. Andere bekannte Kombinationen sind die „Superniere" mit A/B = 0,5736 und die „Hyperniere" mit A/B = 0,342 (s. Fig. 18.11b und c).

Die Kombination zweier hochwertiger Mikrofone zu einem Richtmikrofon der beschriebenen Art stellt natürlich einen hohen Aufwand dar. Durch Verwendung einer akustischen Laufzeitstrecke kann man aber auch einer einzigen Mikrofonkapsel Nierencharakteristik verleihen. Hierfür wird die Kapsel, wie in Fig. 18.12 gezeigt, mit seitlichen Öffnungen versehen. Frontal einfallender Schall erreicht die Membran einmal auf direktem Weg, zum anderen über einen Umweg, nämlich der doppelten Entfernung der Seitenöffnungen von der Membran. Eine von hinten einfallende Schallwelle erreicht Vorder- und Rückseite der Membran dagegen nahezu gleichzeitig, beide Wirkungen heben sich gegenseitig auf. Der Unterschied zwischen einer solchen „Laufzeitkapsel" und der „Gradientkapsel" nach Fig. 18.1b besteht darin, dass bei der letzteren der Abstand D klein gegen die Schallwellenlänge sein sollte, während bei der Laufzeitkapsel die Entfernung der seitli-

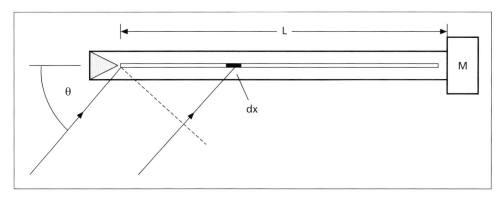

Fig. 18.13   Rohrschlitzmikrofon, schematisch. (M Mikrofonkapsel)

chen Bohrungen von der Membran deutlich größer sein muss, damit Laufzeiteffekte überhaupt auftreten können.

In noch höherem Maß profitiert das in Fig. 18.13 gezeigte Rohrschlitzmikrofon von Laufzeitdifferenzen. Sein wesentlicher Bestandteil ist ein längsgeschlitztes Metallrohr der Länge L, an dessen einem Ende sich das eigentliche Mikrofon befindet. Auf dieses Rohr falle eine Schallwelle ein, deren Richtung mit der Rohrachse den Winkel θ bildet. Der Schalldruck in dieser Welle ist durch Gl. (6) gegeben, der Schalldruck längs des bei y = 0 gelegenen Schlitzes ist dann p(x) = p̂ exp(–jkx cosθ). Er versetzt die Luft im Schlitz in wandnormale Schwingungen. Daher wird jedes Längenelement dx des Schlitzes zum Ausgangspunkt zweier entgegengesetzt laufenden Rohrwellen, von denen die eine an einem porösen Absorberkeil (bei x = 0) geschluckt wird, während sich die andere zur Mikrofonkapsel M bewegt. Da sie bis dahin die Strecke L - x zurücklegen muss, wird sie mit dem weiteren Phasenfaktor exp[–jk(L – x)] versehen, liefert also den Beitrag

$$dp_m = C e^{jkx(1-\cos\theta)} dx$$

zu dem an der Mikrofonmembran wirkenden Wechseldruck (C = Konstante). Die Richtfunktion R(θ) ergibt sich durch Integration dieses Ausdrucks über die gesamte Rohrlänge L; das Ergebnis wird so normiert, dass R(0) = 1 wird. Das Ergebnis lautet:

$$R(\theta) = \frac{\sin\left[\frac{kL}{2}(1-\cos\theta)\right]}{\frac{kL}{2}(1-\cos\theta)} \qquad (21)$$

Nur für frontalen Schalleinfall, also für θ = 0, wirken alle Schallanteile gleichphasig auf das Mikrofon ein, für diese Richtung hat das Rohrschlitzmikrofon also seine maximale Empfindlichkeit.

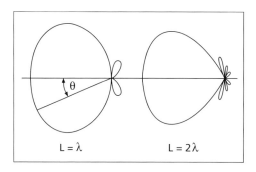

Fig. 18.14 Richtdiagramm eines Rohrschlitzmikrofons, für zwei verschiedenen Längen

In Fig. 18.14 sind hiermit berechnete Richtdiagramme $|R(\theta)|$ des Rohrschlitzmikrofons für verschiedene Frequenzen dargestellt. Man vergleiche sie mit den in Fig. 5.15 wiedergegebenen Richtdiagrammen einer Kolbenmembran. Auch hier tritt eine mit wachsender Frequenz steigende Anzahl von Nebenmaxima auf, zwischen denen jeweils eine Nullstelle liegt.

Nach dem Obengesagten kann man auch das in Abschnitt 6.5 beschriebene Prinzip der linearen Zeile oder linearen Gruppe zum Bau von Richtmikrofonen heranziehen, wobei die Gruppe diesmal aus gleichartigen Mikrofonen zusammengesetzt ist, deren Ausgangsspannungen addiert werden. Die Richtcharakteristik einer solchen Empfangsanordnung ist dieselbe wie die des Gruppenstrahlers. (s. Fig. 5.6). Da ein solches Richtmikrofon ziemlich unhandlich und zudem recht aufwändig ist, wird es im Hörschallgebiet selten eingesetzt, wohl aber in der Wasserschalltechnik (s. Abschnitt 16.5). Erst recht gilt dies für zweidimensionale Gruppen von Mikrofonen.

Das Gegenstück zu dem in Abschnitt 5.8 beschriebenen Kolbenstrahler realisiert man am besten mit einem Hohlspiegel aus Metall oder einem anderen reflektierenden Material, in dessen Brennpunkt sich ein normales Mikrofon befindet. Falls der Spiegeldurchmesser groß im Vergleich zur Wellenlänge ist, entspricht die Richtwirkung etwa der eines gleich großen Kolbenstrahlers.

18.7 Hydrofone

Hydrofone sind Mikrofone für Schall in flüssigen Medien. Sie finden vor allem in der Wasserschalltechnik umfangreiche Verwendung und bilden einen wesentlichen Bestandteil vieler Sonaranlagen (s. Abschnitt 16.5). In der Ultraschalltechnik werden sie hauptsächlich für messtechnische Aufgaben, z. B. zur Überprüfung des von Ultraschallsendern erzeugten Schallfelds benutzt.

Hydrofone beruhen meist auf dem piezoelektrischen Prinzip. Im Gegensatz zu den Luftschallmikrofonen kann bei ihnen auf die Verwendung einer Membran verzichtet werden, da der Wellenwiderstand von Piezomaterialien zwar größer ist als der von

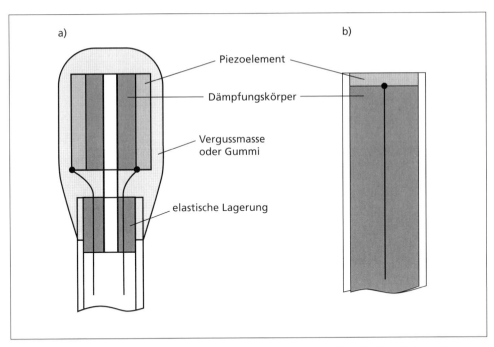

Fig. 18.15 Hydrofone (aus H. Kuttruff, Physik und Technik des Ultraschalls, mit freundlicher Genehmigung des Verlags)

Flüssigkeiten, zu diesem aber doch nicht in einem so krassen Missverhältnis steht wie zu dem der Luft. Das piezoelektrische Hochpolmer Polyvinylidenfluorid ist sogar fast perfekt an den Wellenwiderstand von Wasser angepasst. Daher lässt man bei Hydrofonen die Schallwellen direkt auf das Wandlermaterial einwirken.

Soll ein Hydrofon den Schalldruck in der Flüssigkeit anzeigen, so muss es im interessierenden Frequenzbereich klein sein im Vergleich zu der jeweiligen Schallwellenlänge. Damit ist sichergestellt, dass es keine Richtwirkung hat, dass es das Schallfeld selbst nicht stört, was besonders für messtechnische Aufgaben wichtig ist, und dass der aktive Hydrofonkörper keine Resonanzen aufweist. Damit kann seine Funktion durch das Niederfrequenz-Ersatzschaltbild in Fig. (17.3) beschrieben werden, aus dem die Gl. (16) folgt. Sie gilt allerdings streng nur für den Fall, dass der Druck nur auf die Endflächen des oder der Piezoplättchen einwirkt, wofür man durch geeignete Konstruktion sorgen kann. Setzt man das ganze Piezoelement dem Schallfeld aus, dann erhält man nur dann einen Effekt, wenn das Piezomaterial auf allseitigen Druck und damit auf Volumenänderungen anspricht, was z. B. bei Lithiumsulfat der Fall ist.

Fig. 18.15 zeigt zwei Ausführungsformen von piezoelektrischen Hydrofonen. Auf der linken Seite dient als aktives Element ein kleiner Zylinder aus piezoelektrischem Material, der innen durch eine verlustbehaftete Masse bedämpft wird. Auch Ausführungen mit einem oder mehreren Piezoplättchen werden verwendet (rechtes Teilbild). Eine besonders hohe Frequenzbandbreite erreicht man mit dem Nadelhydrofon; es besteht aus einer Metallnadel, deren Spitze mit Polyvinylidenfluorid (PVDF) überzogen ist.

18.8 Schwingungsempfänger

Mikrofone zur Schwingungsmessung an festen Körpern werden als Körperschallmikrofone oder als Körperschallaufnehmer, auch als Schwingungsaufnehmer bezeichnet. Sie spielen eine große Rolle in der Maschinenakustik, werden aber auch für Schwingungsuntersuchungen an Trennwänden oder Fußböden verwendet. Grundsätzlich kann man alle Komponenten einer Festkörperschwingung messtechnisch erfassen. Da aber nur die senkrecht zur Festkörperoberfläche liegende Schwingungskomponente zu einer direkten Schallabstrahlung in die Umgebung führt, steht die Messung dieser Komponente im Vordergrund.

Dabei tritt das Problem auf, dass wir keinen Bezugspunkt kennen, der mit Sicherheit in Ruhe ist und relativ zu dem wir die Schwingung der festen Oberfläche messen könnten. Glücklicherweise stellt jede Masse einen Bezugspunkt zwar nicht für die Auslenkung, aber für die Beschleunigung und damit für die Trägkeitskraft dar. Darin unterscheidet sie sich von anderen mechanischen „Schalt"-Elementen: Die Beanspruchung einer Feder hängt von der Differenz der Auslenkungen ihrer beiden Enden ab, und für ein Reibungselement gilt das gleiche. Die von einer Masse entwickelte Trägheitskraft hängt dagegen von ihrer Beschleunigung bezüglich eines beliebigen beschleunigungsfreien Koordinatensystems ab, also z. B. eines Punkts der Erdoberfläche. (Die Rotation der Erde kann hierbei außer Betracht bleiben.) Die Schwingungsmessung kann daher mit einem gedämpften Masse-Federsystem erfolgen, das fest mit dem Messobjekt verbunden wird und dessen Reaktion auf die Schwingungsanregung berechnet werden kann. Dieser Fall wurde bereits am Ende von Abschnitt 2.7 als Beispiel behandelt (s. Fig. 2.9). Bezeichnen wir mit $\eta = v/j\omega$ die zu bestimmende Auslenkung der festen Fläche und mit $\eta_m = v_m/j\omega$ die Auslenkung der Masse, dann ergibt sich aus der Gl. (2.32) (erste Version) die allein beobachtbare Differenzauslenkung $\eta - \eta_m$ zu:

$$\eta - \eta_m = \frac{-(\omega/\omega_0)^2}{1 + j\omega r n - (\omega/\omega_0)^2} \cdot \eta \tag{22}$$

Kennt man die Daten des Resonanzsystem und die Frequenz der Schwingung, dann kann man hieraus die gesuchte Auslenkung η des Fußpunkts, d. h. des Messobjekts berechnen. Besonders einfach gestaltet sich diese Prozedur, wenn man sich auf einen der beiden folgenden Grenzfälle festlegt:

- a) Die Resonanzfrequenz ω_0 ist klein im Vergleich zu allen interessierenden Frequenzen. Dann können alle Terme im Nenner des obigen Ausdrucks gegenüber $(\omega/\omega_0)^2$ vernachlässigt werden und es bleibt:

$$\eta - \eta_m \approx \eta \qquad (22a)$$

d. h. die Masse bleibt praktisch in Ruhe und die messbare Differenzauslenkung ist die gesuchte Auslenkung des Messobjekts. Dieses Prinzip wendet man beim Bau von Seismografen an.

b) Ist umgekehrt das Messsystem hoch abgestimmt, d. h. ist für alle in Betracht kommenden Frequenzen $\omega \ll \omega_0$, dann können im Nenner der Gl. (22) alle Glieder gegenüber der 1 vernachlässigt werden mit dem Ergebnis:

$$\eta - \eta_m \approx \frac{1}{\omega_0^2} \cdot (-\omega^2 \eta) \qquad (22b)$$

Da $-\omega^2 \eta$ die Beschleunigung des Messobjekts ist, nennt man einen hochabgestimmten Schwingungsaufnehmer dieser Art auch einen Beschleunigungsempfänger.

Die in der akustischen Messtechnik gebräuchlichsten Körperschallaufnehmer sind Beschleunigungsempfänger. Zur Messung der Differenzschnelle benutzt man entweder ein piezoelektrisches Biegeelement (s. Abschnitt 18.3) oder eine piezoelektrische Platte, die zugleich das Federelement darstellt. Die Fig. 18.16 zeigt schematisch die praktische Ausführung eines Beschleunigungsempfängers.

Ebenfalls zu Körperschallmessungen dient der Dehnungsmessstreifen. Dehnt man einen Metalldraht, so vergrößert sich seine Länge, sein Querschnitt vermindert sich dagegen auf Grund der Querkontraktion (s. Unterabschnitt 10.3.1). Beides bewirkt eine Erhöhung des elektrischen Widerstands. Bei einem Dehnungsmessstreifen ist der Draht zu einem länglichen Mäander zusammenfaltet und in einen Kunststoffstreifen eingebettet. Zur Messung der Dehnung eines festen Körpers, z. B. eines Maschinenteils, wird der Streifen mit einem Spezialkleber mit der Oberfläche des Messobjekts fest verbunden. Außerdem gibt es Halbleitermaterialien, deren elektrischer Widerstand von der mechanischen Beanspruchung abhängt. Aus ihnen kann man sehr vielgestaltige Dehnungssensoren herstellen.

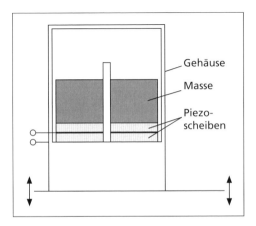

Fig. 18.16 Beschleunigungsaufnehmer

Mikrofone

Eine völlig berührungsfreie Schwingungsmessung an Festkörperoberflächen kann mit optischen Methoden, z. B. mit einem Laserinterferometer vorgenommen werden.

18.9 Kalibrierung von Mikrofonen

Für Schallaufnahmen genügt es, die Empfindlichkeit des verwendeten Mikrofons ungefähr zu kennen, wozu ein Vergleich mit einem Mikrofon bekannter Empfindlichkeit ausreicht. Voraussetzung hierfür ist, dass ein solches Vergleichsmikrofon zur Verfügung steht. – Soll das Mikrofon dagegen als Messmikrofon oder als Vergleichsstandard benutzt werden, dann ist eine genaue Kenntnis seiner Empfindlichkeit erforderlich. Es muss also kalibriert werden.

Hierzu kann man es einem Schallfeld aussetzen, das auf Grund seiner Erzeugung als bekannt angesehen werden kann. Am einfachsten geschieht dies mit einer kleinen, dickwandigen Druckkammer, in die das Mikrofon eingesetzt wird und in der mit Hilfe eines kleinen, bewegten Kolbens eine bekannte Druckschwankung erzeugt wird (s. Fig. 18.17). Eine Auslenkung ξ des Kolbens aus seiner Ruhelage hat eine Änderung $\delta V = -\xi S$ des Kammervolumens V_0 zur Folge. Sie ist unter der Voraussetzung sehr kleiner Kammerabmessungen (wie immer verglichen mit der der Kolbenfrequenz entsprechenden Luftschallwellenlänge) mit der relativen Dichteschwankung $\tilde{\rho}/\rho_0 = \xi S/V_0$ verknüpft. Diese wiederum geht nach Gl. (3.13) mit einer Druckschwankung einher, also mit dem Schalldruck:

$$p = \frac{\rho_0 c^2 S}{V_0} \cdot \xi \qquad (23)$$

Die Kolbenauslenkung kann z. B. mit einem Mikroskop gemessen werden, oder sie ist von der Art ihrer Erzeugung her bekannt. Aus der obigen Gleichung ergibt sich übrigens die Nachgiebigkeit des Kammervolumens, d. h. das Verhältnis der Auslenkung ξ zur Kolbenkraft pS zu:

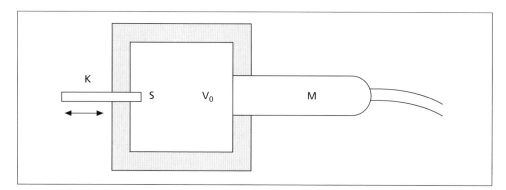

Fig. 18.17 Mikrofonkalibrierung mit der Druckkammer (M Mikrofon, K bewegter Kolben)

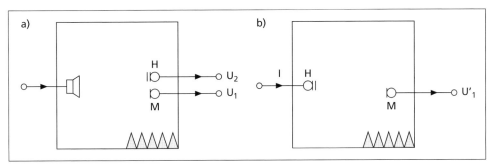

Fig. 18.18 Mikrofonkalibrierung nach dem Reziprozitätsverfahren (M zu kalibrierendes Mikrofon, H reversibler Hilfswandler).
a) Vergleich beider Mikrofone,
b) Hilfswandler als Schallsender

$$n_L = \frac{V_0}{\rho_0 c^2 S^2} \qquad (24)$$

Eine sehr vielseitige und genaue Kalibriermethode ist das Reziprozitätsverfahren. Man benötigt dazu einen reversiblen Hilfswandler, der hierbei sowohl als Schallsender wie als Hilfsmikrofon verwendet wird. Die Kalibrierung wird in einer definierte Messumgebung – z. B. in einem Messraum mit reflexionsfreien Wänden oder einer entsprechend gestalteten Druckkammer durchgeführt. Sie läuft in zwei Schritten ab: Zuerst (s. Fig. 18.18a) wird das zu kalibrierende Mikrofon M und der Hilfswandler H nacheinander an dieselbe Stelle eines von einem Lautsprecher erzeugten Schallfelds gebracht. Die beiden Ausgangs-Leerlaufspannungen legen das Verhältnis der Mikrofonempfindlichkeiten fest:

$$\frac{M_2}{M_1} = \frac{U_2}{U_1} \qquad (25)$$

Im zweiten Schritt (Fig. 18.18b) wird der Lautsprecher durch den reversiblen Hilfswandler ersetzt, der jetzt als Schallsender wirkt und mit einem Wechselstrom der Stromstärke I gespeist wird. Der von ihm am Ort des Mikrofons M erzeugte Schalldruck p ist seiner Volumenschnelle Q proportional mit R_e als Proportionalitätsfaktor. Die jetzt von dem zu kalibrierenden Mikrofon abgegebene Leerlaufspannung ist:

$$U_1' = M_1 \cdot p = M_1 \cdot R_e Q \qquad (26)$$

Nunmehr ziehen wir die Reziprozitätsbeziehung für reversible Wandler in der Form der Gl. (17.43) heran, die wir auf beiden Seiten mit der wirksamen Oberfläche des Wandlers multiplizieren. (In der Regel dürfte dies die Membranfläche S_m sein.). Dadurch wird aus der Schnelle $v_{F=0}$ die Volumenschnelle $Q_{p=0}$ und aus der Kraft F der Schalldruck p, sodass die Beziehung jetzt lautet:

$$\frac{Q_{p=0}}{I} = \mp \frac{U_2}{p} \qquad (27)$$

Der letztere Bruch ist aber die Mikrofonempfindlichkeit M_2, die durch Gl. (25) gegeben ist. Damit geht die Gl. (26) über in

$$U_1' = M_1^2 \cdot \frac{U_2}{U_1} R_e I \qquad (28)$$

wobei wir die unterschiedlichen Vorzeichen weggelassen haben. Die gesuchte Mikrofonempfindlichkeit bestimmt sich somit aus den gemessenen Größen zu

$$M_1 = \sqrt{\frac{U_1 U_1'}{U_2 R_e I}} \qquad (29)$$

Der „Reziprozitätsparameter" für das Freifeld geht aus Gl. (5.6) hervor:

$$R_e = \frac{p(r,t)}{Q} = \frac{j\omega\rho_0}{4\pi r} e^{-jkr} \qquad (30)$$

In der Praxis begnügt man sich meist mit seinem Betrag $\omega\rho_0/4\pi r$. – Für die Druckkammer wäre er nach Gl. (23):

$$R_e = \frac{\rho_0 c^2}{j\omega V_0} \qquad (31)$$

Der Index $p = 0$ in Gl. (27) zeigt an, dass der reversible Hilfswandler eigentlich unbelastet sein, sich also im Vakuum befinden sollte. Der mechanische Innenwiderstand realer Wandler ist aber in der Regel so groß, dass die Belastung durch die umgebende Luft vernachlässigt werden kann.

19 Lautsprecher und andere elektroakustische Schallquellen

Gegenstand dieses Kapitels ist die Schallerzeugung mit Hilfe elektroakustischer Wandler, und zwar vor allem die Erzeugung von Luftschall im Hörbereich. Die hierzu benutzten Schallquellen bezeichnet man als Lautsprecher, wenn sich der erzeugte Schall über einen größeren Raumbereich erteilt. Dagegen sprechen wir von Kopfhörern, wenn sich die Schallquelle unmittelbar am Ohr befindet. In einem letzten Abschnitt wird ferner auf die in der Wasserschall- und der Ultraschalltechnik verwendeten elektroakustischen Schallquellen eingegangen.

Lautsprecher sind die meistverbreiteten elektroakustischen Wandler. Wir finden sie in jedem Radio oder Fernsehgerät, in jeder Stereoanlage; auch im Auto sind gleich mehrere von ihnen eingebaut. Auch der Kopfhörer ist sehr weit verbreitet, wobei natürlich auch an die verschiedenen Formen von Fernsprechern zu denken ist. Bei beiden ist ein möglichst ausgeglichener Frequenzgang ein wichtiges Qualitätsmerkmal. Etwas genauer gesagt, läuft dies auf die Forderung hinaus, dass die Schalldruckamplitude im Fernfeld (bei Kopfhörern am Gehörgang), bezogen auf die elektrische Spannung oder Stromstärke des Speisesignals, in einem hinreichend breiten Bereich möglichst frequenzunabhängig ist. Beim Lautsprecher ist diese Forderung grundsätzlich schwieriger zu erreichen als beim Kopfhörer oder auch beim Mikrofon, woraus sich die enormen Qualitätsunterschiede bei Lautsprechern erklären. Ein anderer wichtiger Gesichtspunkt ist die mit einem Lautsprecher erreichbare akustische Leistung, immer natürlich unter der Voraussetzung, dass die nichtlinearen Verzerrungen eine gewisse Grenze nicht überschreiten.

In jedem Fall sind bei einem elektroakustischen Schallsender zwei Dinge voneinander zu unterscheiden: die Größe und Form der abstrahlenden Fläche, und der elektromechanische Wandler, der diese Fläche in Schwingungen versetzt. Die erstere ist maßgebend für die Struktur des erzeugten Schallfelds, also z. B. für die Richtungsverteilung des erzeugten Schalls, aber auch für die Strahlungsleistung. Die Art des Wandlers bestimmt dagegen das elektrische Verhalten der Schallquelle, ist aber auch für die Effektivität der Wandlung, für die Entstehung linearer und nichtlinearer Verzerrungen von Belang.

Zunächst soll noch einmal auf die Grundproblematik jeder räumlichen Schallabstrahlung Lautsprecher hingewiesen werden. Im Kern ist sie bereits in der Gl. (5.6) enthalten, derzufolge der Schalldruck im Feld einer Punktschallquelle bei konstant gehaltener Volumenschnelle proportional mit der Frequenz ansteigt. Entsprechend wächst die Strahlungsleistung mit dem Quadrat der Frequenz an. Da man sich kompliziertere Schallquellen als Kombination mehrerer oder sogar unendlich vieler Punktschallquellen vorstellen kann, findet sich diese Frequenzabhängigkeit in allen Ausdrücken für die Strahlungsleistung oder den Strahlungswiderstand wieder. Insbesondere ergibt sich aus Gl. (5.44) die bei tiefen Frequenzen (ka << 1) abgestrahlte Schallleistung einer kreisförmigen Kolbenmembran mit der Fläche S zu

$$P_s \approx \frac{\rho_0 S^2}{4\pi c} \cdot |v_0|^2 \cdot \omega^2 \qquad (1)$$

Hierin bezeichnet v_0 die Schwingungsschnelle der Membran. Zwar ist die Membran der meisten Lautsprecher nicht eben und zumal bei höheren Frequenzen auch nicht starr, doch können wir die Gesetzmäßigkeiten der Kolbenmembran ohne allzu großen Fehler auch auf die üblichen Lautsprecher übertragen.

Soll der in einem bestimmten Punkt des Fernfelds erzeugte Schalldruck frequenzunabhängig sein, dann muss die Beschleunigung $j\omega v_0$ der Membran bei allen Frequenzen gleich sein. Das macht besonders bei tiefen Frequenzen Schwierigkeiten, bedeutet es doch, dass die Membranschnelle v_0 umgekehrt proportional zur Kreisfrequenz ω, die Membranauslenkung $v_0/j\omega$ sogar zum Quadrat der Frequenz anwachsen muss! Hat die Schallquelle Dipolcharakteristik, dann liegen die Verhältnisse sogar noch ungünstiger, da der Schalldruck dann – wieder bei konstanter Volumenschnelle – mit dem Quadrat, die Strahlungsleistung mit der vierten Potenz der Frequenz ansteigt.

Dieser für die Konstruktion von Lautsprechern ungünstige Zusammenhang zwischen Membranbewegung und Schalldrucks ist ein Kennzeichen der Abstrahlung in den dreidimensionalen Raum. Wollte man in einer Druckkammer, also gewissermaßen im nulldimensionalen Raum, einen frequenzkonstanten Schalldruck erzeugen, dann müsste man nach Gl. (18.23) die Auslenkung oder Schwingungsweite des bewegten Kolbens bei allen Frequenzen konstant halten. Soll dagegen im eindimensionalen Raum, d.h. in einem schallharten Rohr eine Schallwelle mit frequenzunabhängigem Schalldruck entstehen (s. Fig. 4.3), dann muss der Kolben mit konstanter Schnelle betrieben werden. Entsprechendes gälte für die Erzeugung einer ebenen Welle mittels einer unendlich ausgedehnten, schwingenden Fläche. Sobald die schallabstrahlende Fläche, nicht aber das Strahlungsgebiet begrenzt ist, macht sich der Rand des Kolbens bemerkbar. Von ihm geht, wie in Unterabschnitt 5.8.1 geschildert, eine zweite Welle aus, die sich der ebenen Welle überlagert und das Schallfeld entscheidend verändert. Wir sind wieder bei der Kolbenmembran mit ihrem komplizierten, in Abschnitt 5.8 beschriebenen Strahlungsverhalten angelangt.

19.1 Dynamischer Lautsprecher

Der heute fast ausschließlich verwendete Lautsprecher beruht auf dem in Abschnitt 17.3 beschriebenen dynamischen Wandlerprinzip. Fig. 19.1 zeigt schematisch seinen Aufbau. Wie beim Tauchspulmikrofon bildet der Strom führende Leiter eine leichte Zylinderspule, die konzentrisch im Ringspalt eines kräftigen Topfmagneten angeordnet ist. Diese

Dynamischer Lautsprecher

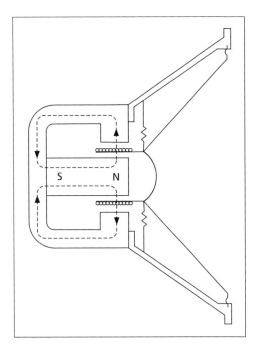

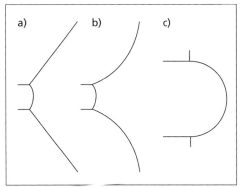

Fig. 19.1 Dynamischer Lautsprecher

Fig. 19.2 Membranformen
a) Konusmembran,
b) NAWI-Membran
c) Kalotte

Schwingspule ist entweder freitragend oder auf einen leichten Träger gewickelt. Die Pole des Magneten sind so geformt, dass die magnetischen Feldlinien auch dann noch senkrecht zur Achse der Schwingspule verlaufen, wenn diese weit aus ihrer Ruhelage ausgelenkt ist. Bei Stromfluss erfährt die Schwingspule eine axial gerichtete Kraft, die sich auf die fest mit der Spule verbundene Membran überträgt. Diese Membran ist zur Erhöhung ihrer Steifigkeit meist konisch geformt. Man bezeichnet den in Fig. 19.1 dargestellten Lautsprecher daher auch als „Konuslautsprecher". Eine noch größere Formbeständigkeit erreicht man mit doppelt gekrümmten Membranen, den sog. „Nawi"- (= nicht abwickelbaren) Membranen. In Fig. 19.2a und b sind diese Membranformen schematisch dargestellt.

Die Membran ist mittels einer biegsamen Randeinspannung am Gehäuse des Lautsprechers, dem sog. Chassis befestigt; in der Nähe der Schwingspule wird sie mit einer Zentrierspinne oder einer Zentriermembran in der gewünschten Lage gehalten. Diese Zentrierelemente sind in axialer Richtung sehr nachgiebig, nicht aber in den dazu senkrechten Richtungen. Zusammen bestimmen sie die Nachgiebigkeit n_M der Membranlagerung. Bezeichnet man mit m_M die Masse von Membran und Schwingspule, dann ist die Resonanzfrequenz des mechanischen Teils:

$$\omega_0 = \frac{1}{\sqrt{m_M n_M}} \quad (2)$$

Man legt sie an die untere Grenze des zu übertragenden Frequenzbereichs, stimmt den Lautsprecher also tief ab. Dann wird sein mechanisches Verhalten bei Frequenzen oberhalb der Resonanzfrequenz praktisch allein durch die Masse m_M bestimmt, der man streng genommen auch die „mitschwingende Mediummasse" nach Gl. (5.45) zurechnen muss; der Strahlungswiderstand R_s, mit der die Membran ebenfalls belastet ist, kann gegenüber dem Massenwiderstand vernachlässigt werden. Bei Einprägung eines elektrischen Stroms bewegt sich die Membran daher mit der Schnelle

$$v_0 = \frac{Bl}{j\omega m_M} \cdot I \qquad (3)$$

wobei B wie früher die Induktionsflussdichte im Ringspalt des Magneten und l die Länge des zur Schwingspule aufgewickelten Leiters ist. Diese Frequenzabhängigkeit führt zu dem erwünschten Verhalten, da man die Lautsprechermembran in erster Näherung als Kolbenmembran betrachten kann, für welche die Gl. (1) gilt. Wie aus der Fig. 5.16 ersichtlich, reicht der Gültigkeitsbereich dieser Gleichung etwa bis zu der Frequenz $\omega = 2a/c$ entsprechend $ka = 2$, wobei a der Radius des Membranrands ist. Im gleichen Bereich kann man nach den in Fig. 5.15 dargestellten Richtdiagrammen mit einer einigermaßen gleichmäßigen Richtungsverteilung des abgestrahlten Schalls rechnen. Bei höheren Frequenzen ändert der Strahlungswiderstand seine Frequenzabhängigkeit und nähert sich für sehr hohe Frequenzen einem konstanten Wert an. Der jetzt fehlende Anstieg der Strahlungsleistung wird durch die immer ausgeprägtere Bündelung der Abstrahlung mehr oder weniger wettgemacht. Für Empfangspunkte auf der Mittelachse des Lautsprechers ist diese Kompensation sogar perfekt: tatsächlich führt die Gl. (5.40) für $\theta = 0$ wegen

$$\lim_{x \to 0} \frac{2J_1(x)}{x} = 1,$$

zusammen mit Gl. (3), zu einem frequenzunabhängigen Schalldruck. An anderen Stellen beobachtet man dagegen einen mehr oder weniger starken „Höhenverlust", d. h. eine schlechtere Wiedergabe hochfrequenter Spektralkomponenten.

Die hier vorausgesetzte Stromeinprägung ist keine sehr einschneidende Bedingung. Die Induktivität der Schwingspule ist nämlich so klein, dass sie sich gegenüber dem Ohmschen Widerstand von 4 oder 8 Ohm erst oberhalb von 1 kHz bemerkbar macht. Man kann daher ohne Schwierigkeit den Lautsprecher mit frequenzunabhängiger Eingangsspannung betreiben, was in der Praxis auch geschieht. Dies hat sogar noch einen Vorteil: Die mechanischen Verluste des Lautsprechers, bedingt durch die Viskosität der Luft im Ringspalt, durch elastische Verluste der Federelemente und durch die Abstrahlung, sind nämlich recht gering; entsprechend hoch ist bei Stromeinprägung die Güte der Lautsprecherresonanz. Dagegen sind bei Spannungseinprägung, d. h. bei geringem Innenwiderstand der elektrischen Quelle, die elektrischen Klemmen des Lautsprechers praktisch kurzgeschlossen. Die im Magnetfeld bewegte Spule wirkt somit wie eine Wirbelstrombremse, das mechanische System erfährt hierdurch eine sehr erwünschte zusätzliche Bedämpfung.

Die Strahlungseigenschaften der Kolbenmembran können allerdings nur dann auf einen Lautsprecher übertragen werden, wenn dieser – wie in Abschnitt 5.8 vorausgesetzt – in eine unbegrenzte schallharte Wand eingebaut wird. Ein nicht eingebautes Lautsprechersystem zeigt ein viel ungünstigeres Verhalten: Da beide Seiten der Membran Schall abstrahlen und zwar mit entgegengesetzter Phase, wirkt der Lautsprecher allein bei tiefen Frequenzen als Dipolstrahler (s. Abschnitt 5.5); um den Membranrand herum gleichen sich die Druckschwankungen teilweise aus. Ein derartiger „akustischer Kurzschluss" ist uns bereits in den Abschnitten 5.5 und 10.3.4 begegnet. Mit den Maßnahmen zur Vermeidung dieser unerwünschten Erscheinung werden wir uns im Abschnitt 19.4 näher beschäftigen.

Die Membran wird meist aus weichem Pappenguss, mitunter aber auch aus Aluminium oder Kunststoff hergestellt. Bei mittleren und höheren Frequenzen schwingt sie nicht mehr als Ganzes; vielmehr bilden sich auf ihr mehr oder weniger ausgeprägte Biegeresonanzen aus. Man kann dem durch eine zusätzliche Versteifung der Membran in ihrem Mittelbereich entgegenwirken. Dies hat den erwünschten Nebeneffekt, dass bei höheren Frequenzen nur der Mittelbereich merklich zu Schwingungen erregt wird, was die Bündelung des abgestrahlten Schalls vermindert. Dennoch ist es nicht einfach, einen in einem weiten Frequenzbereich glatten Frequenzgang zu erzielen. Eine Verbesserungsmöglichkeit ist die Bewegungsgegenkopplung. Bei diesem Verfahren wird mit einem besonderen Wandler eine der Schwingspulenschnelle proportionale Spannung gewonnen, mit welcher der Leistungsverstärker gegengekoppelt wird. Noch wirksamer ist es, dem Lautsprecher ein elektrisches Filter vorzuschalten, dessen Übertragungsfunktion gleich der inversen Übertragungsfunktion des Lautsprechers ist und das daher alle linearen Verzerrungen eliminiert[1]. Dabei kann man im Allgemeinen die Phasenverzerrungen außer Acht lassen, für die unser Ohr nicht sehr empfindlich ist.

Natürlich lässt sich ein Lautsprecher leichter für einen kleineren Frequenzbereich optimieren. Daher unterteilt man den ganzen Hörbereich oft in mehrere Teilbereiche, z. B. einen Tiefton- einen Mittelton- und einen Hochtonbereich, die man von separaten, über elektrische Frequenzweichen angesteuerte Lautsprecher abstrahlen lässt. Als Hochtonlautsprecher wird häufig der Kalottenlautsprecher verwendet. Bei ihm ist die Papiermembran durch eine starre Kunststoffkalotte ersetzt, die einen Durchmesser von wenigen Zentimetern hat (s. Fig. 19.2c). Mit solchen Mehrwegsystemen vermeidet man auch die sog. Dopplerverzerrungen. Wenn nämlich eine Membran gleichzeitig mit einer niederen und einer hohen Frequenz schwingt, dann wirkt sie bezüglich der hochfrequenten Komponente als bewegte Schallquelle; das hochfrequente Schallsignal wird daher auf Grund des Dopplereffekts (s. Abschnitt 5.3) frequenzmoduliert. Weitere nichtlineare Verzerrungen entstehen dadurch, dass die Nachgiebigkeit der Federelemente, an denen die Membran aufhängt ist, nicht konstant ist, sondern mit zunehmender Auslenkung geringer wird.

---

1 D. Leckschat, Verbesserung der Wiedergabequalität von Lautsprechern mit Hilfe von Digitalfiltern. Diss. RWTH Aachen, 1972.

Außerdem gelangt die Schwingspule bei großen Auslenkungen in Bereiche verringerter Induktionsflussdichte, auch die Wandlerkonstante wird also auslenkungsabhängig. Die hierdurch verursachten Verzerrungen können durch geeignete Formgebung der Polschuhe und der Schwingspule herabgesetzt, aber nicht völlig beseitigt werden.

Das transiente Verhalten des dynamischen Lautsprechers ist im wesentlichen durch seine Resonanz bestimmt; bei Anregung mit einem sehr kurzen Kraftstoß bzw. Spannungsstoß reagiert seine Membran mit einer Auslenkung gemäß Gl. (2.30) bzw. Fig. (2.1b). Dieses Ausschwingen kann durch erhöhte Dämpfung verkürzt werden; besonders günstig dürfte der aperiodische Grenzfall sein, bei dem die Güte den Wert 0,5 hat.

19.2 Elektrostatischer oder Kondensatorlautsprecher

Die Membran des Kondensatorlautsprechers ist eine dünne und leichte Folie aus Metall oder metallisiertem Kunststoff. Um das System trotzdem tief abzustimmen, muss ihre elastische Steife erst recht klein gehalten werden. Das wird einerseits durch eine geringe mechanische Spannung, zum anderen durch Perforation der Gegenelektrode erreicht, das zwischen ihr und der Membran liegende Luftpolster hat daher keine Eigensteifigkeit. Die mechanische Impedanz ist also so gering, dass ihr Schwingungsverhalten entscheidend durch die angekoppelte Strahlungsimpedanz mitbestimmt wird. Zugleich ist seine Resonanzgüte $Q = m\omega_0/r$ schon von Hause aus relativ niedrig.

Bei tiefen Frequenzen besteht die Strahlungsimpedanz im wesentlichen aus der Impedanz der mitschwingenden Mediummasse M_m (s. Unterabschnitt 5.8.3). Damit wird hier die Membranschnelle

$$v_0 = \frac{N}{j\omega M_m} \cdot U \qquad (4)$$

(N = Wandlerkonstante) – Zusammen mit Gl. (1) ergibt sich damit eine frequenzkonstante Strahlungsleistung. Man kann den Sachverhalt auch so ausdrücken: Nach Gl. (5.40) ist der Schalldruck im Fernfeld der Membranbeschleunigung $j\omega v_0$ proportional und diese wiederum der antreibenden Kraft $F = NU$, da die Membranimpedanz oberhalb der Systemresonanz ω_0 Massencharakter hat. – Bei höheren Frequenzen kann man dagegen den Anteil von M_m an der Strahlungsimpedanz vernachlässigen, die dann reell, d. h. gleich dem Strahlungswiderstand

$$R_s \approx SZ_0 \qquad (5)$$

wird. Damit wird

$$v_0 = \frac{N}{R_s} \cdot U \qquad (6)$$

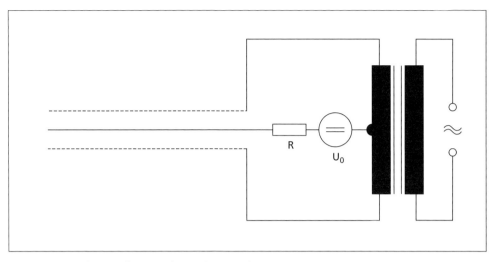

Fig. 19.3 Kondensatorlautsprecher, schematisch

Die Strahlungsleistung $P_s = |v_0|^2 R_s/2$, jetzt mit Gl. (5) berechnet, erweist sich also auch bei höheren Frequenzen als frequenzunabhängig.

Der Nachteil des elektrostatischen Lautsprechers liegt in den geringen Schwingungsweiten, die er einigermaßen verzerrungsfrei erzeugen kann. Zur Erzielung ausreichender Schalldrucke auch bei tiefen Frequenzen muss er daher relativ großflächig ausgeführt werden. Bei dem in Fig. 19.4 dargestellten symmetrischen Aufbau wird das auch sonst bewährte Gegentaktprinzip angewandt, mit dem ein Teil der nichtlinearen Verzerrungen unterdrückt werden kann.

Um das zu zeigen, gehen wir auf die Gl. (17.12) zurück, allerdings unter Berücksichtigung einer endlichen Membranauslenkung ξ, die sich auch auf die Kapazität $\varepsilon_0 S/d$ auswirkt. Dementsprechend ersetzen wir den mittleren Elektrodenabstand d durch $d+\xi$, also auch C_0 durch $\varepsilon_0 S/(d + \xi)$ und erhalten zunächst:

$$F(\xi) = \frac{\varepsilon_0 S U_0}{(d \pm \xi)^2} \cdot U_\approx \qquad (7)$$

wobei sich die unterschiedlichen Vorzeichen auf die beiden Hälften des Wandlers beziehen. Diese Kraft muss die gesamte Impedanz des Systems Z_m' einschließlich der Strahlungsimpedanz überwinden, sodass man für die linke Seite $j\omega\xi Z_m'$ schreiben kann. Aus der obigen Formel entsteht dann:

$$d^2\xi \pm 2d\xi^2 + \xi^3 = \frac{\varepsilon_0 S U_0}{j\omega Z_m'} \cdot U_\approx \qquad (8)$$

Addiert man die für beide Lautsprecherhälften geltenden Ausdrücke (8), dann fällt das Glied mit ξ^2 heraus und damit auch die von ihm verursachten Verzerrungen.

Lautsprecher und andere elektroakustische Schallquellen

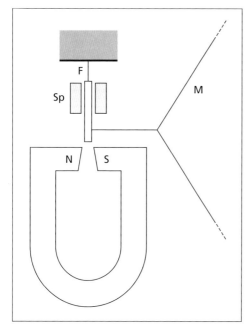

Fig. 19.4 Magnetischer Lautsprecher (Freischwinger). F = Blattfeder, Sp = Spule, M = Membran

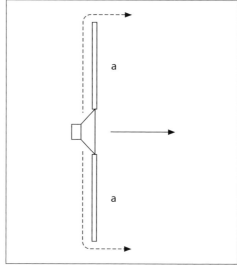

Fig. 19.5 Lautsprecher in einer Schallwand

Der elektrostatische Lautsprecher wird von manchen Kennern wegen seines günstigen Ein- und Ausschwingverhaltens hoch geschätzt. Dennoch stellt er keine wirkliche Alternative zu dem viel robusteren und auch preiswerteren dynamischen Lautsprecher dar.

19.3 Magnetischer Lautsprecher

Der magnetische Lautsprecher hat heute nur noch historisches Interesse, da er dem dynamischen Lautsprecher in puncto Verzerrungsfreiheit unterlegen ist. Immerhin war er in der Anfangszeit der Rundfunktechnik und noch in den dreißiger Jahren des letzten Jahrhunderts sehr verbreitet, was auf seinen einfachen Aufbau und seinen hohen Wirkungsgrad zurückzuführen ist. Angesichts der damals recht bescheidenen Verstärkerleistungen war dies ein großer Vorteil.

In Fig. 19.4 ist der Aufbau eines so genannten „Freischwingers" schematisch dargestellt. Der Anker ist hier als Blattfeder ausgebildet, die eine Spule trägt und an dessen Ende sich ein kleines Weicheisenstück vor den Polen eines Hufeisenmagneten befindet. Je nach der Polarität des Spulenstromes wird dieser Anker nach der einen oder der anderen Seite gezogen; seine Bewegung wird mit einem kleinen Stift auf eine Papiermembran übertragen. Wie bei dem in Fig. 19.3 gezeigten elektrostatischen Lautsprecher werden durch den symmetrischen Aufbau bestimmte Nichtlinearitäten unterdrückt, wodurch größere Schwingungsamplituden erreicht werden können.

19.4 Zur Verbesserung der Schallabstrahlung von Lautsprechern

Wir kommen noch einmal auf den wichtigsten Lautsprecher, den dynamischen Lautsprecher zurück. Wie im Abschnitt 19.1 dargelegt, wirkt das „nackte" Lautsprechersystem als Dipol, d. h. bei tiefen Frequenzen wird seine Wirksamkeit durch den akustischen Kurzschluss stark beeinträchtigt. Der für die ideale Kolbenmembran vorgeschriebene Einbau in eine unendlich ausgedehnte Schallwand könnte allenfalls dadurch realisiert werden, dass man das Lautsprechersystem in die Wand eines Raumes einsetzt, die ja durch fortgesetzte Spiegelung an den anstoßenden Wänden gewissermaßen ins Unendliche erweitert wird. Stattdessen wird man sich oft mit einer endlichen, wenn auch möglichst großen Schallwand behelfen. Damit kann man den Druckausgleich aber nicht vollständig beseitigen, da der von der Membranrückseite abgestrahlte Schall um den Rand der Schallwand herumgebeugt wird (s. Fig. 19.5). Für Frequenzen, bei denen der (mittlere) Abstand a zwischen dem Lautsprecher und dem Rand der Schallwand kleiner wird als eine viertel Luftschallwellenlänge, läuft dies wiederum auf einen akustischen Kurzschluss hinaus. Das Problem des Druckausgleichs wird durch die Schallwand also lediglich nach tieferen Frequenzen verlagert, was allerdings auch schon ein Vorteil sein kann. Die von der Randbeugungswelle verursachten Interferenzen mit der vorderseitig abgestrahlten Schallwelle führt aber auch noch bei höheren Frequenzen zu Schwankungen des Frequenzgangs, die sich durch unsymmetrischen Einbau des Lautsprechers in die Schallwand vermindern lassen.

19.4.1 Die Lautsprecherbox

Die allgemein übliche Methode zur Vermeidung des akustischen Kurzschlusses besteht darin, dass man den Lautsprecher in die Wand eines geschlossenen Gehäuses, meist als „Box" bezeichnet, einsetzt (s. Fig. 19.6a). Dabei muss allerdings seine Wechselwirkung mit dem Gehäuse in Rechnung gestellt werden. Dieses erhöht zum einen die Resonanzfrequenz des Lautsprechers und damit die Untergrenze des übertragbaren Frequenzbereichs. Denn die eingeschlossene Luft wird durch die bewegte Membran abwechselnd komprimiert und verdünnt, wirkt also bei tiefen Frequenzen auf die Membranbewegung wie eine zusätzliche Feder. In die Gl. (2) ist daher eine andere Nachgiebigkeit n_0 einzusetzen, die sich wie in Gl. (17.16) gemäß

$$\frac{1}{n_0} = \frac{1}{n_M} + \frac{1}{n_L}$$

berechnen lässt: Dabei ist n_L durch Gl. (18.24) gegeben. Bei kleineren Gehäusen kann diese Verschiebung der Resonanzfrequenz, die auch aus dem in Fig. 19.6b gezeigten

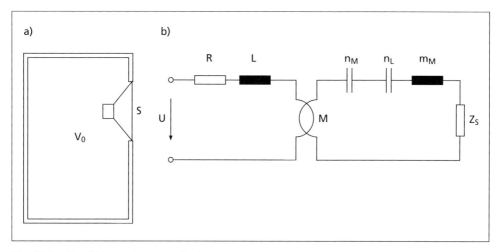

Fig. 19.6 Geschlossene Lautsprecherbox
a) Darstellung,
b) elektrisches Ersatzschaltbild (Z_s Strahlungsimpedanz)

Ersatzschaltbild hervorgeht, recht beträchtlich sein. Man wirkt ihr entgegen, indem man für den Einbau Lautsprechersysteme mit sehr weicher Federung verwendet, sodass die Gesamtnachgiebigkeit durch den zweiten Term der obigen Gleichung gegeben ist. Das hat den weiteren Vorteil, dass sich die Änderung von n_M auf Grund von Alterungserscheinungen nicht bemerkbar macht.

Zum zweiten werden bei höheren Frequenzen Hohlraumresonanzen des Gehäuses angeregt (s. Kapitel 9), was zu Ungleichmäßigkeiten des Frequenzgangs führt. Diese lassen sich durch eine geeignete Bedämpfung des Hohlraums unterdrücken. Da jeder Eigenschwingung eine andere Schalldruckverteilung im Innern des Gehäuses zugeordnet ist, füllt man meist den ganzen Innenraum mit einem hochporösen Material, z. B. mit Watte oder Glaswolle.

Und schließlich verhindert eine geschlossene Box zwar den akustischen Kurzschluss, beeinflusst die Strahlungseigenschaften des Lautsprechers aber in ganz anderer Weise als eine Schallwand. Jedenfalls wird der von der Lautsprechermembran erzeugte Schall zum Teil um das Gehäuse herumgebeugt, wodurch sich die Schallleistung gegenüber dem in Gl. (1) angegebenen Wert verringert. Auch von der Aufstellung hängt die abgestrahlte Leistung ab. Stellt man eine Lautsprecherbox vor eine Raumwand, die i. Allg. nahezu schallhart sein dürfte, dann wird sie an der Wand gespiegelt, sodass gewissermaßen zwei Schallquellen entstehen (s. auch Abschnitt 13.1). Bei tiefen Frequenzen strahlen beide praktisch gleichphasig, was eine Verdoppelung des Schalldrucks zur Folge hat, entsprechend einem Pegelanstieg um 6 dB. Bei Aufstellung in einer Raumecke vervierfacht sich der Schalldruck bei tiefen Frequenzen sogar, was einer Anhebung des Schalldruckpegels um 12 dB entspricht.

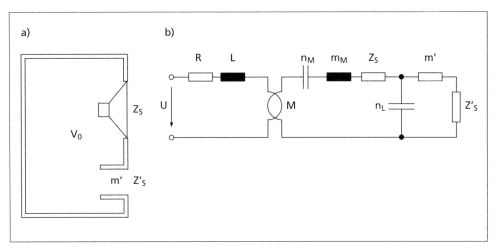

Fig. 19.7 Bassreflexbox
a) Darstellung,
b) elektrisches Ersatzschaltbild (Z_s, Z_s' Strahlungsimpedanzen der Membran und der Ausgleichsöffnung)

19.4.2 Die Bassreflexbox

Eine Erweiterung des mit einer Lautsprecherbox übertragbaren Frequenzbereichs nach unten gelingt mit der in Fig. 19.7a dargestellten Bassreflexbox. Sie hat eine Ausgleichsöffnung, an die nach innen ein Rohr angesetzt ist. Diese Öffnung strahlt ebenfalls Schall ab; die Strahlungsimpedanz, mit der sie von außen belastet ist, bezeichnen wir mit Z_s'. Weiterhin bildet die im Rohr eingeschlossene Luft – einschließlich der Mündungskorrekturen – eine weitere Masse m', die durch die inneren Druckschwankungen hin- und her geschoben wird.

Das Ersatzschaltbild einer Bassreflexbox ist in Fig. 19.7b gezeigt. Die der Membranmasse m_M und der Nachgiebigkeit n_M ihrer Aufhängung entsprechenden Schaltelemente sind mit der (sehr kleinen) Strahlungsimpedanz Z_s in Serie geschaltet, da sie alle der gleichen Bewegung unterliegen, d. h. mit der gleichen Schnelle schwingen. Dasselbe gilt aber nicht für die dem Luftvolumen V_0 entsprechende Nachgiebigkeit n_L, auf sie entfällt nämlich nur die Differenz zwischen der Membranschnelle und der in der zusätzlichen Öffnung herrschenden Schnelle. Der an den treibenden Gyrator angeschlossene Zweipol hat drei Resonanzen: zwei Serienresonanzen und dazwischen die durch m' und n_L bestimmte Parallelresonanz bei der Kreisfrequenz

$$\omega_0' = \frac{1}{\sqrt{m' n_L}} \qquad (9)$$

Zweckmäßigerweise dimensioniert man das Rohr so, dass diese mit der Resonanzfrequenz ω_0 des nicht eingebauten Lautsprechersystems nach Gl. (2) zusammenfällt. Die untere der beiden Serienresonanzen bewirkt die Erweiterung des nutzbaren Frequenzbereichs nach unten. Die Verhältnisse sind in Wirklichkeit noch etwas verwickelter als aus dem Ersatzschaltbild hervorgeht, da die beiden schwingenden Massen m_M und m' nicht nur über das Gehäusevolumen, sondern auch über die von ihnen erzeugten Schallfelder miteinander verkoppelt sind, d. h. der von der einen Teilschallquelle erzeugte Schalldruck wirkt auf die andere zurück und umgekehrt.

Bei sehr tiefen Frequenzen erfolgt die Bewegung der in der Ausgleichsöffnung enthaltenen Luft gegensinnig zur Membranbewegung; drückt man die Membran nach innen, dann entweicht die entsprechende Luftmenge durch die Öffnung. Mit wachsender Frequenz verschwindet aber diese gegenläufige Bewegung, da das aus den Elementen n_L und m' bestehende Resonanzsystem eine wachsende Phasendrehung bewirkt. Bei Frequenzen deutlich oberhalb der Parallelresonanz strahlen beide Teilstrahler – die Membran und die Ausgleichsöffnung – mit gleicher Phase ab.

Ein Nachteil der Bassreflexbox sind die verlängerten Einschwingvorgänge, die durch die größere Anzahl von Energiespeichern – hier der zusätzlichen Luftmasse im Rohr – verursacht werden. Sie machen sich vor allem bei tiefen Frequenzen bemerkbar.

19.4.3 Trichterlautsprecher

Wie schon eingangs erwähnt, erzeugt ein mit frequenzkonstanter Schnelle schwingender Kolben in einem schallharten Rohr (s. Fig. 4.3) eine Schallwelle mit konstantem Schalldruck, also auch konstanter Leistung. Der Gedanke liegt daher nahe, sich diesen Sachverhalt für eine räumliche Schallabstrahlung nutzbar zu machen, indem man den Kolben durch die Membran eines dynamischen Lautsprechers ersetzt und den Rohrquerschnitt mit zunehmender Entfernung von der Schallquelle allmählich anwachsen lässt. Tatsächlich bleibt beim Exponentialtrichter (s. Unterabschnitt 8.4.2) die Frequenzunabhängigkeit der Strahlungsleistung erhalten, solange die Zunahme seiner Querabmessungen pro Wellenlänge sehr klein bleibt, die Frequenz also hinreichend hoch ist. Wenn man die Frequenz absenkt, verringert sich die Strahlungsleistung erst langsam, bei Annäherung an die Grenzfrequenz $\omega_g = c\varepsilon$ aber immer schneller. Dabei ist ε das früher eingeführte „Wuchsmaß". Ihren mathematischen Ausdruck findet dieser Sachverhalt in der Formel (8.43) für den Strahlungswiderstand, mit welcher der Trichter den Kolben belastet und der in Fig. 8.11b als Funktion der Frequenz dargestellt ist. Unterhalb der Grenzfrequenz wird die Strahlungsimpedanz rein imaginär, es wird kein Schall mehr abgestrahlt.

Eine weitere Verbesserung der Anpassung von Lautsprecher und Schallfeld gelingt dadurch, dass man zwischen der Membran des Antriebssystems und dem Trichteranfang eine sog. „Druckkammer" einfügt. Richtiger gesagt, handelt es sich dabei um eine Einschnürung des Querschnittsfläche (s. Fig. 19.8a). Bezeichnet man mit S_m die Membranfläche und mit S_0 die Querschnittsfläche des Trichterhalses, sowie mit v_m und v_0 die entsprechenden Schwingungsschnellen, dann muss aus Gründen der Massenerhaltung

$$\frac{v_0}{v_m} = \frac{S_m}{S_0} \qquad (10)$$

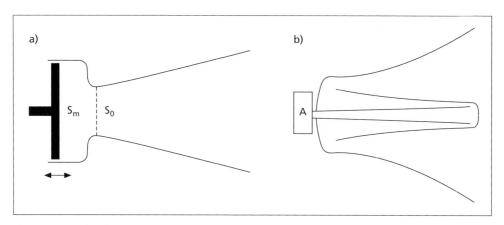

Fig. 19.8 Trichterlautsprecher
a) mit Druckkammer,
b) Kompakte Form

gelten; die Druckkammer wirkt also wie ein Übertrager, der die Schnelle im Verhältnis der Flächen „herauftransformiert". Meist wird die Druckkammer mit dem dynamischen Antriebssystem zu einem „Druckkammersystem" vereinigt. Allerdings sind die im Trichterhals auftretenden Schnellen u. U. nicht mehr verschwindend klein im Vergleich zur Schallgeschwindigkeit, was zu nichtlinearen Verzerrungen führen kann.

Die bisherigen Feststellungen über die Wirkungsweise von Trichterlautsprechern gelten streng nur für den unendlich langen Trichter. Bei Trichtern endlicher Länge ist die Grenze zwischen dem Sperrbereich ($\omega < \omega_g$) und dem Übertragungsbereich ($\omega > \omega_g$) nicht so scharf wie in Fig. 8.11b dargestellt, eine geringe Schallausbreitung in den Trichter findet auch unterhalb der Grenzfrequenz statt. Außerdem treten in einem endlich langen Trichter stehende Wellen und damit Resonanzerscheinungen auf, falls die Trichteröffnung nicht reflexionsfrei abgeschlossen ist. Um herauszufinden, an welcher Stelle der Trichter abzuschneiden ist, gehen wir von einem Trichter mit kreisförmigem Querschnitt aus; der Durchmesser seiner Öffnung sei $2R_m$, die Öffnungsfläche also $S_m = \pi R_m^2$. Weiter denken wir uns die Öffnung mit dem Strahlungswiderstand einer gleich großen Kolbenmembran belastet, die sich gemäß Fig. 5.15 bei hohen Frequenzen dem Wert $S_m Z_0$ annähert, also den Trichter praktisch reflexionsfrei abschließt. Stehende Wellen im Trichter können daher weitgehend vermieden werden, wenn kR_m für alle Frequenzen oberhalb der Trichter-Grenzfrequenz $\omega_g = c\varepsilon$ mindestens von der Größenordnung 1 ist, also auch schon

$$\frac{\omega_g}{c} R_m = \varepsilon R_m = 1 \tag{11a}$$

gilt. Andererseits ist die Randkurve des Trichters durch $R(x) = R_0 \cdot \exp(\varepsilon x)$ beschrieben. Daraus folgt:

$$\left(\frac{dR}{dx}\right)_{x=L} = \varepsilon R_0 e^{\varepsilon L} = \varepsilon R_m \tag{11b}$$

Beide Formeln zusammen besagen, dass der Winkel zwischen der Wand und der Achse des Trichters an der Trichteröffnung mindestens 45^0 betragen sollte.

Die dafür erforderliche Trichterlänge findet man ebenfalls aus den beiden Gln. (11):

$$L = \frac{1}{\varepsilon} \log_e \left(\frac{R_m}{R_0} \right) = \frac{1}{\varepsilon} \log_e \left(\frac{1}{\varepsilon R_0} \right) \quad (12)$$

Wählen wir etwa die Grenzfrequenz $f_g = \omega_g/2\pi$ zu 100 Hz, dann wird das Wuchsmaß ε = 1,85 m^{-1}, der Öffnungsdurchmesser nach Gl. (11a) also $2R_m$ = 1,08 m. Für einen Anfangsradius des Trichters von 1 cm führt die Gl. (12) auf eine Trichterlänge von 2,16 m ! Natürlich kann ein Trichter auch in vielfältiger Weise gefaltet werden, um handlichere Abmessungen zu erreichen. Ein Beispiel ist in Fig. 19.8b gezeigt.

Die vorstehenden Überlegungen haben natürlich nur qualitativen Charakter, da bei weit geöffneten Trichtern die Wellenfronten nicht mehr eben, sondern näherungsweise kugelförmig sind.

Der abgegebene Schall wird in Richtung der Trichterachse gebündelt und zwar umso mehr, je höher die Frequenz ist. Das führt zu einer Anhebung der hohen Frequenzen. Leider gibt es für die Richtcharakteristik von Trichtern keine geschlossene Formeln. Bei höheren Frequenzen geht man davon aus, dass die Strahlung ungefähr den Raumwinkel erfüllt, den die Trichteröffnung aus der Oberfläche einer um den Trichteranfang beschriebenen Kugel ausschneidet.

Der Trichterlautsprecher wird in mannigfacher Form zur Beschallung großer Säle eingesetzt. Dabei werden auch andere Formen als die des Exponentialtrichters eingesetzt. Z. B. kann man die Krümmung der Wellenfronten bei der Trichterberechnung berücksichtigen; man gelangt dann zu dem so genannten Kugelwellentrichter. Soll nur Sprache übertragen werden wie z. B. für Durchsagen auf Bahnhöfen, dann wird man sich mit einer höheren Grenzfrequenz von 200 – 300 Hz begnügen. Der hohe Wirkungsgrad des Trichterlautsprechers ist besonders bei den von Demonstrationen u. dgl. her bekannten Megaphonen von Vorteil, bei denen ein in sich gefalteter Trichterlautsprecher mit einem Mikrofon und einem batteriebetriebenen Verstärker kombiniert ist.

19.5 Richtlautsprecher

In vielen Fällen ist es erwünscht, dass der Lautsprecher eine gewisse Richtwirkung hat. Das gilt vor allem, wenn größere Zuhörermengen beschallt werden sollen, z. B. in Sportarenen, bei Veranstaltungen in großen Sälen usw.. Zum einen kommt man mit geringeren Verstärker- und Lautsprecherleistungen aus, wenn der Schall möglichst genau auf die Zuhörerbereiche gelenkt wird. Zum anderen kann man mit Richtanlagen in geschlossenen Räumen vermeiden, dass der Raumnachhall zu stark angeregt wird, worunter besonders die Sprachverständlichkeit leiden würde. Und schließlich kann man bis zu einem gewissen Grad die akustische Rückkopplung unterdrücken, die dadurch entsteht, dass vom Lautsprecher abgestrahlter Schall auch auf das Mikrofon trifft, mit dem der zu verstärkende Schall aufgenommen wird.

Eine Form des Richtlautsprechers, den Trichterlautsprecher, haben wir schon im vorangegangenen Abschnitt kennen gelernt. Er kann in mannigfacher Weise abgewandelt werde, z. B. so, dass die Trichterleitung sich nur in einer Dimension erweitert, in der anderen aber von konstanter Weite ist. Da die Richtwirkung eines Trichters nicht durch Interferenz entsteht, lässt sich eine in einem breiten Frequenzbereich konstante Richtcharakteristik erzielen, z. T auch dadurch, dass man den Trichterkanal durch schallharte Längswände in mehrere Teilkanäle unterteilt. Durch Kombination mehrerer Trichterlautsprecher kann man den mit Schall versorgten Raumwinkelbereich oft recht gut festlegen.

Ein anderer viel verwendeter Richtlautsprecher ist die Lautsprecherzeile, eine Realisierung der in Abschnitt 5.6 beschriebenen linearen Strahlerzeile. Sie besteht aus einigen gleichartigen Lautsprechersystemen, die in gleichen Abständen über- oder nebeneinander angeordnet und mit dem gleichen elektrischen Signal betrieben werden (s. Fig. 19.9). Auch hier baut man die Systeme meist in ein geschlossenes Gehäuse ein, um den akustischen Kurzschluss zu vermeiden. Da der verwendete Einzellautsprecher allenfalls bei tiefen Frequenzen als Punktschallquelle anzusehen ist, sonst aber seine eigene, durch die Richtfunktion R_0 beschriebene Richtwirkung hat, setzt sich die tatsächliche Richtfunktion der Zeile multiplikativ aus R_0 und aus der in Gl. (5.25) dargestellten Gruppen-Richtfunktion R zusammen. Dabei ist zu beachten, dass die Richtcharakteristik des einzelnen Lautsprechers i. Allg. rotationssymmetrisch bezüglich der Lautsprecherachse ist, während die Gruppen-Richtcharakteristik rotationssymmetrisch bezüglich der Zeilenachse ist. Daher ist es hier zweckmäßig die Strahlungsrichtung nicht durch den Erhebungswinkel α wie in Fig. 5.6, sondern durch den Winkel $\alpha' = 90^0 - \alpha$ zu kennzeichnen, den die Abstrahlrichtung mit der Zeilenachse bildet. Dann wird:

$$\sin \alpha = \cos \alpha' = \sin \theta \cos \phi$$

ϕ ist der von der Richtung der Zeilenachse aus gezählte Azimut der Abstrahlrichtung (s. Fig. 19.9). Damit wird die gesamte Richtfunktion:

$$R(\theta,\phi) = R_0(\theta) \cdot \frac{\sin\left[\dfrac{Nkd}{2}\cos\phi\sin\theta\right]}{N\sin\left[\dfrac{kd}{2}\cos\phi\sin\theta\right]} \tag{13}$$

Allerdings wird die tatsächliche Richtungsverteilung des abgestrahlten Schalls auch durch das Lautsprechergehäuse, u. U. durch die Wechselwirkung zwischen den einzelnen Lautsprechern beeinflusst.

Es sei hier auf die in der Wasserschalltechnik schon seit langem praktizierte Änderung der Abstrahlrichtung durch elektrische Hilfsmittel hingewiesen (s. Abschnitt 16.5). Hierzu müssen die den Lautsprechersystemen zugeführten elektrischen Signale gegeneinander verzögert werden. Da elektrische Verzögerungsglieder heute relativ preiswert sind, kann

Lautsprecher und andere elektroakustische Schallquellen

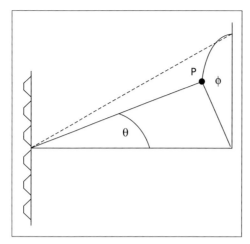

Fig. 19.9 Lautsprecherzeile

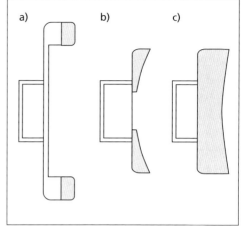

Fig. 19.10 Verschiedene Kopfhörerformen.
a) Zirkumaural,
b) supraural,
c) offener Kopfhörer

man diese Methode auch bei der Beschallung von Sälen einsetzen. Sie ermöglicht es z. B., Lautsprecherzeilen waagerecht unter die Decke eines Saales zu montieren statt sie senkrecht aufzustellen, was sich vorteilhaft auf das Erscheinungsbild des Saales auswirken kann.

19.6 Kopfhörer

Da Kopfhörer unmittelbar am Ohr getragen oder gehalten werden, entfallen die mit einer räumlichen Schallabstrahlung verbundenen Schwierigkeiten. Zu ihrem Betrieb genügen geringe elektrische Leistungen, was z. B. bei tragbaren Fernsprechern ein beachtlicher Vorteil ist. Ein weiterer Vorteil des Kopfhörers ist, dass die Wiedergabe nicht durch die akustischen Eigenschaften eines Wiedergaberaums beeinflusst wird und dass sie auch – je nach Bauart des Hörers – nicht oder nur wenig durch Umgebungsschall gestört wird. Umgekehrt nimmt auch die Umgebung nichts oder fast nichts von dem übertragenen Schallsignal wahr.

Wesentlicher Bestandteil jedes Kopfhörers ist eine Membran von wenigen Zentmetern Durchmesser, die von einem elektroakustischen Wandler in Schwingungen versetzt wird. Der früher weit verbreitete magnetische Kopfhörer wird heute nur noch als Einsteckhörer bei Hörhilfen benutzt, die ja von Batterien gespeist werden, sodass der hohe Wirkungsgrad des magnetischen Wandlerprinzips von Vorteil ist. Im übrigen sind hochwertige Kopfhörer heute mit dynamischen, seltener auch mit elektrostatischen Wandlern ausgestattet. Die letzteren werden wegen ihrer hohen Wiedergabequalität von Kennern besonders geschätzt, benötigen indessen wegen der relativ hohen Betriebsspannungen und der erforderlichen Vorspannung einen höheren technischen Aufwand. Beim Fernsprecher werden in großem Umfang auch piezoelektrische Hörer eingesetzt, die ähnlich wie piezoelektrische Mikrofone aufgebaut sind (s. Abschnitt 18.3).

Hinsichtlich der Bauform unterscheidet man offene und geschlossene Kopfhörer. Zu den letzteren gehören die Einsteckhörer, die in die Öffnung des Gehörgangs gesteckt werden und diesen dicht abschließen. Das Gegenstück sind Hörer, die das ganze Ohr umschließen (zirkumaurale Kopfhörer), den Anschluss an den Kopf bildet ein weicher Dichtungsrand. Ferner gibt es supraaurale Hörer, die etwas kleiner sind und entweder direkt oder ebenfalls über ein Dichtungskissen auf die Ohrmuschel aufgesetzt werden. Bei offenen Hörern liegt zwischen dem Wandler bzw. der Membran und den Ohrmuscheln ein schalldurchlässiges Schaumstoffkissen, das einen definierten Abstand zwischen System und Ohr festlegt. Die Fig. 19.10 gibt einen Überblick über die verschiedenen Bauformen. Bei Fernsprechern verzichtet man auf ein Ohrkissen.

Am besten sind die Verhältnisse beim geschlossenen Kopfhörer definiert. Hier bildet der zwischen der Membran und dem Ohr liegende Bereich zumindest bei höheren Frequenzen eine Druckkammer; die Membran erzeugt kleine Volumenänderungen und damit Druckschwankungen in der Kammer. Diese sind nach Gl. (18.23) der Membranauslenkung ξ proportional. Setzt man z. B. die Membranfläche S zu 4 cm^2, das Kammervolumen V_0 zu 8 cm^3 an, dann genügt nach Gl. (18.23) schon eine Schwingungsamplitude der Membran von knapp 0,004 µm, um einen effektiven Schalldruck von 0,02 Pa entsprechend einem Schalldruckpegel von 60 dB zu erzeugen. Es liegt auf der Hand, dass man sich bei derart kleinen Auslenkungen über nichtlineare Verzerrungen keine Gedanken zu machen braucht. Theoretisch sollte das Wandlersystem beim geschlossenen Kopfhörer hoch abgestimmt sein, dann ist nämlich die Membranauslenkung und damit – mit den genannten Einschränkungen – der Schalldruck am Ohr der zugeführten Stromstärke (beim dynamischen Wandler) bzw. der angelegten Spannung (beim statischen Wandler) proportional. Allerdings ist bei tiefen Frequenzen der Reibungs- und der Massenwiderstand der Luft in den unvermeidlichen Undichtigkeiten zu klein, als dass man von einer geschlossenen Kammer sprechen könnte. Das bedeutet, dass die Membran hier mit größeren Amplituden schwingen muss, um gleich großen Schalldruck wie bei hohen Frequenzen hervorzurufen.

Ein Kopfhörer mit frequenzunabhängiger Übertragungsfunktion liefert indessen keineswegs den Klangeindruck, den ein Zuhörer im freien Schallfeld hätte. Der Grund dafür liegt darin, dass beim freien Hören die ankommenden Schallwellen am Kopf und an den Ohrmuscheln gebeugt werden, was zu frequenzabhängigen Anhebungen und Absenkungen des Schalldrucks am Ohr, also zu „linearen Verzerrungen" führt. An diese Verzerrungen haben wir uns schon seit frühesteNR;r Kindheit gewöhnt und empfinden sie als natürlich; darüber hinaus ermöglichen sie uns das Richtungshören, da sie bei seitlichem Schalleinfall an beiden Ohren verschieden sind. Die Übertragungsfunktion eines Kopfhörers müsste im Idealfall also die in Abschnitt 12.7 erwähnten Außenohr-Übertragungsfunktionen nachbilden. Man kann dies im Prinzip durch eine Entzerrung erreichen, indem man z. B. die für frontalen Schalleinfall maßgebliche Außenohr-Übertragungsfunktion einbezieht (Freifeld-Entzerrung). Im Allgemeinen gibt man der sog. Diffusfeld-Entzerrung den Vorzug, der gewissermaßen eine Mittelung über alle Schalleinfallsrichtungen zugrunde liegt. Die Entzerrung wird, ähnlich wie beim dynamischen Mikrofon (s. Abschnitt 18.4) durch geeignete mechanische Elemente im Hörer vorgenommen.

Bei offenen Kopfhörern befindet sich der Eingang des Gehörgangs im Nahfeld der Kopfhörermembran, der am Ohr auftretende Schalldruck hängt ohne Entzerrung stark von der Frequenz ab. Beim Fernsprecher lässt sich der Frequenzgang nur teilweise durch Entzerrung glätten, da der Hörer von Hand gehalten wird und sich daher nicht in einer festgelegten Stellung bezüglich des Ohres befindet.

19.7 Schallsender für Wasser- und Ultraschall

Bei den Wasserschallsendern wird das meist piezoelektrische, mitunter auch das magnetostriktive Wandlerprinzip benutzt. Beide eignen sich hervorragend für die Schallabstrahlung in Wasser: Der Schall entsteht in einem festen Material, das wegen seines hohen Wellenwiderstands recht gut an Wasser angepasst ist, sodass auf die bei Lautsprechern übliche Membran verzichtet werden kann. Für die Erzeugung von Ultraschall gilt das ebenfalls, da dieser bei den meisten Anwendungen in eine Flüssigkeit oder in einen Festkörper eingeleitet wird.

Für die Behandlung der piezoelektrischen Ultraschallsender greifen wir auf die Fig. 17.2 zurück. Bei Anlegen einer elektrischen Wechselspannung erfährt die dort dargestellte piezoelektrische Platte Dickenänderungen im Rhythmus der Spannungsschwankungen, man spricht daher auch von einem Dickenschwinger. Allerdings können wir bei Ultraschallfrequenzen nicht mit örtlich konstanten elastischen Spannungen und Dehnungen in der Platte rechnen; es tritt also der bereits in Abschnitt 17.1 beschriebene Fall ein, dass sich in der Platte ein stehendes Longitudinalwellenfeld mit ausgeprägten Resonanzen ausbildet. Eine Diskussion des dynamischen Verhaltens kann daher nicht an Hand des in Fig. 17.3 gezeigten elektrischen Ersatzschaltbilds erfolgen. Ein der Wellenausbreitung Rechnung tragendes Ersatzschaltbild ist in Fig. 19.11 dargestellt. Jede der beiden, an den Plattenoberflächen zu denkenden Quellen erzeugt nach Gl. (17.4) eine flächenbezogene Kraft $\sigma = eU/d$, wobei e die piezoelektrische Konstante des Wandlermaterials, d die Dicke der piezoelektrischen Schicht und U die Betriebsspannung ist. Sie ist zum einen mit der flächenbezogenen Impedanz Z_1 bzw. Z_2 der an sie angrenzenden Umgebung belastet. Sind die Querabmessungen der Platte groß im Vergleich zu den in Frage kommenden Wellenlängen der angrenzenden Medien, dann sind für Z_1 und Z_2 deren Wellenwiderstände einzusetzen. Zum anderen sind die Kraftquellen mit der Eingangsimpedanz des Wellenleiters belastet, der hier als elektrische Koaxialleitung dargestellt ist. Ist die Leitungslänge d klein gegenüber der Wellenlänge, dann entartet die Leitung zu einer „Kapazität", die – zurückübersetzt in die Sprache der Mechanik – der elastischen Nachgiebigkeit n_0 des

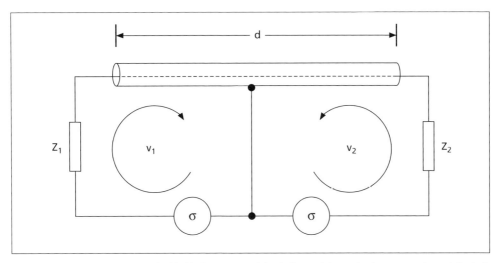

Fig. 19.11 Leitungs-Ersatzschaltbild eines piezoelektrischen Dickenschwingers. σ piezoelektrisch erzeugte, mechanische Spannung; Z_1, Z_2 mechanische Lastimpedanzen auf den Oberflächen

Piezomaterials in Fig. 17.3 entspricht. Die elektrische Kapazität C_0 des Plattenkondensators, die den Klemmen der Spannungsquellen parallelgeschaltet ist, wurde in Fig. 19.11 weggelassen. – Außer dem hier gezeigten sind im Lauf der Zeit eine ganze Reihe anderer, damit gleichwertiger Ersatzschaltbilder des piezoelektrischen Dickenschwingers entwickelt worden.

Am einfachsten ist der Fall symmetrischer Belastung zu übersehen; hier ist $Z_1 = Z_2$ und daher auch $v_1 = v_2$. In der Mitte der Leitung verschwindet die Schnelle aus Symmetriegründen, m. a. W., hier liegt ein Schnelleknoten der stehenden Welle. Jede der beiden Leitungshälften ist daher in der Mitte mit der Impedanz ∞ abgeschlossen. Nach Gl. (8.10) mit $l = d/2$ und $Z(0) \to \infty$ hat sie die Eingangsimpedanz $-jZ_0 \cdot \cot(kd/2)$; Z_0 ist der Wellenwiderstand des Piezomaterials. Damit ergibt sich die Schnelle der Plattenoberfläche unmittelbar zu:

$$v = v_1 = v_2 = \frac{\sigma}{Z_1 - jZ_0 \cot(kd/2)} ; \tag{14}$$

die nach einer Seite abgestrahlte Schallleistung wird daher:

$$P = \frac{1}{2}|v|^2 \cdot SZ_1 = \frac{1}{2} \frac{SZ_1|\sigma|^2}{Z_1^2 + Z_0^2 \cot^2(kd/2)} \tag{15}$$

Der Inhalt dieser Formel ist in Fig. 19.12 als durchgezogene Linie dargestellt; Abszisse ist die Frequenzgröße $kd = \omega d/c_L$, wobei c_L die Longitudinalwellengeschwindigkeit im Wandlermaterial ist. Auffällig an dieser Kurve sind die regelmäßig verteilten Maxima, die umso ausgeprägter sind, je stärker die Wellenwiderstände des Plattenmaterial und des umgebenden Wellenmediums voneinander abweichen. Sie treten auf, wenn kd ein unge-

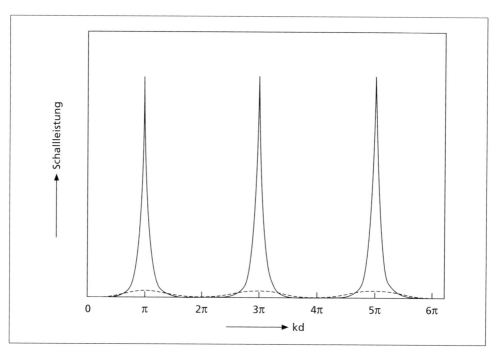

Fig. 19.12 Die von einem piezoelektrischen Dickenschwinger einseitig abgegebene Schallleistung als Funktion des Frequenzparameters kd für $Z_1/Z_0 = 0,1$. Durchgezogen: Bei symmetrischer Belastung, gestrichelt: mit reflexionsfrei abgeschlossener Rückseite

radzahliges Vielfaches von π, die Plattendicke d also ein ungeradzahliges Vielfaches der halben Longitudinalwellenlänge λ_L ist. Die Maxima sind also als Dickenresonanzen der Platte zu verstehen. Die entsprechenden Resonanzfrequenzen sind

$$f_n = (2n+1) \cdot \frac{c_L}{2d} \quad (n = 0, 1, 2, ...) \tag{16}$$

in Übereinstimmung mit Gl. (16.9).

Aus dem Ersatzschaltbild der Fig. 19.11 kann man noch folgende, für die Anwendung nützliche Tatsachen entnehmen:

1. Bleibt die eine der beiden Flächen einer Piezoplatte unbelastet, d.h. ist z. B. $Z_2 = 0$, dann vervierfacht sich die von der anderen Fläche abgestrahlte Leistung gegenüber der nach Gl. (15).
2. Belastet man die Piezoplatte am einen Ende mit ihrem eigenen Wellenwiderstand ($Z_2 = Z_0$), so ist die von der anderen Seite abgestrahlte Leistung:

$$P = \frac{2SZ_1|\sigma|^2}{(Z_0 + Z_1)^2} \sin^2\left(\frac{kd}{2}\right) \tag{17}$$

Sie ist in Fig. 19.12 als gestrichelte Linie eingetragen. Die Resonanzen sind nun zwar nicht völlig verschwunden, da das Ersatzschaltbild zwei Quellen enthält und die von ihnen erzeugten Schwingungen miteinander interferieren. Sie sind aber wesentlich weniger ausgeprägt, die Bandbreite des Senders ist somit größer geworden. Gerade dies ist der Zweck des in Abschnitt 16.7 erwähnten Dämpfungskörpers. Allerdings muss die vergrößerte Bandbreite mit in einer erheblich verringerten Leistung bezahlt werden.

Um einen Sendewandler auf eine relativ niedrige Resonanzfrequenz (20 – 50 kHz) abzustimmen, bräuchte man nach Gl. (16) sehr dicke Piezoschichten. Man umgeht dies bei dem in Fig. 19.13 dargestellten Verbundwandler durch metallische Verlängerungstücke, die an die piezoelektrische Schicht angesetzt werden. Diese können passend geformt werden, z. B. um die Abstrahlung zu verbessern. Zweckmäßigerweise verwendet man zwei Piezoscheiben entgegengesetzter Polarisation; die einzelnen Bestandteile werden durch eine Zugschraube zusammengehalten. Die Resonanzfrequenz ω_0 des Verbundwandlers findet man durch Lösung der Gleichung

$$\tan\left(\frac{\omega_0 d}{2c_L}\right) \cdot \tan\left(\frac{\omega_0 l}{c'_L}\right) = \frac{Z_0}{Z'_0} \tag{18}$$

Darin ist d wie oben die Gesamtdicke der piezoelektrischen Schicht; die gestrichenen Größen beziehen sich auf das Material der Verlängerungsstücke, die ungestrichenen auf das Piezomaterial.

Mit Verbundwandlern dieser Art lassen sich hohe akustische Leistungen erzielen. Sie werden daher in der Wasserschalltechnik als Gruppenelemente eingesetzt, und auch bei

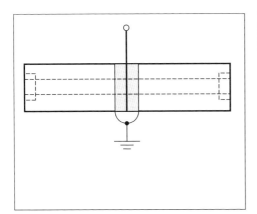

Fig. 19.13 Piezoelektrischer Verbundwandler

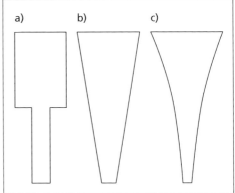

Fig. 19.14 Verschiedene Schnelletransformatoren.
a) „Stufenhorn",
b) Konischer Transformator,
c) Exponentialhorn

Leistungsanwendungen des Ultraschalls finden sie vielfältige Verwendung (s. z. B. Fig. 16.10). Benötigt man Ultraschallschwingungen besonders hoher Schnelle wie beim Schweißen oder Bohren, dann kombiniert man einen solchen Wandler mit einem sog. Schnelletransformator. Dieser besteht aus einem sich verjüngenden Stab, auf dem eine stehende Dehnwelle erregt wird. Der hierfür benutzte Wandler ist an das dickere Ende angekoppelt. Einige Ausführungsformen von Schnelletransformatoren, die auch als „Hörner" bezeichnet werden, sind in Fig. 19.14 dargestellt. Bei dem links gezeigten „Stufentransformator" verhalten sich die Schwingungsschnellen an beiden Enden umgekehrt wie die Querschnittsflächen; bei anderen Formen sind die Transformationsverhältnisse verschieden.

Das Prinzip des Magnetostriktionssenders wurde bereits in Abschnitt 17.5 besprochen. Ein Blick auf die Fig. 17.9 lehrt, dass das in Fig. 19.11 gezeigte Leitungsersatzschaltbild auch für ihn zutrifft. Allerdings wäre es wenig praktisch, einen Wandler genau in dieser Form aufzubauen. Um die Entmagnetisierung zu vermeiden, benutzt man wie z. B. bei Transformatoren Kernformen, bei denen die magnetischen Feldlinien ganz im ferromagnetischen Material verlaufen. Zudem baut man den Kern wie dort aus dünnen, voneinander isolierten Blechen auf, um die Wirbelstromverluste klein zu halten. Der mit ihnen erreichbare Frequenzbereich reicht etwa bis 50 kHz. Die Fig. 19.15 zeigt zwei Ausführungsformen von Magnetostriktionssendern.

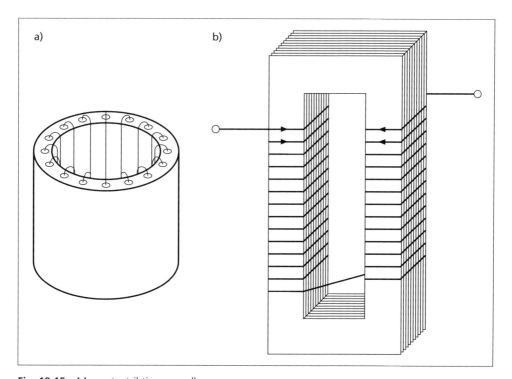

Fig. 19.15 Magnetostriktionswandler

20 Elektroakustische Schallübertragung

Elektroakustische Anlagen zur Schallübertragung werden heute in mannigfacher Form benutzt. So ist jedes Autoradio, jedes Fernsehgerät und jede Stereoanlage Bestandteil einer solchen Übertragungskette. Ihren Anfang (s. Fig. 20.1) bildet stets ein Mikrofon M, mit dem Schallschwingungen in elektrische Schwingungen umgewandelt werden. Am Ende der Kette befindet sich ein Kopfhörer oder ein Lautsprecher L, mit dem diese Umwandlung wieder rückgängig gemacht wird. Befindet sich der Lautsprecher in einem größeren Raum, dann ist auch dieser ein Teil der Übertragungskette. Dazwischen können unterschiedlichste elektrische Übertragungsglieder liegen. In jedem Fall wird das elektrische Signal verstärkt (V), auch wird es oft durch Filter F in seinem spektralen Gehalt verändert. Des weiteren kann es gespeichert (Sp) und zu einem späteren Zeitpunkt wieder zum Leben erweckt werden. Es kann ferner auf einen hochfrequenten Träger aufmoduliert werden und mittels Sende- und Empfangsantennen über große Strecken transportiert werden. Heute enthält die Übertragungskette oft sogar einen künstlichen Erdsatelliten.

Auch die Anforderungen an eine Übertragungsanlage sind sehr unterschiedlich. Im einfachsten Fall wird lediglich die Übermittlung von sprachlichen Informationen mit halbwegs zufrieden stellender Qualität angestrebt. Dies ist z. B. beim Telefon oder bei Anlagen für Durchsagen wie z. B. in Bahnhöfen oder Flughäfen der Fall. Bei anderen Geräten wie z. B. bei Hörhilfen steht der Wunsch nach extremer Miniaturisierung im Vordergrund. Wieder anders sind die Anforderungen bei Übertragungsanlagen, mit denen Musikdarbietungen von höchster Qualität übermittelt werden sollen, und das Gleiche gilt für die elektroakustische Beschallung großer Zuhörermengen im Freien oder in einem Saal.

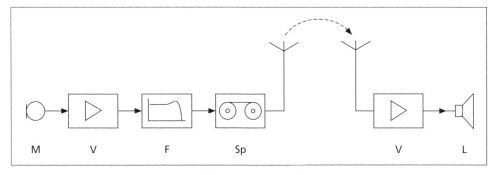

Fig. 20.1 Allgemeines Schema einer elektroakustischen Übertragungsanlage (M Mikrofon, V Verstärker, F Frequenzfilter, Sp Schallspeicher, L Lautsprecher)

Auch heute gilt noch der alte Spruch, dass „der Lautsprecher das schwächste Glied in der elektroakustischen Übertragungskette ist", trotz seines hohen Entwicklungsstandes. Das hat einen einfachen physikalischen Grund: Die erforderliche akustische Leistung wird durch die Schwingung einer begrenzten Membran erzeugt und verteilt sich von da aus auf einen sehr großen Bereich, in dem das Schallsignal eine hinreichende Lautstärke haben soll. Die räumliche Leistungsdichte im Lautsprecher ist also vergleichsweise groß, daher darf die Lautsprechermembran nicht zu klein sein. Vor allem aber muss sie in der Lage sein, Schwingungen großer Amplitude auszuführen. Es liegt daher auf der Hand, dass sie viel leichter an die Grenze der Linearität gelangt als die Membran eines Mikrofons oder eines Kopfhörers. Keine besonderen Schwierigkeiten bietet dagegen die Konstruktion von Verstärkern ausreichender Leistung.

Natürlich können in dieser Darstellung nicht alle Arten von Übertragungsanlagen besprochen werden. Vielmehr sollen einige besondere Punkte herausgegriffen werden, die in diesem Buch bislang noch nicht oder nur am Rande behandelt wurden. Das gilt z. B. für die Stereofonie, mit deren Hilfe außer dem eigentlichen Signal auch Richtungs- und Rauminformationen übertragen werden können. Des weiteren werden hier einige Angaben über die heute sehr weitgehend genutzten Möglichkeiten der Schallspeicherung gemacht. Und schließlich werden in einem letzten Abschnitt die Besonderheiten großer Schallübertragungsanlagen besprochen, wie sie zur Beschallung großer Zuschauermengen im Freien oder in geschlossenen Räumen benutzt werden.

20.1 Stereofonie

Wie im Kapitel 12 erwähnt, ist das menschliche Gehör in der Lage, die Einfallsrichtungen von Schallwellen festzustellen und, damit zusammenhängend, die räumliche Struktur komplexer Schallfelder und Schallquellen bis zu einem gewissen Grad zu erkennen. Dies ist eine wichtige Eigenschaft unseres Gehörs, die es uns z. B. erleichtert, Sprache auch in Gegenwart störender Geräusche oder in einer halligen Umgebung zu verstehen, oder z. B. bei einer Party verschiedene Sprecher voneinander zu unterscheiden. Da bei Aufführungen in einem Saal auf Grund der zahlreichen Wand- und Deckenreflexionen ein räumliches Schallfeld entsteht, das beim Zuhörer subjektiv einen Eindruck der Räumlichkeit entstehen lässt, muss eine perfekte elektroakustische Übertragung auch dieses Raumschallfeld bis zu einem gewissen Grad einbeziehen.

Schon sehr alt ist die Idee, ein Schallfeld in einem Saal, wie es etwa von einem Orchester erzeugt wird, mit elektroakustischen Mitteln in einen anderen Saal zu „verpflanzen". Dazu sollte das originale Schallfeld von möglichst vielen, auf einer gedachten Fläche angeordneten Mikrofonen abgetastet werden, deren Ausgangsspannungen nach geeigneter Verstärkung entsprechend angeordneten Lautsprechern im Wiedergabesaal zugeführt würden. Erst in neuester Zeit ist diese Idee, die man als eine Realisierung des

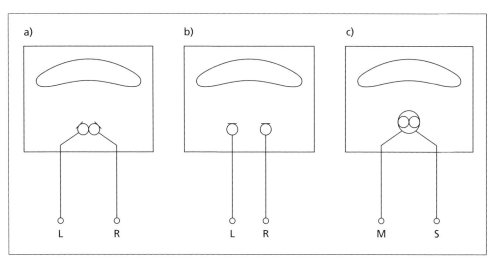

Fig. 20.2 Stereofone Schallaufnahme.
a) Intensitätsstereofonie,
b) Laufzeitstereofonie ,
c) MS-Stereofonie

Huyghensschen Prinzips (s. Kapitel 7) ansehen kann, in etwas anderer Form wieder aufgegriffen worden[1].

20.1.1 Konventionelle Stereofonie

Das Hauptproblem einer „stereofonen Schallübertragung" nach diesem Muster ist der hohe technische Aufwand, bedingt durch die große Zahl unabhängiger Übertragungskanäle, die hierfür benötigt werden. Bei der heute verbreiteten Form der Stereofonie begnügt man sich mit dem absoluten Minimum, nämlich mit zwei Kanälen. Diese Lösung wird auch dadurch nahegelegt, dass unser Gehör ebenfalls mit zwei Übertragungskanälen auskommt, nämlich den beiden Ohren.

Wie schon im Abschnitt 12.7 dargelegt, beruht unsere Richtungswahrnehmung darauf, dass ein Schallsignal an beiden Ohren mit unterschiedlichen Amplituden und Laufzeiten eintrifft, und dass diese Unterschiede vom (horizontalen) Einfallswinkel des Schalls abhängen. Interessanterweise genügen schon Amplituden- oder Laufzeitunterschiede allein, einen Richtungseindruck hervorzurufen. Je nachdem, ob man sich bei der Schallübertragung mehr auf die einen oder die anderen stützt, spricht man von Intensitäts- oder Laufzeitstereofonie. Bei der Intensitätsstereofonie verwendet man als Aufnahmemikrofone zwei verschieden ausgerichtete Richtmikrofone, z.B. mit Kardioidcharakteristik (s. Fig. 20.2), die übereinander angeordnet sind und verschiedene Bereiche einer ausgedehn-

---

[1] A. J. Berkhout, J Audio Eng. Soc. **36** (1988) 977. A. J. Berkhout, D. de Vries and P. Vogel, J. acoust. Soc. America, **93** (1993), 2764.

ten Schallquelle erfassen. Natürlich werden sich die Richtcharakteristiken beider Mikrofone i. Allg. teilweise überlappen. – Bei der Laufzeitstereofonie werden zur Aufnahme zwei Mikrofone mit gleicher Richtcharakteristik verwendet, die aber an verschiedenen Orten aufgestellt werden. Eine aus einer bestimmten Richtung ankommende Schallwelle wird von beiden Mikrofonen mit einer richtungsabhängigen Laufzeitdifferenz aufgenommen. Dieses Verfahren hat gegenüber der Intensitätsstereofonie den Nachteil, dass aus beiden Mikrofonsignalen nicht einfach durch Addition ein monofones Signal gewonnen werden kann, es ist also nicht „monokompatibel".

Bei beiden Aufnahmemethoden lässt sich ein merklicher Effekt nur erreichen, wenn die Intensitäts- bzw. Laufzeitunterschiede zwischen beiden Signalen größer gemacht werden als die beim natürlichen, zweiohrigen Hören auftretenden Unterschiede. So betragen die interauralen Laufzeitunterschiede beim natürlichen Hören bei genau seitlichem Schalleinfall nicht mehr als 0,63 Millisekunden. An zwei z. B. in 1 m Abstand voneinander aufgestellten Mikrofonen können dagegen Laufzeitdifferenzen von über 2,9 ms auftreten. Solche Übertreibungen werden durch die Unvollkommenheit der üblicherweise zur Verfügung stehenden Wiedergabeeinrichtung erforderlich. Diese besteht aus zwei gleichen Lautsprechern, die so in dem Wiedergaberaum aufgestellt sind, dass sie vom Hörer unter einem Winkel von etwa $\pm 30°$ gesehen werden. Dem einen Lautsprecher wird das für das linke Ohr, dem anderen das für das rechte Ohr bestimmte Signal zugeführt (s.Fig. 20.3). Dabei lässt sich nicht vermeiden, dass jedes Ohr auch das für das andere Ohr bestimmte Signal empfängt, wenn auch durch Beugung am Kopf verändert. Wir kommen auf dieses „Übersprechen" noch zurück.

Ein weiteres Aufnahmeverfahren (Mitte-Seite-Verfahren oder MS-Verfahren) benutzt wie die einfache Intensitätsstereofonie zwei dicht übereinander angeordnete Mikrofone, von denen das eine Kugelcharakteristik, das andere eine Achtcharakteristik hat; die letztere wird senkrecht zur Hauptrichtung ausgerichtet. Die von ihnen aufgenommenen Signale nennen wir M und S. Das Links- und das Rechtssignal entsteht durch Addition und Subtraktion der beiden Mikrofonsignale:

$$L = M + S$$

$$R = M - S$$

Oft wird auch mit wesentlich mehr als zwei Aufnahmemikrofonen gearbeitet, deren Ausgangsspannungen in komplizierter Weise zusammengemischt werden, sodass letztlich wieder ein „Linkssignal" und eine „Rechtssignal" entsteht.

Alle diese Aufnahmeverfahren sind nicht frei von einer gewissen Willkür, und es liegt auf der Hand, dass ein völlig naturgetreuer Richtungs- oder auch Räumlichkeitseindruck mit ihnen nicht erzielt werden kann. Oft wird dieser auch gar nicht angestrebt, manchmal will man mit einer stereofonen Aufnahme Effekte erzielen, die in dem Raum, in dem sich die Schallquelle befindet, gar nicht auftreten. Es bleibt auch nicht aus, dass bei der Aufnahme z. B. eines Symphonieorchesters oder eines Chores des Guten gelegentlich zu

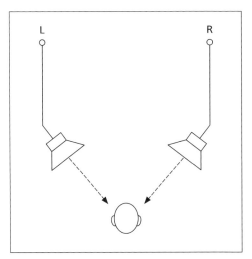

Fig. 20.3 Stereofone Wiedergabe mit Lautsprechern

Fig. 20.4 Kunstkopf (Institut für Technische Akustik der RWTH Aachen)

viel getan wird. So muss bezweifelt werden, dass es den Intentionen des Komponisten entspricht, wenn der Zuhörer in seinem Wiedergaberaum eine Gruppe von Instrumenten vornehmlich aus dem rechten Lautsprecher, die andere aus dem linken hört.

20.1.2 Kunstkopfstereofonie

Verfolgt man aber weiterhin das Ziel der möglichst korrekten Übertragung von Höreindrücken, dann kann man auch einen ganz anderen Weg gehen. Statt das Schallfeld von einem Raum in einen anderen zu transferieren, kann man versuchen, die an den Ohren eines im Originalraum befindlichen Zuhörers auftretenden Schallsignale auf die Ohren anderer Personen zu übertragen. Dieser Idee liegt die Vorstellung zugrunde, dass sich jeder Mensch seinen Eindruck von dem akustischen Geschehen in seiner Umwelt allein auf Grund der Schalldrucke bildet, die auf seine beiden Trommelfelle einwirken. Demgemäß verwendet man zur Schallaufnahme eine Kopfnachbildung, die an einer repräsentativen Stelle im Aufnahmeraum aufgestellt wird und an der im Idealfall dasselbe Beugungsfeld entsteht am Kopf eines wirklichen Zuhörers. Fig. 20.4 zeigt einen solchen „Kunstkopf". In seinen Gehörgängen sind kleine Aufnahmemikrofone eingebaut, deren Ausgangsspannungen übertragen und den Ohren eines Zuhörers übersprechfrei zugeführt werden Am einfachsten geschieht dies mit Kopfhörern. Damit werden in der Tat sehr gute Ergebnisse erzielt.

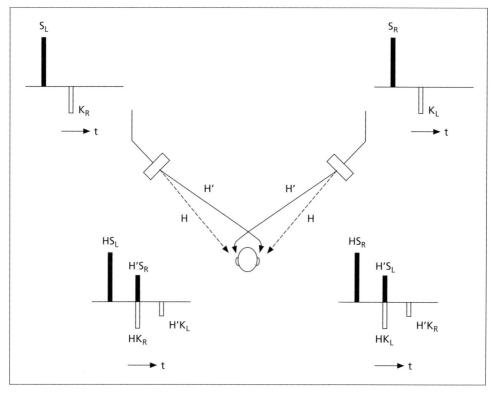

Fig. 20.5 Zum Prinzip der Übersprechkompensation bei Lautsprecherwiedergabe von zweikanaligen Signalen (H, H' Außenohrübertragungsfunktion für das zugewandte bzw. das abgewandte Ohr).

Allerdings gibt es auch hier Einschränkungen. Zum einen weist die Kopfform der Menschen beachtliche Unterschiede auf. Diesen Unterschieden entspricht eine merkliche Streuung der individuellen Außenrohr-Übertragungsfunktionen, die nach Abschnitt 12.7 für das Richtungshören maßgebend sind. Mit anderen Worten: jeder Mensch hat sich daran gewöhnt, mit seinem eigenen Kopf zu hören. Man kann also bestenfalls versuchen, einen Kunstkopf so zu formen, dass die von ihm erzeugten Außenohr-Übertragungsfunktionen für möglichst viele Hörer repräsentativ sind. Dabei muss man in Kauf nehmen, dass nicht alle mit dem Resultat ganz zufrieden sind.

Zum anderen sind Kopfhörer mit der sog. „Im-Kopf-Lokalisation" behaftet, d. h. die Schallquelle wirkt bei Kopfhörerwiedergabe zwar sehr räumlich, scheint aber im Inneren des Kopfes oder doch in der Nähe des Kopfes zu liegen. Eine korrekte Wiedergabe des „Vorn"-Eindrucks ist zumindest sehr schwierig. Eine eindeutige Erklärung für diese Erscheinung scheint es noch nicht zu geben. Es stellt sich daher die Frage nach einer übersprechfreien Wiedergabe mit Hilfe von Lautsprechern.

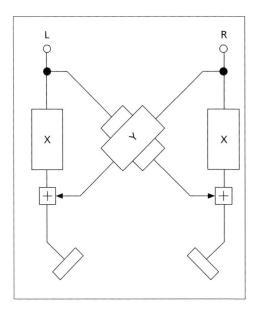

Fig. 20.6 Filter zur Übersprechkompensation

20.1.3 Kompensation des Übersprechens

Sie gelingt in der Tat mit dem von *Atal* und *Schroeder* angegebenen Kompensationsverfahren, das an Hand von Fig. 20.5 für eine symmetrische Anordnung erläutert wird, die an sich nicht zwingend ist. In jedem der beiden Kanäle werde ein kurzer Impuls übertragen. Die oberen Balkendiagramme zeigen die den Lautsprechern zugeführten elektrischen Signale, in den unteren Diagrammen sind die an den Ohren des Zuhörers auftretenden Schallsignale dargestellt. Zunächst empfängt jedes Ohr das ihm zugedachte Schallsignal (volle Balken), außerdem aber auch – durch den Kopf verzögert und abgeschwächt – die Übersprechsignale aus dem jeweils anderen Kanal (volle Balken). Diese werden in einem ersten Schritt durch elektrische Korrektursignale (leere Balken) beseitigt, wobei das vom linken Lautsprecher abzustrahlende Korrektursignal K_R von S_R abgeleitet ist und umgekehrt. Diese Korrektursignale erzeugen nun ihrerseits unerwünschte Übersprechsignale, die in einem weiteren Korrekturschritt beseitigt werden können usw.. Man sieht, dass sich die Kompensation des Übersprechens schrittweise vollzieht; der Prozess konvergiert umso langsamer, je schwächer die Abschattung durch den Kopf ist. Praktisch erreicht man aber schon mit einem einzigen Iterationsschritt ein brauchbares, mit zweien ein recht gutes Ergebnis, das durch weitere Kompensationsschritte noch weiter verbessert werden kann[2].

Die Kompensation wird durch ein den Lautsprechern vorgeschaltetes Filter vorgenommen, das die in Fig. 20.6 gezeigte Struktur hat und das sich als digitales FIR-Filter realisieren lässt.

---

2 G. Neu, E. Mommertz und A. Schmitz, Acustica **76** (1992), 183; Urbach, G., E. Mommertz und A. Schmitz, Acustica **77** (1992), 153

Damit vorgenommene Kunstkopfübertragungen zeichnen sich durch eine bisher unübertroffene Naturtreue aus. Aber auch dieser Kelch enthält einen Wermutstropfen: Durch die Auswahl der Außenohr-Übertragungsfunktionen ist die Position der Hörerohren relativ zu den Wiedergabelautsprechern festgelegt, d. h. um in den vollen Genuss der Übersprechkompensation zu kommen, muss sich der Hörer an einer bestimmten Stelle befinden und muss auch eine bestimmte Kopfstellung einhalten. Im Prinzip kann man diese Einschränkungen durch eine automatische Bestimmung der Kopfposition und eine entsprechend gesteuerte Modifikation des Kompensationsfilters überwinden. Die Forderung, dass sich der Zuhörer in einer reflexionsfreien Umgebung befinden sollte, ist nicht allzu einschneidend; tatsächlich erzielt man auch in üblichen Wohnräumen gute Ergebnisse, sofern ihre Nachhallzeit nicht zu lang ist. Dennoch dürfte diese Art der Wiedergabe zweikanaliger Schallübertragungen ihr Hauptanwendungsgebiet weniger beim normalen „Konsumer" finden als bei psychoakustischen Untersuchungen und bei der Auralisation (s. Abschn. 13.6).

20.2 Schallspeicherung

Die Schallspeicherung stellt ein wichtiges und beliebtes Mittel dar, um die ihrer Natur nach schnell vergänglichen Schallsignale festzuhalten und zu einem späteren Zeitpunkt und an beliebigem Ort wieder zu reproduzieren. Dabei ist wichtig, dass gespeicherte Aufnahmen beliebig vervielfältigt werden können. Obwohl die moderne Technik der Schallspeicherung nur wenig mit Akustik zu tun hat – es handelt sich eigentlich um die Speicherung von elektrischen Signalen – soll hier mindestens ein kurzer Überblick über die einzelnen Verfahren gegeben werden.

20.2.1 Schallplatte

Speichermedien sind entweder magnetischer oder optischer Art, auch Digitalspeicher werden in zunehmendem Maß benutzt. Das älteste Medium ist aber ein fester Träger (Walze, Platte), in den gewissermaßen ein dem Schallvorgang entsprechendes Oszillogramm eingeritzt wird (Schneiden), das bei der Wiedergabe mit einer Nadel abgetastet wird. Bei den ältesten Geräten dieser Art (Phonograph, Grammophon) erfolgte sowohl der Schneidvorgang als auch die Wiedergabe mit rein mechanischen Mitteln, d. h. die Nadel war direkt mit einer Membran verbunden, auf welche die aufzunehmenden Schallwellen einwirkten bzw. von welcher die durch Abtastung des Oszillogramms erhaltene Schwingung als Schall abgestrahlt wurde.

Mit dem Aufkommen der elektrischen Verstärkertechnik eröffneten sich neue Möglichkeiten. Zum Schneiden einer analogen Schallplatte wurde nunmehr ein besonderer elektroakustischer Wandler benutzt, der die vom Mikrofon aufgenommene Schallschwingung in entsprechende Bewegungen der Schneidnadel umsetzt. Durch eine geeignete Führung dieses Wandlers auf der mit 33 oder 45 Umdrehungen pro Minute rotierenden

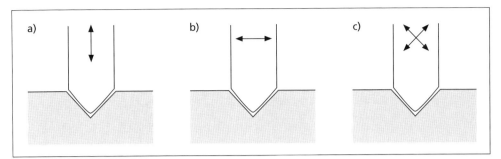

Fig. 20.7 Schriftarten bei der Schallplatte.
a) Tiefenschrift,
b) Seitenschrift,
c) Flankenschrift

Platte entsteht eine etwa spiralförmige Rille. Die Fig. 20.7 zeigt die verschiedenen Möglichkeiten, die Lage der Rille im Rhythmus der Schwingung zu verlagern und ihr dadurch die zu speichernde Information aufzuprägen. Fig. 20.7a zeigt die sog. Tiefenschrift, die längst veraltet ist und der in Fig. 20.7b dargestellten Seitenschrift weichen musste. Fig. 20.7c zeigt, wie sich die für stereofone Übertragungen erforderlichen zweikanaligen Signale in den beiden Flanken einer Rille unterbringen lassen. Ein großer Fortschritt in der Entwicklung der Schallplatte war die Füllschrift, bei welcher der Rillenabstand der Amplitude der aufzuzeichnenden Schwingung angepasst wird.

Die mechanisch sehr empfindliche Originalplatte wird mehrfach kopiert und schließlich auf eine Stahlplatte übertragen, mit der die für den Konsumenten bestimmten Schallplatten gepresst werden. Zum Abspielen wird ein von der Rille geführter „Tonabnehmer" auf die rotierende Platte aufgesetzt. Er besteht aus einem Wandler, der fest mit sehr harten Abtastnadel (Saphir oder Diamant) verbunden ist und die Nadelschwingung wieder in elektrische Schwingungen zurückverwandelt.

Diese Art von Schallplatten hatte einen hohen Entwicklungsstand erreicht. Allerdings liegt die Pegeldifferenz zwischen dem maximalen Amplitudenwert und dem durch die Körnigkeit des Plattenmaterials bedingten Rauschen, also der sog. Rauschabstand bestenfalls bei 60 dB; die Signaltrennung zwischen beiden Stereokanälen ist maximal 30 dB. Außerdem wird die Schallplatte mit jedem Abspielen etwas abgenutzt.

Heute ist die sog. „schwarze Platte" fast vollständig von der digitalen Schallplatte, der Compact Disc (CD) verdrängt worden. Auf ihr wird nicht eine dem Signalverlauf entsprechende Auslenkung gespeichert, sondern eine Folge von längeren und kürzeren Grübchen einheitlicher Tiefe und Breite (s. Fig. 20.8). Hierfür muss das elektrische Signal zunächst „digitalisiert", d. h. in eine Folge von Einsen und Nullen verwandelt werden. Zunächst werden die Signale beider Stereokanäle mit einer Rate von 44,1 kHz abgetastet; die Abtastwerte werden sodann in 2^{16} gleich großen Amplitudenstufen quantisiert. Dabei nimmt man einen gewissen Quantisierungsfehler in Kauf, der durch das Verhältnis

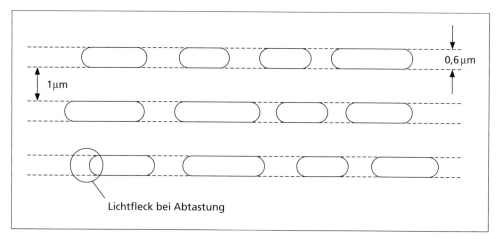

Fig. 20.8 Oberfläche eine Compact Disc. Die Grübchen sind 0,12 μm tief.

Stufengröße/ maximaler Amplitudenwert,

hier also 2^{-16} gekennzeichnet werden kann. Dies entspricht einem Signal/Rauschverhältnis von über 90 dB, dürfte also den höchsten Anforderungen genügen. – Die aus dem Originalsignal abgeleiteten Datenworte werden mit sog. Parity-Bits versehen, welche bei der Wiedergabe eine automatische Fehlerkorrektur ermöglichen. Das Ganze wird zur Erhöhung der Speicherdichte in einen bestimmten Code eingebettet und zwar dergestalt, dass jede Grübchenkante eine binäre 1 darstellt, während die dazwischenliegenden Bereiche als Nullen interpretiert werden.

Bei der Aufnahme werden die Grübchen mit einem Fotoätzverfahren in eine dünne Schicht Fotolack eingebracht, die sich auf einer Glasplatte befindet. Sie haben eine Breite von 0,6 μm und sind 0,12 μm tief; der Abstand benachbarter Grübchenspuren, die wie bei der „schwarzen" Platte eine Spirale bilden, beträgt 1,6 μm. (Vergleicht man dies mit dem mittleren Rillenabstand einer Analogschallplatte von etwa 55 μm, dann erkennt man den enormen Zuwachs der Speicherdichte.) Die konstant gehaltene Geschwindigkeit bei der Aufnahme (und ebenso bei der Wiedergabe) liegt bei etwa 1,3 m/s. In einem mehrstufigen Kopierprozess wird von dieser „Urfassung" die handelsübliche CD hergestellt. Eine solche Platte hat einen Durchmesser von 120 mm, ihre Gesamtdicke beträgt 1,2 mm. Sie besteht zum größten Teil aus einem durchsichtigen Substrat (Polykarbonat), auf dessen einer Seite sich die informationstragenden Vertiefungen befinden. Diese Seite ist mit einer dünnen, lichtreflektierenden Metallschicht z. B. aus Aluminium überzogen. Darüber liegt eine 10 bis 30 μm dicke Schutzschicht.

Zur Wiedergabe wird ein optischer Abtaster mit konstanter Geschwindigkeit über die Grübchenspur bewegt. In ihm befindet sich ein Halbleiterlaser, der die reflektierende Metallschicht durch die Schutzschicht hindurch mit einem konvergenten Lichtbündel beleuchtet. Der auf der Reflexionschicht entstehende Brennfleck hat einen Durchmesser von 1 µm. Fällt er auf eine glatte Stelle, dann wird das auffallende Licht fast vollständig reflektiert. Liegt der Fokus dagegen auf einem Grübchen, dann wird die eine Hälfte des Lichts von seinem Boden zurückgeworfen, die andere von der angrenzenden Oberfläche. Da die Lichtwellenlänge in der Schutzschicht etwa 0,5 µm beträgt, sind diese beiden Lichtanteile gegenphasig und löschen sich weitgehend aus. Das insgesamt zurückgeworfene Licht wird auf vier Fotodioden fokussiert, die nicht nur ein der Helligkeitsmodulation entsprechendes elektrisches Signal liefern, sondern auch Korrektursignale, die Spurfehler oder mangelhafte Fokussierung anzeigen und eine automatische Nachregulierung erlauben. Der Abtaster ist nicht größer als etwa 45 mm x 12 mm.

Das Audiosignal entsteht durch Dekodierung und Digital-Analogwandlung. Bei der Dekodierung werden kleinere Fehler sofort mit Hilfe der Parity-Bits eliminiert; bei größeren Fehlern wird das Audiosignal so weit wie möglich durch lineare Interpolation ergänzt. Versagt auch dies, dann wird die Verstärkung für eine entsprechende Zeit heruntergefahren.

Die Compact Disc ermöglicht Schallaufzeichnungen von höchster Qualität. Die bei ihnen vorliegenden linearen und nichtlinearen Verzerrungen sind verschwindend gering. Da die Abtastung der CD berührungsfrei erfolgt, wird sie durch das Abspielen auch nicht abgenutzt. Dank der hohen Informationsdichte beträgt die maximale Spieldauer einer CD mehr als eine Stunde.

Etwa seit 1992 ist auch eine kleinere Digitalschallplatte auf dem Markt, die sog. MiniDisc (MD), und zwar sowohl als bespielter Träger wie auch für Schallaufzeichnungen durch den Benutzer. Im ersteren Fall ist die Technik der Aufzeichnung und Wiedergabe ähnlich wie bei der üblichen CD, im zweiten wird die Information als remanente Magnetisierung gespeichert, die bei der Wiedergabe unter Ausnutzung eines magnetooptischen Effekts in moduliertes Licht verwandelt wird. In beiden Fällen ist die Laufzeit ähnlich wie bei einer konventionellen CD. Dies gelingt durch Ausnutzung der in Abschnitt 12.5 beschriebenen Verdeckung: Spektralkomponenten, die durch andere Komponenten verdeckt werden und daher unhörbar sind, braucht man auch nicht zu übertragen, sie können daher vor der Aufzeichnung eliminiert werden. Es ist bemerkenswert, dass die moderne Speichertechnik, die an sich wenig mit Akustik zu tun hat, neuerdings wieder in so hohem Maß Gehöreigenschaften einbezieht.

20.2.2 Tonfilm

Im vorangegangenen Abschnitt haben wir gesehen, dass die Weiterentwicklung der Schallplatte von der mechanische zur optischen Schallaufzeichnung geführt hat. Es gibt aber eine viel ältere Anwendung der optischen Schallaufzeichnung: den Tonfilm. Bei seiner Aufnahme wird ein Lichtstrahl auf eine bewegte fotografische Schicht gelenkt. Das aufzuzeichnende Signal moduliert den Lichtstrom und damit die von ihm hervorgerufene Schwärzung und optische Transparenz der Schicht. Für die Schallaufzeichnung steht eine ca. 2 mm breite Tonspur zur Verfügung, die sich auf einer Seite des Films befindet. Bei zweikanaligen Aufzeichnungen trägt der Film zwei Tonspuren, für besondere Effekte werden aber auch Filme mit noch mehr Tonspuren verwendet.

Das Lichtstrahlenbündel entsteht durch Abbildung eines intensiv beleuchteten Spalts auf die Tonspur. Der von ihm getragene Lichtstrom kann auf zwei Weisen moduliert werden: zum einen kann man seine Intensität steuern, zum anderen lässt sich die Breite des geschwärzten Bereichs auf der Tonspur variieren. Demgemäß unterscheidet man zwischen der Sprossen- oder Intensitätsschrift einerseits und der Zackenschrift andererseits. Die letztere entsteht mittels einer vor oder hinter dem beleuchteten Spalt bewegten Blende (s. Fig. 20.9a); eine Intensitätsmodulation erreicht man z. B. mit einer Kerrzelle oder ebenfalls mit einer veränderlichen Blende, die sich dann allerdings an einer anderen Stelle des optischen Strahlengangs befinden muss. Zur Wiedergabe wird die Tonspur mit einem spaltförmigem Lichtbündel beleuchtet; das von ihr durchgelassene Licht fällt auf einen Fotodetektor (Fotozelle, Fotodiode u. dgl.), der eine zum Lichtstrom proportionale Spannung abgibt. Dabei muss für einen gewissen Versatz zwischen der Bildprojektion und der Abtastung der Tonspur gesorgt werden, da jedes Bild für einen kleinen Moment stillstehen muss, der Film an dieser Stelle also ruckartig bewegt wird, während die Tonspur bei konstanter Filmgeschwindigkeit gelesen werden muss.

Die Sprossenschrift hat heute keine Bedeutung mehr, da sie beim Kopieren des Films besondere Anforderungen an die "Härte" des Filmmaterials stellt. Die Zackenschrift kann in mannigfacher Weise modifiziert werden; je nach der Form der bewegten Blende kann man eine symmetrische Aufzeichnung oder auch eine Vielzackenschrift herstellen (s. Fig. 20.9b).

Die Abtastung der Tonspur über einen Spalt endlicher Breite hat eine charakteristische Signalverzerrung zur Folge, die als „Spalteffekt" bekannt ist. Jedes Längenelement des Films braucht eine Zeit $\Delta t = b/v$, um den Spalt zu passieren, wobei b die Spaltbreite und v die Transportgeschwindigkeit des Films ist (üblicherweise ist v = 45,6 cm/s). Das die Schicht durchdringende Licht wird daher nicht nach Maßgabe eines einzigen Funktionswerts, sondern der Summe aller Funktionswerte moduliert, die sich zu einem bestimmten Zeitpunkt im Spaltbereich befinden. Angenommen, das aufgezeichnete Signal sei eine Sinusschwingung der Kreisfrequenz ω. Da die Transparenz nur positiv sein kann, ist der am Fotodetektor eintreffende Lichtstrom φ proportional zu

$$\int_{t-\Delta t/2}^{t+\Delta t/2} (A + B\sin\omega t')dt' = A\Delta t + \frac{B}{\omega}\left[\cos\omega\left(t - \frac{\Delta t}{2}\right) - \cos\omega\left(t + \frac{\Delta t}{2}\right)\right] = A\Delta t + \frac{2B}{\omega}\sin\left(\omega\frac{\Delta t}{2}\right)\sin\omega t$$

wofür man auch

$$\phi \approx \frac{b}{v}\left[A + B\cdot\operatorname{si}\left(\frac{b\omega}{2v}\right)\right]\cdot\sin\omega t \qquad (1)$$

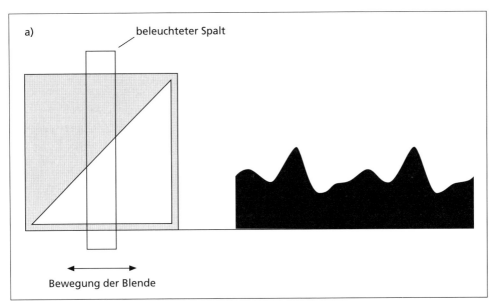

Fig. 20.9 Aufzeichnung von Zackenschrift.
a) einfache Zackenschrift,

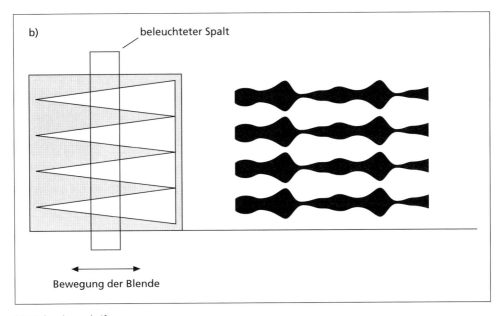

b) Vielzackenschrift

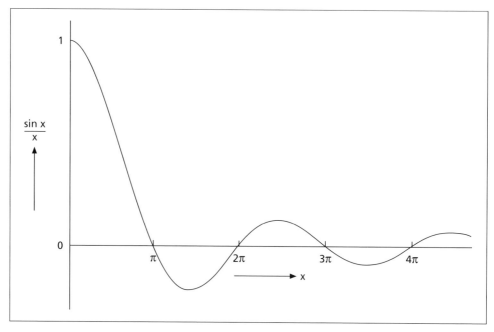

Fig. 20.10 Spaltfunktion

schreiben kann. Die Funktion $si(x) \equiv \sin x/x$ heißt auch „Spaltfunktion". Ihr Verlauf ist in Fig. 20.10 gezeigt. Der Spalteffekt bewirkt, dass höherfrequente Spektralkomponenten schlechter wiedergegeben werden als solche niederer Frequenz. Bei bestimmten Frequenzen verschwindet sogar der Wechselanteil völlig, nämlich dann, wenn das Argument der Spaltfunktion ein ganzzahliges Vielfaches von π ist. Das ist auch anschaulich verständlich, da bei diesen Frequenzen die Breite b des Spalts eine ganze Anzahl von räumlichen Wellenlängen Λ der auf den Film aufgezeichneten Sinusschwingung umfasst, wobei $\Lambda = v/f = 2\pi v/\omega$ ist. Dann aber findet sich im Spaltbereich für jeden über dem Mittelwert liegenden Funktionswert ein anderer Wert, der genausoweit unter dem Mittelwert liegt, sodass beide sich kompensieren. – Bezeichnet man als nutzbare Bandbreite die Frequenz f_{max}, bei der die Spaltfunktion auf den Wert $1/\sqrt{2}$ abgesunken ist, dann erhält man

$$f_{max} = 0{,}442 \frac{v}{b}. \qquad (2)$$

Die mögliche Spaltbreite ist nach unten nicht nur durch zu geringe Lichtströme begrenzt, sondern auch durch die Beugung des Lichtes an den Spaltkanten.

Eine Alternative zum Lichttonverfahren ist, die Tonaufzeichnung auf einer magnetischen Tonspur unterzubringen, die in das Filmmaterial eingebettet ist (s. u.).

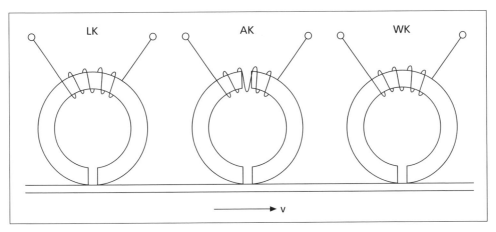

Fig. 20.11 Löschkopf LK, Aufnahmekopf AK und Wiedergabekopf WK eines Magnetbandgeräts

20.2.3 Magnetische Schallaufzeichnung

Bei dem sog. Magnettonverfahren besteht das Speichermedium aus einer dünnen ferromagnetischen Schicht auf einem Kunststoffband. Das elektrische Signal erzeugt in dieser Schicht eine wechselnde remanente Magnetisierung, deren Richtung bei der heute üblichen Technik in der Laufrichtung des Bandes liegt.

Fig. 20.11 zeigt die Anordnung der zur Aufzeichnung und Wiedergabe der Signale sowie zum „Löschen" eines Bandes benutzten Umsetzer, die hier als „Magnetköpfe" oder einfacher als „Köpfe" bezeichnet werden. Es handelt sich um Ringkerne aus hochpermeablem Material mit einem senkrecht zur Band verlaufenden Spalt, an dem das Band mit konstanter Geschwindigkeit v vorbeigezogen wird. Jeder von ihnen trägt eine Wicklung. Bei der Aufzeichnung erzeugt der Signalstrom im Aufsprechkopf einen magnetischen Fluss, der im Spaltbereich wegen der hohen Permeabilität des Schichtmaterials in die Beschichtung eindringt. Danach trägt die Schicht magnetisierte Abschnitte von unterschiedlicher Länge und Magnetisierung.

Bei der Wiedergabe werden die von den magnetisierten Abschnitten der Schicht ausgehenden Feldlinien in den Wiedergabekopf hineingezogen, da dieser einen geringeren magnetischen Widerstand hat als die Umgebung der Schicht; sie durchsetzen somit die Wicklung des Wiedergabekopfes und induzieren in ihr eine elektrische Spannung, die der zeitlichen Änderung des magnetischen Flusses Φ proportional ist:

$$U = w \frac{d\Phi}{dt} = j\omega w \Phi \qquad (3)$$

(w = Windungszahl). Die letztere Version gilt natürlich nur für harmonische Signale und anzeigt an, dass das Induktionsgesetz einen linearen Anstieg der Ausgangsspannung mit der Frequenz verursacht. Diesem Frequenzgang überlagern sich weitere Effekte, die das Signalspektrum vor allem bei hohen Frequenzen verändern. An erster Stelle ist hier der schon im vorangehenden Unterabschnitt beschriebene Spalteffekt zu nennen. Einen weiteren Höhenabfall bewirken die Wirbelstromverluste im Wiedergabekopf sowie der Umstand, dass das Band bei hohen Frequenzen nicht in seiner ganzen Dicke magnetisiert wird und dass der Abstand der Schicht von dem Kopf zwar sehr klein, aber doch endlich ist. All diese Einflüsse müssen durch eine geeignete Entzerrung kompensiert werden.

Der Aufsprechvorgang gestaltet sich etwas umständlicher wegen der komplizierten Vorgänge bei der Magnetisierung ferromagnetischer Stoffe. Diese zeigen bekanntlich die Erscheinung der Hysteresis (s. Fig. 20.12): Wird das zunächst unmagnetische Material einem wachsenden Magnetfeld ausgesetzt, dann steigt seine Magnetisierung entsprechend der gestrichelten Kurve an. Lässt man die Feldstärke danach wieder abnehmen, dann wird diese Kurve nicht etwa rückwärts durchlaufen, sondern die Magnetisierung verringert sich gemäß der linke Seite der Hysteresisschleife. Wenn man nach Erreichen der negativen Sättigung die Feldstärke wieder erhöht, dann ändert sich die Magnetisierung jetzt entsprechend dem rechten Schleifenteil bis zum erneuten Erreichen der positiven Sättigung usw. Der als „Neukurve" oder „jungfräuliche Kurve" in Fig. 20.12a gestrichelt dargestellte Ast wird also nie wieder erreicht. Wird unmagnetisches Material nicht bis zur Sättigung, sondern nur bis zu dem einer Feldstärke H_0 entsprechenden Punkt A magnetisiert und

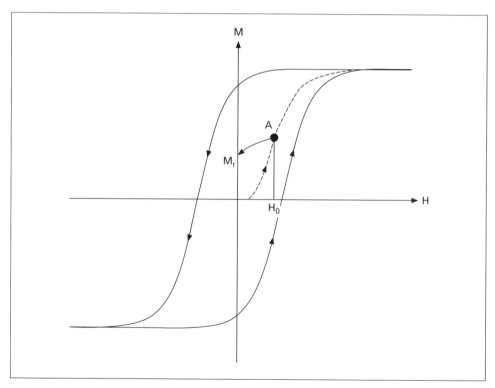

Fig. 20.12 Zur magnetischen Schallaufzeichnung: Neukurve und Hysteresisschleife (H magnetische Feldstärke, M Magnetisierung, M_r remanente Magnetisierung)

wird danach das Magnetfeld abgeschaltet, dann verbleibt eine endliche, „remanente" Magnetisierung M_r auf der Schicht. Leider ist diese der Maximalfeldstärke H_0 keineswegs proportional. Würde man also bei der Schallaufzeichnung den Aufsprechkopf nur mit einem dem Signal entsprechenden Strom speisen, so wäre die auf dem Band gespeicherte Remanenz ein stark verzerrtes Abbild des Signals.

Zur Linearisierung könnte man dem Signal vor der Aufzeichnung einen Gleichstrom überlagern und damit einen Arbeitspunkt im linearen Bereich der Funktion $M_r(H_0)$ festlegen. Diese Methode, deren Prinzip uns schon bei manchen elektroakustischen Wandlern begegnet ist, hat man früher tatsächlich auch angewandt, musste sich dabei allerdings auf kleine Signalamplituden beschränken.

Dieser Nachteil entfällt, wenn man dem Signalstrom $I(t)$ einen Hochfrequenzstrom mit einer Frequenz von 50 – 150 kHz überlagert, der ein im Spaltbereich befindliches Längenelement der Schicht immer wieder ummagnetisiert und zwar jeweils fast bis zur Sättigung. In jeder Periode der Hochfrequenzschwingung wird daher praktisch die gesamte Hystereseschleife durchlaufen. Wird nun das betreffende Bandelement aus dem Spaltbereich herausgezogen, dann zieht sich die Schleife allmählich zusammen und zwar auf einen Punkt der Ordinatenachse, dessen Abstand vom Nullpunkt dem Signalwert $I(t)$ weitgehend proportional ist.

Der genaue Nachweis dieses Sachverhalts ist sehr umständlich, sodass wir hier auf ihn verzichten. Zum Löschen des Bandes wird der Löschkopf wird nur mit dem Hochfrequenzstrom gespeist; das Band verlässt seinen Spalt daher unmagnetisiert.

Wir beschließen diese Darstellung mit einigen technischen Angaben. Die Breite eines Magnetbands beträgt 6,3 mm; daneben gibt es aber auch schmalere Bänder, z. B. ist das Band des Kassettenrecorders nur 3,81 mm breit. Die Gesamtdicke der Bänder liegt zwischen 12 und 50 µm. Davon entfallen 4 bis 15 µm auf die wirksame Beschichtung, die aus feinkörnigem Eisenoxid oder Chromdioxid oder aus Reineisen bzw. aus Eisen-Chrommischungen besteht. Die Bandgeschwindigkeit ist auf 38,1 cm/s (15 inch pro Sekunde) festgelegt, andere Bandgeschwindigkeiten gehen hieraus durch fortgesetzte Halbierung hervor. Bei dem beliebten Kassettenrecorder beträgt sie 4,75 cm/s. Für sterofone Aufnahmen verwendet man zweispurige Bänder; es gibt aber auch Bänder mit bis zu acht Spuren.

Aufnahme- und Wiedergabeköpfe haben einen Kern aus fein lamelliertem Mu-Metall oder auch aus einem Ferrit. Die ersteren haben außer dem 10 – 18 µm breiten Arbeitsspalt einen sog. Scherspalt an der Rückseite, der den magnetischen Widerstand erhöht und dadurch die magnetischen Eigenschaften unempfindlich gegenüber Schwankungen des Bandabstands macht. Der Spalt des Wiedergabekopfes ist im Interesse einer guten Höhenwiedergabe (s. Fig. 20.10) nur 3-8 µm breit.

Der Signal-Rauschabstand beträgt bei Studiogeräten bis zu 70 dB. Bei kleineren Geräten, z. B. bei Kassettenrecordern ist er geringer, kann aber durch eine definierte nichtlineare Verzerrung (Dynamikkompression) des aufzunehmenden Signals erheblich verbessert werden, die nach dem Abspielen wieder rückgängig gemacht wird (Dolby-Verfahren).

Ebenso wie bei der Schallplatte hat auch beim Magnetband die digitale Technik Einzug gehalten. Deren Vorteil liegt hier wie dort in einer weitgehenden Abwesenheit von nichtlinearen Verzerrungen, da nur zwei Amplitudenwerte gespeichert werden. Dementsprechend wird das digitale Magnetband immer bis zur Sättigung magnetisiert; was wechselt, ist nur das Vorzeichen der Magnetisierung. Digitalisierung und Codierung entsprechen weitgehend den bei der CD angewandten Verfahren. Die erforderliche hohe Bandbreite wird ähnlich wie beim Videorecorder dadurch sichergestellt, dass die Aufnahme- und Wiedergabeköpfe in einer mit 2000 Umdrehungen pro Minute rotierenden Walze untergebracht sind, die vom Band teilweise umschlungen wird und deren Rotationsachse nicht genau senkrecht auf der Bewegungsrichtung des Bandes steht. Dadurch entsteht eine Folge von schräg auf dem Band liegenden Aufzeichnungsspuren.

20.3 Beschallungsanlagen

Eine wichtige Aufgabe der Elektroakustik ist die Schallversorgung größerer oder großer Zuhörer- oder Zuschauermengen. Ihr zugrunde liegt die Tatsache, dass die von der menschlichen Stimme abgegebene Schallleistung zu gering ist, um größere Entfernungen zu überbrücken und damit auch Zuhörer zu erreichen, die außerhalb der Reichweite der natürlichen Stimme sind. Dabei ist zu bedenken, dass die Schallübertragung oft Geräusche übertönen muss, die entweder durch technische Quellen (Straßenverkehr, Klimaanlage) entstehen oder durch das Publikum selbst, das immer eine gewisse Unruhe erzeugt. Was für die Sprache gilt, trifft auch für bestimmte Musikdarbietungen zu, insbesondere für Unterhaltungsveranstaltungen; die Aufführung eines Musicals vor einem großen Publikum ist heute ohne elektroakustische Verstärkeranlage kaum denkbar. In Sportarenen oder bei Massenversammlungen, Demonstrationen usw. leuchtet die Notwendigkeit einer elektroakustischen Anlage ohne weiteres ein. Dasselbe gilt für Freiluftbühnen. Aber auch in einem großen Dom mit seiner langen Nachhallzeit ist eine ausreichende Sprachverständlichkeit ohne elektroakustische Hilfsmittel nicht zu erzielen. Anderererseits glaubt man heute schon in mäßig großen Sitzungssälen oder Hörsälen ohne elektroakustische Verstärkeranlagen nicht auszukommen, wobei man oft nur der Bequemlichkeit des Redners als auch der Zuhörerschaft entgegenkommt: Viele Redner geben sich kaum Mühe, laut zu sprechen und deutlich zu artikulieren, und auch der Zuhörer ist von seinem heimischen Radio- oder Fernsehgerät gewöhnt, dass er sich mit einem Griff zum Lautstärkeregler jeder Höranstrengung entziehen kann.

Hauptaufgabe einer elektroakustischen Beschallungsanlage ist die Sicherstellung einer guten Sprachverständlichkeit oder, wenn es sich um Musikübertragungen handelt, eines klaren und durchsichtigen Klangbilds. Dies setzt zum einen eine ausreichende Lautstärke des übertragenen Schallsignals voraus. Genau so wichtig ist aber, dass das Schallsignal weitgehend frei von Verfälschungen beim Zuhörer ankommt wie sie entweder durch Unvollkommenheiten der Anlage selbst oder durch das akustische Eigenleben der

Umgebung, z. B. eines Versammlungsraums entstehen können. Darüber hinaus sollte eine Schallverstärkung zu einem möglichst natürlichen Richtungseindruck führen; im Idealfall sollte der Zuhörer gar nicht merken, dass der von ihm gehörte Schall aus einem Lautsprecher und nicht z. B. aus dem Mund des Redners kommt.

20.3.1 Auslegung von Beschallungsanlagen

Bei der Übertragung von Sprache sollte der Pegel am Zuhörerort 70 bis 75 dB betragen, falls keine merklichen Geräuschstörungen vorliegen. Andernfalls muss er mindestens um 10 dB über dem Geräuschpegel liegen. Zur Berechnung der erforderlichen akustischen Leistung kann die Gl. (13.17) herangezogen werden, auf der rechten Seite ergänzt um einen Faktor γ, den in Gl. (5.16) definierten Bündelungsgrad der Schallquelle. Drückt man in ihr die Energiedichte durch $\tilde{p}^2/\rho_0 c^2$ und den effektiven Schalldruck nach Gl. (3.34) durch den Schalldruckpegel aus, dann folgt:

$$P = 4\pi r^2 \cdot \frac{p_b^2}{\gamma Z_0} \cdot 10^{0,1L} \tag{4}$$

mit $p_b = 2 \cdot 10^{-5}$ Pa. Um in 20 m Entfernung einen Pegel von 70 dB zu erzeugen, müsste eine Punktschallquelle bzw. ein einzelner Lautsprecher ohne Richtwirkung danach eine akustische Leistung von etwa 50 mW aufbringen. Soll der Pegel dagegen 100 dB betragen, dann werden hieraus 50 W – ein recht beachtlicher Wert, der angesichts des geringen Energiewirkungsgrads von Lautsprechern entsprechende elektrische Leistungen erfordert. Er kann allerdings durch die Verwendung eines Richtlautsprechers reduziert werden. Andererseits ist zu berücksichtigen, dass in jedem Fall eine Verstärkungsreserve von mindestens 10 dB bereitgestellt werden muss.

Bei der Beschallung eines großen Saales sind die Verhältnisse wesentlich verwickelter. Der vom Lautsprecher abgegebene Schall kommt nämlich nicht nur den Zuhörern zugute, sondern regt auch den Raumnachhall an, was der Sprachverständlichkeit sehr abträglich ist. Jede Erhöhung der Lautsprecherleistung erhöht auch die Nachhallenergie, verbessert die Situation also keineswegs. Hier ist eine Bündelung der abgestrahlten Energie besonders wichtig. Im Idealfall müsste ein Lautsprecher den Schall so bündeln, dass dieser ausschließlich auf das stark schallschluckende Publikum fällt und nicht auf eine reflektierende Wand. Das ist schon deshalb nicht möglich, weil die Richtwirkung jedes Lautsprechers frequenzabhängig ist. Besonders bei tiefen Frequenzen lässt es sich daher nicht vermeiden, dass ein gewisser Anteil der von ihm abgegebenen Schallenergie den Nachhall speist.

Die folgende Überlegung soll diesen Sachverhalt verdeutlichen. Wir gehen hierzu von der Gl. (13.19a) aus, welche die gesamte Energiedichte in einem Punkt im Abstand r angibt. Wir wollen hier nur den Teil des Nachhalls als schädlich ansehen, der um mehr als 100 ms gegenüber dem Direktschall verzögert ist, das ist der Bruchteil

$$\int_{0,1s}^{\infty} e^{-2\delta t} dt \bigg/ \int_{0}^{\infty} e^{-2\delta t} dt = e^{-0,2\delta} \approx 2^{-2/T}$$

Damit wird die Energiedichte:

$$w_{ges} = \frac{P}{4\pi c}\left(\frac{\gamma}{r^2} + \frac{2^{-2/T}}{r_h^2}\right) \quad (5)$$

Dabei ist

$$r_h = \sqrt{\frac{A}{16\pi}} = 0{,}1 \cdot \sqrt{\frac{V}{\pi T}} \quad (6)$$

der Hallradius bei ungerichteter Abstrahlung; A ist die äquivalente Absorptionsfläche, T die Nachhallzeit und V das Volumen des betrachteten Raumes. Geht man davon aus, dass eine ausreichende Sprachverständlichkeit erzielt wird, wenn der Direktschallanteil gegenüber dem Hallanteil überwiegt, das erste Glied also größer ist als das zweite, dann gelangt man zu einer Bedingung für maximale Entfernung eines Zuhörers vom Lautsprecher:

$$r_{max} = r_h \sqrt{\gamma} \cdot 2^{1/T}$$

oder mit der Gl. (6):

$$r_{max} \approx 0{,}06\sqrt{\gamma V} \cdot \frac{2^{1/T}}{\sqrt{T}} \quad (7)$$

Der letztere, nur von der Nachhallzeit abhängige Faktor hat den Wert 5,66 für T = 0,5 s; bei einer Nachhallzeit von 1 s ist er dagegen schon auf 2 abgefallen. Dies zeigt, wie wichtig es ist, dass der zu beschallende Raums eine relativ kurze Nachhallzeit hat.

Die Gl. (7) ist insofern etwas zu pessimistisch, als sie die Schallabsorption des Publikums unberücksichtigt lässt, auf das der Lautsprecher in der Regel ausgerichtet sein wird. Der vom Publikum absorbierte Schall kann nämlich keinen Nachhall anregen. Allerdings verschwindet dieser Effekt bei niederen Frequenzen, bei welchen die Zuhörerschaft nur wenig Schall absorbiert. Beides zusammen, die niedrige Publikumsabsorption und die unzureichende Bündelung des Lautsprecherschalls bei tiefen Frequenzen ist für den dumpfen Lautsprecherklang verantwortlich, der so oft zu beobachten ist und welcher die Sprachverständlichkeit herabsetzt. Die einzige Abhilfe besteht darin, die tieffrequenten Signalanteile, die für die Verständlichkeit von geringer Bedeutung sind, durch ein elektrisches Filter weitgehend zu unterdrücken.

Die Berechnung der erforderlichen akustischen Leistung kann nunmehr mit der Gl. (4) vorgenommen werden, wobei r durch r_{max} zu ersetzen ist.

20.3.2 Zur räumlichen Anordnung der Lautsprecher

Das verstärkte Schallsignal kann den Zuhörern entweder über einen einzigen Lautsprecher oder mehrere, nahe beieinander angeordnete Lautsprecher zugestrahlt werden, allenfalls unterstützt von einem oder mehreren Stützlautsprechern. In diesem Fall spricht man von einer zentralen Beschallungsanlage. Das Gegenstück dazu ist eine dezentrale, aus mehreren oder gar vielen räumlich verteilten Lautsprechern bestehende Beschallungsanlage. Ob das eine oder das andere zweckmäßiger ist, muss sich nach den örtlichen Gegebenheiten sowie nach der Art und dem Zweck der Schallübertragung richten. Be-

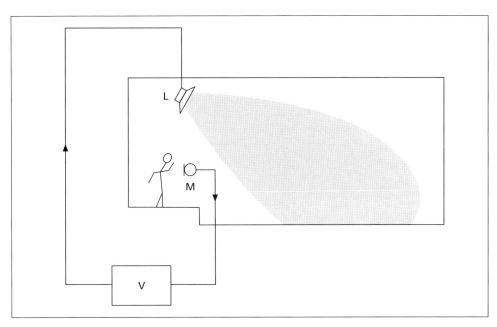

Fig. 20.13 Zentrale Lautsprecheranlage (M Mikrofon, L Lautsprecher, V Verstärker)

schallungsanlagen in Versammlungsräumen, die vornehmlich oder ausschließlich der Schallverstärkung bei Ansprachen, Vorlesungen u. dgl. dienen, werden überwiegend als Zentralanlagen ausgeführt. Dasselbe gilt natürlich für mobile Beschallungsanlagen bei Massenversammlungen im Freien oder bei Open Air Pop-Konzerten. Sie erzeugen im Prinzip einen natürlicheren Höreindruck, da die Richtung des Lautsprechers von der der natürlichen Schallquelle nicht allzu sehr abweicht. Dagegen können z. B. bei großen Sportstadien Anlagen mit verteilten Lautsprechern günstiger sein. Sie haben allgemein den Vorteil, dass man mit geringeren Gesamtleistungen auskommt, da die erforderliche Leistung eines Lautsprechers mit dem Quadrat der zu überbrückenden Entfernung anwächst. Außerdem ermöglichen sie eine gleichmäßigere Schallversorgung der Zuhörerschaft. Dem steht der Nachteil gegenüber, dass es im Überschneidungsbereich der Lautsprecher zum „Doppelhören" kommt. Dies tritt dort auf, wo die Laufwegdifferenz von zwei Lautsprechern mehr als 17 m beträgt (entsprechend einem Laufzeitunterschied von 50 ms) und zugleich die Pegeldifferenz zwischen beiden Schallen kleiner ist als 10 dB. Aber auch wenn das Doppelhören vermieden wird, hört der Zuhörer den Schall auf Grund des Gesetzes der ersten Wellenfront (s. Abschnitt 12.7) immer aus dem nächstgelegenen Lautsprecher.

Fig. 20.13 zeigt schematisch eine zentrale Lautsprecheranlage in einem Raum. Durch geeignete Anordnung und Orientierung des Lautsprechers ist eine möglichst gleichmäßige Direktschallversorgung des Publikums anzustreben. Eine messtechnische Überprüfung

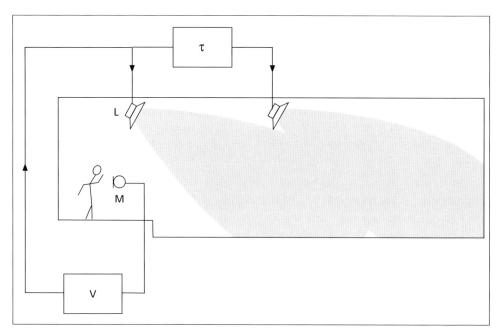

Fig. 20.14 Anlage mit verteilten Lautsprechern (τ Verzögerungszeit)

erfolgt am besten mit impulsartigen Prüfsignalen, weil dann im empfangenen Signal der direkte Lautsprecherschall vom Nachhall abgetrennt werden kann.

Im Abschnitt 12.7 wurde der Haas-Effekt erwähnt, demzufolge der Pegel des Lautsprechersignals den des natürlichen Schallsignals um bis zu 10 dB übertreffen darf, ohne dass beim Zuhörer die Illusion zerstört wird, dass aller Schall aus dem Mund des Redners kommt. Voraussetzung dafür ist, dass der Hörer den Lautsprecherschall etwa 10 bis 15 ms später empfängt als den natürlichen Schall. Dies kann oft dadurch erreicht werden, dass der Lautsprecher etwas weiter von den Zuhörern entfernt ist die natürliche Schallquelle. Wo dies nicht möglich ist, kann man das elektrische Lautsprechersignal entsprechend verzögern, wofür heute analoge oder digitale, in jedem Fall aber rein elektrische Verzögerungseinheiten zur Verfügung stehen. Ist der natürliche Direktschall zu schwach, dann kann er durch z. B. im Rednerpult eingebaute Lautsprecher, sog. „Simulationsstrahler", etwas verstärkt werden.

In sehr großen oder langen Hallen kann es sich als schwierig erweisen, mit einem zentral angeordneten Lautsprecher oder einem Lautsprecherkorb die Bedingung in Gl. (7) zu erfüllen. Dann wird es vorteilhaft sein, die Entfernung r_{max}, wie in Fig. 20.14 gezeigt, durch Verwendung mehrerer Lautsprecher zu unterteilen. Es liegt auf der Hand, dass hier das elektrische Signal des näher beim Zuhörer angeordneten Lautsprechers entsprechend der Entfernungsdifferenz verzögert werden muss. Dasselbe gilt für Stützlautsprecher, wie sie etwa zur Beschallung eines unter einem tiefen Balkon liegenden Publikumsbereichs angewandt werden.

20.3.3 Akustische Rückkopplung

In den meisten Fällen befindet sich in einem zu beschallenden Raum zumindest ein Mikrofon, mit dem das zu verstärkende Signal, z. B. die Stimme eines Redners aufgenommen wird. Es ist unvermeidlich, dass auch das verstärkte Lautsprechersignal, wenn auch in abgeschwächter Form, auf dieses Mikrofon trifft und damit erneut in die Verstärkerkette gelangt. Diesen Vorgang bezeichnet man als „akustische Rückkopplung". Sie führt nicht nur zu einer Veränderung des Signalspektrums, sondern bei hinreichender Stärke auch zu einer Selbsterregung der Anlage, was sich in dem nur zu bekannten Heulen oder Pfeifen äußert.

In Fig. 20.15a ist die Situation dargestellt, zusammen mit einem den Vorgang verdeutlichenden Blockschaltbild. Bekanntlich (s. Kapitel 9 und 13) wird die Übertragung eines Schallsignals in einem Raum durch dessen Impulsantwort g(t) bzw. durch deren Fouriertransformierte, die Frequenzübertragungsfunktion G(ω) des Raumes gekennzeichnet, deren Betrag auch als Frequenzkurve bekannt ist. In Fig. 20.15 treten zwei dieser Übertragungsfunktionen auf, nämlich die Funktion $\overline{G}(\omega)$, welche die Übertragung vom Lautsprecher zu einem Zuhörer beschreibt, während die andere, mit G(ω) bezeichnet, den Übertragungsweg zum Mikrofon kennzeichnet. Beide haben die komplizierte, in Abschnitt 9.7 beschriebene Struktur. Des weiteren seien S(ω) und S'(ω) die Spektren des vom Redner erzeugten bzw. des beim Zuhörer ankommenden Signals. Aus dem Blockschaltbild (Fig. 20.15b) liest man ab, dass das letztere durch

$$S' = \overline{G}\left(VS + V^2 GS + V^3 G^2 S + \cdots\right) = \frac{V\overline{G}}{1 - VG}S \tag{8}$$

gegeben ist, wobei die zweite Version dieser Formel durch Anwendung der Summenregel für geometrische Reihen entstanden ist. V ist die als frequenzunabhängig angenommene Verstärkung des zwischen Mikrofon und Lautsprecher eingefügten Verstärkers. Die durch akustische Rückkopplung modifizierte Übertragungsfunktion lautet also:

$$G'(\omega) = \frac{V\overline{G}(\omega)}{1 - VG(\omega)} \tag{9}$$

Das Produkt VG wird als Schleifenverstärkung bezeichnet. Ist es klein gegen 1, dann unterscheidet sich die modifizierte Übertragungsfunktion G' nur wenig von der natürlichen Übertragungsfunktion G. Macht man die Verstärkung aber so hoch, dass die Schleifenverstärkung merkliche Werte annimmt, dann treten die Unterschiede zwischen beiden Übertragungsfunktionen deutlicher hervor. Dies veranschaulicht die Fig. 20.16, die mehrfach den gleichen Ausschnitt aus einer Frequenzkurve zeigt, wobei die Verstärkung V schrittweise um 2 dB erhöht ist. Mit zunehmendem V wächst aus einem der Maxima eine immer größere Spitze hervor. Diese bewirkt eine Verfälschung des Signalspektrums, die sich subjektiv als Klangfärbung bemerkbar macht. Hand in Hand damit geht eine zunehmende Halligkeit des Signals, da dieses bei seinen wiederholten Umläufen in der Rückkopplungsschleife immer langsamer abklingt. – Bei der obersten Kurve hat der Betrag der

Elektroakustische Schallübertragung

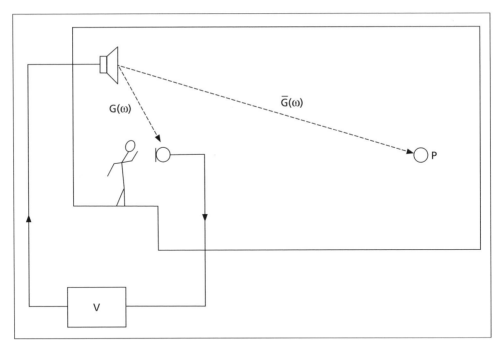

Fig. 20.15 Akustische Rückkopplung in einem Raum.
a) Übertragungswege im Raum,

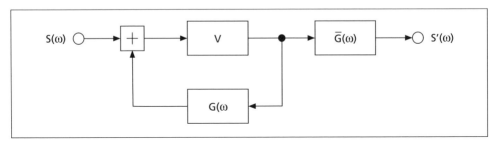

b) Blockschaltbild

Schleifenverstärkung in Gl. (9) den Wert 1 erreicht. Bei einer weiteren Steigerung wird die Anlage instabil; bei der betreffenden Frequenz tritt dann Selbsterregung der Anlage ein. Eine genaue Diskussion der Stabilität müsste auch die Phasenverhältnisse berücksichtigen, doch kann man davon ausgehen, dass die Grenze der Stabilität durch

$$V\,|G|_{max} = 1 \tag{10}$$

gekennzeichnet ist. Dabei ist $|G|_{max}$ der Maximalbetrag der Übergangsfunktion G; er entspricht dem Pegelabstand ΔL_{max} nach Gl. (13.41). Die durch die Rückkopplung verur-

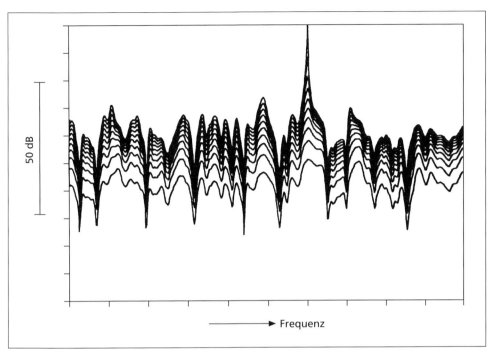

Fig. 20.16 Veränderung einer Raumfrequenzkurve durch akustische Rückkopplung (rechnerische Simulation). Von einer Kurve zur anderen wurde die Verstärkung jeweils um 2 dB erhöht. Der gezeigte Ausschnitt erstreckt sich über 90/T Hertz (T Nachhallzeit). (aus H. Kuttruff, Room Acoustics, s. Literaturliste, mit freundlicher Genehmigung des Verlags)

sachte Klangfärbung bleibt unmerklich, solange die Verstärkung bei Sprache um 5 dB, bei Musik um 12 dB unter dem durch Gl. (10) gekennzeichneten Wert bleibt.

Zur Erhöhung der Stabilität einer Beschallungsanlage, d. h. zur weitgehenden Vermeidung der akustischen Rückkopplung muss $G(\omega)$ dem Betrage nach möglichst klein gemacht werden. Dies kann mitunter durch eine geeignete Anbringung des Lautsprechers geschehen, dessen Richtwirkung das Mikrofon so weit wie möglich ausschließen sollte. Auch die Schallaufnahme mit einem passend orientierten Richtmikrofon wirkt sich in diesem Sinn aus. Ein weiterer Gewinn an Stabilität ist dadurch möglich, dass das gesamte Spektrum des elektrischen Signals um einige Hertz in Richtung höherer oder niedriger Frequenzen verschoben wird *(M. R. Schroeder)*. Dadurch kommt eine bestimmte Spektralkomponente bei jedem ihrer Schleifenumläufe auf eine andere Stelle der sehr unregelmäßigen Frequenzkurve (s. Fig. 9.12) zu liegen, was praktisch auf deren Einebnung hinausläuft. Nach Gl. (9.41) sollte diese Maßnahme eine Erhöhung der Stabilitätsgrenze um etwa 10 dB ergeben; der praktisch erzielbare Zugewinn an stabiler Verstärkung liegt immerhin bei 4 – 6 dB. Allerdings kann dieses Verfahren nur bei Sprachübertragung angewandt werden, da sich die Frequenzverschiebung bei Musik störend bemerkbar macht.

Verzeichnis der verwendeten Symbole

Große lateinische Buchstaben

A   Äquivalente Absorptionsfläche
B   Frequenzbandbreite, Bestrahlungsstärke, Biegesteife, magnetische Induktion
C   Klarheitsmaß, elektrische Kapazität, spezifische Wärme
$C(\omega)$ Spektraldichte
$C(z)$ Fresnelintegral
C_n Fourierkoeffizienten, Konstanten in Gl. (9.30)
D   Durchmesser, Dicke, Deutlichkeit, Drehmoment, dielektrische Verschiebung, Dämpfungsmaß
E   Hilfsfunktion, Energie
F   Kraft
G   elektrischer Leitwert
$G(\omega)$ Übertragungsfunktion
H   Außenohr-Übertragungsfunktion, magnetische Feldstärke
I   Intensität, elektrische Stromstärke
$J_n(z)$ Besselfunktion
K   Kompressionsmodul
L   Länge, Pegel, elektrische Induktivität
M   Wandlerkonstante, Molmasse, Mikrofonempfindlichkeit
M_m mitschwingende Mediummasse
N   ganze Zahl, Anzahl, Anzahldichte, Lautheit, Wandlerkonstante, in Abschnitt 15.4.3: Frequenzparameter
P   Leistung
Q   Volumenschnelle, Güte, elektrische Ladung
Q_s Streuquerschnitt
Q_r Rückstreuquerschnitt
R   Reflexionsfaktor, allgemeine Gaskonstante, Richtfunktion, elektrischer Widerstand
R_e Reziprozitätsparameter
R_L Luftschalldämmmaß
R_s Strahlungswiderstand
S   Fläche
$S(\omega)$ Spektraldichte
$S(z)$ Fresnelintegral

T Schwingungsperiode oder Schwingungsdauer, Transmissionsfaktor, Nachhallzeit, absolute Temperatur
T_m Mittelungsdauer
U Umfang, elektrische Spannung
V Volumen, Geschwindigkeit
W Wahrscheinlichkeit
$W(\omega)$ Leistungsspektrum
Y Admittanz, Elastizitätsmodul
Z Impedanz

Kleine lateinische Buchstaben

a Radius
b Breite
c Schallgeschwindigkeit
d Dicke, Abstand, Durchmesser
e piezoelektrische oder piezomagnetische Konstante
f Frequenz, beliebige Funktion
g Beliebige Funktion
$g(t)$ Impulsantwort
h Plancksche Konstante ($= 0{,}6624 \cdot 10^{-33}$ Ws^2)
i ganze Zahl
j imaginäre Einheit
k Kreiswellenzahl, Kopplungsfaktor
l ganze Zahl, Länge
m ganze Zahl, Masse, Dämpfungskonstante
m' flächenspezifische Masse oder Flächengewicht
n ganze Zahl, Federnachgiebigkeit, Normalenrichtung
p Schalldruck
q Durchmesserverhältnis
r Radius, Abstand, Verlust- oder Reibungswiderstand
r_h Hallradius
r_s Strömungswiderstand
s Auslenkung, Zeitsignal
t Zeit oder Dauer
u Hilfsvariable
v Geschwindigkeit, Schnelle
w Energiedichte, Windungszahl
x Koordinate
y Koordinate
z Koordinate

Große griechische Buchstaben

Δ Unterschied, Zuwachs
Θ Winkel, Temperaturänderung (Schalltemperatur)
Ξ längenspezifischer Strömungswiderstand
Φ Winkel
Ω Raumwinkel

Kleine griechische Buchstaben

α Winkel, Absorptionsgrad
β Winkel
γ Winkel, Bündelungsgrad
δ Abklingkonstante, Zuwachs
$\delta(t)$ Dirac- oder Deltafunktion
ε Winkel, Wuchsmaß, Relaxationsbetrag, Dielektrizitätskonstante
ζ Auslenkungskomponente, spezifische Wandimpedanz
η Auslenkungskomponente, Imaginärteil der spezifischen Wandimpedanz, Verlustfaktor, Viskosität
ϑ Winkel
κ Adiabaten- oder Polytropenexponent
λ Wellenlänge, Lamésche Konstante
μ Lamésche Konstante, Permeabilität, Masse pro Längeneinheit (einer Saite)
ν Wärmeleitfähigkeit, Querkontraktions- oder Poissonzahl
ξ Auslenkungskomponente, Realteil der spezifischen Wandimpedanz
ρ Dichte
σ elastische Spannung, Porosität, Perforationsgrad, Standardabweichung
τ Laufzeit oder Verzögerungszeit, Relaxationszeit
φ Phasenwinkel
χ Phasenwinkel des Reflexionsfaktors
ψ Phasenwinkel der Impedanz
ω Kreisfrequenz

Weiterführende Literatur

Allgemeine Akustik:
P. M. Morse und U. Ingard: Theoretical Acoustics. McGraw-Hill, New York 1968
M. J. Crocker (Herausg.): Encyclopedia of Acoustics, vier Bände. John Wiley, New York 1997
E. Skudrzyk: The Foundations of Acoustics. Springer-Verlag Wien, New York 1971
M. Heckl und H. A. Müller: Taschenbuch der Technischen Akustik, 3. Aufl. Springer-Verlag Berlin (erscheint demnächst)

Gehör:
J. Blauert: Räumliches Hören. S. Hirzel Verlag, Stuttgart 1974, bzw. Spatial Hearing. MIT Press, Cambridge Mass. 1983
E. Zwicker: Psychoakustik. Springer-Verlag Berlin 1982
E. Zwicker und H. Fastl: Psychoacoustics 2nd Edition. Springer-Verlag, Berlin 1999
J. Hellbrück: Hören – Physiologie, Psychologie und Pathologie. Hogrefe, Göttingen 1993

Musikalische Akustik:
N. H. Fletcher and T. D. Rossing: The Physics of Musical Instruments, 2nd Edition. Springer-Verlag New York 1997
J. Meyer: Akustik und musikalische Aufführungspraxis, 3. Aufl. Verlag E. Bochinsky, Frankfurt/M 1995

Raumakustik, Absorption:
L. Cremer und H. A. Müller: Die wissenschaftlichen Grundlagen der Raumakustik, zwei Bände. S. Hirzel Verlag, Stuttgart 1976/1978
H. Kuttruff: Room Acoustics, 4th Edition. Spon Press London 2000
L. L. Beranek: Concert and Opera Halls – How They Sound. Acoustical Society of America 1996
F. Mechel: Schallabsorber, drei Bände. S. Hirzel Verlag Stuttgart 1989/95/98

Bauakustik, Lärmbekämpfung:
W. Fasold und E. Veres: Schallschutz und Raumakustik in der Praxis. Verlag Bauwesen, Berlin 1998
L. Cremer und M. Heckl: Körperschall, 3. Aufl. Springer-Verlag Berlin 1996

L. L. Beranek and I. L. Vér (Herausg.): Noise and Vibration Control Engineering. John Wiley, New York 1992

Elektroakustik, Beschallungstechnik:
E. Zwicker und M. Zollner: Elektroakustik, 3. Aufl. Springer-Verlag Berlin 1998
K. C. Pohlmann, Principles of Digital Audio, 3rd Edition. McGraw-Hill, New York 1995
W. Ahnert und F. Steffen: Beschallungstechnik, Grundlagen und Praxis. S. Hirzel Verlag, Stuttgart 1993

Ultraschall:
R. Millner (Herausg.): Ultraschalltechnik – Grundlagen und Anwendungen. Physikverlag, Weinheim 1987
H. Kuttruff: Physik und Technik des Ultraschalls. S. Hirzel Verlag Stuttgart 1988
V. Deutsch, M. Platte und M. Vogt: Ultraschallprüfung. Springer-Verlag, Berlin 1997
E. Krestel: Bildgebende Systeme für die medizinische Diagnostik, 2. Aufl. Siemens-AG, Berlin 1988

Sachregister

A
Absorption, klassische 55, 59
Absorptionsfläche, äquivalente 261, 264, 268
Absorptionsgrad 98, 268, 281
Absorptionsschalldämpfer 319 ff.
Abklingkonstante 18, 25, 174
Achtmikrofon 382
Adiabatische Zustandsänderung 37, 51
Admittanz 13, 140
Akustik, geometrische 251
–, musikalische 5
Akustischer Kurzschluß 76, 197, 395, 399
Akustische Rückkopplung 404, 435
Amplitude 8
Analogie, elektromechanische 18, 349
Anpassung 144, 148, 228
Atmende Kugel 80 ff.
Audiometer 235
Aufsteilung 62 ff.
Auralisation 272, 420
Ausbreitung, quasioptische 334
Ausbreitungsdämpfung s. Dämpfung
Auslenkung 7, 33
Außenohr 226
Außenohr-Übertragungsfunktion 246, 247, 407

B
Bändchenmikrofon 379
Bänder, richtungsbestimmende 248
Basilarmembran 228
Bassreflexbox 401
Bauakustik 275 ff.
Bernoullisches Gesetz 216, 304
Beschallung, elektroakustische 249, 272, 414, 430 ff.
Beschleunigungsempfänger 387
Besseltrichter 219
Bestrahlungsstärke 130, 258, 261
Bezugskurve für die Luftschalldämmung 277
– für die Trittschalldämmung 295
Beugung 61, 114 ff., 251, 399
– an der Halbebene 114, 123 ff.
– an der schallharten Kugel 115 ff.
– an Öffnungen 119 ff.
– von Licht an Ultraschallwellen 335
Beugungswelle 114, 125
Bewegungsgegenkopplung 395
Bewertungsfilter 243
bewerteter Schalldruckpegel 244
Biegeelement, piezoelektrisches 377, 387
Biegung 190
Biegeresonanz 311, 395
Biegesteife 190, 377
Biegeweiche Vorsatzschale 291
Biegewelle 194 ff., 283 ff., 296, 302
Blasinstrumente 214 ff.
Blechblasinstrumente 215, 218
Brechung 61, 90 ff., 186
Brechungsgesetz 91, 186
Brechungswinkel 90

Bündelung 73, 394, 404, 431
Bündelungsgrad 73, 262, 328

C
cent 205
Compact Disc (CD) 421 ff.
Corpus 207
Cortisches Organ 228, 230
Cooper-Paar 346

D
Dämpfung 52 ff., 143, 198, 268, 325, 334
–, klassische 55
–, molekulare 56
– in Elektrolyten 60
– in Festkörpern 60 ff.
– in Flüssigkeiten 59 ff.
– in Gasen 54 ff.
– in polykristallinen Stoffen 61
– in Rohren s. Rohrdämpfung
Dämpfungskonstante 52, 60, 62, 198, 264, 268, 269, 296, 319
Dämpfungskörper 335, 411
Dämpfungsmaß 59, 296, 320
Dauerschallpegel, energieäquivalenter 300
Deckenauflage 295
Deckmembran 231
Dehnung 189
–, kubische 38
Dehnungsmeßstreifen 387
Dehnwelle 191 ff., 296
Deltafunktion 25, 29
Deutlichkeit 255, 272
Dichtewelle 181
Dickenschwinger 334, 408 ff.
–, piezoelektrischer 334

Sachregister

–, –, Ersatzschaltbild 408
Differenzton 231
Diffuses Schallfeld 258 ff., 273, 276
Diffusfeld s. Hallfeld
Diffusion 130
Digitale Schallaufzeichnung 430
Dipol 75, 76, 305, 379, 399
Dipolstrahler 75, 76, 371, 395
Dipolwelle 116
Diracfunktion 25
Direktfeld 262
Direktschall 248, 252, 434
Dispersion 58, 147, 150, 155 ff., 193, 195, 327
Dolby-Verfahren 429
Doppelfenster 291
Doppelhören 433
Doppelknall 306, 310
Doppelwand 288 ff.
–, Ersatzschaltbild 288
Dopplereffekt 70 ff., 325, 395
Dopplerverzerrung 395
Dreieckschwingung 9
Drehklang 303
Druckempfänger 371, 372, 373, 381
Druckgradientempfänger 37, 372, 374
Druckkammer 388, 402, 407
Druckkammersystem 403
Drucktransformation 227
Durchsichtigkeit 257
Dynamikkompression 429
Dynamischer Lautsprecher 392 ff.
Dynamischer Wandler 358 ff., 392
Dynamisches Mikrofon 378 ff.

E

Ebene Welle 46 ff., 180, 194
Echo 90, 257, 270
Echostärke 328
Effekt, piezoelektrischer 334, 351

–, –, transversaler 352, 377
Effektivwert 9, 22
Eigenfrequenz 159 ff., 171, 364
Eigenfrequenzdichte 165, 173
Eigenfrequenznetz 164
Eigenfunktion 171
Eigenschwingung 158 ff., 171, 250, 302, 352, 364, 377
Eigenwert 159, 171
Einfallswinkel 90
Einschwingvorgänge 398, 402
Elastische Verluste 198, 268
Elastizitätskonstanten 38, 185, 191
Elastizitätsmodul 189
–, komplexer 198
Elektretmikrofon 375
Elektroakustik 6
Elektroakustische Beschallung 249, 272, 414, 430 ff.
Elektroakustischer Wandler 349 ff., 369
– –, Ersatzschaltbild 352, 356, 363, 364
Elektroakustische Schallübertragung 413
Elektromechanische Analogie 18, 349
Elektrostatischer Lautsprecher 396 ff.
Elektrostatischer Wandler 355 ff., 372
Elongation 7
Empfindlichkeit 369, 375, 377, 380, 388
Energie 42, 346
Energieäquivalenter Dauerschallpegel 300
Energieflussdichte s. Intensität
Energiedichte 42, 49, 257, 261
Entdröhnungsschicht 308, 312
Entfernungsgesetz 68, 69, 297, 327
Ersatzschaltbild 20
– des piezoelektrischen Dickenschwingers 408
– der Doppelwand 288

– von elektroakustischen Wandlern 352, 356, 363, 364
– einer Körperschalldämmung 312
– des Kugelstrahlers 81
– von Leitungselementen 139, 141
– von Mikrofonen 372
Erschütterungsisolation 21
Exponentialimpuls 26
Exponentialtrichter 145, 157, 402
Exponentielles Nahfeld 195, 198

F

Faltung 30
Federpendel 7, 14
Federsteife 14
Fehlerkorrektur 422
Fenster, ovales 227
–, rundes 228
Fernfeld 73, 84, 121
Festkörper, isotroper 38, 180
Filterbank 28
Fläche konstanter Phase 48
–, schallharte 95, 102
–, schallweiche 102, 319
Flächenmasse 110, 194
–, effektive 284
Flächennachhall 331
Flüstern 223
Formant 222
Formantfrequenz 222
Fourieranalyse 22, 27
Fourierkoeffizient 23
Fouriertransformation, schnelle 28
Fraunhofer-Beugung 121
Freischwinger 398
Freistrahl 304, 310
Frequenz 2, 8
–, kritische 197
Frequenzanalysator 28
Frequenzgang 369, 373
Frequenzgruppe 239
Frequenzkurve 176 ff., 435

Sachregister

Frequenz-Ortstransformation 230, 232
Frequenzverschiebung 437
Frequenzraum 163
Frequenzübertragungsfunktion s. Übertragungsfunktion
Fresnel-Beugung 121
Fresnelzone 88

G

Gaußsche Normalverteilung 176
Gegenelektrode 372, 374, 396
Gehör 225 ff.
Gehörgang 227
Gehörknöchelchen 22
Gehörstöpsel 322
Geometrische Akustik 251
Geräusch 202, 223, 329
Geräuschpegel 263, 270, 329
Gesetz der ersten Wellenfront 248, 257, 433
 sichtfeld 225
 rre 207
 tmodul 191
 entmikrofon 382
 frequenz 143, 146,
  ff., 319, 402
 schicht 132 ff., 264
 mbedingung 176, 250
 equenz 23
 lle 149, 152, 155,
  0
 ingung 23
 201, 203, 217
 chwindigkeit 150,
 377, 393, 396

H

Haarzelle 230
Haaseffekt 248, 434
Halbton 203
Halbvokal 223
Halbwert
 reite einer Resonanzkurve 16, 169, 171

– eines Richtdiagramms 73, 78, 87
Hallfeld 262
Hallradius 262
Hallraum 273
Harmonische Schwingung 10 f., 22
Harmonische Welle 49
Helicotrema 228
Helmholtz-Gleichung 170
Helmholtzresonator 142
Hiebton 303
Hochpassleitung, akustische 146
Hohlraum 158 ff.
–, kugelförmiger 165
–, zylindrischer 165
Hohlraumresonator 27, 142, 400
Holzblasinstrumente 215
Hörfläche 236
Hörhilfe 144
Hörorgan 226 ff.
Hörsamkeit 270
Hörschwelle 235
Hörverlust 299
Horn 144
Hookesches Gesetz 7
Huyghenssches Prinzip 114, 119, 415
Hydrofon 335, 369, 384
Hyperschall 5
Hysteresis 428

I

Immissionsrichtwerte 301
Im-Kopf-Lokalisation 418
Impedanz 13, 370
–, charakteristische 49
Impedanztransformation 136, 138
Impedanzrohr 102
Impulsantwort 29, 174, 178, 255, 272
–, energetische 175
Impulsechoverfahren 336
Infraschall 4, 235
Inkohärenz 254

Innenohr 226, 228 ff.
Intensität 42, 49, 69, 129, 251, 293
–, differentielle 258
Interferenz 72, 83, 100, 104, 125, 251, 253, 318, 339, 399

K

Kalibrierung 368, 388 ff.
Kalottenlautsprecher 395
Kammerton 203
Kapselgehörschützer 322
Kapselung 311
Kardioidmikrofon 382, 415
Kavitation 305, 340, 343
Kegeltrichter 144, 159
Kehlkopf 219 ff.
Kirchhoffintegral 119
Klang 201
Klangfarbe 201, 206, 246
Klangfärbung 435, 437
Klarheitsmaß 257, 272
Klavier 207, 214
Knochenleitung 231, 322
Knotenflächen 152, 154, 162, 171
Kondensatormikofon 372 ff.
Kreisfrequenz 8, 50
Kreiswellenzahl 50, 54
– für Biegewellen 195
– in porösen Stoffen 105
– für höhere Wellentypen 149, 152, 153
– im Exponentialtrichter 146
Kohärenzgebiet 304
Kohlemikrofon 380
Koinzidenz 196, 287
Koinzidenzgrenzfrequenz 197, 284
Kolbenmembran 82 ff., 392
Komplexe Darstellung 11
Kompressionswelle 181
Kondensatorlautsprecher s. elektrostatischer Lautsprecher
Kondensatormikrofon 372 ff.

Kondensatorwandler s. elektrostatischer Wandler
Konsonant 203
–, stimmhafter 203, 223 ff.
–, stimmloser 203
Konsonanz 203, 204
Konstante, piezoelektrische 351
–, piezomagnetische 363
Konuslautsprecher 393
Konzertsaal 270
Kopfhörer 358, 391, 406 ff., 417
Kopplungsfaktor 364 ff.
Körperschall 180, 275, 296 ff.
Körperschalldämmung 275, 292 ff., 312
–, Ersatzschaltbild 312
Körperschallmikrofon 369
Korrelationsfilter 333
Kritische Frequenz 197
Kugel, atmende 80 ff.,
Kugelmikrofon 382
Kugelwelle 66 ff., 80, 145
–, harmonische 68
Kugelwellentrichter 404
Kugelstrahler 80 ff.
–, Ersatzschaltbild 81
Kulissenschalldämpfer 321
Kundtsches Rohr 102
Kunstkopf 417
Kunstkopfstereofonie 417
Kunststoffschaum 266
Kurven gleicher Lautstärke oder Lautheit 234

L

Lambertsches Gesetz 130
Lamésche Konstanten 38, 185, 191
Lärm 5, 203, 299
–, Lästigkeit 299
Lärmbekämpfung 275, 299 ff.
–, primäre 307 ff.
–, sekundäre 311 ff.
Lärmpegel s. Geräuschpegel
Lärmschutzwand 313
Laserinterferometer 388

Laufzeitkapsel 382
Laufzeitstereofonie 415
Lautheit 238, 243
–, Unterschiedsschwelle 237
Lautsprecher 391 ff.
–, dynamischer 392 ff.
–, elektrostatischer 396 ff.
–, magnetischer 398
Lautsprecherbox 399 ff.
Lautsprecherzeile 405
Lautstärke 237, 243
Lautstärkepegel 238, 243
Leichtbauwand 291
Leistung 21
Leistungspegel 74
Leistungsspektrum 27, 202
Leistungsdichte, spektrale 2
Leistungsultraschall 340
Leitung, akustische 132 ff.
Leitungselemente, Ersatzschaltbild 139, 141
Leitungsgleichungen 135
Linearisierung 350, 355, 361, 429
Lippenpfeife 215
Lochplatte 139, 142
Lokale Reaktion 99, 100, 259
Lokalisation, Lokalisierung 248
Longitudinalwelle 41, 181, 335
Luftfeuchtigkeit 59
Luftschalldämmaß 276 ff.
–, bewertetes 278
Luftschalldämmung 275 ff.

M

Machscher Kegel 306
Magnetisierung 427 ff.
–, remanente 427
Magnetischer Lautsprecher 398
Magnetischer Wandler 361
Magnetische Schallaufzeichnung 427 ff.
Magnetostriktion 363
Magnetostriktionswandler 363, 411
Massengesetz 282
Material, poröses 104 ff.

Materialprüfung mit Ultraschall 335, 337 ff.
Mechanische Impedanz s. Impedanz
Mediummasse, mitschwingende 81, 393
mel 232
Membran 357, 369, 374, 393, 395, 396
Messraum 273
Mikrofon 369 ff.
–, dynamisches 378 ff.
–, Empfindlichkeit 369
–, Ersatzschaltbild 372
– in Hochfrequenzschaltung 375
–, piezoelektrisches 376 ff.
Mikrofongruppe 384
Mineralwolle 266
MiniDisc (MD) 423
Mischungszone 304, 310
Mithörschwelle 241
Mitschwingende Mediummasse 81, 393
Mittelohr 227
Mittelwert, quadratischer 9
Mittlere freie Weglänge 259
Mittlere Reflexionshäufigke 259
Modul, piezoelektrischer
MS-Stereofonie 416
Mündungskorrektur 12 139, 267
Multipol 74
Musikalische Akustik
Musikinstrumente 20

N

Nachhall 175, 263 381, 431
Nachhallforme
– nach Sab
Nachhallzei
Nadelhydrofo
Nahfeld 84, 121
–, exponentielles 195, 198
Nachgiebigkeit 8, 14

Sachregister

– einer Luftschicht 103
NAWI-Membran 393
Nebenweg 277
Nichtlinearität 31, 62 ff., 305
Nichtlineare Schallausbreitung 62 ff.
Nichtlinearitätsparameter 63
Nierenmikrofon 382
Normhammerwerk 294
Normtrittschallpegel 294
–, bewerteter 295

O

Oberflächenwelle 187, 306
Oberschwingung 23
Oberton 201
Ohmsches Gesetz (der Akustik) 24
Ohrmuschel 227
Ohrverschluß 322
Oktavfilter 28
Opernhaus 271
Orgel 215, 216
Ortskurve 13, 16
Ortung 324

P

Parissche Formel 259
Partialton 201
Pegeldifferenz 41
Perforationsgrad 139, 267, 309
Periode 8, 50
Persönlicher Schallschutz 300, 321 ff.
Phasengeschwindigkeit 150, 156
Phasenhören 241
Phasenwinkel 9, 15
Phononen 346
–, monofrequente 346
Pieningsche Formel 321
Piezoelektrischer Dickenschwinger 334
Piezoelektrischer Effekt 334, 351
– –, transversaler 352, 377
Piezoelektrische Konstante 351
Piezoelektrischer Modul 352

Piezoelektrischer Schallsender 334, 408
Piezoelektrischer Wandler 351 ff.
Piezoelektrisches Biegeelement 377, 387
Piezoelektrisches Mikrofon 376 ff.
Piezomagnetische Konstante 363
Plattenresonator 111
Plattenwellen 185
Plosivlaut 203, 223
Poissonzahl 189
Polarisation 184
Polyvinylidenfluorid (PVDF) 344, 386
Poröses Material 104 ff.
Porosität 104
Prüfkopf 337
Psychoakustik 5, 231, 420
Punktschallquelle 66, 67 ff.

Q

Quasilongitudinalwelle 194
Quadrupol 74, 305
Quarz 344, 345, 354
quasioptische Ausbreitung 334
Querkontraktion 189, 193
Querkontraktionszahl 189
Querschnittsänderung 136 ff.
Q-Faktor 16
Quintenzirkel 205

R

Randbedingung 170, 186, 187, 195
Raumakustik 158, 173, 250 ff.
–, geometrische 251
Räumlichkeitseindruck 257, 271, 272, 414
Rauschen 27, 202, 329, 421, 429
–, weißes 27
Rayleighmodell 104, 265
Rayleighverteilung 176
Rayleighwelle 187
Ray tracing 272

Rechteckraum 161 ff., 253
Rechteckschwingung 9
Reflexion 90 ff., 186
–, diffuse 130
–, geometrische 130
Reflexionsfaktor 95, 137, 273
Reflexionshäufigkeit, mittlere 259
Reflexionsgesetz 90, 113, 186, 251
Reflexionswinkel 90
Reibelaut 2003
Reibung, innere 14, 55
Reibungselement 14
Reibungswiderstand 14, 110
Reissnersche Membran 228
Relaxation 57, 60, 326
–, Struktur- 60
–, thermische 57, 60
Relaxationsdämpfung 58
Relaxations(kreis)frequenz 58
Relaxationsstrahlung 347
Relaxationszeit 58
Residualhören 234
Resonanz 14 ff., 168, 377
Resonanzabsorber 112, 142, 273
Resonanzboden 206, 211
Resonanzfrequenz 16, 111, 141, 393, 399
Resonanzkurve 16, 20, 169, 171
–, Halbwertsbreite 16, 169, 171
Resonator, akustischer 111, 141, 142
Reversibler Wandler 349, 352, 389
Reziprozität 69, 381
Reziprozitätsbeziehungen 368, 389
Reziprozitätsparameter 390
Reziprozitätsverfahren 389
Richtdiagramm 73
– der Strahlerzeile 78
– der Kolbenmembran 86
–, Halbwertsbreite 73, 78, 87
Richtfunktion 73
– der Strahlerzeile 78, 333

Sachregister

– der Kolbenmembran 85, 86
– von Nierenmikrofonen 382
– des Rohrschlitzmikrofons 383
– einer Lautsprecherzeile 405
Richtkeule, Schwenkung 332, 405
Richtlautsprecher 404 ff.
Richtmikrofon 381
Richtungshören 118, 245 ff.
Richtungsbestimmende Bänder 248
Rohrdämpfung 132 ff.
Rohrschlitzmikrofon 383
Rückstreuung 117
Rückstreuquerschnitt 328, 336
Rückwandecho 336
Rückwurf 252, 254
–, nützlicher 255, 270

S

Sägezahnschwingung 23, 209 ff.
Saite 206
Sandwichblech 308
Saiteninstrument 207
Schallabsorption 52, 246 ff.
– einer porösen Schicht 104 ff.
– von Publikum 268, 269
– einer Stoffschicht (eines Vorhangs) 107 ff.
– von Wandmaterialien 268, 269
Schallabstrahlung 206, 268
–, gerichtete 73
– von schwingenden Platten 196 ff.
– bei Sprache 219
– von Lautsprechern 399 ff.
Schallaufnahme 369
Schallaufzeichnung, digitale 430
–, magnetische 427 ff.
Schallausbreitung, nichtlineare 62 ff.
Schallbeugung s. Beugung
Schallbrücke 291
Schalldämpfung s. Dämpfung

Schalldämmung 275 ff.
Schalldruck 33
Schalldruckpegel 41, 74
–, bewerteter 244
Schallfeld 3
–, diffuses 258 ff., 273, 276
–, stationäres 166, 261
–, transientes 173
Schallfeldgrößen 33 ff.
Schallgeschwindigkeit 3, 33, 48, 51, 53, 57, 63, 91, 326, 329
Schallharte Fläche 95, 102
Schallintensität s. Intensität
Schallplatte 420
Schallquelle, virtuelle 252
Schallschatten 114, 117, 125, 313
Schallschnelle 33
Schallschutz, perösnlicher 300, 321 ff.
Schallschutzhelm 323
Schallsender, piezoelektrischer 334, 408
Schallspeicherung 414, 420 ff.
Schallstrahl 90, 92ff, 251
Schallstrahlungsdruck s. Strahlungsdruck
Schallstreuung s. Streuung
Schallteilchen 129, 259, 263
Schalltemperatur 33, 54, 63, 133
Schallübertragung, elektroakustische 413
Schallwand 83, 88, 399
Schallwechseldruck s. Schalldruck
Schallweiche Fläche 102, 319
Schallwelle 3
Scheitelwert 8
Scherspannung 35
Schirm 119
Schlaggeräusche 302, 307
Schleifenverstärkung 435
Schlierenoptische Beobachtung 335
Schmerzschwelle 236
Schnecke 227 ff.

Schneidenton 215, 304
Schnelle 7, 11
Schnelleempfänger 372, 374
Schnellemikrofon 379
Schnellepegel 293
Schnellepotential 33
Schnelletransformator 341, 343, 411
Schubspannung 35, 39
Schubwelle, Scherwelle 181
Schwebung 12, 13, 156
Schwenkung der Richtkeule 332, 405
Schwerhörigkeit 299
Schwingspule 378, 393
Schwingung 2, 7ff.
–, erzwungene 12, 166 ff.
–, freie 12, 17
–, gedämpfte 7, 8
–, harmonische 10, 11, 22
–, ungedämpfte 8
–, periodische 9
–, stationäre 9
–, stochastische 9
Schwingungsaufnehmer, Schwingungsempfänger 386 ff.
Schwingungsgleichung 15
Schwingungsmoden s. Eigenschwingungen
Schwingungsschnelle 7
Schwingungssystem 7
Schwingungszahl 8
Seitenschrift 421
Selbsterregung 435
Signal, nichtperiodisches 25
–, periodisches 22
Simulationsstrahler 434
Sinusschwingung 8, 22
Sonartechnik 324 ff.
sone 238
Sonochemie 340
Sonografie 336, 338 ff.
Sonolumineszenz 340
Sonotrode 341
Spalteffekt 424, 428
Spannungen, elastische 35, 38

Spannungs-Dehnungs-
  beziehungen 38
Spannungstensor 35
Speckles 339
Spektraldichte 25
Spektralfunktion 25
Spektrum 23, 25
Spiegel(schall)quelle 253, 272
Sprache 5, 203, 219 ff., 236
Sprachlaut 203
Sprachmelodie 222
Sprachorgan 201
Sprachverständlichkeit 257,
  270, 432
Spuranpassung 91, 196, 283
Spurgeschwindigkeit 91
Stabwelle 189
Stehende Welle 100, 158, 162,
  167, 171, 335, 344, 364, 408
Stereocilien 230
Stereofonie 414 ff., 421
Stimmgabel 74, 234
Stimmkanal 221
Stimmlippen 219
Stimmritze 220
Stimmung, temperierte 205
Stoßfront, Stoßwelle 63, 305,
  310
Stoßstellendämmung 297
Strahlbildung 321
Strahlerzeile 77, 332, 405
Strahlergruppe 331, 339
Strahlkrümmung 92, 326, 329
Strahlungsadmittanz 81
Strahlungsdruck 64, 335
Strahlungsdruckwaage 335
Strahlungsimpedanz 74, 402
– des Kugelstrahlers 80
– der Kolbenmenbran 87
Strahlungsleistung 69, 73, 392,
  396, 409
Strahlungswiderstand 74, 81,
  147, 393, 402
Streichinstrument 207 ff.
Streukörper 273
Streuung 61, 114 ff., 128 ff.,
  330, 337
Streuquerschnitt 115, 328

Strömungsgeräusch 302 ff.,
  310
Strömungswiderstand 107, 372
–, längenspezifischer 104
Strukturfaktor 107
Strukturrelaxation 60
Stützlautsprecher 434
Supraleitung 346
Superpositionsprinzip 29, 349

T
Tauchspulmikrofon 378
Teilschwingung 2
Teilton 201
Temperaturinversion 93
Temperierte Stimmung 205
Terzfilter 28
Thermischer Ultraschallsensor
  335
Tiefenausgleich 339
Tiefenmessung 325
Tiefenschrift 421
Tiefpassfilter, akustisches 142,
  282, 288
Ton 201
–, komplexer 202
–, reiner 202
Tonabnehmer 421
Tonfilm 423
Tonhöhe 203
–, musikalische 203, 235
–, psychoakustische oder
  subjektive 231 ff.
–, Unterschiedsschwelle 232
Tonintervall 203
Tonsystem 205
Torsionsmodul 191
Torsionswelle 185
Totalreflexion 91, 186
Tote Zone 93
Trägheitskraft 14
Transmissionsfaktor 97, 137
Transversalwelle 41, 181 ff.
Trichter 143 ff., 206, 218
–, Bessel- 219
–, Exponential- 145, 157, 402
–, Kegel- 144, 159
Trichtergleichung 144

Trichterlautsprecher 402 ff.,
  405
Trittschall 293 ff.
Trittschalldämmung 293 ff.
Trittschallpegel 295, 296
Trommelfell 227
Tunneleffekt 347
Turbulenz 223

U
Überschallgeschwindigkeit 306
Übersprechen 416
Übersprechkompensation 419
Übertragungsfaktor 29
Übertragungsfunktion 29, 173,
  176 ff., 435
Übertragungssystem 29, 173,
  221
Ultraschall 5, 324, 333 ff., 364,
  408
Ultraschallbohren und Ultra-
  schallschneiden 343
Ultraschallreinigung 340
Ultraschallschweißen 341
Ultraschallsensor, thermischer
  335
Unterschiedsschwelle der Laut-
  heit 237
– der Tonhöhe 232

V
Verdeckung 241, 423
Verhältnistonhöhe 232
Verbundschwinger 341, 343,
  411
Verluste, elastische 198, 268
Verlustfaktor 198, 296
Verlustwiderstand 14
Versetzung 61
Verzerrung 31, 369, 391
–, lineare 350, 395, 424
–, nichtlineare 395, 397
Vielfachstreuung 129
Vierpolgleichungen der
  Wandler 367
Violine 207 ff.
Virtuelle Schallquelle 252

Sachregister

Viskosität 55, 132 ff., 264, 268
Vokal 203, 221 ff.
Volumendehnung 38, 41
Volumennachhall 331
Vorsatzschale, biegeweiche 291
Vorspannung 355

W

Wandabsorption s. Schallabsorption
Wanddickenmessung 336
Wandimpedanz 95, 115
–, spezifische 96
Wandler, dynamischer 358 ff., 392
–, elektroakustischer 349 ff., 369
–, elektrostatischer 355 ff., 372
–, magnetischer 361
–, piezoelektrischer 351 ff.
–, reversibler 349, 352, 389
–, Vierpolgleichung 367
Wandlerkonstante 351, 356, 358, 362, 364, 396
Wärme, spezifische 55
Wärmeleitfähigkeit 55, 133
Wärmeleitung 55, 132 ff., 264
Wasserschall 5, 79, 324 ff., 364, 408
Wasserschallwandler 331
Webstersche Gleichung 144
Weglänge, mittlere freie 259
Welle, ebene 46 ff., 180, 194
–, harmonische 49
–, stehende 100, 158, 162, 167, 171, 335, 344, 364, 408
Wellenfläche 48
Wellengleichung 40 ff., 170, 180, 192, 194
Wellenlänge 50
Wellennormale 48
Wellentypen, Wellenmoden 101, 148 ff., 161, 193, 327
– im Rechteckkanal 151
– im kreiszylindrischen Kanal 152 ff.
– im schallweichen Kanal 152
Wellentypumwandlung 186
Wellenwiderstand 5, 49
Winkelprüfkopf 337
Wirbel 215, 310
Wirbelstraße 303
Wuchsmaß 145, 402

Z

Zackenschrift 424
Zeigerdiagramm 10, 11
Zufallsschwingung 9
Zugspannung 35, 181
Zungenpfeife 216
Zupfinstrument 211
Zustandsgleichung 37